普通高等教育智慧海洋技术系列教材

海洋信息传输技术

殷敬伟 等 编著

科学出版社
北京

内 容 简 介

本书围绕声光电多物理场在海洋信息传输中的应用，首先系统介绍水声信道特性、单载波水声通信技术基础、水声信道估计技术、水声信道均衡技术和多普勒参数估计技术，给出仿真和试验验证结果；其次系统阐述海水无线光通信基础理论和关键技术，给出海水无线光通信器件及其特性的理论分析、仿真和试验验证结果，介绍不同场景下的光通信系统；最后对海上无线电波传播特性、海上无线通信系统以及相关通信技术等方面涉及的原理与方法进行系统介绍。

本书可作为水声通信、水下光通信、海上无线通信等领域科研人员和工程技术人员的参考书，也可作为高等院校船舶与海洋工程、信息与通信工程等相关专业本科生和研究生的教材。

图书在版编目（CIP）数据

海洋信息传输技术 / 殷敬伟等编著. -- 北京 ：科学出版社, 2024. 12.

(普通高等教育智慧海洋技术系列教材). -- ISBN 978-7-03-080567-6

Ⅰ. P71

中国国家版本馆 CIP 数据核字第 2024B3R370 号

责任编辑：姜 红 狄源硕 / 责任校对：何艳萍

责任印制：徐晓晨 / 封面设计：马晓敏

科学出版社出版

北京东黄城根北街 16 号

邮政编码：100717

http://www.sciencep.com

北京建宏印刷有限公司印刷

科学出版社发行 各地新华书店经销

*

2024 年 12 月第 一 版 开本：787 × 1092 1/16

2024 年 12 月第一次印刷 印张：25 3/4

字数：643 000

定价：129.00 元

（如有印装质量问题，我社负责调换）

前　言

海洋覆盖地球表面70%以上的面积，是孕育生命的摇篮、联通世界的纽带、促进发展的平台。21世纪以来，人类进入了大规模开发利用海洋的时期，海洋在国家经济发展、国家安全以及国际政治、经济、军事、科技竞争中的战略地位明显上升。海洋不仅是国家经济发展的重要资源，还在维护国家主权、安全中扮演着重要角色。

随着人类海洋开发活动的推进，单一的信息获取与传输方式不再能满足海洋信息多样化的需求。如在水下作业时，既需要几十公里级的遥控指令传输，又需要几公里级的集群协作数据传输，还需要百米级的大数据量信息回传。不同方式具有不同的信息传输能力。水声通信可实现远程稳健、近程高速的数据传输，不受空间的束缚，然而其相对于其他通信形式更易受时变海洋环境的影响，通信质量不够稳定。海水无线光通信技术以其独特的高传输速率、大容量、安全隐蔽、低功耗和轻小型化等特点，成为近年来水下无线通信领域的研究热点，但在浑浊海水中能量散射严重。海上无线电通信已成为海上远距离通信的重要手段，具有成本低、易于扩展、覆盖范围大、可支持多种通信需求等优点，且通信稳定，但海水穿透能力最多只有几百米。因此，结合各种通信方式的优势，融合多种通信方式的信息传输技术将是适应未来发展的有效方案。

本书基于作者团队所在课题组多年来对海洋信息传输技术的教学和科研成果，围绕水声通信、海水无线光通信、海上无线通信，系统总结了在基础理论、关键技术、试验验证和工程应用等方面积累的经验。除此之外，作者还依托“智慧树”平台构建“海洋信息传输技术”AI课程（免登录网址 http://t.zhihuishu.com/a6qezAXn），提供课程图谱、问题图谱与能力图谱等，供读者从多维度、多层面理解知识点。全书共 14 章。第 1 章以陆海空天一体化无线信息网络为背景，介绍水声通信、海水无线光通信、海上无线通信的技术特点和发展历程与现状。第2～6章详细介绍水声通信基础理论、关键技术和试验结果。其中，第2章介绍水声信道特性；第3章介绍单载波水声通信信号生成方法，并针对水声信道引起的码间干扰问题介绍自适应信道均衡技术；第 4 章针对单载波水声通信中的稀疏水声信道估计问题，详细介绍稀疏贝叶斯学习水声信道估计技术、基于置信传播的稀疏贝叶斯学习水声信道估计技术以及基于广义近似消息传递的稀疏贝叶斯学习水声信道估计技术；第5章介绍基于 Turbo 迭代均衡单载波水声信道均衡技术，包括基于自适应的 Turbo 均衡技术和基于信道估计的 Turbo 均衡技术；第 6 章介绍单载波水声通信中的多普勒参数估计技术，包括基于模糊函数的时延-多普勒参数估计方法以及基于分数阶傅里叶（Fourier）变换的时延-多普勒参数估计方法。第7～10章详细介绍海水无线光通信技术理论、关键技术、试验结果以及相关系统。其中，第7章系统地介绍海水无线光通信系统搭载的应用平台、信息传输的海水信道和海洋环境等外界约束条件以及这些约束条件对海水无线光通信系统通信性能的影响规律；第8章主要介绍海水

课程图谱
学习演示

无线光通信的关键技术参数、海水无线光通信调制技术、海水无线光通信收发技术，提出基于全光捕获理论的海水无线光动态通信技术；第 9 章围绕第 8 章中所介绍的关键技术，通过性能参数分析、工作特性设计以及试验验证等手段，针对海水无线光通信所涉及的通信光源、通信光学器件、通信光电探测器件以及海水无线光动态通信中所涉及的跟瞄器件和伺服转台结构进行选型设计；第 10 章是在第 7～9 章的基础上，依次介绍海水无线光近距离通信、海水无线光远距离通信、海水无线声-光联合通信以及海水无线光级联通信等原理样机系统的设计、研制和性能测试。第 11～14 章详细介绍海上无线电通信基础理论和关键技术。其中，第 11 章介绍海上无线电波传播的机制与特性，以及海洋气象因素对无线电波传播的影响；第 12 章介绍几种典型的海上无线通信系统的组成和基本工作原理，以及海上无线通信网络的基本概念和组网关键技术；第 13 章介绍软件无线电和软件定义的无线电（software defined radio，SDR），包括 SDR 的基本原理、平台以及开发框架和流程；第 14 章介绍极低频电磁波海洋跨域通信技术，重点介绍极低频电磁波传播机理、通信质量影响因素以及极低频电磁波通信系统的构成。本书附有电子彩图，可扫封底二维码查看。

本书的相关研究工作得到了国家自然科学基金国家杰出青年科学基金项目（编号：62125104）、优秀青年科学基金项目（编号：62422107）、联合基金项目（编号：U22A2008）、重点项目（编号：62331010），黑龙江省自然科学基金优秀青年项目（编号：YQ2022F001），吉林省自然科学基金项目（编号：YDZJ202301ZYTS394），吉林省教育厅科学研究项目（编号：JJKH20210820KJ 和 JJKH20230814KJ）的资助。在此特向资助机构和支持我们科研工作的专家表示真诚的感谢。没有上述基金的长期稳定资助，就没有本书相关内容的积累。

本书由哈尔滨工程大学殷敬伟教授、韩笑教授共同撰写第 1～6 章，长春理工大学张鹏教授撰写第 7～10 章，哈尔滨工程大学窦峥教授、齐琳副教授共同撰写第 11～14 章。在本书的撰写过程中，天津大学姚建铨院士，汉江实验室杜选民研究员，长春理工大学姜会林院士、佟首峰教授、于笑楠研究员、王大帅副研究员、张家齐副研究员、李晓燕助理研究员、王潼助理研究员，哈尔滨工程大学葛威副教授、魏笠副教授为本书作者提供了很多指导和帮助；博士研究生李伟哲、刘嘉奥、蒋志超、蔡昕睿、董冰、马晨源、费红阳、李名芳、崔永鑫、孔伟力、吕阔、刘洁，硕士研究生宋熔基、蔡昆曜、宋宏志、刘传、王家兴、刘润芃、赵雅、洪世翔、张展琦、陈致鹏做了大量文字和图片整理工作，衷心感谢他们的辛勤付出和热心帮助。

在本书的撰写过程中，作者参考了一些优秀著作、学术论文，已列在参考文献中，受益匪浅，在此谨向所有文献作者表示衷心感谢！

由于作者水平和经验有限，本书的内容无论在广度与深度上都需要进一步完善，也难免有不妥之处。在此权作抛砖引玉，希望能够引发更多学者在海洋信息传输技术领域的思索与研究，同时也敬请读者批评指正。

作　者

2024 年 6 月于哈尔滨

目　　录

第1章 绪 论

地球上的海洋面积约为3.6亿平方公里，占地球表面积的70%以上，是人类生存环境的重要组成部分。海洋不仅是地球生命的起源和摇篮，还包括丰富的矿产资源和生物资源，并且时刻影响着全球的气候环境，在航运、能源开采和国防军事等领域都起到极其重要的作用。因此，无论是在全球气候环境监测、人类社会的生存发展还是国防军事等方面，海洋都占有十分重要的地位。自人类文明出现，人类就从来没有停止过对海洋的探索，尽管人类与海洋打交道已经有几千年的历史，但是由于海洋地域辽阔、探索手段匮乏、深海环境恶劣等因素，人们对海洋的探索和开发利用也仅仅停留在海平面或浅海水域，海洋之中仍有许多尚未发现的新资源和新物种。

19世纪中叶，海洋科学技术得到了飞速的发展，人类利用科学的方法和手段逐渐加深了对海洋世界的了解和认识。通过对世界各地深海资源的探索了解到海洋中蕴藏着丰富的物质资源，从海岸到大洋均有分布。例如，全球海底石油储量较高，深海锰和海底矿床等矿产的储量巨大，这些资源是人类未来赖以生存和发展的重要保证。进入21世纪后，陆地资源匮乏、人口增速膨胀、环境污染等问题日益凸显，海洋成为转移和解决上述问题的重要途径，开发利用海洋资源和抢占海洋技术制高点已成为多数国家的重大发展战略。因此，深入探索和研究海洋世界，丰富和发展海洋科学技术，利用海洋资源促进人类社会的发展，是摆在世界科学界的重要任务。

在这样的时代背景下，海洋科技得到了全面快速的发展，海洋探测成像技术、海水环境接驳技术、海洋潜航技术、海洋通信技术等用于研究和探索海洋的技术手段相继出现，推动海洋科学研究进入新阶段。而这些海洋科技的发展都离不开海洋无线信息的传输。因此，海洋无线光通信技术应运而生，它是一种建立海洋无线光通信链路的重要技术手段，也是构建陆海空天一体化无线信息网络的重要技术支撑之一。

如图1.1所示，陆海空天一体化无线信息网络核心层采用天地双骨干架构。地基部分是整个网络的核心部分，由传统地面核心网（如地面光纤网、海底光缆网等）和卫星地面站网组成，即卫星地面站网和传统地面核心网融合骨干网（简称“地骨干”），主要实现网络控制、资源管理、协议转换、信息处理、融合共享等功能，从而负责整个网络的管理控制和运行。天基部分指由高轨星座、中轨星座和低轨星座组成的天基高中低轨混合骨干网（简称“天骨干”），具备一定的接入控制、用户管理、信息处理及业务承载能力，提供宽带接入、骨干互联、中继传输、天基测管控等多种业务，也可拓展提供导航增强、星基监视等业务。陆海空天一体化无线信息网络的空间范围极大，涵盖海底、海面、陆地、空中、近地空间、地球空间、地月空间、深空，相应用户种类多样。陆海空天一体化无线信息网络采用天地双骨干构建核心层，建设天地一体化无线信息网络，发挥天地网络的互补优势，形成网络架构一体设计、频率资源协调使用、业务应用无缝融合、用户服务协同保障的一体化无线信息网络核心层，有效提升用户接入能力和异构网络融合能力，优化系统服务效能[1]。

图 1.1　陆海空天一体化无线信息网络概念图[2]

日益繁杂的海洋科研作业任务导致海底通信平台之间的信息传输数据量呈现几何级数的增长，为了能够高效实时获取这些平台采集的数据，需要建立高速率、稳定的海洋通信链路。

目前，海洋通信的方式分为有线和无线两种。有线通信需要铺设线缆，不仅制约移动平台的机动性，也不利于小型设备的搭载。人类探索海洋领域由近海岸逐渐走向远海和深海，信息传输距离过远，海底线缆的安装和维护成本也是制约其发展的重要问题。在军事领域，潜艇与潜艇之间、潜艇与水面船只之间的作战信息和指令交换需要高隐蔽性，有线通信技术无论是在应用需求还是在工程实现方面都难以胜任，与此相比，显然无线通信更适合用于海洋环境作业。

在海洋开发的过程中，海洋信息传输技术具有重要地位，在海洋科研、海洋工程、军事防务等领域都有着重要价值。此外，海洋信息传输技术还在海洋环境保护和海洋科学研究中具有广泛应用前景。目前，海洋无线信息传输的主要方式包括光通信、电磁通信、磁感应通信、中微子通信、量子通信和水声通信等。

本章主要介绍水声通信、海水无线光通信和海上无线通信的基本概念、特点以及发展历程与现状，并对其他海洋无线通信方式进行简要介绍。

1.1　水声通信概述

1.1.1　水声通信技术特点

水声通信具有灵活、方便、经济、不存在电缆缠绕等特点，可实现导航、定位、信息交换、通信联络和安全保障所需的信息传输，是实现水下综合信息感知与信息交互的主要手段。

在信息化海洋数据采集、海洋资源开发、海洋环境监测等关系到我国可持续发展的商业战略领域中，水声通信扮演着重要角色。在军事方面，由于水下作战系统对通信隐蔽性有较高的要求，因此水声通信成为一种极具潜力的解决方案。

水声通信机与其他声呐系统一样主要由干端和湿端两部分构成，其中湿端主要由水声换能器或换能器基阵组成，而干端主要由信号处理、电源接入、系统控制部分组成。常见的一体式设计的水声通信机使用耐压水密机壳装载干端电子系统和电池，湿端的水声换能器则固定在机壳上，水声通信机的上位机通过水密电缆来控制水声通信机收发数据，并向水声通信机提供电源。图 1.2 为英国 Sonardyne 公司推出的 Modem 6 水声通信机。在水下无人潜航器移动平台使用的水声通信机，通常因为需要降低航行阻力而将干端电子系统安装在潜航器负载舱内，湿端设备安装在潜航器壳体上，具体硬件集成结构如图 1.3 所示。

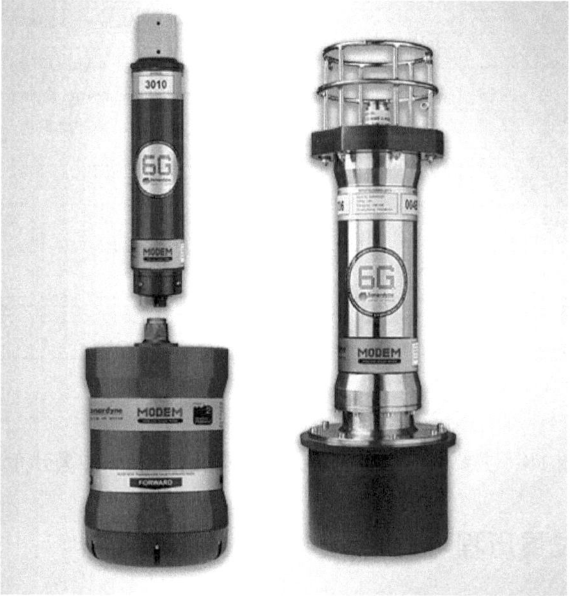

图 1.2　Sonardyne Modem 6 水声通信机[3]

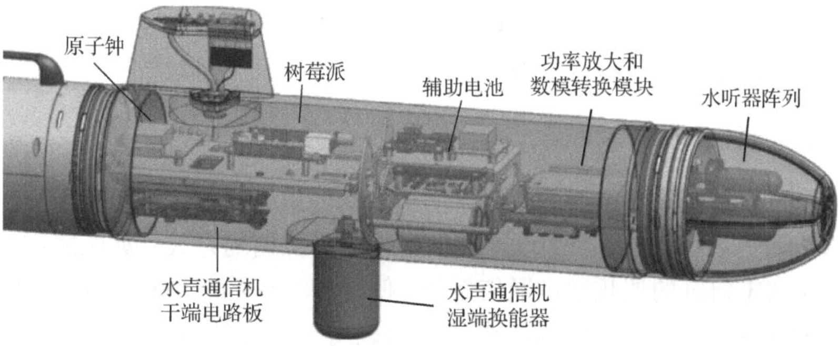

图 1.3　水声通信机与无人潜航器硬件集成示例[4]

通常工作频率越高的水声通信机可以使用更大的带宽和更高的传输速率，但是由于高频信号的衰减，传输距离较近；而低频段的水声通信机虽然传输距离长，但是低频换能器体积大且传输速率较低。可以通过“传输速率×传输距离”大致衡量通信机的整体性能，主要的商业水声通信机的传输速率和传输距离分布如图 1.4 所示。科研领域通常细分垂直和水平信道的不同情况，并采用“传输速率×传输距离÷使用带宽”来衡量通信算法的性能。对于水平信道也会按照不同的传输距离量级，将其划分为百米距离数百千比特每秒水平、十千米以内距离数十千比特每秒水平、数十至上百千米距离数十比特每秒水平几种情况进行分类对比。

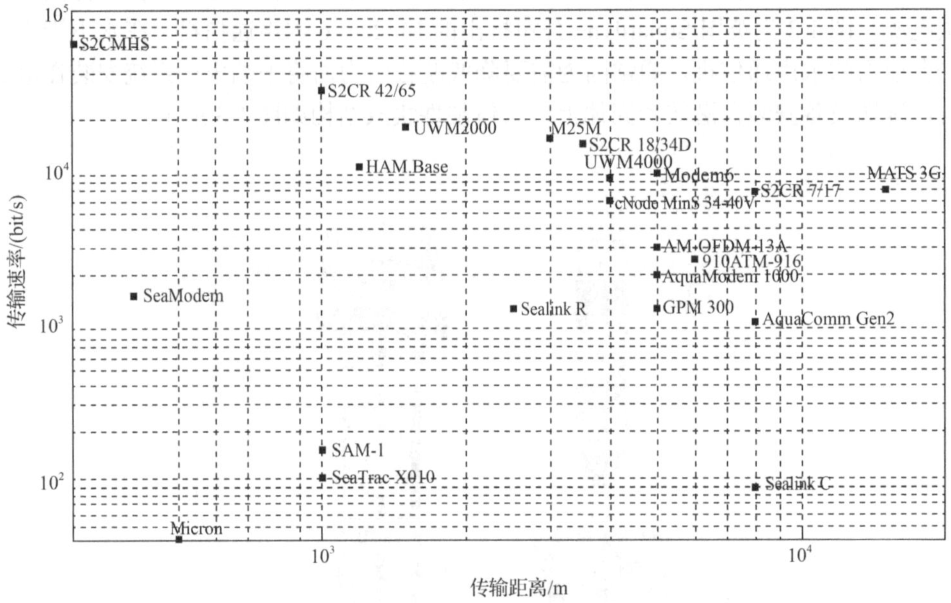

图 1.4　主要商业水声通信机的传输速率和传输距离分布[5]

1.1.2　水声通信的发展历程与现状

水声通信的历史以水声电报系统的成功研制为开端，早期的水声通信多使用模拟频率调制技术，但是模拟调制系统无法减轻由于水声信道的衰落所引起的畸变，并且系统的功率利用率低，限制了系统性能的提高。从模拟到数字、从单载波到多载波再到引入无线电通信和人工智能等新技术，水声通信技术的发展大致经历了如下几个阶段[6-10]。

1. 早期模拟调制水声通信技术

美国海军于 1945 年将水声通信应用于潜艇之间的电话通信，被视为世界上第一个具有实际意义的水声通信系统[6]。早期的水声通信多采用模拟调制方式，如伍兹霍尔海洋研究所在 20 世纪 50 年代末研制的调频水声通信系统，使用 20kHz 的载波和 500Hz 的带宽，实现了水底到水面船只的通信[7]。我国的 660 通信声呐采用单边带调制技术也实现了对潜语音通信[11]。模拟调制系统由于无法减轻水声信道引起的信号畸变，因而难以进一步提高水声通信系统性能。

2. 非相干调制数字水声通信技术

20世纪70年代后发展的水声通信技术逐步采用数字调制方式替代早期的模拟调制方式。与模拟通信相比，数字通信技术抗干扰性能更强，可对信号的时间和频率扩展进行一定程度的均衡，而且便于利用纠错编码技术来提高数据传输的可靠性和保密性，同时设备更易于集成化。早期的数字水声通信系统常采用频移键控（frequency-shift keying，FSK）调制等非相干调制方式。1981年，美国麻省理工学院和伍兹霍尔海洋研究所采用多进制频移键控（multiple frequency-shift keying，MFSK）技术实现了200m距离上1.2kbit/s传输速率的水声通信[12]。

3. 相干单载波调制水声通信技术

20世纪80年代，随着水下无线数据传输需求的不断提升，相移键控（phase-shift keying，PSK）、正交振幅调制（quadrature amplitude modulation，QAM）等单载波相干调制技术逐步被引入水声通信领域。其中具有里程碑意义的是，1994年Stojanovic等[13]提出了基于判决反馈均衡器（decision feedback equalizer，DFE）和二阶数字锁相环（digital phase lock loop，DPLL）的相干水声通信技术，在时变水声信道匹配和降低码间干扰影响方面取得了突破，开启了水声通信技术研究的一个新阶段。

4. 无线通信新技术的广泛引入

20世纪90年代以来，得益于陆上无线电通信相关技术的迅猛发展，大量射频通信先进技术被引入水声通信领域，比如作为4G关键技术的正交频分复用（orthogonal frequency division multiplexing，OFDM）技术、多输入多输出（multiple-input multiple-output，MIMO）技术和SDR均发展出适应水声通信特性的版本并逐步转入工程化应用。

使用OFDM技术能够有效对抗频率选择性衰落，克服信号符号间干扰（intersymbol interference，ISI）问题。2007年，Li等[14]提出的补零正交频分复用（zero padding OFDM，ZP-OFDM）技术成功实现了2.5km距离上22.7kbit/s传输速率的水声通信。随后，针对OFDM改进和衍生的多载波调制技术成为水声通信领域的一个新兴研究热点，如索引调制OFDM（index modulation OFDM，IM-OFDM）[15]、正交信号分割复用（orthogonal signal division multiplexing，OSDM）[16]、滤波器组多载波（filter bank multicarrier，FBMC）调制方案[17]、广义频分复用（generalized frequency division multiplexing，GFDM）[18]等技术均被应用于高速水声通信方案的开发。

使用MIMO技术能够在不增加带宽的条件下提高频谱的利用效率。水声信道可用带宽极其有限，采用多阵元MIMO水声通信能够提高可用带宽的利用率。2009年，Li等[19]实现了450m较近距离上125.6kbit/s传输速率的MIMO-OFDM通信。Wang等[20]通过基于子带分割的MIMO-FBMC水声通信方案，有效提升了发射信号平均功率并降低了误码率。

使用SDR设计理念的通信系统具有开放性、灵活性、可扩展性和兼容性，能够使用同一套硬件平台通过加载不同的软件来实现不同的通信功能。SDR系统的灵活性为新技术在实际工况下的测试和部署提供了软硬件支持，进一步促进了新技术的迭代演化。水声信道的特性复杂，需要通过设计针对性的水声信号处理算法来应对。得益于各种多点控制单元（multipoint control unit，MCU）、数字信号处理器（digital signal processor，DSP）和现场可编程门阵列（field-programmable gate array，FPGA）等计算硬件平台的性能不断提升，计算复杂度较高的水声信号处理算法逐渐能够在通信机的嵌入式系统中以固件程序的形式实现。但固件程序中的算法时常受到硬件平台架构的限制，难以实现已有算法的FPGA或DSP程序的跨平台集成，而SDR系统的开放性和灵活性则为水声通信算法的集成和快速研发测试提供了极大便利。在2006年至2010年期间，多个国家均对软件定义水声通信平台进行了研发立项[10]，美国麻省理工学院在2006年启动了rModem项目，爱尔兰国立都柏林大学等于2006年启动了Tmote项目，我国中国科学院也于2010年启动了软件定义水声通信机（software-defined acoustic modem，SDAM）项目。随着SDR设计思想在无线电新技术研发领域被广泛推崇，市场涌现多种适配不同频段的通用软件无线电外设（universal software radio peripheral，USRP）硬件产品，也出现了兼容多种硬件的GNU Radio软件开发平台，对软件定义水声通信技术影响深远。2015年，Demirors等[21]开发了基于USRP模块的SEANet软件定义水声通信原理样机，实现了软件定义水声通信和水声软件定义网络的功能集成。2017年，Restuccia等[22]将软件定义水声通信软件部署于智能手机平台，通过智能手机的数据和音频输出接口控制水声换能器、功率放大器、前置运算放大器等模块，验证了软件定义水声通信架构的灵活性。

5. 与深度学习技术的结合

21世纪以来，在ImageNet大规模视觉识别竞赛中催生了一系列深度学习技术的突破性进展[23]，引爆了一轮深度学习革命热潮。在高性能图形处理单元（graphics processing unit，GPU）计算技术的支持下，深度学习新技术能够支持的人工神经网络模型层数和神经元数量都大幅提升，在解决优化问题和复杂非线性函数关系的拟合方面表现突出，并且被广泛应用于人脸识别、数据定向推送、图片视频处理等诸多现实应用领域。由于深度学习技术在使用形式上具有较高的通用性，可在水声通信和组网的多处技术节点形成潜在的应用形式，涉及系统参数优化配置、水声信号处理、水声信道建模、通信可靠性、信息安全等诸多方面。

除了将水声通信系统参数的设计作为优化问题并使用深度学习进行求解外，2017年以来的前期典型研究主要体现在使用深度学习模型实现水声通信机的相关功能模块，如水声调制信号分类[24-25]、水声接收机信号处理[26-27]、水声自适应调制等[28-30]。随着无监督深度学习技术的发展，深度生成模型也被用于水声信道建模，如变分自编码器（variational auto-encoder，VAE）[31]和生成对抗网络（generative adversarial networks，GAN）[32]等深度生成模型，可以通过学习真实水声信道的复杂概率分布，生成与之相似的随机水声信道响应函数样本，对外场试验信道数据集进行增强[33-34]。

总的来说，海上无人平台在军事和工业应用中日趋重要，使得对水声通信和组网技术的需求不断增长。而水声换能器技术的发展所引入的参量阵规模增大、非线性器件和信号低频化等挑战，使得水声通信相比无线电通信的需求特性更加显著。借助软件定义通信系统为新技术开发带来的便利条件，水声通信技术已经进入与无线电通信和人工智能新技术同步发展的阶段，任何相关领域的技术突破均会快速发展出应用于水声通信场景中的变体。以 2022 年 OpenAI 发布的 ChatGPT 为代表的大语言模型被认为掀起了新的一轮人工智能（artificial intelligence，AI）革命，预期相关技术革新也会迅速传至水声通信领域。

水声通信发展快速，当前许多应用领域都要求进行实时通信，不仅是点对点的链路，而是要求形成网络配置的形式。当今水声通信的发展前景在于构建由移动和静止节点共同组成的水声数据通信网。国外一些机构已经开始组建水下通信网络，到目前为止，组建、研究的水声信息网近十个，部分已投入实际使用。但是国内在水声通信网络化方面的研究较为薄弱。

高速、稳健的点对点通信是实现水声通信网络化的基础。只有解决了点对点通信才能构建水下信息网，因此美国把它列为 21 世纪重大研究课题。目前，固定节点间通信技术发展迅速，已进入实用阶段，但移动水声通信尚处于研究阶段，有待进一步提高性能。随着海洋资源开发、水下机器人及各种潜航器、潜艇水下无线通信等技术的迅速发展，深浅海中远程水声通信技术研究迫在眉睫，它必将成为水下信息领域发展的核心技术之一。

1.2 海水无线光通信概述

1.2.1 海水无线光通信技术特点

海水无线光通信技术是利用“海水窗口”波段（450～532nm）光源作为通信载体，经过海水信道无线传输，采用高灵敏度光电探测器作为通信接收单元，利用调制解调技术，实现海洋各平台间的数据传输。

海水无线光通信技术具有传输速率高、信道容量大、体积功耗小等特点，其传输速率可达到兆比特每秒至吉比特每秒量级，不仅可以用来传递数据信息，也可以用来传递图片信息，因此，作为水下近距离通信的优选方案，海水无线光通信技术通过非接触式光链路实现高速数据传输，其技术优势主要体现在以下六个方面。

（1）光波载频远高于声波载频，支持大容量数据传输。光传输速率一般在兆比特每秒量级，在海水信道水质良好的情况下，可以达到吉比特每秒量级，这种高速率的优势将支持许多实时信息传输应用的实现，例如海下环境视频的无线传输。

（2）海水无线光通信载波一般位于可见光波段，该波段的电磁波受海水环境因素（如盐度、温度、流速等）的影响较小，具有可靠的电子对抗特性。

（3）抗截获能力强、保密性好、安全度高，与声波和射频的广播扩散传输方式不同，海水无线光通信技术是在视距结构下实现的，窃听变得更加困难。

（4）在电磁波通信领域中，收发天线尺寸与光波长成正比，光波长远小于声波、微波，采用光波作为发射光源的海水无线光通信系统可以选择小型化的通信收发天线，减小系统质量和体积。

（5）随着光电子技术的发展，光电器件的转换效率不断提升，功耗不断降低，恰好满足海水无线光通信系统的低功耗需求，相比于高能耗的大型且昂贵的声学和微波/射频收发器，海水无线光通信系统可以采用相对较小且低成本的光学收发器件，例如激光二极管（发射器件/载波器件）和光电二极管（接收器件/光电转换器件）。这种效益可以有效提高海水无线光通信系统的商业化进程，并加速“海洋环境通信组网”的实现。

（6）在海水中，光的传输速度较快，因此，海水无线光通信系统的传输延迟较小。

虽然海水无线光通信具有上述诸多优势和特点，但是若想采用光信号作为通信载体，实现在海洋环境下构建无线光通信链路，仍需解决以下三个重要的技术问题。

1. 光在海水信道中传输的光功率衰减问题

使用蓝绿激光作为通信光源能在一定程度上减少海水信道的衰减效应。但光子不可避免地与水分子和其他粒子相互作用，吸收和散射效应严重削弱了透射光信号并由于多径效应而产生衰落。叶绿素和其他有色溶解有机物质会增加水的浊度，吸收蓝光和绿光，从而制约光在海水信道中的传输距离。海水无线光通信系统在浑浊的海水信道中，尤其是当传输距离达到百米量级以上时，通信性能极差。有色溶解有机物质的浓度还会随着海洋深度的变化而变化，从而改变相应的光衰减系数，这些不良影响将增加基于海水无线光通信技术的通信系统工程化的复杂性和不稳定性。

2. 通信收发终端视场错位致通信链路中断问题

由于蓝绿激光的发射束散角很小，无线光通信系统需要满足精确的对准条件。海水环境存在很多湍流水域，尤其是近海和浅海区域，通信双端光轴未对准的情况会经常发生，特别是安装在无人潜航器上的无线光通信系统，受海水波动影响导致平台无规律位移，造成通信光轴难以对准。海水信道复杂，鱼群和其他障碍物都会导致通信链路因遮挡而中断。

3. 基于海水无线光通信技术设备的工程化问题

海水的流动、压力、温度和盐度将极大地影响基于海水无线光通信技术所研制设备（以下简称“海水无线光通信设备”）的使用性能和寿命。海水无线光通信设备的水密性技术至关重要，并且海水无线光通信设备在深海中无法利用太阳能，这给海水无线光通信设备的能耗、体积和续航问题都带来很严峻的考验。

海水无线光通信技术的主要应用方向包括海洋资源探索与应用、海洋生物研究与开发、环境气候监测与治理、军事目标探测与预警、潜水员之间通信与交互、无人潜航器间信息传输、海底观测网构建与信息传输以及深海空间站布局建立与优化，且并不局限于上述所叙述的应用方向。海水无线光通信技术主要应用方向的具体场景如图 1.5 所示。

（a）海洋资源探索与应用[1]

（b）海洋生物研究与开发[35]

（c）环境气候监测与治理[36]

（d）军事目标探测与预警[37]

（e）潜水员之间通信与交互[38]

（f）无人潜航器间信息传输[39]

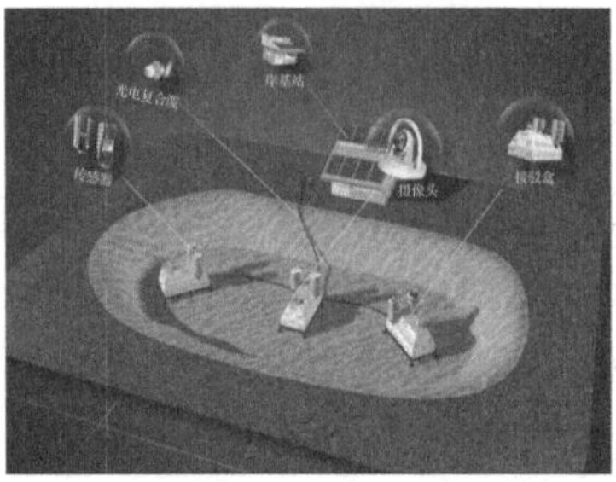

（g）海底观测网构建与信息传输[40]

（h）深海空间站布局建立与优化[41]

图 1.5 海水无线光通信主要应用场景

综上所述，海水无线光通信在海洋科技各个领域展现出巨大的应用价值和发展潜力，是突破性解决水下无线通信技术领域传输速率瓶颈的关键途径，具有极高的战略价值和应用前景。

1.2.2　海水无线光通信的发展历程与现状

1963 年，Duntley[41]发现光波在海水中传播时，在 450～550nm 波段内的光衰减最小，证实了海水中“透光窗口”的存在，这一发现为后来水下光通信及目标的探测等领域的技术研究奠定了基础。

1980 年，美国海军与美国国防高级研究计划局（Defense Advanced Research Projects Agency，DARPA）提出联合战略激光通信计划。到 1989 年，先后进行了 6 次蓝绿激光对潜通信试验，实现 13km 高空对水下 300m 处巡航导弹核潜艇之间的单工激光通信试验，模拟无人机与潜艇间的双工激光通信，验证了蓝绿激光在全天候气象和海水浑浊等条件下开展水下激光通信的可行性[42]。

2007 年，美国 UON Technologies 公司推出一款应用于水下数据通信和传感网络构建的光调制解调模块产品 UON OMM[43]。其结构外壳采用阳极氧化铝设计，可以在 4000m 水深处工作，独立收发，采用 VITROVEX 深海仪器半球作为密闭仪器舱，采用水密连接器作为水密电缆，基于 FPGA 进行数据编码，采用 2A/h 电池供电，输入电压 9～15V，通信光源为发光二极管（light-emitting diode，LED）阵列。最远传输距离 40m，传输速率 9.6kbit/s，实物装置图如图 1.6 所示。

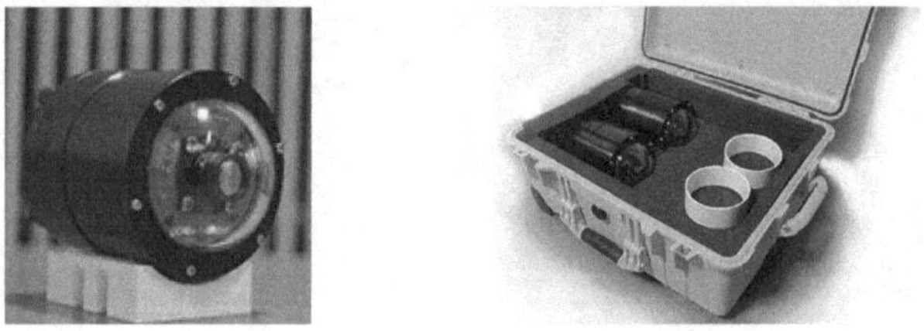

（a）接收模块[43]　　（b）工程产品[43]

图 1.6　UON OMM 海水无线光通信模块

2008 年 10 月，Arnon 等[44]利用 520nm 脉冲激光，脉冲能量 50mJ，脉宽 1ns，束散角 17.45mrad，建立了应用于海上钻井平台的海水无线光通信系统。在清澈海水条件下，实现了传输距离为 49.46m、传输速率为 100Mbit/s、误码率为 10^{-4} 的无线光通信。

2009 年 6 月～2010 年 4 月，Doniec 研究小组[45]研制了 AquaOptical 系列海水无线光通信系统，如图 1.7 所示。该系统使用 6 个 5W 的 480nm 的 LED 阵列作为发射端，基于通断键控（on-off keying，OOK）的调制方式，采用雪崩光电二极管（avalanche photodiode，APD）进行探测。AquaOptical Short 使用单个 5W 的 480nm 的 LED 作为发射端光源，采用光电探测器（photo detector，PD）进行探测，在能见度 3m 的水中，传输速率为 1.2Mbit/s，最远传输距离可达 30m[45]。

2010 年 6 月，伍兹霍尔海洋研究所科研人员[46]设计了一款多点、低功耗、全方向光通信设备，它由几十瓦的电池供电，在 100m 范围内传输速率达 10Mbit/s。

（a）AquaOptical Short　　（b）AquaOptical Long

图 1.7　AquaOptical 系列光通信系统[45]

Doniec 等[47]研制了一款水下无线光双工通信系统 AquaOpticalⅡ，如图 1.8 所示。采用 18 个 470nm 的 LED 阵列作为通信光源，基于数字脉冲间隔调制（digital pulse interval modulation，DPIM）方式，采用 APD 探测。在传输距离为 50m，脉宽为 1000ns、500ns、250ns 时，传输速率可分别达 0.57Mbit/s、1.14Mbit/s、2.28Mbit/s[47]。

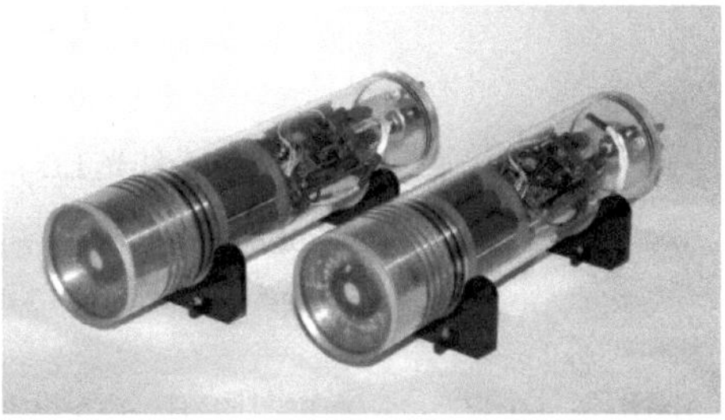

图 1.8　AquaOptical Ⅱ水下无线光双工通信系统[47]

20 世纪 60 年代，我国科研机构紧跟国际形势，开展激光通信技术研究，中国科学院西安光学精密机械研究所、中国科学院上海光学精密机械研究所、桂林电子科技大学、电子科技大学、华中科技大学、北京大学、哈尔滨工业大学、武汉大学、南京理工大学、中国科学院大学、中国海洋大学、浙江大学等单位对水下光通信技术进行了大量研究。

2009 年 4 月，于新生等[48]对 100Mbit/s 传输速率的水下图像传输系统进行评估，采用 500mW 的 LED 为光源和增益为 5×10^5 光电倍增管为接收器，在深海中的传输距离可以达到 114m，误码率小于 10^{-4}。

2016 年，徐敬等[49]采用 450nm LED 作为通信光源，采用 PIN 光电探测器作为信号接收装置，调制方式为 16-QAM-OFDM，建立一套海水无线光通信系统。传输距离为 2m，调制速率为 195.3Mbit/s，误码率为 2.5×10^{-3}，实验装置如图 1.9 所示。

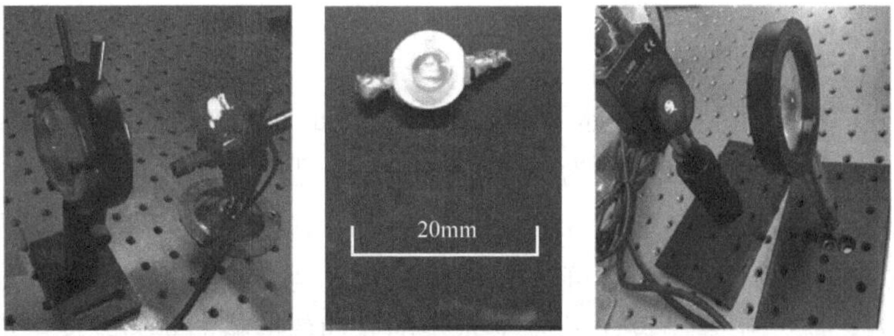

图 1.9　195.3Mbit/s 海水无线光通信系统

2016 年 4 月，徐敬等[50]采用红光激光二极管（laser diode，LD）作为通信光源，基于 128-QAM-OFDM 方式，利用带宽 150MHz 的 PIN 光电探测器作为信号接收装置，在 6m 的水下信道，建立了传输速率为 1.324Gbit/s、误码率为 2.02×10^{-3} 的水下通信链路，基于 32-QAM-OFDM 方式，利用 APD 作为接收装置，建立了传输速率为 4.883Gbit/s、误码率为 3.2×10^{-3} 的水下通信链路，实验装置如图 1.10 所示。

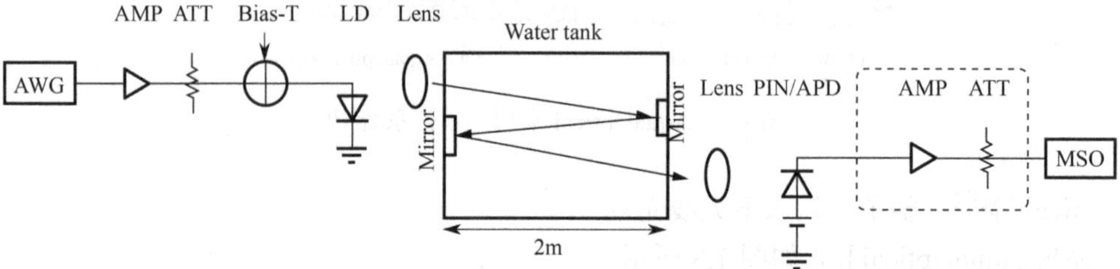

图 1.10　基于红光 LD 海水无线光通信实验装置结构原理

AWG 为任意波形发生器，AMP 为放大器，ATT 为衰减器，Bias-T 为偏置三通，
Lens 为聚焦透镜，Water tank 为水池，Mirror 为反射镜，MSO 为混合信号示波器

2016 年 10 月，徐敬等[51]采用 520nm LD 作为发射光源，PIN 光电探测器作为信号接收装置，基于 256/16-QAM-OFDM 方式，建立了传输距离为 2m，传输速率达到 1.1Gbit/s，误码率为 2.9×10^{-3} 的水下通信链路。实验原理如图 1.11 所示。

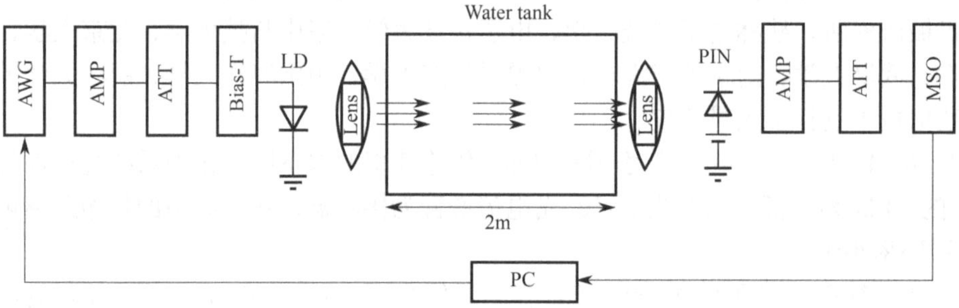

图 1.11　基于 LD 光源的海水无线光通信传输链路

AWG 为任意波形发生器，AMP 为放大器，ATT 为衰减器，Bias-T 为偏置三通，
Lens 为聚焦透镜，Water tank 为水池，MSO 为混合信号示波器

2017 年 2 月，Liu 等[52]搭建了水下传输距离 34.5m、传输速率 2.70Gbit/s 的水下光通信系统。采用 520nm 绿光 LD 作为光源，分别实现 4.6Gbit/s-2.3m、4.2Gbit/s-6.9m、3.93Gbit/s-11.5m、3.88Gbit/s-16.1m、3.48Gbit/s-20.7m、1Gbit/s-62.7m 的水下光通信实验。当传输距离为 90.7m 时，传输速率仍可达到 0.15Gbit/s，实验测试实物装置如图 1.12 所示。

2017 年 6 月，陈一菲等[53]设计了空气-水下的光通信链路的实验，使用单模绿光 LD 作为光源，采用 32-QAM OFDM 方式，通过 5m 空气信道和 21m 水下信道，最终获得了 5.3Gbit/s 的传输速率，这是向未来空中平台对水下平台激光通信研究迈出的重要一步。空气-水下激光通信方案的下行链路原理及实验装置如图 1.13 所示。

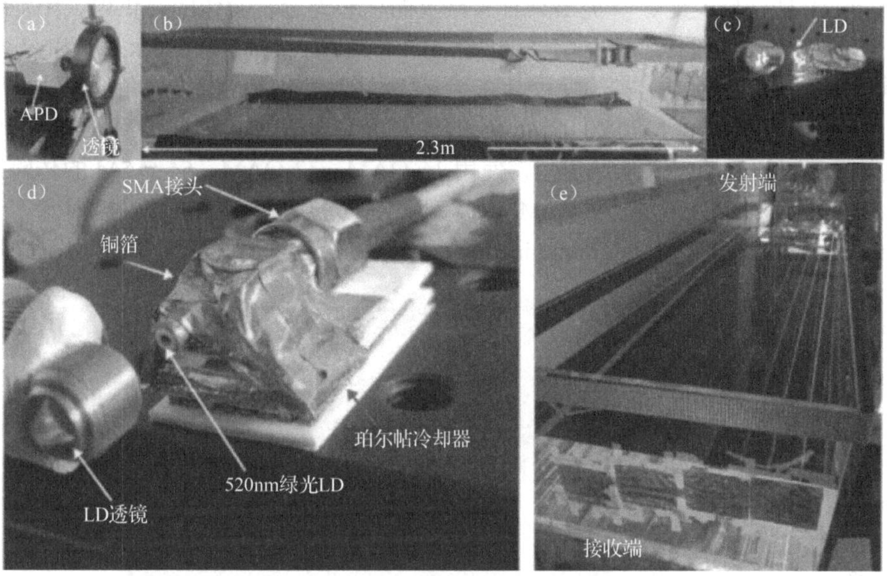

图 1.12　520nm 绿光 LD 通信实验测试实物装置

SMA 为超小型 A 版连接器

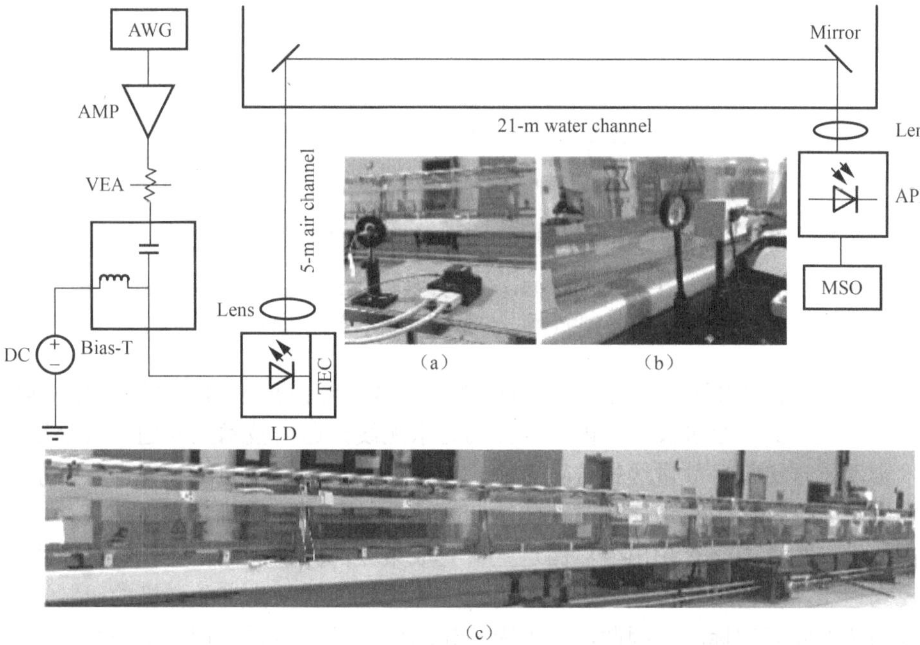

图 1.13　空气-水下激光通信方案的下行链路原理及实验装置

AWG 为任意波形发生器，AMP 为放大器，VEA 为断路器，Bias-T 为偏置三通，
TEC 为温控装置，5-m air channel 为 5m 空气信道，21-m water channel 为 21m 水下信道，
Mirror 为反射镜，Lens 为透镜，MSO 为混合信号示波器

2018 年 11 月，孔美巍等[54]提出具有大接收面积和无透镜操作的自供电太阳能电池板在水下交通工具或水下无线传感器网络（underwater wireless sensor network, UWSN）中用于数据收集具有很大的应用前景。实验使用具有 5cm^2 大接收面积和 20°接收角的低成本太阳能电池板。在 1m 的空气信道上，以 20.02Mbit/s 的传输速率为 16-QAM-OFDM 信号在 20°的接收角度内传输。在 7m 长的自来水通道上，使用 16-QAM、32-QAM、64-QAM 的传输速率分别达到 20.02Mbit/s、18.80Mbit/s、22.56Mbit/s。他们在实验中还研究了浑浊度对水下无线光通信（underwater wireless optical communication，UWOC）系统的影响，系统如图 1.14 所示。

（a）发射模块　（b）信道水池　（c）太阳能电池

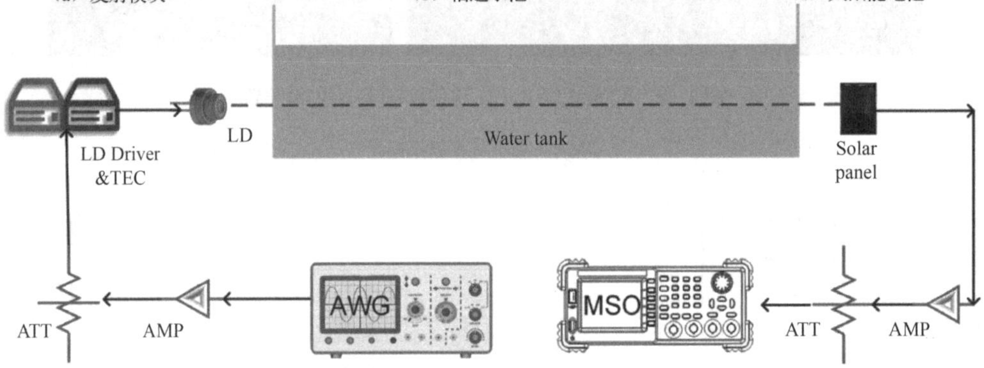

（d）系统组成

图 1.14　使用自供电太阳能电池板的 UWOC 系统

AWG 为任意波形发生器，AMP 为放大器，ATT 为衰减器，LD Driver&TEC 为 LD 驱动及温控，Water tank 为水池，Solar panel 为太阳能电池板，MSO 为混合信号示波器

综上所述，根据国内外发展现状的调研，海水无线光通信技术的发展路线分为桌面实验、原理样机和工程产品三个阶段。国内外研究的海水无线光通信技术主要通过波分复用或其他调制技术实现了吉比特每秒量级的传输速率，国内在海水无线光通信领域也取得了比较丰富的研究成果，无论是在传输距离还是在传输速率上，都与国外的研究成果相当，甚至部分研究成果在技术参数上还略有超出。然而这些研究成果大部分都只是在实验室内产生的，其实验条件较为理想，传输距离也比较短，应用于实际领域的工程化产品样机的研制及技术指标还远没有到达如此高的标准。因此，海水无线光通信技术还需要进行大量外场试验和实际应用，积累水下工作环境无线光通信技术的工程经验。

在原理样机和工程装备方面，国外已经拥有了商用化产品，最大传输速率达到 1875Mbit/s，并开展了多次海试，最大工作深度达到水下 800m；但是国内在工程装备研制和海试方面的发展都很薄弱。因此，国内在海水无线光通信技术研究领域仍有很多工作需要开展。

1.3　海上无线通信概述

1.3.1　海上无线通信技术特点

海上无线通信技术是指在海洋环境中利用无线电波进行数据传输和通信的技术，主要用于船舶、海上平台、救援设备和岸基设施之间的通信。海上无线通信在海上用户与陆地、空天和水下用户之间的信息传输中起着至关重要的作用，是我国建设海洋强国和数字基建战略的核心组成[55-56]。

海上无线通信主要依赖以下手段：基于卫星的无线通信、海上无线电通信、基于岸基的海上通信，其中，海上无线电通信系统常采用中频（medium frequency，MF）、高频（high frequency，HF）和甚高频（very high frequency，VHF）频段，能够实现中远距离的海上通信。

目前，海上无线通信系统主要包括中频奈伏泰斯（navigational telex，NAVTEX）系统、高频分组电传通信系统、船舶自动识别系统（automatic identification system，AIS）、甚高频数据交换系统（VHF data exchanges system，VDES）等[57]中短程通信技术，以及卫星通信、短波通信、微波通信等远程通信手段，此外还有可见光通信、水声通信等其他成熟技术[58-59]。由于海上环境的特殊性，海上无线通信具有以下特点[56,60-62]。

（1）成本低、易于扩展：无线通信无须使用电缆或光缆等物理线路，通过电磁波即可实现传播，相对于有线通信成本较低；无线通信链路易于扩展，通过增加发射端和接收端即可实现无线通信链路的扩展或增加。

（2）覆盖范围大：海上无线通信系统需要覆盖广阔的海洋区域，以确保在远离陆地的情况下也能保持通信联通，例如海上卫星通信系统。

（3）通信需求多样：海上无线通信不仅需要满足语音通信，还需要支持数据传输、导航信息、紧急救援等多种通信需求。

（4）传播环境复杂：在海上电磁波信号的传播会受到多种因素影响，包括海面反射、散射、多径效应和气象条件等，这些因素使得电磁波信号的传播路径变得复杂，容易产生较为严重的衰减和干扰。

（5）频段多样：海上的无线通信需要使用不同频段的电磁波，以满足不同类型的通信需求。常用的频段包括高频、超高频、甚高频和卫星频段，不同频段也都具有不同的传播特性和应用场景。

海上无线通信系统可以提供大覆盖范围和高传输速率的海上通信服务，但仍然面临着海上无线传输信道复杂多变、通信范围大、距离远，以及业务需求种类多样化等诸多挑战[60,63]，具体如下。

1．海上超远距离传输

海上无线通信系统主要使用中频、高频、甚高频和微波等频段为海上用户提供电话、电报、视频、数据传输、定位、导航、警报、应急安全等业务，这些业务都需要较大的传输距离以满足海上服务范围广阔的需求。但受到船舶移动性和海洋无线信道环境复杂多变的影响，很多业务的稳定传输距离都较短。因为，海上无线通信的链路会由于船舶的移动而变得不稳定，出现通信链路频繁中断的情况，海洋无线信道环境的复杂多变则会导致传输信道呈现出明显的时变特性。

2. 海上高速数据传输

现有的海上无线通信系统受带宽限制，传输速率一般较低，比如 VDES。虽然系统的最高传输速率为 307.2kbit/s，可以满足 64kbit/s 的话音信号传输速率要求，但仍不能满足 3Mbit/s 的标清视频最低传输速率要求。

3. 海上无线组网

新一代 VDES 由新增的卫星星座（天基）、升级的岸基系统、终端和大数据平台等有机融合为天-地-海一体化组网架构，已经能够为海上用户提供满足不同业务需求的网络接入服务，如双向通信、扩展广播信息播发、气象导航专用信息通道、特殊应用消息业务等[62]。但与陆地无线网络不同，受到船舶空间的限制，海上通信往往很难实现大型网络基础设施的部署；船舶的移动特性、海洋无线信道环境的时变特性，以及潜在的高强度电磁干扰等问题，也都会影响通信链路的质量，导致通信链路频繁中断甚至引发网络瘫痪。

4. 恶劣、复杂信道环境导致通信可靠性低

与陆地无线传播环境相比，岸与船、船与船之间的无线通信更容易受到海面条件和大气条件的影响，例如，温度、湿度和风速的变化，以及海水蒸发出的大量水蒸气导致的海面大气压分布不均等。与此同时，海浪的起伏会导致船载天线的高度和角度随之变化，而海上无线信道的衰落对天线的高度和角度等参数又特别敏感，因此这些参数的不断变化就有可能导致通信链路频繁中断，通信的可靠性也随之降低。

1.3.2 海上无线通信的发展历程与现状

海上无线通信可分为四大类，分别是基于空域的海上通信、基于陆地的海上通信，基于海域的海上通信以及基于跨域协同的海上通信。下面分别介绍其发展历程与现状。

1. 基于空域的海上通信

基于空域的海上通信，主要以海上的卫星通信为主。卫星通信具有全天候服务的能力，且不易受气候、地理环境等因素的影响，可以覆盖空中、海上和陆地区域，真正实现对全球的无缝覆盖。由于在海洋、岛屿等区域修建基站极为困难，卫星通信在海洋无线通信领域有着不可替代的重要作用，因此，该技术持续发展并不断引入最新技术。

1982 年，国际海事卫星组织开始运行国际海事卫星通信系统，面向全球海上航行的船舶提供卫星通信服务。同年，推出了第 1 代系统，通过租用卫星，实现包括 3 颗美国通信卫星公司 Marisat 系列卫星上的部分转发器、2 颗欧洲航天局卫星和国际通信卫星组织第 5 代卫星

上的海事通信转发器，分布于太平洋、大西洋和印度洋上空，可以提供模拟语音、短信、传真、低速数据等窄带通信服务[63]。

1990年，第2代系统[64]开始投入使用，系统包括4颗卫星，具有独立的空间段资源，采用全球波束，系统容量为第1代系统最大容量的2.5倍，可提供数字语音、传真、中低速数据传输服务。

1996年，第3代系统[65]开始投入使用，系统包括5颗卫星（1颗备用），系统容量是第2代系统最大容量的8倍，每颗卫星又在全球波束的基础上增加了7个L频段宽点波束，可支持移动分组数据服务。

2008年，第4代系统[66]开始投入使用，系统包括3颗卫星，卫星上装有一个20m口径的相控阵多波束可展开天线，可提供1个全球波束（传输信令和一般数据）、19个宽点波束（以前的业务）和228个窄点波束（新的宽带业务），可实现492kbit/s的峰值传输速率。

2014年底，建成新一代广域覆盖无线宽带卫星网络系统，即第5代系统“Global Xpress”[67]。卫星采用点波束，共有72个固定波束，每个波束下行速率为50Mbit/s，还有6个移动波束，可灵活调整到需要的区域，每个波束速率为150Mbit/s，单颗卫星容量可达4.5G。

2014年，国际海事组织海上安全委员会正式将中国的北斗卫星导航系统纳入全球无线电导航系统。北斗卫星导航系统是中国自行研制的全球卫星导航系统，是继美国全球定位系统（Global Positioning System，GPS）、俄罗斯格洛纳斯导航卫星系统（Global Navigation Satellite System，GLONASS）、欧洲的伽利略卫星导航系统（Galileo Satellite Navigation System，GALILEO）之后的第4个成熟的全球卫星导航系统。

2016年，高通量卫星EchoStar-19由美国太空探索技术公司（SpaceX）的猎鹰9号火箭发射升空。采用了Ka波段通信技术，容量超过200Gbit/s，共有138个客户通信波束和22个网关波束，可以为用户提供高速、高容量的卫星互联网服务和应急救援服务[68-69]。

2016年2月，北斗卫星导航系统已包括16颗卫星，实现了对亚太地区的覆盖；至2020年，全部35颗卫星在轨运行，实现了全球覆盖。北斗卫星导航系统不仅能为海上船舶提供导航、定位服务，还可在全球范围内提供导航、定位服务，还具有短消息功能，可以提供遇险求救和航海通告等服务[59,68]。

2016年，天通一号卫星01星发射并投入使用，这是我国自主研制的首颗移动通信卫星[59]，也被誉为“中国版的海事卫星”，后续02星、03星分别于2020年、2021年发射成功，与01星在轨组网，共同构成空间段。天通一号卫星移动通信系统也是我国第一个移动卫星通信系统，由空间段、地面段和用户终端组成，主要覆盖包括大部分太平洋和印度洋在内的亚太地区；工作于S频段，采用30MHz带宽的蜂窝技术，可形成几百个点波束，传输损耗小；上行频段为1980～2010MHz，下行频段为2170～2200MHz，峰值速率为9.6kbit/s，可为船舶、飞机、车辆等移动用户提供全天候、全天时、稳定可靠的话音、数据和短消息等移动通信服务。

2017年，实践十三号卫星发射成功并投入使用，这是我国首颗高轨道高通量通信卫星，并首次在高轨卫星上搭载激光通信系统，具有容量大、实现无缝“动中通”、用户终端小等特点。卫星首次应用Ka频段多波束宽带通信载荷，通信总容量达20Gbit/s以上，超过了我国已研制发射的通信卫星容量的总和，配有 26 个用户点波束，能够覆盖我国近 200km 的近海海域[70-71]。

2. 基于陆地的海上通信

基于陆地的海上通信，作为陆地上无线通信的延伸段，可以利用地面蜂窝通信、无线局域网等成熟的陆地无线通信技术，为近海海域范围的无线通信提供容量大、成本低且安全可靠的通信服务[59]。

1976 年，瑞典提出航行警告电传系统，也称 NAVTEX 系统，用于向船舶发布有关航行警告、气象警告、搜救信息、气象预报以及其他紧急的海上安全信息，保证船舶在海上的航行安全，是全球海上遇险和安全系统的重要组成部分[72]。该系统属于近距离广播通信系统，由工作频率为 518kHz、发送海上安全信息的海岸电台支撑。系统用英语以窄带前向纠错的方式定时（每隔 4 小时发送一次，每次时长小于等于 10 分钟）向船舶广播 400 海里范围以内沿岸的海上安全信息。作为海上安全信息的发布平台，NAVTEX 系统在客船、渔船及一些小型船舶上得到广泛应用，为船舶的安全航行提供了有力保障[73-74]。

1996 年提出、2000 年开始推行的 AIS，由岸基、星基接收设施和船载设备共同组成，配备了 AIS 设备的船舶可向其他船只及基站自动播发本船的动态信息、静态信息、航次信息和安全信息等，从而了解附近海域的船舶航行情况，为规划航线、维护安全提供依据[75]。

在我国，2004 年 1 月，渤海湾 AIS 一期岸基网络系统工程开工建设；同年 11 月，烟台辖区 AIS 中心及成山头、崆峒岛两个基站建成并投入使用，实现了烟台至大连航线和成山头附近水域 AIS 信号的基本覆盖[76]。

2005 年底，北方海区 AIS 一期岸基网络系统工程取得重要进展，海阳、团岛和日照三座岸基 AIS 基站及青岛辖区 AIS 中心已顺利完成调试并正式投入运行，烟台辖区的北长山、潍坊两座基站也于同期调试运行成功[76]。

2014 年，上海埃威航空电子有限公司和交通运输部东海航海保障中心开展了海上数字广播（NAVDAT）系统的研发，建立了 NAVDAT 播发和接收测试系统[77]。该系统的信息播发功能完善，可播发航行安全、安保、海上搜救、气象、海况、引航、港口和船舶交通管理等当前海上航行所必需的各类信息。用户可根据海上通信的需要，选择通播、选播、单播等信息播发模式。该系统可实现消息、文本、文件或图像的岸-船数字广播，海图改正等航行相关安全信息的快速推送，以及与船舶信息系统的无缝连接。与 NAVTEX 系统相比，NAVDAT 系统实现了更高的频谱利用率和传输速率，可以与 NAVTEX 系统在使用频率互不干扰的背景下共存共用[78]。

2015 年 2 月，广州海岸电台开始试开放 4209.5kHz 的高频广播业务，每天 1 时、5 时、9 时、13 时、17 时和 21 时，分 6 次用英文播发。在“十一五”建设规划末，正式开放 NAVTEX486 中文广播业务，覆盖长江口周围 250 海里海域，为船舶航行安全提供了通信保障[79]。

2020 年，国际首个 NAVDAT 试验验证平台在上海建成，并于 2021 年起进行常态化播发试验，播发真实的航行警告、气象图、电子海图更新文件等多媒体信息，接收终端是分别位于上海、宁波等地的船舶及岛屿，有效验证了 NAVDAT 系统提供高效、便捷广播服务的可行性和可靠性[80]。

3. 基于海域的海上通信

将无线通信技术应用于航海领域，最早可追溯至1899年，美国“圣·保罗号”轮船首次在船舶上安装了无线电收发信机并成功通信。自此，无线电通信系统开始被大量加装到各类船舶上作为重要的通信保障。

1900年，波罗的海上的一群渔民遇险，他们用无线电报机发出的求救信号被附近的“椰马克”号破冰船收到，渔民因此获救；1909年，名为“共和”号和“佛罗里达”号的两艘船舶在浓雾中相撞，“共和”号发出的无线电遇险信号被航行在附近海域的“波罗的”号截获，两艘船上的1700余人幸运获救[71]。

1912年，“泰坦尼克”号豪华游轮的海难事故震惊了全世界，也使得海运业与船舶制造业意识到无线电通信在船舶海上航行的重要性。1915年，首次制定的《国际海上人命安全公约》（International Convention for the Safety of Life at Sea，SOLAS）要求各类型船舶必须配备由蓄电池供电的无线电收发信机，并规定以500kHz作为船舶呼叫和遇险频率，这标志着无线通信正式成为各类船舶之间的标准通信方式[80]。此后，无线通信技术发展，该公约也随之更新，要求将最新的无线通信技术与系统作为船舶的标准配备，以此在最大程度上保证各类船只的航行安全。

20世纪70年代起，VHF通信技术发展迅速，并在海上船舶通信领域得到了广泛应用。1988年，SOLAS修正案要求，所有总吨位在300吨及以上的船舶必须配备VHF无线电装置，应具备数字选择性呼叫（digital selective calling，DSC）功能、多频道无线通话功能、70频道DSC值守等功能。至2005年底，VHF无线电已成为海上船舶普及率最高的通信设备，船舶所用VHF无线电装置为半双工工作方式，工作频率为156～174MHz。

进入21世纪，随着无线分布式网络技术的迅猛发展，用于船舶间通信的海上自适应网络得到了深入研究和广泛应用。2010年，日本基于Ad Hoc网络开发了海上移动自组织网络，通过船舶对船舶通信实现了海上通信覆盖范围的扩大，该网络使用27MHz和40MHz频段，但其传输速率仅为1.2kbit/s，只能支持短消息服务等窄带通信服务，其应用受到很大限制[81]。

2017年，Dhivvya等[82]为异构海上通信系统设计了一种无线多跳回传网络，以扩大船舶通信网络的覆盖范围，并且通过不同船舶之间的自组织网络来改善连接性能，使用信噪比和预期传输计数指标对各种类型链路的通信质量进行了分析，硬件测试平台上的性能分析证明，该网络中的数据包投递率得到了显著提高。

在我国，随着VHF通信技术的不断发展，在20世纪70年代交通部为改进与外轮的通信联络颁发了《关于外轮使用甚高频无线电话暂行办法》，经国务院批准后开放VHF无线电话业务。

1988年，我国作为SOLAS成员国，依照SOLAS修正案要求，为船舶配备VHF无线电设备，作为海上船舶之间通信的标准方式。至今，VHF无线电设备仍是我国各型船舶进行船舶之间通信的主要系统之一。

20世纪90年代，软件无线电作为当时的新兴通信技术，被大量推广到各通信领域内。2004年，为探索软件无线电技术在海上通信中的应用，符策等[83]提出了一种基于软件无线电技术的船舶移动电台的理论结构，并结合船舶通信的特点详细讨论了软件船舶电台的关键技术。

进入 21 世纪，得益于无线分布式网络的迅速发展，我国将其应用到海上船舶间通信领域。2014 年，虞霖方等[84]根据 Ad Hoc 网络与 Mesh 网络的特点，设计了一种结合 Ad Hoc 网络与 Mesh 网络的航母编队舰船通信网络组网方式，根据航母编队在海上航行的实际场景、具体需求和作战任务的不同，组建 Ad Hoc 网络和 Mesh 网络，实现了多个作战单元之间的互联互通。

此外，无人机、无人艇技术的进步也使得其被引入海上船舶通信领域。对比高吞吐量的海事通信卫星，无人机、无人艇可作为沿海基站的有益补充，以解决海洋通信基础设施布设不足所引起的覆盖盲区问题。但无人机和无人艇等空中基站更容易受到恶劣天气的影响，可靠性较低[71]。

4. 基于跨域协同的海上通信

实现基于跨域协同的海上通信，需要构建陆海空天一体化无线信息网络。陆海空天一体化无线信息网络不是简单地将卫星、飞行器、船舶与已有网络直接连接，而是与天基（高轨/中轨/低轨卫星）、空基（临空/高空/低空飞行器）、地基（蜂窝/Wi-Fi/有线接入点）、海基（海面/海下航行器）等网络进行深度融合，以实现地表与立体空间的全域、全天候覆盖，以提供泛在移动通信服务，实现地表与立体空间的全域、全天候覆盖，是未来海上无线通信网络的核心发展方向。

2000 年，美国国防部提出要构建“陆海空天一体化”的无线信息网络，在统一的框架下，实现计算机信息网、传感器网和武器平台网的集成，遵循“按需定制”原则，把一体化的无线信息网络细分为若干个栅格，将信息共享划分为若干层次，针对不同的用户向他们提供所需的、经过处理的信息[85]。

2005 年，美国海军构建了灵活的舰队指挥系统，在岸基站、舰艇、舰载机上，集成了海军多频段终端以及各类窄带通信终端。其中，潜艇采用了陆基大型极低频发射台，利用极低频电磁波信号传播距离远、可跨介质跨域传输、可穿透百米级深水等特性，实现对潜单向指挥控制通信。美国空军也完成了作战、侦察、预警、运输、指挥等各类飞机和地面指挥中心装配和改装卫星通信终端的工作，实现了卫星通信装备的战术应用[86]。

从 2000 年开始，欧盟的宽带普适接入互联网服务多段系统项目将卫星网络、地面蜂窝网和无线局域网等多种网络进行融合，利用卫星、地面、海洋等领域可能的其他新兴技术，弥合数字鸿沟，提高欧洲各地区的联通性[87]。

2010 年左右，日本的卫星/地面一体化移动通信系统（satellite/terrestrial integrated mobile communication system，STICS）项目也提出了共享频谱带宽的天地一体化移动通信网络，着重于将移动覆盖范围扩展到偏远和灾害多发地区[88]。STICS 整合了卫星和地面网络，以确保在地面基础设施有限的区域，移动用户也能够保持连续通信；STICS 还可以解决服务质量、应急通信规定以及行业合作等问题，以增强日本通信基础设施的连接性。

我国目前正处于推进天基信息网、陆基信息网、海基信息网、未来互联网、移动通信网全面融合发展的初级阶段，国家交通部等部门也正在积极推进海上“天地一体化信息网络”的建设工作，以保障近远海航行船舶的通信需求，为海上油气勘探、科考以及海洋运输等提供安全可靠的海上宽带网络通信系统[70]。

2016年，我国在《中华人民共和国国民经济和社会发展第十三个五年规划纲要》和《“十三五”国家科技创新规划》中，将“天地一体化信息网络”列为“科技创新2030重大项目”之一，并作为首个启动的专项工程。该网络体系由天基骨干网、天基接入网和地基节点网三部分组成，通过与地面互联网及移动通信网互联互通，最终实现“全球覆盖、随遇接入、按需服务、安全可信”的目标[89]。

2020年，卫星互联网被确定为“新型基础设施建设”的信息基础设施之一。科研院所和相关企业也加大投入发展低轨道小卫星星座，如鸿雁星座、虹云工程等，相关试验卫星已完成在轨关键技术验证。在积极发展天基网络的同时，我国继续发展新一代高通量通信卫星，先后发射了“实践十三号”“亚太6D”以及新技术体制试验卫星“实践二十号”。高通量通信卫星对地覆盖范围越来越完善，通信容量越来越大，逐步成为我国地面网络基础设施的重要拓展形式[90]。

2020年，“海洋立体通信网络示范验证平台”项目以平流层飞艇等为基础平台，在约20km高度的临近空间，构建空间网络，拓展5G/B5G，高效低成本实现偏远稀疏场景宽带无线覆盖，突破大覆盖、大连接、大带宽、高可靠和超低时延信息通信发展瓶颈，解决海洋疆域、地空高速交通物流以及应急救灾特殊场景信息通信问题[91]。

1.4 其他水下无线通信方式简介

由于海水的导电性质，海水对电磁波起屏蔽作用。海水中含多种元素，但在每升海水中含量超过1mg的仅12种（除水中的氢和氧外），它们以多种形式存在，绝大多数处于离子状态，其中Na^+、K^+、Ca^{2+}、Mg^{2+}、SO_4^{2-}、CO_3^{2-}、Cl^-、HCO_3^-这8种离子占海水中溶质总量的99%以上，这是使海水成为导体的主要原因，其电导率随海区盐度、深度、温度而不同，范围为3～5S/m，工程上一般取其平均值（4S/m），它高于纯净海水的电导率5～6个数量级。所以对平面电磁波传播而言，海水是有耗媒质，这就决定了平面电磁波在海水中的传播衰减较大。

当发收双方的天线均在海水中时，电磁波可能的传播路径有多种。收发双方皆在海水中的电磁波通信，虽然传播衰减较大使得传输距离较短，但受水文条件影响却甚微，通信显得相当稳定，而且可以穿透如防波堤之类的水中物体。

中微子通信和量子通信是一种新型通信技术，目前主要面临传输距离近、设备复杂庞大等缺点，并且相关研究目前仍处于起步阶段，存在着频率范围要求严格、检测接收困难等诸多问题，较难应用于实际场景。目前，水声通信仍是最有效的水下远距离通信方式。

参考文献

[1] 梁旭. 中国海洋探索走向纵深[EB/OL]. (2017-06-08)[2024-04-03]. https://www.chinanews.com/tp/hd2011/2017/06-09/746494.shtml.

[2] Shen C, Guo Y J, Oubei H M, et al. 20-meter underwater wireless optical communication link with 1.5Gbps data rate[J]. Optics Express, 2016, 24(22): 25502-25509.

[3] Sonardyne, Sonardyne Modem 6(surface)[EB/OL]. (2022-10-15)[2024-05-13]. https://www.sonardyne.com/products/surface-deployed-acoustic-modem-6.
[4] Underwood A, Murphy C. Design of a micro-AUV for autonomy development and multi-vehicle systems[C]. OCEANS 2017, Aberdeen, 2017: 1-6.
[5] Zia M Y I, Poncela J, Otero P. State-of-the-art underwater acoustic communication modems: Classifications, analyses and design challenges[J]. Wireless Personal Communications, 2021, 116(2): 1325-1360.
[6] Quazi A, Konrad W. Underwater acoustic communications[J]. IEEE Communications Magazine, 1982, 20(2): 24-29.
[7] 陈友淦, 许肖梅. 人工智能技术在水声通信中的研究进展[J]. 哈尔滨工程大学学报, 2020, 41(10): 1536-1544.
[8] 王海斌, 汪俊, 台玉朋, 等. 水声通信技术研究进展与技术水平现状[J]. 信号处理, 2019, 35(9): 1441-1449.
[9] 张永霖, 王海斌, 李超, 等. 水声通信中的信道估计与机器学习交叉研究进展[J]. 声学技术, 2022, 41(3): 334-345.
[10] Dol H, Casari P, van der Zwan T, et al. Software-defined underwater acoustic modems: Historical review and the NILUS approach[J]. IEEE Journal of Oceanic Engineering, 2017, 42(3): 722-737.
[11] 殷敬伟. 水声通信原理及信号处理技术[M]. 北京: 国防工业出版社, 2011.
[12] Baggeroer A B, Koelsch D E, von der Heydt K, et al. DATS - A digital acoustic telemetry system for underwater communications[C]. OCEANS 1981, Boston, 1981: 55-60.
[13] Stojanovic M, Catipovic J A, Proakis J G. Phase-coherent digital communications for underwater acoustic channels[J]. IEEE Journal of Oceanic Engineering, 1994, 19(1): 100-111.
[14] Li B S, Zhou S L, Stojanovic M, et al. Non-uniform doppler compensation for zero-padded OFDM over fast-varying underwater acoustic channels[C]. OCEANS 2007, Aberdeen, 2007: 1-6.
[15] Wen M W, Cheng X, Yang L Q, et al. Index modulated OFDM for underwater acoustic communications[J]. IEEE Communications Magazine, 2016, 54(5): 132-137.
[16] Ebihara T, Mizutani K. Underwater acoustic communication with an orthogonal signal division multiplexing scheme in doubly spread channels[J]. IEEE Journal of Oceanic Engineering, 2014, 39(1): 47-58.
[17] Amini P, Chen R R, Farhang B B. Filterbank multicarrier communications for underwater acoustic channels[J]. IEEE Journal of Oceanic Engineering, 2015, 40(1): 115-130.
[18] Hebbar R P, Poddar P G. Generalized frequency division multiplexing for acoustic communication in underwater systems[C]. 2017 International Conference on Circuits, Controls, and Communications(CCUBE), Bangalore, 2017: 86-90.
[19] Li B S, Huang J, Zhou S L, et al. MIMO-OFDM for high-rate underwater acoustic communications[J]. IEEE Journal of Oceanic Engineering, 2009, 34(4): 634-644.
[20] Wang Y Y, Tai Y P, Wang H B, et al. The research of MIMO-FBMC in underwater acoustic communication[C]. WUWNet'18: The 13th ACM International Conference on Underwater Networks & Systems, Shenzhen, 2018: 1-5.
[21] Demirors E, Shankar B G, Santagati G E, et al. SEANet: A software-defined acoustic networking framework for reconfigurable underwater networking[C]. WUWNet'15: International Conference on Underwater Networks & Systems, Arlington, 2015: 1-8.
[22] Restuccia F, Demirors E, Melodia T. iSonar: Software-defined underwater acoustic networking for amphibious smartphones[C]. WUWNet'17: International Conference on Underwater Networks & Systems, Halifax, 2017: 1-9.
[23] Li F F, Jia D, Kai L. ImageNet: Constructing a large-scale image database[J]. Journal of Vision, 2010, 9(8): 1037.
[24] Li D D, Wang S L, Zhang W. Modulation classification of underwater acoustic communication signals based on deep learning[C]. OCEANS 2018, Kobe, 2018: 1-4.
[25] 江伟华, 曹秀岭, 童峰. 采用支持向量机的水声通信信号调制识别方法[J]. 厦门大学学报(自然科学版), 2015, 54(4): 534-539.
[26] Zhang J, Cao Y, Han G Y, et al. Deep neural network-based underwater OFDM receiver[J]. IET Communications, 2019, 13(13): 1998-2002.
[27] Jiang R K, Wang X T, Cao S, et al. Deep neural networks for channel estimation in underwater acoustic OFDM systems[J]. IEEE Access, 2019, 7: 23579-23594.
[28] Fu Q, Song A J. Adaptive modulation for underwater acoustic communications based on reinforcement learning[C]. OCEANS 2018, Charleston, 2018: 1-8.
[29] Wang C F, Wang Z H, Sun W S, et al. Reinforcement learning-based adaptive transmission in time-varying underwater acoustic channels[J]. IEEE Access, 2018, 6: 2541-2558.
[30] Alamgir M S M, Sultana M N, Chang K. Link adaptation on an underwater communications network using machine learning algorithms: Boosted regression tree approach[J]. IEEE Access, 2020, 8: 73957-73971.
[31] Kingma P D, Welling M. Auto-encoding variational bayes[J]. Computing Research Repository, 2013, 1312: 6114.

[32] Goodfellow I, Pouget-Abadie J, Mirza M, et al. Generative adversarial nets[J]. Advances in Neural Information Processing Systems, 2014, 27: 2672-2680.
[33] Wei L. Adapting deep learning for underwater acoustic communication channel modeling[D]. Michigan: Michigan Technological University, 2022.
[34] Wei L, Wang Z H. A variational auto-encoder model for underwater acoustic channels[C]. WUWNet'21: The 15th International Conference on Underwater Networks & Systems, Shenzhen, 2022: 1-5.
[35] 企业管理百事通. 海洋生物研究院是研究什么的[EB/OL]. (2024-01-04)[2024-04-03]. https://baijiahao.baidu.com/s?id=1787125161960461802&wfr=spider&for=pc.
[36] 李禾. 环境部: 去年广西、海南近岸海域水质为优, 长江口水质极差[EB/OL]. (2018-08-07)[2024-04-03]. https://www.thepaper.cn/newsDetail_forward_2327749.
[37] 天功测控. 海洋工程领域应用背景[EB/OL]. (2021-07-08)[2024-04-03]. http://www.hntgtest.com/yingyong/9.html.
[38] 艺术摄影. 大海[EB/OL]. (2014-08-11)[2024-04-03]. https://www.2008php.com/tuku/936049.html.
[39] 环球时讯. 中国未来或建"水声通信网"遥控潜艇[EB/OL]. (2018-12-29)[2024-04-03]. https://baijiahao.baidu.com/s?id=1621196375864179333&wfr=spider&for=pchttps://www.xianjichina.com/special/detail_336812. html.
[40] 海底建"龙宫"? 中国在深海 1000 米下建空间站, 有啥特殊作用?[EB/OL]. (2021-10-31)[2024-04-03]. https://baijiahao.baidu.com/s?id=1715146130104624801&wfr=spider&for=pc?.
[41] Duntley S Q. Light in the Sea[J]. Journal of the Optical Society of America, 1963, 53(2): 214-233.
[42] McConathy D R. Submarine laser communications[J]. Defense Electronics, 1989(6): 82-89.
[43] UON technologies underwater optical networks product profile[EB/OL]. (2015-06-08)[2024-04-03]. http://www.uontechnologies.com.
[44] Arnon S, Kedar D. UV solar-blind FSO sub-sea video communications: Link budget study[J]. Unmanned/Unattended Sensors and Sensor Networks V, 2008, 7112: 711207.
[45] Doniec M, Detweiler C, Vasilescu I, et al. AquaOptical: A lightweight device for high-rate long-range underwater point-to-point communication[J]. Marine Technology Society Journal, 2010, 44(4): 55-65.
[46] Farr N, Bowen A, Ware J, et al. An integrated, underwater optical/acoustic communications system[C]. OCEANS 2011, Sydney, 2011: 1-6.
[47] Doniec M, Rus D. BiDirectional optical communication with AquaOptical II[C]. 2010 IEEE International Conference on Communication Systems, Singapore, 2010: 390-394.
[48] 于新生, 张凤丽, 随美红, 等. 水下宽带无线光通信技术研究[J]. 红外与激光工程, 2009, 38(增刊): 198-201.
[49] Xu J, Kong M W, Lin A B, et al. OFDM-based broadband underwater wireless optical communication system using a compact blue LED[J]. Optics Communications, 2016, 369: 100-105.
[50] Xu J, Song Y H, Yu X Y, et al. Underwater wireless transmission of high-speed QAM-OFDM signals using a compact red-light laser[J]. Optics Express, 2016, 24(8): 8097-8109.
[51] Xu J, Lin A B, Yu X Y, et al. Underwater laser communication using an OFDM-modulated 520-nm laser diode[J]. IEEE Photonics Technology Letters, 2016, 28(20): 2133-2136.
[52] Liu X Y, Yi S Y, Zhou X L, et al. 34.5m underwater optical wireless communication with 2.70Gbps data rate based on a green laser diode with NRZ-OOK modulation[J]. Optics Express, 2017, 25(22): 27937-27947.
[53] Chen Y F, Kong M W, Ali T, et al. 26m/5.5Gbps air-water optical wireless communication based on an OFDM-modulated 520-nm laser diode[J]. Optics Express, 2017, 25(13): 14760-14765.
[54] Kong M W, Sun B, Sarwar R, et al. Underwater wireless optical communication using a lens-free solar panel receiver[J]. Optics Communications, 2018, 426: 94-98.
[55] Wang J J, Shi W, Xu L W, et al. Design of optical-acoustic hybrid underwater wireless sensor network[J]. Journal of Network and Computer Applications, 2017, 92: 59-67.
[56] 张洪铭, 闫实, 唐斌, 等. 海上无线通信技术: 现状与挑战[J]. 无线电通信技术, 2021, 47(4): 392-401.
[57] 于永学, 王玉珏, 解嘉宇. 海洋通信的发展现状及应用构想[J]. 海洋信息, 2020, 35(2): 25-28.
[58] 周雪, 郭文刚, 王晓瑞, 等. 海上无线通信多类型手段融合组网方案与验证[J]. 中国电子科学研究院学报, 2023, 18(1): 80-86.
[59] 杨红岩, 谢梓君. 中国 3 颗交通 VDES 卫星首发成功为全球天地一体海上安全通信贡献力量[N]. 中国交通报, 2021-10-15(005).
[60] 董浩, 宋亮, 化存卿, 等. 海上通信技术发展与研究综述[J]. 电信科学, 2022, 38(5): 1-17.
[61] 张海君, 苏仁伟, 唐斌, 等. 未来海洋通信网络架构与关键技术[J]. 无线电通信技术, 2021, 47(4): 384-391.

[62] 姜金智. 浅谈无线网络通信在海上平台的应用及安全[J]. 中国设备工程, 2023, 22: 10-12.
[63] Spiridonov V V. INMARSAT systems and services[C]. International Conference on Satellite Communications, Moscow, 1994: 45-52.
[64] Banks D K, Gambaruto E, Krinsky B. The INMARSAT second generation communications payload[C]. 19th European Microwave Conference, London, 1989: 781-788.
[65] Kinal G V, Nagle J, Lipke D W. INMARSAT integrity channels for global navigation satellite systems[J]. IEEE Aero Space and Electronic Systems Magazine, 1992, 7(8): 22-25.
[66] Franchi A, Howell A, Sengupta J. Broadband mobile via satellite: INMARSAT BGAN[C]. Broadband Satellite: The Critical Success Factors - Technology, Services and Markets, London, 2000: 23/1-23/7.
[67] Hadinger P. INMARSAT global Xpress the design, implementation, and activation of a global Ka-band network[C]. 33rd AIAA International Communications Satellite Systems Conference and Exhibition, Queensland, 2015: 1-8.
[68] Wei F Y, Chen B D, Jia R, et al. Research on maritime leapfrog emergency communication coverage technology based on satellite relay[C]. 1st International Conference on Advanced Algorithms and Control Engineering, Pingtung, 2018, 1087(4): 1-8.
[69] 高鑫, 门吉卓, 刘晓滨, 等. 高通量卫星通信发展现状与应用探索[J]. 卫星应用, 2020(8): 43-48.
[70] 张明, 李华, 王军. 中星十六号卫星技术指标及应用[J]. 航天器工程, 2018, 27(3): 1-8.
[71] 王福斋, 陈褒丹. 现代海上通信与信息技术[M]. 西安: 西安电子科技大学出版社, 2021.
[72] Wyatt-Millington R A, Sheriff R E, Hu Y F, et al. The suited project: A multi-segment system for broadband access to internet services[C]//Proceedings of the IEE Seminar on Broadband Satellite: The Critical Success Factors-Technology, Services and Markets. London: IET, 2000: 12/1-12/11.
[73] 庞福文. 汉字奈伏泰斯系统论[M]. 大连: 大连海事大学出版社, 2001.
[74] 张永杰, 周志强, 祝秋波. 上海海岸电台航行警告 NAVTEX 播发超时的分析和建议[J]. 航海, 2023(4): 51-53.
[75] 邓洪章. 船舶自动识别系统(AIS)[J]. 天津航海, 2002(4): 31-36.
[76] 蒋冰, 郑艺, 华彦宁, 等. 海上应急通信技术研究进展[J]. 科技导报, 2018, 36(6): 28-39.
[77] 胡杰, 于海涛, 贾文鹏. 船舶通信导航技术及其发展研究[J]. 科技资讯, 2024, 22(4): 12-14.
[78] 邵鹏, 李志上. 船岸间安全信息通信的未来选择: NAVDAT 系统的研发及建设[J]. 航海技术, 2020(1): 23-25.
[79] 赵合广. 试述奈伏泰斯中文系统的试播与使用介绍[J]. 中国水运(下半月), 2014, 14(12): 117-119.
[80] 柳邦声. 船舶通信技术发展综述[J]. 世界海运, 2020, 43(10): 17-19.
[81] Yoshikawa T, Kawasaki S, Takase M, et al. Development of 27MHz/40MHz bands maritime wireless ad-hoc net-works[C]. 2010 Second International Conference on Ubiquitous and Future Networks(ICUFN), Jeju, 2010: 177-182.
[82] Dhivvya J P, Rao S N, Simi S. Towards maximizing throughput and coverage of a novel heterogeneous maritime communication network[C]. Mobihoc'17: The Eighteenth ACM International Symposium on Mobile Ad Hoc Networking and Computing, Chennai, 2017: 1-2.
[83] 符策, 王惠. 基于软件无线电技术的船舶移动电台[J]. 中国航海, 2004(1): 36-39.
[84] 虞霖方, 张桂英, 吴有俊. 基于 Mesh 网络的航母编队通信网研究[J]. 舰船电子工程, 2014, 34(12): 72-75.
[85] Liu J J, Shi Y P, Fadlullah Z M, et al. Space-air-ground integrated network: A survey[J]. IEEE Communications Surveys & Tutorials, 2018, 20(4): 2714-2741.
[86] Giaquinto G, Sterk R. Navy multi-band terminal(NMT)[J]. Command, Control, Communications, Computers & Intelligence Forecast, 2012, 1(12): 34-40.
[87] 徐晓帆, 王妮炜, 高璎园, 等. 陆海空天一体化信息网络发展研究[J]. 中国工程科学, 2021, 23(2): 39-45.
[88] Fujino Y, Miura A, Hamamoto N, et al. Satellite terrestrial integrated mobile communication system as a disaster countermeasure[C]. 30th URSI General Assembly and Scientific Symposium, Istanbul, 2011: 1-4.
[89] 《卫星应用》编辑部. 2017 年中国卫星应用若干重大进展[J]. 卫星应用, 2018(1): 12-20.
[90] 高建文, 肖双爱, 虞志刚, 等. 面向海洋全方位综合感知的一体化通信网络[J]. 中国电子科学研究院学报, 2020, 15(4): 343-349, 363.
[91] 李妍, 范筱, 黄晓明, 等. 面向未来的陆海空天融合通信网络架构[J]. 移动通信, 2020, 44(6): 104-115.

第 2 章　水声信道特性

信道是收发两端之间传输媒介的总称，从水声通信理论的角度看，海洋以及其他水域环境就是声信道。与陆地环境相比，水声信道环境更加多变，这也导致了水声信道要比无线电信道复杂许多。水声信道具有以下特点：①可用通信带宽窄，常用频带范围在几千赫兹到几十千赫兹；②多径传播干扰严重，声波在传播过程中会经过多次水底、水面以及水中反射体的反射，导致复杂的多径干扰；③多普勒效应显著，水流运动使得发射端与接收端之间存在相对运动，导致接收信号脉宽改变，产生频率偏移；④传输衰减大，波阵面的扩展、介质声吸收以及弛豫等造成传输衰减[1]；⑤强时变特性，受复杂海洋环境界面的影响，水声信道通常会存在较强的时变特性。水声信道的上述特性对水声通信的稳健性、传输速率和传输距离产生严重影响。本章针对水声信道的上述特性进行介绍。

2.1　传播衰减及可用带宽

海水是不均匀的介质，当声信号在海水中传播时，随着传播距离的增加，声信号的能量强度将越来越弱，声信号在海洋中的这种声衰减的来源可以总结为两个方面，一个是声吸收损失，另一个是扩展损失[2-3]。声吸收损失又称为物理衰减，其与声波的频率有关；扩展损失指声波在传播过程中波阵面的不断扩展引起声强的衰减，也称为几何衰减。

假设海洋中传输的声信号的频率为 f，当其传输距离为 l 时，对应的传播损失的分贝（dB）形式可以表示为

$$10\lg A(l,f)=10\cdot k\lg l+10\cdot l\lg\alpha(f) \tag{2.1}$$

式中，k 为扩展因子；$\alpha(f)$ 为海水在频率为 f 时的声吸收系数。在式（2.1）中，右侧第一项表示扩展损失，右侧第二项表示声吸收损失。扩展因子 k 描述了声波不同的几何传播形式，当 $k=2$ 时表示球面波扩展，当 $k=1$ 时表示柱面波扩展，当 $k=1.5$ 时表示计入海底声吸收情况下的浅海声传播。相反，对声吸收系数来说，一般没有固定的表示形式，通常可由经验公式计算得到，在本节，介绍一种常用的索普（Thorp）经验公式[4]，其表达式如下：

$$10\lg\alpha(f)=0.11\frac{f^2}{1+f^2}+44\frac{f^2}{4100+f}+2.75\times10^{-4}f^2+0.003 \tag{2.2}$$

式（2.2）通常适用于声信号频率大于几百赫兹时，其中，f 的单位为 kHz，$\alpha(f)$ 的单位为 dB/km。当目标信号的频率更低时，通常采用如下的声吸收系数计算公式：

$$10\lg\alpha(f)=0.002+0.11\frac{f^2}{1+f^2}+0.011f^2 \tag{2.3}$$

以上述介绍的经验公式为例，图 2.1 给出了声吸收系数随频率变化的曲线，很明显可以看出海水的声吸收系数随着频率的增大而快速增加。

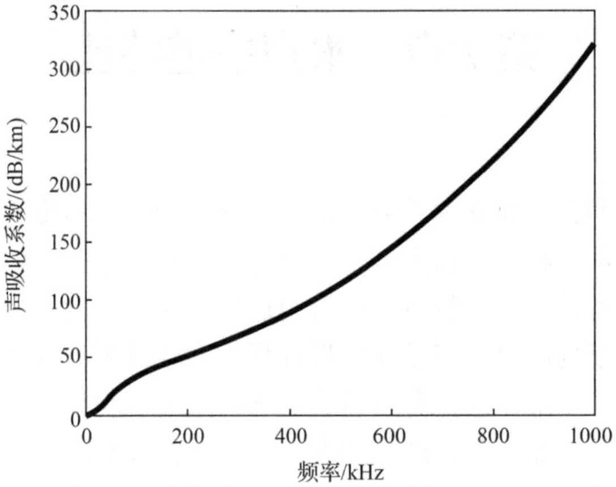

图 2.1　声吸收系数随频率变化的曲线

从图 2.1 中可以看出，随着频率的不断增加，声吸收系数也在不断地增加，因此在实际的海洋声传播场景中，目标信号的频率通常不能太高。此外，在海洋环境中，噪声能量主要存在于低频段。因此，在实际的传输中，接收信号的信噪比随着信号带宽的变化而不断变化。以传输中心频率为 f 的窄带信号为例，图 2.2 给出了不同传输距离下接收信噪比随频率变化的曲线。

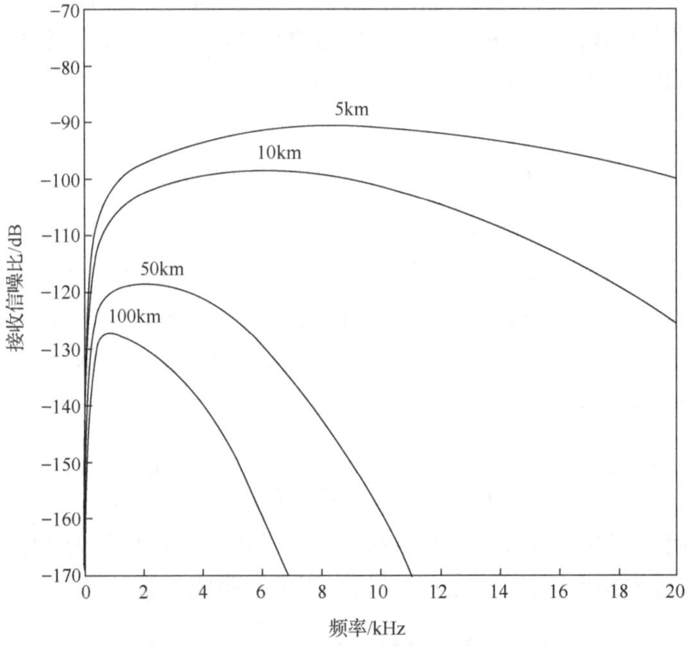

图 2.2　不同传输距离下接收信噪比随频率变化的曲线

在图 2.2 中，接收信噪比可以表示为

$$\mathrm{SNR}(l,f)=P/\left[A(l,f)N(f)\right] \tag{2.4}$$

式中，l 为信号的传输距离；$A(l,f)$ 为声传播损失；$N(f)$ 为噪声功率谱密度；P 为信号的功率。从图 2.2 中可以看出，对应不同的传输距离，存在一个中心频率对应最优接收信噪比，以传输距离 100km 为例，系统可用带宽仅为 1kHz 左右。在工程应用中有一个经验法则：信号带宽上限频率是在传输距离上能量衰减为 10dB 的频率值。这并不表示在近距离通信时，可用带宽可以随意选取。当进行近距离通信时，信号带宽受限于发射换能器的发射频率特性。因此水声通信性能评估的一项重要指标就是频带利用率。

2.2 多 径 信 道

水声信号在传播过程中介质的非均匀性会使得声线弯曲，经过海底、海面的反射与折射产生多径效应。海洋环境中多径传播现象的产生源于两种物理机制：①海洋存在着海面和海底两个界面，声波传输时会发生反射，如图 2.3（a）所示；②由于温度、盐度和深度的影响，不同深度的声速分布不均匀，从而使声波发生折射，如图 2.3（b）所示。

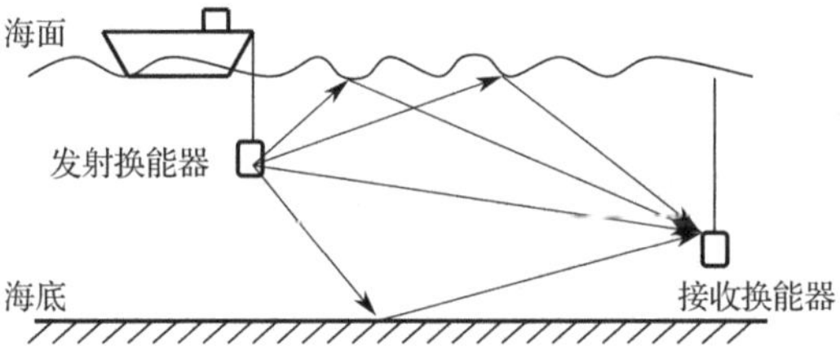

（a）反射情形多径传播

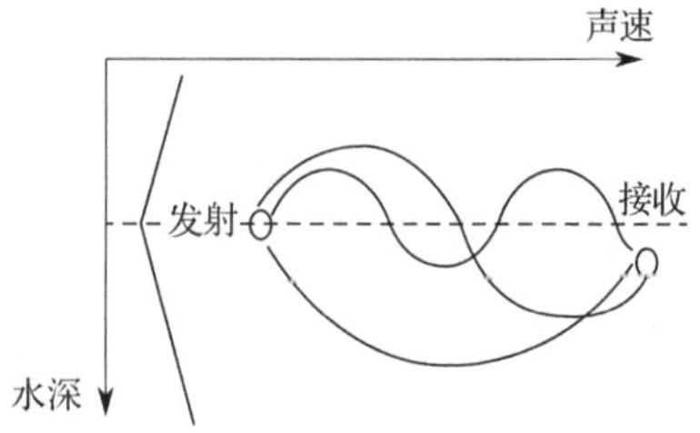

（b）折射情形多径传播

图 2.3　多径传播示意图

2.2.1　浅水多径信道

在浅水环境下，由于水深较浅，多径信道主要由界面反射声构成，其多径时延通常较短，但多径较多。图 2.4 分别给出了莲花湖和松花湖的信道多径结构。在图 2.4（a）中，莲花湖信道结构较为复杂，信道多径扩展近 30ms，主要包括直达、湖面反射、湖底反射、湖面湖底反射以及经过多次湖面湖底反射的声信号。其中直达声信号的能量最强，湖面反射和湖底反射声信号能量次之，经过多次湖面湖底反射的声信号能量较弱。在图 2.4（b）中，松花湖信道多径扩展近 20ms，其多径构成与莲花湖类似。

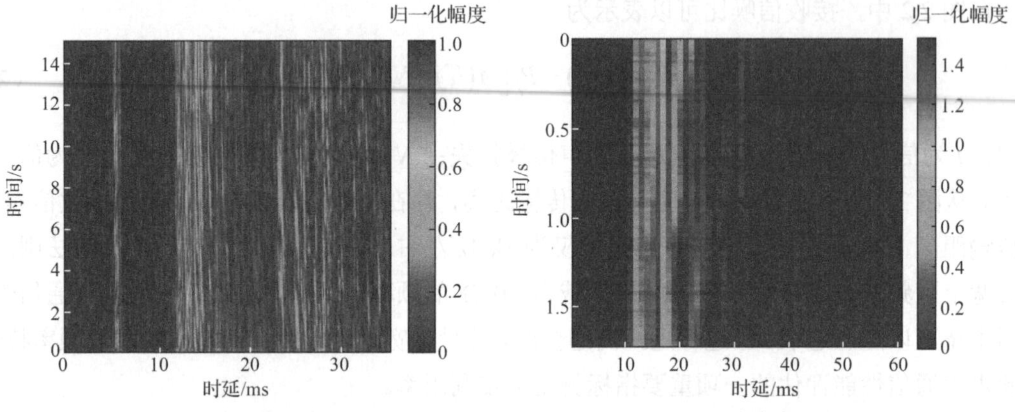

（a）莲花湖信道　　（b）松花湖信道

图 2.4　实际采集浅水多径信道示例

2.2.2　深海多径信道

深海声速分为表面层、跃变层和深海等温层三层。在海洋表面，因受到阳光照射，水温较高，但它同时又受到风浪的搅拌作用，形成海洋表面层，层内声速梯度可正可负。在表面层和深海等温层之间是声速变化的过渡区域，称为跃变层。跃变层又分为季节跃变层和主跃变层，层中温度随深度增加而下降，声速相应变小，声速梯度为负值。在主跃变层之下，水温较低，但很稳定，水温终年不变，且不随深度变化，形成深海等温层。随海洋深度增加声速也增加，呈现海洋内部的声速正梯度分布。

与浅水信道不同，深海水声信道的多径组成通常较为简单，多径数量较少，但空间跨度大，其多径时延通常较长。由于深海声速的上述分层现象在深海不同的位置，形成的信道结构具有显著的差别，根据传播区域的不同，深海声传播形成了诸如可靠声路径、声影区、会聚区以及深海声道轴信道等诸多信道结构。图 2.5 分别给出了上述四种区域的典型水声信道结构。

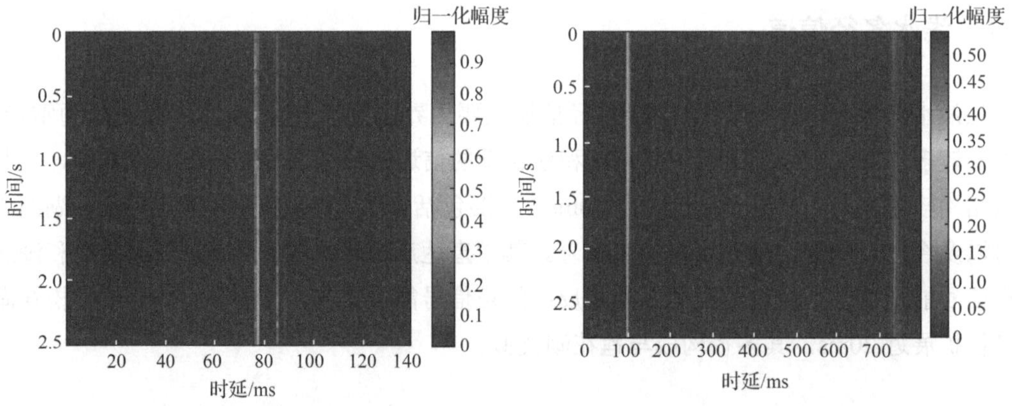

（a）可靠声路径信道　　（b）声影区信道

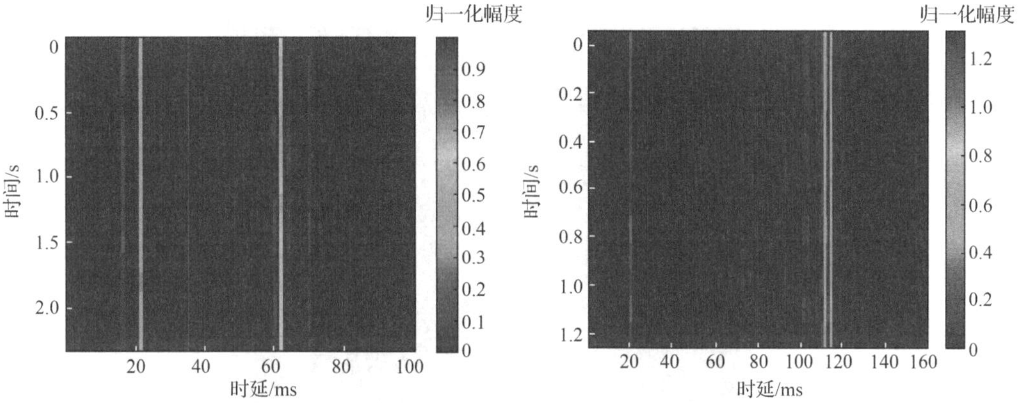

（c）会聚区信道　　（d）深海声道轴信道

图 2.5　实际采集深海多径水声信道示例

从图 2.5 中可以看出，深海水声信道的多径时延通常较浅水信道更长，尤其是声影区信道，通常达到几百毫秒甚至会超过 1s，而且深海水声信道多径分离明显，呈现了一种分组稀疏的现象。此外，在深海水声信道中，传播路径长的信号不一定晚到达，最先到达的信号能量不一定是最高的，如图 2.5（c）、（d）所示。因为声速在水体中的不均匀性，传播路径长的信号可能以更快的速度传播，也就是说经过长距离的信号可能比直达路径的强信号更早到达接收元，这个现象造成水声信道响应系统可能不是最小相位系统。

2.3　多普勒及起伏效应

声信号在海洋环境中传播时，发射与接收节点之间的相对运动产生的多普勒效应通常会导致接收信号的载波偏移以及信号幅度的降低，这种多普勒效应与多径扩展并发的多普勒频展会严重影响通信信号的解码。此外，海面、内波、湍流等传播介质的变化也会引起声场的起伏，这种起伏和多普勒效应类似，会使通信信号产生随机起伏，严重影响通信系统的性能。相对于无线电通信，水声通信系统的多普勒效应通常不能忽略，因为波在水中的传播速度慢。无人潜航器的航速通常为 1.5～3m/s，但其频偏因子可以达到$1\times10^{-3}\sim2\times10^{-2}$。而对于相同速度的无线电通信，其频偏因子仅为$5\times10^{-9}\sim1\times10^{-8}$。由此可见，水声通信中的相对多普勒偏移比无线电通信中的多普勒偏移高几个数量级。

图 2.6 给出了一次浅水移动通信试验中实际收集的信道，在试验过程中，发射端以 1m/s 的速度远离接收端。从图 2.6 中可以看出，当接收端和发射端存在相对移动时，其信道随时间产生明显变化。此外，除了信道的时变外，多普勒频偏还会引起接收信号在时间上的扩展或压缩，频域表现为载波频率的偏移。通常情况下，由发射机和接收机的相对运动造成的多普勒频偏 f_{d} 与相对运动的声速 v、声传播速度 c 以及信号频率 f_0 有关，可以用下式表示：

$$f_{\mathrm{d}}=\frac{v}{c}f_0\cos\varphi \tag{2.5}$$

式中，φ 为相对运动方向与信号传输方向的夹角。

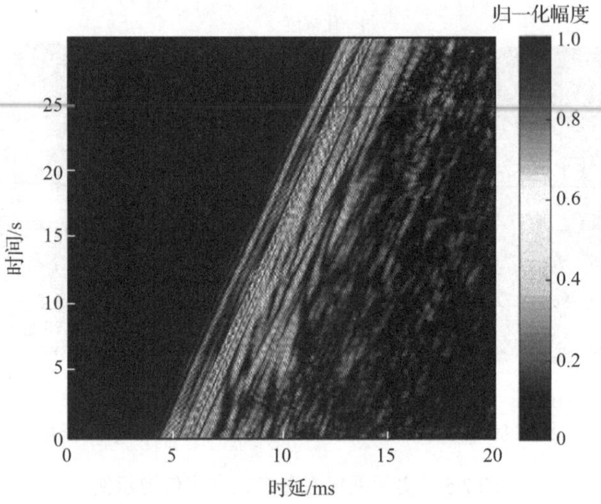

图 2.6　实测浅水水声信道冲激响应

图 2.7 给出了一次深海定点水声通信试验中实际收集的信道，为了区分不同多径，将不同的多径在时延轴上进行分离。图 2.7（a）中的多径为直达声信号，由于发射和接收固定，其十分稳定，几乎不随时间变化；而图 2.7（b）中的多径为海面反射、海底-海面反射以及海底-海面多次反射的声信号，受随机起伏界面的影响，其信道结构时变性很强，这种信道起伏也会对通信信号造成一定的多普勒频偏和扩展。

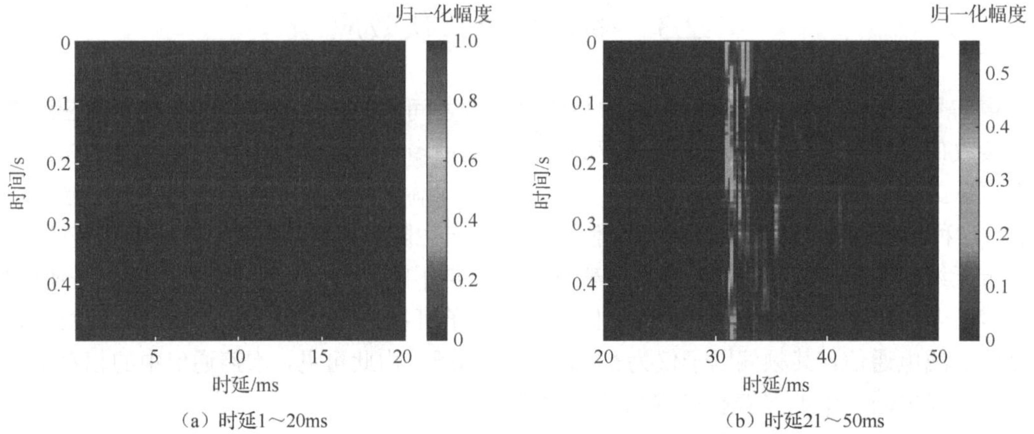

图 2.7　实测深海水声信道冲激响应

除了上述多普勒效应以及起伏效应造成的多普勒频偏扩展之外，在水声通信中通常会采用较宽的通信频带（信号的带宽相对于其中心频率来说不可忽略），此时多普勒效应不能简单地看作多普勒频偏，因此不能使用单一的频率对接收信号进行补偿。本书将在后续章节中对多普勒效应对宽带高速水声通信信号的影响以及如何消除该影响等问题展开详细的分析。

2.4　强时变特性

2.3 节已经介绍了发射和接收之间相对运动以及面、内波、湍流等传播介质的变化会引起水声信道的强时变特性，本节将对水声信道的时变性进行定量分析。通常来说，信号波动的快慢通常使用信号随时间变化的相关度来表述，在水声通信中，发送信息是确定的，因此信号随时间的变化即信道冲激响应随时间的变化。本节介绍一种时间相干函数来描述水声信道随时间的变化，时间相干函数表示为[5]

$$\Gamma(\tau)=\left\langle\frac{\left[h^{*}(t)h(t+\tau)\right]}{\sqrt{\left[h^{*}(t)h(t)\right]\left[h^{*}(t+\tau)h(t+\tau)\right]}}\right\rangle \tag{2.6}$$

式中，$h(t)$ 表示参考水声信道；$h(t+\tau)$ 表示延迟时间 τ 后的水声信道；$[ab]$ 表示信号 a 与 b 互相关系数的最大值；上标“*”表示共轭运算；$\langle\bullet\rangle$ 表示系综平均。

图 2.8 给出了两次试验的水声信道结构以及对应的时间相干性曲线。从图 2.8（a）、（b）中可以看出，该水声信道随时间快速发生变化，虽然信号能量仍然集中于直达声和海面发射声，但是这两条信道结构已经不再稳定，除此之外还有一些较晚达到的声信号。较晚达到的声信号可能是粗糙海面的声散射导致的，这些声散射随着时间快速变化，在不知道海面真实粗糙程度的情况下很难去模型化描述。从图 2.8（c）、（d）中可以看出，该水声信道结构很稳定，信道时变性弱，时间相干性较大，因为冰面相较于海面更稳定，其不随时间变化。对于图 2.8 中的慢时变信道（信道相干时间为几十秒、几分钟甚至更长时间），在实际水声信息传输过程中，可以尽量增加信号帧的长度，而不必采用多帧数据格式，即频繁插入探测信号和保护时间，从而增加系统的有效性。而对于图 2.8 中的快时变信道（信道相干时间为几秒、几百毫秒甚至更短时间），可以在信号解码时确定信道更新的频率，从而增加系统的可靠性。

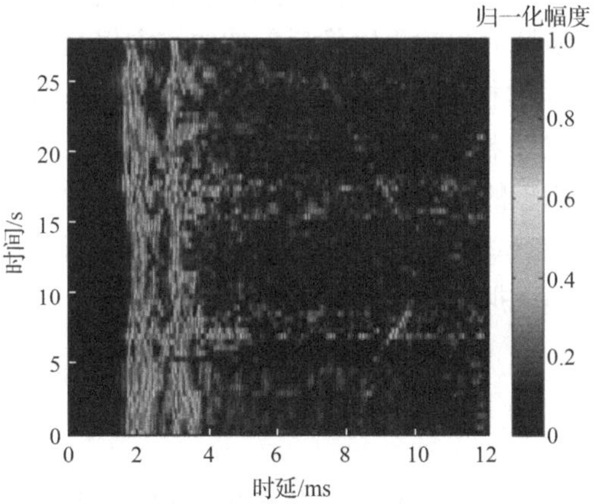

（a）鲅鱼圈海域水声信道冲激响应

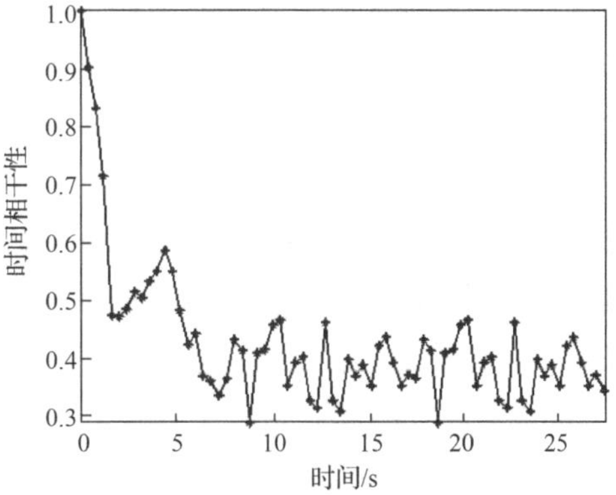

（b）鲅鱼圈海域水声信道时间相干性

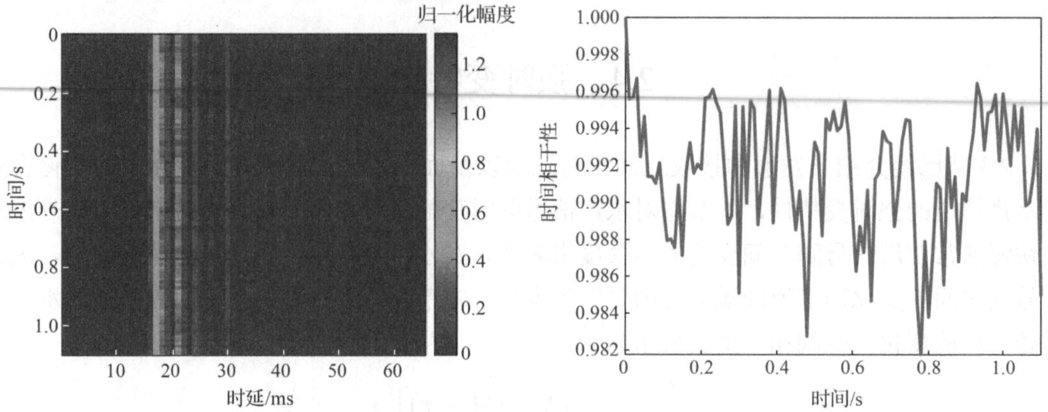

（c）松花江冰下水声信道冲激响应　　（d）松花江冰下水声信道时间相干性

图 2.8　实测水声信道冲激响应及时间相干性

通常来说，在非移动水声通信中，信道时变性来源主要是海面的不平整性。海面的不平整性可用海面质点偏离平均水面的垂直位移 $\zeta(x,y,t)$ 来表示。$\zeta(x,y,t)$ 被称为随机波浪场，一般可假定是均匀的平稳随机场。绝大部分实际的波浪质点位移 $\zeta(x,y,t)$ 的分布符合高斯分布：

$$f(\zeta)=\frac{1}{\sqrt{2\pi}\sigma_\zeta}\exp\left(-\frac{\zeta^2}{2\sigma_\zeta^2}\right) \tag{2.7}$$

式中，σ_ζ 为海面波高的均方根值，单位为 m，表示海面不平整性的程度，其大小与引起海面不平整的海况有关，一般为厘米到米量级。另外，我们还可以采用瑞利参数 R 来描述海面不平整度的统计特性：

$$R=\frac{2\pi f_0}{c}\sigma_\zeta\sin\theta_0 \tag{2.8}$$

式中，f_0 表示信号频率，单位为 Hz；c 表示声速，单位为 m/s；θ_0 表示掠射角，单位为°。R 在物理上可以理解为由于不平整海面所引起的声波散射相对于镜像反射波的均方根相移，因此其大小也反映了不同入射波频率和掠射角下海面的相对不平整性。当 $R\ll 1$ 时，海面可以看成是平静的，主要看作反射体，在镜像反射角产生相干反射；当 $R\gg 1$ 时，海面近似为声粗糙的，主要看作散射体，在所有方向上发出不相干的散射。Eckart[6]指出当 $R=2$ 时足以使得相干反射产生超过 15dB 的损失。Rouseff 等[7]通过试验验证了 $R>1$ 的多径信号对相干水声通信依然有用，但是需要提高水声信道的更新频率以抑制信道的时变特性。

2.5　环境噪声

除了上述水声信道特性，海洋中的环境噪声也是影响通信系统性能的主要因素[8-11]，与信道特性不同，海洋环境噪声更多的是加性干扰背景场。海洋环境噪声主要包含四个部分：

湍流噪声、船只噪声、海浪噪声以及热噪声。大多数海洋环境噪声可以用连续功率谱密度来描述，上面四种噪声功率谱密度的经验公式如下：

$$\begin{aligned}
&10\lg N_t(f)=17-30\lg f\\
&10\lg N_s(f)=40+20(s-0.5)+26\lg f-60(f+0.03)\\
&10\lg N_w(f)=50+7.5w^{0.5}+20\lg f-40(f+0.4)\\
&10\lg N_{th}(f)=-15+20\lg f
\end{aligned} \tag{2.9}$$

式中，f 表示频率，单位为 kHz；$N_t(f)$、$N_s(f)$、$N_w(f)$、$N_{th}(f)$ 分别表示湍流噪声、船只噪声、海浪噪声以及热噪声的功率谱密度，单位为 dB re 1μPa/Hz；s 表示船只的活动密集程度，其值从 0 到 1 变化，s 越大表示船只活动越密集；w 表示风速，单位为 m/s。

通常来说，湍流噪声主要集中在 $f<10\text{Hz}$ 的频带，船只产生的噪声主要集中在 $10\text{Hz}<f<100\text{Hz}$ 的频带，海浪噪声是 $100\text{Hz}<f<100\text{kHz}$ 频带噪声的主要影响因素，热噪声在 $f>100\text{kHz}$ 的频带占据主导地位，在过渡频率点处，噪声谱呈现多机制混合特征。环境噪声的功率谱密度包含所有的噪声因子，可以表示为

$$N(f)=N_t(f)+N_s(f)+N_w(f)+N_{th}(f) \tag{2.10}$$

图 2.9 仿真了不同频率下的海洋环境噪声功率谱密度，其中船只的活动密集程度 $s=0.5$，风速 $w=10\text{m/s}$。海洋环境噪声主要集中在低频段，对水声通信造成了更加不利的影响。

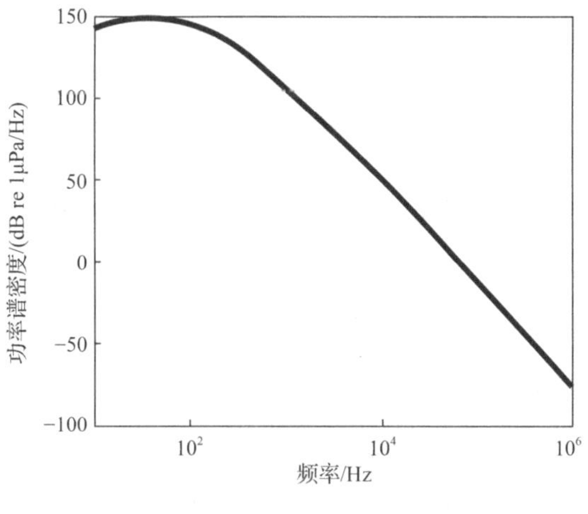

图 2.9　海洋环境噪声功率谱密度仿真（$s=0.5$、$w=10\text{m/s}$）

此外，在深海环境下，随着深度的不断增加，海洋环境噪声级不断减小，尤其是低频噪声，图 2.10 给出了两组实测的环境噪声随深度变化的结果。从图 2.10 中可以看出，当频率在 100Hz 以下时，噪声级在声道轴以下随深度增加显著降低，尤其是在临界深度（此深度的声速等于地表附近的最大速度，在图 2.10 描述的环境下约为 4700m）以下。

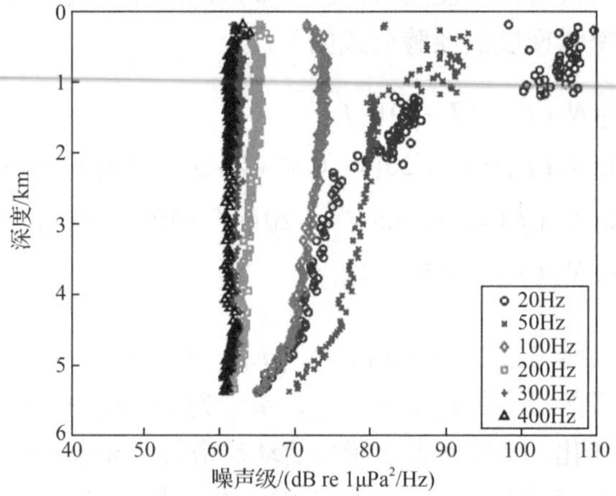

（a）PhilSea10数据集子集的中值噪声级与深度的关系[12]

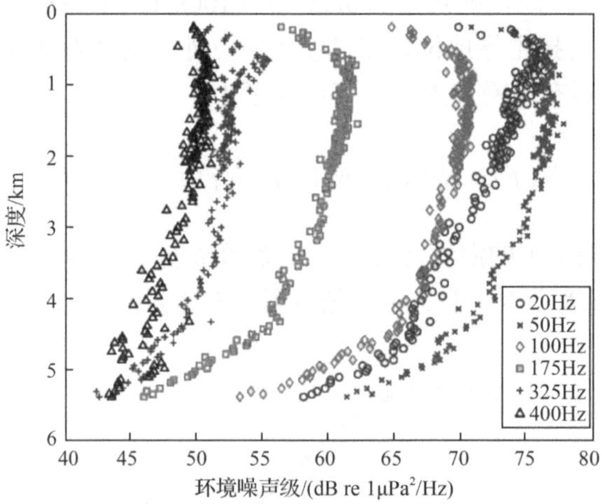

（b）PhilSea10数据集子集中最小全向环境噪声级与深度的关系[13]

图 2.10　两组实测的环境噪声随深度变化的结果

参 考 文 献

[1] 刘伯胜, 雷家煜. 水声学原理[M]. 2 版. 哈尔滨: 哈尔滨工程大学出版社, 2010.

[2] 惠俊英, 生雪莉. 水下声信道[M]. 2 版. 北京: 国防工业出版社, 2007.

[3] 尤立克. 水声原理[M]. 洪申, 译. 3 版. 哈尔滨: 哈尔滨船舶工程学院出版社, 1990.

[4] Thorp W H. Analytic description of the low frequency attenuation coefficient[J]. The Journal of the Acoustical Society of America, 1967, 42: 270.

[5] Yang T C. Measurements of temporal coherence of sound transmissions through shallow water[J]. The Journal of the Acoustical Society of America, 2006, 120(5): 2595-2614.

[6] Eckart C. The scattering of sound from the sea surface[J]. The Journal of the Acoustical Society of America, 1953, 25(3): 566-570.

[7] Rouseff D, Badiey M, Song A. Effect of reflected and refracted signals on coherent underwater acoustic communication: Results from the Kauai experiment(KauaiEx 2003)[J]. The Journal of the Acoustical Society of America, 2009, 126(5): 2359-2366.

[8] Parvin S J, Nedwell J R. Underwater sound perception and the development of an underwater noise weighting scale[J]. Underwater Technology, 1995, 21(1): 12-19.

[9] Hicks A J, Haberman M R, Wilson P S. Subwavelength acoustic metamaterial panels for underwater noise isolation[J]. The Journal of the Acoustical Society of America, 2015, 138(3): EL254-EL257.

[10] Zheng H, Liu G R, Tao J S, et al. FEM/BEM analysis of diesel piston-slap induced ship hull vibration and underwater noise[J]. Applied Acoustics, 2001, 62(4): 341-358.

[11] Stojanovic M. On the relationship between capacity and distance in an underwater acoustic communication channel[J]. ACM SIGMOBILE Mobile Computing and Communications Review, 2007, 11(4): 34-43.

[12] Wage K E, Farrokhrooz M, Dzieciuch M A, et al. Analysis of the vertical structure of deep ocean noise using measurements from the SPICEX and PhilSea experiments[J]. Proceedings of Meetings on Acoustics, 2013, 19(1): 070041.

[13] Worcester P F, Dzieciuch M A, Mercer J A, et al. The North Pacific Acoustic Laboratory deep-water acoustic propagation experiments in the Philippine Sea[J]. The Journal of the Acoustical Society of America, 2013, 134(4): 3359-3375.

第 3 章　单载波水声通信技术基础

单载波水声通信技术是水声高速通信的重要手段，本章聚焦于单载波水声通信中的时域水声通信技术，从基本原理、系统结构和仿真等角度，具体阐述其基本思想、关键步骤和技术特点。

3.1　单载波水声通信方案

单载波通信系统包括软件发射机和接收机，信号传输过程中涉及水声信道及通信系统。水声信道具有十分复杂的特性，它作用于信号传输过程，影响着通信系统的传输距离以及通信质量。单载波水声通信系统中涉及脉冲成形与匹配滤波、帧同步、信道估计几项关键技术。脉冲成形滤波器从频域角度限定了信号带宽，降低了发射功率，匹配滤波器从时域角度降低了信号间的相互干扰；帧同步为确定信息起始位置提供了参考；信道估计为抗信道干扰信号处理技术中各项参数的选取提供了参考。

3.1.1　单载波水声通信系统

本章所指的单载波水声通信均采用相位调制技术，即载波信号的相位随调制信息发生变化，在接收端采用相干解调恢复基带信号，是一种相干水声通信方式。根据相干通信原理及水声信道对信号的影响，本节给出了一种单载波水声通信系统的软件仿真结构，其中包括发射机（包括升采样、脉冲成形、调制等）和接收机（包括解调、匹配滤波、降采样等）两个部分，如图 3.1 所示。

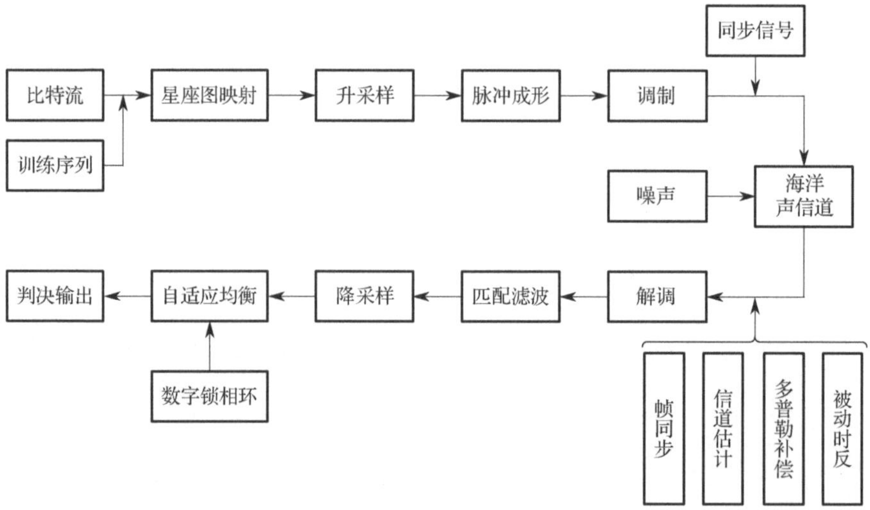

图 3.1　单载波水声通信方案

在发射端，本节采用长度为2×10^4bit 的数据作为发送信息，将长度为2×10^3bit 的已知数据作为训练序列插入发送信息初始端，星座点映射模块根据不同的调制方式将串行比特流映射为基带符号，常用调制方式有二进制相移键控（binary phase-shift keying，BPSK），正交相移键控（quadrature phase-shift keying，QPSK），正交振幅调制（QAM）中的 16QAM、64QAM 等。以下仿真均采用 QPSK 调制，星座点映射模块分 I、Q 两路输出，基带符号经过升采样后通过脉冲成形滤波器形成具有一定带宽的离散波形，然后将基带信号调制到发送频带范围内。最后，将同步信号以一定时间间隔添加于发射信号前段，形成数据帧。帧结构如图 3.2 所示。使用脉宽为 100ms 的线性调频信号作为同步信号，同步信号与训练序列之间留有长度为T_d的时间间隔，T_d应大于信道最大多径扩展的时延，以保证同步信号的多径信号不会叠加到发射信号上影响后续码元的解码，本节选取T_d为 100ms。

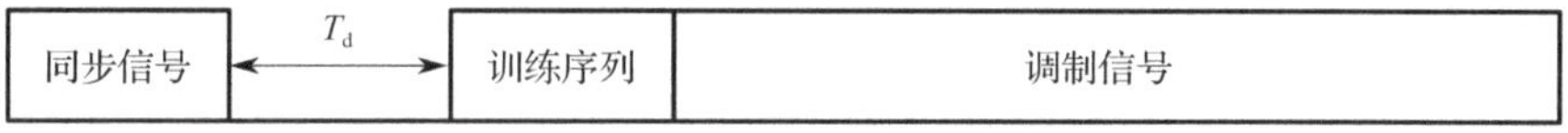

图 3.2　帧结构

接收机对接收信号进行帧同步检测，确定编码信号的起始位置，同时使用同步信号估计多普勒参数及信道多径结构，然后应用信号重采样技术对编码信号进行多普勒补偿，将信号进行被动时反处理以压缩信道的多径结构，对时反信号进行解调、匹配滤波并降采样后变成基带信号。在基带对信号进行时域均衡后，判决得出最终接收码元。

3.1.2　脉冲成形与匹配滤波

脉冲成形滤波器通过作用于每个符号来满足通信信道的两个重要条件：形成与信道带宽相匹配的带限信号和降低由信道多径效应引起的码间干扰。

从降低信号带宽的角度来看，通常正弦载波相位调制会导致载波相位产生固定偏移。例如，在 BPSK 调制中，由于载波相位在符号变化处会发生一次倒相，在不使用滤波器时，信号中存在尖锐的跳变，从而会在频域中引入高频成分，信道带宽以外的高频功率较高。当调制信号经过脉冲成形滤波器后，尖锐的跳变会变得平稳，输出信号的能量会被限制在特定的带宽之内。在单载波水声通信系统中，将调制信号的所有功率都限制在所用信道带宽内可以有效降低发射功率。

从降低码间干扰的角度来看，在带限信道内，当信号经过长距离传输时，信道的多径效应会导致符号能量的延伸，从而干扰与其相邻的符号，产生码间干扰。脉冲成形滤波器通过改变其滤波特性，使符号能量最大值集中在周期中部、衰减周期开始和结束的部分，从而提供了一定的时间间隔，降低了多径信号能量造成的码间干扰。

接收端的匹配滤波器与发射端脉冲成形滤波器具有相同的参数，它的作用与脉冲成形滤波器类似。从图 3.3 中可以看到，脉冲成形滤波器和匹配滤波器将符号的开始和结束进行衰减，提供了一定保护间隔，一定程度上降低了码间干扰。

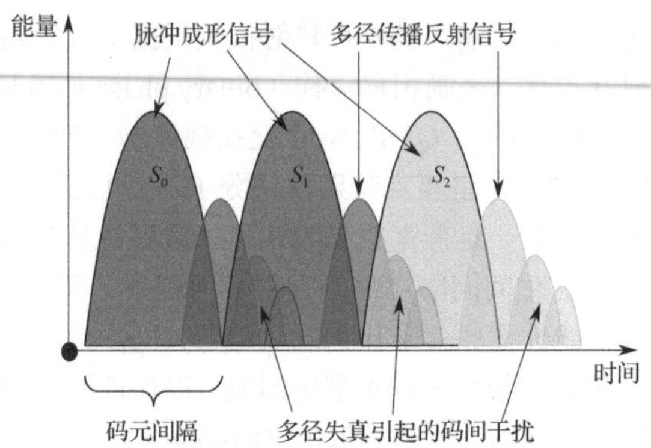

图 3.3 多径失真引起的码间干扰

本章均采用平方根升余弦滤波器作为脉冲成形滤波器和匹配滤波器进行仿真，其方程为

$$h_{\mathrm{SRC}}(t)=\frac{\left[\frac{4\alpha}{\pi}\cos\left(\frac{(1+\alpha)\pi n}{R}\right)\right]+\left[(1-\alpha)\sin c\left(\frac{(1-\alpha)\pi n}{R}\right)\right]}{\sqrt{R}\left[1-\left(\frac{4\alpha n}{R}\right)^2\right]} \tag{3.1}$$

式中，α 为滚降系数，它决定滤波器频率响应曲线的衰减程度；R 为每个符号采样个数。

3.1.3 帧同步

在数字通信系统中，同步是一个非常重要的问题，通常包含载波同步、码元同步、帧同步和网格同步四种，这里主要关注帧同步。在如图 3.1 所示的单载波水声通信系统中，需要通过帧同步来确定信息码的起始和终止位置，在绝大多数情况下，需要在发送信号中周期性地插入便于检测的信号，此检测信号称为“同步信号”。

在接收端使用拷贝相关器的系统中，同步信号往往选取自相关性能突出的信号，常用的宽带信号有线性调频（linear frequency modulation，LFM）信号、双曲调频（hyperbolic frequency modulation，HFM）信号、伪噪声（pseudo-noise，PN）序列。本章使用的同步信号为相关处理增益较高的线性调频信号。图 3.4 为中心频率为 6kHz、带宽为 4kHz、脉宽为 100ms 的线性调频信号的自相关图形。

线性调频信号的时延分辨力决定了同步精度，其表达式为

$$\rho=0.88/B \tag{3.2}$$

式中，B 表示线性调频信号的带宽。可以看出，当 B 越大时，线性调频信号同步精度越高，因此，设计过程中，可以根据系统带宽增大 B 的选取。

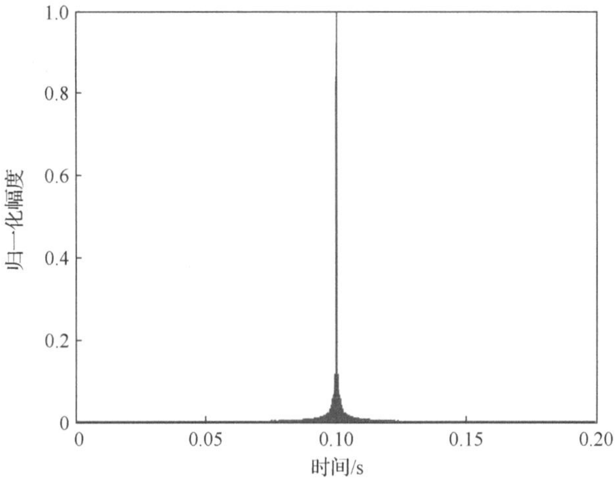

图 3.4　线性调频信号的自相关图形

3.1.4　信道估计

为了能在接收端无失真地恢复发送信息，需要通过信号处理技术来消除多径效应对传输信号的影响，通过发送探测信号对信道特性（冲激响应、多普勒频偏、最大时延扩展等）进行估计，以便指导后续信号处理过程中各个参数的选择。因此，获取详细的信道信息，对水声通信系统性能的提高具有重要意义。信道估计的算法也是多种多样的，本节仅介绍一种简单便捷的估计多径信道的方法。

若探测信号为 $p(t)$，接收到的探测信号 $p_{\mathrm{r}}(t)$ 可以表示为

$$\begin{aligned} p_{\mathrm{r}}(t) &= p(t) * h(t) + n(t) \\ &= A_0 p(t-\tau_0) + n(t) \end{aligned} \tag{3.3}$$

式中，$*$为卷积符号；$h(t)$ 为信道的冲激响应函数；$n(t)$ 为噪声；A_0 为幅度；τ_0 为幅度对应的时延。

对 $p_{\mathrm{r}}(t)$ 与本地信号做拷贝相关，可以得到信号输出形式为

$$\begin{aligned} R(\tau) &= \int p_{\mathrm{r}}(t) p(t-\tau)\mathrm{d}t \\ &= \int A_0 p(t-\tau_0) p(t-\tau)\mathrm{d}t + n'(t) \\ &= A_0 \chi(\tau-\tau_0, 0) + n'(t) \end{aligned} \tag{3.4}$$

式中，$\chi(\tau,0)$ 为信号 $p(t)$ 在零多普勒情况下的模糊函数。

由此可知，若发射探测信号的模糊函数主峰比较尖锐，经过相干多径信道后，由于拷贝相关器具有较高的处理增益（时间带宽积：BT），拷贝相关器的输出可以分辨出不同的峰值，从而确定不同途径的时延差。那么，便可以从拷贝相关器输出的结果中获得信道冲激响应、最大多径时延等信息。

通过以上分析可知，探测信号时延分辨率越高，则信道估计的结果越准确。在水声信号处理中，线性调频信号是一个很好的选择。图 3.5 为仿真信道的线性调频信号估计，通过对比可以发现，拷贝相关器的输出结果可以近似得到信道的最大多径时延、信道冲激响应等信息。

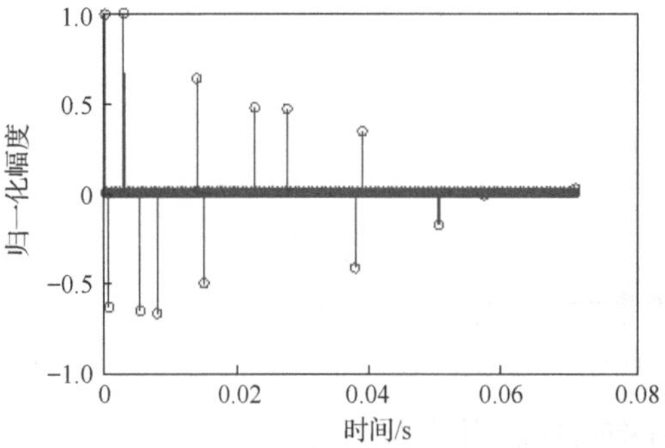

（a）仿真信道$h(t)$

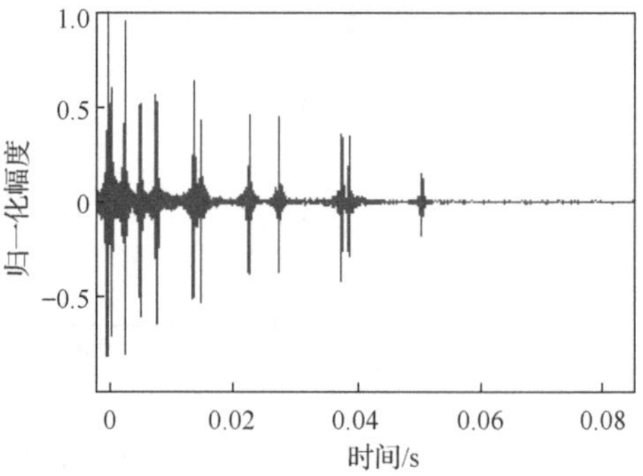

（b）估计信道$h'(t)$

图 3.5　信道估计结果

3.1.5　抗干扰信号处理技术

由以上分析可知，脉冲成形与匹配滤波技术虽然可以在一定程度上降低码间干扰，但是对于结构复杂的相干多径水声信道，它的作用是微乎其微的。这就需要对接收后的信号进行抗干扰处理。

在单载波水声通信系统中，常用的抗干扰技术有均衡器、数字锁相环、被动时间反转镜等。均衡器可以对接收信号的畸变进行校正，是单载波水声通信系统中的核心处理部分，常用的均衡器有线性横向均衡器和判决反馈均衡器。当信道中存在快速相位波动时，通常将数字锁相环和均衡器联合使用，以跟踪、补偿偏移相位。将被动时反与均衡器联合使用，能够聚焦信号能量，压缩信道多径结构，以降低均衡器计算复杂度。抗干扰信号处理的技术还有很多，如交织器、译码器、定时器等，本章只对自适应均衡器及其与锁相环、被动时反技术的联合使用进行研究。

3.2　自适应信道均衡技术

3.2.1　时域均衡原理

在水声通信中，多径效应引起的码间干扰导致信号时域响应和频域响应发生畸变，限制了水声通信的高数据率传输，为正确恢复发送信息，需要对接收码元进行均衡处理，以消除码间干扰。

判决器在 $t = kT_s + \tau_0$ 时刻对 $r(t)$ 进行抽样判决得到的输出为

$$r(kT_s + \tau_0) = a_k h(\tau_0) + \sum_{n \neq k} a_n h[(k-n)T_s + \tau_0] + n_R(kT_s + \tau_0) \tag{3.5}$$

式中，T_s 为码元间隔；a_k 为第 k 个接收码元波形的抽样值；a_n 为除第 k 个接收码元外其他接收码元波形在该抽样时刻的抽样值；n_R 为输出噪声在抽样瞬间的值。

为了消除码间干扰，应该有

$$\sum_{n \neq k} a_n h[(k-n)T_s + \tau_0] = 0 \tag{3.6}$$

然而，a_n 是随机出现的，通过码元之间的相互抵消来实现码间干扰的消除是不可能的，合理的方法是构建总传输特性 $H(\omega)$，使得其时域波形 $h(t)$ 的能量在接收下一码元时已经衰减为零，图 3.6（a）即为理想情况的时域波形 $h(t)$。然而，这样的波形很难实现，因为实际中的 $h(t)$ 衰减很慢，然而只要让它在 $T_s + t_0$、$2T_s + t_0$ 等后面码元抽样判决时刻上刚好为零，就可以消除码间干扰，如图 3.6（b）所示，这也是消除码间干扰的基本思想[1]。

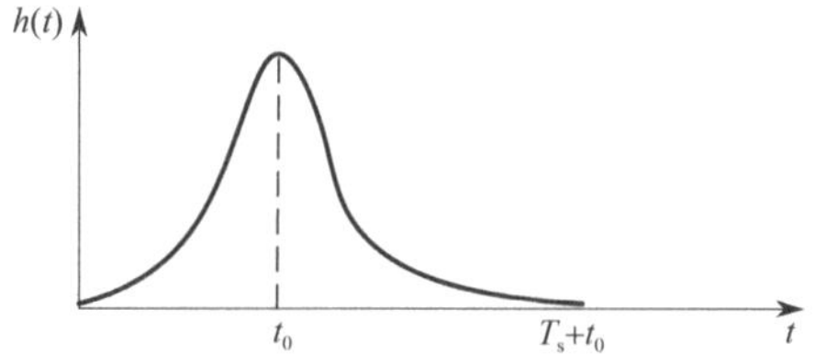

（a）理想情况时域波形$h(t)$

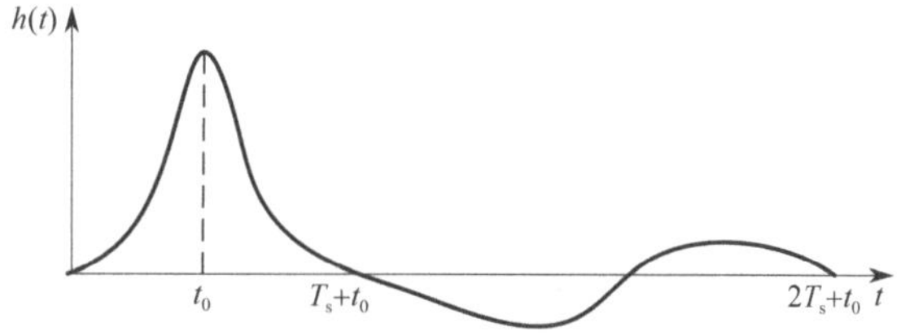

（b）实际情况时域波形$h(t)$

图 3.6　消除码间干扰的时域波形

假设通信系统所造成的时延 $\tau_0 = 0$，要满足图 3.6 所示的时域条件，则应该有式（3.7）成立：

$$h(kT_s) = \begin{cases} 1, & k = 0 \\ 0, & k\text{为其他整数} \end{cases} \tag{3.7}$$

根据 $h(t)$ 和 $H(\omega)$ 的关系，$h(t)$ 是系统 $H(\omega)$ 形成的传输波形。因此，形成无码间串扰的传输波形 $h(t)$，就需要设计传输总特性 $H(\omega)$。根据 Fourier 变换：

$$h(t) = \frac{1}{2\pi}\int_{-\infty}^{\infty} H(\omega)\mathrm{e}^{\mathrm{j}\omega t}\mathrm{d}\omega \tag{3.8}$$

在式（3.7）无码间干扰时域条件的要求下，可以得到无码间干扰时传输特性应满足

$$H(\omega) = \sum_i \left(\omega + \frac{2\pi i}{T_s}\right) = \begin{cases} \text{常数}, & |\omega| \leqslant \pi / T_s \\ 0, & |\omega| > \pi / T_s \end{cases} \tag{3.9}$$

这就是通信中消除码间干扰的奈奎斯特第一准则，它表明若系统总传输特性$H(\omega)$在$(-\pi/T_s,\pi/T_s)$区域内能如图 3.7 所示叠加为理想低通频域特性，那么当它在$f=1/T_s$，即$\omega=2\pi i/T_s$传输信号时，就可以做到无码间干扰。

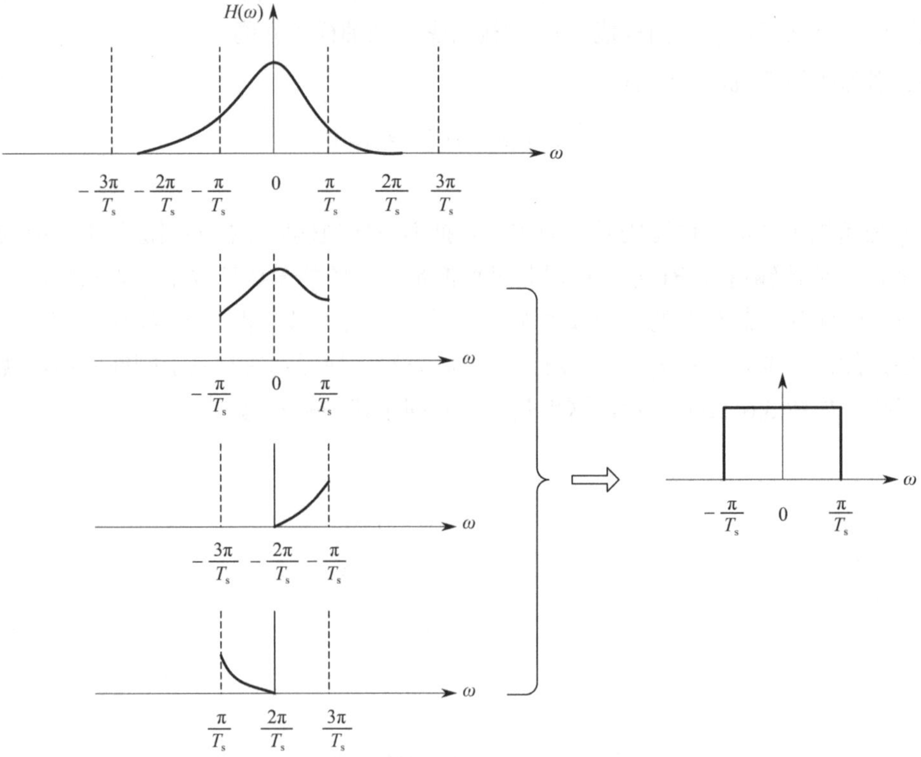

图 3.7　无码间干扰的$H(\omega)$特性

由于信道传输特性$C(\omega)$是未知时变的，$H(\omega)$通常不能满足以上条件，因此可以在接收端插入横向滤波器$T(\omega)$，如图 3.8 所示。

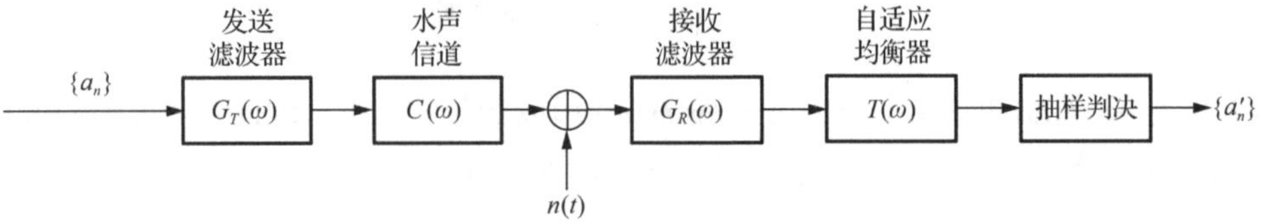

图 3.8　带有均衡器的传输系统模型

令

$$H'(\omega)=H(\omega)T(\omega) \tag{3.10}$$

使得

$$H'(\omega)=\sum_i\left(\omega+\frac{2\pi i}{T_s}\right)=\begin{cases}常数, & |\omega|\leqslant \pi/T_s\\ 0, & |\omega|>\pi/T_s\end{cases} \tag{3.11}$$

此时，$T(\omega)$ 应满足

$$T(\omega)=\sum_{n=-\infty}^{\infty}w_n e^{-jnT_s\omega} \tag{3.12}$$

式中

$$w_n=\frac{T_s}{2\pi}\int_{-\frac{\pi}{T_s}}^{\frac{\pi}{T_s}}\frac{T_s}{\sum_i H\left(\omega+\frac{2\pi}{T_s}\right)}e^{jn\omega T_s}d\omega \tag{3.13}$$

可以看出，横向滤波器的传输特性 $T(\omega)$ 完全由 $H(\omega)$ 决定，对 $T(\omega)$ 进行 Fourier 逆变换，可得其时域形式为

$$h_T(t)=\sum_{n=-\infty}^{\infty}w_n\delta(t-nT_s) \tag{3.14}$$

式中，w_n 为抽头系数，时域均衡器的基本结构如图 3.9 所示。

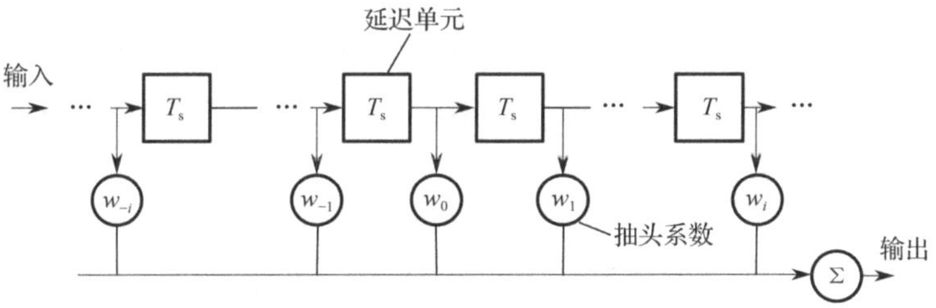

图 3.9　时域均衡器的基本结构

若给定通信系统特性 $H(\omega)$，就可以唯一地确定 $T(\omega)$，于是可以找到消除码间干扰的无限多的均衡器抽头系数 $w_n(n=0,\pm1,\pm2,\cdots)$。然而，现实中横向滤波器的阶数不可能是无穷多的，当采用有限阶数的横向滤波器时，码间干扰就不可能完全被抑制，这时就需要一个标准来衡量均衡效果，常用的均衡准则有最小峰值误差准则和最小均方误差准则[2]。

自适应均衡器可以根据输出误差不断改变抽头系数，跟踪信道变化特性，匹配信道结构，根据自适应算法使其工作在最佳状态。通常的时域均衡器有两种工作状态：训练模式和跟踪模式。首先，发射机发送一个已知的训练序列，供接收机处的均衡器用于信道特性匹配，随后向接收机传输用户数据。在接收端，自适应算法不断跟踪变化的信道特性，改变均衡器的抽头系数，维持均衡器的最优输出。

3.2.2　均衡器结构

线性横向均衡器（linear transversal equalizer，LTE）是均衡器中最基本的一种结构，它的实现框图如图 3.10 所示。图 3.10 中，均衡器的时变抽头系数对未来时刻、当前时刻以及过去时刻的输入信号均进行线性加权求和，自适应算法根据真实值与输出值之间的误差自动调节抽头系数。在实际系统中，期望信号 $d(n)$ 是未知的，这时就需要把输出信号 $r(n)$ 判决所得到的估计信号 $\hat{d}(n)$ 作为期望信号。

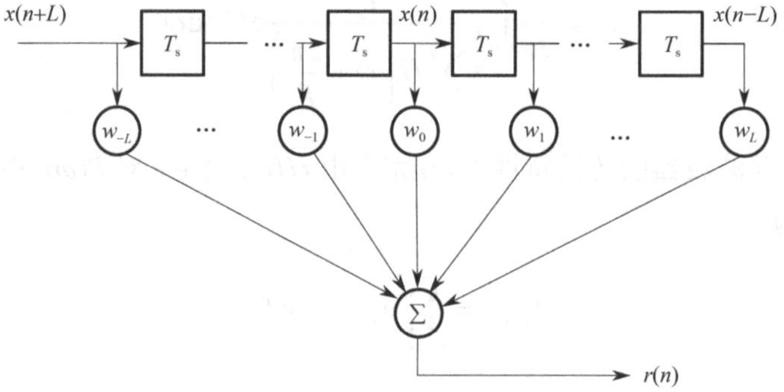

图 3.10　LTE 的实现框图

用 $\boldsymbol{w}(n)=\left[w_{-L}(n), w_{1-L}(n), \cdots, w_0(n), \cdots, w_{L-1}(n), w_L(n)\right]^{\mathrm{T}}$ 来表示图 3.10 中均衡器的抽头系数，用 $\boldsymbol{x}(n)=\left[x(n+L), x(n+L-1), \cdots, x(n), \cdots, x(n-L+1), x(n-L)\right]^{\mathrm{T}}$ 来表示均衡器的输入信号矢量，则输出信号 $r(n)$ 可以表示为

$$r(n)=\sum_{i=-L}^{L} w_i(n)x(n-i)=\boldsymbol{w}^{\mathrm{T}}(n)\boldsymbol{x}(n) \tag{3.15}$$

式中，“T”表示矩阵的转置。

假设期望信号为 $d(n)$，则误差输出序列 $e(n)$ 为

$$\begin{aligned} e(n)&=d(n)-r(n)\\ &=d(n)-\boldsymbol{w}^{\mathrm{T}}(n)\boldsymbol{x}(n) \end{aligned} \tag{3.16}$$

自适应算法使用误差序列 $e(n)$，根据某种准则对均衡器的抽头系数 $\boldsymbol{w}(n)$ 进行调整，最终使系统稳定，得到最优的判决输出。

作者对发送信号采用 QPSK 调制、仿真信道为浅海相干多径信道、噪声为高斯白噪声、自适应算法为递归最小二乘算法（详见 3.2.3 节）、传输速率为 1.5ksymbol/s 的通信系统进行了仿真。在信噪比为 10dB 的情况下，均衡前和 LTE 均衡后信号解码星座图如图 3.11 所示。

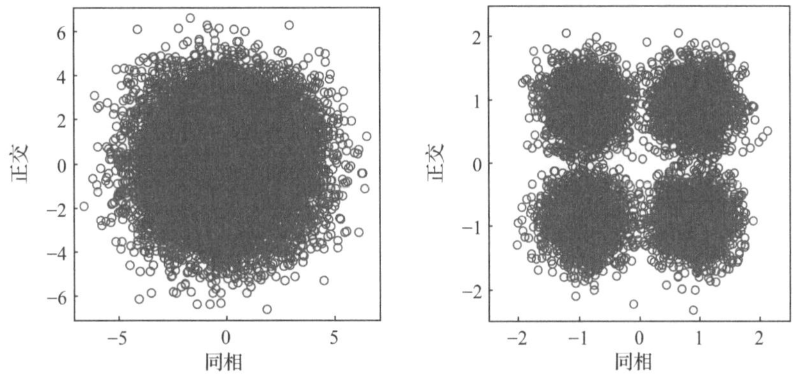

（a）均衡前信号解码星座图　　（b）LTE均衡后信号解码星座图

图 3.11　均衡前后信号解码星座图对比

可以看到，均衡前杂乱无章的信号解码星座图在使用 LTE 均衡后基本被划分开来，这样更有利于判决器做出正确的判决。在不同信噪比下均衡前和 LTE 均衡后的误码率对比如图 3.12 所示。从图中可以看出，随着信噪比的提高，LTE 的解码效果快速提高，然而当信噪比较低时，LTE 是无法正常工作的。

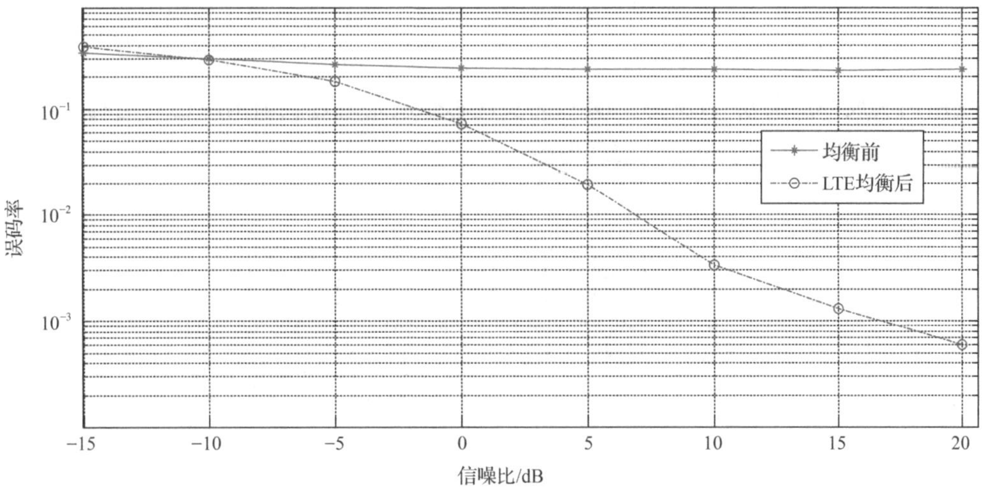

图 3.12　均衡前后误码率对比

LTE 抽头个数的增加能够提高均衡器的性能，但也不可以太大[3]，当抽头个数达到一定程度后，继续增加反而会引入其余码元间的反馈干扰，使得系统误码率增大。图 3.13 给出了仿真信道信噪比为 10dB 的情况下，LTE 抽头个数和误码率之间的关系曲线。观察可以发现，在抽头个数达到 200 以前，误码率随抽头个数的增加而下降，然而随着它的继续增加，误码率反而上升。因此，在均衡器的实际使用中，要根据信道估计结果合理选取抽头个数。

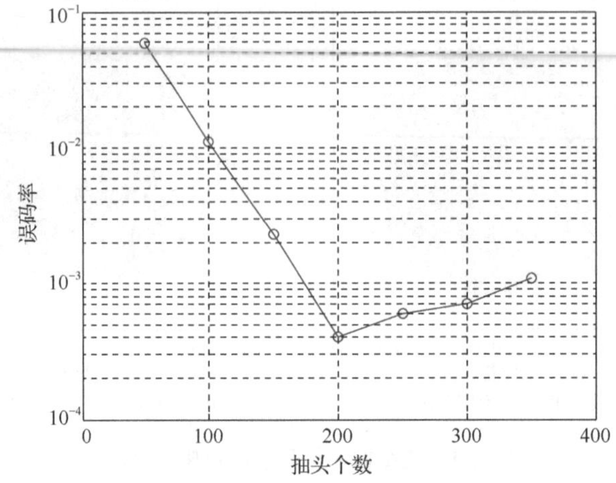

图 3.13　LTE 抽头个数与误码率关系曲线

LTE 本质上是有限冲激响应（finite impulse response，FIR）滤波器，在消除码元间多径干扰时，会衍生干扰，这就使得抽头系数的调整更为复杂，需要更长的阶数以消除衍生影响；此外，由于其模拟的是信道的逆过程，当信道具有深度零点时，为了消除零点，LTE 会产生极大的增益，在放大信号的同时也会放大噪声。因此，它在低信噪比环境中性能较差。

鉴于 LTE 为补偿信道深度零点致使其在具有深度零点的信道中均衡效果不佳，水声通信中常使用判决反馈均衡器（DFE）。DFE 的实现思想就是通过反馈消除已判定码元对当前码元的判决影响。图 3.14 为 DFE 的实现框图。

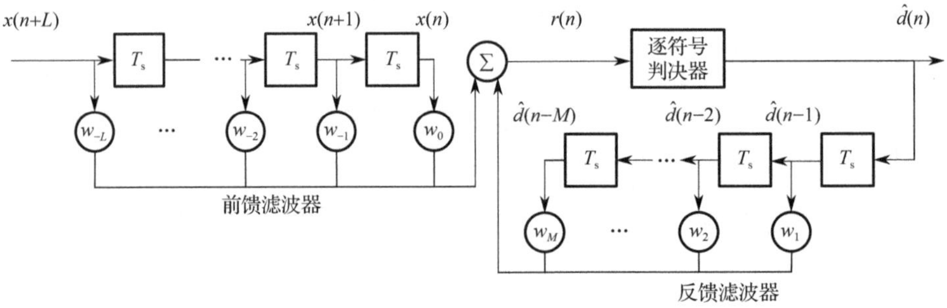

图 3.14　DFE 的实现框图

与 LTE 不同，DFE 引入了一个反馈回路，因此，其包含前馈滤波器（feed forward filter，FFF）和反馈滤波器（feed back filter，FBF）两个部分。前馈滤波器的输入是匹配滤波器的输出，它的本质是一个 LTE；反馈滤波器的输入是判决器对未来码元的判决输出，其作用是降低过去时刻码元对当前估计产生的码间干扰。

假设前馈滤波器共有 L 个抽头，反馈滤波器共有 M 个抽头。令前馈滤波器的抽头系数为

$\boldsymbol{w}_1(n)=[w_{-L}(n), w_{1-L}(n), \cdots, w_0(n)]^{\mathrm{T}}$，反馈滤波器抽头系数为 $\boldsymbol{w}_2(n)=[w_1(n), w_2(n), \cdots, w_M(n)]^{\mathrm{T}}$，DFE 的组合抽头系数为 $\boldsymbol{w}(n)=[\boldsymbol{w}_1^{\mathrm{T}}(n), \boldsymbol{w}_2^{\mathrm{T}}(n)]^{\mathrm{T}}$。

同时令前馈滤波器的输入信号矢量为 $\boldsymbol{x}(n)=[x(n+L), \cdots, x(n+1), x(n)]^{\mathrm{T}}$，$\hat{d}(n)$ 为 DFE 的输出信号，则反馈滤波器的输入信号矢量为 $\hat{\boldsymbol{d}}(n)=[\hat{d}(n-1), \hat{d}(n-2), \cdots, \hat{d}(n-M)]^{\mathrm{T}}$，定义 DFE 的联合输入信号矢量为 $\tilde{\boldsymbol{x}}(n)=[\boldsymbol{x}^{\mathrm{T}}(n), \hat{\boldsymbol{d}}^{\mathrm{T}}(n)]^{\mathrm{T}}$，则 DFE 的输出为

$$
\begin{aligned}
r(n) &= \sum_{i=0}^{L} w_{-i}(n)x(n+i) + \sum_{i=1}^{M} w_i \hat{d}(n-i) \\
&= \boldsymbol{w}_1^{\mathrm{T}}(n)\boldsymbol{x}(n) + \boldsymbol{w}_2^{\mathrm{T}}(n)\hat{\boldsymbol{d}}(n) \\
&= [\boldsymbol{w}_1^{\mathrm{T}} \quad \boldsymbol{w}_2^{\mathrm{T}}]\begin{bmatrix} \boldsymbol{x}(n) \\ \hat{\boldsymbol{d}}(n) \end{bmatrix} \\
&= \boldsymbol{w}^{\mathrm{T}}(n)\tilde{\boldsymbol{x}}(n)
\end{aligned} \tag{3.17}
$$

则误差序列 $e(n)$ 为

$$
\begin{aligned}
e(n) &= d(n) - r(n) \\
&= d(n) - \boldsymbol{w}^{\mathrm{T}}(n)\tilde{\boldsymbol{x}}(n)
\end{aligned} \tag{3.18}
$$

图 3.15 给出了 LTE 和 DFE 的仿真对比。显而易见，当判决差错对性能影响可以忽略时，由于反馈回路的引入，DFE 的噪声性能相对于 LTE 有了相当大的改善。在结构上，DFE 也不需要过多抽头个数的 FIR 滤波器，而可以将信道零点设计在反馈回路滤波器中。

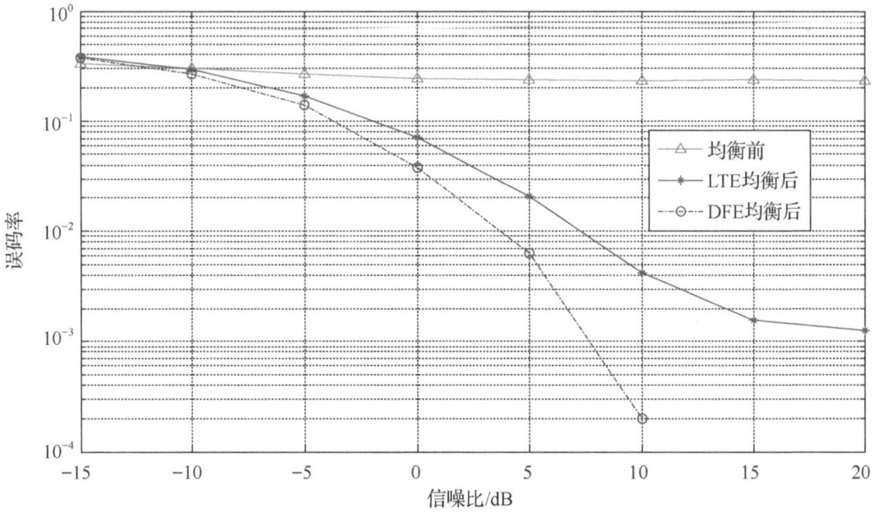

图 3.15　LTE 与 DFE 不同信噪比下误码率对比

判决反馈均衡结构面临的主要问题是：由于判决错误而产生的错误传播，错误的信息反馈会影响以后的均衡；由于 DFE 是无限冲激响应结构，在强多径情况下易自激，不稳定。

上述均衡器结构中，均衡器延迟时间均为码元间隔 T_s，它们使用码元速率 $1/T_s$ 对输入采样，所以称为码元间隔均衡器或码率均衡器。但是，当信道存在畸变时，码元间隔均衡器的性能并不理想。

从频域角度看，码元间隔均衡器对输入和输出信号均以 $1/T_s$ 的速率采样，因此均衡器的输入信号频谱可以写成

$$X(\omega)=\frac{1}{T_s}\sum_n R\left(\omega-\frac{2\pi n}{T_s}\right)e^{j\left(\omega-\frac{2\pi n}{T_s}\right)\tau_0} \tag{3.19}$$

由于采样频率 $1/T_s$ 小于奈奎斯特速率，所以式（3.19）中的 $X(\omega)$ 中存在频谱混叠，混叠频率为 $1/(2T_s)$。码元间隔均衡器输出信号频谱可以表示为

$$Y(\omega)=W(\omega)X(\omega) \tag{3.20}$$

式中

$$W(\omega)=\sum_{i=-L}^{L}\omega_i e^{-j\omega_i T_s} \tag{3.21}$$

显然，码元间隔均衡器只能克服接收信号中存在的频谱混叠，而无法对信道中固有的偏移 $R(\omega)e^{j2\pi f\tau_0}$ 进行补偿。分数间隔均衡器对信号的采样频率大于奈奎斯特速率，其频率响应表示为

$$W'(\omega)=\sum\omega_i e^{-j\omega_i T'} \tag{3.22}$$

式中，$T'=MT_s/N$，M、N 为整数，且有 $N>M$，实际应用中，经常取 $T'=T_s/2$。经分数间隔均衡器均衡后的频谱为

$$\begin{aligned}Y'(\omega)&=W'(\omega)X'(\omega)\\&=W'(\omega)\frac{1}{T'}\sum_n R\left(\omega-\frac{2\pi n}{T'}\right)e^{j\left(\omega-\frac{2\pi n}{T'}\right)\tau_0}\\&=W'(\omega)\frac{N}{MT_s}\sum_n R\left(\omega-\frac{2\pi nN}{MT_s}\right)e^{j\left(\omega-\frac{2\pi nN}{MT_s}\right)\tau_0}\end{aligned} \tag{3.23}$$

由于 $R(\omega)=0,|\omega|>\dfrac{2\pi N}{MT_s}$，所以式（3.23）可以表示为

$$\begin{aligned}Y'(\omega)&=W'(\omega)X'(\omega)\\&=W'(\omega)R(\omega)e^{j\omega\tau_0},\quad|\omega|<\frac{\pi}{T'}\end{aligned} \tag{3.24}$$

可以发现，分数间隔均衡器避免了因欠采样而引起的频谱混叠，图 3.16 为 $T_s/2$ 间隔采样的判决反馈分数间隔均衡器的实现框图。

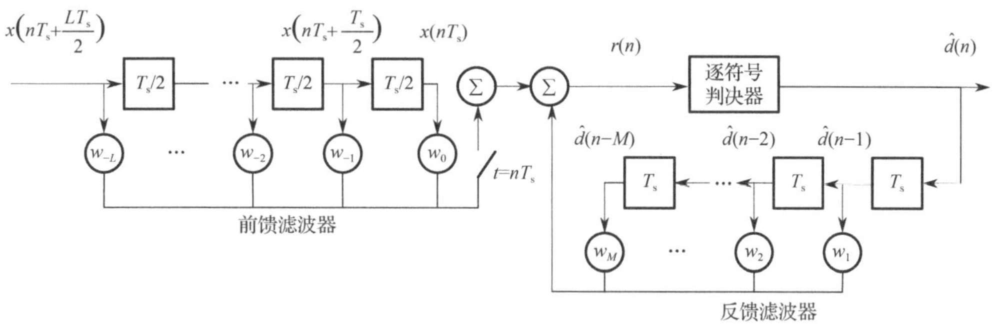

图 3.16　判决反馈分数间隔均衡器实现框图

3.2.3　自适应算法研究

最小均方误差（least mean squares，LMS）算法是自适应均衡器中常用的一种算法，它使用的是最小均方误差准则。根据维纳滤波理论，可将滤波器的最优抽头系数表示为

$$\boldsymbol{w}_{\text{opt}} = \boldsymbol{R}_{xx}^{-1}\boldsymbol{r}_{xd} \tag{3.25}$$

式中，$\boldsymbol{R}_{xx}$ 是输入信号矢量 $\boldsymbol{x}(n)$ 的自相关函数；$\boldsymbol{r}_{xd}$ 是输入信号的矢量与期望信号矢量 $\boldsymbol{d}(n)$ 的互相关函数。考虑如图 3.17 所示的自适应线性横向均衡器。

令

$$e(n) = d(n) - r(n) = d(n) - \boldsymbol{w}^{\text{H}}\boldsymbol{x}(n) \tag{3.26}$$

表示均衡器在第 n 时刻判决值与真实值之间的误差，令均方误差为目标函数：

$$J(n) \overset{\text{def}}{=} E\left[\left|e(n)\right|^2\right] = E\left[\left|d(n) - \boldsymbol{w}^{\text{H}}\boldsymbol{x}(n)\right|^2\right] \tag{3.27}$$

式中，def 表示定义为。

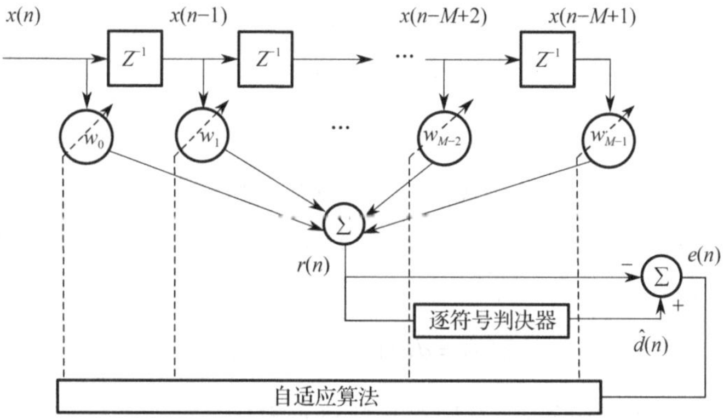

图 3.17　自适应线性横向均衡器

根据梯度的定义，目标函数相对于抽头系数 $\boldsymbol{w}$ 的梯度定义为

$$\begin{aligned}\nabla_k J(n) &= -2E\left[x(n-k)e^*(n)\right] \\ &= -2E\left\{x(n-k)\left[d(n)-\boldsymbol{w}^{\mathrm{H}}\boldsymbol{x}(n)\right]^*\right\}, \quad k=0,1,\cdots,L,\cdots,M-1\end{aligned} \tag{3.28}$$

定义梯度矢量为

$$\nabla J(n) \overset{\text{def}}{=} \left[\nabla_0 J(n), \nabla_1 J(n), \cdots, \nabla_{M-1} J(n)\right]^{\mathrm{T}} \tag{3.29}$$

梯度矢量的估计值为

$$\hat{\nabla} J(n) \overset{\text{def}}{=} -2\left[\boldsymbol{x}(n)d^*(n) - \boldsymbol{x}(n)^{\mathrm{H}}\boldsymbol{x}(n)\boldsymbol{w}(n)\right] \tag{3.30}$$

输入信号矢量和抽头系数分别为

$$\boldsymbol{x}(n) = \left[x(n), x(n-1), \cdots, x(n-M+1)\right]^{\mathrm{T}} \tag{3.31}$$

$$\boldsymbol{w}(n) = \left[w_0(n), w_1(n), \cdots, w_{M-1}(n)\right]^{\mathrm{T}} \tag{3.32}$$

因此式（3.29）可以写成以下矢量形式：

$$\begin{aligned}\nabla J(n) &= -2E\left\{\boldsymbol{x}(n)\left[d^*(n) - \boldsymbol{x}^{\mathrm{H}}\boldsymbol{w}(n)\right]\right\} \\ &= -2\boldsymbol{r}_{xd} + 2\boldsymbol{R}_{xx}\boldsymbol{w}(n)\end{aligned} \tag{3.33}$$

式（3.34）为梯度下降算法，这也是最广泛应用的自适应算法形式：

$$\boldsymbol{w}(n) = \boldsymbol{w}(n-1) - \mu(n)\boldsymbol{v}(n) \tag{3.34}$$

式中，$\boldsymbol{w}(n)$ 是第 n 步迭代的抽头系数；$\mu(n)$ 为第 n 步迭代的更新步长；$\boldsymbol{v}(n)$ 是第 n 步迭代的更新方向矢量。

若将式（3.33）代入梯度下降算法，并考虑到实际信号处理中 $\boldsymbol{r}_{xd}$ 和 $\boldsymbol{R}_{xx}$ 是未知的，以梯度的估计值 $\hat{\nabla} J(n)$ 来代替 $\nabla J(n)$，容易验证 $\hat{\nabla} J(n)$ 是 $\nabla J(n)$ 的无偏估计。那么可以得到抽头系数的更新公式为

$$\begin{aligned}\boldsymbol{w}(n) &= \boldsymbol{w}(n-1) + \mu(n)\left[\boldsymbol{x}(n)d^*(n) - \boldsymbol{x}(n)^{\mathrm{H}}\boldsymbol{x}(n)\boldsymbol{w}(n)\right] \\ &= \boldsymbol{w}(n-1) + \mu(n)e^*(n)\boldsymbol{x}(n)\end{aligned} \tag{3.35}$$

式中，$e(n)$ 为均衡器输出值与真实值的误差函数。

令 n=0 时刻抽头系数为 $\boldsymbol{w}=[0,\cdots,0]^{\mathrm{T}}$，然后使用 LMS 算法进行更新，其步骤如下。

（1）由现在时刻 n 的均衡器抽头系数估计值 $\boldsymbol{w}(n)$，输入信号矢量 $\boldsymbol{x}(n)$ 以及期望信号 $d(n)$，计算误差信号：

$$e(n) = d(n) - \boldsymbol{x}^{\mathrm{H}}(n)\boldsymbol{w}(n) \tag{3.36}$$

（2）根据 LMS 算法的更新公式对抽头系数进行更新：

$$\boldsymbol{w}(n+1) = \boldsymbol{w}(n) + \mu e(n)\boldsymbol{x}(n) \tag{3.37}$$

（3）在下一时刻重复步骤（1）、（2），直至达到均衡器的稳态，当训练模式结束后，进入跟踪状态，不断跟踪信道特性，从而达到最优输出。

由此可见，LMS 算法的计算量非常小，在工程应用中容易实现，所以应用很广泛。但是，LMS 算法却有很大的失调比，以致不能获得最优的均衡效果。

最小二乘（least square，LS）算法是著名学者高斯提出的一种典型的有效数据处理方法，它最早的思想就是使观测数据与计算值之间的误差平方最小。递归最小二乘（recursive least square，RLS）算法是最小二乘算法的一类快速算法，其包含时间递归最小二乘算法与阶数递归最小二乘算法两大类。由于最小二乘算法本身具有缺陷，这里仅研究时间递归最小二乘算法的一种指数加权形式，即使用指数加权的误差平方和作为目标函数[4]，其形式为

$$J(n)=\sum_{i=0}^{n}\lambda^{n-i}\left|e(i)\right|^2 \tag{3.38}$$

式中，$\lambda(0<\lambda<1)$表示遗忘因子，它的作用是对距离时刻 n 不同时滞的误差赋以不同的权值，以使该算法对输入信号特性的变化具有快速反应能力。

定义估计误差为

$$e(i)=d(i)-\boldsymbol{w}^{\mathrm{H}}(n)\boldsymbol{x}(i) \tag{3.39}$$

此时，目标函数的完整表达式为

$$J(n)=\sum_{i=0}^{n}\lambda^{n-i}\left|d(i)-\boldsymbol{w}^{\mathrm{H}}(n)\boldsymbol{x}(i)\right|^2 \tag{3.40}$$

可以看出，它是 $\boldsymbol{w}(n)$ 的函数。目标函数对 $\boldsymbol{w}(n)$ 求偏导，由 $\dfrac{\partial J(n)}{\partial \boldsymbol{w}(n)}=0$，可得

$$\boldsymbol{R}_{xx}(n)\boldsymbol{w}(n)=\boldsymbol{r}_{xd}(n) \tag{3.41}$$

其解为

$$\boldsymbol{w}(n)=\boldsymbol{R}_{xx}^{-1}(n)\boldsymbol{r}_{xd}(n) \tag{3.42}$$

式中

$$\boldsymbol{R}_{xx}(n)=\sum_{i=0}^{n}\lambda^{n-i}\boldsymbol{x}(i)\boldsymbol{x}^{\mathrm{H}}(i) \tag{3.43}$$

$$\boldsymbol{r}_{xd}(n)=\sum_{i=0}^{n}\lambda^{n-i}\boldsymbol{x}(i)d^{*}(i) \tag{3.44}$$

式（3.42）说明，指数加权最小二乘的解 $\boldsymbol{w}(n)$ 也为维纳滤波器形式。下面考虑它的自适应更新。

根据式（3.43）和式（3.44）可得递推公式：

$$\boldsymbol{R}_{xx}(n)=\lambda\boldsymbol{R}_{xx}(n-1)+\boldsymbol{x}(n)\boldsymbol{x}^{\mathrm{H}}(n) \tag{3.45}$$

$$\boldsymbol{r}_{xd}(n)=\lambda\boldsymbol{r}_{xd}(n-1)+\boldsymbol{x}(n)d^{*}(n) \tag{3.46}$$

为计算方便，令

$$\boldsymbol{P}_{xx}(n)=\boldsymbol{R}_{xx}^{-1}(n) \tag{3.47}$$

可推得其递推公式为

$$\begin{aligned}\boldsymbol{P}_{xx}(n)&=\frac{1}{\lambda}\left[\boldsymbol{P}_{xx}(n-1)-\frac{\boldsymbol{P}_{xx}(n-1)\boldsymbol{x}(n)\boldsymbol{x}^{\mathrm{H}}(n)\boldsymbol{P}_{xx}(n-1)}{\lambda+\boldsymbol{x}^{\mathrm{H}}(n)\boldsymbol{P}_{xx}(n-1)\boldsymbol{x}(n)}\right]\\&=\frac{1}{\lambda}\left[\boldsymbol{P}_{xx}(n-1)-\boldsymbol{K}(n)\boldsymbol{x}^{\mathrm{H}}(n)\boldsymbol{P}_{xx}(n-1)\right]\end{aligned}\tag{3.48}$$

式中，$\boldsymbol{K}(n)$为增益矢量，定义为

$$\boldsymbol{K}(n)=\frac{\boldsymbol{P}_{xx}(n-1)\boldsymbol{x}(n)}{\lambda+\boldsymbol{x}^{\mathrm{H}}(n)\boldsymbol{P}_{xx}(n-1)\boldsymbol{x}(n)}\tag{3.49}$$

利用式（3.48）可以证明

$$\begin{aligned}\boldsymbol{P}_{xx}(n)\boldsymbol{x}(n)&=\frac{1}{\lambda}\left[\boldsymbol{P}_{xx}(n-1)\boldsymbol{x}(n)-\boldsymbol{K}(n)\boldsymbol{x}^{\mathrm{H}}(n)\boldsymbol{P}_{xx}(n-1)\boldsymbol{x}(n)\right]\\&=\boldsymbol{K}(n)\end{aligned}\tag{3.50}$$

综上所述，$\boldsymbol{w}(n)$的递推形式可以写作

$$\begin{aligned}\boldsymbol{w}(n)&=\boldsymbol{w}(n-1)+d^{*}(n)\boldsymbol{K}(n)-\boldsymbol{K}(n)\boldsymbol{x}^{\mathrm{H}}(n)\boldsymbol{w}(n-1)\\&=\boldsymbol{w}(n-1)+\boldsymbol{K}(n)e^{*}(n)\end{aligned}\tag{3.51}$$

由此可以得到 RLS 的直接算法如下。

（1）初始化系统参数：设均衡器阶数为 N，在 $n=0$ 时刻，令抽头系数的初始值为 $\boldsymbol{w}=[0,\cdots,0]^{\mathrm{T}}$；相关矩阵的逆 $\boldsymbol{P}_{xx}(0)=c^{-1}\boldsymbol{I}$，$\boldsymbol{I}$ 为 $N\times N$ 单位矩阵，c 为常数，它的大小仅影响相关矩阵的起始值。设定遗忘因子为 λ。

（2）当 $n=n+1$ 时，更新系统参数：

$$e(n)=d(n)-\boldsymbol{w}^{\mathrm{H}}(n-1)\boldsymbol{x}(n)\tag{3.52}$$

$$\boldsymbol{K}(n)=\frac{\boldsymbol{P}_{xx}(n-1)\boldsymbol{x}(n)}{\lambda+\boldsymbol{x}^{\mathrm{H}}(n)\boldsymbol{P}_{xx}(n-1)\boldsymbol{x}(n)}\tag{3.53}$$

$$\boldsymbol{P}_{xx}(n)=\frac{1}{\lambda}\left[\boldsymbol{P}_{xx}(n-1)-\boldsymbol{K}(n)\boldsymbol{x}^{\mathrm{H}}(n)\boldsymbol{P}_{xx}(n-1)\right]\tag{3.54}$$

$$\boldsymbol{w}(n)=\boldsymbol{w}(n-1)+\boldsymbol{K}(n)e^{*}(n)\tag{3.55}$$

由 RLS 算法的推导步骤可知，算法中含有矩阵差分方程的计算，也就是相关矩阵的逆计算，若由模量 $1+\boldsymbol{x}^{\mathrm{T}}(n)\boldsymbol{P}(n-1)\boldsymbol{x}(n)$ 的逆来代替，则直接计算的 LS 算法复杂度由 $O(n^2)$ 下降到 $O(n)$。

图 3.18 为 10dB 仿真信道条件下，LTE 分别采用 LMS 算法和 RLS 算法的误差曲线对比。由图可以看到，RLS 算法在 400 个码元左右达到收敛状态，而 LMS 算法却需要 1000 个码元，这使得 RLS 算法跟踪信道变化的性能优于 LMS 算法。在失调比方面，显然，RLS 算法较 LMS 算法小得多。然而，RLS 算法由于存在矩阵逆运算，其计算复杂度也比 LMS 算法大很多，它以复杂的计算换取了性能的改善。

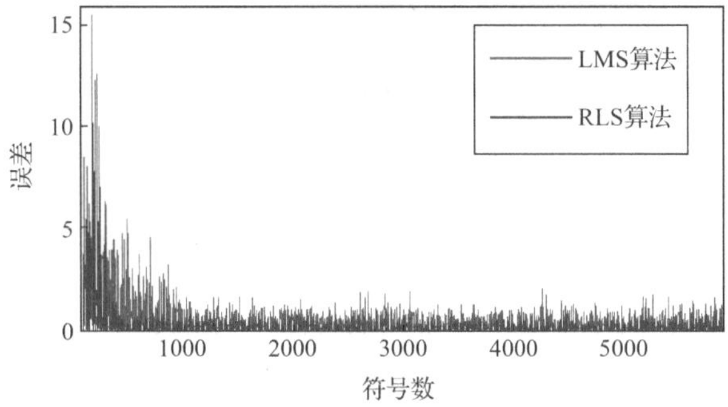

图 3.18　LMS 算法和 RLS 算法对比

3.2.4　联合数字锁相环的判决反馈均衡器

自适应均衡器在理论上可以补偿接收信号的任何相位偏移，可是实际水声通信中往往不是这样的。均衡器仅能修正一些不变或慢变的相位变化，通常其抽头增益在码元间隔内是不变的[5]，因此就需要将均衡器联合锁相环一起使用，以确保通信系统在水声信道中出现大的相位波动时也能正常工作[6]。若不考虑多普勒频偏，锁相环与判决反馈均衡器联合使用的实现框图如图 3.19 所示。

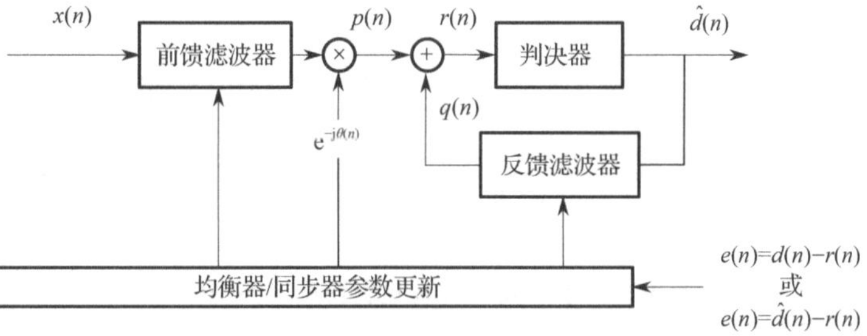

图 3.19　联合数字锁相环的判决反馈均衡器的实现框图

接收机的均方误差为

$$\mathrm{MSE}=E\left\{|e(n)|^2\right\} \tag{3.56}$$

接收机的各个参数都是根据最小均方误差设定的，用参数的梯度来区分不同的均方误差。均方误差相对于相位 θ 的梯度为

$$\frac{\partial \mathrm{MSE}}{\partial \theta}=-2\mathrm{Im}\left(E\left\{p(n)[d(n)+q(n)]^*\right\}\right) \tag{3.57}$$

式中，$p(n)$ 为前馈滤波器的输出；$q(n)$ 为反馈滤波器的输出；在训练模式中，$d(n)$ 为期望信号值，在跟踪模式中，应该用均衡器判决值 $\hat{d}(n)$ 来代替。

由于均方误差相对于载波相位估算的梯度代表着相位检测器的等效输出，使用式（3.56）并基于数字锁相环算法，等效相位检测器输出被定义为

$$\Phi(n) = \mathrm{Im}\left\{p(n)\left[d(n)+q(n)\right]^*\right\} \tag{3.58}$$

二阶相位更新方程为

$$\theta(n+1) = \theta(n) + K_{f1}\Phi(n) + K_{f2}\sum_{i=0}^{n}\Phi(i) \tag{3.59}$$

式中，K_{f1} 和 K_{f2} 为比例和积分常量。通常，取 $K_{f1} = 10K_{f2}$。

3.2.5　联合时间反转镜的时域均衡器

均衡器联合锁相环这一系统虽然可以补偿信道多径所带来的码间干扰，在信道结构复杂时，却是以过多的抽头个数作为代价的。通常情况下，浅海水声多径时延致使均衡器需要具有上百个抽头以实现较好的均衡效果，此时的计算复杂度是非常大的。将时间反转镜技术联合自适应均衡器来使用，可以大大降低均衡器的计算复杂度。

时间反转镜是由互易原理推导出来的自动匹配水声信道的一项技术，许多文献都对时间反转镜的聚焦效应进行了详细的证明[7]。考虑到水声通信节点要求结构简单、功耗低，本节主要介绍所使用的单阵元被动时间反转镜技术。

单阵元被动时间反转镜的实现框图如图 3.20 所示。发送端在发送信息信号前，先发射探测信号 $p(t)$，假设发送端发送信号为 $s(t)$，信道冲激响应为 $h(t)$，加性噪声干扰为 $n(t)$。

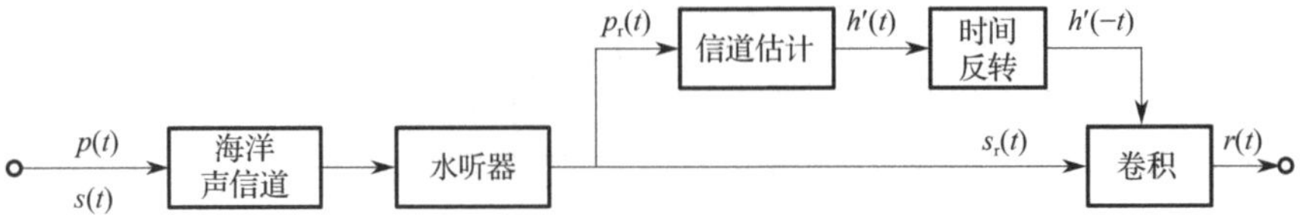

图 3.20　单阵元被动时间反转镜的实现框图

接收端接收到的探测信号 $p_r(t)$ 和信息信号 $s_r(t)$ 分别为

$$p_r(t) = p(t) * h(t) + n(t) \tag{3.60}$$

$$s_r(t) = s(t) * h(t) + n(t) \tag{3.61}$$

接收端利用接收到的探测信号 $p_r(t)$ 估计出信道的冲激响应 $h'(t)$，对 $h'(t)$ 进行时间反转处理，得到 $h'(-t)$。将接收到的信息信号与 $h'(-t)$ 做卷积，可以得到

$$\begin{aligned} r(t) &= s_r(t) * h'(-t) \\ &= \left[s(t) * h(t) + n(t)\right] * h'(-t) \\ &= Q(t) * s(t) + n'(t) \end{aligned} \tag{3.62}$$

式中，$n'(t) = n(t) * h'(-t)$ 为时间反转镜处理后的噪声分量；$Q(t) = h(t) * h'(-t)$ 为实际信道和估计信道的冲激响应的互相关，称为 Q 函数。Q 函数决定了时间反转镜输出虚拟信道性能的好坏。基阵时间反转处理时 Q 函数的时域形式近似为一个 sinc 函数，具有较低的旁瓣，其

旁瓣高度与接收阵元数目有关[8]。虽然单阵元被动时间反转镜牺牲了基阵的空间聚焦性能，导致 Q 函数具有较高的旁瓣，但它仍然可以在时间上聚焦水声信道，使多径信道中各个路径上的能量相加。

图 3.21 为被动时间反转处理后虚拟信道冲激响应。可以看到，信道的多径结构在时间上得到了压缩，主峰能量远大于旁瓣能量，信号能量得以聚焦。若将时间反转镜与时域均衡器联合使用，可以很大程度上降低均衡器的抽头个数。

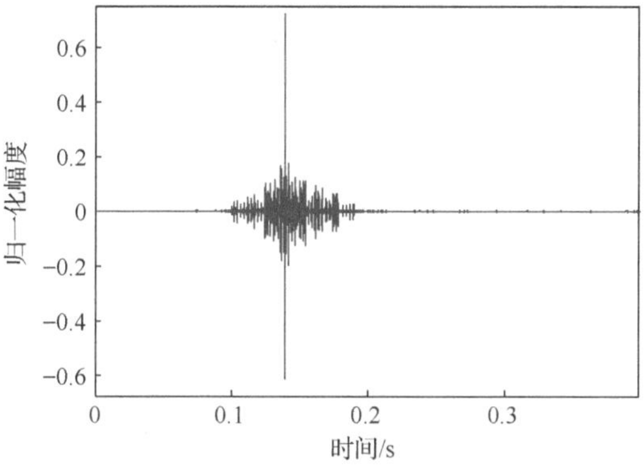

图 3.21　被动时间反转处理后虚拟信道冲激响应

3.3　单载波水声通信技术试验

3.3.1　单载波水声通信水池试验

2015 年 4 月 29 日，试验人员在哈尔滨工程大学信道水池进行了单载波水声通信试验。信道水池有效长度为 45m，宽度为 6m，总水深约 5m，发射换能器和接收换能器固定布放在水池中间，信源、信宿距离为 19m，深度均为 3.5m，示意图如图 3.22 所示。

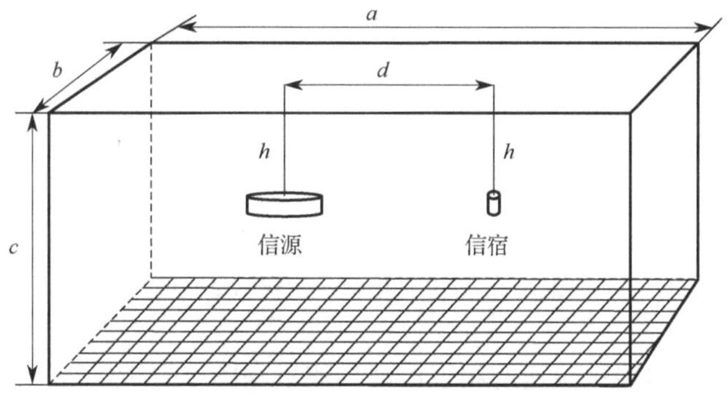

图 3.22　单载波水声通信水池试验布局示意图

单载波水声通信水池试验系统参数如下：采样频率 $f_s = 48\text{kHz}$；载波频率 $f_0 = 6\text{kHz}$；

波特率 Baud = 1.5ksymbol/s；映射方式为 QPSK；传输速率 Rate = 3kbit/s；脉冲成形滤波器采用开方升余弦滤波器，其滚降系数 $\alpha = 0.7$；同步信号为中心频率 $f_0 = 6\text{kHz}$、带宽 $B = 4\text{kHz}$、脉宽 100ms 的线性调频信号。试验时发送 26000bit 数据，其中前 2000bit 数据作为训练序列，用于均衡器的抽头系数更新。

试验之前先发射线性调频信号对信道进行探测，接收端对接收到的探测信号做拷贝相关，可以得到此时的信道估计如图 3.23 所示。可以看到，由于水池空间限制，发射声信号经多次水面-池底反射，最大多径时延可到 40ms。

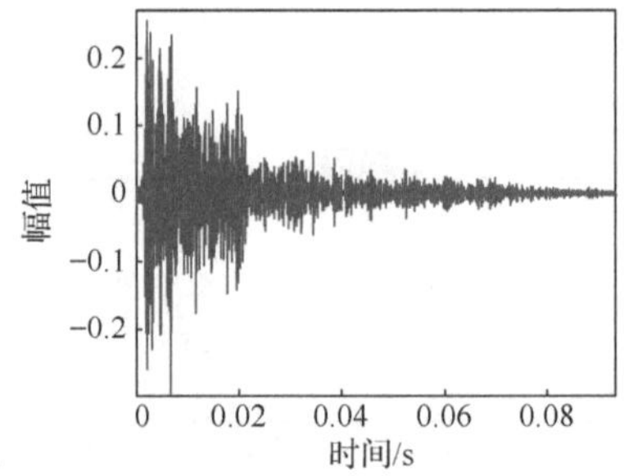

图 3.23　水池信道估计

接收机分别使用码元间隔 LTE 对接收数据进行译码，均衡器的抽头个数 $L = 200$，使用 RLS 算法对均衡器抽头系数进行更新，相关矩阵初始化因子 $\sigma = 0.5$，遗忘因子 $\lambda = 0.996$。

图 3.24 给出了 LTE 均衡前后的解码星座图。从图 3.24 中可以看出，在接收机中使用均衡器可以很好地抑制信道多径扩展引起的码间干扰，大大增加了译码的正确率。

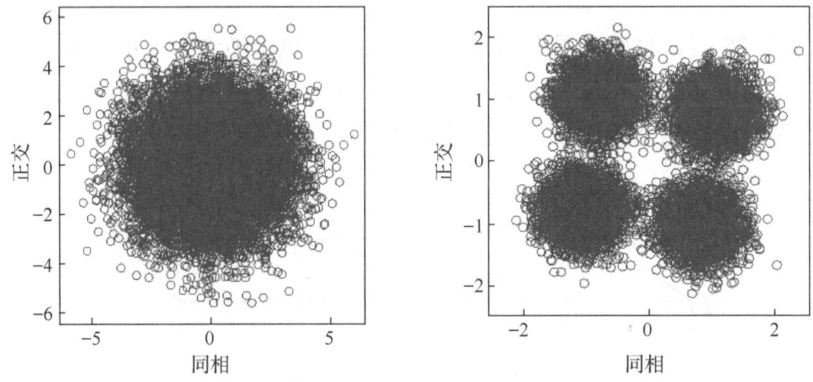

（a）均衡前信号解码星座图（BER=0.4904）　（b）LTE均衡后信号解码星座图（BER=0.0037）

图 3.24　LTE 均衡前后的解码星座图

然而，随机扰动和电路中快速的相位波动导致星座图产生旋转，这种相位快变是均衡器无法抑制的。通过理论分析可以知道，码元间隔均衡器不能很好地抑制信道畸变。

内嵌锁相环的判决反馈分数间隔均衡器的解码效果如图 3.25 所示，其中，判决反馈均衡器前馈滤波器抽头个数 $L_{\text{ff}} = 100$，反馈滤波器抽头个数 $L_{\text{fb}} = 40$，锁相环比例常数

$K_{f1} = 0.0001$。可以看到，通过锁相环的纠正，基本校正了偏转的星座点。通过使用分数间隔均衡器，进一步降低了系统误码率。

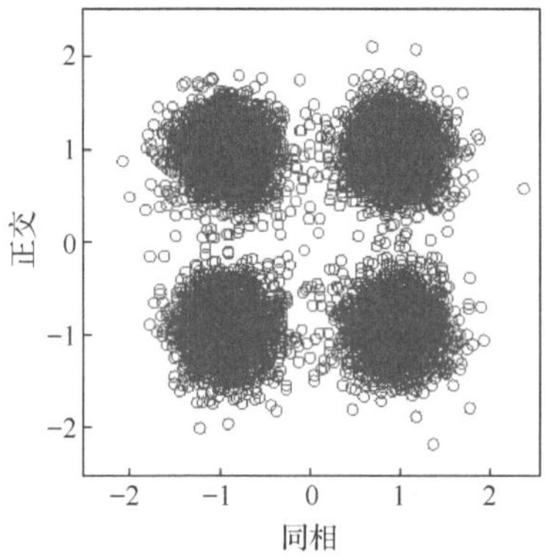

图 3.25　内嵌锁相环的判决反馈分数间隔均衡器解码星座图（BER=0.0009）

3.3.2　单载波水声通信海试

2015 年 1 月，试验人员于辽宁省大连市小长山岛海域进行了单载波水声通信试验。3km 传输距离时，发送换能器布放深度为 6m，5km 传输距离时，发送换能器布放深度为 7m，接收船使用水听器阵列接收，示意图如图 3.26 所示。

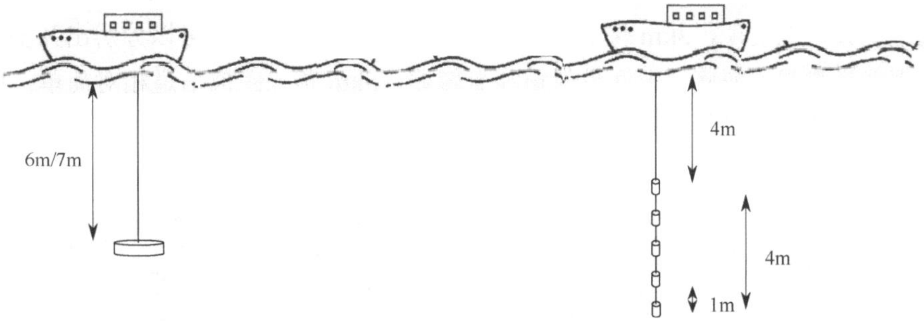

图 3.26　大连海试布局示意图

单载波水声通信大连海试系统参数如下：采样频率 f_s 为 48kHz；载波频率 f_0 为 6kHz；波特率 Baud 为 1ksymbol/s；映射方式为 QPSK；传输速率 Rate 为 2kbit/s；脉冲成形滤波器采用开方升余弦滤波器，其滚降系数 α 为 0.7；同步信号是中心频率 f_0 为 6kHz、带宽 B 为 4kHz、脉宽为 100ms 的线性调频信号。试验时发送 17000bit 数据，其中前 500bit 数据作为训练序列，用于均衡器的抽头系数更新。

接收端的接收机采用如图 3.27 所示的联合时间反转镜的判决反馈均衡器接收机结构，对每一阵元被动时反处理后的信号进行叠加，叠加后的信号通过内嵌锁相环的分数间隔均衡器来消除残余的码间干扰，经判决器输出后完成信号解码。基阵时间反转镜技术不仅可以聚焦信号、压缩信道多径结构、减少均衡器抽头个数、降低计算复杂度，而且能够获得空间处理增益[9]：

$$\mathrm{SNR_T} = \mathrm{SNR_S} + 10\lg N \tag{3.63}$$

式中，$\mathrm{SNR_T}$ 是基阵时间反转镜处理后的输出信噪比；$\mathrm{SNR_S}$ 是使用单阵元被动时间反转镜处理的输出信噪比；N 为阵元个数。

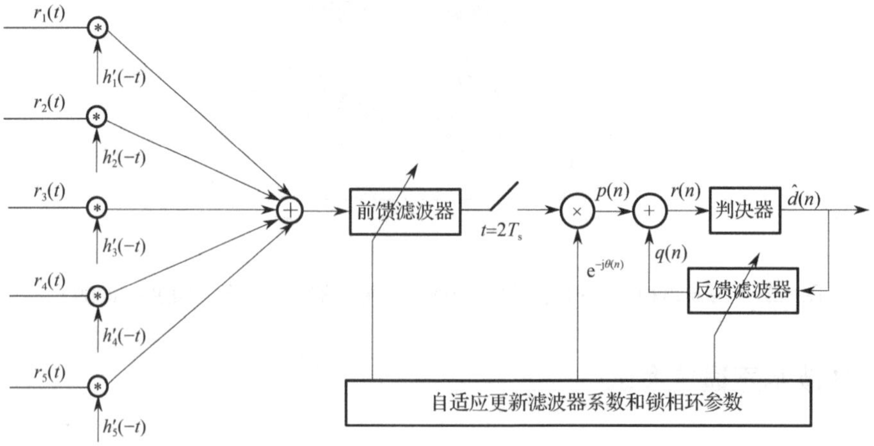

图 3.27　大连海试接收机结构

同样，试验之前首先发射中心频率 6kHz、带宽 4kHz、脉宽 100ms、间隔 200ms 的线性调频信号进行信道探测。在 3km 和 5km 传输距离上的信道探测结果分别如图 3.28（a）、（b）所示。通过观察可以发现，3km 传输距离信道较为复杂，但是依然可以分辨出其多径结构，其中直达声能量最强，海底、海面反射声能量较弱。5km 传输距离信道相对简单，信号能量大部分同时到达信宿，多径干扰很小。

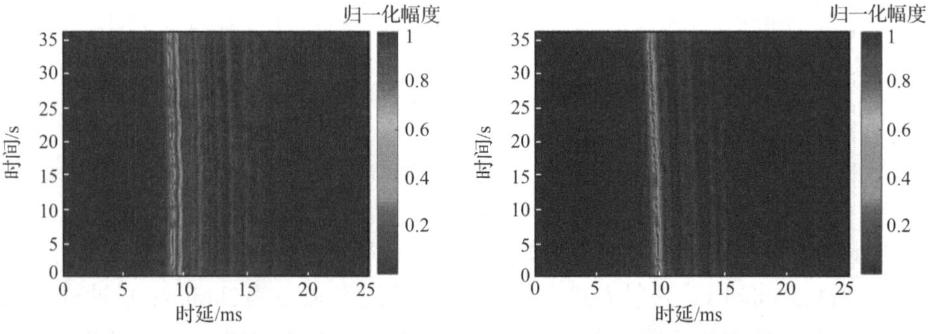

图 3.28　大连海试水声信道探测结果

接收机中，对不同阵元接收的信号分别进行时反处理，同相叠加后输入均衡器。两种传输距离上，使用相同参数的判决反馈均衡器，前馈滤波器抽头个数为 $L_{\mathrm{ff}} = 20$，反馈滤波器抽头个数为 $L_{\mathrm{fb}} = 20$。自适应更新算法均为 RLS 算法，其相关矩阵初始化因子 $\sigma = 0.5$，遗忘

因子 $\lambda=0.9965$，锁相环比例常数 $K_{f1}=0.0001$。均衡器解码星座图如图 3.29 所示。为进一步量化解码效果，海试结果以均衡后的输出信噪比 SNR 作为参考标准。

由此可以看出，本节所设计的接收机结构通过时间反转镜的处理使得多径水声信道复杂的冲激响应更接近于虚拟信道的 δ 函数，很大程度上降低了信道的多径干扰，从而使较低阶数的自适应均衡器能达到很好的解码效果。此外，传统观念上 3km 的通信解码效果应该远高于 5km 的解码效果，然而事实并非如此，虽然传输距离增加了 2km，可是 5km 传输距离上的信道结构更为简单，均衡后输出符号信噪比反而高于前者，这也进一步证明了信道多径效应对单载波水声通信系统解码效果的影响。

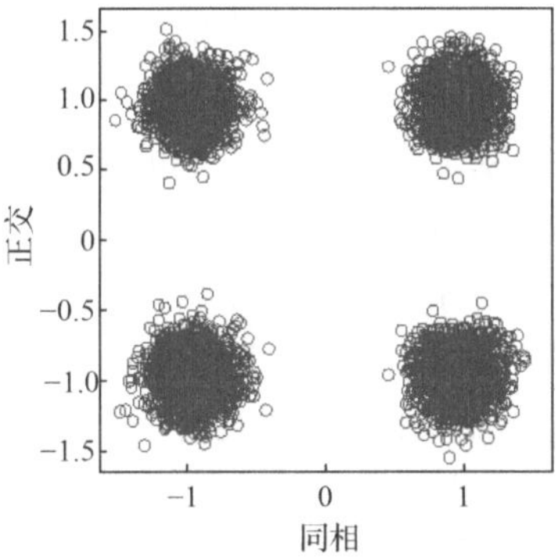

（a）3km传输距离（SNR=16.41dB, BER=0）

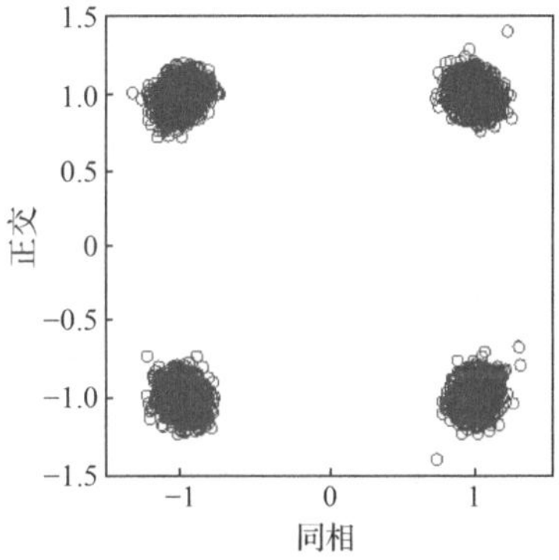

（b）5km传输距离（SNR=22.8dB, BER=0）

图 3.29　3km、5km 传输距离解码星座图

参 考 文 献

[1] 樊昌信, 曹丽娜. 通信原理[M]. 6 版. 北京: 国防工业出版社, 2006: 147-148.

[2] 赵贝. 时变多径信道中自适应均衡技术的研究[D]. 西安: 西安电子科技大学, 2013.

[3] Rouseff D, Badiey M, Song A. Effect of reflected and refracted signals on coherent underwater acoustic communication: Results from the Kauai experiment(KauaiEx 2003)[J]. The Journal of the Acoustical Society of America, 2009, 126(5): 2359-2366.

[4] 尚小天. 自适应均衡技术的研究[D]. 西安: 西安电子科技大学, 2006.

[5] PRASAD S, Pathak S S. On jointly adaptive decision feedback equalization and carrier recovery in digital communication systems[J]. AEU: Archiv für Elektronik und Übertragungstechnik, 1989, 43(3): 135-143.

[6] Stojanovic M, Catipovic J A, Proakis J G. Phase-coherent digital communications for underwater acoustic channels[J]. IEEE Journal of Oceanic Engineering, 1994, 19(1): 100-111.

[7] 殷敬伟. 水声通信原理及信号处理技术[M]. 北京: 国防工业出版社, 2011: 145-148.

[8] Yang T C. Differences between passive-phase conjugation and decision-feedback equalizer for underwater acoustic communications[J]. IEEE Journal of Oceanic Engineering, 2004, 29(2): 472-487.

[9] 殷敬伟, 惠俊英. 时间反转镜分类研究及其在水声通信中的应用[J]. 系统仿真学报, 2008, 20(9): 2449-2453.

第 4 章　单载波水声信道估计技术

相较于陆地无线信道，水声信道中多径效应和多普勒效应的影响更加显著，同时，海洋环境的复杂多变使得信号在传播过程中受到了水体流动、温度梯度以及海底地形等因素的干扰，导致信道特性随时间和频率的变化而波动[1]。总体而言，水声信道带宽较窄，且噪声干扰更加严重。针对水声信道的复杂性及其时变特性，信道估计技术在水声通信中具有至关重要的作用，是实现高效可靠水下通信的关键技术。基于水声信道天然的稀疏特性，利用其大多数抽头系数为零或接近零的特点，结合压缩感知（compressed sensing，CS）技术可以实现对水声信道精确且高效的估计。近年来，水声信道估计技术从传统的模型驱动方法逐步向数据驱动方法转变。在众多新兴技术中，稀疏贝叶斯学习（sparse Bayesian learning，SBL）因其独特优势受到广泛关注。SBL 最早由蒂平（Tipping）提出，因其在信号和图像处理领域出色的稀疏表达能力，被广泛应用于稀疏重构技术，并相较于传统方法展现出诸多优势[2-3]。因此，本章将重点探讨基于 SBL 的稀疏水声信道估计算法。

4.1　稀疏贝叶斯学习水声信道估计

与经典 CS 算法通过点估计对稀疏向量进行重构的方式不同，SBL 算法基于贝叶斯模型，根据接收的样本数据对待估计向量的后验分布进行评估，并通过最大后验（maximum a posteriori，MAP）估计实现稀疏向量的重构。SBL 算法能够灵活利用先验的结构信息，并且在面对高度结构化的字典矩阵时表现出较强的稳健性，因此在稀疏信号重构领域中占据重要地位。

4.1.1　稀疏贝叶斯学习理论

SBL 算法通过引入先验分布对模型的稀疏性进行描述，并假定所有特征都是条件独立的来简化模型[4]。对于一组给定的输入样本 $\{x_m\}_{m=1}^{M}$ 与输出目标 $\{t_m\}_{m=1}^{M}$，在监督学习过程中，为了对输入 $\boldsymbol{x}$ 进行准确预测，要假定一种 $\boldsymbol{x}$ 和 $\boldsymbol{t}$ 之间的函数变换关系以便于对其进行拟合。

在一维目标函数回归模型下，可以将这种函数关系表示为

$$y(x;\boldsymbol{\xi}) = \sum_{i=1}^{M} \xi_i \phi_i(x) = \boldsymbol{\xi}^{\mathrm{T}} \boldsymbol{\Phi}(x) \tag{4.1}$$

式中，$\boldsymbol{\Phi}(x) = [\phi_1(x), \phi_2(x), \cdots, \phi_N(x)]^{\mathrm{T}}$ 为一组基；$\boldsymbol{\xi} = [\xi_1, \xi_2, \cdots, \xi_N]^{\mathrm{T}}$ 为对应的系数。通过对系数 $\boldsymbol{\xi} = [\xi_1, \xi_2, \cdots, \xi_N]^{\mathrm{T}}$ 的不断学习来完成拟合。

在高斯白噪声信道背景下，基于标准概率模型，可将输入样本$\{x_m\}_{m=1}^M$与输出目标$\{t_m\}_{m=1}^M$用如下数学模型进行描述：

$$\boldsymbol{t}_m = y(\boldsymbol{x}_m;\boldsymbol{\xi}) + \boldsymbol{w}_m \tag{4.2}$$

式中，噪声$\boldsymbol{w}_m$服从0均值、方差为σ^2的高斯分布，即$\boldsymbol{w}_m \sim \mathcal{N}(0,\sigma^2)$。在目标值$\boldsymbol{t}_m$相互独立的前提下，$\boldsymbol{t}_m$服从均值为$y(\boldsymbol{x}_m)$、方差为$\sigma^2$的高斯分布，故输出目标$\boldsymbol{t}_m$的似然函数可表示为

$$p(\boldsymbol{t}\,|\,\boldsymbol{\xi},\sigma^2) = (2\pi\sigma^2)^{-M/2}\exp\left(-\frac{1}{2\sigma^2}\|\boldsymbol{t}-\boldsymbol{\Phi}\boldsymbol{\xi}\|^2\right) \tag{4.3}$$

式中，$\boldsymbol{t}=[t_1,t_2,\cdots,t_M]^{\mathrm{T}}$；$\boldsymbol{\xi}=[\xi_1,\xi_2,\cdots,\xi_N]^{\mathrm{T}}$；$\boldsymbol{\Phi}$是$M\times N$的已知矩阵，$\boldsymbol{\Phi}(x)=[f_1(x),f_2(x),\cdots,f_N(x)]$。此处为了便于表达，将输入向量集合$\boldsymbol{x}$省去。

由于模型中将过多未知参数作为训练集，直接对式（4.3）进行最大似然估计将会导致严重的过拟合问题。为了避免这种情况，常见的方法是对待估计参数增加额外约束，在贝叶斯模型框架下，可以采用对系数$\boldsymbol{\xi}$加入先验分布的形式对参数进行约束。此处为防止复杂度过高，假设系数$\boldsymbol{\xi}$服从0均值高斯独立同分布，即

$$p(\boldsymbol{\xi}\,|\,\boldsymbol{\alpha}) = \prod_{i=1}^{N} N(\xi_i\,|\,0,\alpha_i) \tag{4.4}$$

式中，$\boldsymbol{\alpha}$是一个N维向量（向量中各个元素α_i相互独立），作为控制各个权重的强度，调节先验信息的强弱的超参数。在分层概率模型下，需要对这些超参数赋予同高斯分布对偶的伽马（Gamma）分布作为超先验，同时需要对噪声方差σ^2进行估计。为了便于估计，同样将Gamma分布作为先验分布赋予σ^2，于是有

$$\begin{aligned} p(\boldsymbol{\alpha}) &= \prod_{i=1}^{N}\mathrm{Gamma}\left(\frac{1}{\alpha_i}\,|\,a,b\right) \\ p(\beta) &= \mathrm{Gamma}(\beta\,|\,c,d) \end{aligned} \tag{4.5}$$

式中，$\beta=\sigma^{-2}$，且

$$\mathrm{Gamma}(\alpha_i\,|\,a,b) = \Gamma(a)^{-1}b^a\alpha_i^{a-1}\mathrm{e}^{-b/\alpha_i} \tag{4.6}$$

Gamma 函数的定义为$\Gamma(a)=\int_0^\infty t^{a-1}\mathrm{e}^{-t}\mathrm{d}t$。为了使这些先验不带有多余的信息，可以将Gamma函数中的参数设定为较小的值，如$a=b=c=d=0$。

将这些参数值设置为0的另一项优势在于，此时所获得的先验信息在对数尺度上是均匀的，这种均匀性使得预测结果具有尺度不变性，即预测可以独立于目标集$\boldsymbol{t}$和矩阵$\boldsymbol{\Phi}$的线性缩放，而与观测样本的测量单位无关。

定义过先验概率之后，通过贝叶斯准则可以得到观测样本数据的后验概率：

$$p(\boldsymbol{\xi},\boldsymbol{\alpha},\sigma^2\,|\,\boldsymbol{t}) = \frac{p(\boldsymbol{t}\,|\,\boldsymbol{\xi},\boldsymbol{\alpha},\sigma^2)\,p(\boldsymbol{\xi},\boldsymbol{\alpha},\sigma^2)}{p(\boldsymbol{t})} \tag{4.7}$$

式中，$p(\boldsymbol{t})=\iiint p(\boldsymbol{t}\,|\,\boldsymbol{\xi},\boldsymbol{\alpha},\sigma^2)p(\boldsymbol{\xi},\boldsymbol{\alpha},\sigma^2)\mathrm{d}\boldsymbol{\xi}\mathrm{d}\boldsymbol{\alpha}\mathrm{d}\sigma^2$，而该积分无法得到闭式解，故不能够通过闭式解直接得到后验概率 $p(\boldsymbol{\xi},\boldsymbol{\alpha},\sigma^2\,|\,\boldsymbol{t})$。因此，转换思路，可以对需要学习的参数依次进行求解：

$$p(\boldsymbol{\xi},\boldsymbol{\alpha},\sigma^2\,|\,\boldsymbol{t})=p(\boldsymbol{\xi}\,|\,\boldsymbol{t},\boldsymbol{\alpha},\sigma^2)p(\boldsymbol{\alpha},\sigma^2\,|\,\boldsymbol{t}) \tag{4.8}$$

此时，式（4.8）中 $\boldsymbol{\xi}$ 的后验分布是可以计算的，$p(\boldsymbol{t}\,|\,\boldsymbol{\alpha},\sigma^2)$ 可以写成 $p(\boldsymbol{t}\,|\,\boldsymbol{\alpha},\sigma^2)=\int p(\boldsymbol{t}\,|\,\boldsymbol{\xi},\sigma^2)p(\xi\,|\,\boldsymbol{\alpha})\mathrm{d}\boldsymbol{\xi}$，该表达式符合高斯卷积的形式。因此关于 $\boldsymbol{\xi}$ 的后验概率密度函数为

$$\begin{aligned}p(\boldsymbol{\xi}\,|\,\boldsymbol{t},\boldsymbol{\alpha},\sigma^2)&=\frac{p(\boldsymbol{t}\,|\,\boldsymbol{\xi},\sigma^2)p(\boldsymbol{\xi}\,|\,\boldsymbol{\alpha})}{p(\boldsymbol{t}\,|\,\boldsymbol{\alpha},\sigma^2)}\\&=(2\pi)^{-N/2}\left|\boldsymbol{\Sigma}\right|^{1/2}\exp\left[-\frac{1}{2}(\boldsymbol{\xi}-\boldsymbol{\mu})^{\mathrm{H}}\boldsymbol{\Sigma}^{-1}(\boldsymbol{\xi}-\boldsymbol{\mu})\right]\end{aligned} \tag{4.9}$$

式中，$\boldsymbol{\Sigma}$、$\boldsymbol{\mu}$ 分别为后验概率的方差和均值，计算公式为

$$\begin{aligned}\boldsymbol{\Sigma}&=(\sigma^{-2}\boldsymbol{\Phi}^{\mathrm{H}}\boldsymbol{\Phi}+\boldsymbol{A})^{-1}\\\boldsymbol{\mu}&=\sigma^{-2}\boldsymbol{\Sigma}\boldsymbol{\Phi}^{\mathrm{H}}\boldsymbol{t}\end{aligned} \tag{4.10}$$

其中，$\boldsymbol{A}=\mathrm{diag}\{1/\alpha_1,1/\alpha_2,\cdots,1/\alpha_N\}$。由于 $p(\boldsymbol{\xi}\,|\,\boldsymbol{t},\boldsymbol{\alpha},\sigma^2)$ 是一个高斯函数的形式，因此均值即最大后验估计。在式（4.10）中，超参数 $\boldsymbol{\alpha}$ 是未知的，为了估计超参数，可采用 II 型最大似然估计方法，最大化边缘似然函数：

$$\begin{aligned}p(\boldsymbol{t}\,|\,\boldsymbol{\alpha},\sigma^2)&=\int p(\boldsymbol{t}\,|\,\boldsymbol{\xi},\sigma^2)p(\boldsymbol{\xi}\,|\,\boldsymbol{\alpha})\mathrm{d}\boldsymbol{\xi}\\\boldsymbol{\alpha}&=\arg\max p(\boldsymbol{t}\,|\,\boldsymbol{\alpha},\sigma^2)\end{aligned} \tag{4.11}$$

目前最常用的求解方式是期望最大化（expectation maximum，EM）算法。因此，在下一节我们重点介绍 EM 算法。

4.1.2　期望最大化算法

期望最大化算法是一种迭代优化算法[5]，常用于参数估计，特别是概率模型中存在隐变量的情况下。EM 算法的求解思路可概述为：①首先为隐变量设置一个初始分布，根据概率分布估计参数；②根据参数分布反过来再估计隐变量的分布；③循环迭代直到收敛，得到一个最优的参数估计。下面简要地介绍 EM 算法。

对于给定训练样本 $\{x_1,x_2,\cdots,x_N\}$，样本间相互独立，存在参数 θ，每个样本中存在隐变量 z_i，不同样本的对数似然估计[6]可表示为

$$\begin{aligned}\ln L(\theta)&=\ln[p(x_1;\theta),p(x_2;\theta),\cdots,p(x_n;\theta)]\\&=\sum_{i=1}^{N}\ln p(x_i;\theta)\\&=\sum_{i=1}^{N}\ln\sum_{j=1}^{M}p(x_i,z_j;\theta)\end{aligned} \tag{4.12}$$

式（4.12）中存在和的对数的形式，求导困难，为了简化运算，将隐变量 z 的分布定义为 Q 函数，Q 函数满足

$$\sum_{j=1}^{M} Q_j\left(z_j\right)=1,\quad Q_j\left(z_j\right)\geqslant 0 \tag{4.13}$$

将 Q 函数代入式（4.12）可以得到

$$\begin{aligned}
\ln L(\theta) &= \ln\left(p\left(x_1;\theta\right), p\left(x_2;\theta\right),\cdots, p\left(x_n;\theta\right)\right) \\
&= \sum_{i=1}^{N} \ln \sum_{j=1}^{M} Q_j\left(z_j\right) \frac{p\left(x_i, z_j;\theta\right)}{Q_j\left(z_j\right)} \\
&\geqslant \sum_{i=1}^{N} \sum_{j=1}^{M} Q_j\left(z_j\right) \ln \frac{p\left(x_i, z_j;\theta\right)}{Q_j\left(z_j\right)}
\end{aligned} \tag{4.14}$$

式（4.14）中第三步的放缩借助了詹森（Jensen）不等式，该步骤为整个 EM 算法的核心。

Jensen 不等式的表述如下。

如图 4.1 所示，假定 $f\left(x\right)$ 是定义域为 D 的函数，并且为一个严格凸函数，即 $f''\left(x\right)\geqslant 0$，则有

$$E[f(x)]\geqslant f[E(X)] \tag{4.15}$$

当且仅当随机变量 X 为常数时，等号成立。

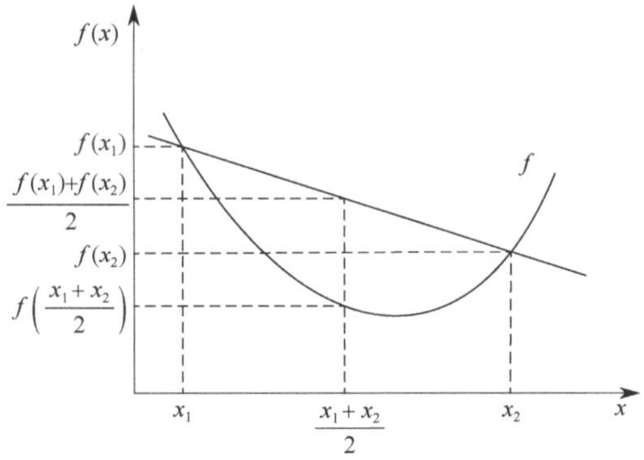

图 4.1　凸函数

若将式（4.14）中的 $\frac{p\left(x_i, z_j;\theta\right)}{Q_j\left(z_j\right)}$ 视作随机变量，将 $Q_j\left(z_j\right)$ 视作该变量的概率分布，易知 $\sum_{i=1}^{N} \sum_{j=1}^{M} Q_j\left(z_j\right) \ln \frac{p\left(x_i, z_j;\theta\right)}{Q_j\left(z_j\right)}$ 即该随机变量的期望。

因此借助 Jensen 不等式，似然函数可由和的对数转化为对数和的形式，进而简化求导过

程。然而 Jensen 不等式只能得到似然函数下界，不能将其直接应用于最大似然估计。

根据 Jensen 不等式中等号成立条件，须有

$$\frac{p\left(x_i,z_j;\theta\right)}{Q_j\left(z_j\right)}=C \tag{4.16}$$

又因为 $Q_j\left(z_j\right)$ 为随机变量的概率分布，$\sum_{j=1}^{M}Q_j\left(z_j\right)=1$，故有 $\sum_{j=1}^{M}p\left(x_i,z_j;\theta\right)=C$，将其代入式（4.16）中可得

$$\begin{aligned}Q_j\left(z_j\right)&=\frac{p\left(x_i,z_j;\theta\right)}{\sum_{j=1}^{M}p\left(x_i,z_j;\theta\right)}\\&=\frac{p\left(x_i,z_j;\theta\right)}{p\left(z_j\mid x_j;\theta\right)}\\&=p\left(z_j\mid x_j;\theta\right)\end{aligned} \tag{4.17}$$

故 $Q_j\left(z_j\right)$ 即 z_j 的后验概率，在 Q 函数正确选择的前提下，满足式（4.16），似然函数与其下界相等，便可应用 $\ln L(\theta)=\sum_{i=1}^{N}\sum_{j=1}^{M}Q_j\left(z_j\right)\ln\frac{p\left(x_i,z_j;\theta\right)}{Q_j\left(z_j\right)}$ 进行最大似然估计运算。对 $\ln L(\theta)$ 求导并令其导数为 0，求参数 θ 的最大似然估计，即可得到

$$\theta=\arg\max\sum_{i=1}^{N}\sum_{j=1}^{M}Q_j\left(z_j\right)\ln\frac{p\left(x_i,z_j;\theta\right)}{Q_j\left(z_j\right)} \tag{4.18}$$

在式（4.17）与式（4.18）之间迭代，即可达成收敛，至此 EM 算法结束。

总的来说，EM 算法利用 Jensen 不等式寻找似然函数的下界，在取等条件下，求解下界对应的最大似然估计，然后不断地迭代提升下界，直到收敛，即可找到似然函数的最大值。将 EM 算法总结如下。

（1）E 步：期望步。根据前一次迭代的参数 θ 计算 $Q_j(z_j)=p(z_j\mid x_i;\theta)$ 。

（2）M 步：最大化步。最大化 $J(z,Q)=\sum_{i=1}^{N}\sum_{j=1}^{M}Q_i(z_j)\ln\frac{p(x_i,z_j;\theta)}{Q_j(z_j)}$ 得到新的参数 θ 。

下面将 EM 算法应用于 SBL 算法更新其超参数 $\boldsymbol{\alpha}$，将稀疏权值 $\boldsymbol{x}$ 作为隐变量引入。首先计算最大后验概率 $Q=p(\boldsymbol{\xi}\mid\boldsymbol{t},\boldsymbol{\alpha},\sigma^2)$，由于 $p(\boldsymbol{\xi}\mid\boldsymbol{t},\boldsymbol{\alpha},\sigma^2)$ 是一个高斯函数的形式，故最大后验概率为式（4.10）中的均值 $\boldsymbol{\mu}$ 。

然后计算 M 步：

$$\boldsymbol{\alpha}=\arg\max_{\boldsymbol{\alpha}}E[\ln p(\boldsymbol{t},\boldsymbol{\xi}\mid\boldsymbol{\alpha},\sigma^2)] \tag{4.19}$$

在式（4.19）中，由于在此前步骤中已经求得后验概率密 Q，因此在这一步骤中为了使公式简洁，省略了后验概率密度。在后面的步骤中，本节把主要的关注点放在超参数估计上面，

暂时将参数 σ^2 省略。因为 $p(\boldsymbol{t},\xi;\boldsymbol{\alpha})=p(\boldsymbol{t}\mid\xi)p(\xi\mid\boldsymbol{\alpha})$ 且 $p(\boldsymbol{t}\mid\xi)$ 中不含有超参数 $\boldsymbol{\alpha}$，所以在求解 $\boldsymbol{\alpha}$ 的过程中也可以忽略 $p(\boldsymbol{t}\mid\xi)$，进而得到如下公式：

$$\begin{aligned}\boldsymbol{\alpha}&=\arg\max_{\boldsymbol{\alpha}} E[\ln p(\boldsymbol{\xi}\mid\boldsymbol{\alpha})]\\&=\arg\min_{\boldsymbol{\alpha}} E[-\ln p(\boldsymbol{\xi}\mid\boldsymbol{\alpha})]\end{aligned}\tag{4.20}$$

将式（4.4）代入式（4.20）得

$$\begin{aligned}\boldsymbol{\alpha}&=\arg\min_{\boldsymbol{\alpha}} E\left[-\ln\prod_{i=1}^{N}\frac{1}{(2\pi\alpha_i)^{1/2}}\exp\left(-\frac{\xi_i^2}{2\alpha_i}\right)\right]\\&=\arg\min_{\boldsymbol{\alpha}} E\left\{-\sum_{i=1}^{N}\left[-\frac{1}{2}\ln(2\pi\alpha_i)-\frac{\xi_i^2}{2\alpha_i}\right]\right\}\\&=\arg\min_{\boldsymbol{\alpha}} E\left\{\sum_{i=1}^{N}\left[\frac{1}{2}\ln(2\pi\alpha_i)+\frac{\xi_i^2}{2\alpha_i}\right]\right\}\end{aligned}\tag{4.21}$$

值得注意的是，在整个推导过程中 $\boldsymbol{\xi}$ 是随机变量，因此在计算数字特征时可将 $\boldsymbol{\xi}$ 看作常数：

$$\boldsymbol{\alpha}=\arg\min_{\boldsymbol{\alpha}}\sum_{i=1}^{N}\left[\frac{1}{2}\ln(2\pi\alpha_i)+\frac{1}{2\alpha_i}E(\xi_i^2)\right]\tag{4.22}$$

式（4.22）已经将矢量问题转化为标量问题，对于每一个 α_i 有

$$\alpha_i=\arg\min_{\alpha_i}\left[\frac{1}{2}\ln(2\pi\alpha_i)+\frac{1}{2\alpha_i}E(\xi_i^2)\right]\tag{4.23}$$

又因为 $E(\xi_i^2)=E(\xi_i)^2+D(\xi_i)$，均值与方差在式（4.10）中均已给出，于是对式（4.23）等号右侧求导，并令导数为 0 得

$$\alpha_i=\mu_i^2+\Sigma_{ii}\tag{4.24}$$

式中，Σ_{ii} 表示协方差矩阵中的第 i 个对角元素。

基于相似的算法流程推导，利用 EM 算法同样可以得到超参数 σ^2 的迭代更新公式[5]：

$$\sigma^2=\frac{\|\boldsymbol{t}-\boldsymbol{\Phi}\boldsymbol{\xi}\|_2^2+\sigma^2[N-\mathrm{Tr}(\boldsymbol{\Sigma}\boldsymbol{A})]}{M}\tag{4.25}$$

由式（4.16）～式（4.25）构建 EM 循环，即可对稀疏信号完成重构，至此，利用 EM 算法实现超参数更新的 SBL 算法介绍完毕。

4.1.3　稀疏贝叶斯学习水声信道估计算法

首先介绍水声信道传输模型，考虑一个基于单载波时域均衡的单输入单输出（single-input single-output，SISO）水声通信系统，其发射端模型如图 4.2 所示。在发射端，信息比特序列 $\{a_k\}$ 被编码和交织后分别得到序列 $\{c_k'\}$ 和序列 $\{c_k\}$，随后，基于调制阶数 Q 对这些序列进行分组，例如，$\boldsymbol{c}_k=[c_k^1,c_k^2,\cdots,c_k^Q]$。每个分组 $\boldsymbol{c}_k$ 被映射到一个调制符号 x_k，其中每个调制符号 x_k 对应 2^Q 阶星座图中的一个点，2^Q 阶星座图可以表示为 $\boldsymbol{S}=[\boldsymbol{\alpha}_1,\boldsymbol{\alpha}_2,\cdots,\boldsymbol{\alpha}_{2^Q}]$，其中每

个星座点 $\boldsymbol{\alpha}_j$ 又对应于一组比特序列 $\boldsymbol{\alpha}_j=[c_j^1,c_j^2,\cdots,c_j^Q]$，其中 $c_j^q\in\{0,1\}$ 。最后在发送序列之前加上一段信息已知的训练序列。

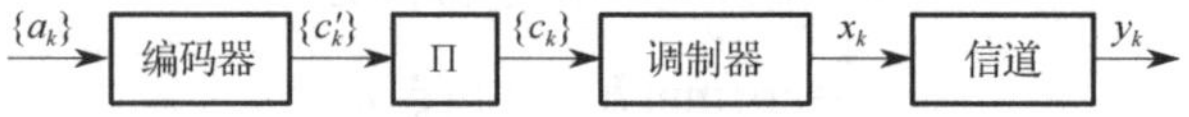

图 4.2　单载波 SISO 水声通信系统发射端模型

在接收端，在时刻 k 进行采样得到的基带信号可以表示为

$$y_k=\sum_{l=0}^{L-1}h_k(l)x_{k-l}+\omega_k \tag{4.26}$$

式中，$h_k(l)$ 表示在时刻 k 的信道冲激响应，l 表示第 l 个抽头；L 表示信道的长度；ω_k 是加性高斯白噪声，假设其均值是 0，方差是 γ^{-1} 。

将上述模型转换为矩阵模型，在消除块间干扰的情况下接收到的基带信号可表示为[7]

$$\boldsymbol{y}_i=\boldsymbol{X}_i\boldsymbol{h}_i+\boldsymbol{\omega}_i \tag{4.27}$$

式中，i 代表块索引；$\boldsymbol{y}_i=[y_{N_\mathrm{b}\times(i-1)+1},y_{N_\mathrm{b}\times(i-1)+2},\cdots,y_{N_\mathrm{b}\times i}]^\mathrm{T}\in\mathbb{C}^{N_\mathrm{b}\times1}$，$N_\mathrm{b}$ 代表分块的长度；$\boldsymbol{h}_i=[h_i(0),h_i(1),\cdots,h_i(L-1)]^\mathrm{T}\in\mathbb{C}^{L\times1}$ 是第 i 个数据块对应的信道；$\boldsymbol{\omega}_i=[\omega_{i,1},\omega_{i,2},\cdots,\omega_{i,N_\mathrm{b}}]^\mathrm{T}\in\mathbb{C}^{L\times1}$ 是高斯噪声块；$\boldsymbol{X}_i$ 是与第 i 个发射数据块对应的信号矩阵，可以被表示为

$$\boldsymbol{X}_i=\begin{bmatrix} x_{iN_\mathrm{b}-N_\mathrm{b}+1} & 0 & 0 & \cdots & 0 & 0 \\ x_{iN_\mathrm{b}-N_\mathrm{b}+2} & x_{iN_\mathrm{b}-N_\mathrm{b}+1} & 0 & \cdots & 0 & 0 \\ \vdots & \vdots & \vdots & & \vdots & \vdots \\ x_{iN_\mathrm{b}-1} & x_{iN_\mathrm{b}-2} & x_{iN_\mathrm{b}-3} & \cdots & x_{iN_\mathrm{b}-L+1} & 0 \\ x_{iN_\mathrm{b}} & x_{iN_\mathrm{b}-1} & x_{iN_\mathrm{b}-2} & \cdots & x_{iN_\mathrm{b}-L+2} & x_{iN_\mathrm{b}-L+1} \end{bmatrix}\in\mathbb{C}^{N_\mathrm{b}\times L} \tag{4.28}$$

下面介绍稀疏贝叶斯学习水声信道估计算法。为了避免过度拟合和鼓励稀疏解决方案，我们沿用贝叶斯框架的双层分层先验模型。为了方便表示，暂时忽略块索引 i，仅考虑一个数据块。在第一层，在稀疏信道 $\boldsymbol{h}$ 的每个元素上定义一个零均值的高斯先验，也就是

$$p(\boldsymbol{h}\,|\,\boldsymbol{\alpha})=\prod_{l=0}^{L-1}\mathcal{CN}[h(l)\,|\,0,\alpha_l] \tag{4.29}$$

式中，$\boldsymbol{\alpha}=[\alpha_0,\alpha_1,\cdots,\alpha_{L-1}]^\mathrm{T}\in\mathbb{C}^{L\times1}$，每一个元素 α_l 都是独立且与权重相关的超参数。进一步，在第二层，假设超参数 $\boldsymbol{\alpha}$ 服从一个 Gamma 先验，可以表示为

$$p(\boldsymbol{\alpha};a,b)=\prod_{l=0}^{L-1}\mathrm{Gamma}(\alpha_l\,|\,a,b) \tag{4.30}$$

也就是说，此时稀疏信道 $\boldsymbol{h}$ 满足如下分布：

$$\begin{aligned} p(\boldsymbol{h};\boldsymbol{\alpha})&=\prod_{l=0}^{L-1}\mathcal{N}(h(l)\,|\,0,\alpha_l) \\ &=\prod_{l=0}^{L-1}(2\pi\alpha_l)^{-1/2}\exp\left[\frac{|h(l)|^2}{2\alpha_l}\right] \end{aligned} \tag{4.31}$$

值得注意的是，如果$\alpha_l \to 0$，等同于$h(l) \to 0$。接下来采用EM算法迭代更新超参数以及估计信道冲激响应$\boldsymbol{h}$。由于上一节已经详细地介绍过EM算法，此处不再过多地做数学推导，只给出关键的迭代更新公式。

E步：根据上一次迭代得到的$\boldsymbol{\alpha}$计算信道冲激响应$\boldsymbol{h}$的后验概率密度函数：

$$\begin{aligned}Q(\boldsymbol{h}) &= p(\boldsymbol{h} \mid \boldsymbol{y}, \boldsymbol{\alpha}, \gamma) \\ &= \frac{p(\boldsymbol{y} \mid \boldsymbol{h}, \gamma) p(\boldsymbol{h} \mid \boldsymbol{\alpha})}{p(\boldsymbol{y} \mid \boldsymbol{\alpha}, \gamma)} \\ &= (2\pi)^{-N/2} \left|\boldsymbol{\Sigma}\right|^{1/2} \exp\left[-\frac{1}{2}(\boldsymbol{h}-\boldsymbol{\mu})^{\mathrm{H}} \boldsymbol{\Sigma}^{-1} (\boldsymbol{h}-\boldsymbol{\mu})\right]\end{aligned} \tag{4.32}$$

式中，$\boldsymbol{\Sigma} = [\gamma^{-1}\boldsymbol{X}^{\mathrm{H}}\boldsymbol{X} + \mathrm{diag}(\boldsymbol{\alpha})]^{-1}$；$\boldsymbol{\mu} = \gamma^{-1}\boldsymbol{\Sigma}\boldsymbol{X}^{\mathrm{H}}\boldsymbol{y}$。

M步：根据E步中得到的信道冲激响应$\boldsymbol{h}$的后验概率密度函数，最大化对应的似然函数下界更新超参数：

$$\begin{aligned}\alpha_l &= \arg\min_{\alpha_l} \left\{\frac{1}{2}\ln(2\pi\alpha_l) + \frac{1}{2\gamma_l} E[h(l)^2]\right\} \\ &= \left|\mu_l\right|^2 + \Sigma_{ll}\end{aligned} \tag{4.33}$$

噪声方差的更新公式为

$$\gamma = \frac{\left\|\boldsymbol{y} - \boldsymbol{X}\boldsymbol{h}\right\|_2^2 + \gamma\{L - \mathrm{Tr}[\boldsymbol{\Sigma}\mathrm{diag}(\boldsymbol{\alpha})^{-1}]\}}{N_{\mathrm{b}}} \tag{4.34}$$

将SBL水声信道估计算法步骤整理如下。

（1）参数输入：训练序列接收信号$\boldsymbol{y}$，字典矩阵$\boldsymbol{X}$，迭代终止门限$\varepsilon_{\mathrm{sbl}}$，最大迭代次数$K_{\max}$，初始化$\boldsymbol{\Gamma} = \mathrm{diag}(\boldsymbol{\alpha}) = \boldsymbol{I}_L$，$\boldsymbol{\alpha} = [\alpha_0, \alpha_1, \cdots, \alpha_{L-1}]^{\mathrm{T}} \in \mathbb{C}^{L\times 1}$，迭代次数$k=1$，$\gamma^k, \boldsymbol{\mu}^k > 0$。

（2）E步：

$$\boldsymbol{\Sigma} = (\gamma^{-1}\boldsymbol{X}^{\mathrm{H}}\boldsymbol{X} + \boldsymbol{\Gamma}^{-1})^{-1}$$
$$\boldsymbol{\mu}^{k+1} = \gamma^{-1}\boldsymbol{\Sigma}\boldsymbol{X}^{\mathrm{H}}\boldsymbol{y}$$

（3）M步：

$$\alpha_l^{k+1} = \boldsymbol{\Sigma}_{ll} + \left|\mu_l^{k+1}\right|^2, \quad l = 0, 1, \cdots, L-1$$

$$\gamma^{k+1} = \frac{\left\|\boldsymbol{y} - \boldsymbol{X}\boldsymbol{\mu}^{k+1}\right\|_2^2 + \gamma^k[L - \mathrm{Tr}(\boldsymbol{\Sigma}\boldsymbol{\Gamma}^{-1})]}{N_{\mathrm{b}}}$$

（4）终止条件判决：$\left\|\boldsymbol{\mu}^{k+1} - \boldsymbol{\mu}^k\right\|_2^2 \leqslant \varepsilon_{\mathrm{sbl}}$或者$k = K_{\max}$迭代终止，否则返回步骤（2）。

（5）输出信道冲激响应$\hat{\boldsymbol{h}} = \boldsymbol{\mu}^{k+1}$。

4.1.4　仿真分析

在本节，我们进行稀疏贝叶斯学习水声信道估计算法的仿真，仿真采用 4.1.3 节描述的单载波水声信道传输模型。为了模拟真实的稀疏水声信道，我们设置信道向量中的数值大多为 0，且保证直达声具有最高的幅度，信道的最大多径时延为 120ms。仿真基带信道如图 4.3 所示，与信道估计相关的参数设置如下：采样频率为 48kHz，训练序列长度为 500 个符号，调制方式为 QPSK，符号率为 1000symbol/s。

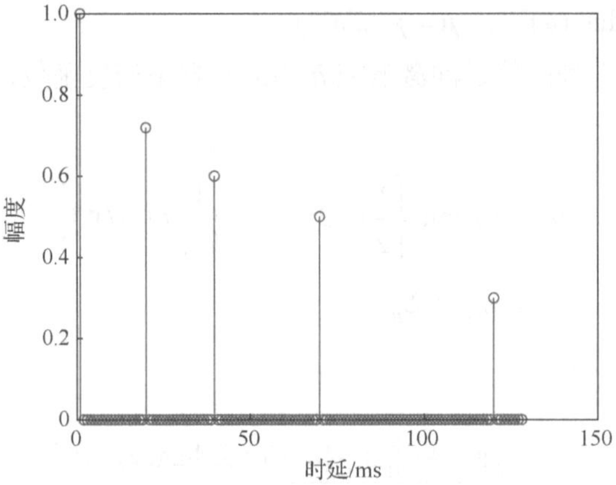

图 4.3　仿真基带信道

在本节，我们对比 LS 算法与 SBL 算法的信道估计性能，分别设置信噪比为 5dB、10dB 和 20dB，两种算法的信道估计结果如图 4.4 所示。LS 算法没有考虑水声信道的稀疏性，其在 5dB 和 10dB 时估计结果较差，含有大量的噪声；相反，考虑了信道稀疏性的 SBL 算法在 5dB 时仍然有较好的估计性能。

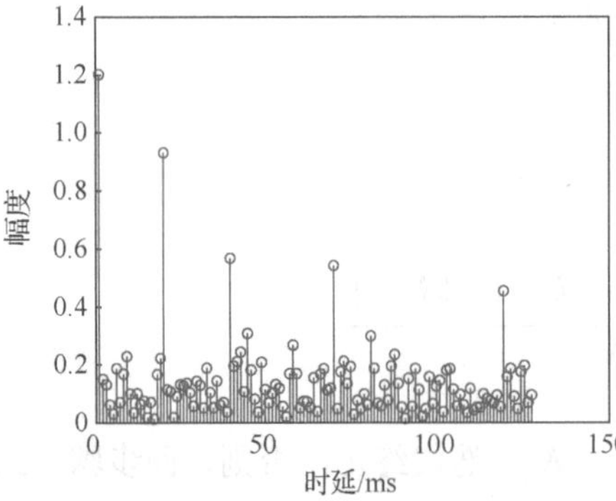

（a1）LS算法，SNR=5dB

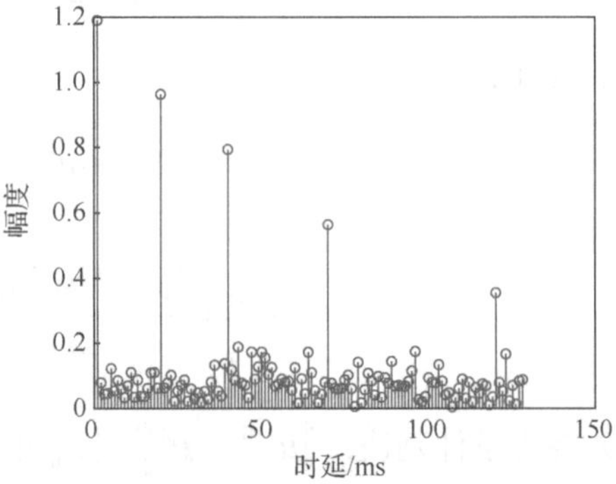

（a2）LS算法，SNR=10dB

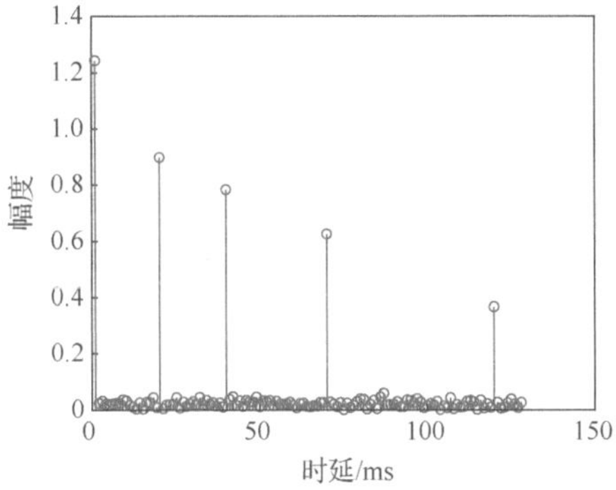

（a3）LS算法，SNR=20dB

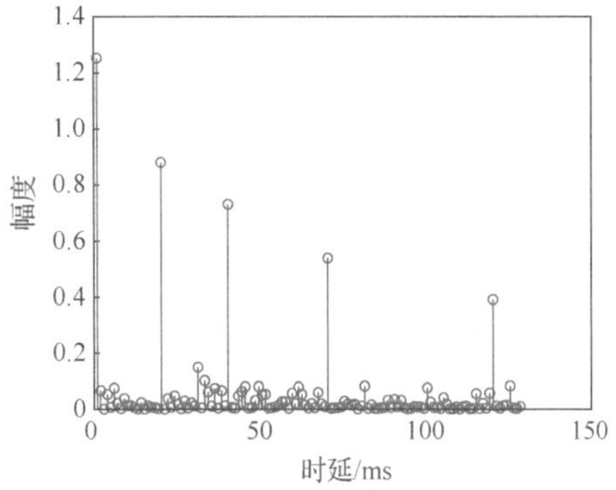

（b1）SBL算法，SNR=5dB

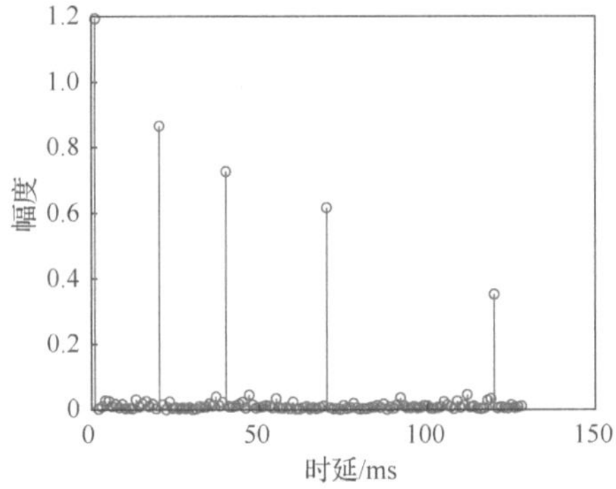

（b2）SBL算法，SNR=10dB

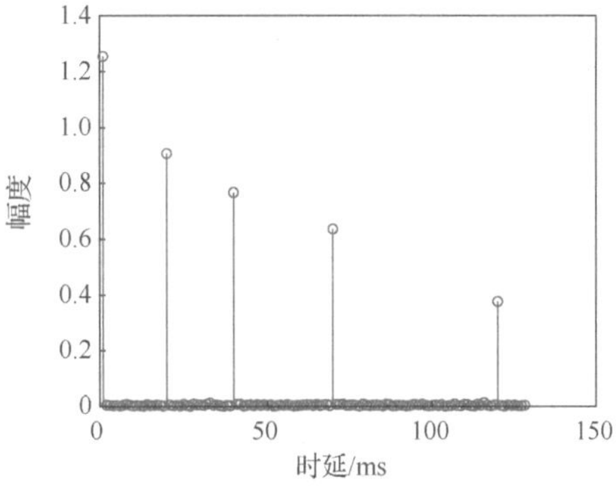

（b3）SBL算法，SNR=20dB

图 4.4　LS 算法和 SBL 算法的信道估计结果

4.2　基于置信传播的稀疏贝叶斯学习水声信道估计

贝叶斯方法应用中主要的障碍之一是其计算复杂度较高。置信传播（belief propagation, BP）算法作为一种消息传递机制，可被引入稀疏贝叶斯学习中对其进行简化。SBL 算法通过赋予信号稀疏性先验，结合贝叶斯推断和最大后验估计，有效地进行稀疏信号重构。传统的 SBL 算法在大规模高维数据处理中，需要频繁进行矩阵运算和后验概率的计算，导致计算复杂度较高，限制了其在实际应用中的效率。为了解决这一问题，BP 算法被引入 SBL 框架中，通过在因子图中传播消息来迭代更新信号的估计值。BP 算法将高维信号处理问题分解为多个基于边的消息更新，从而减少了全局矩阵运算的需求，这种方法在一定程度上降低了计算复杂度，并在小规模和中等规模系统中表现出了良好的性能。因此，本节主要研究基于 BP 算法对 SBL 算法的改进技术。

4.2.1　因子图与置信传播

因子图是一种由变量节点和因子节点构成的无向二分图模型，用来表示全局函数 $f(x)$

和局部函数 $f_a(x_a)$ 之间的图形化关系。假定一个全局函数 $f(x)$ 可以分解为如式（4.35）的局部函数连乘积的形式：

$$f(x_1,x_2,x_3)=f_1(x_1,x_2)f_2(x_1,x_3)f_3(x_2,x_3)=\prod_a f_a(x_a) \tag{4.35}$$

式中，x_a 表示与局部函数 $f_a(x_a)$ 相关的变量的集合。式（4.35）可由图 4.5 所示的因子图进行表示。

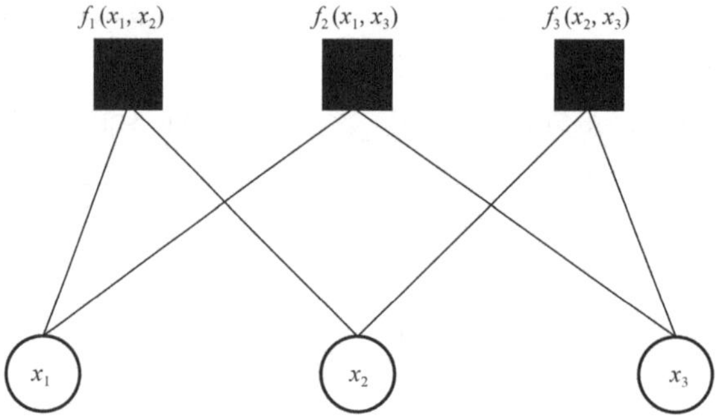

图 4.5　因子图

在因子图中，变量节点用圆圈表示，因子节点用黑色矩形框表示，连线表示因子 $f_a(x_a)$ 与变量 x_a 之间存在函数关系，当且仅当此关系成立时二者之间才有连线，同时因子节点与变量节点各自之间不存在连线。作为无向图模型，因子图的图示与表达式之间可以相互转化。

在循环置信传播理论中，与变量相关的置信称作消息，通过在各个因子节点和变量节点之间进行消息传递，最终达到收敛，得到后验概率分布。和积算法是常见的一种计算置信的方法，它的本质是一种概率信息的传递过程，该过程通常也称作消息传递或置信传播。

根据因子图结构的不同可以将和积算法的准则分为以下三个：近似置信、变量节点向因子节点传递的消息以及因子节点向变量节点传递的消息。接下来将对这三个准则进行详细介绍。

1. 近似置信

近似置信所对应的因子图如图 4.6 所示。

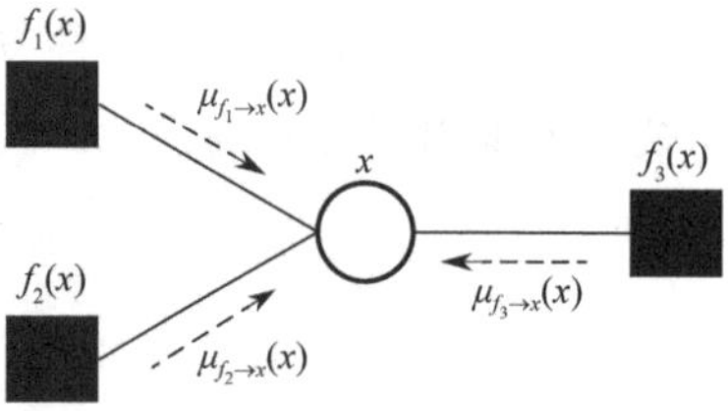

图 4.6　近似置信因子图

变量节点 x 上的近似置信用 $b_{\text{app}}(x)$ 表示，可以写成

$$b_{\text{app}}(x)=\mathcal{N}\left(x;\hat{x},\eta^{-1}\boldsymbol{I}\right) \tag{4.36}$$

该式表示 x 服从均值为 $\hat{x}$、方差为 η^{-1} 的高斯分布，其均值 $\hat{x}$ 和方差 η^{-1} 表示为

$$\hat{x}=E\left[x \mid b_{\text{sp}}(x)\right] \tag{4.37}$$

$$\eta^{-1}=\left\langle \operatorname{diag}\left(\operatorname{cov}\left[x \mid b_{\text{sp}}(x)\right]\right)\right\rangle \tag{4.38}$$

式中，$E\left[x \mid b_{\text{sp}}(x)\right]$ 和 $\operatorname{cov}\left[x \mid b_{\text{sp}}(x)\right]$ 分别表示 x 的概率密度服从 $b_{\text{sp}}(x)$ 时的期望和方差，$\operatorname{diag}(\bullet)$ 是一个对角化函数；$\langle\cdot\rangle$ 表示求均值；$b_{\text{sp}}(x)$ 表示为

$$\begin{aligned}b_{\text{sp}}(x)&=\prod_{j}\mu_{f_j\to x}(x)\\&=\mu_{f_1\to x}(x)\cdot\mu_{f_2\to x}(x)\cdot\mu_{f_3\to x}(x)\end{aligned} \tag{4.39}$$

$\mu_{f_j\to x}(x)$ 表示由因子节点 f_j 传递到变量节点 x 的消息，$b_{\text{sp}}(x)$ 就是所有与变量节点 x 有联系的因子节点 f_j 传递到该因子节点消息的乘积。

2. 变量节点向因子节点传递的消息

变量节点 x 向因子节点 $f_3(x)$ 传递的消息所对应因子图如图 4.7 所示。

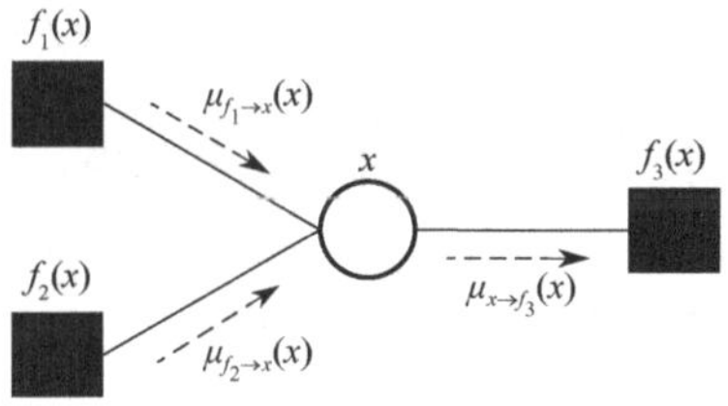

图 4.7 变量节点 x 向因子节点 $f_3(x)$ 传递消息因子图

变量节点 x 向因子节点 $f_3(x)$ 传递的消息用 $\mu_{x\to f_3}(x)$ 表示，可以写成

$$\begin{aligned}\mu_{x\to f_3}(x)&=\prod_{j\neq 3}\mu_{f_j\to x}(x)\\&=\mu_{f_1\to x}(x)\cdot\mu_{f_2\to x}(x)\end{aligned} \tag{4.40}$$

或者写成

$$\mu_{x\to f_3}(x)=b_{\text{app}}(x)/\mu_{f_3\to x}(x) \tag{4.41}$$

即从变量节点 x 传递到因子节点 $f_i(x)$ 的消息等于除了该因子节点 $f_i(x)$ 外，其他与该变量节点 x 相连的因子节点 $f_j(x)$ 传递到该变量节点 x 消息的乘积。

当变量节点 x 只与一个因子节点 $f(x)$ 相连时，变量节点 x 向因子节点 $f(x)$ 传递的消息所对应因子图如图 4.8 所示。

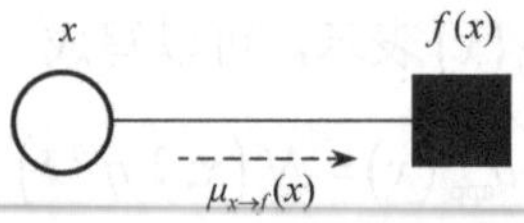

图 4.8　变量节点 x 向因子节点 $f(x)$ 传递消息因子图

此时变量节点 x 向因子节点 $f(x)$ 传递的消息用 $\mu_{x\to f}(x)$ 表示，可以写成

$$\mu_{x\to f}(x)=1 \tag{4.42}$$

3. 因子节点向变量节点传递的消息

因子节点 $f(x_1,x_2,x_3)$ 向变量节点 x_3 传递的消息所对应因子图如图 4.9 所示。

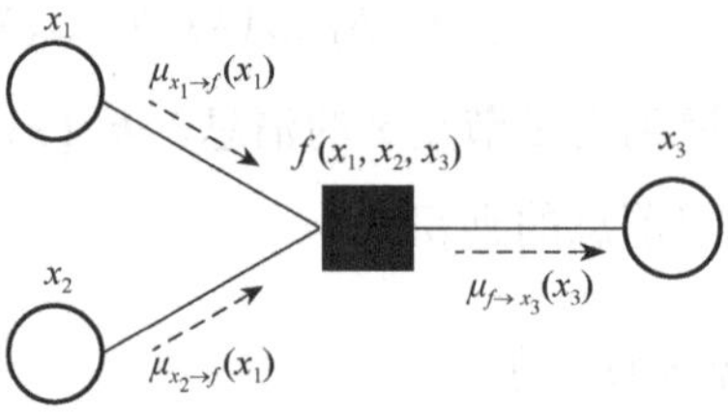

图 4.9　因子节点 $f(x_1,x_2,x_3)$ 向变量节点 x_3 传递消息因子图

因子节点 $f(x_1,x_2,x_3)$ 向变量节点 x_3 传递的消息用 $\mu_{f\to x_3}(x_3)$ 表示，可以写成

$$\begin{aligned}\mu_{f\to x_3}(x_3)&=\int f(x_1,x_2,x_3)\prod_{j\neq 3}\mu_{x_j\to f}(x_j)\mathrm{d}x_j\\&=\iint f(x_1,x_2,x_3)\cdot\mu_{x_1\to f}(x_1)\cdot\mu_{x_2\to f}(x_2)\mathrm{d}x_1\mathrm{d}x_2\end{aligned} \tag{4.43}$$

即从因子节点 $f_a(x_a)$ 向变量节点 x_i 传递的消息等于除了该变量节点 x_i 外，其他与该因子节点 $f_a(x_a)$ 相连的变量节点 x_i 传递到该因子节点 $f_a(x_a)$ 消息的乘积，再乘以 $f_a(x_a)$，并将该式对 x_i 求积分。

当因子节点 $f(x)$ 只与一个变量节点 x 相连时，因子节点 $f(x)$ 向变量节点 x 传递的消息所对应因子图如图 4.10 所示。

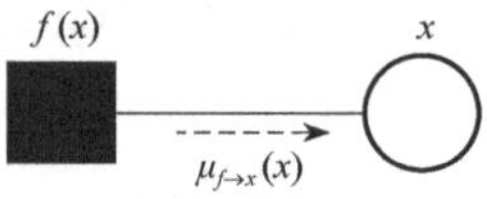

图 4.10　因子节点 $f(x)$ 向变量节点 x 传递消息因子图

此时因子节点 $f(x)$ 向变量节点 x 传递的消息用 $\mu_{x\to f}(x)$ 表示，可以写成

$$\mu_{f\to x}(x)=f(x) \tag{4.44}$$

根据和积算法的准则，可以利用消息传递方式写出变量 x_1 的概率密度函数，其消息传递过程如下：

$$\mu_{x_2\to f_1}\left(x_2\right)=1 \tag{4.45}$$

$$\mu_{f_3\to x_3}\left(x_3\right)=f\left(x_3\right) \tag{4.46}$$

$$\mu_{x_3\to f_1}\left(x_3\right)=\mu_{f_3\to x_3}\left(x\right) \tag{4.47}$$

$$\mu_{f_1\to x_1}\left(x_1\right)=\iint f_1\left(x_1,x_2,x_3\right)\cdot\mu_{x_2\to f_1}\left(x_2\right)\cdot\mu_{x_3\to f_1}\left(x_3\right)\mathrm{d}x_2\mathrm{d}x_3 \tag{4.48}$$

$$\mu_{x_4\to f_2}\left(x_4\right)=1 \tag{4.49}$$

$$\mu_{f_2\to x_1}\left(x_1\right)=\int f_2\left(x_1,x_4\right)\cdot\mu_{x_4\to f_2}\left(x_4\right)\mathrm{d}x_4 \tag{4.50}$$

$$\begin{aligned}p\left(x_1\right)&=b_{\mathrm{sp}}\left(x_1\right)\\&=\mu_{f_1\to x_1}\left(x_1\right)\cdot\mu_{f_2\to x_1}\left(x_1\right)\\&=\iint f_1\left(x_1,x_2,x_3\right)\cdot f\left(x_3\right)\mathrm{d}x_2\mathrm{d}x_3\cdot\int f_2\left(x_1,x_4\right)\mathrm{d}x_4\end{aligned} \tag{4.51}$$

4.2.2　基于置信传播的 SBL 水声信道估计算法

经典 SBL 算法基于贝叶斯推断，对待估计向量赋予高斯先验分布，并通过贝叶斯准则计算其稀疏系数的后验分布。该算法利用 EM 算法来估计模型中的超参数和噪声方差。迭代过程中后验分布的均值与方差[8]可表示为

$$\boldsymbol{\mu}^{(s)}\triangleq E\left(\boldsymbol{\xi}\middle|\boldsymbol{t},\boldsymbol{\alpha}^{(s)},\sigma^{(s)}\right) \tag{4.52}$$

和

$$\boldsymbol{\Sigma}^{(s)}\triangleq \mathrm{Var}\left(\boldsymbol{\xi}\middle|\boldsymbol{t},\boldsymbol{\alpha}^{(s)},\sigma^{(s)}\right) \tag{4.53}$$

式中，上标(s)表示迭代次数。在得到均值和方差的基础上，更新先验信息方差 α_n 和噪声方差 σ：

$$\begin{aligned}\alpha_n^{(s)}&=\arg\max_{\alpha_n}E_{\xi|t,\alpha_n^{(s)},\sigma^{(s)}}\left[\ln f\left(t,\xi\middle|\alpha_n,\sigma\right)\right]\\&=\left[\boldsymbol{\mu}^{(s)}\right]^2+\boldsymbol{\Sigma}_{n,n}^{(s)}\end{aligned} \tag{4.54}$$

$$\begin{aligned}\sigma^{(s+1)}&=\arg\max_{\sigma}E_{\boldsymbol{\xi}|\boldsymbol{t},\boldsymbol{\alpha}^{(s)},\sigma^{(s)}}\left[\ln f\left(\boldsymbol{t},\boldsymbol{\xi}\middle|\boldsymbol{\alpha},\sigma\right)\right]\\&=\frac{\left\|\boldsymbol{t}-\boldsymbol{\Phi\xi}\right\|_2^2+\sigma^2[N-\mathrm{Tr}(\boldsymbol{\Sigma A})]}{M}\end{aligned} \tag{4.55}$$

作为实现 SBL 算法的传统方法，EM 算法得到了广泛应用。然而，EM 算法中的 E 步需要求解矩阵的逆运算，并涉及迭代过程，因此计算复杂度较高。近年来，利用贝叶斯模型和

置信传播来恢复大规模压缩感知问题中的稀疏变换系数成为研究热点。在常见的高斯噪声背景下的通信系统中，信息可以近似为高斯概率密度函数，因此在更新信息时只需更新其均值和方差，从而显著降低计算复杂度。在此基础上，基于置信传播的 SBL 算法的计算复杂度与变换系数的数量成正比，从而使得该算法能够高效地处理大规模压缩感知问题[9]。

加性高斯白噪声信道下，4.1.1 节中的模型可表示为如图 4.11 所示的因子图。

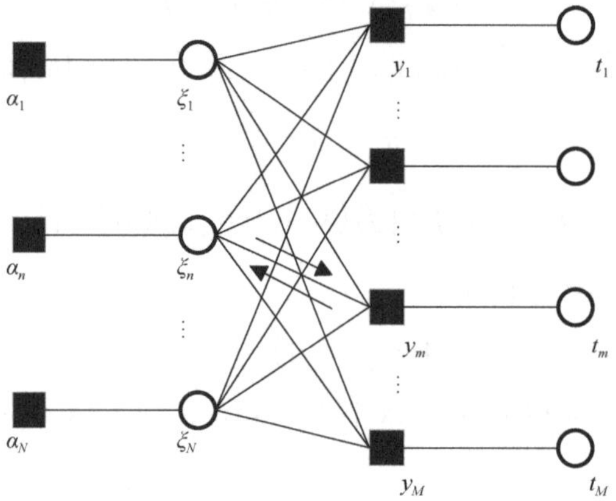

图 4.11　系统模型因子图

图 4.11 中，因子节点 y_m 表示服从复高斯分布的似然函数，计算公式为

$$\begin{aligned} y_m &= p\left(t_m \middle| \boldsymbol{\xi}\right) \\ &= \frac{1}{\sqrt{\pi\sigma}} \exp\left(-\frac{\left|t_m - \boldsymbol{\Phi}_m \boldsymbol{\xi}\right|^2}{\sigma}\right) \end{aligned} \tag{4.56}$$

定义从变量节点 ξ_n 传递到因子节点 y_m 的消息为

$$\mu_{\xi_n \to y_m}\left(\xi_n\right) = \mathcal{CN}\left(\overrightarrow{\mu}_{n,m}, \overrightarrow{\Sigma}_{n,m}\right) \tag{4.57}$$

式中，$\overrightarrow{\mu}_{n,m}$ 和 $\overrightarrow{\Sigma}_{n,m}$ 表示该消息的均值和方差，上标“→”表示图 4.11 中消息传递的方向。同理，定义从因子节点 y_m 传递到变量节点 ξ_n 的消息为

$$\mu_{y_m \to \xi_n}\left(\xi_n\right) = \mathcal{CN}\left(\overleftarrow{\mu}_{n,m}, \overleftarrow{\Sigma}_{n,m}\right) \tag{4.58}$$

逐一计算图 4.11 中的消息。

1）变量节点传递到因子节点的消息

根据式（4.40）可得，变量节点 ξ_n 传递到因子节点 y_m 的消息为

$$\begin{aligned} \mu_{\xi_n \to y_m}\left(\xi_n\right) &\propto \mu_{\alpha_n \to \xi_n}\left(\xi_n\right) \prod_{l \in U(\xi_n) \setminus m} \mu_{y_l \to \xi_n}\left(\xi_n\right) \\ &= \mathcal{CN}\left(\mathbf{0}, \boldsymbol{\alpha}\right) \prod_{l \in U(\xi_n) \setminus m} \mathcal{CN}\left(\overleftarrow{\mu}_{l,n}, \overleftarrow{\Sigma}_{l,n}\right) \end{aligned} \tag{4.59}$$

式中，$l \in U(\xi_n)\backslash m$ 表示 y_l 属于除 y_m 外所有与 ξ_n 相连的因子节点的集合 $U(\xi_n)$；$\propto$ 表示成正比。根据高斯分布的乘法准则，计算得到式（4.59）中消息 $\mu_{\xi_n \to y_m}$ 的均值和方差为

$$\begin{aligned} \overrightarrow{\mu}_{n,m} &= \overrightarrow{\Sigma}_{n,m} \sum_{l \in U(\xi_n)\backslash m} \frac{\overleftarrow{\mu}_{l,n}}{\overleftarrow{\Sigma}_{l,n}} \\ \overrightarrow{\Sigma}_{n,m} &= \frac{1}{\alpha_n} + \sum_{l \in U(\xi_n)\backslash m} \frac{1}{\overleftarrow{\Sigma}_{l,n}} \end{aligned} \tag{4.60}$$

2）因子节点传递到变量节点的消息

根据式（4.58），因子节点 y_m 传递到变量节点 ξ_n 的消息为

$$\begin{aligned} \mu_{y_m \to \xi_n} &\propto \int_{\backslash \xi_n} y_m(U) \prod_{k \in U(y_m)\backslash n} M_{\xi_k \to y_m}(\xi_k) \\ &= \int_{\backslash \xi_n} p(t_m|\boldsymbol{\xi}) \prod_{k \in U(y_m)\backslash n} \mathcal{CN}\left(\overrightarrow{\mu}_{k,m}, \overrightarrow{\Sigma}_{k,m}\right) \end{aligned} \tag{4.61}$$

式中，$k \in U(y_m)\backslash n$ 表示 ξ_k 属于除 ξ_n 之外所有与 y_m 相连的自变量的集合 $U(y_m)$。$\backslash \xi_n$ 表示除 ξ_n 之外的 $U(y_m)\backslash n$ 中所有的自变量。根据高斯分布的卷积准则，计算得到式（4.61）中消息 $\mu_{y_m \to \xi_n}$ 的均值和方差为

$$\begin{aligned} \overleftarrow{\mu}_{m,n} &= \Phi_{m,n}^{-1}\left(t_m - \sum_{k \in U(y_m)\backslash n} \Phi_{m,k} \overrightarrow{\mu}_{k,m}\right) \\ \overleftarrow{\Sigma}_{m,n} &= \Phi_{m,n}^{-2}\left(\sigma + \sum_{k \in U(y_m)\backslash n} \Phi_{m,k}^2 \overrightarrow{\Sigma}_{k,m}\right) \end{aligned} \tag{4.62}$$

式中，$\Phi_{m,n}$ 表示测量矩阵 $\boldsymbol{\Phi}$ 的第 m 行第 n 列的元素。

3）变量节点处的边缘概率

如图 4.11 所示，图中变量节点 ξ_n 处的边缘概率密度函数表示为

$$\begin{aligned} \mu_{\xi_n \to y_m}(\xi_n) &\propto \mu_{\alpha_n \to \xi_n} \prod_{m \in U(\xi_n)} \mu_{y_m \to \xi_n}(\xi_n) \\ &= \mathcal{CN}(\mathbf{0}, \boldsymbol{\alpha}) \prod_{m \in U(\xi_n)} \mathcal{CN}\left(\overleftarrow{\mu}_{m,n}, \overleftarrow{\Sigma}_{m,n}\right) \end{aligned} \tag{4.63}$$

式中，$m \in U(\xi_n)$ 表示所有与变量节点 ξ_n 相连的因子节点的集合。同样地，根据高斯分布的乘法准则，变量节点 ξ_n 处的边缘概率密度函数的均值和方差为

$$\begin{aligned} \mu_n &= \overrightarrow{\Sigma}_{n,m} \sum_{m \in U(\xi_n)} \frac{\overleftarrow{\mu}_{m,n}}{\overleftarrow{\Sigma}_{m,n}} \\ \Sigma_n &= \frac{1}{\alpha_n} + \sum_{m \in U(\xi_n)} \frac{1}{\overleftarrow{\Sigma}_{m,n}} \end{aligned} \tag{4.64}$$

对比式（4.60）和式（4.64），其均值和方差分别只相差一个$\overleftarrow{\mu}_{m,n}/\overleftarrow{\Sigma}_{m,n}$和$1/\overleftarrow{\Sigma}_{m,n}$项。因此，基于 BP 的 SBL 算法步骤整理如下。

（1）参数输入：目标序列$\boldsymbol{t}$，字典矩阵$\boldsymbol{\Phi}$，最大迭代次数T，初始化$\boldsymbol{\alpha}=[\alpha_0,\alpha_1,\cdots,\alpha_{L-1}]^{\mathrm{T}}\in\mathbb{C}^{L\times1}$。

（2）E 步：

$$\forall n,m;\ \overleftarrow{\Sigma}_{m,n}=\Phi_{m,n}^{-2}\left(\sigma+\sum_{k\in U(y_m)\backslash n}\Phi_{m,k}^{2}\overleftarrow{\Sigma}_{k,m}\right)$$

$$\forall n,m;\ \overleftarrow{\mu}_{m,n}=\Phi_{m,n}^{-1}\left(t_m-\sum_{k\in U(y_m)\backslash n}\Phi_{m,k}\overrightarrow{\mu}_{k,m}\right)$$

$$\forall n,m;\ \overrightarrow{\Sigma}_{n,m}=\frac{1}{\alpha_n}+\sum_{l\in U(\xi_n)\backslash m}\frac{1}{\overleftarrow{\Sigma}_{l,n}}$$

$$\forall n,m;\ \overrightarrow{\mu}_{n,m}=\overrightarrow{\Sigma}_{n,m}\sum_{l\in U(\xi_n)\backslash m}\overleftarrow{\mu}_{l,n}/\overleftarrow{\Sigma}_{l,n}$$

$$\forall n;\ \Sigma_n=\frac{1}{\alpha_n}+\sum_{m\in U(\xi_n)}\frac{1}{\overleftarrow{\Sigma}_{m,n}}$$

$$\forall n;\ \mu_n=\overrightarrow{\Sigma}_{n,m}\sum_{m\in U(\xi_n)}\frac{\overleftarrow{\mu}_{m,n}}{\overleftarrow{\Sigma}_{m,n}}$$

（3）M 步：

$$\forall n;\ \alpha_n=\left|\mu_n\right|^2+\Sigma_{nn}$$

$$\sigma^{\text{new}}=\frac{1}{M}\left[\left\|\boldsymbol{t}-\boldsymbol{\Phi}\boldsymbol{\mu}\right\|^2+\sigma\sum_n\left(1-\alpha_n^{-1}\Sigma_n^2\right)\right]$$

（4）终止条件判决：迭代次数最大或达到预设条件后终止，否则返回步骤（2）。

（5）输出估计结果$\boldsymbol{\mu}$、$\boldsymbol{\Sigma}$。

4.2.3 BP-SBL 水声信道估计算法

本节所采用的系统模型与 4.2.2 节中的系统模型一致，此处不再赘述。BP-SBL 算法基于贝叶斯框架，对信道冲激响应向量赋予分层先验模型，将信道冲激响应向量$\boldsymbol{h}$的先验分布视为独立同分布的 0 均值高斯分布，即

$$\begin{aligned}p(\boldsymbol{h};\boldsymbol{\alpha})&=\prod_{l=0}^{L-1}\mathcal{N}[h(l)\,|\,0,\alpha_l\,]\\&=\prod_{l=0}^{L-1}(2\pi\alpha_l)^{-1/2}\exp\left[\frac{\left|h(l)\right|^2}{2\alpha_l}\right]\end{aligned}\tag{4.65}$$

随后采用 EM 算法更新超参数并计算稀疏信号的 MAP 估计，观测样本$\boldsymbol{y}$即算法原理中的目标$\boldsymbol{t}$。其中 E 步用 BP 算法计算，具体计算步骤在后续给出；M 步不变，根据 E 步中得

到的信道冲激响应向量 $\boldsymbol{h}$ 的后验概率密度函数，不断提升对应的似然函数下界更新超参数。

故 BP-SBL 水声信道估计算法的基本步骤如下。

（1）参数输入：观测样本 $\boldsymbol{y}$，字典矩阵 $\boldsymbol{X}$，最大迭代次数 T，初始化 $\boldsymbol{\alpha}=[\alpha_0,\alpha_1,\cdots,\alpha_{L-1}]^{\mathrm{T}}\in\mathbb{C}^{L\times 1}$。

（2）E 步：

$$\forall n,m;\overleftarrow{\Sigma}_{m,n}=\boldsymbol{X}_{m,n}^{-2}\left(\sigma+\sum_{k\in U(y_m)\backslash n}\boldsymbol{X}_{m,k}^{2}\overrightarrow{\Sigma}_{k,m}\right)$$

$$\forall n,m;\overleftarrow{\mu}_{m,n}=\boldsymbol{X}_{m,n}^{-1}\left(\boldsymbol{y}_m-\sum_{k\in U(y_m)\backslash n}\boldsymbol{X}_{m,k}\overrightarrow{\mu}_{k,m}\right)$$

$$\forall n,m;\overrightarrow{\Sigma}_{n,m}=\frac{1}{\alpha_n}+\sum_{l\in U(x_n)\backslash m}\frac{1}{\overleftarrow{\Sigma}_{l,n}}$$

$$\forall n,m;\vec{\mu}_{n,m}=\overrightarrow{\Sigma}_{n,m}\sum_{l\in U(x_n)\backslash m}\overleftarrow{\mu}_{l,n}\big/\overleftarrow{\Sigma}_{l,n}$$

$$\forall n;\Sigma_n=\frac{1}{\alpha_n}+\sum_{m\in U(x_n)}\frac{1}{\overleftarrow{\Sigma}_{m,n}}$$

$$\forall n;\mu_n=\overrightarrow{\Sigma}_{n,m}\sum_{m\in U(x_n)}\frac{\overleftarrow{\mu}_{m,n}}{\overleftarrow{\Sigma}_{m,n}}$$

（3）M 步：

$$\forall n;\alpha_n=\left|\mu_n\right|^2+\Sigma_{nn}$$

$$\sigma^{\text{new}}=\frac{1}{M}\left(\left\|\boldsymbol{y}-\boldsymbol{X}\boldsymbol{\mu}\right\|^2+\sigma\sum_{n}\left(1-\alpha_n^{-1}\Sigma_n^2\right)\right)$$

（4）终止条件判决：迭代次数最大或达到预设条件后终止，否则返回步骤（2）。

（5）输出估计结果信道冲激响应向量 $\boldsymbol{h}=\boldsymbol{\mu}$。

4.3　基于广义近似消息传递的稀疏贝叶斯学习水声信道估计

经典的 BP 算法通过替代传统算法中的后验概率分布计算，在稀疏贝叶斯学习（SBL）水声信道估计算法中有效降低了计算复杂度。然而，这种计算复杂度的降低是有限的，因为在 BP 算法的消息传递的过程中，更新的是基于线的消息。在一个 $M\times N$（M 表示因子节点的个数，N 表示变量节点的个数）的高斯系统中，每次迭代需要计算 $M\times N$ 个消息的均值和方差。在大规模系统中，M 和 N 的量级通常很大，这使得 BP 算法在超大规模系统（如大规模 MIMO 系统）中的应用受到限制。为了进一步降低计算复杂度，广义近似消息传递（generalized approximate message passing，GAMP）算法被引入简化 SBL 算法中进行后验期望估计的运算，GAMP 算法将向量值估计问题解耦为一系列标量估计问题，从而借助标量估计函数来简化计算流程。这种简化有效降低了运算复杂度，同时在信道估计性能得到保证的前提下，使得算法的整体计算负担显著减少。

4.3.1　广义近似消息传递算法

Rangan[10]提出的 GAMP 算法在消息传递的框架下，给出了基于最大和（Max-Sum）算法的 MAP 估计方法和基于和积算法的最小均方误差（minimum mean square error，MMSE）估计方法两种有效算法。GAMP 算法通过中心极限定理等近似，能够以低复杂度完成对信号后验分布的计算[11]。下面对 GAMP 算法流程以及两种估计方法的一些重要结论进行简单介绍。

假设系统输入向量为 $\boldsymbol{q}=\left[q_1,q_2,\cdots,q_N\right]^{\mathrm{T}}$，以此输入向量作为先验信息，产生未知随机向量 $\boldsymbol{x}=\left[x_1,x_2,\cdots,x_N\right]^{\mathrm{T}}$，未知向量 $\boldsymbol{x}$ 经由变换矩阵 $\boldsymbol{A}$ 后，再通过输出通道，叠加噪声后得到输出向量 $\boldsymbol{y}$，该流程可由图 4.12 表示。

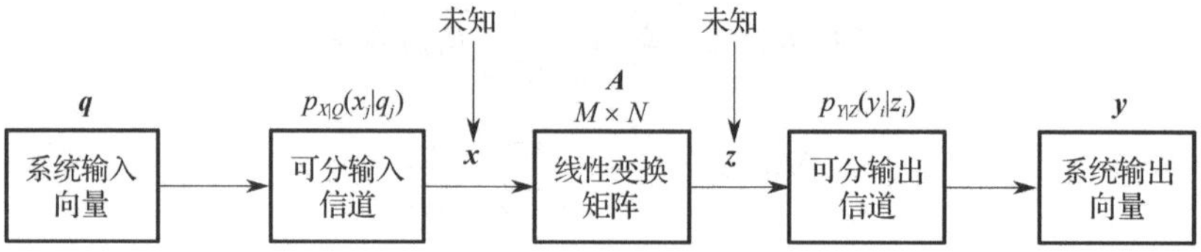

图 4.12　流程框图

故输出向量可表示为

$$\begin{aligned}\boldsymbol{z}&=\boldsymbol{A}\boldsymbol{x}\\\boldsymbol{y}&=\boldsymbol{z}+\boldsymbol{w}\end{aligned}\tag{4.66}$$

假设信号向量 $\boldsymbol{x}$ 中的每个元素独立同分布，$\boldsymbol{q}$ 向量为超参数集合，需要对信号 $\boldsymbol{x}$ 求后验估计或最小均方误差估计。当信号向量通过变换矩阵 $\boldsymbol{A}$ 后，向量 $\boldsymbol{x}$ 中的每个元素经由矩阵乘法运算被混入向量 $\boldsymbol{z}$ 中，因此难以求解其后验分布。针对这一问题，GAMP 算法可通过特定的估计函数，将向量问题转化为标量问题，进而利用可分解的先验分布和噪声分布来对信号参数进行估计[12-13]。

若系统的先验分布和噪声分布可进行因子分解，即

$$p(\boldsymbol{x}\mid\boldsymbol{q})=\prod_{i=1}^{N}p(x_i\mid q_i)\tag{4.67}$$

$$p(\boldsymbol{y}\mid\boldsymbol{x})=\prod_{a=1}^{M}p(y_a\mid\boldsymbol{x})\tag{4.68}$$

则通过贝叶斯定理可知，信号向量 $\boldsymbol{x}$ 的后验概率密度函数可表示为

$$p(\boldsymbol{x}\mid\boldsymbol{y})\propto p(\boldsymbol{y}\mid\boldsymbol{x})p(\boldsymbol{x}\mid\boldsymbol{q})=\prod_{a=1}^{M}p(y_a\mid\boldsymbol{x})\prod_{i=1}^{N}p(x_i\mid q_i)\tag{4.69}$$

根据因子图原理，可对应画出 GAMP 问题模型的因子图（图 4.13）。

下面给出 GAMP 算法的计算流程。

输入：线性变换矩阵 $\boldsymbol{A}$，输入向量 $\boldsymbol{q}$，观测向量 $\boldsymbol{y}$，标量估计函数 g_{in} 和 g_{out}，最大迭代次数 $K_{\max}$。

初始化：迭代次数 $k=0$，$\hat{s}_a(-1)=0$，为 $\hat{x}_i^k$ 和 τ_i^k 赋初值。

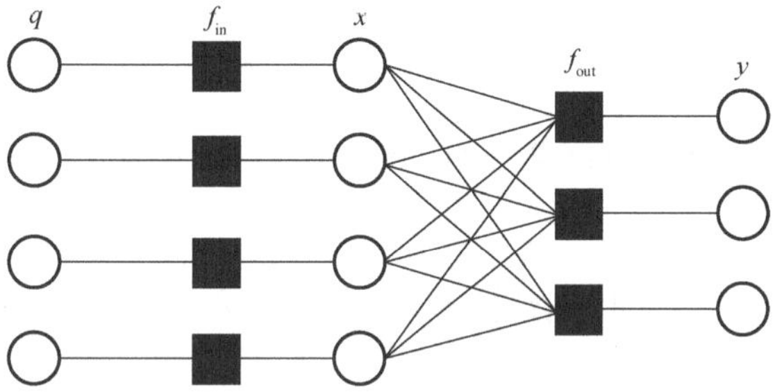

图 4.13　GAMP 问题模型因子图

步骤 1：对每一个 a 有

$$\tau_a^p(k)=\sum_j |a_{ai}|^2 \tau_i^x(k)$$

$$z_a^k=\sum_j a_{ai}\hat{x}_i^k$$

$$\hat{p}_a^k=\hat{z}_a^k-\tau_a^p(k)\hat{s}_a^{k-1}$$

步骤 2：对每一个 a 有

$$\hat{s}_a^k=g_{\text{out}}\left[k,\hat{p}_a^k,y_a,\tau_a^p(k)\right]$$

$$\tau_a^s(k)=-\frac{\partial}{\partial\hat{p}}g_{\text{out}}\left[k,\hat{p}_a^k,y_a,\tau_a^p(k)\right]$$

步骤 3：对每一个 i 有

$$\tau_i^r(k)=\left[\sum_a |a_{ai}|^2\,\tau_a^s(k)\right]^{-1}$$

$$\hat{r}_i^k=\hat{x}_i^k+\tau_i^r(k)\sum_a a_{ai}\hat{s}_a^k$$

步骤 4：对每一个 i 有

$$\hat{x}_i^{k+1}=g_{\text{in}}\left[k,\hat{r}_i^k,q_i,\tau_i^r(k)\right]$$

$$\tau_i^x(k+1)=\tau_i^r(k)\frac{\partial}{\partial\hat{r}}g_{\text{in}}\left[k,\hat{r}_i^k,q_i,\tau_i^r(k)\right]$$

步骤 5：令 $k=k+1$，并判决是否达到最大迭代次数，若达到，终止算法，否则返回步骤 1。

输出：信号估计量 $\hat{x}_i^k$，估计误差 τ_i^k。

在上述算法流程中，其核心在于标量估计函数 g_{in} 和 g_{out}。GAMP 算法通过标量估计函数

将矩阵运算转化为近似的标量运算并实现环路置信传递的近似，其标量估计函数的具体形式与信号先验分布 $p(x_i|q_i)$、噪声分布 $p(y_a|\boldsymbol{x})$ 和估计方法选用 MAP 估计方法还是 MMSE 估计方法有关。在选择合适的标量估计函数条件下，GAMP 算法能够给出和积循环置信传播（sum-product loopy belief propagation，Sum-Product LBP）算法或者 Max-Sum LBP 算法的高斯逼近以及二次逼近。因此，这两个函数对整个算法的性能有重大的影响。值得注意的是，GAMP 算法中标量估计函数必须具有闭式表达式，这将在一定程度上限制了 GAMP 算法的应用[10]。

当估计方法选用基于 Max-Sum 算法的 MAP 估计时，根据文献[10]，参数输入端的标量估计函数 g_{in} 可以表示为

$$g_{\text{in}}\left(\hat{r},q,\tau^r\right)=\arg\max_x F_{\text{in}}\left(x,\hat{r},q,\tau^r\right) \tag{4.70}$$

式中，F_{in} 函数被定义为

$$F_{\text{in}}\left(x,\hat{r},q,\tau^r\right)\triangleq f_{\text{in}}(x,q)-\frac{1}{2\tau^r}(x-\hat{r})^2 \tag{4.71}$$

由于函数 $f_{\text{in}}(x,q)$ 表示信号先验概率密度的对数形式，即

$$f_{\text{in}}(x,q)=\lg[p(x|q)] \tag{4.72}$$

故 $g_{\text{in}}\left(\hat{r},q,\tau^r\right)$ 可被认为是信号向量 $\boldsymbol{x}$ 的 MAP 估计，而 $\hat{\boldsymbol{r}}$ 可以被视为信号 $\boldsymbol{x}$ 的一个加噪后变量，噪声服从均值为 0、方差为 τ^r 的高斯分布，对于变量 $\hat{\boldsymbol{r}}$，函数 g_{in} 应当满足

$$\tau^r\frac{\partial}{\partial\hat{r}}g_{\text{in}}\left(\hat{r},q,\tau^r\right)=\frac{\tau^r}{1-\tau^r f''_{\text{in}}(\hat{x},q)} \tag{4.73}$$

式中，$f''_{\text{in}}(\hat{x},q)$ 是关于 $\hat{x}$ 的二阶导数。

观测端输出向量的标量估计函数可被表示为

$$\begin{aligned}&g_{\text{out}}\left(\hat{p},y,\tau^r\right)=\frac{1}{\tau^p}(\hat{z}_0-\hat{p})\\&\hat{z}_0=\arg\max_x F_{\text{out}}\left(z,\hat{p},y,\tau^p\right)\end{aligned} \tag{4.74}$$

式中

$$F_{\text{out}}\left(z,\hat{p},y,\tau^p\right)\triangleq f_{\text{out}}(z,y)-\frac{1}{2\tau^p}(z-\hat{p})^2 \tag{4.75}$$

函数 f_{out} 同样为对数化的概率密度函数，$\hat{z}_0$ 表示对随机变量 z 的一个 MAP 估计，此处 g_{out} 应当满足：

$$-\frac{\partial}{\partial\hat{p}}g_{\text{out}}\left(\hat{p},y,\tau^p\right)=\frac{-f''_{\text{out}}\left(\hat{z}^0,y\right)}{1-\tau^p f''_{\text{out}}\left(\hat{z}^0,y\right)} \tag{4.76}$$

式中，$f''_{\text{out}}\left(\hat{z}^0,y\right)$ 是关于 z 的二阶导数。

当估计方法选用基于和积算法的 MMSE 估计时，通过 GAMP 算法可以得到近似的后验分布 $p\left(x_i \mid y,q\right)$ 和 $p\left(z_a \mid y\right)$，MMSE 估计可表示为

$$x_i^{\mathrm{MMSE}} = \int x_i p\left(x_i \mid q,y\right) \mathrm{d}x_i \tag{4.77}$$

输入端标量估计函数实质上是后验概率密度下的条件期望：

$$g_{\mathrm{in}}\left(\hat{r},q,\tau^r\right) = E[x \mid y,q] = x^{\mathrm{MMSE}} \tag{4.78}$$

式中，g_{in} 需要满足

$$\tau^r \frac{\partial}{\partial \hat{r}} g_{\mathrm{in}}\left(\hat{r},q,\tau^r\right) = \mathrm{Var}[x \mid \hat{r},q,\tau^r] \tag{4.79}$$

其中，$\mathrm{Var}[\bullet]$ 表示求方差。输出端标量估计函数应当被表示为

$$\begin{gathered} g_{\mathrm{out}}\left(\hat{p},y,\tau^p\right) = \frac{1}{\tau^p}\left(\hat{z}_0 - \hat{p}\right) \\ \hat{z}_0 = E[z \mid \hat{p},y,\tau^p] \end{gathered} \tag{4.80}$$

同时 g_{out} 应当满足：

$$-\frac{\partial}{\partial \hat{p}} g_{\mathrm{out}}\left(\hat{p},y,\tau^p\right) = \frac{\tau^p - \mathrm{Var}[z \mid p,y]}{\left(\tau^p\right)^2} \tag{4.81}$$

GAMP 算法标量估计函数的运算复杂度不随问题维度变化而变化，其复杂度始终为 $O\left(M\right)$，而在 GAMP 算法流程中复杂度最高的一步为步骤 1，需要对线性变换矩阵 $\boldsymbol{A}$ 的每个元素进行平方，该步骤的计算复杂度为 $O\left(MN\right)$。因此，通过引入 GAMP 算法，可以将原本 SBL 算法中矩阵求逆的运算复杂度由 $O\left(N^3\right)$ 降为 $O\left(MN\right)$ 和 $O\left(M\right)$，故运算速度得以提升，同时对大维度问题的适应性也得到增强。

可以证明的是，当信号先验分布为高斯分布时，Max-Sum LBP 算法和 Sum-Product LBP 算法具有相同的 g_{in} 函数形式：

$$\begin{gathered} g_{\mathrm{in}}\left(\hat{r},q,\tau^r\right) = \frac{\tau^{x_0}}{\tau^{x_0} + \tau^r}\left(\hat{r} - q\right) + q \\ \tau^r \frac{\partial}{\partial \hat{r}} g_{\mathrm{in}}\left(\hat{r},q,\tau^r\right) = \frac{\tau^{x_0}\tau^r}{\tau^{x_0} + \tau^r} \end{gathered} \tag{4.82}$$

类似地，当噪声信道服从高斯分布时，此两种推断方法具有相同的 g_{out} 函数形式，其 g_{out} 函数形式及其导数分别可表示为

$$\begin{gathered} g_{\mathrm{out}}\left(\hat{p},q,\tau^p\right) = \frac{y - \hat{p}}{\tau^w + \tau^p} \\ -\frac{\partial}{\partial \hat{p}} g_{\mathrm{out}}\left(\hat{p},q,\tau^p\right) = \frac{1}{\tau^p + \tau^w} \end{gathered} \tag{4.83}$$

4.3.2 基于 GAMP 的 SBL 水声信道估计算法

在 SBL 算法的框架中，信道的先验分布被假设为均值为 0、方差由超参数控制的独立高斯分布，随后通过不断迭代学习的方式来对超参数进行更新以优化先验分布的模型，最终根据 MAP 估计来恢复稀疏信号。由于 SBL 算法的计算复杂度较高，不利于实际应用，因此考虑引入 GAMP 算法来对其运算进行简化。将二者结合的 GAMP-SBL 算法兼具了 GAMP 算法计算复杂度低和 SBL 算法性能稳定、收敛性好的优点，弥补了二者各自的不足。

本节所采用的系统模型与 4.3.1 节中的系统模型一致，此处不再赘述，接下来将重点阐述 GAMP-SBL 水声信道估计算法。GAMP-SBL 水声信道估计算法是在 SBL 的框架下进行的，因此，首先设置信道服从均值为 0、方差为超参数的高斯独立同分布的先验分布：

$$
\begin{aligned}
p(\boldsymbol{h};\boldsymbol{\alpha}) &= \prod_{l=0}^{L-1} \mathcal{N}(h(l)\,|\,0,\alpha_l) \\
&= \prod_{l=0}^{L-1} (2\pi\alpha_l)^{-1/2} \exp\left[\frac{|h(l)|^2}{2\alpha_l}\right]
\end{aligned} \tag{4.84}
$$

接下来采用 EM 算法更新超参数并计算稀疏信号的 MAP 估计。其中 E 步用 GAMP 算法计算，具体计算步骤在后续给出；M 步不变，根据 E 步中得到的信道冲激响应 $\boldsymbol{h}$ 的后验概率密度函数，不断提升对应的似然函数下界更新超参数。

综上，GAMP-SBL 算法步骤如下。

（1）参数输入：导频位置处接收信号 $\boldsymbol{y}$，字典矩阵 $\boldsymbol{X}$，令 $\boldsymbol{S}=|\boldsymbol{X}|^2$，在 GAMP 算法中 $|\bullet|^2$ 指以元素为单位进行平方；对 $\hat{\boldsymbol{\tau}}_h^0,\boldsymbol{\alpha}^0$ 赋值，一般其元素均大于 0；令 $(\gamma)^0$ 为大于 0 的常数；$\boldsymbol{s}^0,\hat{\boldsymbol{s}}^0$，$\boldsymbol{h}^0$ 为 $\boldsymbol{0}$ 向量；SBL 最大循环次数为 $K_{\max}$，GAMP 算法最大循环次数为 $M_{\max}$；GAMP 算法停止条件为 $\varepsilon_{\text{gamp}}$，SBL 停止条件为 ε_{sbl}；$k=1$，$m=1$，$\boldsymbol{\Gamma}=\text{diag}\boldsymbol{\alpha}=\boldsymbol{I}_L$，$\boldsymbol{\alpha}=[\alpha_0,\alpha_1,\cdots,\alpha_{L-1}]^{\text{T}}$。

（2）GAMP 算法（E 步），令 $\tau_h^{m-1}=\hat{\tau}_h^{k-1}$，$\boldsymbol{\mu}^{m=1}=\boldsymbol{h}^{k-1}$，且

$$
\begin{gathered}
1/\boldsymbol{\tau}_p^m = \boldsymbol{S}\boldsymbol{\tau}_h^m \\
\boldsymbol{p}^m = \boldsymbol{s}^{m-1} + \boldsymbol{\tau}_p^m \Phi_p \boldsymbol{h}^m \\
\boldsymbol{\tau}_s^m = \boldsymbol{\tau}_p^m g_s'\left(\boldsymbol{p}^m,\boldsymbol{\tau}_p^m\right) \\
\boldsymbol{s}^m = \left(1-\theta_s\right)\boldsymbol{s}^{m-1} + \theta_s g_s\left(\boldsymbol{p}^m,\boldsymbol{\tau}_p^m\right) \\
1/\boldsymbol{\tau}_r^m = \boldsymbol{S}^{\text{T}}\boldsymbol{\tau}_s^m \\
\boldsymbol{r}^m = \boldsymbol{h}^m - \boldsymbol{\tau}_r^m \boldsymbol{\Phi}_p^{\text{H}} \boldsymbol{s}^m \\
\boldsymbol{\tau}_h^{m+1} = \boldsymbol{\tau}_r^m g_h'\left(\boldsymbol{r}^m,\boldsymbol{\tau}_r^m\right) \\
\boldsymbol{\mu}^{m+1} = \left(1-\theta_h\right)\boldsymbol{\mu}^m + \theta_h g_h\left(\boldsymbol{r}^m,\boldsymbol{\tau}_r^m\right)
\end{gathered}
$$

如果 $\left\|\boldsymbol{\mu}^{m+1}-\boldsymbol{\mu}^m\right\|^2<\varepsilon_{\text{gamp}}$ 或 $m=M_{\max}$，则停止 GAMP 算法，令 $\hat{\boldsymbol{s}}^k=\boldsymbol{s}^m$，$\boldsymbol{h}^k=\boldsymbol{\mu}^{m+1}$，$\hat{\tau}_h^k=\tau_h^{m+1}$，之后执行步骤（3）。

（3）SBL 算法（M 步）：

$$\alpha_l^{k+1} = \Sigma_{ll} + \left|\mu_l^{k+1}\right|^2, \quad l = 0,1,\cdots,L-1$$

$$(\gamma)^{k+1} = \frac{\left\|\boldsymbol{y} - \boldsymbol{X}\boldsymbol{\mu}^{k+1}\right\|_2^2 + (\gamma)^k[L - \mathrm{Tr}(\boldsymbol{\Sigma}\boldsymbol{\Gamma}^{-1})]}{N_b}$$

如果$\left\|\boldsymbol{h}^k - \boldsymbol{h}^{k-1}\right\|_2^2 < \varepsilon_{\text{sbl}}$，则终止算法的迭代，输出信道冲激响应$\hat{\boldsymbol{h}} = \boldsymbol{h}^k$。

两个标量估计函数的具体形式为

$$g_h(r,\tau_r) = \frac{\alpha}{\alpha + \tau_r} r$$

$$g_h'(r,\tau_r) = \frac{\alpha}{\alpha + \tau_r}$$

$$g_s(p,\tau_p) = \frac{p / \tau_p - y}{\gamma + 1/\tau_p}$$

$$g_s'(r,\tau_p) = \frac{1/\gamma}{1/\gamma + \tau_p}$$

传统的 SBL 算法涉及反演计算，其计算复杂度为$O(N_p L^2) + O(L^3)$，其中N_p为估计信道的信息序列的长度，L 为待估计信道的长度。GAMP-SBL 算法不涉及反演计算，其所有运算都是基于矩阵元素进行的，根据 4.3.1 节的分析，其计算复杂度为$O(N_p) + O(N_p L)$，相对于 SBL 算法低很多。

4.3.3　仿真分析

在本节，我们进行 GAMP-SBL 算法的仿真，仿真采用 4.1.3 节描述的单载波水声信道传输模型。仿真通信系统及信道条件和 4.1.4 节保持一致。我们主要对比 GAMP-SBL 算法与 SBL 算法的信道估计性能，分别设置信噪比为 5dB、10dB 和 20dB，两种算法的信道估计结果如图 4.14 所示。

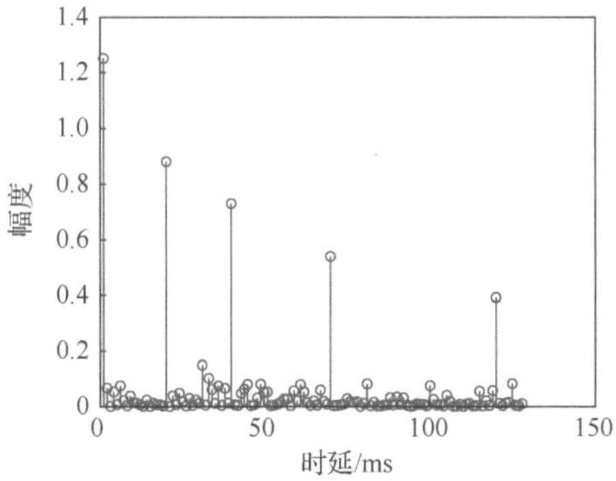

（a1）SBL算法，SNR=5dB

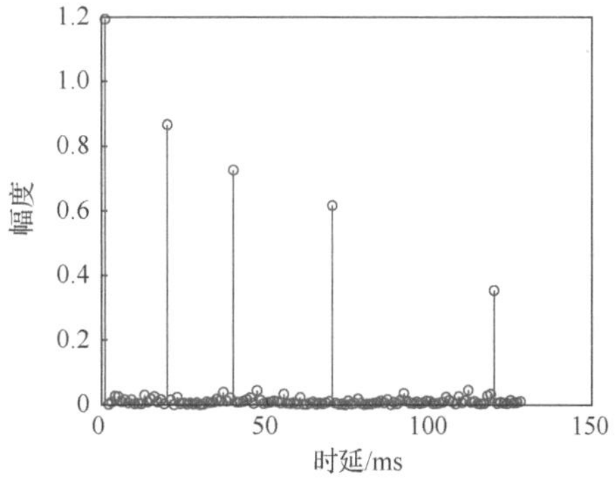

（a2）SBL算法，SNR=10dB

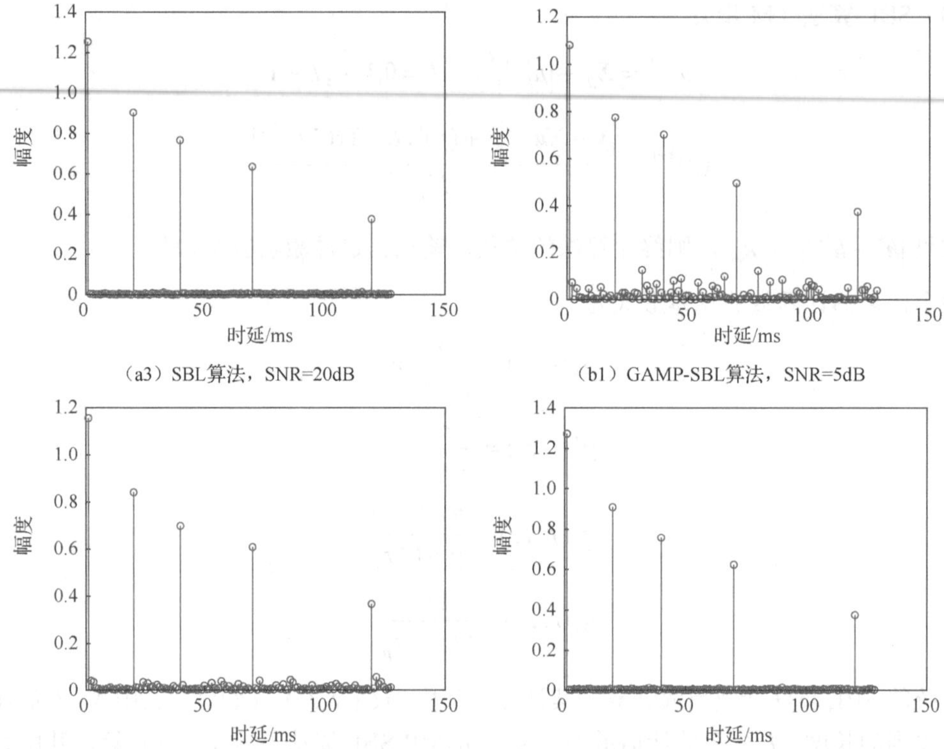

（a3）SBL算法，SNR=20dB　（b1）GAMP-SBL算法，SNR=5dB

（b2）GAMP-SBL算法，SNR=10dB　（b3）GAMP-SBL算法，SNR=20dB

图 4.14　GAMP-SBL 算法、SBL 算法的信道估计结果

从图 4.14 的结果可以看出，在三种信噪比条件下，SBL 算法和 GAMP-SBL 算法的信道估计结果基本相同。接下来，为了进一步对比二者的性能，我们分析了不同信噪比条件下两种算法的均方误差（mean square error，MSE）性能，如图 4.15 所示。在图 4.15 中可以看出两种算法的 MSE 性能也基本相同，但是根据前面的分析，GAMP-SBL 算法的计算复杂度低于 SBL 算法。

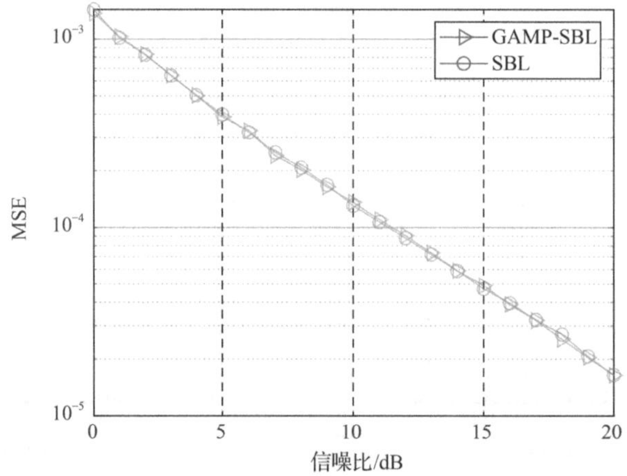

图 4.15　两种算法的 MSE 性能对比

4.4　算法试验验证

在本节，我们通过南海试验数据对 SBL 算法的性能进行验证。2023 年 5 月，我们在中国南海进行了深海水声通信试验。我们的试验系统设置包括发射声学通信信号的发射换能器和接收声学通信信号的接收水听器。试验场景如图 4.16 所示，接收器是固定的，发射器从船上部署。试验区域海底较为平坦，平均海深为 4325m。在接收端，8 个水听器被固定在海底附近的潜标上，最下端的水听器的深度为 4279m，水听器间距为 60m，传输距离为 20km，声源吊放深度为 200m。

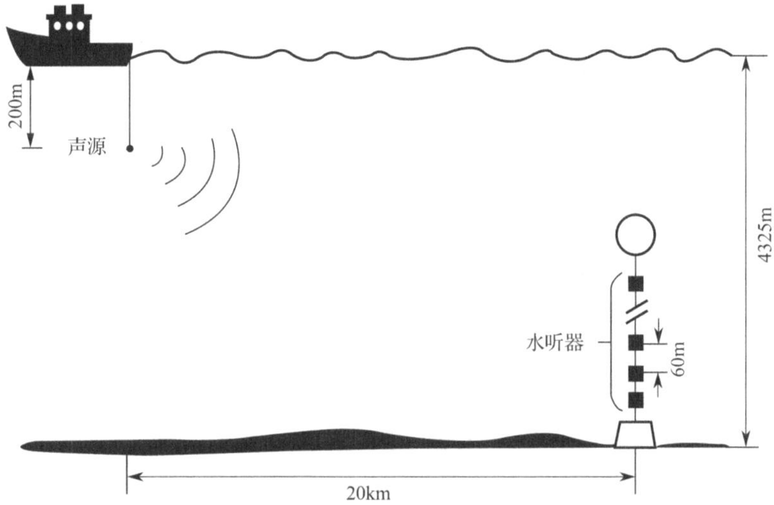

图 4.16　南海试验场景

试验传输信号为单载波通信信号，传输模型和 4.1.3 节相同。通信信号的参数如表 4.1 所示。通信信号的帧结构如图 4.17 所示，每帧信号的前 500 个已知信息的符号是训练序列。在信号的开始和结束位置添加了一段长度 0.5s 的线性调频信号，用于信号的帧同步和粗多普勒参数估计。此外，为了防止不同信号之间的干扰，在 LFM 信号和通信信号之间添加了 0.5s 的保护间隔。

表 4.1　通信信号参数

参数	取值
采样频率	20kHz
系统带宽	2kHz
波特率	1ksymbol/s
载波频率	3kHz
卷积码率	1/2
调制方式	QPSK
传输符号长度	2500symbol

图 4.17　通信信号的帧结构

以最下端接收水听器的数据为例，图 4.18 给出了信道传输条件，信道呈现明显的稀疏特性，信道多径扩展在 50 个符号左右，信道的整体时间相关系数在 0.85 左右，时变性较弱。接下来，为了验证稀疏贝叶斯算法的性能，我们对比了 LS 算法、SBL 算法和 GAMP-SBL 算法的性能，除了信道估计算法之外，其余的条件三者均相同。

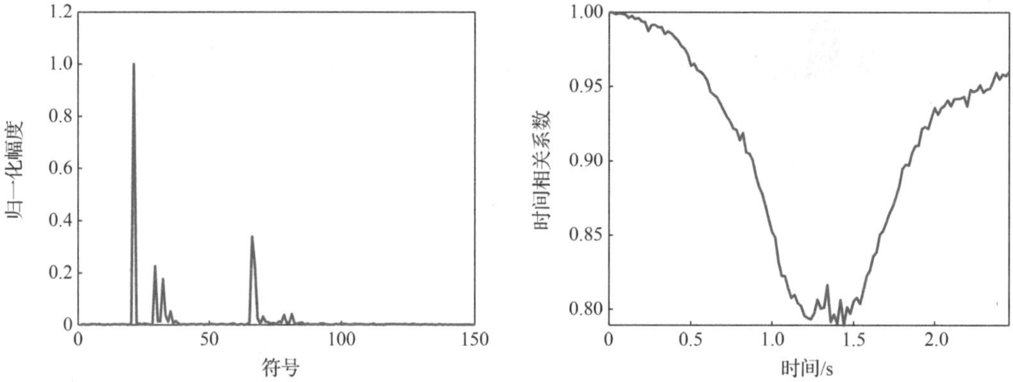

（a）信道多径结构　　（b）信道时间相关系数

图 4.18　传输信道结构及相关系数

以最下端的两个接收水听器为例，选取了连续五帧信号进行处理，三种算法对应的结果如表 4.2 所示，其中 BER 1 表示信道解码前的误码率，BER 2 表示信道解码后的误码率，信道均衡算法均为线性最小均方误差（linear minimum mean square error，LMMSE）算法。LS 算法没有考虑信道的稀疏特性，其性能最差，信道解码之后的误码率仍然较高，平均 BER 为 0.0164；SBL 算法和 GAMP-SBL 算法均考虑了信道的稀疏特性，其误码率较低，在解码之后分别达到了 0.0033 和 0.0037。而且可以发现，无论是 BER1 还是 BER2，SBL 算法和 GAMP-SBL 算法的误码率都基本相同。

表 4.2　各种算法的误码率对比

数据帧	LS 算法的误码率		SBL 算法的误码率		GAMP-SBL 算法的误码率	
	BER 1	BER 2	BER 1	BER 2	BER 1	BER 2
1	0.0878	0.0130	0.0815	0.0075	0.0793	0.0075
2	0.1018	0.0130	0.0873	0.0055	0.0890	0.0065
3	0.1085	0.0155	0.0913	0.0035	0.0963	0.0045
4	0.1113	0.0346	0.0702	0	0.0745	0
5	0.1013	0.0060	0.0538	0	0.0510	0
平均	0.1021	0.0164	0.0768	0.0033	0.0780	0.0037

参 考 文 献

[1] 惠俊英, 生雪莉. 水下声信道[M]. 2 版. 北京: 国防工业出版社, 2007.

[2] Parker J T, Schniter P, Cevher V. Bilinear generalized approximate message passing—Part I: Derivation[J]. IEEE Transactions on Signal Processing, 2014, 62(22): 5839-5853.

[3] Candes E J, Wakin M B. An introduction to compressive sampling[J]. IEEE Signal Processing Magazine, 2008, 25(2): 21-30.

[4] Tipping M E. Sparse Bayesian learning and the relevance vector machine[J]. Journal of Machine Learning Research, 2001, 1(3): 211-244.

[5] Dempster A P. Maximum likelihood from incomplete data via the EM algorithm[J]. Journal of the Royal Statistical Society, 1977, 39(1):1-38.

[6] Zhang Z, Rao B D. Sparse signal recovery with temporally correlated source vectors using sparse Bayesian learning[J]. IEEE Journal of Selected Topics in Signal Processing, 2011, 5(5): 912-926.

[7] Prasad R, Murthy C R, Rao B D. Joint approximately sparse channel estimation and data detection in OFDM systems using sparse Bayesian learning[J]. IEEE Transactions on Signal Processing, 2014, 62(14): 3591-3603.

[8] Wipf D P, Rao B D. Sparse Bayesian learning for basis selection[J]. IEEE Transactions on Signal Processing, 2004, 52(8): 2153-2164.

[9] Tan X, Li J. Computationally efficient sparse Bayesian learning via belief propagation[J]. IEEE Transactions on Signal Processing, 2010, 58(4): 2010-2021.

[10] Rangan S. Generalized approximate message passing for estimation with random linear mixing[C]. 2011 IEEE International Symposium on Information, Petersburg, 2011: 2168-2172.

[11] Rangan S, Schniter P, Fletcher A K, et al. On the convergence of approximate message passing with arbitrary matrices[J]. IEEE Transactions on Information Theory, 2019, 65(9): 5339-5351.

[12] Donoho D L, Maleki A, Montanari A. Message-passing algorithms for compressed sensing[J]. Proceedings of the National Academy of Sciences of the United States of America, 2009, 106(45): 18914-18919.

[13] Bayati M, Montanari A. The dynamics of message passing on dense graphs, with applications to compressed sensing[J]. IEEE Transactions on Information Theory, 2011, 57(2): 764-785.

第 5 章　单载波 Turbo 迭代均衡技术

一个经典通信系统的接收端包括信道均衡和信道译码两部分。理论最优的接收机需要对信道均衡及信道译码进行联合处理，对每个发送比特经过编码与信道之后的概率信息进行遍历，从中选取概率最大的发送比特序列[1]。但是这种最佳检测方案的计算复杂度相当高，在实际中通常无法实现，尤其是当信道编码的记忆长度或信道多径时延较大时。因此，传统的通信系统接收机只能将信道均衡与信道译码两部分分开单独处理。然而，这中间大大牺牲了检测性能，尤其是在恶劣的多径信道之下，即使信噪比无限大也无法实现可靠通信。1995 年，受 Turbo 迭代译码的启发，Douillard 等[2]提出了一种 Turbo 均衡方案，通过信道均衡器与信道译码器之间的迭代实现接近最优的检测性能。基于 Turbo 的均衡器可以分为两大类，一类是基于自适应的 Turbo 均衡器（DA-TEQ）[3]，另一类是基于信道估计的 Turbo 均衡器（CE-TEQ）[4]。两种均衡器各有优劣。本章将对两种类型的迭代 Turbo 均衡器进行介绍。

5.1　基于自适应的 Turbo 均衡技术

在传统的水声通信系统中，均衡器和译码器都有消除噪声和干扰的作用，传统的处理方式是将它们独立进行。但是当水声信道环境恶劣时，通信系统的性能会大打折扣。Turbo 均衡属于迭代均衡的一种，它借鉴了 Turbo 码的思想，将均衡器和译码器联系到一起，通过不断进行迭代实现外信息的交换，降低了系统误码率，提高通信系统的性能。基于自适应的迭代均衡相较于基于信道估计的迭代均衡，算法复杂度低。本节主要介绍基于自适应的 Turbo 均衡技术。

5.1.1　Turbo 码原理

提升通信系统可靠性的主要方法分为两种：一种是提升发射信号功率，使接收端信噪比增大，但对系统性能要求严格；另一种是当信道容量远超过编码速率时，利用信道编码的方法调整信道差错。Turbo 码作为一种优良的编码方案被广泛研究。Turbo 码在 1993 年被提出[5]，通过在两个软输入/软输出（soft input soft output，SISO）译码器之间反复迭代，逼近了香农定理极限。它具有抗干扰抗衰落能力强的特点，在低信噪比的环境下能保持良好的性能。

1. Turbo 码的编码原理

图 5.1 给出了 Turbo 码的编码原理图。

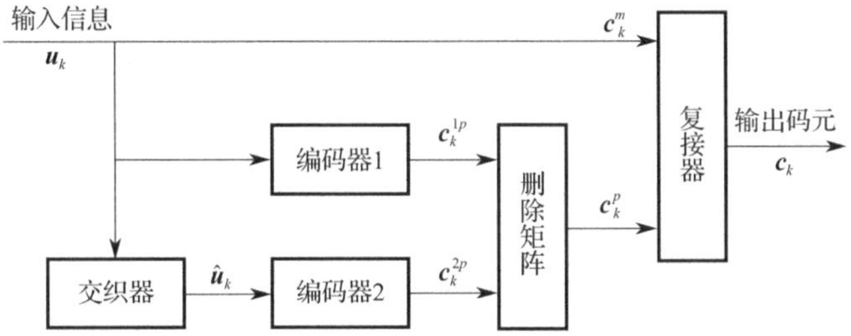

图 5.1　Turbo 码编码原理图

Turbo 码编码器含有两个并联的子编码器，其中编码器 2 前面串联了一个交织器。复接器接收到的码元有三个来源，分别为：直接输入的码元，输入信息通过编码器 1 后经过删除矩阵进入复接器的码元，输入信息经过交织器、编码器 2、删除矩阵后进入复接器的码元。

编码器 1 和编码器 2 使用的是 Turbo 码的分量码进行编码，它们的值可以相同也可以不同，可以为级联码、分组码、卷积码。当数据采用卷积码保护时，通过卷积解码器误码率可以得到明显的改善，同时为了迭代的有效性，编码器一般采用卷积编码。随机交织器对输入序列 $\boldsymbol{u}_k$ 进行重新排列，得到交织序列 $\hat{\boldsymbol{u}}_k$ 。交织过程的目的是对均衡器中相邻符号间的错误事件进行去相关，交织后的序列与原序列相关性越小越好[6]。输入序列 $\boldsymbol{u}_k$ 和交织序列 $\hat{\boldsymbol{u}}_k$ 分别进入编码器 1 和编码器 2，得到两个不同的校验序列 $\boldsymbol{c}_k^{1p}$ 和 $\boldsymbol{c}_k^{2p}$ 。Turbo 码需要将软信息传递给译码器，所以需要比离散星座点更高的精度，导致运算的复杂度增加。为了提升 Turbo 码的码元速率，除了使用码率快的分量码还可以引入删除矩阵。删除矩阵可以从校验序列中删除部分校验位，它的第一行和第二行分别与编码器 1 和编码器 2 对应，元素为 0 或 1，0 表示删除对应校验位的比特信息，1 表示保留对应位置的比特信息。

2. Turbo 码的译码原理

译码的目的是对接收到的比特信息进行 0 和 1 的判决，Turbo 码利用了一种可靠性信息对每一个输入的比特信息进行判决，这种可靠性信息叫作对数似然比（logarithmic likelihood ratio，LLR）。LLR 代表着一个比特信息最可能的取值，概率越大，硬判决后得到正确的比特信息的可能性越高。Turbo 码在编码时使用两个编码器，在译码时有两个对应的分量译码器。两个译码器之间通过不断进行软信息的迭代来提升 Turbo 码译码的性能。图 5.2 给出了 Turbo 码译码原理图。

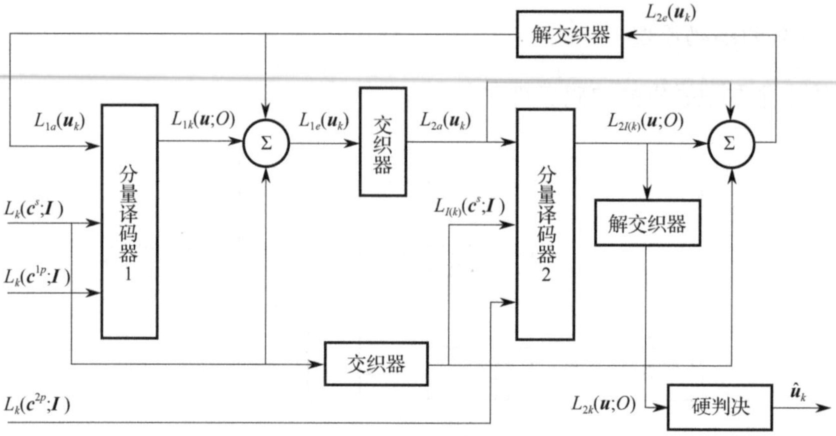

图 5.2　Turbo 码译码原理图

图 5.2 中，$L_k(\bullet)$代表比特信息的概率对数似然比信息；$L_e(\bullet)$代表外部对数似然比信息；$L_a(\bullet)$代表先验对数似然比信息；$I_{(k)}$代表交织后的比特信息。对于第 k 个比特信息，输入第 i 个分量译码器$(i=1,2)$的软信息包括三部分，分别是来自编码器的系统信息$L_k\left(\boldsymbol{c}^s;\boldsymbol{I}\right)$和校验信息$L_k\left(\boldsymbol{c}^{iP};\boldsymbol{I}\right)$以及来自另一个分量译码器的先验信息$L_{ia}\left(\boldsymbol{u}_k\right)$。具体来说，这个先验信息是由另一个译码器产生的外部对数似然比信息$L_{3-i,e}\left(\boldsymbol{u}_k\right)$经过交织或者解交织得到的[7]。第 i 个分量译码器在三部分软信息的输入下得到的输出对数似然比信息为$L_{ik}\left(\boldsymbol{u};O\right)$。

在迭代软信息的过程中，分量译码器 2 对分量译码器 1 进行分析，它的输出信息$L_{1k}\left(\boldsymbol{u};O\right)$等于系统信息$L_k\left(\boldsymbol{c}^s;\boldsymbol{I}\right)$、外信息$L_{1e}\left(\boldsymbol{u}_k\right)$、先验信息$L_{1a}\left(\boldsymbol{u}_k\right)$的和。用公式表示为

$$L_{1k}\left(\boldsymbol{u};O\right)=L_k\left(\boldsymbol{c}^s;\boldsymbol{I}\right)+L_{1e}\left(\boldsymbol{u}_k\right)+L_{1a}\left(\boldsymbol{u}_k\right) \tag{5.1}$$

式中，$L_{1a}\left(\boldsymbol{u}_k\right)$由$L_{2e}\left(\boldsymbol{u}_k\right)$解交织得到，进行第一次迭代时，外信息$L_{2e}\left(\boldsymbol{u}_k\right)$的值为零，所以先验信息$L_{1a}\left(\boldsymbol{u}_k\right)$的值也为零。

分量译码器 1 产生的外信息$L_{1e}\left(\boldsymbol{u}_k\right)$与系统信息$L_k\left(\boldsymbol{c}^s;\boldsymbol{I}\right)$和先验信息$L_{1a}\left(\boldsymbol{u}_k\right)$都无关，所以它在经过交织器之后可以作为输入分量译码器 2 的先验信息，表示为$L_{2a}\left(\boldsymbol{u}_k\right)$，通过这种方式可以提升 Turbo 码的译码效果。

下面对分量译码器 2 进行分析，它产生的外信息$L_{2e}\left(\boldsymbol{u}_k\right)$等于分量译码器 2 的输出信息$L_{2I(k)}\left(\boldsymbol{u};O\right)$与先验信息$L_{2a}\left(\boldsymbol{u}_k\right)$和系统信息$L_{I(k)}\left(\boldsymbol{c}^s;\boldsymbol{I}\right)$的差值。用公式表示为

$$L_{2e}\left(\boldsymbol{u}_k\right)=L_{2I(k)}\left(\boldsymbol{u};O\right)-L_{2a}\left(\boldsymbol{u}_k\right)-L_{I(k)}\left(\boldsymbol{c}^s;\boldsymbol{I}\right) \tag{5.2}$$

式中，$L_{2a}\left(\boldsymbol{u}_k\right)$是由$L_{1e}\left(\boldsymbol{u}_k\right)$交织后得到。与分量译码器 1 的外信息处理方法类似，外信息$L_{2e}\left(\boldsymbol{u}_k\right)$经过解交织后得到$L_{1a}\left(\boldsymbol{u}_k\right)$，这正是分量译码器 1 的先验信息。两个分量译码器之间至此完成一次软迭代。随着迭代次数的逐渐增加，分量译码器的外信息不断提升 Turbo 码译码的性能，但计算量和时延也越来越大，难以适应实时性要求高的环境，因此需要遵循迭代

终止准则选择合理的迭代次数使系统性能良好，同时不会因为多余的迭代次数导致系统复杂度的提升。当迭代结束时，两个分量译码器的输出收敛，将分量译码器 2 的输出 $L_{2I(k)}(\boldsymbol{u};O)$ 经过解交织器后进行硬判决，得到 Turbo 码译码的输出结果 $\hat{\boldsymbol{u}}_k$。

5.1.2　基于稀疏约束的自适应均衡算法

对于 Turbo 通信系统的均衡器部分，可以采用第 3 章介绍的自适应判决反馈均衡器结构，均衡器算法可以采用 LMS 算法或者 RLS 算法。然而，RLS 算法复杂度较高，LMS 算法在实际信道中收敛性能较差，因此，基于水声信道的稀疏特性，本节介绍基于稀疏约束的自适应均衡算法，并将其用于 Turbo 通信系统的均衡器设计中。

受到水底、水面以及水中障碍物的反射，水声信道通常具有较强的稀疏性。水声信道的稀疏特性在均衡器权值分布上也有相应的表现，而自适应算法可以利用这一先验信息加快收敛速度，提高均衡器性能。针对稀疏性的利用，本节介绍几种基于成比例调节的 LMS 算法。成比例调节思想是指在滤波器权值的更新过程中，根据不同的比例为每个权系数分配不同的步长。在稀疏信道滤波的过程中，滤波器权值分布是稀疏的，通过赋予活跃抽头较大的步长，可以加快算法的收敛过程，而应用这种思想的算法有成比例归一化 LMS（proportionate normalized LMS，PNLMS）算法和改进的比例归一化 LMS（improved proportionate normalized LMS，IPNLMS）算法，这两种算法都是在归一化 LMS（normalized LMS，NLMS）算法的基础上进行改进的。接下来将对这三种算法进行简单的讨论。

1. NLMS 算法

LMS 算法在进行权值更新的过程中，可能会因为滤波器输入向量幅值过大而引入梯度噪声，NLMS 算法通过对输入信号的功率进行归一化解决了这一问题[8]，而这一改变也使得权值在更新的过程中被赋予了不同的步长。NLMS 算法的权值更新公式为

$$\boldsymbol{w}(n+1)=\boldsymbol{w}(n)+\mu e^{*}(n)\frac{\boldsymbol{x}(n)}{\delta+\boldsymbol{x}^{\mathrm{H}}(n)\boldsymbol{x}(n)} \tag{5.3}$$

式中，δ 为一个小数，为了避免分母过小时产生计算结果过大的现象，通常为其赋值为 0.01；μ 为步长，为了保证权值更新满足收敛条件，μ 的取值范围应设为 0～2。由于 NLMS 算法可以自动调节步长的大小，其性能要明显优于 LMS 算法。

2. PNLMS 算法

PNLMS 算法在对滤波器权值更新的过程中，通过对当前时刻滤波器权值的估计给下一时刻的每一个权系数分配不同的步长，大系数分配大步长，小系数分配小步长，以此获得了比 NLMS 算法更快的收敛速度[9]。PNLMS 算法的权值更新公式为

$$\boldsymbol{w}(n+1)=\boldsymbol{w}(n)+\mu e^{*}(n)\frac{\boldsymbol{G}(n)\boldsymbol{x}(n)}{\delta+\boldsymbol{x}^{\mathrm{H}}(n)\boldsymbol{G}(n)\boldsymbol{x}(n)} \tag{5.4}$$

式中，$\boldsymbol{G}(n)$为稀疏控制矩阵，$\boldsymbol{G}(n)=\mathrm{diag}\{g(1),g(2),\cdots,g(N)\}$，$N$ 为滤波器权值个数。对角线元素 $g(i)$ 计算公式为

$$g(i)=\frac{r(i)}{\frac{1}{N}\sum_{l=1}^{N}r(l)} \tag{5.5}$$

$$r(i)=\max\{\tau\cdot\rho,|w(i)|\} \tag{5.6}$$

$$\rho=\max\{\delta_P,|w(1)|,|w(2)|,\cdots,|w(N)|\} \tag{5.7}$$

式中，$1\leqslant i\leqslant N$，τ、δ_P 皆为正则化因子，通常情况下，二者皆设为 0.01。

PNLMS 算法以适度的运算量换取了性能的提升，在信道稀疏的情况下，其收敛速度比起 NLMS 算法加快了许多，但 PNLMS 算法对信道的稀疏度过于敏感，对于非稀疏系统，其性能甚至会弱于 NLMS 算法。

3. IPNLMS 算法

IPNLMS 算法更改了稀疏控制矩阵中对角元素的生成形式，且将对步长增益的调节改为 NLMS 算法和稀疏控制 LMS 算法组合的形式，并引入了一个比例因子α用来调节二者各自所占的比重，有效解决了 PNLMS 算法稀疏辨识度低的问题[10]。IPNLMS 算法的稀疏控制矩阵中 $g(i)$ 的生成公式为

$$g(i)=\frac{1-\alpha}{2N}+(1+\alpha)\frac{|w(i)|}{\delta+2\|\boldsymbol{w}\|_1} \tag{5.8}$$

式中，N 为滤波器权值个数，$1\leqslant i\leqslant N$；δ 用于防止分母为零；$\|\cdot\|_1$ 为向量的 l_1-范数。l_1-范数表示向量中各个元素的绝对值之和，则式（5.8）右半部分可以理解为计算每个滤波器系数对整个系数矢量的贡献程度，从而对其分配相应的步长增益。α 的取值范围是 -1～1，当 $\alpha=1$ 时，IPNLMS 算法的性能与 PNLMS 算法相近，当 $\alpha=-1$ 时，则可以把此算法看作 NLMS 算法，α 常被设为 0 或 -0.5。无论信道是否稀疏，IPNLMS 算法的性能均优于 PNLMS 算法和 NLMS 算法。

5.1.3　Turbo 通信系统

为了提高纠错性能并实现迭代译码的功能，Turbo 通信系统在发射端也采用了卷积编码技术与交织编码技术。在选择卷积编码方式时，需要考虑系统设计要求、传输速率、计算复杂度和硬件资源等因素，进行合理的权衡。Turbo 通信系统最常采用的卷积编码方式是迭代卷积编码（iterative convolutional coding，ICC），因为这种编码技术有着纠错性能好、编译码效率高、可扩展性强和兼容性好等优点。此外，也可以采用串行拼接卷积码和低密度奇偶校验码等编码方式。

交织编码技术在通信中被用于纠正成串发生的比特差错和一些突发错误。往往在发射端加上数据交织器，在接收端加上解交织器，使得信道的突发差错分散开。这样在传输过程中即使发生成串差错，在接收端恢复成相继比特串的消息时，也会变成单个或长度很短的差错，之后再用信道编码具有的纠错功能纠正差错，恢复原消息[3]。

如图 5.3 所示，在发射端首先将一定长度的二进制数据比特序列 $\{b_n\}$ 送入卷积编码器，生成卷积编码数据 $\{c'_n\}$。$\{c'_n\}$ 经过交织器后得到交织后序列 $\{c_{n,j}\}$，交织的目的是将相邻数据间的相关性尽可能地减小，避免信道深衰落引起传输数据的连续错误，影响卷积码的解码性能。此处将卷积交织编码后的信息比特序列定义为 $\boldsymbol{c}=[c_1,c_2,\cdots,c_N]$，$N$ 为信息序列长度。若用 Q 代表调制进制数，则 $\boldsymbol{c}$ 中每个子序列 $\boldsymbol{c}_n=[c_{n,1},c_{n,2},\cdots,c_{n,Q}]$，其中每个比特 $c_{n,j}\in\{0,1\}$。卷积编码过后，将 $c_{n,j}$ 映射到信号星座图形成长为 N 的符号序列 x_n。其中信号星座图定义为 $\boldsymbol{S}=\{\alpha_1,\alpha_2,\cdots,\alpha_{2Q}\}$，每个 α_i 对应一个比特序列 $\boldsymbol{s}_i=[s_{i,1},s_{i,2},\cdots,s_{i,Q}]$，$s_{i,j}\in\{0,1\}$。

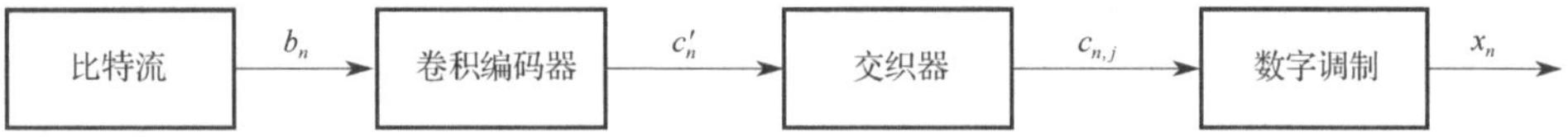

图 5.3　发射端系统传输模型

图 5.4 是一个基于单载波水声通信的自适应 Turbo 均衡系统结构框架。从图 5.4 中可以得到 Turbo 均衡的主要流程为：接收机将解调后的信号输入 SISO 均衡器中，SISO 均衡器会估计出符号的软信息，软信息经过解交织后传入 SISO 译码器，译码器输出软判决后的比特信息以及比特的软信息，而比特软信息再次经过随机交织降低 SISO 均衡器与译码器输出之间的相关性，并由此开启下一次迭代。

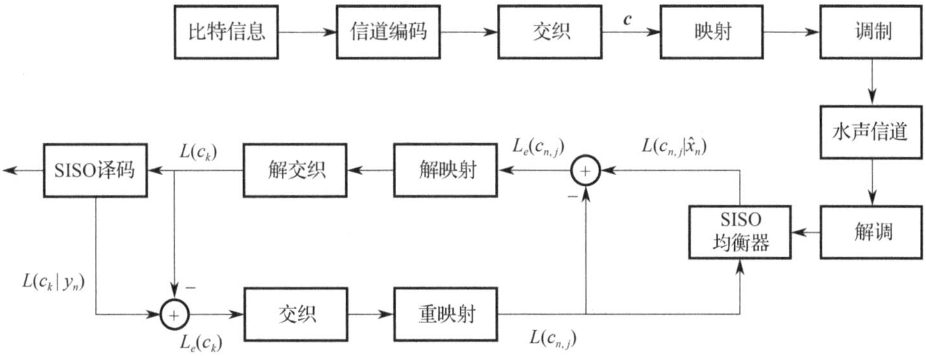

图 5.4　基于单载波水声通信的自适应 Turbo 均衡系统结构框架

图 5.4 中，$\boldsymbol{c}=[c_1,c_2,\cdots,c_L]$ 是经过交织之后长度为 $L\cdot Q$ 比特序列，其中 $\boldsymbol{c}_n=[c_{n,1},c_{n,2},\cdots,c_{n,Q}]$，$n\in\{1,2,\cdots,L\}$，$c_{n,j}\in\{0,1\}$，$Q$ 为单个码元映射所需比特数，以 QPSK 为例，$Q=2$，其符号映射表如表 5.1 所示。

表 5.1 QPSK 符号映射表

i	$s_{i,1}s_{i,2}$	α_i
1	00	$(1+\mathrm{i})/\sqrt{2}$
2	10	$(-1+\mathrm{i})/\sqrt{2}$
3	01	$(1-\mathrm{i})/\sqrt{2}$
4	11	$(-1-\mathrm{i})/\sqrt{2}$

调制器通过 $\boldsymbol{s}_i \to \alpha_i$ 的映射关系将比特序列 $\boldsymbol{c}$ 转化为码元符号序列 $\boldsymbol{x}=[x_1,x_2,\cdots,x_L]$，则均衡器输出估计符号可设为 $\hat{\boldsymbol{x}}=[\hat{x}_1,\hat{x}_2,\cdots,\hat{x}_L]$，定义 SISO 均衡器输入先验信息对数似然比为

$$L(c_{n,j})=\ln\frac{P(c_{n,j}=0)}{P(c_{n,j}=1)},\quad j\in[0,1] \tag{5.9}$$

由对数似然比的定义可以看出对数似然比表示 $c_{n,j}$ 取“0”还是取“1”的置信度，由于 SISO 均衡器在首次均衡时并没有软译码器输出先验信息，所以此时 $L(c_{n,j})=0$。后验似然对数比可以以条件概率的形式定义为

$$\begin{aligned}L(c_{n,j}\mid\hat{x}_n)&=\ln\frac{P(c_{n,j}=0\mid\hat{x}_n)}{P(c_{n,j}=1\mid\hat{x}_n)}\\&=\ln\frac{\sum\limits_{\forall\boldsymbol{c}_n:c_{n,j}=0}P(\hat{x}_n\mid\boldsymbol{c}_n)P(\boldsymbol{c}_n)}{\sum\limits_{\forall\boldsymbol{c}_n:c_{n,j}=1}P(\hat{x}_n\mid\boldsymbol{c}_n)P(\boldsymbol{c}_n)}\\&=\ln\frac{\sum\limits_{\forall\boldsymbol{c}_n:c_{n,j}=0}P(\hat{x}_n\mid\boldsymbol{c}_n)\prod\limits_{\forall j':j'\neq j}P(c_{n,j'})}{\sum\limits_{\forall\boldsymbol{c}_n:c_{n,j}=1}P(\hat{x}_n\mid\boldsymbol{c}_n)\prod\limits_{\forall j':j'\neq j}P(c_{n,j'})}+\ln\frac{P(c_{n,j}=0)}{P(c_{n,j}=1)}\\&=L_e(c_{n,j})+L(c_{n,j})\end{aligned} \tag{5.10}$$

式中，$L_e(c_{n,j})$ 是 SISO 均衡器输出的外信息对数似然比，即

$$L_e(c_{n,j})=\ln\frac{\sum\limits_{\forall\boldsymbol{c}_n:c_{n,j}=0}P(\hat{x}_n\mid\boldsymbol{c}_n)\prod\limits_{\forall j':j'\neq j}P(c_{n,j'})}{\sum\limits_{\forall\boldsymbol{c}_n:c_{n,j}=1}P(\hat{x}_n\mid\boldsymbol{c}_n)\prod\limits_{\forall j':j'\neq j}P(c_{n,j'})} \tag{5.11}$$

式中，$P(\hat{x}_n\mid\boldsymbol{c}_n)$ 表示在 $\boldsymbol{c}_n$ 可以映射为符号 α_i 的情况下，均衡器输出估计符号 $\hat{x}_n$ 的概率。这个条件概率的计算需要知晓均衡输出符号的统计模式，通常假设 $\hat{x}_n$ 是服从高斯分布的，所以可以得到

$$P(\hat{x}_n\mid\boldsymbol{c}_n)=P(\hat{x}_n\mid x_n=\alpha_i)=\frac{1}{\pi\cdot\sigma^2}\cdot\exp\left(\frac{-\left|\hat{x}_n-\mu_n x_n\right|^2}{\sigma^2}\right) \tag{5.12}$$

式（5.12）的计算需要求解均值 μ_n 和方差 σ^2，由于在直接自适应均衡中信道状态信息是未知的，故对 μ_n 和 σ^2 采用时间平均的方法，可以得出

$$\mu_n = \frac{1}{L}\sum_{n=1}^{L}\frac{\hat{x}_n}{Q(\hat{x}_n)} \tag{5.13}$$

$$\sigma^2 = E\left[(\hat{x}_n)^2\right] - \mu_n^2 = \frac{1}{L}\sum_{n=1}^{L}\left|\mu_n Q(\hat{x}_n) - \hat{x}_n\right|^2 \tag{5.14}$$

而式（5.11）中 $P(c_{n,j'}) = P(c_{n,j} = s_{i,j})$，其表达式可以由式（5.9）和先验知识 $P(c_{n,j}=0)+P(c_{n,j}=1)=1$ 得出，如式（5.9）和式（5.10）所示，其化简过程不再赘述。

$$P(c_{n,j}) = \frac{1}{2}\left[1+\tilde{s}_{i,j}\tanh\left(\frac{1}{2}L(c_{n,j})\right)\right] \tag{5.15}$$

$$\tilde{s}_{i,j} = \begin{cases} +1, & s_{i,j}=0 \\ -1, & s_{i,j}=1 \end{cases} \tag{5.16}$$

由式（5.12）～式（5.15）可以对式（5.11）进行求解，则此时外信息似然对数比可以表示为

$$L_e(c_{n,j}) = \ln\frac{\sum\limits_{\forall c_n:c_{n,j}=0}\frac{1}{\pi\cdot\sigma^2}\cdot\exp\left(\frac{-\left|\hat{x}_n-\mu_n x_n\right|^2}{\sigma^2}\right)\prod\limits_{\forall j':j'\neq j}\frac{1}{2}\left[1+\tilde{s}_{i,j}\tanh\left(\frac{1}{2}L(c_{n,j})\right)\right]}{\sum\limits_{\forall c_n:c_{n,j}=1}\frac{1}{\pi\cdot\sigma^2}\cdot\exp\left(\frac{-\left|\hat{x}_n-\mu_n x_n\right|^2}{\sigma^2}\right)\prod\limits_{\forall j':j'\neq j}\frac{1}{2}\left[1+\tilde{s}_{i,j}\tanh\left(\frac{1}{2}L(c_{n,j})\right)\right]} \tag{5.17}$$

针对 QPSK，Turbo 均衡首次迭代时 $L(c_{n,j})=0$，后续迭代中上式右半部分可以抵消，再联合 QPSK 的符号映射表可以得出 QPSK 的外信息计算公式：

$$L_e(c_{n,j}) = \begin{cases} \frac{\sqrt{8}\mu_n}{\sigma^2}\mathrm{Re}(\hat{x}_n), & j=1 \\ \frac{\sqrt{8}\mu_n}{\sigma^2}\mathrm{Im}(\hat{x}_n), & j=2 \end{cases} \tag{5.18}$$

Turbo 均衡首次迭代过程中输入 SISO 均衡器的信息是经过信道后的符号序列而没有软信息的输入，在后续迭代中，软信息经过重映射为软符号作为 SISO 均衡器的先验信息输入，这就需要一个比特-符号转换器将软译码器输出的比特对数似然比转换成对应符号的概率信息，对于 QPSK，其具体公式为

$$\tilde{x}_n = \frac{1}{\sqrt{2}}\left\{\tanh\left[\frac{L(c_{n,1})}{2}\right] + \tanh\left[\frac{L(c_{n,2})}{2}\right]i\right\} \tag{5.19}$$

在后续迭代中，SISO 均衡器在n时刻的输出符号为

$$\hat{x}_n = \boldsymbol{f}_n^{\mathrm{H}} \boldsymbol{y}_n + \boldsymbol{b}_n^{\mathrm{H}} \tilde{\boldsymbol{x}}_n \tag{5.20}$$

式中，$\boldsymbol{f}_n$和$\boldsymbol{b}_n$分别表示n时刻 SISO 均衡器的前馈滤波器抽头系数和反馈滤波器抽头系数；$\boldsymbol{y}_n$是n时刻输入 SISO 均衡器的接收信号序列；$\tilde{\boldsymbol{x}}_n$是n时刻 SISO 均衡器的先验软符号信息输入，注意应将$\tilde{\boldsymbol{x}}_n$中对应当前时刻的软符号置 0，以保证均衡器输出与当前时刻先验输入无关。可以注意到后续迭代中的 SISO 均衡器与判决反馈均衡器相似，也就是说在首次自适应迭代均衡中 SISO 均衡器可以被看作传统的硬判决反馈均衡器。

在均衡之后，执行信道译码操作。本节中的直接自适应 Turbo 均衡的 SISO 译码算法采用 MAP 算法。MAP 算法在译码时通过计算对应比特的最大后验概率确定比特信息的置信度从而进行判决，接下来将对其原理进行简要推导。

以通信中常用的卷积编码为例，编码器k时刻的输入比特和当前状态唯一确定了编码输出和k+1 时刻编码器的状态，而编码器状态的转换可以看作一个马尔可夫过程，这些特性为 MAP 算法提供了译码思路。首先定义 MAP 译码输出的最大后验概率为

$$L(b_k \mid \boldsymbol{y}) = \ln \frac{P(b_k = 0 \mid \boldsymbol{y})}{P(b_k = 1 \mid \boldsymbol{y})} = \ln \frac{\sum\limits_{b_k=0, s_k} P(s_k, s_{k+1} \mid \boldsymbol{y})}{\sum\limits_{b_k=1, s_k} P(s_k, s_{k+1} \mid \boldsymbol{y})} \tag{5.21}$$

式中，$b_k \in \{b_1, b_2, \cdots, b_N\}$为编码器输入比特；$\boldsymbol{y}$为接收符号序列；$s_k, s_{k+1}$分别是编码器$k$和$k+1$时刻的状态。设编码器状态集$\boldsymbol{S} = \{S_0, S_1, \cdots, S_U\}$共有$U$种状态，根据条件概率公式，式（5.21）可化为

$$L(b_k \mid \boldsymbol{y}) = \ln \frac{\sum\limits_{b_k=0, s_k} P(s_k, s_{k+1}, \boldsymbol{y}) / P(\boldsymbol{y})}{\sum\limits_{b_k=1, s_k} P(s_k, s_{k+1}, \boldsymbol{y}) / P(\boldsymbol{y})} = \ln \frac{\sum\limits_{b_k=0, s_k} P(s_k, s_{k+1}, \boldsymbol{y})}{\sum\limits_{b_k=1, s_k} P(s_k, s_{k+1}, \boldsymbol{y})} \tag{5.22}$$

再根据马尔可夫性质和条件概率可以对$P(s_k, s_{k+1}, \boldsymbol{y})$进行拆解：

$$P(s_k, s_{k+1}, \boldsymbol{y}) = P(s_k, y_1, \cdots, y_{k-1}) P(s_{k+1}, y_k \mid s_k) P(y_{k+1}, \cdots, y_N \mid s_{k+1}) \tag{5.23}$$

通过式（5.23）定义前向状态度量α_k、后向状态度量β_{k+1}和分支度量γ_k：

$$\begin{aligned} \alpha_k(s_k) &= P(s_k, y_1, \cdots, y_{k-1}) \\ \beta_{k+1}(s_{k+1}) &= P(y_{k+1}, \cdots, y_N \mid s_{k+1}) \\ \gamma_k(s_k, s_{k+1}) &= P(s_{k+1}, y_k \mid s_k) \end{aligned} \tag{5.24}$$

由于k时刻之后发生的事件与之前时刻无关，α_k和β_k可以通过前向和后向递推得

$$\alpha_k(s_k) = \sum_{s_{k-1} \in \boldsymbol{S}} \alpha_{k-1}(s_{k-1}) \gamma_{k-1}(s_{k-1}, s_k) \tag{5.25}$$

$$\beta_k(s_k) = \sum_{s_{k+1} \in \boldsymbol{S}} \beta_{k+1}(s_{k+1}) \gamma_k(s_k, s_{k+1}) \tag{5.26}$$

通常编码器初始状态为零，且结束状态也归零，由此先验条件可以得到

$$\alpha_0(s_0)=\begin{cases}1, & s_0=S_0\\0, & \text{其他}\end{cases} \tag{5.27}$$

$$\beta_N(s_N)=\begin{cases}1, & s_N=S_N\\0, & \text{其他}\end{cases} \tag{5.28}$$

此时，仅需对 $\gamma_k(s_k,s_{k+1})$ 求解即可根据式（5.25）和式（5.26）递推计算 α_k 和 β_k，在实际应用中应对 α_k 和 β_k 进行归一化以防止计算溢出。利用贝叶斯公式可以将 $\gamma_k(s_k,s_{k+1})$ 拆解为

$$\begin{aligned}\gamma_k(s_k,s_{k+1})&=P(s_{k+1},y_k\mid s_k)\\&=P(s_{k+1}\mid s_k)P(y_k\mid s_k,s_{k+1})\\&=P(b_k)\prod_j P(c_{k,j}\mid \boldsymbol{y})\end{aligned} \tag{5.29}$$

式中，$c_{k,j}$ 为编码器输出比特，j 为编码器码率的倒数。通常假设编码器是等概率输入比特信息的，故 $P(b_k)=1/2$，而 $P(c_{k,j}\mid \boldsymbol{y})$ 则可以根据 SISO 解码器输入的先验信息比特似然比计算得出，从而求得编码器输入比特后验似然比，进行判决。编码器输出比特的后验概率计算与输入比特相似，用后验似然比减去译码器先验信息似然比输入即可得到译码器的外信息输出。

MAP 算法虽然能够通过计算输入比特的后验概率对其进行准确判决，但其计算量过大对实际应用并不友好，因此实践中常采取对数最大后验（log maximum a posterior，Log-MAP）算法，Log-MAP 算法把原来 γ_k、α_k 和 β_k 的运算引入对数域，将乘除法转化为加减法以提升运算速度。对数域前向状态度量和后向状态度量可定义为

$$\ln\alpha_k(s_k)=\ln\sum_{s_{k-1}\in\boldsymbol{S}}\exp[\ln\alpha_{k-1}(s_{k-1})+\ln\gamma_{k-1}(s_{k-1},s_k)] \tag{5.30}$$

$$\ln\beta_k(s_k)=\ln\sum_{s_{k+1}\in\boldsymbol{S}}\exp[\ln\beta_{k+1}(s_{k+1})+\ln\gamma_k(s_k,s_{k+1})] \tag{5.31}$$

Log-MAP 算法利用雅可比（Jacobian）对数公式对式（5.30）和式（5.31）的计算进行优化，定义 $\max^*(\bullet)$ 运算为

$$\ln(\mathrm{e}^x+\mathrm{e}^y)\approx\max(x,y)+\ln(1+\mathrm{e}^{-|x-y|})\triangleq\max{}^*(x,y) \tag{5.32}$$

则 Log-MAP 算法中的前向状态度量和后向状态度量计算公式为

$$\ln\alpha_k(s_k)=\max_{s_{k-1}\in\boldsymbol{S}}{}^*[\ln\alpha_{k-1}(s_{k-1})+\ln\gamma_{k-1}(s_{k-1},s_k)] \tag{5.33}$$

$$\ln\beta_k(s_k)=\max_{s_{k+1}\in\boldsymbol{S}}{}^*[\ln\beta_{k+1}(s_{k+1})+\ln\gamma_k(s_k,s_{k+1})] \tag{5.34}$$

5.1.4　算法试验验证

本节将针对搭配 IPNLMS 算法的 DA-TEQ 接收机方案进行海试数据处理，此次试验数据取自青岛胶州湾海试，试验仪器布放如图 5.5 所示，发射船和接收船皆锚定，但因当天海况

较差，船体会有一定起伏。发射换能器布放深度为 8m，发射端水深为 11m，接收水听器布放深度为 10m，接收端水深 13m，两船相距 1000m。

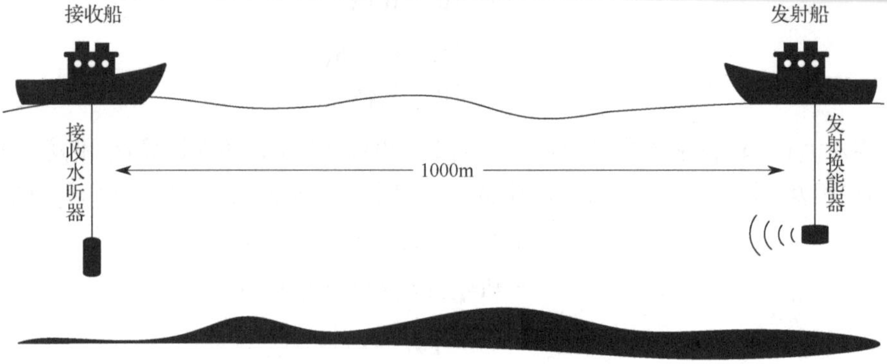

图 5.5　试验仪器布放示意图

此次试验发送的信号映射方式为 QPSK，采样频率为 96kHz，波特率 Baud = 4ksympol/s，中心频率设置为 12kHz，信道编码采用码率为 1/2 的卷积码，发射信号中信息符号个数为 512，训练符号个数为 256，共发射十帧信号，图 5.6 为水听器采集数据。

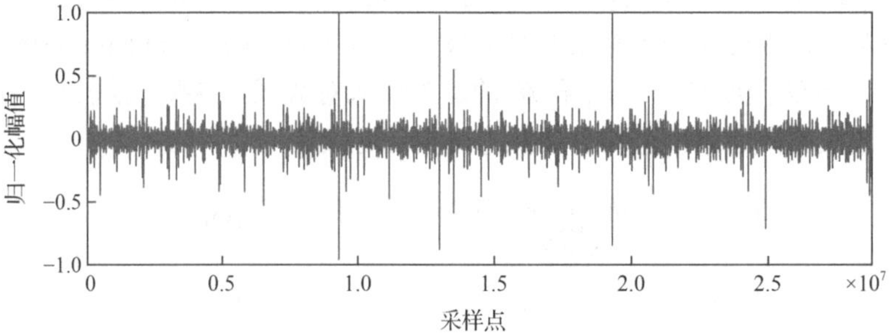

图 5.6　水听器采集数据

试验当天海况较差，导致接收数据中掺杂着脉冲噪声，对此数据进行拷贝相关寻找信号位置，结果如图 5.7 所示。

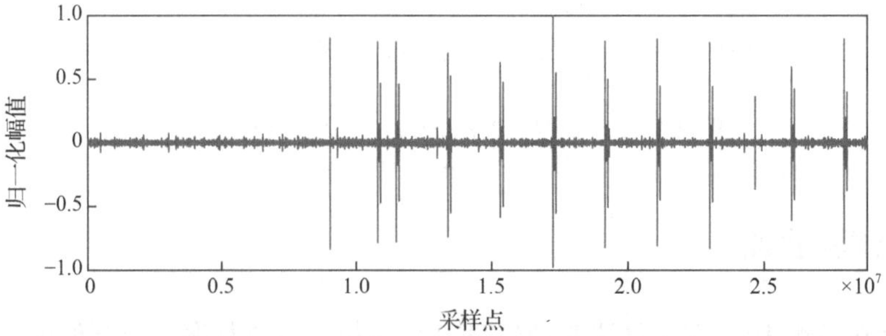

图 5.7　信号拷贝相关结果

根据图 5.7 的相关结果可以对信号进行截取，本节首先在这十帧信号中抽取了一帧进行处理。截取信号时域图如图 5.8 所示。

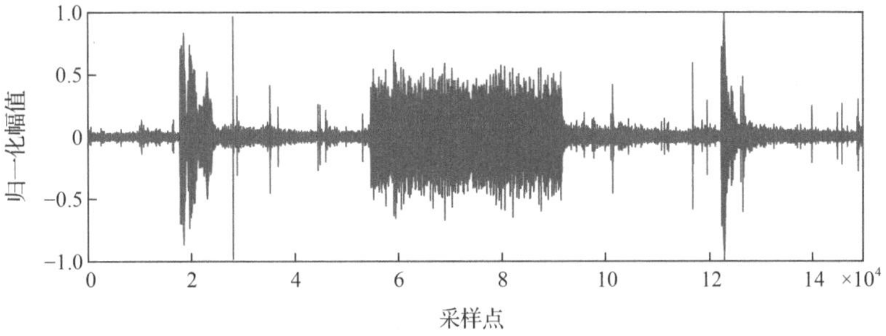

图 5.8　截取信号时域图

使用 IPNLMS-DA-TEQ 对图 5.8 所示信号进行均衡处理，首次均衡采用 DFE，其中，FFF 和 FBF 的抽头个数均设为 40，自适应均衡器输出符号的迭代星座图如图 5.9 所示，SISO 译码后重映射的软符号的迭代星座图如图 5.10 所示。

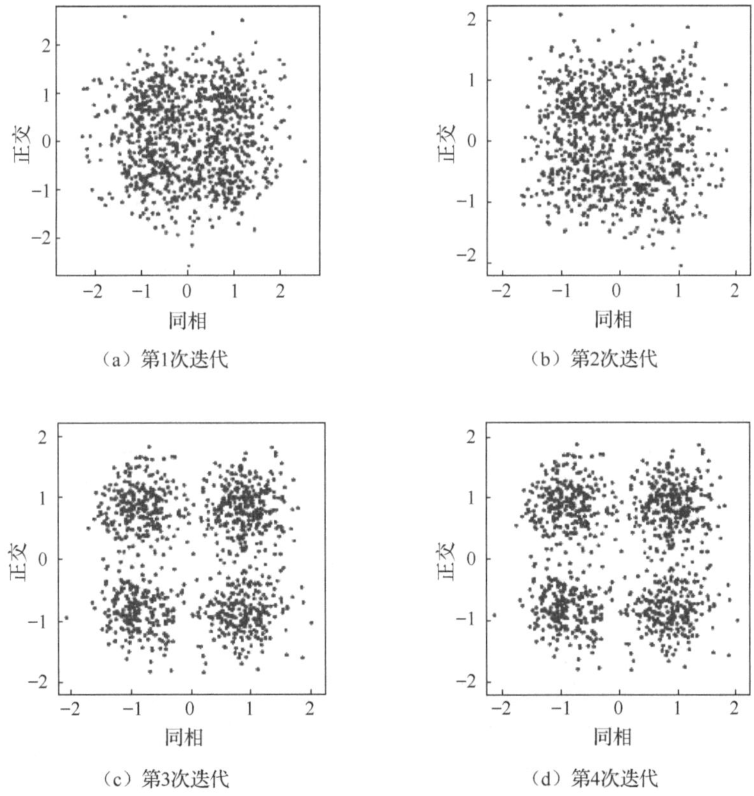

图 5.9　自适应均衡器输出符号迭代星座图

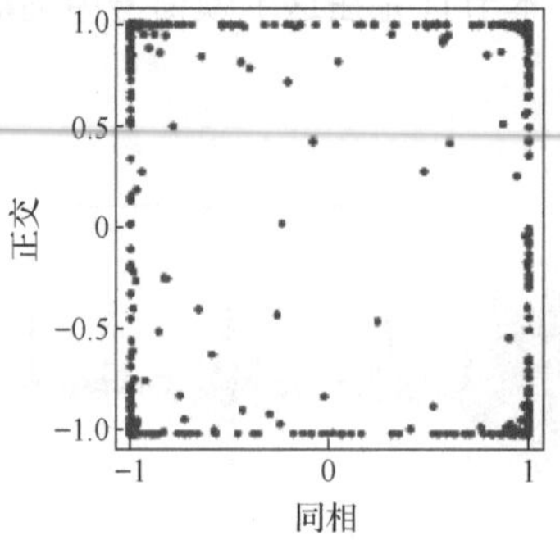

（a）第1次迭代

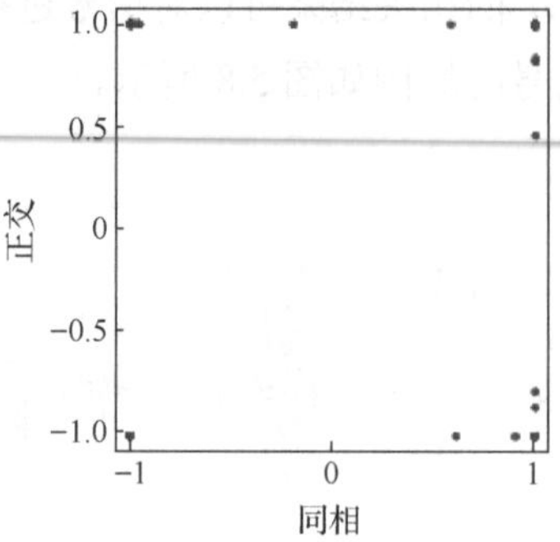

（b）第2次迭代

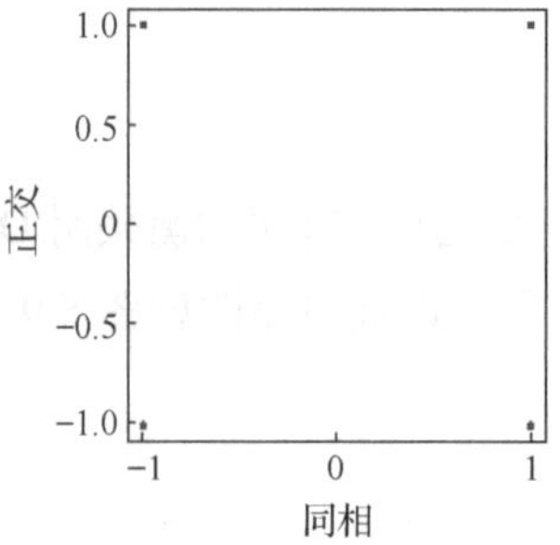

（c）第3次迭代

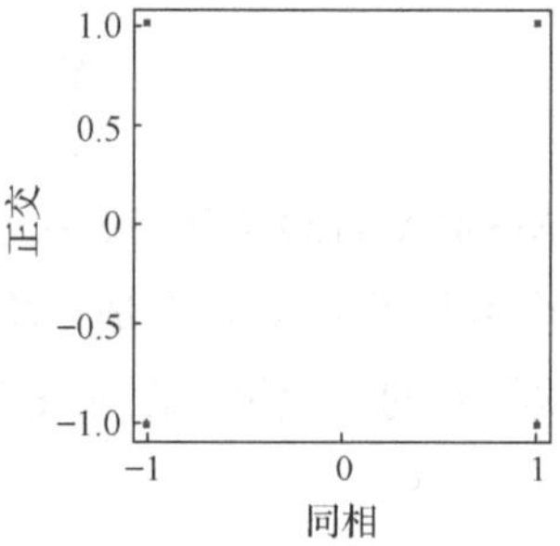

（d）第4次迭代

图 5.10　软符号迭代星座图

观察图 5.9 和图 5.10 可以发现，均衡符号和软符号经过迭代，原来星座图上位置比较分散的点逐渐向 QPSK 映射点靠拢，在第 3 次迭代后两种迭代星座图基本不再产生变化。对比这两种星座图，可以看出软符号因为 SISO 译码的增益，其迭代星座图不像均衡器输出符号星座图那样散乱，其实星座图的迭代变化对应着误比特率与信噪比的变化。表 5.2 和表 5.3 分别是对迭代过程中接收信号的信噪比变化和误比特率变化的统计结果。

表 5.2　迭代过程中信噪比变化统计

信噪比	第 1 次迭代	第 2 次迭代	第 3 次迭代	第 4 次迭代
均衡输出信噪比/dB	3.14	4.39	7.44	7.47
软符号信噪比/dB	4.91	14.26	14.53	14.53

表 5.3　迭代过程中误比特率变化统计

误比特率	第 1 次迭代	第 2 次迭代	第 3 次迭代	第 4 次迭代
均衡输出误比特率	0.13281	0.08447	0.01661	0.01563
SISO 译码误比特率	0.05501	0	0	0

表 5.2 和表 5.3 中所统计数据的变化与上文中星座图的迭代变化相呼应，随着星座图中散点的聚拢，信号的误比特率不断降低，信噪比不断增加，到了第 3 次迭代之后，误比特率与信噪比的提升变得十分微弱。通过对比均衡输出信号和 SISO 译码的误比特率和信噪比，不难发现以软信息交互的方式代替传统的硬判决给接收端信号解码带来了巨大增益。

接下来对十帧信号分别进行处理，均衡部分分别采用 IPNLMS-DA-TEQ 和 RLS 算法，其中，IPNLMS-DA-TEQ 的首次均衡和 RLS 算法皆使用 DFE，FFF 和 FBF 的抽头仍都设为 40，分别对 IPNLMS-DA-TEQ 首次均衡（即 DFE-IPNLMS）、第 1 次迭代、第 3 次迭代和 DFE-RLS 的误比特率进行了统计，结果如表 5.4 所示。

表 5.4　误比特率统计

	DFE-IPNLMS	IPNLMS-DA-TEQ 第 1 次迭代	IPNLMS-DA-TEQ 第 3 次迭代	DFE-RLS
信号 1	0.03027	0	0	0.01221
信号 2	0.06152	0.00491	0	0.00879
信号 3	0.01416	0	0	0.01367
信号 4	0.10205	0.00589	0	0.01468
信号 5	0.02881	0	0	0.01025
信号 6	0.00928	0	0	0.00928
信号 7	0.00879	0	0	0.00879
信号 8	0.13281	0.05501	0	0.01318
信号 9	0.02246	0	0	0.00928
信号 10	0.03271	0	0	0.00967

由表 5.4 可以看出，DFE-RLS 解码后的误比特率均可以达到10^{-2}数量级及以下，而 DFE-IPNLMS 的解码性能照比 DFE-RLS 还有一定的差距，但 IPNLMS 和 Turbo 均衡结合后使得解码性能有了质的提升，IPNLMS-DA-TEQ 第 1 次迭代十帧信号中有七帧误比特率直接变为了 0，到了 IPNLMS-DA-TEQ 第 3 次迭代，十帧信号的误比特率全部变为了 0，这展现了 Turbo 均衡方案的优越性。参考本节的仿真分析和此次试验数据处理结果，之后的 Turbo 均衡迭代次数可以设为三次以避免多余的计算开销。

5.2　基于信道估计的 Turbo 均衡技术

在 5.1 节介绍了基于自适应的 Turbo 均衡技术，基于自适应的系统计算复杂度低，但是需要较大的训练开销，通常收敛速度慢，且在低信噪比下容易产生误差反馈。相反，基于信道估计的 Turbo 均衡技术不存在收敛速度慢的问题，且不容易产生误差反馈，但通常其计算复杂度高于基于自适应的 Turbo 均衡。本节主要介绍两种基于信道估计的 Turbo 均衡算法，分别是基于 LMMSE 的 Turbo 均衡算法[3]和基于矢量近似消息传递（vector approximate message passing，VAMP）的 Turbo 均衡算法[11]。

5.2.1　基于 LMMSE 的 Turbo 均衡算法

与 5.1 节提到的自适应的 Turbo 均衡器结构类似，基于信道估计的 Turbo 均衡器也是在 SISO 均衡器和 SISO 译码器之间进行迭代，其对应的似然比信息求解和译码规则是相同的。基于信道估计的 Turbo 均衡通信系统框图如图 5.11 所示，其中 SISO 均衡器采用的算法为 LMMSE 算法。

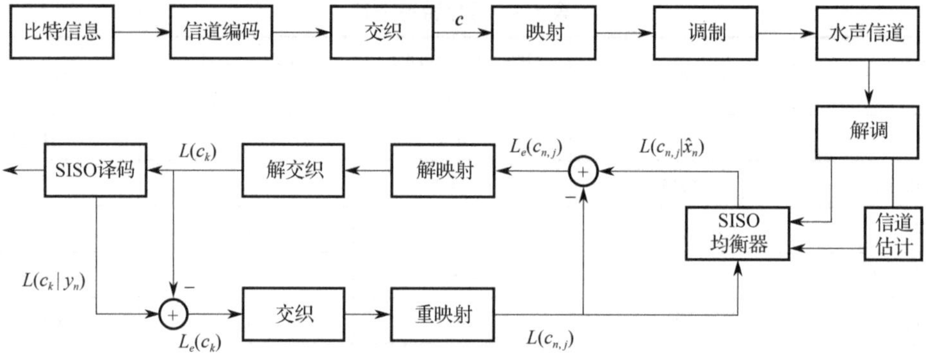

图 5.11　基于信道估计的 Turbo 均衡通信系统框图

对于一个单载波数据块传输系统，发射序列为 x_n 时，时域接收序列可以表示为

$$y_n = \sum_{i=0}^{L-1} h_i x_{n-i} + z_n, \quad n = 0,1,2,\cdots,N-1 \tag{5.35}$$

式中，L 为信道长度；h_i 为信道的冲激响应系数；z_n 为一个复高斯白噪声采样；N 为数据块长度。设接收信号矢量 $\boldsymbol{y}(n)=[y_0,y_1,\cdots,y_{N-1}]^{\mathrm{T}}$，发射信号矢量 $\boldsymbol{x}(n)=[x_0,x_1,\cdots,x_{N-1}]^{\mathrm{T}}$，高斯白噪声矢量 $\boldsymbol{z}(n)=[w_0,w_1,\cdots,w_{N-1}]^{\mathrm{T}} \sim \mathcal{CN}(\boldsymbol{0},\gamma_{\omega}^{-1}\boldsymbol{I})$，其中 γ_{ω} 为噪声精度，可用信噪比 SNR 表示为 $\gamma_{\omega}=10^{(\mathrm{SNR}/10)}$，$\boldsymbol{H}(n)$ 为基于信道冲激响应矩阵 $\boldsymbol{h}(n)=[h_0,h_1,\cdots,h_{L-1}]^{\mathrm{T}}$ 的信道矩阵，大小为 $N\times N$，则矩阵形式的系统模型可以表示为

$$\boldsymbol{y}(n)=\boldsymbol{H}(n)\boldsymbol{x}(n)+\boldsymbol{z}(n) \tag{5.36}$$

针对式（5.36），可以通过 MAP 算法或者 MMSE 准则给出发射信号矢量的估计结果，但是复杂度过高。文献[3]通过将发射信号矢量的分布进行线性近似给出了低复杂度的 LMMSE 均衡方法。LMMSE 算法假设发射信号服从高斯分布，发射信号可以表示为 $\boldsymbol{x}(n)\sim\mathcal{CN}(\boldsymbol{\mu}_x,\boldsymbol{\nu}_x)$，其中 $\boldsymbol{\mu}_x$ 为信号的均值，$\boldsymbol{\nu}_x$ 为信号的方差。LMMSE 估计符号的结果可以表示为

$$\begin{aligned}\boldsymbol{\nu}_x &= [\gamma_{\omega}\boldsymbol{H}(n)^{\mathrm{H}}\boldsymbol{H}(n)+1/\hat{\boldsymbol{\nu}}_x]^{-1}\\ \boldsymbol{\mu}_x &= \boldsymbol{\nu}_x[\gamma_{\omega}\boldsymbol{H}(n)^{\mathrm{H}}\boldsymbol{y}(n)+\hat{\boldsymbol{\mu}}_x/\hat{\boldsymbol{\nu}}_x]\end{aligned} \tag{5.37}$$

式中，$\hat{\boldsymbol{\mu}}_x$ 和 $\hat{\boldsymbol{v}}_x$ 分别为译码器反馈的发射信号的先验均值和先验方差。在第 1 次迭代中，由于缺乏译码器反馈的先验信息，$\hat{\boldsymbol{\mu}}_x$ 和 $\hat{\boldsymbol{v}}_x$ 分别被设置为 **0** 和 **1**。与基于自适应的 Turbo 均衡器类似，将 LMMSE 估计的符号结果转换成似然比信息，经过解交织后输入译码器，然后译码器输出结果经过交织和映射之后作为先验信息 $\hat{\boldsymbol{\mu}}_x$ 和 $\hat{\boldsymbol{v}}_x$ 输入 LMMSE 均衡器，经过几次迭代就实现了对发射信号的估计。

5.2.2　基于 VAMP 的 Turbo 均衡算法

基于 LMMSE 的 Turbo 均衡算法的性能已经被验证，但是由于其线性约束，其与最优的 MMSE 准则下设计的软均衡器仍然存在一定的性能差距，为了在不增加复杂度的情况下进一步提高系统的均衡性能，本节介绍一种基于 VAMP 的 Turbo 均衡算法。

式（5.36）的形式即一个标准线性模型，VAMP 算法旨在从此模型中求解出 $\boldsymbol{x}(n)$ 的最优 MMSE 估计。求解的过程是基于一个向量因子图利用期望传播（expectation propagation，EP）消息传递规则进行迭代求解，下面将对这一过程进行介绍。

对于一个高斯随机向量 $\boldsymbol{y}$，其分布的均值为 a，协方差矩阵为 $\boldsymbol{C}$，则定义 $\mathcal{N}(\boldsymbol{y};a,\boldsymbol{C})$ 为这个分布的概率密度函数。将向量 $\boldsymbol{y}$ 和 $\boldsymbol{x}$ 的联合概率密度函数进行分解可得

$$\boldsymbol{p}(\boldsymbol{y},\boldsymbol{x})=\boldsymbol{p}(\boldsymbol{x})\mathcal{N}(\boldsymbol{y};\boldsymbol{Hx},\gamma_{\omega}^{-1}\boldsymbol{I}) \tag{5.38}$$

式（5.38）的形式满足 $f(x_1,x_2,x_3,x_4)=f_1(x_1,x_2,x_3)f_2(x_3,x_4)f_3(x_4)$，所以我们可以得出其对应的因子图，如图 5.12 所示，需要注意的是，图中的 $\boldsymbol{x}_1$ 和 $\boldsymbol{x}_2$ 仍是向量形式的。

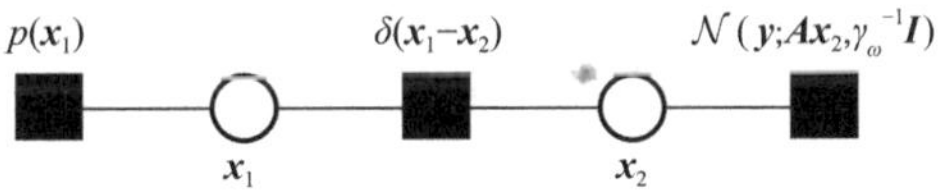

图 5.12　VAMP 推导所用的因子图

在分析此因子图中的消息传递过程之前，我们首先根据 5.2.1 节所给出的消息传递规则，定义分析此因子图模型所需的三个消息传递规则[12]。

规则 1：在变量节点上的估计信念为

$$\boldsymbol{b}_{\text{app}}(\boldsymbol{x})=\mathcal{N}(\boldsymbol{x};\hat{\boldsymbol{x}},\eta^{-1}\boldsymbol{I}) \tag{5.39}$$

式中

$$\begin{cases}\hat{\boldsymbol{x}}=E[x\,|\,b_{\text{sp}}(\boldsymbol{x})]\\ \eta^{-1}=\left\langle \text{diag}(\text{Cov}[\boldsymbol{x}\,|\,b_{\text{sp}}(\boldsymbol{x})]\right\rangle\end{cases} \tag{5.40}$$

其中，η^{-1} 为该分布协方差矩阵对角元素的均值，即方差的均值，下文中用“平均方差”表示，$b_{\text{sp}}(\boldsymbol{x})$ 为所有到变量节点 $\boldsymbol{x}$ 的信念之积，即 $b_{\text{sp}}(\boldsymbol{x})\propto\prod_i\mu_{f_j\to\boldsymbol{x}}(\boldsymbol{x})$。

规则 2：变量节点到因子节点的消息为

$$\mu_{x\to f_i}(\boldsymbol{x}) \propto \frac{b_{\text{app}}(\boldsymbol{x})}{\mu_{f_i\to x}(\boldsymbol{x})} \tag{5.41}$$

规则 3：因子节点到变量节点的消息为

$$\mu_{f\to x_i}(\boldsymbol{x}_i) = \int f(\boldsymbol{x}_i, \{\boldsymbol{x}_j\}_{j\neq i}) \prod_{j\neq i} \mu_{x_j\to f} \mathrm{d}\boldsymbol{x}_j \tag{5.42}$$

根据上述定义的因子图和三个消息传递规则，就可以分析 VAMP 算法中消息传递的过程[13]。

接下来将根据已给出的因子图模型与其中消息传递的规则对 VAMP 算法中的消息传递过程进行推导。在下面的推导中，我们使用 k 来表示第 k 次迭代，用 n 来表示向量中的第 n 个元素。

步骤 1（初始化）：$k=0$ 时，初始化消息 $\mu_{\delta\to x_1}(\boldsymbol{x}_1) = \mathcal{N}(\boldsymbol{x}_1; \boldsymbol{r}_{1,0}, \gamma_{1,0}^{-1}\boldsymbol{I})$，之后以下几个步骤交替迭代（$k=0,1,2,\cdots$）

步骤 2（$\boldsymbol{x}_1$ 处的信念估计）：利用和积算法可得变量节点 $\boldsymbol{x}_1$ 处的真实信念为

$$b_{\text{sp}}(\boldsymbol{x}_1) \propto p(\boldsymbol{x}_1)\mathcal{N}(\boldsymbol{x}_1; \boldsymbol{r}_{1,k}, \gamma_{1,k}^{-1}\boldsymbol{I}) \tag{5.43}$$

其均值和平均方差分别为

$$\begin{cases} \hat{\boldsymbol{x}}_{1,k} = E[\boldsymbol{x}_1 \mid b_{\text{sp}}(\boldsymbol{x}_1)] \\ \eta_{1,k}^{-1} = \left\langle \text{diag}(\text{Cov}[\boldsymbol{x}_1 \mid b_{\text{sp}}(\boldsymbol{x}_1)]) \right\rangle \end{cases} \tag{5.44}$$

进一步使用估计信念 $b_{\text{app}}(\boldsymbol{x}_1) = \mathcal{N}(\boldsymbol{x}_1; \hat{\boldsymbol{x}}_{1,k}; \eta_{1,k}^{-1}\boldsymbol{I})$ 来近似，则均值和平均方差可以表示为

$$\begin{cases} [\hat{\boldsymbol{x}}_{1,k}]_n = g_1(\boldsymbol{r}_{k,n}, \gamma_k) \\ \eta_{1,k}^{-1} = \gamma_{1,k}^{-1} g_1'(\boldsymbol{r}_k, \gamma_k) \end{cases} \tag{5.45}$$

式中，$g_1(\boldsymbol{r}_k, \gamma_k)$ 为去噪函数，可以理解为基于某种准则来对估计结果进行修正，以获得更精确的估计值的函数，这里使用的是基于 MMSE 准则的去噪函数形式。

步骤 3（消息传递）：从变量节点 $\boldsymbol{x}_1$ 传递到因子节点 δ 的消息为

$$\mu_{x_1\to\delta}(\boldsymbol{x}_1) \propto \frac{\mathcal{N}(\boldsymbol{x}_1; \hat{\boldsymbol{x}}_{1,k}, \eta_{1,k}^{-1}\boldsymbol{I})}{\mathcal{N}(\boldsymbol{x}_1; \boldsymbol{r}_{1,k}, \gamma_{1,k}^{-1}\boldsymbol{I})} \tag{5.46}$$

将高斯白噪声概率密度函数展开进行运算可以得到

$$\frac{\mathcal{N}(\boldsymbol{x}_1; \hat{\boldsymbol{x}}_{1,k}, \eta_{1,k}^{-1}\boldsymbol{I})}{\mathcal{N}(\boldsymbol{x}_1; \boldsymbol{r}_{1,k}, \gamma_{1,k}^{-1}\boldsymbol{I})} \propto \mathcal{N}[\boldsymbol{x}_1; (\hat{\boldsymbol{x}}_{1,k}\eta_{1,k} - r_{1,k}\gamma_{1,k})/(\eta_{1,k} - \gamma_{1,k}), (\eta_{1,k} - \gamma_{1,k})^{-1}\boldsymbol{I}] \tag{5.47}$$

则 $\mu_{x_1\to\delta}(\boldsymbol{x}_1) = \boldsymbol{N}(\boldsymbol{x}_1; \boldsymbol{r}_{2,k}, \gamma_{2,k}^{-1}\boldsymbol{I})$，其中

$$\begin{cases} \boldsymbol{r}_{2,k} = (\hat{\boldsymbol{x}}_{1,k}\eta_{1,k} - \boldsymbol{r}_{1,k}\gamma_{1,k})/(\eta_{1,k} - \gamma_{1,k}) \\ \gamma_{2,k} = \eta_{1,k} - \gamma_{1,k} \end{cases} \tag{5.48}$$

从因子节点 δ 到变量节点 $\boldsymbol{x}_2$ 的消息为

$$\mu_{\delta\to\boldsymbol{x}_2}(\boldsymbol{x}_2)=\int\delta(\boldsymbol{x}_1-\boldsymbol{x}_2)\mu_{\boldsymbol{x}_1\to\delta}(\boldsymbol{x}_1)\mathrm{d}\boldsymbol{x}_1=\mu_{\boldsymbol{x}_1\to\delta}(\boldsymbol{x}_2) \tag{5.49}$$

因此，$\mu_{\delta\to\boldsymbol{x}_2}(\boldsymbol{x}_2)=\boldsymbol{N}(\boldsymbol{x}_2;\boldsymbol{r}_{2,k},\gamma_{2,k}^{-1}\boldsymbol{I})$。

步骤 4（$\boldsymbol{x}_2$ 处的信念估计）：与步骤 2 在 $\boldsymbol{x}_1$ 处所作处理相似，通过和积算法可以得到 $b_{\mathrm{sp}}(\boldsymbol{x}_2)\propto\mathcal{N}(\boldsymbol{x}_2;\boldsymbol{r}_{2,k};\gamma_{2,k}^{-1}\boldsymbol{I})\mathcal{N}(\boldsymbol{y};\boldsymbol{Hx}_2,\gamma_{\omega}^{-1}\boldsymbol{I})$，通过形式可见其分布也满足高斯分布，均值和方差分别可以通过两个概率密度函数展开运算得到，表示为

$$\begin{cases}\hat{\boldsymbol{x}}_{2,\boldsymbol{k}}=(\gamma_{\omega}\boldsymbol{H}^{\mathrm{H}}\boldsymbol{H}+\gamma_{2,\boldsymbol{k}}\boldsymbol{I})^{-1}(\gamma_{\omega}\boldsymbol{H}^{\mathrm{H}}\boldsymbol{y}+\gamma_{2,\boldsymbol{k}}\boldsymbol{r}_{2,\boldsymbol{k}})\\ \mathrm{Cov}[\boldsymbol{x}_2\mid\boldsymbol{b}_{\mathrm{sp}}(\boldsymbol{x}_2)]=(\gamma_{\omega}\boldsymbol{H}^{\mathrm{H}}\boldsymbol{H}+\gamma_{2,\boldsymbol{k}}\boldsymbol{I})^{-1}\end{cases} \tag{5.50}$$

同样，可以计算 $\boldsymbol{x}_2$ 处的估计信念 $b_{\mathrm{app}}(\boldsymbol{x}_2)=\mathcal{N}(\boldsymbol{x}_2;\hat{\boldsymbol{x}}_{2,k};\eta_{2,k}^{-1}\boldsymbol{I})$，再由 $\hat{\boldsymbol{x}}_{2,k}$ 可得平均方差 $\eta_{2,k}^{-1}=\left\langle\mathrm{diag}(\mathrm{Cov}[\boldsymbol{x}_2|\,b_{\mathrm{sp}}(\boldsymbol{x}_2)])\right\rangle$。

令

$$\boldsymbol{g}_2(\boldsymbol{r}_{2,\boldsymbol{k}},\gamma_{2,\boldsymbol{k}})=(\gamma_{\omega}\boldsymbol{H}^{\mathrm{H}}\boldsymbol{H}+\gamma_{2,\boldsymbol{k}}\boldsymbol{I})^{-1}(\gamma_{\omega}\boldsymbol{H}^{\mathrm{H}}\boldsymbol{y}+\gamma_{2,\boldsymbol{k}}\boldsymbol{r}_{2,\boldsymbol{k}}) \tag{5.51}$$

并且有

$$\left\langle g_2'(\boldsymbol{r}_{2,k},\gamma_{2,k})\right\rangle=\frac{\gamma_{2,k}}{N}\mathrm{tr}\left[(\gamma_{\omega}\boldsymbol{H}^{\mathrm{H}}\boldsymbol{H}+\gamma_{2,k}\boldsymbol{I})^{-1}\right] \tag{5.52}$$

可得 $\hat{\boldsymbol{x}}_{2,k}=g_2(\boldsymbol{r}_{2,k},\gamma_{2,k})$，$\eta_{2,k}^{-1}=\gamma_{2,k}^{-1}\left\langle g_2'(\boldsymbol{r}_{2,k},\gamma_{2,k})\right\rangle$，则

$$\begin{cases}\hat{\boldsymbol{x}}_{2,\boldsymbol{k}}=(\gamma_{\omega}\boldsymbol{H}^{\mathrm{H}}\boldsymbol{H}+\gamma_{2,\boldsymbol{k}}\boldsymbol{I})^{-1}(\gamma_{\omega}\boldsymbol{H}^{\mathrm{H}}\boldsymbol{y}+\gamma_{2,\boldsymbol{k}}\boldsymbol{r}_{2,\boldsymbol{k}})\\ \eta_{2,\boldsymbol{k}}^{-1}=\dfrac{1}{\boldsymbol{N}}\mathrm{tr}\left[(\gamma_{\omega}\boldsymbol{H}^{\mathrm{H}}\boldsymbol{H}+\gamma_{2,\boldsymbol{k}}\boldsymbol{I})^{-1}\right]\end{cases} \tag{5.53}$$

步骤 5（消息传递）：与步骤 3 类似，从变量节点 $\boldsymbol{x}_2$ 传递到因子节点 δ 的消息为

$$\mu_{\boldsymbol{x}_2\to\delta}(\boldsymbol{x}_2)\propto\frac{\mathcal{N}(\boldsymbol{x}_2;\hat{\boldsymbol{x}}_{2,k};\eta_{2,k}^{-1}\boldsymbol{I})}{\mathcal{N}(\boldsymbol{x}_2;\boldsymbol{r}_{2,k},\gamma_{2,k}^{-1}\boldsymbol{I})} \tag{5.54}$$

则 $\mu_{\boldsymbol{x}_2\to\delta}(\boldsymbol{x}_2)=\mathcal{N}(\boldsymbol{x}_2;\boldsymbol{r}_{1,k+1},\gamma_{1,k+1}^{-1}\boldsymbol{I})$，其中

$$\begin{cases}\boldsymbol{r}_{1,k+1}=(\hat{\boldsymbol{x}}_{2,k}\eta_{2,k}-\boldsymbol{r}_{2,k}\gamma_{2,k})/(\eta_{2,k}-\gamma_{2,k})\\ \gamma_{1,k+1}=\eta_{2,k}-\gamma_{2,k}\end{cases} \tag{5.55}$$

从因子节点 δ 到变量节点 $\boldsymbol{x}_1$ 的消息和 $\mu_{\boldsymbol{x}_2\to\delta}(\boldsymbol{x}_2)$ 是相同的。整个消息传递过程如此依次迭代直至收敛。

完成 VAMP 算法中的消息传递推导后，我们就可以得出 VAMP 算法的详细迭代流程，如算法 5.1 所示。

算法 5.1　VAMP 算法流程

输入：$\boldsymbol{r}_{1,0}=\boldsymbol{0}$，$\gamma_{1,0}\geqslant 0$，$\boldsymbol{x}$ 的先验概率密度函数 $p(\boldsymbol{x})$

for $k=0:K$ do

//去噪

$\boldsymbol{x}_{1,k}=E(\boldsymbol{x}\,|\,\boldsymbol{r}_{1,k},\gamma_{1,k})$ //基于伪噪声观测 $\boldsymbol{r}_{1,k}=\boldsymbol{x}+\boldsymbol{u}$，$\boldsymbol{u}\sim\mathcal{CN}(\boldsymbol{0},\gamma_{1,k}^{-1}\boldsymbol{I})$

$\eta_{1,k}^{-1}=\langle \mathrm{diag}(\mathrm{Cov}[\boldsymbol{x}\,|\,\boldsymbol{r}_{1,k},\gamma_{1,k}])\rangle$

$\gamma_{2,k}=\eta_{1,k}-\gamma_{1,k}$

$\boldsymbol{r}_{2,k}=(\eta_{1,k}\hat{\boldsymbol{x}}_{1,k}-\gamma_{1,k}\boldsymbol{r}_{1,k})/\gamma_{2,k}$

//LMMSE 估计

$\boldsymbol{x}_{2,k}=E(\boldsymbol{x}\,|\,\boldsymbol{y})$ //基于伪先验 $\boldsymbol{x}\sim\mathcal{CN}(\boldsymbol{r}_{2,k},\gamma_{2,k}^{-1}\boldsymbol{I})$

$\eta_{2,k}^{-1}=\langle \mathrm{diag}(\mathrm{Cov}[\boldsymbol{x}\,|\,\boldsymbol{y}])\rangle$

$\gamma_{1,k+1}=\eta_{2,k}-\gamma_{2,k}$

$\boldsymbol{r}_{1,k+1}=(\eta_{2,k}\hat{\boldsymbol{x}}_{2,k}-\gamma_{2,k}\boldsymbol{r}_{2,k})/\gamma_{1,k+1}$

end for

输出：$\hat{\boldsymbol{x}}_{1,K}$

上述流程中，去噪部分使用上一次迭代产生的伪噪声观测量 $\boldsymbol{r}_{1,k}=\boldsymbol{x}+\boldsymbol{u}$ 和 $\boldsymbol{x}$ 的先验概率密度函数 $p(\boldsymbol{x})$ 来求得该部分的后验 LMMSE 估计；后验 LMMSE 估计部分使用来自去噪部分的伪先验 $\boldsymbol{x}\sim\mathcal{CN}(\boldsymbol{r}_{2,k},\gamma_{2,k}^{-1}\boldsymbol{I})$ 和使用 SLM 算法测量得到的 $\boldsymbol{x}$ 进行估计，均值 $\hat{\boldsymbol{x}}_{2,k}$ 和平均方差 $\eta_{2,k}^{-1}$ 可由式（5.53）表示。

由算法不难看出，VAMP 自迭代过程的本质是将 SLM 中的估计问题拆分为去噪和 LMMSE 估计两部分，这两个模块间通过交换关于 $\boldsymbol{x}$ 的外部信息来获得迭代增益。

接下来，我们基于 VAMP 算法设计适用于 Turbo 均衡的 SISO 均衡器。图 5.13 给出了基于 VAMP 算法的 Turbo 均衡系统模型。

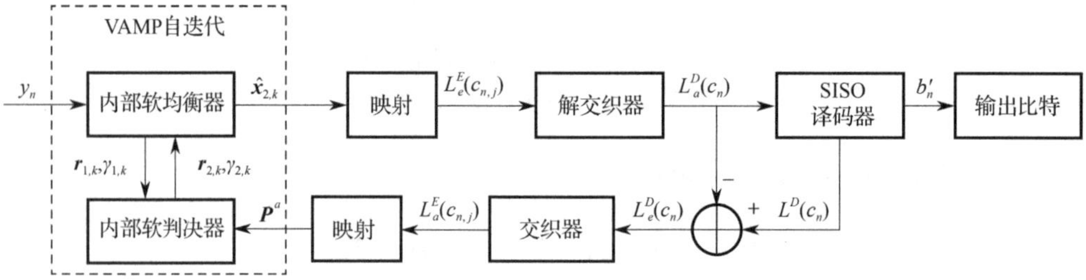

图 5.13　基于 VAMP 算法的 Turbo 均衡系统模型

如图 5.13 所示，VAMP 自迭代模块由一个内部软均衡器（inner soft equalizer，ISE）和一个内部软判决器（inner soft slicer，ISS）组成，分别对应 VAMP 算法中的去噪和 LMMSE 估计两部分。我们计划在每一次 Turbo 迭代中加入多次 VAMP 自迭代，通过 ISS 和 ISE 之间的多次软信息迭代来获得性能的提升。对于 ISS，它的输入先验符号概率 $P^a(x_n=\alpha_i)$ 可由

$L_a^E(c_{n,j})$ 计算得到。若要满足 $x_n = \alpha_i$，需满足其中的每一个比特相等，即 $c_{n,j} = s_{i,j}$，所以 $P^a(x_n = \alpha_i)$ 可表示为 $P(c_{n,j} = s_{i,j})$ 的连乘积形式，而 $P(c_{n,j} = s_{i,j})$ 与 $L_a^E(c_{n,j})$ 的关系已在 Turbo 均衡算法推导中给出，则 $P^a(x_n = \alpha_i)$ 可表示为

$$
\begin{aligned}
P^a(x_n = \alpha_i) &= \prod_{j=1}^{Q} P(c_{n,j} = s_{i,j}) \\
&= \prod_{j=1}^{Q} \frac{1}{2}\left\{1 + \tilde{s}_{i,j} \tanh\left[\frac{L_a^E\left(c_{n,j}\right)}{2}\right]\right\}
\end{aligned} \tag{5.56}
$$

此系统中，其他外信息的计算推导过程与 5.2.2 节所给出的计算过程是相同的。对于 VAMP 自迭代模块，其具体的自迭代流程如算法 5.2 所示。

算法 5.2　VAMP 自迭代流程

输入：	$\boldsymbol{P}^a_{N\times 2^Q}$，其中 $[\boldsymbol{P}^a]_{ni} = P^a(x_n = \alpha_i)$，$\boldsymbol{r}_{1,0} = \boldsymbol{0}$，$\gamma_{1,0} = 0$，$\boldsymbol{H}$，$\boldsymbol{y}$
1:	for $k = 0 : K$ do
	//内部软判决
2:	$P_i = [\boldsymbol{P}^a]_{ni} \exp(-\gamma_{1,k}\left\|\alpha_i - [\boldsymbol{r}_{1,k}]_n\right\|^2)$ $P(x_n = \alpha_i) = \dfrac{P_i}{\sum_{m=1}^{2^Q} P_m}, i = 1,2,\cdots,2^Q$ $[\hat{\boldsymbol{x}}_{1,k}]_n = \sum_{m=1}^{2^Q} \alpha_i P(x_n = \alpha_i), n = 0,1,\cdots,N-1$
3:	$\eta_{1,k} = \left(\dfrac{1}{N}\sum_{n=0}^{N-1}\mu'_n\right)^{-1}$，其中 $\mu'_n = \sum_{i=1}^{2^Q}\left\|\alpha_i - [\hat{\boldsymbol{x}}_{1,k}]_n\right\|^2 P(x_n = \alpha_i)$
4:	$\gamma_{2,k} = \eta_{1,k} - \gamma_{1,k}$
5:	$\boldsymbol{r}_{2,k} = (\eta_{1,k}\hat{\boldsymbol{x}}_{1,k} - \gamma_{1,k}\boldsymbol{r}_{1,k}) / \gamma_{2,k}$
	//内部软均衡
6:	$\hat{\boldsymbol{x}}_{2,k} = (\gamma_\omega \boldsymbol{H}^{\mathrm{H}}\boldsymbol{H} + \gamma_{2,k}\boldsymbol{I})^{-1}(\gamma_\omega \boldsymbol{H}^{\mathrm{H}}\boldsymbol{y} + \gamma_{2,k}\boldsymbol{r}_{2,k})$
7:	$\eta_{2,k}^{-1} = \dfrac{1}{N}\mathrm{tr}\left[(\gamma_\omega \boldsymbol{H}^{\mathrm{H}}\boldsymbol{H} + \gamma_{2,k}\boldsymbol{I})^{-1}\right]$
8:	$\gamma_{1,k+1} = \eta_{2,k} - \gamma_{2,k}$
9:	$\boldsymbol{r}_{1,k+1} = (\eta_{2,k}\hat{\boldsymbol{x}}_{2,k} - \gamma_{2,k}\boldsymbol{r}_{2,k}) / \gamma_{1,k+1}$
10:	end for
输出：	$\boldsymbol{r}_{2,k}$

在算法 5.2 的第 2 步中，根据推导的消息传递过程，我们首先要进行 $\boldsymbol{x}_1$ 处的真实信念计算。我们使用 $P_i \propto b_{\mathrm{sp}}(\boldsymbol{x}_1)$ 来代替真实信念的计算，其可由来自 SISO 译码器的先验符号概率矩阵 $\boldsymbol{P}^a$ 和符合高斯分布形式的指数项 $\exp(-\gamma_{1,k}\left|\alpha_i - [\boldsymbol{r}_{1,k}]_n\right|^2)$ 相乘得到，矩阵大小为 $N \times 2^Q$。接着，我们对 P_i 中每一行的所有概率按比例缩放并使得每行概率和为 1，这样每一个元素对

应的概率即 $P(x_n=\alpha_i)$。之后根据期望形式将每一行中的 $P(x_n=\alpha_i)$ 与对应的 α_i 相乘并求和，便可求得序列 $\boldsymbol{x}_n$ 的期望，即估计序列 $\hat{\boldsymbol{x}}_{1,k}$，其对应的平均方差 $\eta_{1,k}^{-1}$ 也能在第 3 步求出。

通过反复迭代更新变量节点和因子节点的信念分布并传递消息，就能逐步逼近真实信念分布。经过 K 次迭代后，将序列 $\hat{\boldsymbol{x}}_{2,k}$ 输出，结束 VAMP 自迭代，继续本次 Turbo 迭代。

5.2.3 性能仿真

下面对基于 LMMSE 的 Turbo 均衡算法和基于 VAMP 的 Turbo 均衡算法进行仿真，调制方式选择为 QPSK，得到 VAMP 算法中信道矩阵 $\boldsymbol{H}$ 的方法为 LS 信道估计。VAMP 自迭代次数为 3，Turbo 迭代次数为 3。将基于 LMMSE 的 Turbo 均衡算法和基于 VAMP 的 Turbo 均衡算法的性能作比较，得到的误码率曲线如图 5.14 所示。

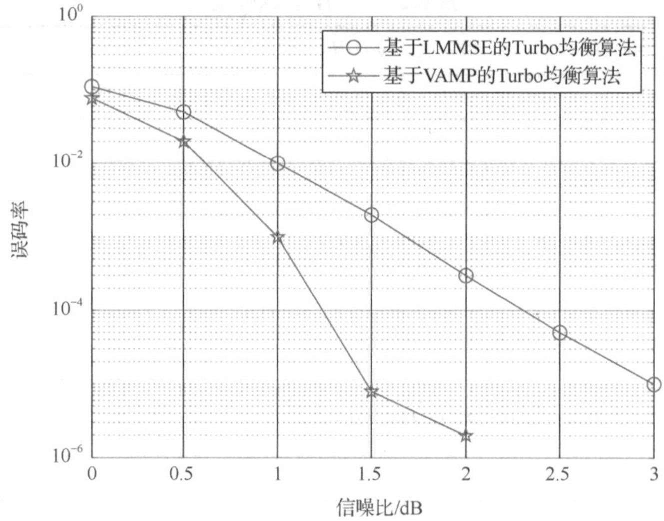

图 5.14　不同 Turbo 均衡算法误码率曲线对比图

从图 5.14 中可以看出，在此仿真信道下，基于 VAMP 的 Turbo 均衡算法使用较少的自迭代次数就可以达到比不进行自迭代的 Turbo 均衡算法更好的均衡性能。由于在迭代过程中其均值和方差部分存在求逆计算，基于 VAMP 的 Turbo 均衡算法迭代部分的计算时间要明显多于简化基于 LMMSE 的 Turbo 均衡算法。

5.2.4 算法试验验证

为了验证算法在实际应用中的效果，试验人员于 2023 年 2 月在松花江进行了冰下水声通信试验。发射端采用单个发射换能器，发射处松花江深度为 6.4m（包括冰层厚度），上层冰层厚度为 0.7m。声源地理位置位于（45°47′53″N, 126°39′53″E），于深度 4m 处发射通信信号，示意图如图 5.15 所示。

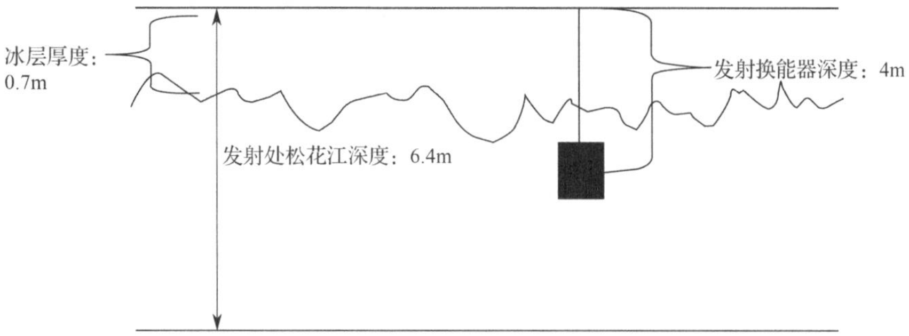

图 5.15　试验发射端示意图

通信接收端为六阵元的自容式水听器均匀线阵，接收处松花江深度为 8.4m（包括冰层厚度），上层冰层厚度为 0.7m，六个阵元等间距（相邻阵元间隔 1m）地分别位于深度 2m、3m、4m、5m、6m、7m 处接收信号，并两次分别在距离发射换能器 600m 与 800m 处接收发射信号，接收阵地理位置分别位于（45°47′59″N,126°39′26″E）、（45°47′38″N,126°39′49″E）。示意图如图 5.16 所示。

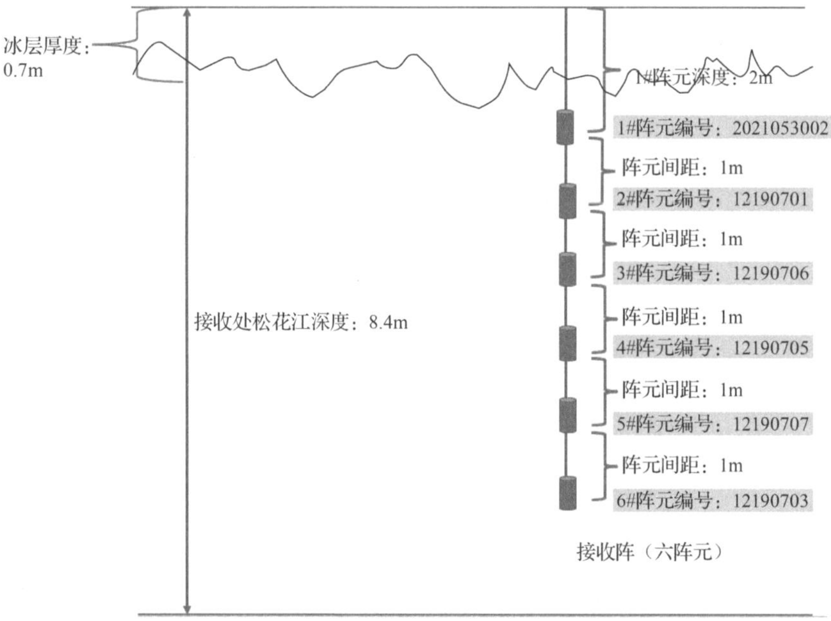

图 5.16　试验接收端示意图

试验所用的单载波通信系统参数如表 5.5 所示。

表 5.5　冰下试验单载波通信系统参数

参数名称	参数数值
采样频率 f_s	48kHz
载波频率 f_0	6kHz
波特率 Baud	1ksymbol/s
脉冲成形滤波器滚降系数 α	1
同步信号中心频率 f_{syn}	6kHz
同步信号带宽 B	4kHz
同步信号脉宽 T_{syn}	300ms
发送数据长度 N_d	5000bit
训练序列长度 N_t	1000bit

系统映射方式选用 QPSK，同步信号为 LFM 信号。接收端在进行试验数据处理时，选用 4#阵元在距离发射换能器 600m 处接收到的信号进行处理。

在进行基于信道估计的 Turbo 均衡前，需要通过 LS 信道估计得到信道冲激响应矩阵，从而得到信道矩阵 $\boldsymbol{H}$ 。LS 信道估计得到的信道冲激响应如图 5.17 所示。

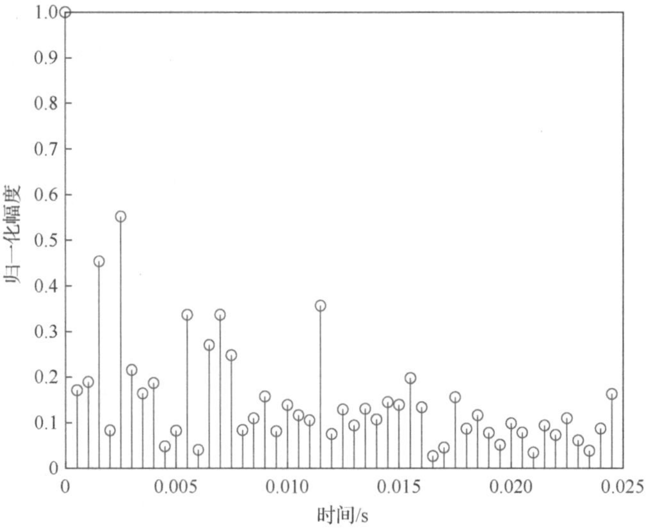

图 5.17　LS 信道估计得到的信道冲激响应

进行均衡性能对比时，首先使用不含译码的 LMMSE 算法进行均衡，并直接对其均衡后输出的序列进行硬判决，输出序列的星座图如图 5.18 所示。

可以看出，未进行迭代时的星座点杂乱无章，并没有划分开，严重影响了判决模块的正确判决，此时系统的误码率为 0.2220。

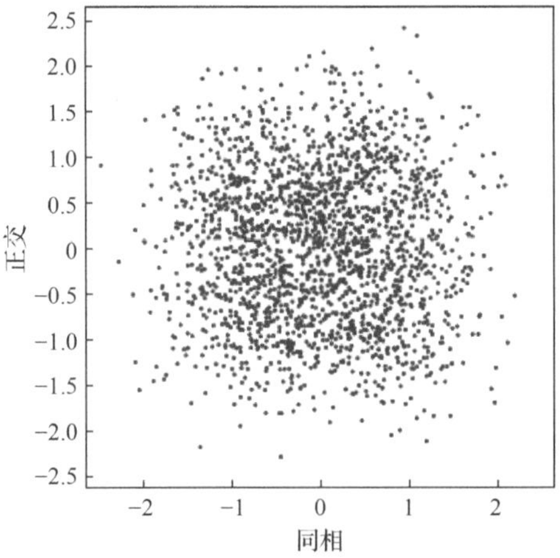

图 5.18　未进行迭代时的输出序列星座图

接下来，将 Turbo 均衡的迭代次数设置为 3 次，执行基于 LMMSE 的 Turbo 均衡，其输出序列按照迭代顺序排列的星座图如图 5.19 所示。

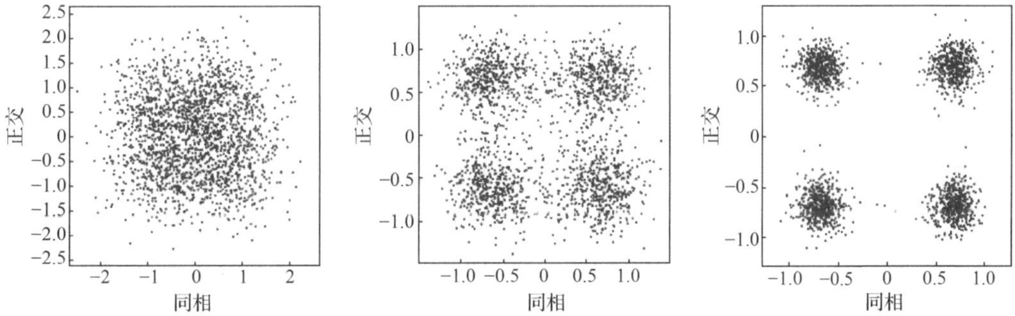

（a）第1次迭代　（b）第2次迭代　（c）第3次迭代

图 5.19　基于 LMMSE 的 Turbo 均衡迭代时的输出序列星座图

由图 5.19 可以发现，星座图中各点随着迭代的进行变得更加分离并靠近标准点，但仍有部分点不够集中而容易造成判决模块的误判，此时误码率为 0.0045，即均衡效果并不足以使得判决模块对星座点进行完全准确的判决。

接下来执行基于 VAMP 的 Turbo 均衡算法，VAMP 自迭代次数和 Turbo 均衡迭代次数均设置为三次，每进行三次 VAMP 自迭代就进行一次 Turbo 迭代。基于 VAMP 的 Turbo 均衡后的输出序列星座图如图 5.20 所示。

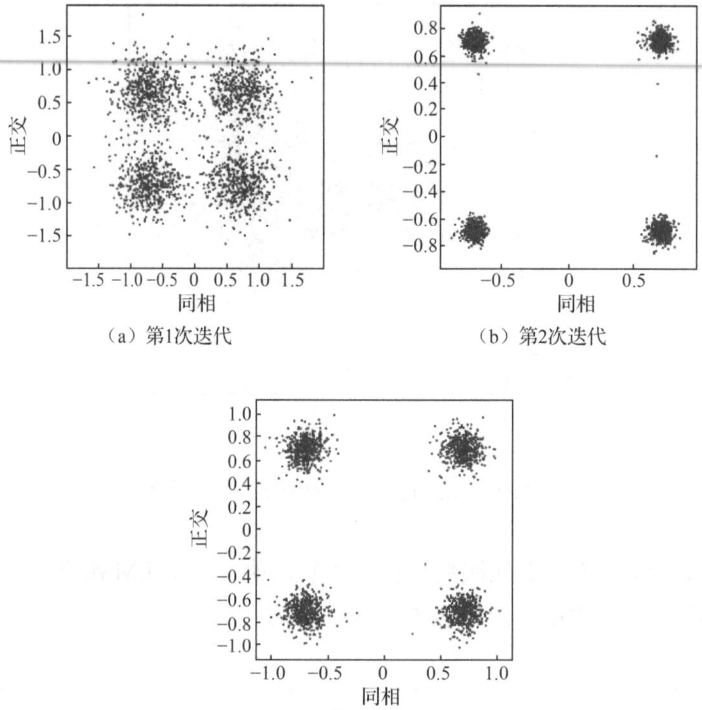

（a）第1次迭代　　（b）第2次迭代

（c）第3次迭代

图 5.20　基于 VAMP 的 Turbo 均衡后的输出序列星座图

由图 5.20 可以看出，随着 Turbo 迭代次数的增加，VAMP 算法均衡的星座点的分离程度越来越大，并逐渐集中于四个标准点附近。将图 5.19 与图 5.20 对比，在 Turbo 均衡迭代次数相同的情况下，基于 VAMP 的 Turbo 均衡得到的星座点要比基于 LMMSE 的 Turbo 均衡得到的星座点更加集中，且通过误码率统计发现在此信道下基于 VAMP 的 Turbo 均衡算法的误码率为 0，性能优势明显。

参 考 文 献

[1] Proakis J. Digital communications[M]. 5th ed. New York: McGraw-Hill Higher Education, 2008: 654.

[2] Douillard C, Jezequel M, Berrou C, et al. Iterative correction of intersymbol interference: Turbo equalization[J]. European Transactions on Telecommunications and Related Technologies, 1995, 6(5): 507-511.

[3] Tuchler M, Singer A C, Koetter R. Minimum mean squared error equalization using a priori information[J]. IEEE Transactions on Signal Processing, 2002, 50(3): 673-683.

[4] Choi J W, Riedl T J, Kim K, et al. Adaptive linear turbo equalization over doubly selective channels[J]. IEEE Journal of Oceanic Engineering, 2011, 36(4): 473-489.

[5] Berrou C, Glavieux A, Thitimajshima P. Near Shannon limit error-correcting coding and decoding: Turbo-codes[C]. IEEE International Conference on Communications 1993, Geneva, 1993, 2: 1064-1070.

[6] 赵训威, 张平. Turbo 码编译码技术[J]. 通信技术, 2002(6): 25-27.

[7] 刘畅. Turbo 译码器低功耗设计[J]. 创新科技, 2014(6): 58-9.

[8] Mvsr T, Meghashyam K, Verma A. Comprehensive analysis of LMS and NLMS algorithms using adaptive equalizers[C]. 2014 International Conference on Communications and Signal Processing, Melmaruvathur, 2014: 1101-1104.

[9] Duttweiler D L. Proportionate normalized least-mean-squares adaptation in echo cancelers[J]. IEEE Transactions on Speech and Audio Processing, 2002, 8(5): 508-518.

[10] Benesty J, Gay T S L. An improved PNLMS algorithm[C]. 2002 IEEE International Conference on Acoustics, Speech, and Signal Processing, Orlando, 2002, 2: 1881-1884.

[11] Li W Z, Han X, Zhu G J, et al. Time domain turbo equalization based on vector approximate message passing for multiple-input multiple-output underwater acoustic communications[J]. The Journal of the Acoustical Society of America, 2024, 155(2): 854-866.

[12] Kschischang F R, Frey B J, Loeliger H A. Factor graphs and the sum-product algorithm[J]. IEEE Transactions on Information Theory, 2001, 47(2): 498-519.

[13] Rangan S, Schniter P, Fletcher A K. Vector approximate message passing[J]. IEEE Transactions on Information Theory, 2019, 65(10): 6664-6684.

第 6 章　单载波水声通信多普勒参数估计技术

目前，对于水声通信技术的研究集中在发射声源和接收单元位置固定的情况下，此时水声信道结构相对固定，不存在多普勒效应，接收端解码较为简单。而水声通信在由移动节点和静止节点共同构成的水声数据网上依然有着广阔的前景。随着各种舰船、潜航器的航行速度逐渐提升，移动节点对水声通信的影响不可忽视，因此研究低速移动和高速移动点对点水声通信都具有重要的意义。

移动水声信道除了要考虑多径扩展、频率选择性衰落等影响外，还需要考虑多普勒效应、信道时变的影响，这些问题共同构成了目前移动水声通信亟待解决的难题。多普勒效应导致的多普勒频偏会对通信系统造成严重影响。在移动水声通信中，首先要对水声信道的时延-多普勒参数进行准确估计，然后再对多普勒频偏进行补偿[1-4]。本章主要介绍两种水声信道时延-多普勒参数的估计方法以及基于分数阶 Fourier 变换（fractional Fourier transform，FRFT）在存在大多普勒频偏时的高速移动水声通信中的应用。

6.1　移动水声通信中的多普勒问题

在时变信道中，信号传播时会随时间波动，在研究移动水声信道的多普勒特性和时变多径特性之前，首先定义信道的时间相干函数：

$$\Gamma(\tau)=\left\langle \frac{\left[h^*(t)h(t+\tau)\right]}{\sqrt{\left[h^*(t)h(t)\right]\left[h^*(t+\tau)h(t+\tau)\right]}} \right\rangle \tag{6.1}$$

式中，$h(t)$ 表示水声信道冲激响应函数；$[ab]$ 表示互相关峰值；“*”表示共轭复数；$\langle\cdot\rangle$ 表示求统计平均；$h(t+\tau)$ 表示时间延迟 τ 后的水声信道。信道的时间相干函数决定了设计发射信号的符号宽度和信道估计中的信道更新速度。

在水声通信系统中，当信号发送端与接收端之间存在相对运动时，接收信号会产生多普勒效应。

如图 6.1 所示，我们将信号收发节点间的距离 L 表示成如下形式：

$$\begin{cases} L = vt_1 + ct_1 \\ L = vt_2 + ct_2 + vT \end{cases} \tag{6.2}$$

式中，收发节点间的相对速度为 v；信号的脉宽为 T；水中声速为 c；信号脉冲前后沿的到达时间分别为 t_1 和 t_2，

$$t_1 - t_2 = \frac{v}{c+v}T \tag{6.3}$$

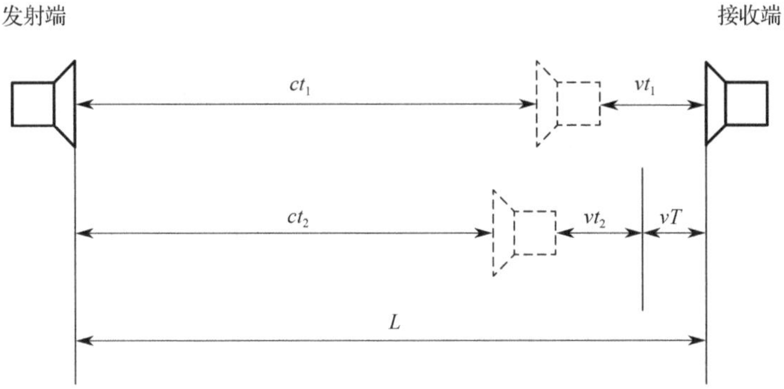

图 6.1　移动通信接收信号示意图

此时，接收信号的实际脉宽会发生变化，我们用 T' 来表示发生变化后的脉宽：

$$\begin{aligned} T' &= T - (t_1 - t_2) \\ &= \frac{c}{c+v}T \\ &= \alpha T \end{aligned} \tag{6.4}$$

发射端和接收端的径向运动使得接收信号出现了时间压缩（或展宽），假设传播延迟为 τ，实际的接收信号表示为

$$\begin{aligned} s_r(t) &= \tilde{a}\left[\frac{1}{\alpha}(t-\tau)\right]\mathrm{e}^{\mathrm{j}2\pi f_c\left[\frac{1}{\alpha}(t-\tau)\right]} \\ &= \tilde{a}\big[(1+\delta)(t-\tau)\big]\mathrm{e}^{\mathrm{j}2\pi f_c[(1+\delta)(t-\tau)]} \\ &= \tilde{a}\big[(1+\delta)(t-\tau)\big]\mathrm{e}^{\mathrm{j}2\pi f_c(t-\tau)}\cdot\mathrm{e}^{\mathrm{j}2\pi f_c\delta(t-\tau)} \end{aligned} \tag{6.5}$$

式中，f_c 为信号频率；$\tilde{a}$ 为信号的复包络。

假设 $\delta = v/c$ 为多普勒参数。此时我们主要关注两个问题，其一是信号在时域波形上出现了时间压缩或展宽，其二是信号在频域上出现了频偏。此外，在水声通信中，尤其是移动水声通信中，海面起伏和海洋环境的不稳定性会对接收信号的载波相位造成影响，一般这种影响不是连续变化的，而是“跳变”的，因此又将这种扰动称为信号的载波相位跳变干扰。收发节点间的运动速度存在一个容限，当速度低于该容限时，多普勒效应不会对信号产生较大干扰，这个容限表示为

$$\frac{vT}{c} \ll \frac{1}{B} \quad 或 \quad BT \ll \frac{c}{v} \tag{6.6}$$

然而在水声通信中，收发节点间的运动速度一般都超过了这个容限，因此多普勒效应会对信号产生较大干扰。此时接收端必须进行多普勒补偿处理之后才可以解码，否则解码效果将受到严重影响。而准确估计多普勒参数，是进行多普勒补偿的关键。除了多普勒效应以外，收发节点间的移动还会导致两个重要影响：一是信号到达接收端时间会持续变化，二是会降低信道时间相干性。图 6.2 和图 6.3 分别给出了松花江实测水声信道的冲激响应和时间相干性。试验过程中，发射船以约 1m/s 的速度远离接收船，从图 6.3 中可以看出，随着时间的推移，水声信道的相干性逐渐下降。

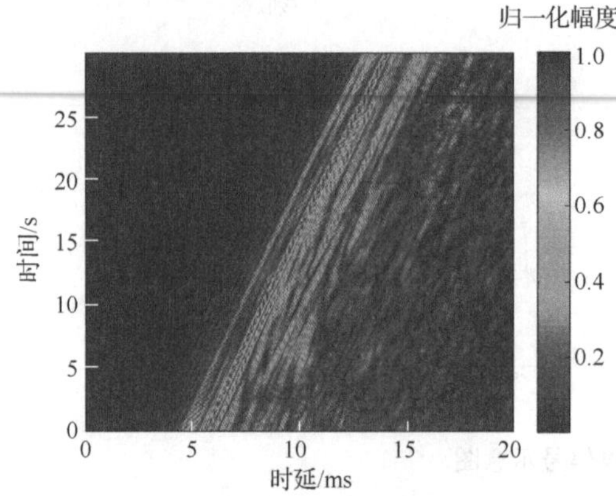

图 6.2　水声信道的冲激响应

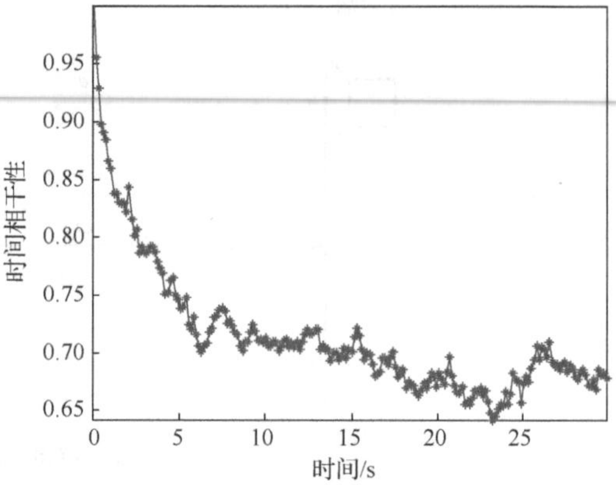

图 6.3　水声信道的时间相干性

6.2　基于模糊函数的时延-多普勒参数估计方法

6.2.1　模糊函数的基本概念

信号的模糊函数描述了信号的时频域联合特性，最初被用来研究雷达信号的分辨性能，后来被引入声呐技术中，作为测量相邻目标的距离和速度的问题的基本工具并用于评估声呐的检测能力。信号 $s(t)$ 的模糊函数定义为

$$|\chi(\tau,\xi)|=\left|\int_{-\infty}^{\infty}s(t)s^*(t+\tau)\mathrm{e}^{-\mathrm{j}2\pi\xi t}\mathrm{d}t\right| \tag{6.7}$$

式中，τ 为信号的时延；ξ 为信号的频偏。信号模糊图就是以 $|\chi(\tau,\xi)|$ 绘成的三维图形，其可以全面表达相邻目标的模糊程度。信号模糊度图是信号模糊图的最大值下降到 0.707（–3dB）倍处的截面图，其是 (τ,ξ) 平面上的二维图形。信号模糊度图反映了相邻目标距离和速度分辨的能力，也反映了目标距离和速度的测量精度。

模糊函数的性质如下。

（1）$|\chi(\tau,\xi)|$ 与信号频谱的关系为

$$|\chi(\tau,\xi)|=\left|\int_{-\infty}^{\infty}S(f)S^*(f+\xi)\mathrm{e}^{-\mathrm{j}2\pi f\tau}\mathrm{d}f\right| \tag{6.8}$$

（2）$|\chi(\tau,\xi)|$ 在原点取得最大值 $|\chi(0,0)|$，即

$$|\chi(\tau,\xi)|\leqslant|\chi(0,0)|=E \tag{6.9}$$

式中，E 为信号能量。

（3）$|\chi(\tau,\xi)|$ 关于原点对称，即

$$|\chi(-\tau,-\xi)|=|\chi(\tau,\xi)| \tag{6.10}$$

（4）$|\chi(\tau,\xi)|$ 体积不变性，即

$$\int_{-\infty}^{\infty}\int_{-\infty}^{\infty}|\chi(\tau,\xi)|^2\,\mathrm{d}\tau\mathrm{d}\xi=|\chi(0,0)|^2=E^2 \tag{6.11}$$

式（6.11）表明，$|\chi(\tau,\xi)|^2$ 曲面下的总体积不变，它只与信号能量有关，与信号形式无关。这意味着，$|\chi(\tau,\xi)|$ 的峰越尖锐，峰值包含的能量越小，而曲面基底所包含的能量就越大，旁瓣干扰将会较大；反之，若要求旁瓣干扰较小，则 $|\chi(\tau,\xi)|$ 的峰不可能很尖，这意味着信号的分辨力也不会太高。

6.2.2　基于模糊函数的时延-多普勒参数估计方法概述

设发射信号为 $s(t)$，经过归一化后的能量为 ε，若发射信号只经过一次散射得到了一个关于时延和多普勒的复本，则接收信号表示为

$$r(t)=\sqrt{\varepsilon}s(t-\tau)\mathrm{e}^{\mathrm{j}2\pi vt}+w(t) \tag{6.12}$$

由式（6.12）可知，发射信号与接收信号的互模糊函数在 (τ,v) 处的值相当于接收信号经过其时延-多普勒复本匹配滤波的输出。该匹配滤波器是统计信号检测理论中由奈曼-皮尔逊准则导出的最佳检测器。因此，估计时延-多普勒参数的问题可看成估计出多个不同的时延-多普勒散射回波信号参数的问题。由最大似然估计器得到充分统计量：

$$\begin{aligned}L(\hat{\tau},\hat{v})&=\int r(t)s^*(t-\hat{\tau})\mathrm{e}^{-\mathrm{j}2\pi\hat{v}t}\mathrm{d}t\\&=\sqrt{\varepsilon}\int s(t)s^*(t-\hat{\tau})\mathrm{e}^{-\mathrm{j}2\pi(v-\hat{v})t}\mathrm{d}t+\int w(t)s^*(t-\hat{\tau})\mathrm{e}^{-\mathrm{j}2\pi\hat{v}t}\mathrm{d}t\end{aligned} \tag{6.13}$$

经过参数转换，可得似然函数：

$$\begin{aligned}\ln\varLambda(\hat{\tau},\hat{v})=&\,\varepsilon\left|\int s(t-\tau)s^*(t-\tau-\tau')\mathrm{e}^{-\mathrm{j}2\pi v't}\mathrm{d}t\right|^2\\&+2\sqrt{\varepsilon}\,\mathrm{Re}\left[n^*(\hat{\tau},\hat{v})\int s(t-\tau)s^*(t-\tau-\tau')\mathrm{e}^{-\mathrm{j}2\pi v't}\mathrm{d}t\right]+\left|n(\hat{\tau},\hat{v})\right|^2\end{aligned} \tag{6.14}$$

从式（6.14）可以看出在忽略噪声的情况下，使似然函数最大的似然估计输出是

$$\chi_{ss}=\left|\int s(t)s^*(t-\tau)\mathrm{e}^{-\mathrm{j}2\pi vt}\mathrm{d}t\right|^2 \tag{6.15}$$

在移动扩频水声通信中，由于本地伪随机序列对多径时延和多普勒频偏都较为敏感，且其自相关性较好、互相关性较差，这些特性有利于利用它的模糊函数实现对水声信道的估计。图6.4给出了基于互模糊函数的时延-多普勒参数估计的原理图，扩频通信的发射信号由 n 个伪随机序列周期组成，n 为信息码个数。因此，可采用本地伪随机序列，依次与接收端的 n 个扩频符号周期的信号进行互模糊函数计算，实现对时变水声信道的参数估计与补偿。

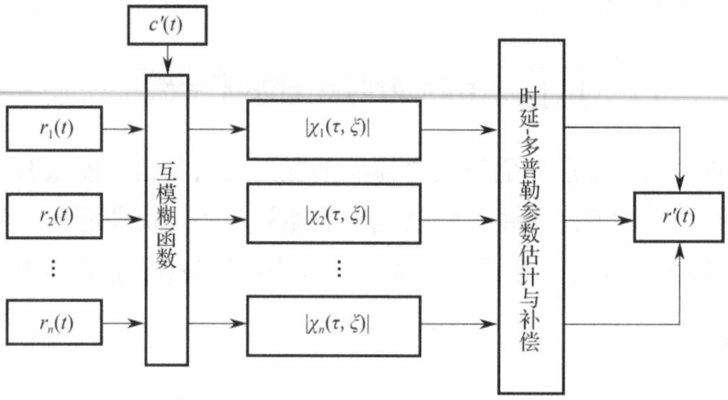

图 6.4　基于互模糊函数的时延-多普勒参数估计原理图

下面通过数学表达式来进一步说明基于互模糊函数的时延-多普勒参数估计的原理，首先对原始数据序列进行差分编码，得到差分序列 $d_n(t)$：

$$d_n(t)=\operatorname{sgn}(a_n(t)\oplus_2 d_{n-1}(t)-0.5) \tag{6.16}$$

式中，$a_n(t)$ 为原始信息序列；“$\oplus_2$”为模二加法运算；$\operatorname{sgn}(\bullet)$ 为符号函数。将 $d_n(t)$ 序列中的 0 转变为 1，其中假设 $d_0(t)$=1。接下来对 $d_n(t)$ 进行扩频编码，得到 $d'_n(t)$：

$$d'_n(t)=d_n(t)c(t) \tag{6.17}$$

式中，$c(t)$ 为本地伪随机序列。然后对信号进行升采样处理和载波调制，调制方式为 BPSK，得到发射信号 $s_n(t)$：

$$s_n(t)=d'_n(t)\mathrm{e}^{\mathrm{j}2\pi f_0 t} \tag{6.18}$$

本地伪随机序列需要经过升采样处理和载波调制之后与 $s_n(t)$ 求得互模糊函数，为减小相位跳变的影响，我们需要把升采样处理后的伪随机序列扩展成 50 个周期再进行载波调制以保证对应周期的发射信号与伪随机序列相位同步。经过处理的伪随机序列表示为 $c'_n(t)$，其与发射信号 $s_n(t)$ 的互模糊函数为

$$|\chi_n(\tau,\xi)|=\left|\int_{-\infty}^{\infty}c'_n(t)s_n^*(t+\tau)\mathrm{e}^{-\mathrm{j}2\pi\xi t}\mathrm{d}t\right| \tag{6.19}$$

根据伪随机序列的相关性可知：只有当 $\tau=\xi=0$ 时，式（6.19）取得最大值。当无多普勒和多径干扰时，经调制的伪随机序列 $c'(t)$ 与接收信号第一个扩频符号周期的互模糊函数如图 6.5 所示，其中采样频率 $f_s=48\text{kHz}$，载波频率 $f_0=5\text{kHz}$，带宽 $B=6\text{kHz}$。从图 6.5 中可以看出，该互模糊函数的主瓣峰非常尖锐，说明伪随机序列对时延和多普勒频偏的敏感性很高。因此，该方法估计得到的时延-多普勒参数具有可靠性。

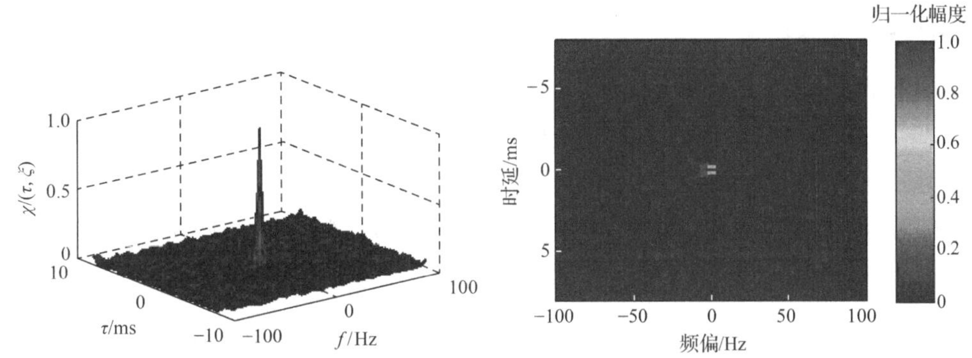

图 6.5　伪随机序列与接收信号的互模糊函数图

6.2.3　基于模糊函数的时延-多普勒参数估计精度

在较小的观测时间内，水声信道的时延-多普勒扩展函数可以看作时变信道的一阶近似，因为时间间隔较小时，可以认为水声信道的多径扩展和多普勒是恒定的。在对时延-多普勒扩展函数的测量中，接收信号中总会有一定的噪声干扰，这种干扰会使测量产生误差，设接收信号为

$$y_0(t)=Ax(t-\tau_0)\mathrm{e}^{\mathrm{j}2\pi\xi_0(t-\tau_0)}+z(t) \tag{6.20}$$

对应的信道时延和多普勒频偏分别为(τ_0,ξ_0)，由于噪声和干扰，实际测量值为(τ_1,ξ_1)，对应的接收信号为

$$y_1(t)=x(t-\tau_1)\mathrm{e}^{\mathrm{j}2\pi\xi_1(t-\tau_1)} \tag{6.21}$$

则$y_0(t)$与$y_1(t)$之间的均方误差为

$$\begin{aligned}\varepsilon&=E\left\{\int\left[y_1(t)-y_0(t)\right]^2\mathrm{d}t\right\}\\&=E\left[\left|y_1(t)\right|^2\right]+E\left[\left|y_0(t)\right|^2\right]-2\chi_{y_0y_1}(\tau,\xi)\end{aligned} \tag{6.22}$$

要使测量误差ε为最小，则应使$\chi_{y_0y_1}(\tau,\xi)$最大，即

$$\begin{aligned}\chi_{y_0y_1}(\tau,\xi)&=\int\left[Ax^*(t-\tau_0)\mathrm{e}^{-\mathrm{j}2\pi\xi_0(t-\tau_0)}+z(t)\right]x(t-\tau_1)\mathrm{e}^{\mathrm{j}2\pi\xi_1(t-\tau_1)}\mathrm{d}t\\&=A\chi_x(\tau_0-\tau_1,\xi_0-\xi_1)+\chi_{xz}(\tau,\xi)\end{aligned} \tag{6.23}$$

当$\tau=\tau_0$时式（6.23）取得最大值，$\chi_x(\tau_0-\tau_1,\xi_0-\xi_1)$是$x(t)$的准相关函数，$\chi_{xz}(\tau,\xi)$是噪声$z(t)$和$x(t)$的二维相关函数，使式（6.23）最大就是求满足

$$\begin{cases}\left.\dfrac{\partial\chi_{y_0y_1}(\tau,\xi)}{\partial\tau}\right|_{\tau_1,\xi_1}=A\left.\dfrac{\partial\chi_x(\tau-\tau_0,\xi-\xi_0)}{\partial\tau}\right|_{\tau_1,\xi_1}+\left.\dfrac{\partial\chi_{xz}(\tau,\xi)}{\partial\tau}\right|_{\tau_1,\xi_1}=0\\\left.\dfrac{\partial\chi_{y_0y_1}(\tau,\xi)}{\partial\xi}\right|_{\tau_1,\xi_1}=A\left.\dfrac{\partial\chi_x(\tau-\tau_0,\xi-\xi_0)}{\partial\xi}\right|_{\tau_1,\xi_1}+\left.\dfrac{\partial\chi_{xz}(\tau,\xi)}{\partial\xi}\right|_{\tau_1,\xi_1}=0\end{cases} \tag{6.24}$$

条件的τ_1和ξ_1。定义：

$$\begin{cases}\beta_0=2\pi W_0\\ \delta_0=2\pi T_0\\ a_0=4\pi^2 C_0\end{cases}\tag{6.25}$$

式中，W_0为信号的均方根带宽；T_0为信号的均方根周期时间；C_0为线性调频常数，用来描述波形的距离和速度的联合分辨能力。将模糊函数展开为泰勒级数，并略去高阶项可得

$$\chi_x(\tau-\tau_0,\xi-\xi_0)\approx 1-\frac{1}{2}\left[\beta_0^2(\tau-\tau_0)^2-2a_0(\tau-\tau_0)(\xi-\xi_0)+\delta_0^2(\xi-\xi_0)^2\right]\tag{6.26}$$

于是有

$$\begin{cases}\left.\dfrac{\partial\chi_x(\tau-\tau_0,\xi-\xi_0)}{\partial\tau}\right|_{\tau_1,\xi_1}=-\beta_0^2(\tau_1-\tau_0)+a_0(\xi_1-\xi_0)\\ \left.\dfrac{\partial\chi_x(\tau-\tau_0,\xi-\xi_0)}{\partial\xi}\right|_{\tau_1,\xi_1}=-\delta_0^2(\xi_1-\xi_0)+a_0(\tau_1-\tau_0)\end{cases}\tag{6.27}$$

以及

$$\begin{cases}E\left[\left.\left(\dfrac{\partial\chi_{xz}(\tau,\xi)}{\partial\tau}\right)^2\right|_{\tau_1,\xi_1}\right]=N_0\beta_0^2\\ E\left[\left.\left(\dfrac{\partial\chi_{xz}(\tau,\xi)}{\partial\xi}\right)^2\right|_{\tau_1,\xi_1}\right]=N_0\delta_0^2\end{cases}\tag{6.28}$$

式中，N_0为噪声的功率谱密度。将式（6.27）和式（6.28）代入式（6.24）可得

$$\delta_\tau^2=E\left[(\tau_1-\tau_0)^2\right]=\frac{N_0}{A^2\beta_0^2}+\frac{a_0^2}{\beta_0^4}\delta_\xi^2\tag{6.29}$$

$$\delta_\xi^2=E\left[(\xi_1-\xi_0)^2\right]=\frac{N_0}{A^2\delta_0^2}+\frac{a_0^2}{\delta_0^4}\delta_\tau^2\tag{6.30}$$

由式（6.29）和式（6.30）可得测量的均方根误差为

$$\delta_\tau=\frac{\delta_n}{\sqrt{(A^2/N_0)(\beta_0^2\delta_0^2-a_0^2)}}=\frac{1}{\beta_0\sqrt{(A^2/N_0)(1-\rho)}}\tag{6.31}$$

$$\delta_\xi=\frac{\beta_n}{\sqrt{(A^2/N_0)(\beta_0^2\delta_0^2-a_0^2)}}=\frac{1}{\delta_0\sqrt{(A^2/N_0)(1-\rho)}}\tag{6.32}$$

式中

$$\rho=a_0/(\delta_0\beta_0)=C_0/(T_0B_0)\tag{6.33}$$

由此可见，对时延-多普勒扩展函数的测量误差，不仅与信噪比有关，而且与信号的时间

带宽积有关。为了提高分辨率，需要采用模糊函数在时间频率轴上有尖锐锋的信号，如伪随机信号、调频信号等。

6.2.4 基于模糊函数的时延-多普勒参数估计仿真

为了验证上述方法的可靠性，下面对此种方法进行仿真分析。仿真的条件如下：发送的数据为 50bit，系统带宽为 6kHz，载波信号频率为 6kHz，同步信号采用带宽为 4.6kHz、脉宽为 0.2s 的线性调频信号，PN 码选用 9 阶 m 序列，水声多径信道如图 6.6 所示，三条途径分别为 0ms、3.7ms、8.3ms。

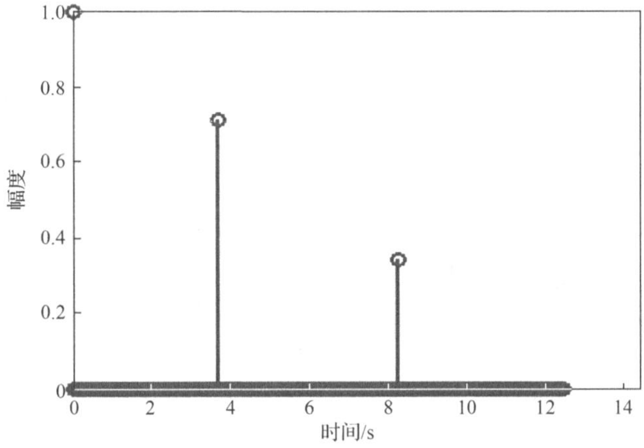

图 6.6　水声多径信道

在本次仿真中，首先假设通信期间收发节点间的相对运动速度保持不变，三条途径对应的多普勒频偏分别为 20Hz、17Hz、15Hz。时延和多普勒对应的估计区间 $\Delta\tau$ 和 $\Delta\xi$ 分别取 0.01ms 和 2.5Hz。接收信号同步后，在 50 个扩频周期的数据中选取第 1、11、31 个扩频周期的数据，分别与对应的伪随机序列进行互模糊函数运算，估计时延-多普勒参数，以验证算法的稳定性。

图 6.7 给出了利用第 1 个扩频周期数据进行时延-多普勒参数估计的结果，三个峰值的坐标分别为(20,0,1)、(17.5,3.7,0.4551)、(15,8.3,0.3289)，由此可知本次估计结果正确。图 6.8 给出了利用第 11 个扩频周期数据进行时延-多普勒参数估计的结果，三个峰值的坐标分别为(20,0,1)、(17.5,2.7,0.3615)、(15,6.6,0.3617)，三个点的横坐标代表的多普勒参数估计的值除了第二个点有误差外，另外两个正确，但时延估计与设定值不符，原因在于没有对第二条及第三条途径在前十个周期累积的时延进行同步，经计算，第二条及第三条途径在前十个周期累积的时延分别为 1ms 和 1.7ms，则可以看出，将时延同步后，估计结果正确。图 6.9 给出了利用第 31 个扩频周期数据进行时延-多普勒参数估计的结果，三个峰值的坐标分别为(20,0,1)、(17.5,0.7,0.667)、(15,3.2,0.3567)，第二条及第三条途径在前三十个周期累积的时延分别为 3.1ms 和 5.3ms，则同步过后时延估计会有一定误差，多普勒参数估计结果正确。

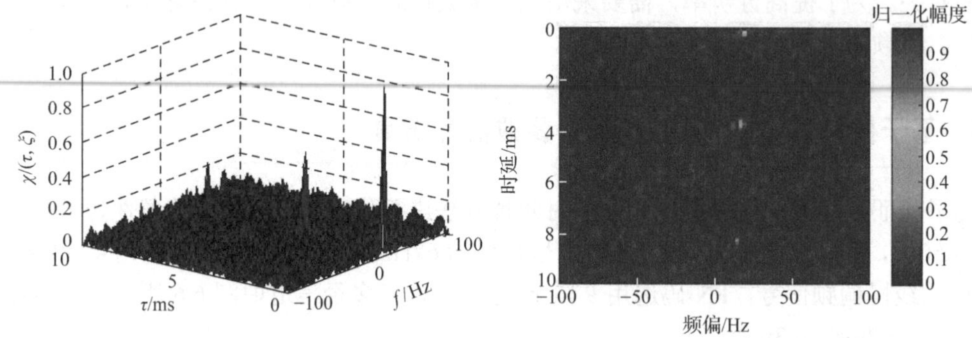

图 6.7　第 1 个扩频周期数据估计结果

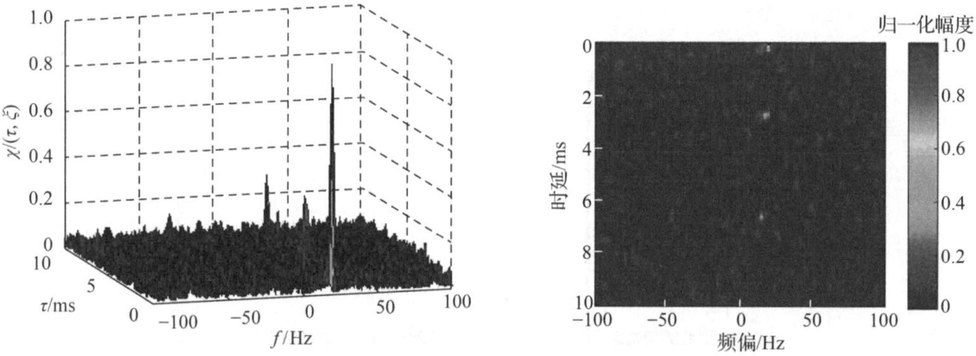

图 6.8　第 11 个扩频周期数据估计结果

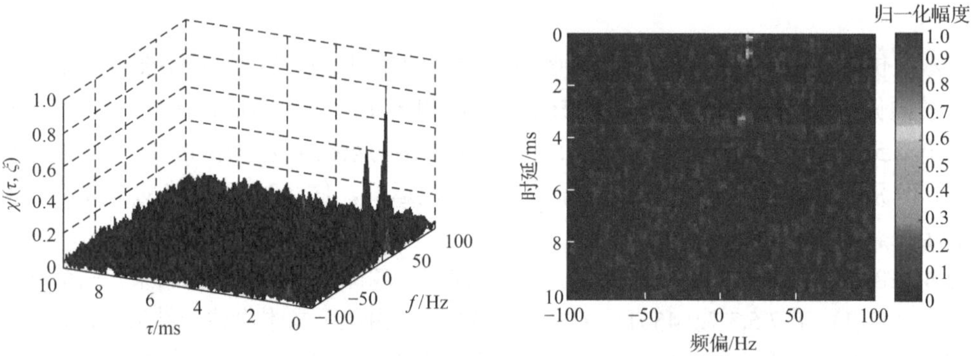

图 6.9　第 31 个扩频周期数据估计结果

6.3　基于分数阶 Fourier 变换的时延-多普勒参数估计方法

近些年来，分数阶 Fourier 变换作为一种崭新的时频分析工具而被信号处理领域的研究人员所广泛接受。国内学者对分数阶 Fourier 变换的关注始于 1995 年。分数阶 Fourier 变换是一种时频分析方法，它同时融合了信号的时域和频域信息，对于给定的线性调频信号存在一个最佳分数阶数使其能量聚集于一最大值而表现为一个冲激函数，因此分数阶 Fourier 变换特别适用于处理线性调频脉冲（Chirp）信号。国内外学者对分数阶 Fourier 变换在信号处理中的应用进行了大量研究，包括分数阶 Fourier 变换在通信领域中的应用等。

下面将在介绍分数阶 Fourier 变换的理论和性质的基础上，研究分数阶 Fourier 变换在存有大多普勒频偏时的高速移动水声通信中的应用[5-12]。

6.3.1　分数阶 Fourier 变换原理及性质

时间信号 $x(t)$ 的分数阶 Fourier 变换定义如下：

$$X_p(u)=\{F^p[x(t)]\}(u)=\int_{-\infty}^{+\infty}x(t)K_p(t,u)\mathrm{d}t \tag{6.34}$$

式中，p 为分数阶 Fourier 变换的阶数，可以为任意实数，旋转角度 $\alpha=p\pi/2$；F^p 为分数阶 Fourier 变换的算子符号；$K_p(t,u)$ 为分数阶 Fourier 变换的变换核：

$$K_p(t,u)=\begin{cases}A_\alpha\exp\left\{\mathrm{j}\pi\left[(t^2+u^2)\cot\alpha-2ut\csc\alpha\right]\right\}, & \alpha\neq n\pi\\ \delta(t-u), & \alpha=2n\pi\\ \delta(t+u), & \alpha=(2n\pm1)\pi\end{cases} \tag{6.35}$$

式中，$A_\alpha=\sqrt{\dfrac{1-\mathrm{j}\cot\alpha}{2\pi}}$，称为幅度因子。其中，$\alpha$ 为旋转角度且变换阶数 p 与旋转角度 α 间的关系为 $\alpha=p\pi/2$。在 $p=1$ 或者 $\alpha=\pi/2$ 时，分数阶 Fourier 变换将转变为传统的 Fourier 变换。利用分数阶 Fourier 变换将时频域坐标轴旋转角度 α_0，得到新的坐标系，可用 u-α 表示，如图 6.10 所示。

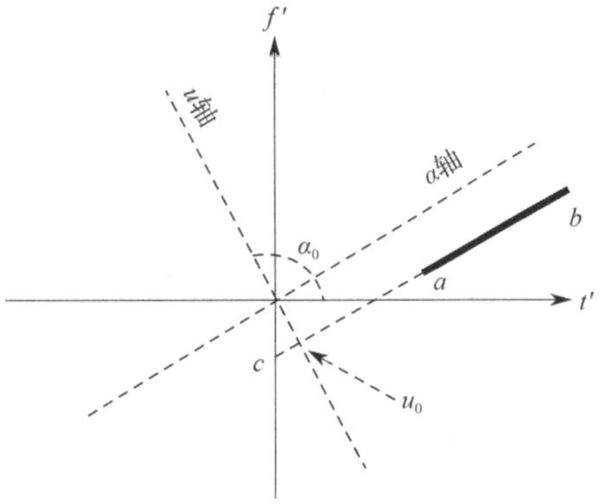

图 6.10　分数阶 Fourier 变换示意图

分数阶 Fourier 变换的变换核具有阶数迭加性（又称旋转相加性）：

$$F^pF^{-p}=F^0 \tag{6.36}$$

由此可得出结论：具有角度 $\alpha=p\pi/2$ 的分数阶 Fourier 变换，其逆变换就是具有角度 $-\alpha=-p\pi/2$ 的分数阶 Fourier 变换，即

$$x(t)=\{F^{-p}[X_p(u)]\}(u)=\int_{-\infty}^{+\infty}X_p(u)K_{-p}(t,u)\mathrm{d}u \tag{6.37}$$

从逆变换中可以看出，信号 $x(t)$ 的分数阶 Fourier 变换与 Fourier 变换原理是相近的，只是函数空间展开的基底不同。分数阶 Fourier 变换将 $x(t)$ 表示成由具有线性频率调制的复指数函数集合 $K_{-p}(t,u)$ 组成的一组基函数，即分数阶 Fourier 变换的基底是 u 域上一组正交的 Chirp 基。因此，对于给定的 Chirp 信号（调频斜率一定），存在一个分数阶数使线性调频信号的能量聚集于一最大值，我们称之为与此调频斜率相匹配的最佳分数阶数。Chirp 信号调频斜率 β 与最佳分数阶数 p_0 有确定的对应关系：

$$\beta = -\cot\left(p_0\pi/2\right) \tag{6.38}$$

当 Chirp 信号的调频斜率确定之后，与此信号相匹配分数阶 Fourier 变换的最佳阶数 p_0 也唯一确定。其他的阶数 p 对该信号不具有聚焦作用。

分数阶 Fourier 变换还具有很多重要性质，现给出接下来要用到的几条性质。

（1）旋转相加性：

$$F^{p_1}F^{p_2} = F^{p_1+p_2} \tag{6.39}$$

（2）线性变换特性：

$$\{F^p[ax(t)+by(t)]\}(u) = aX_p(u)+bY_p(u) \tag{6.40}$$

（3）时移特性：

$$\{F^p[x(t-\tau)]\}(u) = X_p(u-\tau\cos\alpha)\exp(\mathrm{j}\pi\tau^2\sin\alpha\cos\alpha-\mathrm{j}2\pi u\tau\sin\alpha) \tag{6.41}$$

（4）频移特性：

$$\{F^p[x(t)\mathrm{e}^{\mathrm{j}2\pi\xi t}]\}(u) = X_p(u-\xi\sin\alpha)\exp(-\mathrm{j}\pi\xi^2\sin\alpha\cos\alpha-\mathrm{j}2\pi u\xi\cos\alpha) \tag{6.42}$$

式中，a、b 为任意常系数；τ 为时延；ξ 为多普勒频偏。当 Chirp 信号调频斜率 β 很大时，$\sin\alpha$ 将趋于 0，又由于水声中多普勒频偏通常较小，所以多普勒频偏对分数阶 Fourier 变换时延测量影响较小。

另外，分数阶 Fourier 变换还具有奇偶对称特性，即

$$f(t)\xrightarrow{\text{FRFT}}F_p(u)\quad f(-t)\xrightarrow{\text{FRFT}}F_p(-u) \tag{6.43}$$

在水声应用领域，选取的 Chirp 信号通常斜率较大。当调频斜率 β 很大时，p_0 将趋于 2，旋转角度 α 趋于 π，此时 p_0 的微小变化将导致 $X_p(u)$ 的剧烈变化，即此时分数阶 Fourier 变换对接收信号斜率的微小变化非常敏感，这恰好适用于水声环境中小多普勒频偏的检测，但此时对分数阶 Fourier 变换的阶数精度要求将更加严格。

对于 $p_0\to 2$，由式（6.36）可知：

$$F^{p_0} = F^{p_0-2}F^2 \tag{6.44}$$

又由于 $\{F^2[x(t)]\}(u) = x(-t)$，所以 F^{p_0} 可由计算 $x(-t)$ 的 p_0-2 阶分数阶 Fourier 变换获得。

6.3.2　FRFT 估计声信道参数原理

移动通信中，信号在声信道传播过程中时变程度、空变程度及多径扩展程度、多普勒频偏严重，接收波形发生畸变，这是导致探测模糊、通信码间干扰的主要障碍。在探测、通信等任务执行过程中，测量声信道并对其参数进行估计对提高探测性能、实现信道均衡等方面有着积极意义。

下面介绍基于分数阶 Fourier 变换的特性，并将其应用于存在多普勒频偏的多径声信道参数估计中。

设发射信号为 $x(t)$，接收端高斯噪声干扰为 $n(t)$，则经过相干多径水声信道后接收到的信号 $r_0(t)$ 为

$$r_0(t)=A_0x(t)+\sum_{i=1}^{N-1}A_ix(t-\tau_i)+n(t) \tag{6.45}$$

由分数阶 Fourier 变换的线性变换特性和时移特性，可得 $r_0(t)$ 的分数阶 Fourier 变换：

$$\begin{aligned}R_{0p}(u)&=A_0\{F^p[x(t)]\}(u)+\sum_{i=1}^{N}A_i\{F^p[x(t-\tau_i)]\}(u)+\{F^p[n(t)]\}(u)\\&=A_0X_p(u)+\sum_{i=1}^{N}A_iX_p(u-\tau_i\cos\alpha)\exp(\mathrm{j}\pi\tau_i^2\sin\alpha\cos\alpha-\mathrm{j}2\pi u\tau_i\sin\alpha)+N_p(u)\end{aligned} \tag{6.46}$$

式中，$N_p(u)$为噪声的分数阶 Fourier 变换，为高斯有色信号。

若存在多普勒频偏，则接收到的 Chirp 信号斜率将发生变化，即相应的最佳分数阶数 p_0 将变化为 p_0'。存在多普勒频偏时接收信号可表示为

$$r(t)=r_0(t)\mathrm{e}^{\mathrm{j}2\pi\xi t}=A_0x(t)\mathrm{e}^{\mathrm{j}2\pi\xi t}+\sum_{i=1}^{N-1}A_ix(t-\tau_i)\mathrm{e}^{\mathrm{j}2\pi\xi(t-\tau_i)}+n'(t) \tag{6.47}$$

由分数阶 Fourier 变换的频移特性，可得其分数阶 Fourier 变换为

$$R_p(u)=R_{0p}(u-\xi\sin\alpha)\cdot\exp(-\mathrm{j}\pi\xi^2\sin\alpha\cos\alpha-\mathrm{j}2\pi u\xi\cos\alpha) \tag{6.48}$$

从式（6.46）中可以看出，当取最佳分数阶数 p_0 时，接收信号的分数阶 Fourier 变换模值 $\left|R_{0p}(u)\right|^2$ 在相应的分数阶 Fourier 变换域上形成一系列峰，各多径信号对应的峰值位置相对于直达声要延时 $\tau_i\cos\alpha$；由式（6.48）可知，当存在多普勒频偏时，$\left|R_p(u)\right|^2$ 在阶数 p_0' 相应的分数阶 Fourier 变换域上同样可形成一系列峰，只是每个峰值相对于无多普勒频偏时在统一的延时 $\xi\sin\alpha$ 出现。

通过上述分析，可以得到启发：对于已知的发射 Chirp 信号，无论是否存在多普勒频偏，在接收端都可通过对阶数 p 进行扫描搜索到最佳分数阶数 p_0'，此时在相应的分数阶 Fourier 变换域上可对接收到的 Chirp 多径信号实现能量聚集，然后通过检测 $\left|R_p(u)\right|^2$ 的峰值，可实现对声信道多径结构进行估计，即可估计式（6.46）中的参数 N、A_i、τ_i。

估计出信道参数后，便可应用虚拟式时间反转镜技术来实现信道均衡。

6.3.3　信道参数估计仿真

Chirp 信号仿真参数设置：中心频率 $f_0 = 3\text{kHz}$，带宽 $B = 4\text{kHz}$，采样频率 $f_s = 40\text{kHz}$，脉宽 $T = 200\text{ms}$。其调频斜率 $\beta = B / T = 20000$，由式（6.42）可计算其最佳分数阶数 $p_0 = 2 - 3.1831\times10^{-5}$，趋近于数值 2。依式（6.48）分析，令 $d_p = -3.1831\times10^{-5}$，则接收信号的分数阶 Fourier 变换可由计算 $r(-t)$ 的 d_p 阶分数阶 Fourier 变换获得。

设多普勒频偏范围为 $-50\sim50\text{Hz}$，则分数阶数 p 的搜索范围为 $d_p \pm 2.0339\times10^{-4}$。首先以大步长 $\Delta p_1 = 1\times10^{-5}$ 搜索，选取能量聚集效果最好时对应的阶数（记为 p_1），再以小步长 $\Delta p_2 = 1\times10^{-6}$ 在范围 $[p_1 - \Delta p_1, p_1 + \Delta p_1]$ 内搜索新最佳分数阶数。新最佳分数阶数相应的 FRFT 域上可对接收到的各多径信号实现能量聚集，通过检测 $\left|R_p(u)\right|^2$ 的峰值便可得到参数 N、A_i、$\tau_i \cos\alpha$ 的估计。当估计参数 τ_i 时，存在 $\cos\alpha$ 的影响，导致产生误差，在仿真结果图 6.11、图 6.12 中可以看到。

下面分别在不同的声信道环境中进行仿真研究。

1. *无多径扩展声信道中的仿真研究*

从图 6.11 中可以看到，随着多普勒频偏增大，拷贝相关输出的归一化幅度峰值逐渐降低且峰值出现位置发生偏移、展宽，这必将导致时延测量出现误差，并且当多普勒频偏较大时，拷贝相关输出的峰值将无法被准确检测。当分数阶 Fourier 变换采用最佳阶数时，峰值几乎没有变化，但峰值位置会发生偏移，因此仍可被清晰检测到。

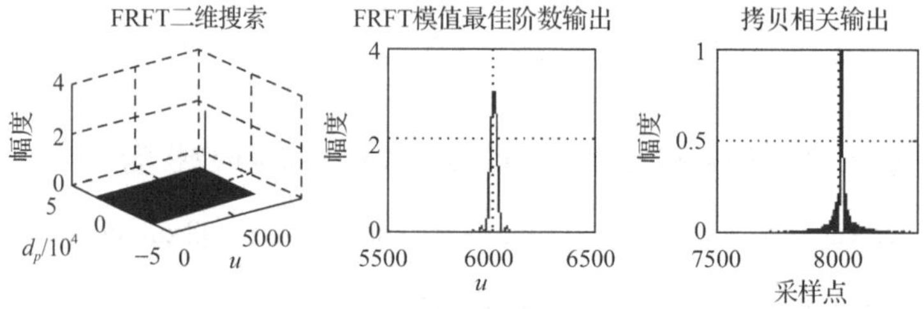

（a）无多普勒频偏

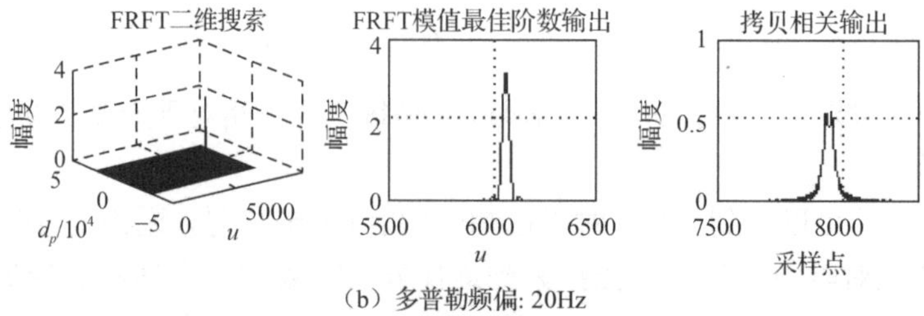

（b）多普勒频偏: 20Hz

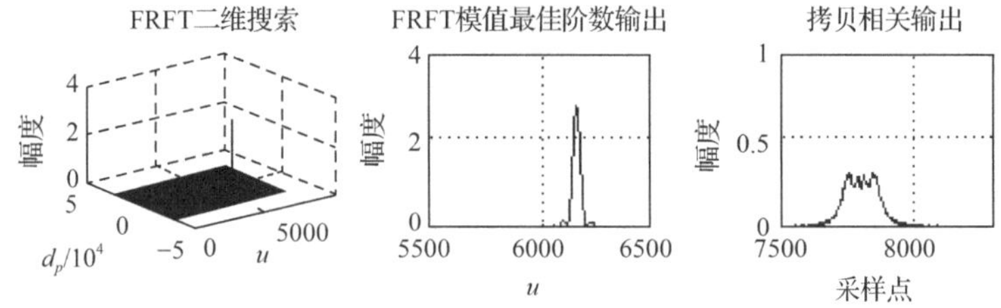

（c）多普勒频偏: 60Hz

图 6.11　无多径扩展声信道中的仿真

2. 多径扩展声信道中的仿真研究

假设接收信号是直达声、一次海面反射声及一次海底反射声的相干叠加：海面反射系数为-0.7，相对于直达声延时 120 个采样点（3ms）；海底反射系数为 0.5，相对于海面反射声延时 160 个采样点（4ms）。图 6.12 给出了不考虑噪声干扰情况下多径扩展声信道中的仿真结果。

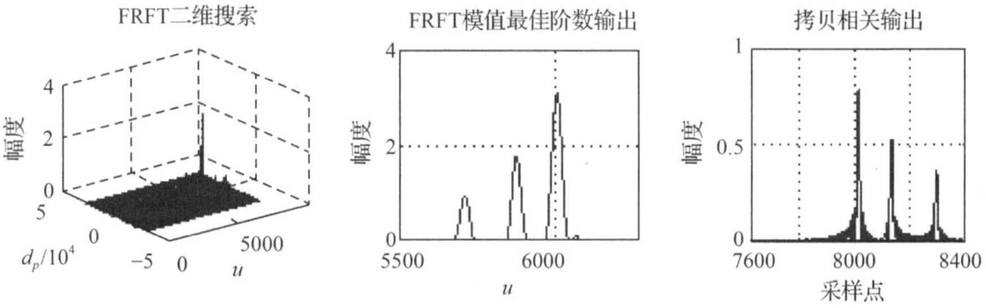

（a）无多普勒频偏

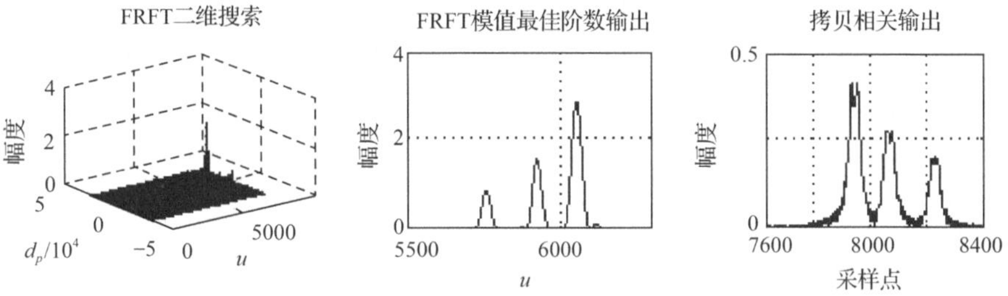

（b）多普勒频偏: 20Hz

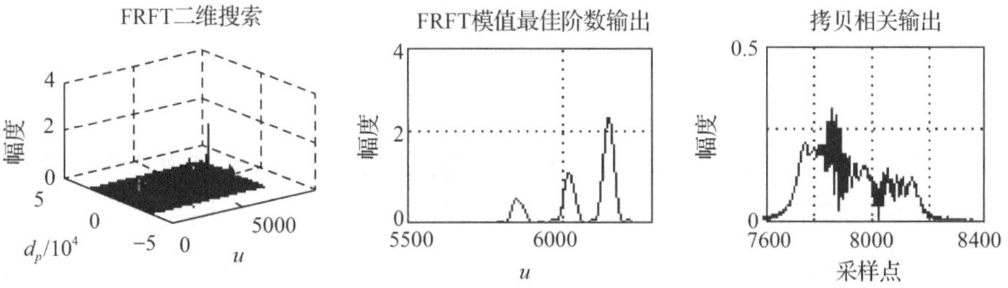

（c）多普勒频偏: 60Hz

图 6.12　多径扩展声信道中的仿真

从图 6.12 中可以看出，在无多普勒频偏情况下，基于拷贝相关估计信道的效果要好于 FRFT。但当存在较大多普勒频偏时，接收信号已与原信号不匹配，拷贝相关器将无法正常工作；而 FRFT 在保证一定的信噪比下，可通过在原最佳分数阶数 p_0 附近搜索，仍可准确检测出 Chirp 信号及其多径信号，并估计出信道参数。

为了便于观察结果，现将两种峰值检测方法（FRFT 和拷贝相关）得到的信道估计参数列于表 6.1，其中当存在较大多普勒频偏时，拷贝相关已不适用于信道参数估计。

从表 6.1 中可以看到，FRFT 测得的多径时延差存在误差，最大约为 5 个采样点（0.125ms），属于毫秒量级误差。这可由 FRFT 的时移特性解释其原因：τ_i 不同，则 $R_p(u)$ 在最佳阶数时，各多径信号输出峰值 $X_p(u-\tau_i\cos\alpha)$ 的位置相对于直达声峰值 $X_p(u)$ 位置的偏移 $\tau_i\cos\alpha$ 是不同的，τ_i 越大，则 $\tau_i\cos\alpha$ 偏离 τ_i 越远。

综上可得出结论：在无多普勒频偏时，FRFT 检测多径时延差精度低于拷贝相关检测；但随着多普勒频偏增大，FRFT 检测效果将明显好于拷贝相关检测。

表 6.1　真实信道与其信道估计的差异比较

信道				时延差（采样点）			归一化幅度		
				直达声	海面反射	海底反射	直达声	海面反射	海底反射
真实信道				0	120	160	1	-0.7	0.5
估计信道	无噪声	无频偏	FRFT	0	124	156	1	−0.7643	0.5615
			拷贝相关	0	120	160	1	−0.6783	0.4680
		频偏 20Hz	FRFT	0	125	157	1	−0.7420	0.5578
		频偏 60Hz	FRFT	0	124	162	1	−0.6957	0.4886
	SNR=7dB	无频偏	FRFT	0	125	155	1	−0.7639	0.5640
			拷贝相关	0	120	160	1	−0.6771	0.4583
		频偏 20Hz	FRFT	0	124	157	1	−0.7428	0.5595
		频偏 60Hz	FRFT	0	124	161	1	−0.6976	0.4885

注：由于 $\cos\alpha$（$\alpha\to\pi$）为负值，所以各多径信号对应的 FRFT 峰值出现在直达声对应的 FRFT 峰值的前面；可通过 FRFT 的实部判断幅度符号。

6.3.4　FRFT 在移动水声通信同步检测中的应用

通过上述分析及列举的 FRFT 性质，可以看出 FRFT 对于检测存在水声多径扩展、多普勒频偏影响的 LFM 信号是非常适用的。

水声通信通常采用 LFM 信号作为同步码，为接收信息码信号准确开窗，这是保证高质量通信的前提。线性调频信号具有一定多普勒容限，其容限随脉宽加大而减小。对于固定节点间通信（无多普勒频偏），拷贝相关器是最佳检测器，但当移动通信中存在多普勒频偏时，拷贝相关器将失配而导致检测精度明显下降。

从式（6.48）及 6.3.3 节仿真结果可以看出，当取最佳分数阶数时，接收信号的 FRFT 模

值$\left|R_p(u)\right|^2$在相应的 FRFT 域上形成一系列峰，可通过检测$\left|R_p(u)\right|^2$的峰值来检测 LFM 信号及其多径信号。

对模值$\left|R_p(u)\right|^2$选取能量最大值，在 FRFT 域按尖峰作遮蔽处理，再对遮蔽处理后的信号进行最佳分数阶数的逆 FRFT，从而提取出最大能量声线时域信号波形，该信号即存在多普勒频偏的 LFM 接收信号。以该信号作为拷贝相关器的参考信号，以相关输出峰值作为开窗时机，即可实现精确的声通信同步。

声信道多径结构与 6.3.3 节的假设相同。为突出多普勒频偏对拷贝相关的影响，设脉宽$T = 400\text{ms}$，中心频率$f_0 = 5\text{kHz}$。设收发节点间相对运动速度为 10kn，即多普勒频偏为 16.7Hz。图 6.13 给出了以原 LFM 信号作为拷贝相关器参考信号的拷贝相关输出。

在 SNR=0dB 噪声干扰情况下，该信号的 FRFT 输出、遮蔽处理及逆 FRFT 输出的仿真结果如图 6.14 所示。

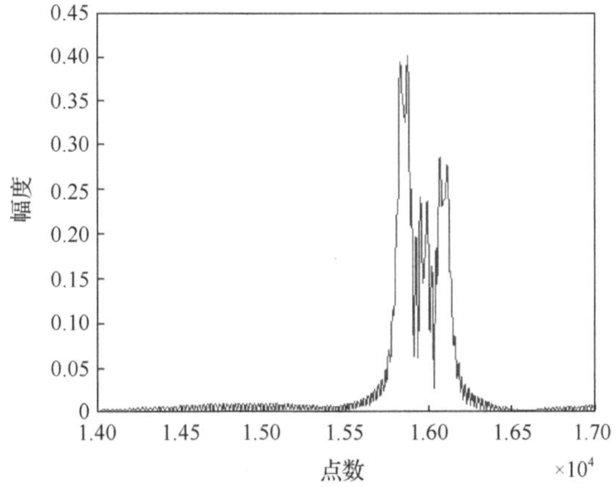

图 6.13　以原信号作为拷贝参考的相关输出

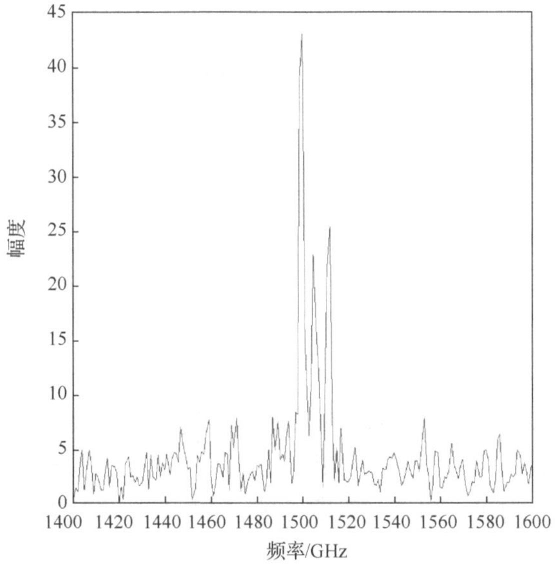

（a）FRFT输出模值

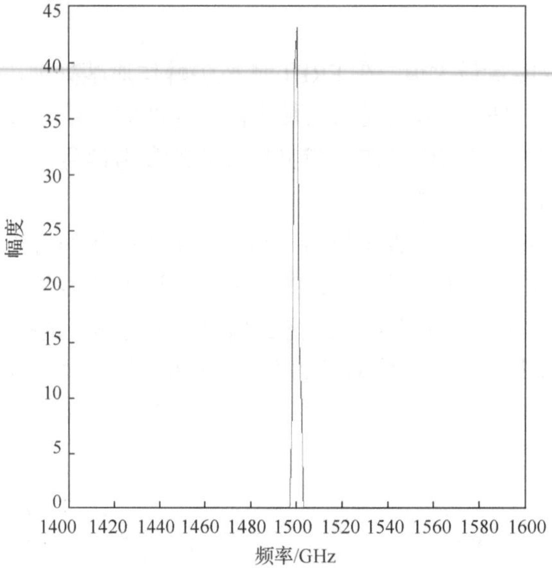

（b）分数阶域按尖峰作遮蔽处理

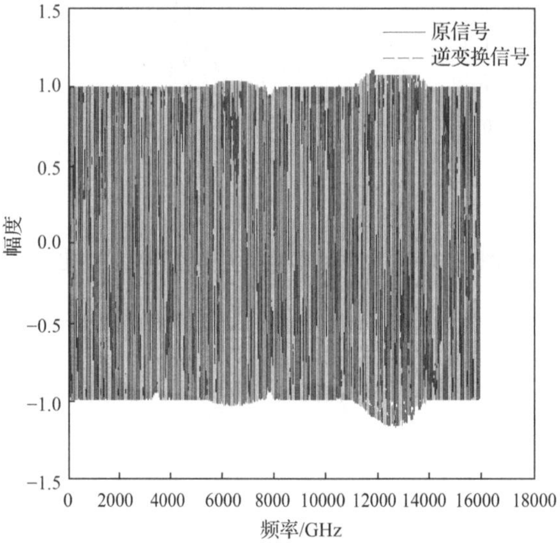

（c）逆FRFT信号波形

图 6.14　FRFT 输出、遮蔽处理及逆 FRFT 输出

从图 6.13 中可以看出，当存在多普勒频偏时，接收信号已与原信号不匹配，拷贝相关器无法正常工作；而 FRFT 在保证一定的信噪比下，可通过在原最佳分数阶数 p_0 附近搜索，仍可准确检测出 LFM 信号及其多径信号，如图 6.14 所示，通过遮蔽处理、逆 FRFT，可提取最大能量声线信号，以此作为拷贝相关器参考信号，输出如图 6.15 所示，可实现通信同步，且稳健性较好。

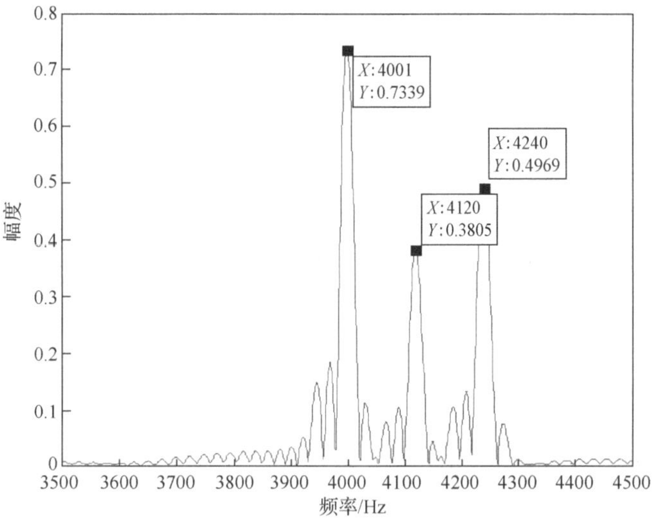

图 6.15　以 FRFT 提取信号作为拷贝参考的相关输出

同理，利用 FRFT 域的遮蔽处理技术，也可用以抑制线性调频信号。目前通信干扰类别中，扫频干扰是一种常见的非平稳人为干扰，利用 FRFT 可以提取出扫频干扰信号而加以屏蔽。

6.3.5　试验验证

首先，估计多普勒参数。对于线性调频信号 $x(t)$ 的最佳变换阶数 p_{opt} 可以表示为

$$p_{\text{opt}} = \frac{2\alpha}{\pi} = \frac{2}{\pi}\cot^{-1}\left(\frac{Mk}{f_s^2}\right) \tag{6.49}$$

式中，f_s 为采样频率；k 为信号的调频斜率；M 为信号的采样点数。当存在多普勒效应时信号的调频斜率会发生变化且 $k' = (1+\delta)^2 k$，其中 δ 为多普勒参数。通过搜索可以得到接收信号的最佳变换阶数为 p'_{opt}，则多普勒参数估计结果可以表示为

$$\hat{\delta} = \sqrt{\frac{-\cot\left(p'_{\text{opt}}\pi/2\right)f_s^2}{Mk}} - 1 \tag{6.50}$$

其次，估计信道多径结构。假设处理信号的长度为 T，在时间 τ 信号的起始频率为 f_0，在时间 $\tau + \Delta T$ 信号的终止频率为 f_1，其中 ΔT 为信号的脉宽。则图 6.10 中 a 点的坐标可以表示为 $\left((\tau - T/2)/s, f_0 s\right)$，$b$ 点的坐标可以表示为 $\left((\tau + \Delta T - T/2)/s, f_1 s\right)$，其中 s 为尺度化因子且 $s = T/f_s$。通过几何变换可以得到 c 点的坐标为 $\left(0, f_0 s - k(\tau - T/2)s\right)$，因此 c 点在 u 轴上的投影可以表示为

$$u_0 = |c|\sin\alpha_0 = \left[f_0 s - k(\tau - T/2)s\right]\sin\alpha_0 \tag{6.51}$$

对式（6.51）进一步变换可以得到时间偏置 τ 关于 u_0 的函数，即

$$ut_0 = \tau = \left(f_0 + \frac{T}{2}k\right)\Big/k - \frac{u_0\csc\alpha_0}{ks} \tag{6.52}$$

以 ut_0 为时间基准，则 u 轴上各点对应的真实时延可以表示为

$$ut - ut_0 = \frac{(u - u_0)\csc\alpha_0}{ks} \tag{6.53}$$

对基于 FRFT 的时延-多普勒参数估计方法进行了仿真。仿真信道幅度分别为 1、0.9、0.4、0.3，对应的时延分别为 0ms、5ms、15ms、25ms，在仿真中，收发节点间相对运动速度为 6m/s。图 6.16 给出了信噪比为 0dB 时的仿真结果，从图中可以看出 FRFT 实现了信道多径结构的准确估计，并可以计算得到运动速度估计结果为 3.96m/s。

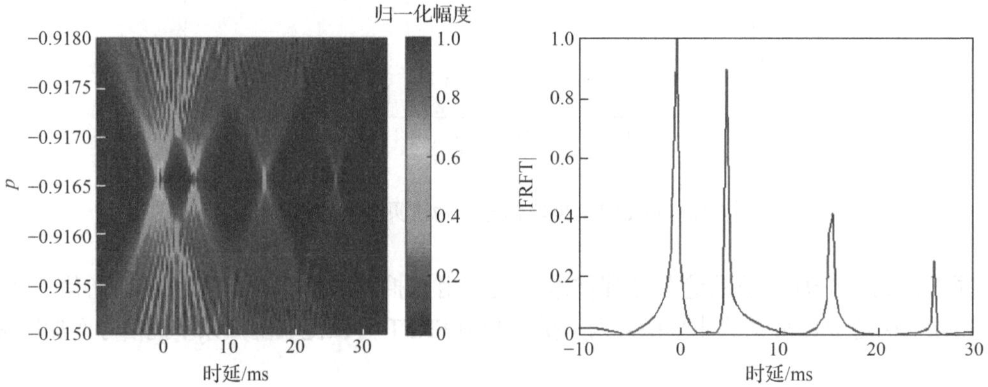

（a）FRFT结果　　（b）时延估计结果

图 6.16　基于 FRFT 的时延-多普勒参数估计仿真结果

利用千岛湖试验的数据验证了基于 FRFT 的移动水声信道时延-多普勒参数估计算法，试验于 2017 年 8 月在千岛湖水域进行，同步信号为带宽 3～5kHz、脉宽 200ms 的线性调频信号，采样频率为 25kHz。试验时收发节点间相向运动，相对运动速度约 2.5m/s，如图 6.17（a）给出了试验中多普勒参数估计结果，根据多普勒参数估计出的运动速度为 2.43m/s；图 6.17（b）给出了时延估计结果，由于试验环境水底地形较为复杂，因此信道的多径结构也呈现出较多的反射声。

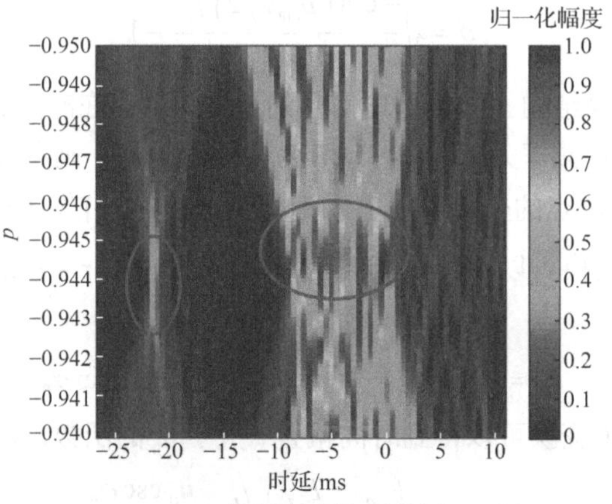

（a）多普勒参数估计结果

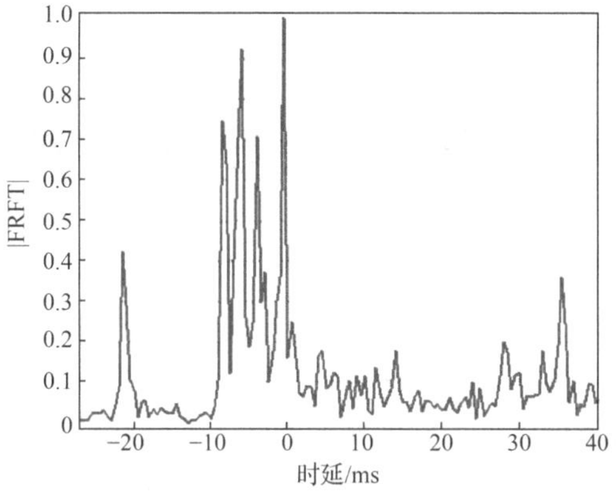

（b）时延估计结果

图 6.17　基于 FRFT 的时延-多普勒参数估计试验结果

参 考 文 献

[1] 张歆, 张小蓟, 水声通信理论与应用[M]. 西安: 西北工业大学出版社, 2012.

[2] 周天. 浅海水声参数估计与跟踪技术[D]. 浙江: 浙江大学, 2015.

[3] Yu G, Yang T C, Piao S C. Estimating the delay-doppler of target echo in a high clutter underwater environment using wideband linear chirp signals: Evaluation of performance with experimental data[J]. The Journal of the Acoustical Society of America, 2017, 142(4): 2047-2057.

[4] Zhao Y B, Yu H, Wei G, et al. Parameter estimation of wideband underwater acoustic multipath channels based on fractional Fourier transform[J]. IEEE Transactions on Signal Processing, 2016, 64(20): 5396-5408.

[5] 陶然, 齐林, 王越. 分数阶 Fourier 变换的原理与应用[M]. 北京: 清华大学出版社, 2004.

[6] Huang D F, Chen B S. A multi-input-multi-output system approach for the computation of discrete fractional Fourier transform[J]. Signal Processing, 2000, 80: 1501-1513.

[7] de Luigi C, Moreau E. An iterative algorithm for estimation of linear frequency modulated signal parameters[J]. IEEE Signal Processing Letters, 2002, 9(4): 127-129.

[8] 殷敬伟, 惠俊英, 蔡平, 等. 基于分数阶 Fourier 变换的水声信道参数估计[J]. 系统工程与电子技术, 2007, 29(10): 1624-1627.

[9] 殷敬伟, 惠俊英, 蔡平. 基于分数阶 Fourier 变换的多途频偏 chirp 信号检测[C]. 中国电子学会第十二届全国青年学术年会, 西安, 2006: 215-257.

[10] 齐林, 陶然, 周思永, 等. DSSS 系统中基于分数阶傅立叶变换的扫频干扰抑制算法[J]. 电子学报, 2004, 32(5): 799-802.

[11] Yin J W, Yang S, Zhang X. An analysis on fractional Fourier transform in doppler and multipath mobile underwater acoustic channel[J]. The Journal of the Acoustical Society of America, 2011, 129(4): 2667.

[12] 殷敬伟, 惠俊英, 蔡平, 等. 分数阶 Fourier 变换在深海远程水声通信中的应用[J]. 电子学报, 2007, 35(8): 1499-1504.

第7章　海水无线光通信技术理论

本章首先对海水无线光通信技术进行简要概述；紧接着分析基于海水无线光通信技术研制的通信系统（以下简称“海水无线光通信系统”）所搭载应用平台的种类和特性，重点讨论搭载应用平台的运动状态对海水无线光通信系统工作性能的影响规律和约束条件；然后分析海水信道的光传输特性、传输延时、波形展宽、背景光噪声以及海水无线光通信系统对海洋环境的自适应性分析。这些理论分析和外界约束条件的讨论可为海水无线光通信系统的设计和优化提供科学依据和数据参考。

7.1　海水无线光通信技术概述

随着海洋科技的不断发展，人类研发了无人潜航器、海底接驳盒、海底观测网和深海空间站等一系列科研设备和工作平台，这些平台在与海洋相关的民用和军事领域发挥着重大的作用。海水无线光通信系统主要应用于这些平台上，这些平台所搭载的观察探测载荷所获取的海量原始数据需要实时传输至地面岸基站或者海面舰艇等平台，而地面岸基站和海面舰艇等平台的行动指令也需要高效准确地传输给这些海洋平台载荷。

海底观测网距离岸基站较近或者工作在较浅的水域，信息数据可以通过布设海底光缆或浮标天线等方式进行有线传输；部分海底接驳盒、海底观测网远离海岸的节点或相邻较远的节点之间以及深海空间站等平台，受到铺设海底光缆困难或作业环境恶劣等因素的制约，无法实现信息的有线传输或者点对点的视距通信，需要借助无人潜航器作为移动中继平台，建立实时的海水无线光通信系统，提高海洋无线光通信的可靠通信概率。

海水无线光通信系统的总体方案需要依据任务需求的技术指标，诸如传输距离、传输速率、通信误码率等，对所涉及的核心元器件进行优化设计。为了提高海水无线光通信系统的传输性能，还要综合考虑应用平台、信道特性、海洋环境、通信链路、自适应性等客观存在的外界约束条件。

1. 应用平台

平台不同，工作模式也不同，海水信道波动会对平台的姿态和定位误差产生影响，需要重点考虑平台的运动特性、振动特性和带载能力。

2. 信道特性

海水信道成分及其光学特性极为复杂，需对其光学特性参数进行定义；可以将海水水质条件简单分为纯净海水、清澈海水、近岸海水和港口海水四类，不同的海水类型对光功率的衰减作用也不同，光束在海水中的传输特性是影响通信链路建立和通信性能的关键因素。

3. 海洋环境

浅海和深海的背景光分布和强度各不相同，对通信产生的噪声影响也不同，水下生物荧光、海底地形或鱼群的遮挡都会造成通信链路的误码率升高，甚至是通信中断，需要重点分析背景光对通信光轴的扫描、捕获、跟踪和通信信噪比的影响。

4. 通信链路

在海水无线光通信链路中，传输延时所导致的通信光波形展宽是难以避免的，尽管可以通过采用相干探测、调制方式以及时间补偿等手段在一定程度上降低通信光信号的波形展宽，但对于复杂的海水信道和远距离通信，波形展宽仍然会很严重，直接影响海水无线光通信设备的通信性能，因此，影响传输延时的外界因素是需要重点研究的约束条件之一。

5. 自适应性

海水环境复杂多变，海水无线光通信系统需要能够适应不同的工作环境，因此，在通信光源波长的选取上需要考虑海水信道的光功率衰减；海水深层高压对海水无线光通信系统结构有很大影响，因此，水密压技术是海水无线光通信系统能够在海水环境下工作的基本保障。

7.2　海水无线光通信系统应用平台

应用平台是决定海水无线光通信系统通信性能指标的重要因素，应用平台的带载能力（质量、体积、功耗）是海水无线光通信系统重要的设计依据之一，应用平台的工作模式和海水环境下的控制精度将直接影响通信链路的建立和范围，应用平台所处的海洋环境也会直接作用到海水无线光通信系统。为此，本节重点介绍海水无线光通信系统可搭载的应用平台。

7.2.1　无人潜航器

无人潜航器（unmanned underwater vehicle，UUV）[1]是一种无人驾驶、依靠遥控或自动控制实现在海洋环境中航行的设备，主要用于代替潜水员或载人小型潜艇进行深海探测、海洋救援、水雷探测或排除等高危险性的水下作业，也被称为“潜水机器人”或“水下机器人”。UUV 组成结构如图 7.1 所示。

从外形上看 UUV 与鱼雷十分相似，一般由动力推进系统、能源舱或自毁舱、缆控装置、浮标天线[2]、自主航行系统、主载荷舱、无线通信、声呐或摄像等部分组成。

海水无线光通信系统安装在 UUV 的无线通信位置，主要安装原则是要确保海水无线光通信系统收发双端的通信视场能够实现重叠对准。

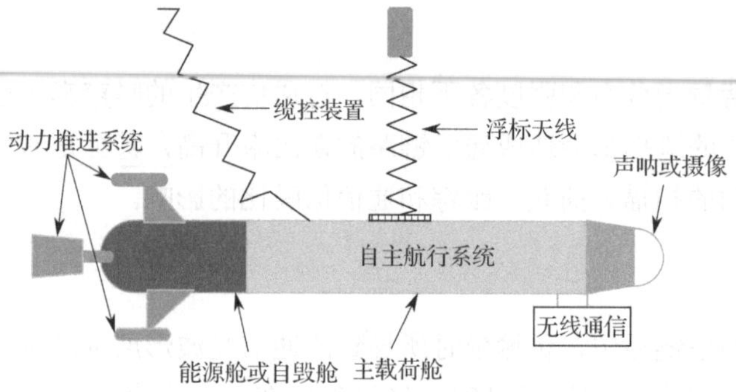

图 7.1　UUV 组成结构

7.2.2　海底接驳盒

海底接驳盒是一种对能源和数据进行集中转换和处理的枢纽，其主要包括高压转中压电源腔、中压转低压电源腔、控制腔以及光电分离腔。海底接驳盒渲染图如图 7.2 所示。

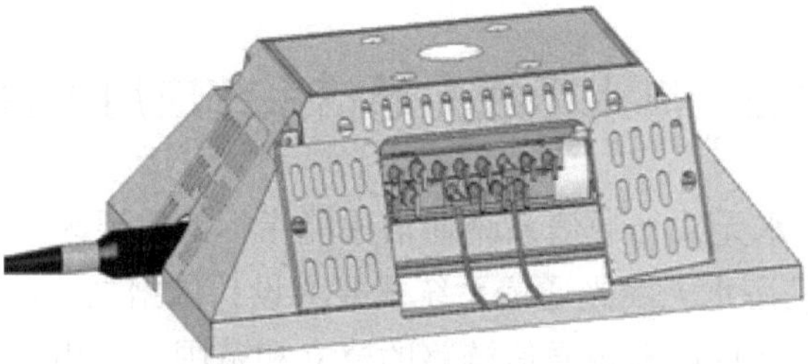

图 7.2　海底接驳盒渲染图

海底接驳盒主要包括三种功能：①中继功能、电能传输、转换和分配管理；②信息的处理和存储、数据通信、控制指令传输；③接口规范转换和自我维护、为海底载荷提供热插拔接口，通过观测设备插座模块对各观测设备信号传输、控制与通信。

海底接驳盒一般分为主接驳盒和次级接驳盒，次级接驳盒外接许多测量仪器设备，例如声学多普勒流速剖面仪、温盐深仪、海底地震仪、海啸压力计与水听器等。这些测量仪器设备会实时获取大量海底特征信息，这些信息数据通过海底光缆会聚到次级接驳盒，再由次级接驳盒通过光电复合缆传输到主接驳盒，主接驳盒外安装有信息发射装置，利用无线光通信技术可以将这些信息数据传输到 UUV，再利用 UUV 的浮标通信装置传输到大型船只、岸基站或通信卫星。为了保证这些信息数据实时快速地传输到数据中心，需要主接驳盒和 UUV 的通信系统能够实现双向、实时的数据传输。

7.2.3　海底观测网

海底观测网是指利用海底光缆将海底分散的海洋环境观测、地质勘探等科学研究节点进行组网，网络中的传感器节点遵从特定的协议，能够实时监测、采集网络分布区域内的各种海洋信息[3]，然后进行信息处理，通过具有远距离传输能力的节点将实时监测信息发送到水面，实现海洋科学信息至岸基的综合传输与交换。海底观测网为获取连续、系统、实时的海洋观测资料提供了一种全新的技术手段，为深海科学研究提供技术支撑，通过它可以深入海洋内部观测和认识海洋。“透明海洋”立体观测网中包含海底观测网，其布局与结构如图 7.3 所示。

图 7.3　“透明海洋”立体观测网[4]

“透明海洋”立体观测网包括全球海气界面观测网、深远海水体观测网和深远海海底观测网。海底观测网具有观测时间长、范围广和实时性好等特点，是海洋监测领域的重点发展方向。

海底观测网由岸基站进行高压供电，利用海底接驳盒为各种功能载荷提供持续能源供给，并采用观测设备插座模块，实现各种海底观测设备与接驳盒灵活对接。这些次级接驳盒和测量仪器设备就构成了整个海洋观测系统的主干网络和节点，通过建立高速率、远距离通信链路，实现实时高带宽的数据传输。

7.2.4　深海空间站

深海空间站是指在海底建立一种类似太空空间站的海底基地，可以实现科研人员在海底环境中的长期驻留，在深海海域进行长周期、全天候的工程作业、资源探测与开发。在军事上，不管是攻击还是防御，都可利用深海空间站扩大探测能力，实现隐蔽空间和全天候的作业；在科学研究中，深海空间站可作为海洋科学研究最有利的科研平台；在能源及其他民用工业领域，可作为深海维修、检测和作业的搭载、能源供给和技术支持平台。中国深海空间站主站的三步走战略如图 7.4 所示。

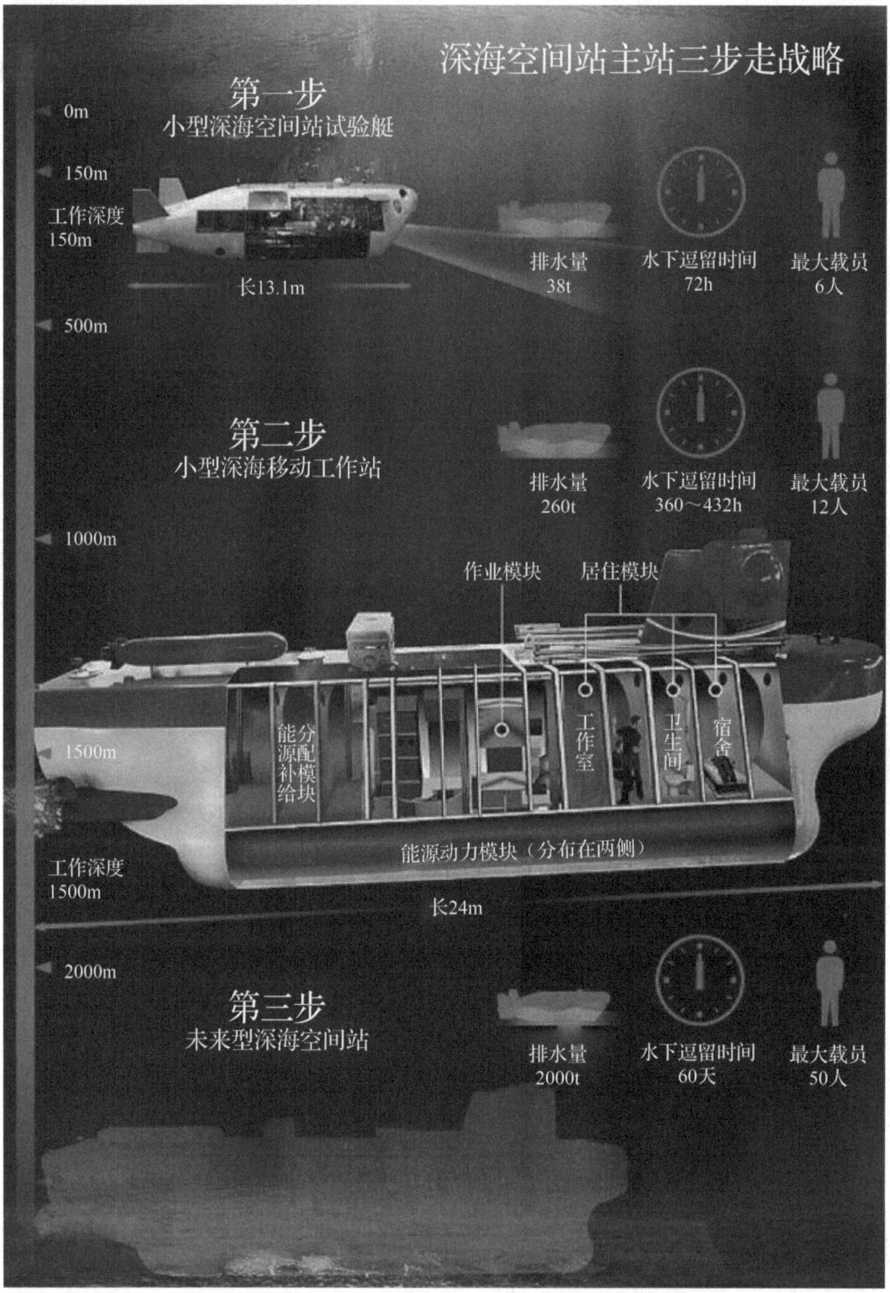

图 7.4　中国深海空间站主站的三步走战略[5]

由于深海的海洋环境无时无刻不在发生变化，只有通过长时间不间断的观测和研究，才能获得完整的海底信息。深海空间站突破了 UUV 等航行器只有数小时观察探测时间的限制，具备了更长的深海驻留时间、能够搭载更多的有效载荷、增加了更多的有效空间等功能，以开展更大范围的深海作业作为主要目的。深海空间站在深海进行操控作业，不会受到海面恶劣风浪环境的影响。而为了深海空间站中的海量信息能够及时有效地传递给岸基信息中心，需要海水无线光通信技术的支持。

7.3　应用平台对通信系统性能影响

以 UUV 和海底接驳盒为例，针对应用于 UUV 的海水无线光通信系统，需建立 UUV 与海底接驳盒之间的无线高速率通信。随着关键技术和工程化的逐渐成熟，期望未来海水无线光通信技术能够应用于海底观测网和深海空间站。

为此，本节主要介绍 UUV 与海底接驳盒处于不同相对位置时所采用的通信方案，并对 UUV 在海洋环境中的位移姿态误差和角度姿态误差对海水无线光通信系统的约束影响进行数据分析。

7.3.1　工作模式约束条件分析

UUV 与海底接驳盒之间的相对位置主要有三种，分别是悬停、过顶和盘旋。

1. 悬停

UUV 在工作过程中，通常能够悬停在海底接驳盒的前方或正上方进行数据交换，此时 UUV 与海底接驳盒之间的通信可视为准静态通信过程，因此可以选择适合短距离通信的数据传输模式来构建海水无线光通信链路。UUV 悬停姿态模型如图 7.5 所示。

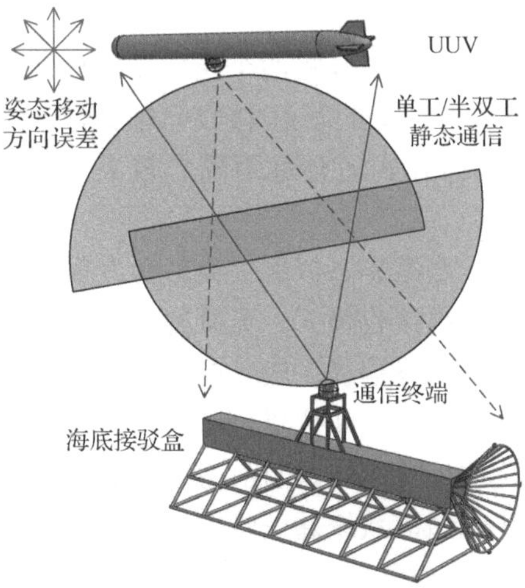

图 7.5　UUV 悬停姿态模型

2. 过顶

UUV 以一定的移动速度通过海底接驳盒上方的通信终端。在整个过顶工作过程中，该模式可以依靠通信终端的大束散角发射和大视场接收实现无线光通信，无须使用转台，具有机动、灵活、轻量化等特点；也可以采用二维伺服转台进行扫描，实现两个通信终端的发射/接收光轴的动态对准，从而实现 UUV 与海底接驳盒之间实时的数据互传。UUV 过顶姿态模型如图 7.6 所示。

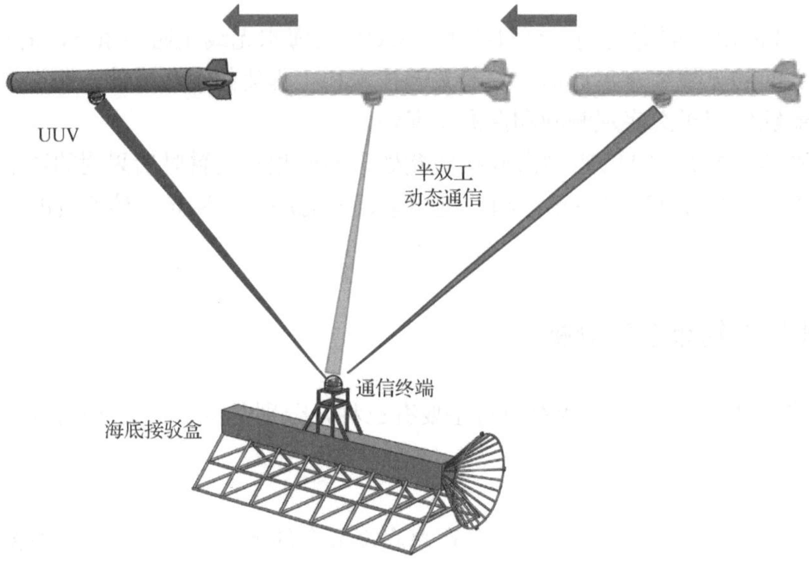

图 7.6　UUV 过顶姿态模型

3. 盘旋

UUV 可以绕海底接驳盒匀速盘旋运动，将两个通信终端分别安装在海底接驳盒顶端支架上和 UUV 的头部，利用伺服结构对二者的发射/接收光轴进行动态对准，扫描范围为半立体空间，以实现实时的数据互传。该方式适合远距离、较高速率的数据传输。UUV 盘旋姿态模型如图 7.7 所示。

在 UUV 的三种运动姿态中，悬停姿态依靠大束散角发射和接收实现，相对海底接驳盒属静态通信，静态通信一般采用凝视接收模式，无须复杂的伺服扫描跟踪捕获系统，但是为实现连续稳定的数据传输，需要通信终端提供较大的发射和接收视场，以实现通信光束在远距离处大范围覆盖，使 UUV 处于不同空间位置也都能与海底接驳盒建立通信链路；而过顶和盘旋姿态需要采用二维伺服结构进行实时扫描，属动态通信，一般采用大范围扫描和大视场捕获的模式，实现海水无线光通信系统通信收发双端光轴的对接引导，然后再进行数据传输。

当 UUV 与海底接驳盒距离较远时，主要依靠声呐进行导引定位，使其逐渐靠近并悬停在海底接驳盒附近。然而，声呐定位精度具有一定的误差，悬停的距离和范围存在着不确定性，成为制约 UUV 与海底接驳盒之间建立无线通信链路的主要因素之一。

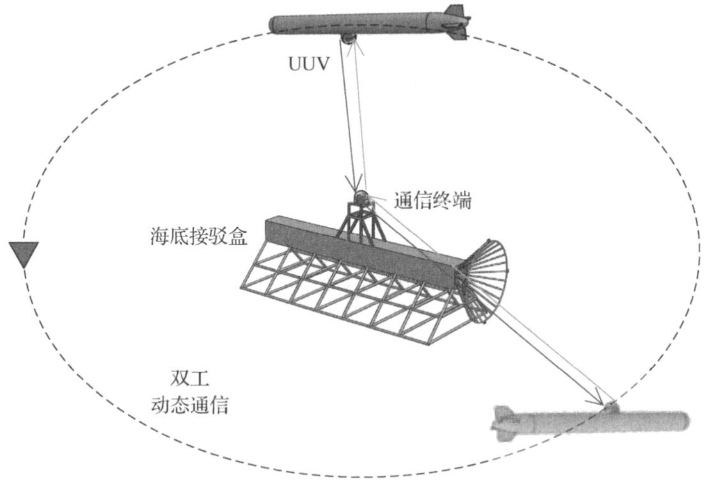

图 7.7　UUV 盘旋姿态模型

7.3.2　位移姿态误差约束分析

由于海洋环境的多变性和水体的波动，即使精度再高的控制技术，也无法保证 UUV 在海洋环境下姿态的高精度定位，因此，在通信过程中，搭载于 UUV 的海水无线光通信系统无法保持在一个绝对静止的状态下进行数据传输。一般情况下，UUV 在水平位移方向上会有 ±(3～5)m 的位置误差，即 UUV 前后左右的移动范围为相当于以 3m 和 5m 为半径的同心圆，其位移姿态误差范围如图 7.8 所示。

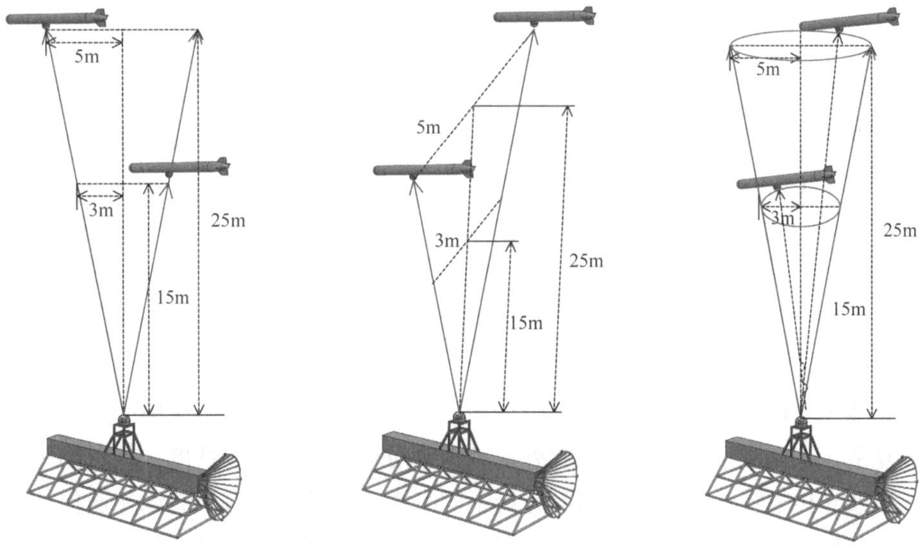

（a）前后位移姿态误差　　（b）左右位移姿态误差　　（c）水平位移姿态误差

图 7.8　UUV 位移姿态误差范围示意图

为了避免±(3～5)m 的位移姿态误差对接收视场的影响，需要海水无线光通信系统的发射单元能够提供较大的发射视场，以实现大范围远场覆盖通信。经过计算分析可知，发射视场至少为 22°时，可以确保海水无线光通信系统的发射单元在位移姿态误差允许范围内都能够与海底接驳盒的接收单元建立通信链路。

7.3.3　角度姿态误差约束分析

UUV 相对海底接驳盒还具有一定的角度姿态误差，通过经验和实测数据可知，UUV 在方位和俯仰方向的角度姿态误差一般为±0.5°，在横滚翻转方向的角度姿态误差一般为±(2°～3°)。以 UUV 在俯仰方向上的角度姿态误差为例，当通信发射视场为 22°左右时，UUV 俯仰角度姿态误差如图 7.9 所示。

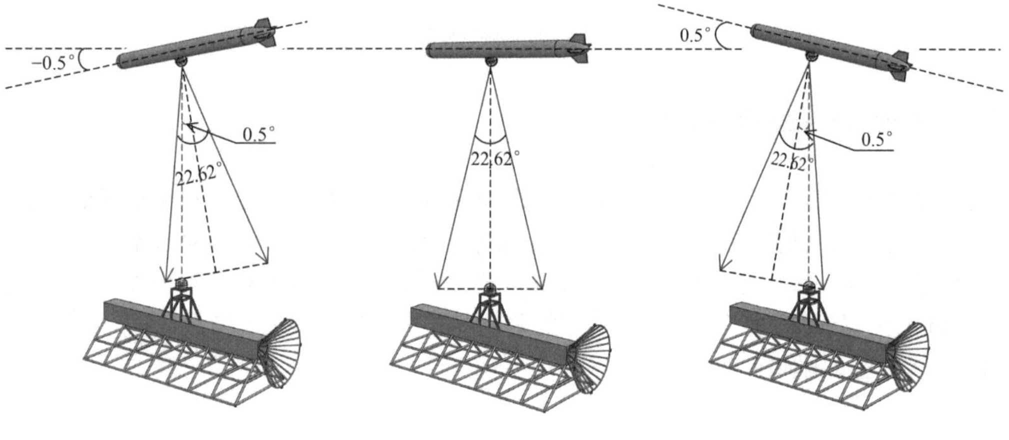

（a）俯角姿态误差　（b）水平姿态　（c）仰角姿态误差

图 7.9　UUV 俯仰角度姿态误差示意图

通过分析可知，在近距离通信时，角度姿态误差很容易造成两个光端机间的对准困难。因此，需要设计大视场接收天线结构，以补偿姿态误差的影响。在远距离通信时，可以忽略 UUV 的角度姿态误差对海水无线光通信系统性能指标的影响。

7.4　海水信道无线光传输特性

海水无线光通信研究中所采用的通信信道一般为纯净水，而实际应用中通信信道的水体环境十分复杂，诸如湖水、海水等。此外，不同水质环境中所包含盐度、有机物等物质的浓度不同，导致光传输特性也不同，因而分析不同海水水质条件对海洋无线光通信技术的通信性能影响十分重要。海洋系统结构复杂，海水的光传输特性主要受到 4 种物质影响，进而对海水无线光通信系统的工作性能产生影响。①水分子，对光子具有吸收和散射的作用；②浮游植物，主要是浮游藻类，它们的细胞中含有色素，对光子具有吸收和散射的作用，并且表现出对某种频率的光子进行选择性吸收的特点；③悬浮颗粒，由浮游植物死亡而产生的有机碎屑以及陆生或湖底泥沙经过再悬浮而产生的无机悬浮颗粒，这类物质也被称为非色素悬浮物质，直径一般小于 200μm，它们对光子也同时具有吸收和散射双重作用；④黄色物质，由黄腐酸、腐殖酸组成的溶解性有机质，通常称为黄色物质，它使水体带有一定的颜色，黄色物质对光子具有单一的吸收效应。接下来我们将从海水的光学特征参量入手，分别从海水信道的吸收效应、散射效应、衰减效应以及海水信道光功率衰减的数值仿真方法等方面来阐述海水信道的无线光传输特性。

7.4.1　海水光学特征参量

在描述海水光学性质时，常常涉及一些光学特征参量，如辐射通量、辐射强度、辐射亮度、辐射照度、吸收系数、散射系数、衰减系数和体散射函数。下面将逐一介绍这些光学特征参量的定义，为后续分析海水光学特性对通信性能的影响提供理论参考。

1. 辐射通量

辐射通量又称辐射功率，指单位时间内通过某一截面的辐射能量，单位为 W（瓦），即 1W（瓦）=1J/s（焦耳/秒），其物理意义为辐射能量随时间的变化率：

$$\Phi=\frac{\mathrm{d}Q}{\mathrm{d}t} \tag{7.1}$$

式中，Φ 表示光辐射通量；$\mathrm{d}Q$ 表示单位辐射能量；$\mathrm{d}t$ 表示单位时间。

2. 辐射强度

辐射强度是指辐射源在某一方向上单位立体角内的辐射通量，单位为 W/sr，其定义解析式可以表示为

$$I=\frac{\mathrm{d}\Phi}{\mathrm{d}\Omega} \tag{7.2}$$

式中，I 表示光辐射强度；$\mathrm{d}\Phi$ 表示单位光辐射通量；$\mathrm{d}\Omega$ 表示单位立体角。多数辐射源的辐射强度正比于该方向与表面法线之间夹角的余弦，这样的辐射源称为余弦辐射体或朗伯辐射体。

3. 辐射亮度

辐射亮度简称为辐亮度，是指辐射源在单位投影面积上、单位立体角内的辐射通量，单位为 $\mathrm{W/(m^2\cdot sr)}$，即

$$L=\frac{\mathrm{d}I}{\mathrm{d}S\cos\theta} \tag{7.3}$$

式中，L 表示光辐射亮度；$\mathrm{d}I$ 表示单位辐射强度；$\mathrm{d}S\cos\theta$ 表示单位投影面积。

4. 辐射照度

辐射照度简称为辐照度，是指受照单位面积上的辐射通量，单位为 W/m^2，其定义解析式可以表示为

$$I_r = \frac{d\Phi}{dS} \tag{7.4}$$

式中，I_r 表示辐射照度；dS 表示受照单位面积。

5. 吸收系数

光束在介质中传输时，光强随传输距离或穿透深度而衰减的现象称为光的吸收，光的吸收遵循朗伯-比尔定律。吸收系数是朗伯-比尔定律中的一个常数，通常用符号 α 表示，称为介质对该单色光的吸收系数。

光束通过海水信道，经过的距离为 dl 后，由水分子吸收而引起的光束能量的衰减为 dQ，则有

$$dQ = -\alpha Q dl \tag{7.5}$$

6. 散射系数

根据吸收系数的定义，同理可知：

$$dQ = -\beta Q dl \tag{7.6}$$

式中，β 表示散射系数。

7. 衰减系数

根据吸收系数和散射系数的定义，同理可知：

$$dQ = -\gamma Q dl \tag{7.7}$$

式中，γ 表示衰减系数，且多数情况下 $\gamma = \alpha + \beta$。

8. 体散射函数

在某一方向单位散射体积、单位立体角内散射辐射强度与入射体积上的辐射照度之比，称为体散射函数，其表达式为

$$\Psi = \frac{dI}{dV dI_r} \tag{7.8}$$

式中，Ψ 表示体散射函数；dI 表示散射光强度；dV 表示单位散射体积；dI_r 表示入射光的单位辐射照度。

将体散射函数在所有方向上进行积分，可以得出水体散射系数与体散射函数之间的关系为

$$\beta=\int_0^{4\pi}\chi\mathrm{d}\Omega=2\pi\int_0^{\pi}\chi\sin\theta\mathrm{d}\theta \tag{7.9}$$

式中，χ 表示体散射函数；θ 表示光束散射方向。

海水信道的成分结构复杂，在建立水体光学特性物理模型时，需要对约束条件进行适当的理想化，并根据统计学规律给出可行性的概率评估。例如，将海水信道中的介质粒子看成独立标准球体，且每个粒子的间距必须远大于光束波长和粒子直径。

吸收和散射是影响海水光传输特性至关重要的两个因素，它们都可以降低脉冲光的振幅，并产生码间干扰效应。在理想状态下建立海水光学传输特性的物理模型，从而预估和分析不同波长的激光在不同海水环境中光传输的特性。光子在海水介质的传播模型可以用辐射传输方程[6]来表示

$$\frac{\mathrm{d}L}{\mathrm{d}r}=-c(\lambda)L+L^{\mathrm{E}}+L^{\mathrm{I}} \tag{7.10}$$

式中，$L(r,\theta,\phi,\lambda)$ 表示在任意空间位置 (r,θ,ϕ) 处的光辐射，单位是 $\mathrm{W\cdot m^{-2}\cdot sr^{-1}\cdot nm^{-1}}$，其中 r、θ、ϕ 分别表示光传输的距离、传输方向的极角和方位角；$c(\lambda)$ 表示与波长和信道水质类型相关的衰减系数；L^{E} 和 L^{I} 分别表示与弹性和非弹性散射相关的函数。

7.4.2　海水吸收效应分析

海水对光的吸收效应主要表现为入射到水中的光能转化为热动能、化学势能等能量形式。光能向热动能转变是水体对光束吸收的主要机理，在这个吸收过程中，光束中的光子将会消失。水分子是极化的，水分子在紫外和红外波段会产生强烈的共振，在可见光波段产生的共振较弱，纯净海水对可见光的吸收效应要比紫外和红外光小得多[7-10]。

图 7.10 为水体对不同波长光子的吸收系数曲线。在清澈海水中，波长为 450～580nm 波段范围内的光吸收效应最小，吸收系数一般为 0.3～1.2dB/m，其中波长为 475nm 的光的吸收系数最小，为 0.3dB/m。在港口海水信道中，绿光的吸收效应要小于蓝光的吸收效应[11-12]。

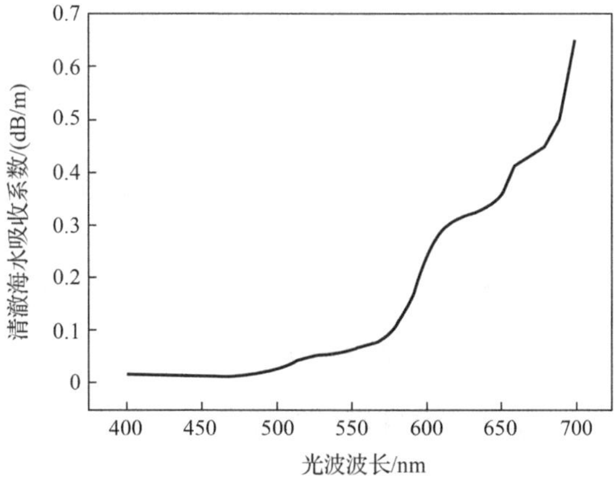

图 7.10　水体对不同波长光子的吸收系数曲线

由于海水信道的复杂性和多样性，要完全弄清楚水中粒子的成分是非常困难的，所以难以实现通过分析纯净海水和各种杂质粒子的吸收特性得到海水信道的吸收系数。考虑到地球上大多数水体中浮游植物的浓度都较高，其中叶绿素对光的吸收作用较强，因此，Prieur 等[13]通过分析九十种不同水体的光谱吸收数据，得到了基于叶绿素浓度的吸收模型：

$$\alpha(\lambda)=[\alpha_{\mathrm{p}}(\lambda)+0.06\alpha_{\mathrm{s}}^{*}(\lambda)C^{0.65}][1+0.2\mathrm{e}^{-0.014(\lambda-440)}] \tag{7.11}$$

式中，$\alpha_{\mathrm{p}}(\lambda)$ 为纯净海水的吸收系数（单位为 m^{-1}），λ 为波长（单位为 m）；$\alpha_{\mathrm{s}}^{*}(\lambda)$ 为由统计规律得到的叶绿素的吸收系数（单位为 m^2/mg）；C 为叶绿素的浓度（单位为 $\mathrm{mg/m}^3$），不同的水体具有不同的叶绿素浓度。

例如，纯净海水的叶绿素浓度为 $0.005\mathrm{mg/m}^3$，清澈海水的叶绿素浓度为 $0.31\mathrm{mg/m}^3$，近岸海水的叶绿素浓度为 $0.83\mathrm{mg/m}^3$，港口海水的叶绿素浓度为 $5.9\mathrm{mg/m}^3$。表 7.1 中给出四类海水信道基于叶绿素浓度的吸收系数。

表 7.1　四类海水信道的吸收系数

海水水质类型	C /(mg/m^3)	α /m^{-1}
纯净海水	0.005	0.053
清澈海水	0.31	0.069
近岸海水	0.83	0.088
港口海水	5.9	0.295

7.4.3　海水散射效应分析

散射是一种改变光子传播方向和频率波动、不改变光子其他特性的光学效应。被散射的光子并没有消失，仍然存在于空间信道，偏振光经过散射时，偏振态将随机改变，相位和幅度呈现随机起伏特性，空间相干性和时间相干性都会受到破坏[14]。入射到海水中的光束，受到海水中粒子的散射作用，其光能量将分布在一个很宽的角度范围。

散射光强随入射角的变化规律至关重要，海水的体散射函数与散射角度的关系十分密切，水体散射具有很相似的前向散射峰值。海水的粒子散射使后向和侧向散射比纯净海水都增加了一些，但增加最多的是前向散射，即水体都存在这一个尖锐的前向散射区。海水中悬浮粒子的密度、大小、分布极其复杂，常采用体散射函数描述光在水中的散射情况，当粒子密度很低时，体散射函数趋近于纯净海水的散射系数。

根据米氏散射理论，将悬浮粒子简化为等效球体，其散射系数可以表示为

$$\beta(\lambda)=\pi r^2\rho\kappa \tag{7.12}$$

式中，r 表示悬浮粒子半径；ρ 表示悬浮粒子的密度；κ 表示粒子的散射截面与几何截面之比，称为散射效率因子。

原则上，在理想条件下已知悬浮粒子的尺度和密度，依据式（7.12）就可以计算出散射

系数。由于精确描述水中粒子的成分和尺寸非常困难，因此，类似于基于叶绿素浓度的吸收模型，Gordon 等[15]、Lydia 等[16]提出了基于叶绿素浓度 C 的散射系数公式：

$$\beta(\lambda)=\left(\frac{550}{\lambda}\right)0.30C^{0.62} \tag{7.13}$$

不同大洋、不同水质的散射系数经验公式还要做进一步修正。

根据米氏散射的特点，当光子的传输距离较远或海水中其他粒子的密度较大时，发生多次散射的概率会大大增加，导致光子的传输方向变得毫无规律，经过多次散射的光子仍有可能重新回到初始的发射光轴方向上来，进入通信接收单元，给通信发射信号带来时域上的波形畸变和频域上的频率特征改变，这种现象叫作多径散射效应[17-18]。基于海水信道的随机波动特征，多次散射效应也呈随机响应的特征，尽管多次散射效应产生的散射信号也会携带通信数据，但是其随机性导致通信数据非常难以提取，应当将散射光视作噪声处理。另外，散射信道的随机性和复杂性也使其很难通过简单的数学公式描述，所以需要分析不同条件下的体散射函数，并基于体散射函数的特点来研究散射角的分布规律和多径效应的统计特性。表 7.2 给出四类海水水质类型基于叶绿素浓度对光在海水信道中传输的散射系数。

表 7.2　四类海水水质的散射系数

海水水质类型	C /(mg/m^3)	β /m^{-1}
纯净海水	0.005	0.003
清澈海水	0.31	0.08
近岸海水	0.83	0.216
港口海水	5.9	1.875

由于海水信道对光的折射和散射，光束在海水中传输时会产生径向扩散，到达接收单元的光斑直径大于在大气中传输相同距离时的光斑直径，能量密度也会随之变小，从而降低海水无线光通信系统的性能。通过优化设计发射单元和接收单元的光学系统可以改善光束扩散所带来的负面影响，比如压缩发射束散角、增加接收天线的数值孔径等。

任何进入水中的光都相当于许多准直单色光束的适当叠加，所以海水的大多数光学特性以及影响光束在海水中传输的规律都可通过如下方法来进行研究，将一束高度准直的单色光束入射到无背景光的水中，测量光通量或辐射照度的分布情况。

海水的吸收过程使海水光场的能量受到损失，海水的散射过程改变了海水光场的能量分布，迫使准直光束逐步向漫反射光过渡。事实上，任何初始光场在海水中传输一定距离后，最终的光场分布都会成为漫反射场，这个一定的距离被称为特征距离，约为$11.2/\beta$。准直光束中的光子在多次效应的作用下，所走的光程不能简单地被认为是发射光源与接收端之间的直线距离l，实际散射光子的光程为L，且$L \geqslant l$。

7.4.4　海水衰减效应分析

假设一束光穿过单位体积ΔV的水体时，入射光受到海水的吸收、散射等效应，最终通过海水信道进入通信接收单元的光功率已经是经过海水信道固有光学特性约束后的光信号，为了分析这部分光信号的物理意义，建立海水信道中光束传输功率衰减模型如图 7.11 所示。

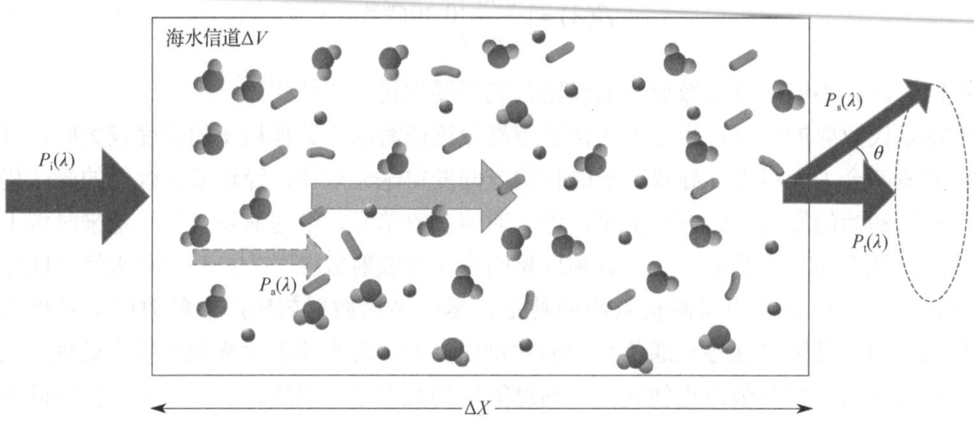

图 7.11　海水信道中光束传输功率衰减模型

若入射光束波长为 λ，则入射光能量 $P_i(\lambda)$ [19]可表示为

$$P_i(\lambda)=\frac{hc}{\lambda}\cdot\frac{N}{\Delta\lambda} \tag{7.14}$$

式中，h 表示普朗克常量；c 表示光速。

光在海水信道中传输时，部分能量被水、叶绿素等物质吸收转化为其他形式的能量，表示为 $P_a(\lambda)$；还有部分光能量会由于水中的杂质、悬浮颗粒等粒子的存在而发生散射，表示为 $P_s(\lambda)$；剩余未受影响的光能量 $P_t(\lambda)$ 会通过该水体。

根据能量守恒定律，入射光能量 $P_i(\lambda)$ 也可表示为

$$P_i(\lambda)=P_a(\lambda)+P_s(\lambda)+P_t(\lambda) \tag{7.15}$$

将光吸收能量比定义为光吸收能量与入射光能量之比，光散射能量比定义为光散射能量与入射光能量之比，即

$$\begin{cases} A(\lambda)=\dfrac{P_a(\lambda)}{P_i(\lambda)} \\ B(\lambda)=\dfrac{P_s(\lambda)}{P_i(\lambda)} \end{cases} \tag{7.16}$$

若单位体积 ΔV 的水的边长为 ΔX，对 ΔX 取极限，可得吸收系数和散射系数为

$$\begin{cases} \alpha(\lambda)=\lim\limits_{\Delta X\to 0}\dfrac{\Delta A(\lambda)}{\Delta X}=\dfrac{\mathrm{d}A(\lambda)}{\mathrm{d}X} \\ \beta(\lambda)=\lim\limits_{\Delta X\to 0}\dfrac{\Delta B(\lambda)}{\Delta X}=\dfrac{\mathrm{d}B(\lambda)}{\mathrm{d}X} \end{cases} \tag{7.17}$$

吸收和散射作用导致光功率衰减的衰减系数可表示为吸收系数和散射系数的线性组合，如下所示：

$$\gamma(\lambda)=\alpha(\lambda)+\beta(\lambda) \tag{7.18}$$

根据相关文献资料的不完全统计，可得四类海水信道基于叶绿素浓度的吸收、散射和衰减系数汇总如表 7.3 所示[20-21]。

表 7.3　四类海水信道的吸收、散射和衰减系数

海水水质类型	C /(mg/m^3)	α /(dB/m)	β /(dB/m)	γ /(dB/m)
纯净海水	0.005	−0.23	−0.013	−0.243
清澈海水	0.31	−0.3	−0.35	−0.651
近岸海水	0.83	−0.38	−0.94	−1.325
港口海水	5.9	−1.27	−8.15	−9.43

通过分析表 7.3 中的数据可知，随着水中叶绿素浓度的增加，水的吸收和散射效应均呈现增长的趋势，从衰减系数的数值大小的角度分析来看，可以得到以下结论。

（1）从吸收、散射和衰减系数的数值上来看，基本符合式（7.18），说明海水的衰减效应主要是叶绿素等对光子的吸收和散射作用导致的。

（2）当水质类型为纯净海水时，海水对光功率的吸收效应是散射效应的 17.7 倍，说明此时信号光功率的衰减主要由吸收效应决定，海水中悬浮粒子密度几乎为 0mg/m^3，光子主要与海水中的水分子相互作用。

（3）当水质类型为清澈海水时，海水对光功率的散射效应和吸收效应基本相当，且散射效应略大于吸收效应，这主要是海水中的一些“黄色物质”或悬浮颗粒造成的散射效应影响。此时，通信发射信号光功率的衰减由吸收和散射两种效应共同决定。

（4）从表 7.3 中所列数据可以看出，近岸海水散射系数是吸收系数的 2.47 倍，说明水中存在着大量的悬浮颗粒、“黄色物质”或其他能够引起光子散射的其他粒子。此时，通信发射信号光功率的衰减受散射效应的影响更为显著。

（5）通过对数据的纵向对比分析，四种不同水质类型的海水信道，表征吸收效应的吸收系数增长趋势缓慢，水质最差的港口海水也仅仅比水质最好的纯净海水对信号光功率多衰减了 1.04dB/m，但是对比表征散射效应的散射系数，不同水质类型海水的散射系数则是呈现出几何级数式的增长，近岸海水的散射系数约是纯净海水的 72.31 倍。由此可见，随着海水水质条件的逐渐恶劣，在海水信道对通信发射信号的光功率衰减过程中，散射效应所占的比重要远大于吸收效应所占的比重。

7.4.5　海水信道光功率衰减数值仿真

纯净海水与港口海水代表了光功率衰减的两种极端情况，纯净海水的散射系数很小，而浑浊港口海水的衰减系数很大。因此，这两类水体在数值仿真中均不具有代表性。因此暂不作考虑。本节重点针对清澈海水和近岸海水两类水质条件下的光功率衰减情况进行数值仿真[22]。清澈海水和近岸海水对波长为 475nm 的光束进行数值仿真的主要技术参数如表 7.4 所示。

表 7.4 不同海水信道对蓝光传输衰减的数值仿真参数

参数	数值
通信波长	475nm
发射光功率	30dBm
接收光学天线口径	75mm
发射天线光耦合效率	92%
接收天线光耦合效率	85%
光束宽度	3mm
光束最大束散角	15°
接收视场	30°
传输速率	10Mbit/s
信道衰减系数	0.651dB/m（清澈海水） 1.325dB/m（近岸海水）
SOA 小信号增益	10dB、15dB 或 20dB
探测器响应度	0.82A/W
电噪声	3dB

注：SOA 为半导体光放大器（semiconductor optical amplifier）。

清澈海水和近岸海水两类海水水质条件下传输距离与接收光功率之间的关系曲线如图 7.12 所示。

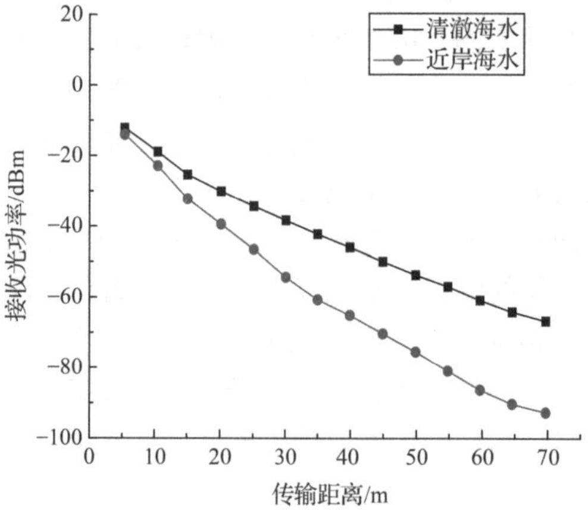

图 7.12 两类海水水质条件下传输距离与接收光功率之间的关系曲线

从图 7.12 中可以看出，无论是清澈海水还是近岸海水，接收光功率都会随着传输距离的逐渐增加而减小，近岸海水的衰减系数较大，因此接收光功率的衰减趋势更为陡峭。仿真结果表明，在传输距离一定时，通信光功率在恶劣海水信道中的传输损耗要远大于在良好海水信道中的传输损耗，这是海水信道制约传输距离的根本原因。

7.5　海水信道传输延时和波形展宽特性

通信光在海水中传输时，会遇到许多粒子而发生多次散射，一方面导致光束在空间上的发散，另一方面产生多径效应，导致散射光子与未散射光子到达探测器的路径不同，从而传输时间不同，前者大于后者，产生通信延时。

多级散射的部分光子重新进入光轴，导致信号光波形在时域上的展宽，自由空间光功率衰减增加。波形展宽会增加信号正确检测的难度，信号波形发生变化并产生时隙间的串扰，降低接收端的信噪比，造成探测器误码率的提高，这对海水无线光通信、海洋探测等光电技术的应用将产生严重影响。理论研究表明，散射导致信号光传输延迟对海水无线光通信性能的影响要大于能量衰减的影响，传输距离、水质条件和接收视场等参数都对通信发射光信号的波形展宽产生重要影响。

研究不同参数对通信光传输延时和波形展宽的影响，需要分析和选择传输延时的模拟方法，建立信号光波形展宽的数学模型，并根据通信参数进行数值仿真分析，本节将对上述内容逐一介绍。

7.5.1　传输延时数值模拟方法

光束在海水信道中传输延时特性的模拟方法有三种：小角度近似法、唯象方程法和蒙特卡罗法。下面给出这三种方法分析计算脉冲光传输延时特性的数学模型。

1. 小角度近似法

水体散射包括水本身的散射和悬浮粒子引起的散射。纯净海水散射被当作一种分子散射，采用瑞利散射理论和起伏理论处理。悬浮粒子的尺寸分布随水质不同而差异很大，大多属于大粒子范畴，即粒子平均半径 $r \gg \lambda$（λ 为光波长），此时水体散射相位函数具有很强的前向选择性，即散射能量将集中在偏离光轴附近很小的角度范围内。

类比于经典电子散射理论中的小角度近似的处理方法，将光子与悬浮粒子看成不带电的球形粒子，光子与悬浮粒子之间的散射作用也可采用同样的处理方法。假设水体散射引起的脉冲传输延迟为 ΔT，它等于存在散射效应时的脉冲传输时间 T_s 减去无散射效应时的脉冲传输时间 T_0，即 $\Delta T = T_s - T_0$，光子在水中的散射角分布满足散射相函数，得到近似光子有效散射投影角[23]表示为

$$\sigma = \sqrt{\omega_0 n \int_0^1 \theta_0^2 P(\theta_0) \mathrm{d}\theta_0} \tag{7.19}$$

式中，$\omega_0 = \beta / \gamma$ 表示海水信道单程散射反照率，β 表示海水信道散射系数，γ 表示海水信道衰减系数；n 表示在传输距离为 0～L 范围内标准散射长度个数，即光子与水中粒子相互作用的次数；θ_0 表示光子与粒子单次碰撞时的散射角。

由式（7.19）可以看出，$\omega_0 n$ 用来描述在 0～L 范围内光子被粒子散射的次数，这些散射角的均方根为海水信道中光束由散射形成的总偏转角度。$P(\theta_0)$ 表示粒子散射位相函数，它

随信道水质的不同而具有不同的表达式，其经验公式为

$$P(\theta_0)=\frac{20\beta}{\theta_0}\mathrm{e}^{-10\theta_0} \tag{7.20}$$

空间直角坐标系可表示空间任意一点(x,y,z)到原点的距离R，计算公式为

$$\frac{\mathrm{d}R}{\mathrm{d}t}=\sqrt{\left(\frac{\mathrm{d}x}{\mathrm{d}t}\right)^2+\left(\frac{\mathrm{d}y}{\mathrm{d}t}\right)^2+\left(\frac{\mathrm{d}z}{\mathrm{d}t}\right)^2} \tag{7.21}$$

对式（7.21）进行极坐标转换可得

$$\mathrm{d}R=\sqrt{1+\left|\frac{\mathrm{d}r}{\mathrm{d}l}\right|^2}\mathrm{d}l \tag{7.22}$$

在小角度的情况下，光子轨迹的横向投影为

$$\mathrm{d}r=l\sqrt{\omega_0 n_0\theta_0^2}=\sqrt{1+\frac{9}{4}\omega_0 n_0\theta_0^2}\,\mathrm{d}z \tag{7.23}$$

式中，n_0表示水体折射率。

对式（7.23）进行积分可得

$$R=\frac{8l}{27\omega_0 n_0\theta_0^2}\left\{\left[1+\frac{9}{4}\omega_0 n_0\theta_0^2\right]^{3/2}-1\right\} \tag{7.24}$$

综上所述，水体散射引起的传输延迟可以表示为

$$\Delta T=T_{\mathrm{s}}-T_0=\frac{8nl}{27c\omega_0 n_0\theta_0^2}\left\{\left[1+\frac{9}{4}\omega_0 n_0\theta_0^2\right]^{3/2}-1\right\} \tag{7.25}$$

由此可知，不论水质参数如何，通信光的传输延迟都会随着传输距离的增加而呈现出类似指数增长的趋势。

2. *唯象方程法*

理想δ时域脉冲光在海水信道中传输的波形表达式为

$$f(\delta)=\alpha^2\delta\mathrm{e}^{-\alpha\delta} \tag{7.26}$$

式中，$\delta=l+\Delta l$为散射光的传输距离，l为脉冲光的传输距离；α为吸收系数，其取值与光传输距离、信道水质和接收视场θ有关。

不同角度区域内和水质下的接收光功率与发射光功率之比为

$$\phi(\theta,l)=\mathrm{e}^{-k_{\mathrm{e}}l} \tag{7.27}$$

式中，$\phi(\theta,l)$表示l处球面上夹角小于θ的接收光功率与发射光功率之比；k_{e}为等效衰减系数。

假设光在距离l处的发射能量为E_0，经过距离$l+\Delta l$后的光能量为E_1，则有

$$\frac{E_1}{E_0}=\int_0^{\infty}\exp[-k_{\mathrm{e}}(1+\delta)]f(\delta)\mathrm{d}\delta=\exp(-k_{\mathrm{e}})\int_0^{\infty}\exp(-k_{\mathrm{e}}\delta)f(\delta)\mathrm{d}\delta \tag{7.28}$$

根据 δ 函数性质：

$$\int_0^{\infty} f(\delta)\mathrm{d}\delta = 1 \tag{7.29}$$

所以，$\int_0^{\infty} \exp(-k_{\mathrm{e}}\delta) f(\delta)\mathrm{d}\delta \leqslant 1$，令 $\langle \exp(-k_{\mathrm{e}}\delta) \rangle = \int_0^{\infty} \exp(-k_{\mathrm{e}}\delta) f(\delta)\mathrm{d}\delta$，则有

$$\langle \exp(-k_{\mathrm{e}}\delta) \rangle = \frac{E_1}{E_0 \exp(-k_{\mathrm{e}})} \tag{7.30}$$

若 k_{e} 比较小，采用泰勒级数展开的方法获得 δ 低阶级数：

$$\langle \exp(-k_{\mathrm{e}}\delta) \rangle = \langle 1 - k_{\mathrm{e}}\delta + k_{\mathrm{e}}^2\delta^2/2 - k_{\mathrm{e}}^3\delta^3/6 + \cdots \rangle \tag{7.31}$$

计算可得

$$\langle \delta \rangle = \int_0^{\infty} \delta f(\delta)\mathrm{d}\delta \tag{7.32}$$

将式（7.32）代入式（7.26），经过整理变换后可得

$$\alpha = 2/\langle \delta \rangle \tag{7.33}$$

通过以上时域展宽计算式可获得关于 δ 函数的概率分布信息，也就获得了一定水质条件下和传输距离处脉冲光经过散射后的波形 $f(\delta)$。

3. 蒙特卡罗法

蒙特卡罗法描述光子传输问题的一般过程包括源分布抽样、碰撞过程计算、光子终止判断和统计处理等[24]。蒙特卡罗模拟的第一步是光子随机生成，赋予光子初始位置、传输距离及权重。假设光子的初始位置为(0,0,0)，初始方向为(0,0,1)，初始权重为 $\omega_0 = 1$，对光子传输距离 l 进行随机取值为

$$l = -\frac{1}{\gamma}\ln\varepsilon \tag{7.34}$$

当光子传输距离为 l 时与散射粒子发生碰撞，ε 表示(0,1)之间的均匀分布随机数，γ 表示衰减系数。光子进行一次碰撞发生散射，其权重衰减为 $\omega_{\mathrm{c}} = \beta/\alpha$，其中 α 表示吸收系数，β 表示散射系数，当权重衰减至 10^{-5} 及以下或者光子超出接收范围则将其视为消亡状态。光子经过一段随机运动并发生散射时，新坐标变化可表示为

$$\begin{cases} x = x_1 + U_{x_1} \cdot l \\ y = y_1 + U_{y_1} \cdot l \\ z = z_1 + U_{z_1} \cdot l \end{cases} \tag{7.35}$$

（1）当 $U_z \geqslant 0.999$ 时

$$\begin{cases} U_{x_1} = \sin\theta \cdot \cos\phi \\ U_{y_1} = \sin\theta \cdot \sin\phi \\ U_{z_1} = |U_z|/U_z \cdot \cos\theta \end{cases} \tag{7.36}$$

（2）当U_z＜0.999 时

$$
\begin{cases}
U_{x_1} = \sin\theta(U_x \cdot U_z \cos\phi - U_y \sin\phi) \Big/ \sqrt{1-U_z^2} + U_x \cdot \cos\theta \\
U_{y_1} = \sin\theta(U_y \cdot U_z \cos\phi - U_x \sin\phi) \Big/ \sqrt{1-U_z^2} + U_y \cdot \cos\theta \\
U_{z_1} = -\sin\theta \cdot \cos\phi \cdot \sqrt{1-U_z^2} + U_z \cdot \cos\theta
\end{cases}
\tag{7.37}
$$

式中，(x_1, y_1, z_1)表示光子任意一次碰撞前的位置；(U_x, U_y, U_z)表示光子的入射方向；θ表示水平方位散射角；ϕ表示俯仰方位散射角，且有$\phi=2\pi\xi$，ξ表示(0,1)之间的均匀分布随机数。

经过散射碰撞后，光子运动方向相对于碰撞前光子运动方向的散射角为θ，通过亨尼-格林斯坦相函数抽样得到

$$
\theta = \arccos\left\{\frac{1}{2}\left[1+g^2-\frac{(1+g^2)^2}{(1-g+2g\xi)^2}\right]\right\}
\tag{7.38}
$$

式中，g表示不对称因子，描述光束散射的各向异性程度，其数学表达式为

$$
g = \frac{4}{b\alpha^2}\left[\sum_{n=1}^{\infty}\frac{n(n+1)}{n+1}\mathrm{Re}(a_n a_{n+1}^* + b_n b_{n+1}^*) + \sum_{n=1}^{\infty}\frac{2n+1}{n(n+1)}\mathrm{Re}(a_n b_n^*)\right]
\tag{7.39}
$$

其中，$\alpha = \pi r/\lambda$表示散射粒子的尺寸参数，a_n、a_{n+1}^*、b_n、b_n^*、b_{n+1}^*表示米氏散射系数。

4. 数值仿真

光信号时域脉冲分布特性采用洛伦兹线形函数来近似描述：

$$
I_0(t) = I_0(\tau/2)^2 \big/ [(t-\tau)^2 + (\tau/2)^2]
\tag{7.40}
$$

式中，τ表示脉冲光的半峰值宽度；I_0表示脉冲光的峰值强度。

假设以清澈海水作为海水无线光通信的信道条件，其衰减系数为 0.243dB/m，发射光信号的脉宽为 10ns，通信接收视场为 30°，接收光学天线的数值孔径为 200mm。采用三种方法对信号波形展宽进行仿真，结果如表 7.5 所示。

表 7.5 仿真结果

传输距离/m	小角度近似法展宽脉宽/ns	唯象方程法展宽脉宽/ns	蒙特卡罗法展宽脉宽/ns
6	9.5	9.6	9.52
8	10.0	10.5	10.26
10	11.1	11.6	11.82
12	12.0	13.0	12.94
14	13.4	13.9	13.7
16	14.5	14.7	14.88
18	16.2	15.3	16.16
20	17.6	15.9	17.40

从表 7.5 中可以看出，三种方法的数值仿真结果有所差别，由于方法原理上的局限性，小角度近似法和唯象方程法只适用脉冲光传输距离较近的情况。分析可知，蒙特卡罗法适合模拟传输距离较远的情况，通过该方法仿真了脉冲光传输距离为 25～60m 范围内波形展宽后的数据如表 7.6 所示。

表 7.6　远距离蒙特卡罗法仿真结果

传输距离/m	展宽脉宽/ns	传输距离/m	展宽脉宽/ns
25	19.53	45	44.58
30	22.07	50	53.60
35	27.16	55	60.71
40	35.19	60	66.09

从仿真数据上来看，在相同的视场角和水质条件下，传输距离越远，波形展宽脉宽越大。

7.5.2　波形展宽的数学建模方法

在一定条件下，由试验数据拟合出的信号光经过介质传输后的展宽波形可以表示为函数形式：

$$p_s(t) = E_r \frac{t}{t_m^2} \exp\left(-\frac{t}{t_m}\right) \tag{7.41}$$

式中，E_r 表示接收光的脉冲能量；t_m 表示 $p_s(t)$ 从信号出现到最大值所需的时间。t_m 的取值与传输距离、介质参数有关。模拟不同距离、不同介质参数条件下的 $p_s(t)$ 波形，关键在于 t_m 的取值。通信发射信号光在海水信道中传输时域展宽曲线如图 7.13 所示。

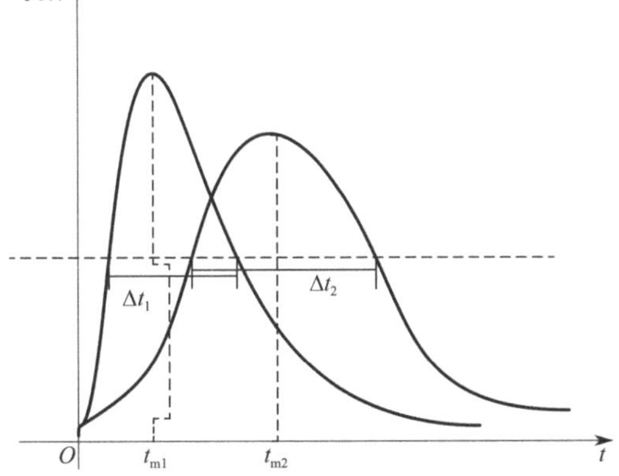

图 7.13　通信发射信号光在海水信道中传输时域展宽曲线

发射光源作为笛卡儿空间坐标系的原点，一束准直光在水中沿着坐标系 z 轴传输，由于水分子和微粒的散射作用，光束传输方向会偏离光轴。笛卡儿坐标系下光子在水体中的散射模型如图 7.14 所示。

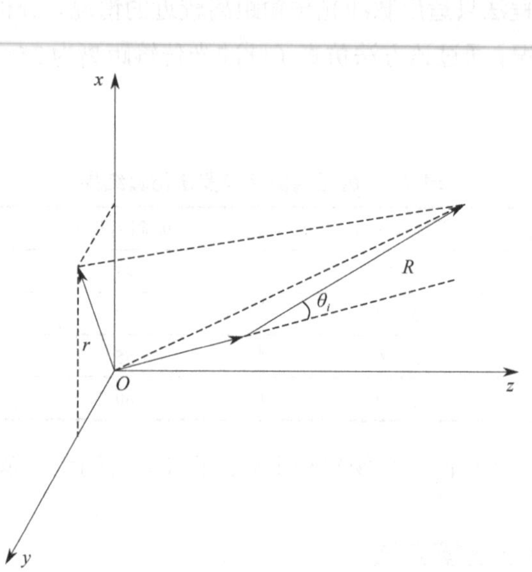

图 7.14 笛卡儿坐标系下光子在水体中的散射模型

由图 7.14 可知，单位时间内光子传输的平均轨迹长度可以表示为

$$\frac{\mathrm{d}R}{\mathrm{d}t}=\sqrt{\left(\frac{\mathrm{d}x}{\mathrm{d}t}\right)^2+\left(\frac{\mathrm{d}y}{\mathrm{d}t}\right)^2+\left(\frac{\mathrm{d}z}{\mathrm{d}t}\right)^2} \tag{7.42}$$

经过变形整理可得

$$\frac{\mathrm{d}R}{\mathrm{d}z}=\sqrt{1+\left|\frac{\mathrm{d}r}{\mathrm{d}z}\right|^2} \tag{7.43}$$

由经典电子散射理论，可以得到光子散射投影角近似为

$$\gamma=\sqrt{\omega_0\tau\theta_0^2} \tag{7.44}$$

式中，$\omega_0=\beta/\gamma$ 表示单次散射反照率，β 表示水体散射系数，γ 表示水体衰减系数；$\tau=cz$ 表示散射介质的光学厚度，即光子在海水中的传输距离 z 所包含的标准衰减长度的个数；θ_0 表示单次散射角 θ_i (i=1,2,3,⋯)的均方根，θ_i 服从水体散射相函数分布。经典高斯型水体散射相函数为

$$\begin{cases} p(\theta)=\dfrac{\beta\eta}{\pi}\exp(-\eta\theta^2) \\ \eta=2.66\left(\dfrac{D}{\lambda}\right)^2 \end{cases} \tag{7.45}$$

式中，D 为散射粒子的直径；λ 为入射光波长。假设接收视场足够大，已知

$$\theta_0=\sqrt{\int_0^{\pi}\theta^2 p(\theta)\mathrm{d}\theta} \tag{7.46}$$

将式（7.45）代入式（7.46）可以计算求得 θ_0 的值。

由于水体体积标量散射相函数具有很强的前向特性，所以可以采用小角度近似法计算光子轨迹在 xOy 平面上的横向投影：

$$\mathrm{d}r\approx\sqrt{\frac{9}{4}\omega_0\tau\theta_0^2}\,\mathrm{d}z \tag{7.47}$$

则

$$\mathrm{d}R=\sqrt{1+\frac{9}{4}\omega_0\tau\theta_0^2}\,\mathrm{d}z \tag{7.48}$$

对式（7.48）两边进行积分计算可得

$$R\approx\frac{0.3z}{\omega_0\tau\theta_0^2}\left[\left(1+\frac{9}{4}\omega_0\tau z_0^2\right)^{3/2}-1\right] \tag{7.49}$$

由此可以得出由水体散射引起的脉冲传输延迟时间的表达式为

$$\tau_{\mathrm{m}}=\frac{R-z}{c}=\frac{z}{c}\left\{\frac{0.3}{\omega_0\tau\theta_0^2}\left[\left(1+\frac{9}{4}\omega_0\tau\theta_0^2\right)^{3/2}-1\right]-1\right\} \tag{7.50}$$

式中，c 为入射光在水中的传输速度。

将由式（7.46）计算得出的 θ_0 代入式（7.50），求出脉冲传输延迟 τ_{m}，进一步计算得到接收光信号功率 $p_{\mathrm{s}}(t)$ 的波形。信号光在时域上的分布特性可以用洛伦兹线形函数近似描述为

$$I(t)=I_0(t_0/2)^2/[(t-t_0)^2+(t_0/2)^2] \tag{7.51}$$

式中，t_0 为信号光波形的半峰值宽度；I_0 为信号光的峰值强度。实际通信系统中发射的信号光不能用理想的 δ 函数来描述，而是有一定的宽度，其初始的时域形状对时域展宽的分析有较大影响。

将信号光经过的水体看成一个独立理想系统，由于只考虑波形的展宽情况，所以可以把 $p_{\mathrm{s}}(t)$ 看成改变了初始时间的系统冲激响应，则信号光波形 $I(t)$ 经过 $p_{\mathrm{s}}(t)$ 所代表的水体后得到的波形是二者的卷积值，即

$$f(t)=I(t)*p_{\mathrm{s}}(t) \tag{7.52}$$

7.5.3　传输距离对传输延时的影响

根据应用场景和海水无线光通信系统技术路线，在表 7.7 中列出了通信光传输延时数值仿真相关特征参数的参数数值，并根据这些数据，开展海水无线光通信传输延时影响因素的仿真实验，并对仿真结果进行了相应的理论分析。

表 7.7　通信光传输延时数值仿真特征参数

特征参数	参数数值							
传输距离 z /m	10				100			
海水水质类型	纯净海水	清澈海水		近岸海水	纯净海水	清澈海水		近岸海水
水体散射系数 β /m^{-1}	0.003	0.08		0.216	0.003	0.08		0.216
水体衰减系数 γ /m^{-1}	0.056	0.15		0.305	0.056	0.15		0.305
单次反照率 ω_0	0.054	0.533		0.708	0.054	0.533		0.708
平均功率 P /W	1				5			
重复频率 f /MHz	10				100			
脉冲能量 E /mJ	0.0001				0.00005			
粒子直径 D /nm	0.4	100	720	1200	0.4	100	720	1200
波长 λ /nm	450				450			
D/λ	0.00089	0.22	1.6	2.67	0.00089	0.22	1.6	2.67
初始脉宽 t_0 /ns	100				10			
占空比	1∶1				1∶1			

图 7.15 展示了海水水质类型为近岸海水时，不同传输距离下信号传输的延时曲线。从图 7.15 中可以看出，当初始脉宽为 100ns 时，传输延时随着传输距离的增加而增加。当传输距离为 10m 时，传输延时为 1.58ns；当传输距离达到 100m 时，传输延时为 85.6ns。可见传输距离对脉冲信号的传输延时影响很大。

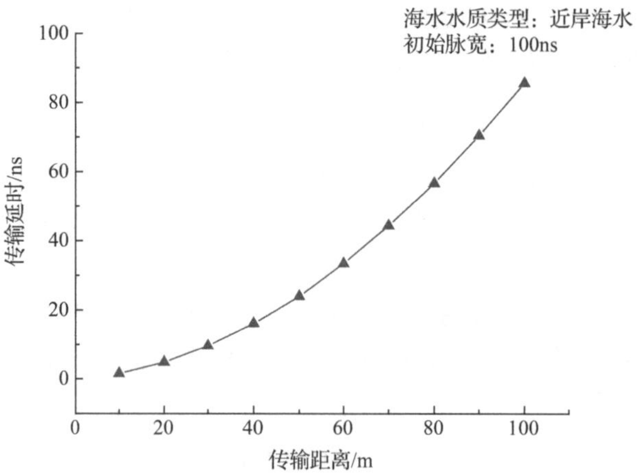

图 7.15　近岸海水不同传输距离下信号传输延时曲线

当传输距离⩽30m 时，脉冲信号的传输延时都小于等于初始脉宽的 10%，可以忽略传输延时对海水无线光通信的影响；当传输距离＞30m 时，脉冲信号的传输延时增大的趋势很大，增加了系统的误码率，间接导致通信系统的信噪比降低。

7.5.4　信道水质对传输延时的影响

当信号发射角为 0°时（垂直发射），水中发射束散角的半角为θ，发射器在水中的深度为h，可以得到附加脉宽：

$$\Delta t_{\mathrm{w}} \approx \frac{hn}{c}\left(\frac{1-\cos\theta}{\cos\theta}\right) \tag{7.53}$$

式中，c为光在水中的传输速度；n为水的折射率。

时域展宽后的脉冲波形可以表示为

$$f(t) = t\exp(-kt) \tag{7.54}$$

如图 7.16 所示，通信信道为纯净海水时，传输延时约为 0.739ns；通信信道为清澈海水时，传输延时约为 1.19ns；通信信道为近岸海水时，传输延时约为 1.58ns。对比分析三种海水水质条件下信号传输延时的情况，水质条件越恶劣，信号光的传输延时越长。

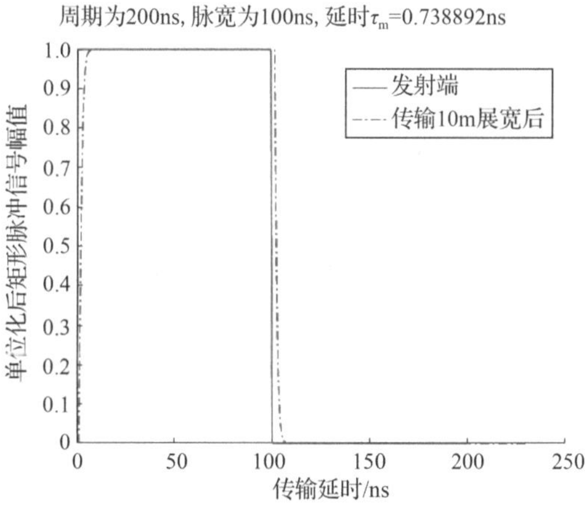

（a）纯净海水

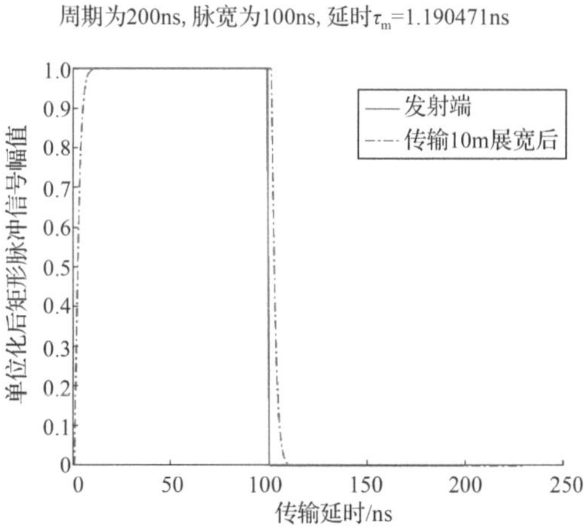

（b）清澈海水

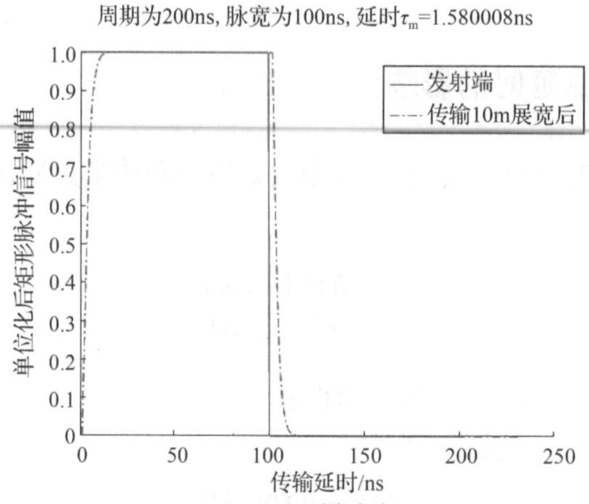

（c）近岸海水

图 7.16　传输距离为 10m 时不同水质条件下的信号传输延时

7.5.5　光源初始脉宽对传输延时的影响

传输距离为 25m，通信信道为近岸海水，信号初始脉宽为 10ns、50ns 和 100ns 时，信号光波形的传输延时情况如图 7.17 所示。从图 7.17 中可以看出，三种初始脉宽信号波形的传输延时均约为 7.034ns，说明条件一定时，改变信号光初始脉宽不会影响信号光的传输延时。

波形展宽要小于初始脉宽的 10%，否则会对通信性能产生影响。当信号光的初始脉宽为 10ns 和 50ns 时，这两种情况下的传输延时已经达到了初始脉宽的 70%以上，此时脉冲延时必须考虑，需要采取一定的技术手段加以规避；当初始脉宽达到 100ns 时，传输延时约占初始脉宽的 7%。对于传输距离 10～20m、传输速率 10Mbit/s 的海水无线光单工通信系统，传输延时可以忽略其影响，或在实际建立通信链路时，采取一定的补偿措施，降低海水无线光通信系统的误码率。

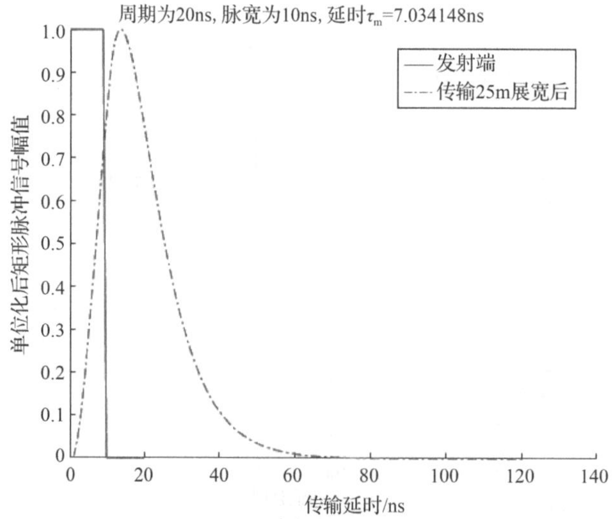

（a）10ns

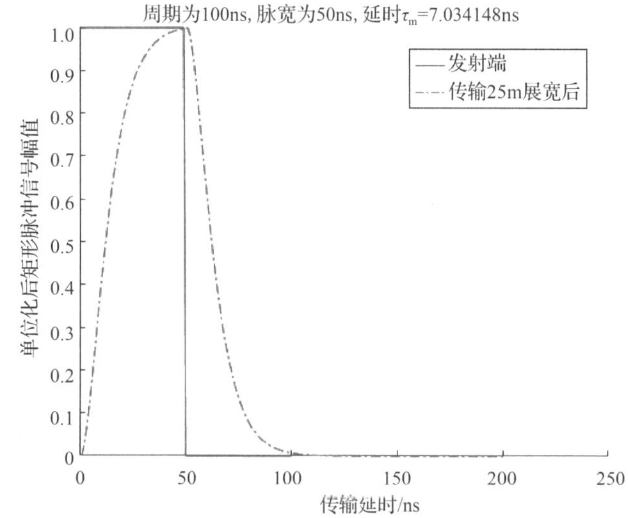

（b）50ns

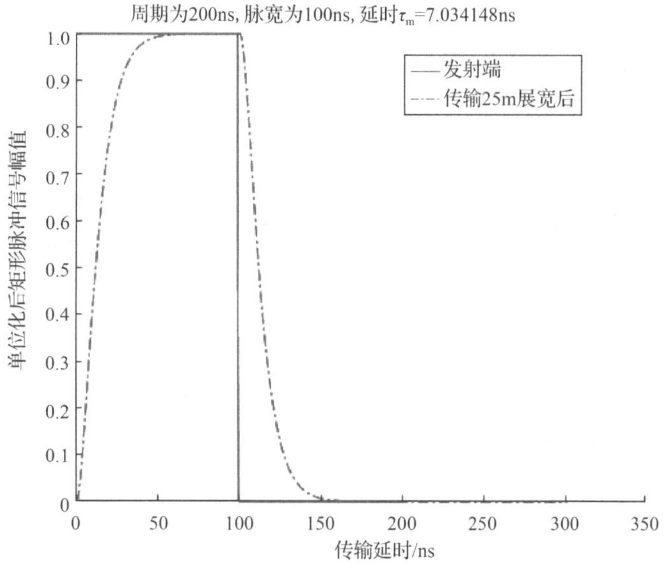

（c）100ns

图 7.17　传输距离 25m 近岸海水条件下不同初始脉宽信号光波形的传输延时

7.5.6　发射束散角对传输延时的影响

通信信道为近岸海水时，不同发射束散角对信号传输延时的影响如图 7.18 所示。从图 7.18 中可以看出，当信号波形的初始脉宽为 100ns，传输距离为 25m，初始发射束散角从 0°逐渐增加至 60°时，信号的波形展宽和传输延时随初始发射束散角的增加而增加。

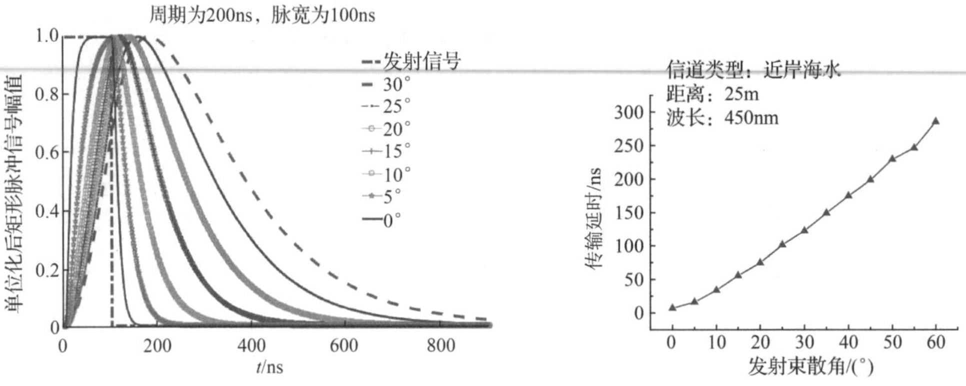

（a）0°～30°　　（b）0°～60°

图 7.18　近岸海水信道不同发射束散角对信号传输延时的影响

当初始发射束散角为 0°时，信号光的传输延时为 7.034ns；当初始发射束散角为 10°时，信号光的传输延时为 33.735ns；当初始发射束散角为 30°时，信号光的传输延时达到了 122.618ns；当初始发射束散角为 60°时，信号光的传输延时高达 285.471ns，接近初始脉宽的 3 倍。由此可见，初始发射束散角对脉冲信号的传输延时影响很大。

在海水无线光通信系统的设计方案中，使用初始发射束散角为 22°的蓝光 LED，传输延时为 80ns。需要考虑传输延时对光通信的影响，采取一定的技术补偿措施，主要采用延时预判和脉位补偿技术，通过冗余脉冲信号的叠加发送，以牺牲信道容量为代价，降低通信数据失真误码率和码间串扰对系统的影响，从而提升海水无线光通信系统的性能。

7.6　海洋环境特性分析

7.6.1　海洋背景光噪声分析

海水无线光通信系统工作时，光电探测器除了接收信号光以外，还会受到背景光辐射干扰，这些杂散光进入光电探测器，降低了光电探测器信噪比，造成接收单元性能退化。背景光噪声主要包括太阳辐射光噪声、海洋生物荧光噪声[25-26]。

1. 太阳辐射光噪声

太阳辐射光进入海水发生折射，折射光强与海水无线光通信系统的工作深度和海水衰减系数成反比，即海水无线光通信系统的工作深度越深，海水衰减越严重，太阳辐射光噪声越小。以浅海水域为例，由太阳光辐射引起的背景噪声对海水无线光通信系统性能的影响必须加以考虑。在深海作业时，海水信道处于黑暗状态，可以忽略太阳光辐射引起的背景噪声[27]。

在清澈海水中，太阳辐射光可以穿透到海平面以下 50m，随着海水深度的逐渐增加，其他波段辐射光都逐渐衰减，而蓝绿波段的光能穿透到 200m 深的海水；在近海岸水域，即使蓝绿波段的辐射光也只能穿透 50m 的海水深度。因此，当海水无线光通信系统工作深度在 200m 以上时，太阳辐射光噪声会影响系统的通信性能，需要采用滤波技术加以抑制。

2. 海洋生物荧光噪声

对海洋生物而言，生物荧光主要出现在少数鱼类、刺胞动物、节肢动物等生物体内。随着海水深度的增加，除了高能量的蓝光，可见光谱中的大部分都被吸收了。海洋中的荧光生物虽然存在，但并不多见，对海水无线光通信系统和水下成像产生影响的概率也微乎其微，除个别极特殊情况，海洋生物荧光噪声的影响可以忽略不计。

7.6.2　海水无线光通信系统对海洋环境的自适应性分析

海水无线光通信是一个需要光学、机械、电子等多种部件协同工作的复杂系统。这些部件在深海中工作时面临海洋环境的考验，主要包括高水压、水密封、水阻力、低功耗等。环境因素是海水无线光通信技术面临的主要挑战之一，制约了技术体制的选择。

1. 高水压

海水无线光通信系统在 1000m 的海水纵深范围内工作，所处深海环境压强极大，已知压强公式：

$$P = \rho g h \tag{7.55}$$

式中，P 表示深度为 h 处的海水压强；ρ 表示海水密度；g 为重力加速度；h 为海水深度。

为了适应深海高水压环境，要求深海光通信设备密封壳体和透明窗口都具有高抗压性。设备体积越大，压力的影响越大。因此深海工作环境中的高水压限制了无线光通信设备的体积。

2. 水密封

水是良导体，因此海水无线光通信设备必须具有很好的水密封。否则水进入设备后会引发短路，造成设备毁坏。当设备中存在需要频繁移动、旋转的机械部件时，水密封的难度将急剧增加。

3. 水阻力

物体在海水中运动时，水沿着表面轮廓向反方向流动会产生一种摩擦阻力。海水中的这种阻力远大于空气中，这将使得机械部件的移动和转动不像在空气和真空中那样灵活。

4. 低功耗

深海设备供电一般依靠储能电池，因此设备的功耗直接决定了工作时长。对于无线光通信设备，要求通信机和发射机具有较高的“光/电”“电/光”转换效率，以此降低设备功耗。

参 考 文 献

[1] Heo J Y, Kim J, Kwon Y J. Technology development of unmanned underwater vehicles(UUVs)[J]. Journal of Computer and Communications, 2017, 5(7): 28-35.

[2] Song Y H, Tong Z, Cong B, et al. A combined radio and underwater wireless optical communication system based on buoys[C]. 8th International Conference on Advanced Infocomm Technology, Montreal, 2015: 012030.

[3] Jan E, Magne P, Jens M, et al. Underwater wireless sensor network[C]. International Conference on Sensor Technologies and Applications, Piscataway, 2010: 422-427.

[4] 吴立新, 陈朝晖, 林霄沛, 等. “透明海洋”立体观测网构建[J]. 科学通报, 2020, 65(25): 2654-2661.

[5] 殷雨. 深海空间站的科研价值和商业价值[EB/OL]. (2018-10-19)[2024-05-06]. https://baijiahao.baidu.com/s?id=1614735411807315067.

[6] Gabriel C, Khalighi M, Bourennane S, et al. Monte Carlo based channel characterization for underwater optical communication systems[J]. IEEE/OSA Journal of Optical Communications and Networking(JOCN), 2013, 5(1): 1-12.

[7] Stephenson E B. Absorption of light by sea water[J]. Journal of the Optical Society of America, 1934, 24(8): 220-221.

[8] Zeng Z Q, Fu S, Zhang H H, et al. A survey of underwater wireless optical communication[J]. IEEE Communications Surveys & Tutorials, 2016, 19(1): 204-238.

[9] Tian P F, Liu X Y, Yi S Y, et al. High speed underwater optical wireless communication using a blue GaN based micro LED[J]. Optics Express, 2017, 25(2): 1193-1201.

[10] Sun X B, Cai W Q, Alkhazragi O, et al. 375-nm ultraviolet laser based non line of sight underwater optical communication[J]. Optics Express, 2018, 26(10): 12870-12877.

[11] Nakamura K, Mizukoshi L, Hanawa M. Optical wireless transmission of 405nm, 1.45Gbps optical IM/DD-OFDM signals through a 4.8m underwater channel[J]. Optical Express, 2015, 23(2): 1558-1566.

[12] Sticklus J, Hoeher P A, Rottgers R. Optical underwater communication: The potential of using converted green LEDs in coastal waters[J]. IEEE Journal of Oceanic Engineering, 2019, 44(2): 535-547.

[13] Prieur L, Sathyendranath S. An optical classification of coastal and oceanic waters based on the specific spectral absorption curves of phytoplankton pigments dissolved organic matter, and other particulate materials[J]. Limnology and Oceanography, 1981, 26(4): 671-689.

[14] Sahu S K, Shanmugam P. A theoretical study on the impact of particle scattering on the channel characteristics of underwater optical communication system[J]. Optics Communications, 2018, 408(2): 3-14.

[15] Gordon H R, Morel A Y. Remote assessment of ocean color for interpretation of satellite visible imagery: A review[M]. Berlin: Springer, 1983.

[16] Lydia K G, George D R, Hector E N, et al. Underwater optical wireless communication systems: A concise review[J]. Intech Open, 2017(7): 219-236.

[17] Cochenour B, Mullen L, Laux A, et al. Effects of multiple scattering on the implementation of an underwater wireless optical communications link[C]. OCEANS 2006, Piscataway, 2006: 934-940.

[18] Kuai X Y, Zhou S L, Cheng E, et al. Receiver design for spread-spectrum communications with a small spread in underwater clustered multipath channels[J]. The Journal of the Acoustical Society of America , 2017, 141(3): 1627-1642.

[19] Laura J J, Roger J G, Mark S L. Underwater optical wireless communications: Depth dependent variations in attenuation[J]. Applied Optics, 2013, 52(33): 7867-7873.

[20] Chadi G, Mohammad A K, Salah B, et al. Channel modeling for underwater optical communication[J]. IEEE Globecom Workshops, 2011(12): 1-5.

[21] Frank H, Stojan R. High bandwidth underwater optical communication[J]. Applied Optics, 2008, 47(2): 277-283.

[22] Zhou J Z, Zhu Y Q, Zeng W B. Analysis and simulation of link performance for underwater wireless optical communications[J]. EAI Endorsed Transactions on Wireless Spectrum, 2017, 3(10): 1-6.

[23] Wei W, Zhang X H, Rao J H, et al. Time domain dispersion of underwater optical wireless communication[J]. Chinese Optical Letters, 2011, 9(3): 030101.

[24] Dong F B, Xu L M, Jiang D G. Monte-Carlo-based impulse response modeling for underwater wireless optical communication[J]. Progress in Electromagnetics Research M, 2017, 54: 137-144.

[25] Tasnim H, Mohammad A K, Salah B, et al. Investigation of solar noise impact on the performance of underwater wireless optical communication links[J]. Optical Express, 2016, 24(22): 25832-25845.

[26] Giovanni G, Leslie L, Duncan R, et al. Solar rejection in laser based underwater communication systems[J]. Optics Express, 2017, 25(26): 33066-33077.

[27] Lacovara P. High-bandwidth underwater communications[J]. Marine Technology Society Journal, 2008, 42(1): 93-102.

第 8 章　海水无线光通信关键技术

本章从海水无线光通信技术的核心参数开展相关的技术分析，简要介绍海水无线光通信的调制技术和海水无线光通信收发技术，重点阐述海水无线光动态通信技术，以技术内涵分析和数值建模仿真为基础，介绍全光捕获技术的基本概念，并以全光捕获技术为理论基础和方案策略，制定海水无线光通信光轴失准的补偿方法，为海水信道的无线光动态通信的方法探索和功能实现提供理论基础和技术参考。

8.1　海水无线光通信关键技术参数

8.1.1　传输距离

传输距离是指两个或多个通信终端之间通信信道建立的链路距离，传输距离是由具体的链路特性所决定的[1]。对海水无线光通信系统来说，近距离通信一般在几米到十几米，远距离通信一般在二十米到上百米。受海水信道对光传输的制约，海水无线光通信系统的传输距离目前很难达到千米量级。

假设光束发散半角为θ，传输距离为L，则光束到达接收端处的光斑面积S可以表示为

$$S=4\pi L^2 \tan^2 \theta \tag{8.1}$$

随着传输距离的增加，光束到达接收端处的光斑面积成平方倍地增加，从而引起接收端接收到的光功率衰减，衰减量L_r可以表示为

$$L_r=\left(\frac{\lambda}{4\pi R}\right)^2 \tag{8.2}$$

式中，λ表示入射光波长；R表示光束到达接收端处的光斑半径。

对于复杂的海洋环境，海水中的洋流和湍流会引起光功率的波动起伏衰减，导致光功率随着传输距离的增加而呈现出非线性的变化[2-4]。为了提高海水无线光通信系统的传输距离，弥补自由空间所带来的光功率衰减，需要通过优化设计系统的发射和接收天线等手段来提高通信链路光功率的增益。

8.1.2　通信误码率

误码率是衡量数据传输可靠性的指标。受到背景光、调制方式、编解码方式、光电探测器信噪比、链路光功率衰减、接收系统带宽等因素的影响，接收的光信号的幅度和内部噪声

存在一定波动，导致接收的比特序列与发射的比特序列不同，通常用误码率来量化评估系统的通信质量。

在高斯模型下，采用二进制通断键控作为调制方式，无编码条件下的误码率（BER）与信噪比（SNR）之间的关系可以表示为

$$\mathrm{BER} = Q\left(\frac{1}{2}\sqrt{\mathrm{SNR}}\right) \tag{8.3}$$

式中，Q 为协方差函数。由此可知，误码率随着信噪比的增加而呈现出非线性下降的趋势。对于传输速率为 10Mbit/s 的海水无线光近距离通信系统，误码率需要达到 10^{-7}，对应的信噪比为 20.5dB；对于传输速率为 1Mbit/s 的海水无线光远距离通信系统，误码率需要达到 10^{-6}，此时对应的信噪比为 19.6dB。

8.1.3　传输速率

在实验室内，短距离、水质条件清澈、静态单工/半双工等条件下的吉比特每秒量级的水下通信实验已经实现[5]。外场试验和系统工程化上也已经实现了兆比特每秒量级的实验样机的研制，并逐渐向远距离、高速率和动态双工等技术方向发展。下面讨论影响传输速率的三个主要因素。

1. 发射光源

对于海水无线光通信发射单元，受到光源的平均功耗、散热、体积、波长以及调制带宽等因素的约束限制，在高传输速率的条件下，实现高功率光源发射是亟待解决的技术难点之一。

2. 接收单元带宽与灵敏度

采用二进制通断键控调制方式的通信系统，接收单元所需要的数字带宽 B 与传输速率 R 的关系如下：

$$B = \frac{2}{\pi}R \tag{8.4}$$

由此可知，10Mbit/s 传输速率需要保证接收单元具有 6.4Mbit/s 以上的带宽。接收单元的热噪声和暗电流噪声都与接收单元的带宽成正比，传输速率的提高会导致接收单元的灵敏度下降。

3. 通信信道

海水对通信光束产生多路径散射效应，导致接收的光束到达时间不一致，而产生延迟效应，致使光束展宽，通信带宽受到限制。根据理论分析和试验验证，海水将引起几十纳秒甚至几百纳秒的延迟，所以传输速率还受到海水信道链路环境的制约，严重影响海水无线光通信系统的通信性能。

8.1.4 光谱响应度

光谱响应度 $S(\lambda)$ 是光电检测器件的输出电压 U_0 或输出电流 I_0 与入射到检测器件上的单色辐通量（或光通量）之比，即

$$S(\lambda)=\frac{U_0}{\Phi(\lambda)}$$
$$S(\lambda)=\frac{I_0}{\Phi(\lambda)} \tag{8.5}$$

式中，$S(\lambda)$ 为光谱响应度；$\Phi(\lambda)$ 为入射光通量。$S(\lambda)$ 的单位为 V/lm 或 A/lm。

光谱响应度是表述入射的单色辐通量或光通量所产生的光电探测器的输出电压（或电流），它的值越大，意味着光电探测器越灵敏，因而响应度也称灵敏度。

8.2 海水无线光通信调制技术

将信息加载到光载波的过程称为调制，光载波受到调制信号的控制，使得信号光的幅度、频率、相位和位置随之发生变化而传递信息，其相对应的调制技术被称为振幅调制、频率调制、相位调制、脉冲编码调制等。调制技术是海水无线光通信的关键性技术之一。在海水环境中调制器应具备以下特点：调制带宽充足，满足高效率、无畸变的信息传输；消光比较大；调制特性曲线线性范围较大；工作稳定；体积小、低功耗等。

选择合适的编码调制方式，可以保证通信质量，降低通信系统的误码率。研究分析不同调制技术在海水无线光通信系统中的应用，针对不同情况下海水无线光通信系统的应用需求，选择最为适合的调制技术方式。

目前，海水无线光通信系统主要选用强度调制-直接检测的方式，在满足系统性能要求的前提下，提高信号光的利用率，有利于使用平均光功率较低的光源，降低系统功耗；传输容量是通信系统的重要参数之一，调制方式应保证通信系统传输容量尽可能大。下面对通断键控调制、脉冲位置调制、脉冲幅度调制等调制技术的带宽需求、峰值功率以及差错特性等性能进行研究分析[6]。

8.2.1 通断键控调制

通断键控调制是振幅键控调制的特例形式，其核心原理是通过二进制信号控制载波幅度，在“开启（非 0 幅度）”与“关闭（0 幅度）”两种状态间切换实现信息传输。通断键控调制技术以实现容易简单而成为强度调制-直接检测（intensity modulation with direct detection，IM-DD）光通信系统中最常见的调制技术[7]。

OOK 调制方式采用完全占据或部分占据比特宽度的脉冲光表示“1”，而没有脉冲光表示“0”，通过调制电路让光源在发光和不发光之间变换[8]。如果脉冲光完全占据比特宽度，则称为非归零码，而如果脉冲光部分占据比特宽度，则称为归零码。

假定发射端以 R_b 的信源比特率发送二进制信息，信号所需带宽与脉宽成反比（取功率谱密度的第一个零点计算），则 OOK 调制信号的带宽需求为 $B_{OOK}=R_b$。

脉冲光的强度取决于发射光峰值功率：

$$S_{OOK}(t)=A\left[\sum_{-\infty}^{\infty}a_n g_T(t-nT_b)\right]\cos\omega_c t \tag{8.6}$$

式中，A 表示通信载波的脉冲幅度；ω_c 表示通信载波的频率；$a_n g_T(t-nT_b)$ 表示开关函数。

在 OOK 调制中，每一比特时间内脉冲光处于开或关的状态，将每个脉冲光作为“1”进行编码，而没有脉冲光时，将作为“0”进行编码。显然，最大比特率直接依赖光源所能达到的开关速率。

激光光源可达到兆赫兹量级的开关速率，所以 OOK 调制技术是产生相对较高比特率的一种简单方法，但受到发射功率随调制速率提高而降低这一因素的限制，在海水无线光通信系统的实际应用中，很难建立类似空间通信或深空通信那种远距离或超高速率的通信链路。解调方式包括包络解调和相干解调两种方式，包络解调方式技术相对成熟，简单易于实现，适用于海水无线光单工静态通信系统。

8.2.2　脉冲位置调制

脉冲位置调制（pulse position modulation，PPM）是一种具有信道抗干扰能力的正交调制技术，若以 2^m 个时隙表示 m 比特的信息，该脉冲位置与 m 比特的十进制取值相对应[9]。在实现光调制时，光源仅在 2^m 个时间间隔中的一个特定间隔下才发光，而其余 2^m-1 个时间间隔内光源不发光。若吞吐量与 OOK 调制相同，设 OOK 比特宽度为 T_b，则 PPM 时隙宽度 T_{PPM} 可表示为

$$T_{PPM}=\frac{T_b M}{L} \tag{8.7}$$

PPM 的发射波形可表示为

$$x(t)_{PPM}=\begin{cases}1, & t\in[(m-1)T_{PPM}, mT_{PPM}]\\ 0, & 其他\end{cases} \tag{8.8}$$

对于脉冲调制带宽需求则与时隙宽度成反比，PPM 信号的带宽需求为 $B_{PPM}=2^m R_b/M$。

单脉冲位置调制（L-PPM）是将二进制的 n 位数据组映射到有 2^n 个时隙上的某一时隙处的单个脉冲信号。L-PPM 码组的位数是固定的 L 位，其中一位为 1，其他位都为 0。因此，L 位的 PPM 信号传送的信息比特为 $\log_2 L$。

如果将 n 位数据组写成 $M=(m_1,m_2,\cdots,m_n)$，而将时隙位置记为 l，则 L 位的 PPM 的映射编码关系可以写成

$$\begin{cases}\Phi: l = m_1 + 2m_2 + \cdots + 2^{n-1}m_n \\ l \in \{0,1,\cdots,n-1\}\end{cases} \tag{8.9}$$

在一个 L-PPM 符号间隔 $T=\log_2 L/R_b$ 中，被分为 L 个时隙 P_p，每个时隙的宽度为 T/L，当 $\log_2 L$ 个信源比特到来时，发射光源仅在这 L 个时隙中的一个时隙内发送脉冲，而在其他时隙内不发光。

当 $L>2$ 时，L-PPM 所需要的光功率比 OOK 调制少，而且当 L 任意大时，理论上 L-PPM 所需要的功率会任意小，但这需要更大的带宽。

PPM 采用连续周期性脉冲光作为载波，载波受到调制信号的控制，脉冲时间位置随之发生变化而传递信息。在 PPM 中，传输信息和脉冲光的位置是一一对应的，对脉冲位置的识别可以解算出传输的数据，这种调制本质上是一种相位调制，脉冲位置调制技术可以为光学通信提供高峰值功率传输的特性。对数字系统而言，脉冲位置的产生和识别都是靠高速定时器来实现的。

基于 PPM 的激光发射系统框图如图 8.1 所示。整个发射系统主要由信息发送终端、以微处理器为核心的调制器和 PPM 转换模块等组成。其中，信息发送终端为待发送的信息平台，由电脑结合软件实现。以微处理器为核心的调制器利用微处理器的脉冲宽度调制（pulse width modulation，PWM）模块，产生与 PPM 信号对应的 PWM 输出。PPM 转换模块用于实现 PWM 信号到 PPM 格式的变换，由单稳态触发器硬件实现，且 PPM 的输出脉冲时隙可以进行调整。

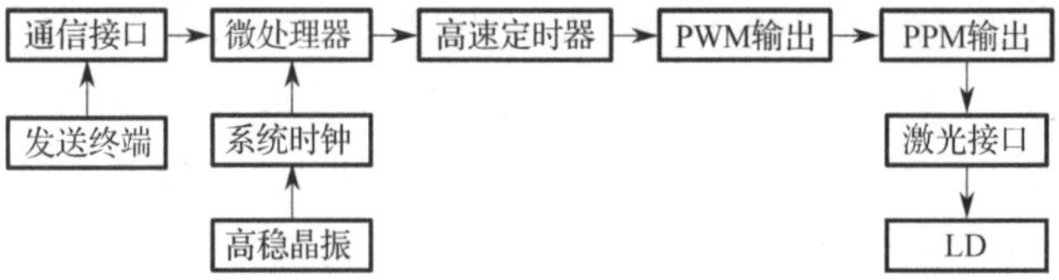

图 8.1　基于 PPM 的激光发射系统框图

以微处理器为核心的调制器是发射系统的核心，利用微处理器的高速定时器进行计时输出，实现所需的 PWM 信号在某一端口的可控输出，具体过程如下：定时器工作在高速计时状态，以最小分辨时隙进行计数，通过 PWM 方式输出，由软件控制达到与被调信息数据对应的时间时产生一个脉冲，该脉冲的上升沿对应调制信息；后续的 PPM 转换模块将产生一个具有相同上升时间且时隙可控的窄脉冲波形，从而完成 PPM 输出。该输出信号可以与 LD 的调制接口相连，控制 LD 发出受调制的脉冲光序列。

PPM 通常适用于传输速率不高、峰值功率较大的通信系统，例如深空激光通信和海水无线光动态通信系统，通过 PPM 编码与调制可以在有限的调制速率条件下获得较高的传输速率。

8.2.3 脉冲幅度调制

脉冲幅度调制（pulse amplitude modulation，PAM）是脉冲载波的幅度随基带信号变化的一种调制方式，*X*-PAM 则表示 *X* 种离散幅度。在带宽资源紧张的传输情况下，使用 *X*-PAM 可以有效地增加数据比特率。若吞吐量与 OOK 调制相同，比特宽度为 T_b，码元间隔为 T_{PAM}，则

$$T_{PAM} = \log_2 XT_b \tag{8.10}$$

X-PAM 的发射波形可表示为

$$x(t) = \sum_{-\infty}^{\infty} a_n g_r\left(t - nT_{PAM}\right) \tag{8.11}$$

式中，g_r 表示冲激响应函数；a_n 表示幅度系数，$a_n \in \{0,1,2,\cdots,M-1\}$。以传输 3bit 信息为例，上述调制方式所映射的符号结构如表 8.1 所示。

表 8.1　不同调制方式的符号结构

OOK（源比特）	PPM	8-PAM（*X*=8）
000	10000000	A
001	01000000	B
010	00100000	C
011	00010000	D
100	00001000	E
101	00000100	F
110	00000010	G
111	00000001	H

符号长度是调制符号在每帧信息所包含的时隙数，若时隙宽度与脉宽相同，信源发送比特率相同，符号调制阶数为 *M*，则 OOK 调制的符号长度为 *M*，PPM 符号长度为 2^m。差分脉冲位置调制（differential pulse position modulation，DPPM）符号长度不固定，为便于讨论，取平均值作为符号长度。DPPM 符号长度最大为 2^m，最小长度为 1，则平均符号长度为 $(2^m+1)/2$。

X-PAM 传输信息是通过脉冲幅度变化进行区分的，符号长度可以表示为 $T_{PAM}\text{INT}(M/\log_2 X)$，INT(*)表示对*进行向上取整数运算。所有调制的符号长度都随调制阶数 *M* 的增加而增大，在相同调制阶数下，OOK 调制的符号长度最小，PPM 调制的符号长度最大。因此，对于采用脉冲激光作为通信光源海水无线光远距离通信系统，考虑海水信道的复杂性和通信光源的输出特性，选择 PPM 技术作为通信信号的编解码技术较为合适。

8.3 海水无线光通信收发技术

8.3.1 半导体光放大技术

半导体光放大器[10]在工作过程中，由于放大自发辐射产生的噪声分量[11]可以表示为

$$P_n = \frac{n_{sp} hc}{\lambda} \tag{8.12}$$

式中，c 表示光子在真空中的传输速度；h 表示普朗克常量；n_{sp} 表示粒子数反转系数。散粒噪声是存在的，其方差可以表示为

$$\sigma_{shot}^2(P_{in}) = 2q_e R[GP_{in} + (G-1)P_n B_o]B_e \tag{8.13}$$

式中，P_{in} 表示进入 SOA 的光功率；q_e 表示一个电子所携带的电荷量；R 表示光电二极管的响应度；G 表示光电探测器增益；B_o 和 B_e 分别表示光场和电场的带宽。

此外，热噪声也掺杂在接收的光信号中，其方差可以表示为

$$\sigma_{th}^2 = \frac{4k_b T F_n B_e}{R_l} \tag{8.14}$$

式中，k_b 表示玻尔兹曼数；T 表示接收器的热力学温度；F_n 表示电噪声；R_l 表示光电探测器的负载电阻。

8.3.2 光电探测器特性分析

光电探测器将接收到的光信号转换成电信号，需要满足以下条件[12]：响应度要快，例如，PPM 的脉宽一般在微秒量级，则光电探测器的带宽应至少在 10MHz；探测灵敏度要高，在海洋环境能够接收纳瓦量级的光信号。

光电转换器一般采用 APD。APD 作为光电探测器，其增益可以调节，因为其接收的都是十分微弱的脉冲光信号，经转换后的信号幅值很小，所以在信号解调之前需要加载前置放大，下面分析 APD 的特性参数。

雪崩增益系数，也叫倍增因子，对于突变结：

$$M \approx \left[1 - \left(\frac{V}{V_b}\right)^n\right]^{-1} \tag{8.15}$$

式中，V 为反向电压；V_b 为体雪崩击穿电压；n 为与材料、器件结构及入射波长等有关的常数，一般取值为 1～3。当光电探测器的增益较大且频率较高时有

$$M \cdot \omega \approx \left(N \cdot \frac{W}{V_s} \cdot \frac{a_n}{a_p}\right)^{-1} \tag{8.16}$$

式中，ω 为角频率；a_n 为电子的离化系数；a_p 为空穴的离化系数；N 为常数，它随电子和空穴的离化系数之比的变化而缓慢变化；W 为耗尽区厚度；V_s 为饱和速度。增益带宽积是个常数，要想得到较高的乘积，应选择大 V_s、小 W 和小 a_n/a_p，即电子、空穴的离化系数差别要大，并将具有高离化系数的载流子注入雪崩区。

在倍增过程中，噪声电流比信号电流增长快，用 F 表示雪崩过程引起的噪声附加：

$$F = Mx \tag{8.17}$$

式中，x 表示过剩噪声指数。要选择合适的 M 值，才能获得最佳信噪比，使系统达到最高灵敏度。

载流子离化系数随温度升高而下降，导致倍增因子减小、击穿电压升高。用击穿电压的温度系数描述 APD 的温度特性，温度系数的计算公式为

$$\beta = \frac{V_b - V_{b_0}}{V_{b_0}} \times (T - T_0)^{-1} \tag{8.18}$$

式中，β 为温度系数；V_b 及 V_{b_0} 分别是温度为 T 及 T_0 的击穿电压。使用时要对工作点进行温控，要制造均匀的 PN 结，以防局部结面被击穿。

8.3.3　视场拼接发射技术

当通信光源的束散角较小时，较小的发射视场会给系统的对准捕获带来很大困难。而采用扩束装置将光束扩展后，光束的能量密度下降，光场分布也不均匀。因此，一般采用视场拼接的方式来获得较大的发射视场[13]。

海洋背景光和信号光分布既无规则又不稳定，UUV 受到海水洋流扰动，处于动态或准静态，给通信链路的建立带来困难。为此，设计海水无线光通信系统 LED 阵列拼接发射光源的布局，如图 8.2 所示。

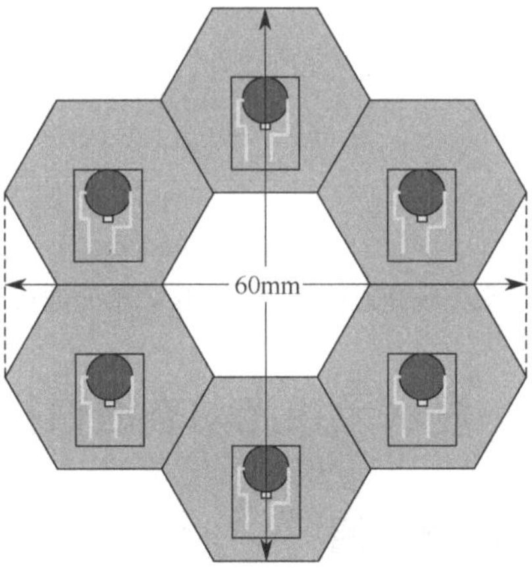

图 8.2　海水无线光通信系统 LED 阵列拼接发射光源布局

8.3.4　视场分集接收技术

单独的光电探测器接收视场窄、增益低，采用多路分集接收技术，即每一个子光学天线连接一个光电探测器构成一个探测单元，多个探测单元同时对通信光探测，不同方向和不同强弱的信号都能被接收，每个单元接收到的延迟光只有一小部分，有效降低背景光噪声和水中湍流多径畸变的影响，提高系统信噪比。采用大口径、短焦距的接收光学天线，实现信号光的大视场接收，降低自由空间光功率衰减；采用视场拼接、多元分集接收技术，提高接收光端机的接收视场，实现广角范围内光信号的高灵敏度探测[14]。

4 块子探测单元拼接结构如图 8.3（a）所示。这种结构设计的优势在于结构拼接紧凑，通信信息能够被完整地收集，不存在信息接收“盲区”，但该方案结构复杂，安装调试困难，成本高昂，通信数据处理困难。

7 块子探测单元拼接结构如图 8.3（b）所示。将 APD 分别安置在菲涅耳透镜的焦点处，使 APD 窗口的几何中心和菲涅耳透镜的焦点重合，采用物理拼接的方式，构建 APD 接收阵列，拼接后的光敏面尺寸为 20mm×20mm；再在 APD 阵列前端安置窄带滤光片，用于去除杂散光噪声，此时，每个菲涅耳透镜允许光线入射的最大入射角为 20°，则 4 个菲涅耳透镜天线阵列所形成的光学接收视场将达到 80°。

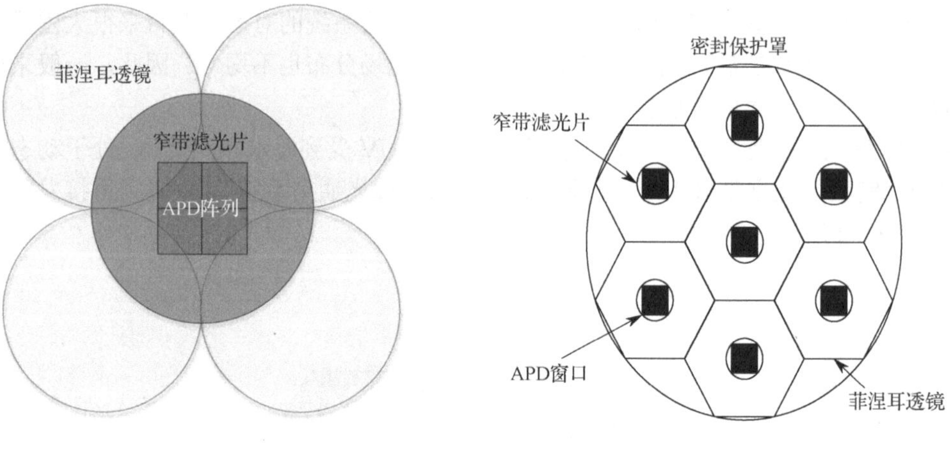

（a）4块　　（b）7块

图 8.3　海水无线光通信系统分集接收单元结构分布设计

8.4　海水无线光动态通信技术

8.4.1　海水无线光动态通信技术内涵

海水无线光动态通信技术是指通信系统搭载于海洋运动中的平台上，在通信过程中通信系统处于运动状态下的一种海洋无线光通信技术。光子在海洋环境中传输受到衰减作用导致海水无线光通信技术的传输距离在理论上一般只能达到百米量级；在实际应用过程中，海水信道的条件比较恶劣且不稳定，这一距离会呈现指数下降的趋势，严重制约了海水无线光通信技术的发展。尤为关键的是，在海水信道中，通信光轴受到诸多因素的影响而产生指向的不确定性，直接导致通信收发终端的光学视场失配，链路中断。

以往开展的海水无线光通信技术研究，通常假设发射端和接收端之间存在理想的光轴对准链路，或者是无须复杂的调试就能够很容易完成通信光轴的对准[15-17]。然而，这才是海水无线光通信技术在实际应用中所遇到的最致命问题。众所周知，海水信道环境复杂多变，影响海水无线光通信收发光轴对准的因素有很多，比如海水流动带动通信终端搭载平台抖动、信道温度、盐度等引起的信道介质折射率变化以及海底动植物的物理遮挡等，上述诸多因素都会给海水无线光通信发射光轴的初始指向带来极大的无规律扰动，导致通信链路建立困难。

针对这一问题，国内外学者提出了一些应对的办法。①提高发射光功率，利用信道扩散效应增加接收光斑面积，覆盖接收天线，能在一定程度上弥补通信光轴指向偏移造成的链路失准。但这种方式自身就存在一定的矛盾点，光斑增大虽然有利于光轴对准，但是却增加了自由空间光功率衰减，直接导致传输距离降低。②采用扩束器将光束扩展到一定宽度，增加通信光束散角，以广播通信的方式向目标发射，但扩束后的光斑能量密度下降，不仅传输距离难以保证，而且接收平面的光场能量分布不均，造成通信数据误码率升高[18]。

近年来，诸多科研人员从事海水无线光通信领域的基本理论、技术探索和工程应用等方面的研究工作，如通信光源、调制解调、信道特性、天线设计、噪声抑制、光电探测、信息处理、水下环境供能与接驳、系统的轻小型化、低功耗、海水环境的自适应性等关键技术，实现了海水无线光通信技术的快速发展。但是，关于海水无线光通信光轴指向控制以及对接引导等方面问题的研究目前还很少，大部分研究工作都是在无外界干扰并且建立了海水无线光通信链路的基础上开展的，而往往理论试验的效果与实际应用相差甚远，这给海水无线光通信技术的发展带来了极大的困扰。

为此，通过研究基于全光捕获理论与费马原理和惠更斯-菲涅耳原理相结合的海水无线光动态通信技术，探寻海水无线光通信链路光轴指向控制策略及通信双端对接引导方法，以期实现传输距离增程及通信链路可通率的提升。本节的研究工作可为海水无线光通信系统链路可通率的分析提供科学依据，提高海水无线光通信链路的稳定性，为海水无线光通信链路的快速建立提供新方法。

8.4.2　通信链路失准评估机制数值建模

基于小角度近似理论，采用光束扩散函数来模拟海水光信道。垂直于光轴接收平面的辐射照度分布模型的表达式可以表示为

$$B(L,r)=E(L,r)\mathrm{e}^{-cL}+\frac{1}{2\pi}\int_0^{\infty}E(L,\upsilon)\mathrm{e}^{-cL}\times\mathrm{e}^{\left\{\int_0^L bs[\upsilon(L-l)]\mathrm{d}l\right\}-1}J_0(\upsilon r)\upsilon\mathrm{d}\upsilon \tag{8.19}$$

式中，$B(L,r)$ 表示接收平面的辐射照度分布函数；$E(L,r)$ 和 $E(L,\upsilon)$ 分别表示激光光源在空间坐标系和空间频域的辐射照度分布函数；L 表示通信光源到接收平面的距离；r 表示接收

平面光束中心到接收孔径光学中心的距离；υ 表示信号光频率；c 和 b 分别表示信道的衰减系数和散射系数；$s(\upsilon)$ 表示信道在空间频域的散射相函数，可由描述散射特性的体散射函数导出。

对于光子数服从泊松分布理想条件下的光子计数器，基于极大似然判决检测信号的通信系统模型，其通信误码率可以表示为

$$\mathrm{BER}=\frac{1}{2}-\frac{1}{2}\left(\sum_{k=0}^{\lfloor V_{\mathrm{th}}\rfloor}\frac{K_{\mathrm{b}}^{k}}{k!}\mathrm{e}^{-K_{\mathrm{b}}}\right)+\frac{1}{2}\left[\sum_{k=0}^{\lfloor V_{\mathrm{th}}\rfloor}\frac{(K_{\mathrm{b}}+K_{\mathrm{s}})^{k}}{k!}\mathrm{e}^{-(K_{\mathrm{b}}+K_{\mathrm{s}})}\right] \tag{8.20}$$

式中，$K_{\mathrm{s}}=\eta PT_{\mathrm{s}}/(h\upsilon)$ 表示从信源中检测到的光子数，P 表示接收到的信号光功率，h 表示普朗克常量；$K_{\mathrm{b}}=\eta P_{\mathrm{b}}T_{\mathrm{s}}/(h\upsilon_{\mathrm{b}})$ 表示从背景噪声中检测到的光子数，P_{b} 表示背景噪声功率，υ_{b} 表示背景噪声频率；V_{th} 表示决定定性阈值函数，其数学表达式为 $V_{\mathrm{th}}=K_{\mathrm{s}}/\ln(1+K_{\mathrm{s}}/K_{\mathrm{b}})$；$\lfloor x\rfloor$ 表示 floor 函数，即取不大于 x 的最大整数。

假设接收平面垂直于光束轴，且信道属于各向同性的均匀介质，偏移距离表示从接收器孔径中心到接收器平面处的光束中心的距离。零偏移距离意味着在没有指向误差的情况下，源和接收器之间的精确对准。

一般情况下，通信要求接收器误码率保持在某个值以下，否则通信链路可能发生中断。假设接收器的孔径足够窄，则通信光源的辐射照度分布可以表示为

$$B(L,r)=K_{\mathrm{s}}\frac{4h\upsilon}{\pi\eta D^{2}T_{\mathrm{s}}} \tag{8.21}$$

式中，D 表示接收单元的数值孔径。

定义 $P_{\mathrm{t}}(L,r)$ 表示由传输距离 L 和偏移距离 r 决定的发射功率阈值函数，给定误码率阈值和估计的 K_{b} 值，通过方程（8.20）可以计算得到 K_{s} 值。将 K_{s} 代入方程（8.21）可以计算得到 $B(L,r)$。结合 $B(L,r)$、方程（8.19）和光源的高斯辐射照度分布可以得到

$$P_{\mathrm{t}}(L,r)=\frac{B(L,r)}{E_{1}+E_{2}}\mathrm{e}^{cL} \tag{8.22}$$

式中，E_1 和 E_2 分别为

$$E_{1}=\frac{1}{2\pi\sigma_{\mathrm{s}}^{2}(L)}\mathrm{e}^{-\frac{r^{2}}{2\sigma_{\mathrm{s}}^{2}(L)}} \tag{8.23}$$

$$E_{2}=\frac{1}{2\pi}\int_{0}^{\infty}\mathrm{e}^{\frac{-\upsilon^{2}\sigma_{\mathrm{s}}^{2}(L)}{2}}\times\mathrm{e}^{\left\{\int_{0}^{L}bs[\upsilon(L-l)]\mathrm{d}l\right\}-1}J_{0}(\upsilon r)\upsilon\mathrm{d}\upsilon \tag{8.24}$$

式中，$\sigma_{\mathrm{s}}^{2}(L)$ 表示激光光源在接收平面上的变化幅度，其数值大小由激光参数和传输距离所决定。上述数值仿真模型是 Hassan 等[19]基于理想状态下建立的，只考虑了光轴垂直接收端面的情况，没有考虑背景噪声、光电探测器噪声或其他影响因素，该评估机制并不完善。为此，在上述研究工作的基础上，考虑建立光束斜入射情况的链路失准概率评估机制。

8.4.3　全光捕获技术概述与补偿方法

海水无线光通信光轴指向的对接引导是建立激光通信链路的前提，一方面海洋平台位置信息难以精确获得，另一方面海水无线光通信终端间勤务辅助通道难以实时建立。因此，需要积极探索全光捕获技术对链路失准概率的补偿方法，发展全光捕获技术在深海无线光通信技术领域的应用。

开展海洋环境的全光捕获技术理论研究，应根据应用场景的边界条件和性能需求，讨论捕获不确定区域、扫描方式、捕获用信标光的特征参数等因素对全光捕获技术的影响，并对上述影响因素的特征参数进行优化选取，建立捕获时间、捕获概率和捕获链路功率的数学模型。在上述工作的基础上，研究全光捕获对链路失准概率的补偿方法，并开展对接引导性能测试实验。

全光捕获技术的主要技术指标包括捕获距离、捕获时间、捕获概率等，这些技术指标主要受到捕获不确定区域、扫描方式、捕获信标光性能、光电探测器性能以及其他不确定因素（诸如海水信道的时变性、信道环境中障碍物遮挡以及背景噪声）的影响。因此，在研究全光捕获技术之前，需要结合应用场景和技术需求对上述影响因素进行分析，优化设计海水无线光通信光轴指向控制策略和通信双端对接引导技术方法的技术指标。

全光捕获技术在空间光通信领域的应用已经很成熟，但在海水环境中的应用尚处于起步阶段，主要是因为海水信道对光束传输的影响要比大气信道更为复杂。但是传统的捕获对准的方案为通信双方首先通过 GPS 测量或声呐找出各自的位置信息，再用电学通信方法将各自的位姿信息发送给对方，经过数学计算后由控制系统控制并调整各自通信系统姿态和指向，完成视轴初始指向，并按照已设定的轨迹开始扫描，最后完成视轴对准。在海水环境中，电磁波传输距离严重受限，无法满足实际需求，所以需要研究海水环境的全光捕获技术。

海水无线光通信技术的全光捕获方法的基本思路是借助声呐技术，确定通信双方的大致位置范围，然后通过二维伺服转台结构进行系统光轴的指向控制，利用可见光 CCD 相机大视场的特点来实现通信对方的粗跟踪捕获，再通过指向误差解算单元，完成光轴指向误差的分析，并将分析结果反馈给二维旋转台，对信标光轴进行小范围捕获，实现信标光轴进入光电探测器视场，完成精跟踪捕获，最终完成光通信链路的建立。采用 488nm 和 520nm 的 LD 激光作为实验光源，测试通光直径为 25mm 和 75mm、焦距分别为 10mm 和 25mm 的菲涅耳透镜的光学接收性能，改变通信光源的波长、入射角、入射端面以及不同有效口径的菲涅耳透镜，通过测试进入菲涅耳透镜前后的光功率比值来表征菲涅耳透镜的聚光效率，利用 CCD 相机来检测菲涅耳透镜聚焦光斑随外界约束变量的变化规律图像实验系统结构形式，如图 8.4 所示。

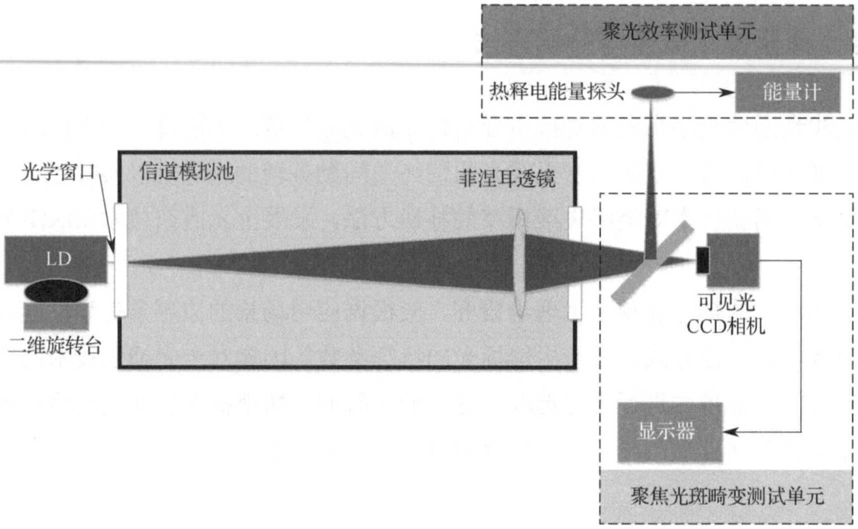

图 8.4 海水环境菲涅耳透镜光学接收性能实验测试系统结构形式

根据上述实验数据，利用统计学规律对实验数据进行处理分析，总结不同外界约束参量对其光学接收性能的影响规律，并以此为依据，给出菲涅耳透镜最优光学接收性能的匹配条件。

参考文献

[1] Hu X H, Hu S Q, Zhou T H, et al. Rapid estimation of the maximum communication distance for an underwater laser communication system[J]. Chinese Journal of Lasers, 2015, 42(8): 0805007.

[2] Zedini E, Oubei H M, Kammoun A, et al. Unified statistical channel model for turbulence-induced fading in underwater wireless optical communication systems[J]. IEEE Transactions on Communications, 2019, 67(4): 2893-2907.

[3] Muhsin C G, Yahya B. Aperture averaging and BER for Gaussian beam in underwater oceanic turbulence[J]. Optics Communications, 2018, 410: 830-835.

[4] Zamurovic S A, Nelson C. Experimental study underwater propagation of polarized flat top partially coherent laser beams with a varying degree of spatial coherence[J]. Optics Communications, 2018, 424: 54-62.

[5] Jeong S, Kim S C. Low-complexity time synchronisation for 3-dimensional underwater communications environment using estimated instantaneous node velocity[J]. Digital Signal Processing, 2018, (78): 316-321.

[6] Mazin A A. Comparison of modulation techniques for underwater optical wireless communication employing APD receivers[J]. Research Journal of Applied Sciences, Engineering and Technology, 2015, 10(6): 707-715.

[7] Oubei H M, Li C P, Park K H, et al. 2.3Gbps underwater wireless optical communications using directly modulated 520m laser diode[J]. Optical Express, 2015, 23(16): 20743-20748.

[8] Liu Y, Zhao S H, Gong Z Z, et al. Displacement damage in bit error ratio performance of on-off keying, pulse position modulation, differential phase shift keying, and homodyne binary phase-shift keying-based optical intersatellite communication system[J]. Applied Optics, 2016, 55(11): 3069-3076.

[9] Kostas P P, Anthony C B, Zabih G. Performance of underwater optical wireless communication with multi-pulse pulse-position modulation receivers and spatial diversity[J]. IET Optoelectronics, 2017, 11(5): 180-185.

[10] Nikos C S, Kostas Y, Anthony C B. Semiconductor optical amplifiers in negative-exponential fading: Regenerators and pre-amplifiers[J]. IET Optoelectronics, 2015, 9(5): 249-256.

[11] Kostas P P, Anthony C B, Zabih G, et al. Semiconductor optical amplifiers for underwater optical wireless communications[J]. IET Optoelectronics, 2017, 11(1): 15-19.

[12] Jim A S, William C C, John R K, et al. 5Mbps optical wireless communication with error correction coding for underwater sensor nodes[J]. Oceans IEEE, 2010, 58(1): 1-4.

[13] Ron S S, Emily L L, Patrick L, et al. Hemispherical optical dome for underwater communication[C]. Laser Communication and Propagation Through the Atmosphere and Oceans VI, Bellingham, 2017.

[14] Mohammad V J, Jawad A S. Performance studies of underwater wireless optical communication systems with spatial diversity: MIMO scheme[J]. IEEE Transactions on Communications, 2017, 65(3): 1176-1192.

[15] Farr N, Bowen A, Ware J, et al. An integrated, underwater optical/acoustic communications system[C]. OCEANS 2010, Sydney, 2010: 1-6.

[16] 朱维庆, 朱敏, 武岩波, 等. 载人潜水器“蛟龙”号的水声通信信号处理[J]. 声学学报, 2012, 37(6): 565-573.

[17] Kong M W, Wang J L, Chen Y F, et al. Security weaknesses of underwater wireless optical communication[J]. Optical Express, 2017, 25(18): 21509-21518.

[18] 杜劲松. 基于 LDPC 编码与 PPM 调制的水下光通信研究[D]. 南京: 南京邮电大学, 2017.

[19] Hassan M O, Emna Z, Rami T E, et al. Simple statistical channel model for weak temperature-induced turbulence in underwater wireless optical communication systems[J]. Optics Letter, 2017, 42(13): 2455-2458.

第 9 章　海水无线光通信器件及其特性

本章主要介绍海水无线光通信器件及其特性，从发射光源到通信光学器件，从光电探测器到光动态通信所涉及的高灵敏度跟瞄器件和伺服转台结构等主要内容出发，分析不同功能器件对海水无线光通信性能的影响和约束，为海水无线光通信器件的优化设计和结构选型提供相应的理论分析和科学依据。

9.1　海水无线光通信光源

对海水无线光通信来说，发射光源的输出光功率经过信道衰减后应满足接收单元的极限功率灵敏度，通信发射束散角要根据实际需要既满足发射天线的设计需求，也要尽可能地降低自由空间光功率衰减，发射光源的波长要满足通信信道的“光学窗口”。在种类诸多的通信光源中，激光二极管具有许多优势，已经成为目前海水无线光通信系统的首选器件[1-5]。

（1）电效率高：激光二极管采用 PN 结构发光，属于直接电子光子转换器，转换效率通常能超过30%[6-8]。

（2）体积功耗小：对海水环境来说，海水无线光通信系统的体积功耗越小越好，较高的光电转换效率带来的效益就是通信光源的电功耗小，且激光二极管均采用晶体管外形（transistor outline，TO）结构的封装，体积结构很小。

（3）使用寿命长：其使用寿命可以长达上万小时，这对于长期工作于海水环境的无线光通信系统来讲是提升系统性能稳定性的重要保障[9-10]。

9.1.1　通信光源设计原则

本节主要以激光二极管的主要性能参数为例，就海水无线光通信系统对通信光源的要求作进一步详细说明。

1. 消光比与阈值

消光比 μ 定义为“1”码的功率 P_1 与“0”码的功率 P_0 之比[11]，可以表示为

$$\mu = \frac{P_1}{P_0} \tag{9.1}$$

式中

$$P_0 = S_0 I_b$$

$$P_1 = S_0 I_{th} + S_1 (I_b + I_d - I_{th})$$

其中，I_b 表示偏置电流，S_0 和 S_1 分别表示通信光源的阈值电流 I_{th} 前后 P-I 曲线的斜率效率，I_d 表示驱动电流。如果偏置电流与阈值电流相接近，消光比的表达式又可以表示为

$$\mu = \frac{P_1}{P_0} = 1 + \frac{S_1}{S_0} \times \frac{I_d}{I_{th}} \tag{9.2}$$

对海水无线光通信系统来说，希望通信发射单元具有较大的消光比。为了提高通信光源的消光比，需要尽可能地确保发射光源在阈值以上的斜率效率较高，阈值以下的斜率效率较低，同时，尽可能地增加驱动电流并减小偏置电流。在实际应用中，消光比会因为激光二极管工作升温和自然老化而降低。

2. 模分配噪声

光功率在不同模式条件下的随机分配而引发的模分配噪声，会导致直接调制的激光二极管输出的脉冲信号之间也发生功率的随机起伏，严重限制了传输的信息容量，其解析表达式为

$$BL \leqslant \frac{130}{\Delta\lambda_s D \sqrt{K_n}} \tag{9.3}$$

式中，B 表示传输速率或带宽；L 表示传输距离；$\Delta\lambda_s$ 表示脉冲信号波长差值；D 表示激光二极管的 PN 结禁带度；K_n 表示模分辨噪声因子，一般取值为 0.4～0.7。如果希望系统受模分配噪声影响较小，边模抑制比应该大于 30dB。

3. 啁啾限制

啁啾是激光二极管在高速率调制条件下所发生的与时间相关的频率起伏现象，会导致单纵模线宽的动态增加。数字直调的激光二极管，在电子和光子互作用的情况下，啁啾是不可避免的，调制速率越高，影响越严重。其产生原因是注入载流子的弛豫振荡引起的折射率变化而导致光相位变化，致使激发模的平均光谱宽度增加。为此，在高速率调制系统中，我们希望能够采用外调制模式，但目前短波可见光范围的外调制技术尚不成熟，这也是未来无线光通信发射器件的研究方向和趋势之一。

9.1.2 通信光源工作特性

激光二极管的主要特性及参数主要有以下 5 个：①阈值特性；②转换效率；③激光模式；④线宽；⑤频率啁啾。这些特性参数都在不同的角度反馈了激光二极管器件的性能，下面对这些特性参数进行详细阐述[12]。

1. 阈值特性

阈值是衡量激光光源在增益与损耗临界关系的平衡点。定义开始产生激光的注入电流密度为阈值，常用电流密度 J_{th} 表示。影响电流密度的因素主要包括[13-14]：①器件结构，腔长越

长，谐振腔输出损耗越小，电流密度越低；②器件材料，器件波导的掺杂浓度越小，电流密度越低；③器件温度，阈值电流与温度为非线性关系，温度越高，电流密度越高，所以一般情况下，激光二极管工作在低温或恒温环境下为宜。

2. 转换效率

激光二极管的转换效率通常用量子效率和功率效率来衡量，其中功率效率用于表征加载在激光二极管上的电能转换为激光输出能量的效率。功率转换效率的表达式可表示为

$$\eta = \frac{P_e}{V_j I + I^2 R_s} \tag{9.4}$$

式中，P_e 表示辐射光功率；I 表示注入电流；R_s 表示激光二极管串联电阻，主要是指半导体材料的体电阻和电极接触电阻；V_j 表示结压降。为此，从式（9.4）中可以看出，要想提升转换效率，可以采用减小导通电压和串联电阻两种方式。

3. 激光模式

在海水无线光通信技术领域，我们希望所采用的激光二极管在工作模式上为窄线宽单纵模，一方面是由于这种工作模式可以避免光功率在各个纵模之间随机分配产生模式分配噪声，另一方面纵模的减小也可以获得窄线宽输出，可以有效滤除背景光噪声。

激光二极管的辐射光波长是由禁带宽度决定的，能够满足谐振腔内驻波条件的可能有一系列波长，被称为纵模谱。这些纵模之间的波长间隔可表示为

$$\Delta\lambda = \frac{\lambda^2}{2\overline{n}_g L} \tag{9.5}$$

式中，$\overline{n}_g$ 表示有源材料的群折射率；L 表示谐振腔腔长。一般情况下，激光二极管的纵模间隔为 0.5～1nm，激光工作物质的增益谱宽为几十纳米，很容易出现多纵模振荡。

4. 线宽

激光二极管的线宽可定义为光谱曲线的半峰值处的全宽，用来表征激光二极管在时域上的相干性。对海水无线光通信系统来说，需要选择合适的通信光源线宽。激光二极管的腔长端、腔面反射率低、品质因子也不高，会导致激光二极管的线宽较宽，激光二极管的线宽与功率成反比，大偏置电流条件下相应的线宽也会减小。

5. 频率啁啾

直接调制会导致激光二极管的调制电流不同，往往会出现频率啁啾而使光谱线宽发生变化，从而出现多模振荡、弛豫振荡等现象。这是由于在注入有源区的电子密度和温度会不断变化，材料折射率发生波动，导致单纵模激光的波长发生漂移，谱线加宽，因此在海水无线光通信技术领域需要考虑啁啾现象对通信性能的影响。

9.1.3 通信光源种类

在海水无线光通信系统中[15]，通信光源是至关重要的器件，其外输出特性影响着光信号质量、传输距离和光路稳定性。目前常用的光源主要有激光二极管和发光二极管。

1. 激光二极管

激光二极管是电子受激辐射跃迁发出激光，其特点是发射光功率高、相干性好、方向性好、线宽窄。由于其对温度敏感，所以需要附加温度控制器和驱动器。

激光二极管的物理结构是在发光二极管的结间安置一层具有光活性的半导体，其端面经过抛光后具有部分反射功能，因而形成一光谐振腔。在正向偏置的情况下，LED 发射出光并与光谐振腔相互作用，从而进一步激励从结上发射出单波长的光，这种光的物理性质与材料有关。

激光二极管的工作原理，理论上与气体激光器相同，其结构原理如图 9.1（a）所示，图 9.1（b）为激光二极管的代表符号。

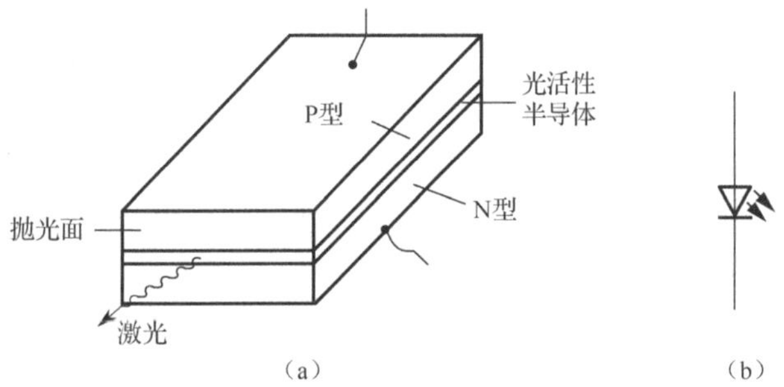

图 9.1　激光二极管结构原理与代表符号

2. 发光二极管

发光二极管加上正向电压后电子自发辐射跃迁而发光，发出的光相干性较差，线宽较宽，且发射束散角较大，光能不集中。

发光二极管具有的优点很明显，如成本低、寿命长（输出功率随工作时间的增加而减小）、安全性高、功耗低、可同时用于通信以及照明等。但是它的缺点同样也很显著，由于它调制带宽较小，从而限制海水无线光通信系统的传输速率；发射束散角大、能量分散，导致海水无线光通信系统传输距离短。为了解决这些问题，不同的方法被提出，如采用频谱效率较高的调制技术来提高海水无线光通信系统的传输速率，采用发光二极管阵列来增加海水无线光通信系统的传输距离。

激光二极管与发光二极管的技术参数对比如表 9.1 所示。

表 9.1 激光二极管与发光二极管的技术参数对比

技术参数	激光二极管	发光二极管
最小发射束散角/mrad	0.1	10
调制带宽级别	GHz	MHz
温度敏感性	敏感	不敏感
使用寿命	适中	长
相干性	相干	非相干
功耗	高	低
安全性	差	好

9.2 海水无线光通信光学器件

1. 通信发射光学天线

通信发射光学天线是整个通信发射光学分系统的核心器件，一般可以采用独立口径或共口径结构设计。通信发射光学天线的主要作用是用于光束整形，根据不同的通信链路和应用场景，对通信发射光学天线进行优化和器件选型，可以实现压缩束散角、降低自由空间光功率衰减、提升传输距离的效果。同时，对于要求更高的发射光学分系统，通信发射光学天线的口径、准直放大倍率等因素也决定了部分光学中继组件的结构尺寸，间接影响着整个通信发射分系统的质量和体积。此外，通信发射光学天线的特征参数对背景光抑制、光学透过率等参数都有着直接影响[16]。

2. 通信接收光学天线

通信接收光学天线是通信接收光学分系统的核心器件，一般在结构设计上希望通信接收光学天线具备大口径、大视场的结构特点[17]。在海水信道环境，还要考虑到通信系统的轻小型化设计，而光学分系统在海水无线光通信接收系统中是非常重要的分系统，接收光学天线的口径和视场决定了整个通信接收系统的信噪比以及通信链路的建链概率，是直接影响通信接收系统性能的核心器件之一。

3. 光学滤波降噪单元

光学滤波降噪单元主要是指窄带滤光片，用于滤除背景杂散光噪声，在一定程度上有效地降低到达光电探测器的杂散光信号强度，从而提升整个通信接收系统的信噪比，降低通信系统的误码率。然而窄带滤光片的带宽、透过率、截止深度等特征参数是需要重点考虑的，针对不同应用场景的海水无线光通信系统也要选择合适的窄带滤光片[18-20]。一般在浅海环境下需要考虑背景光噪声，而在深海环境下，太阳光辐射强度已经基本可以忽略不计，此种情况如果加装窄带滤光单元，反而会在一定程度上削减信号光功率，导致信噪比降低。

9.3 海水无线光通信光电探测器件

海水无线光通信对光电探测器件的要求主要包括以下 4 点[21]：①波长响应匹配度，在通信波长匹配处应具有较高的量子效率和探测灵敏度；②响应度和带宽，要满足不同应用场景下的信息传输链路的需求；③暗噪声，在海水无线光远距离通信条件下，接收到的信号极其微弱，光电探测器自身的暗噪声将会是系统具有高信噪比的前提；④工程应用，需要光电探测器体积功耗小、可靠稳定、环境适应性强、价格低廉等，满足海水无线光通信系统的轻小型化设计需要，具备长时间稳定工作的能力。

9.3.1 海水无线光通信接收单元

海水无线光通信接收单元是以光电探测器为核心器件的系统单元，具备光信号接收、放大、滤波以及数据处理等功能，光电探测器的优化设计与器件选型直接影响海水无线光通信接收系统的性能指标[22]。

对于采用直接探测模式的海水无线光通信系统，其通信接收分系统的结构组成如图 9.2 所示。

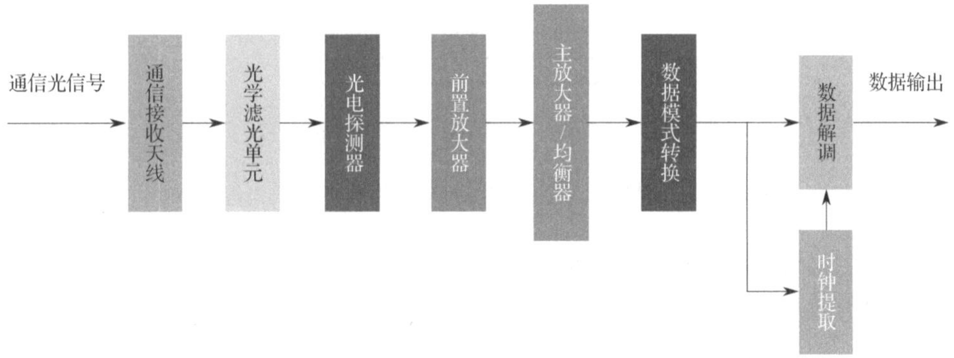

图 9.2　海水无线光通信接收分系统结构示意图

从图 9.2 中可以看出，该接收分系统主要由通信接收天线、光学滤光单元、光电探测器、前置放大器、主放大器/均衡器、数据模式转换、时钟提取以及数据解调等部分组成。为此，本节主要对通信接收单元的光电探测器这一核心器件进行详细介绍和论述。

9.3.2 光电探测器类型

光电探测器的种类繁多，按照工作原理可以分为光电子发射探测器、光电导探测器和光伏探测器。光电子发射探测器基于外光电效应，以光电倍增管为典型代表，具有较大的内部增益、较高的响应度和光子级的探测灵敏度，但是这种探测器需要较高的电压、较大的体积和真空结构，在轻小型化设计方面不具备优势；光电导探测器是利用光电导效应制作的光电探测器，响应度低、噪声大；光伏探测器具有灵敏度高、响应快、噪声小、稳定可靠且成本低等优势，在光通信领域应用广泛[23-25]。

光伏探测器包括 PIN 光电二极管、雪崩光电二极管，下面重点介绍这两种光伏探测器的基本情况。

1. PIN 光电二极管

PIN 光电二极管（也称为 PIN 结二极管）是一种光检测器，其核心结构为 P 型半导体层、本征层（I 型）和 N 型半导体层组成的 P、I、N 三明治结构，具有结电容小、渡越时间短、灵敏度高等优点。

PIN 光电二极管相对于普通光电二极管，区别是在 P 区和 N 区之间增加了一个本征层 I。由于本征材料的电阻率高，所以本征层为高电场区，因此，反向偏置电场主要集中在这一区域。PIN 光电二极管的结构原理如图 9.3 所示。

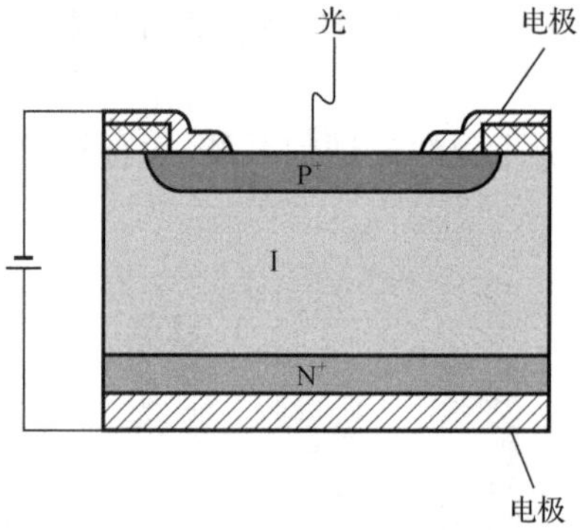

图 9.3　PIN 光电二极管的结构原理

PIN 光电二极管的扩散和偏移时间一般在 0.1ns 这一数量级，可以进行几吉比特每秒的信号探测，具有较高的带宽。

2. 雪崩光电二极管

雪崩光电二极管是在激光通信中使用的光敏元件。在以硅或锗为材料制成的光电二极管的 PN 结上加上反向偏置电压后，射入的光被 PN 结吸收后会形成光电流。加大反向偏置电压会产生“雪崩”（即光电流成倍地激增）的现象，因此这种二极管被称为“雪崩光电二极管”，其结构原理如图 9.4 所示。

雪崩光电二极管存在一个雪崩增益的过程，具有几百倍的内部增益，灵敏度较 PIN 光电二极管要高很多。雪崩光电二极管的结构使光信号需要穿越一个高电场区，在这个高电场区的作用下，空穴和电子获得了足够的能量，当入射到光电探测器内部的光子与晶格发生碰撞作用时，晶格获得了一些能量而释放束缚电子，此时具有足够能量的自由电子和空穴获得动能而在此产生碰撞，自由载荷数量呈现出指数增加的趋势，进而产生雪崩效应。

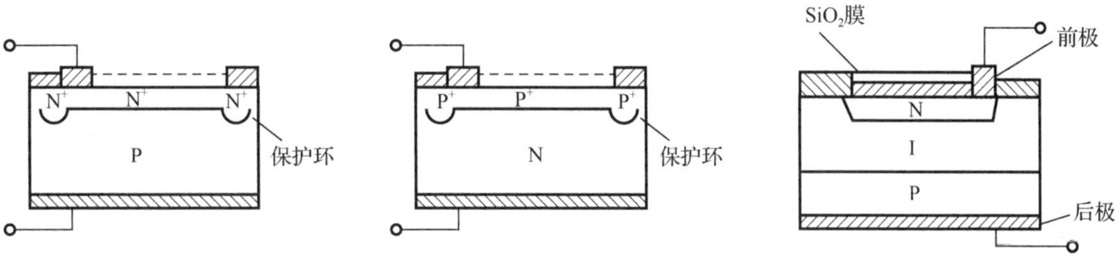

（a）P型N结构　（b）N型P结构　（c）PIN结构

图 9.4　三种雪崩光电二极管的结构原理

综上所述，从各个方面综合考虑，雪崩光电二极管更加适合应用于海水无线光通信技术领域。下面将以雪崩光电二极管为例，从理论层面对光电探测器的核心参数进行性能分析。

9.3.3　光电探测器性能

1. *灵敏度*

雪崩光电二极管在外偏置电压的作用下，内部的电子空穴对产生载荷移动，形成光电流，产生的光场功率受到电子空穴对的数目影响。光电流 I_p 与光功率 P_r 的关系表达式为

$$I_p = \frac{Q}{t} = \frac{\eta e \lambda}{hc} \cdot P_r \tag{9.6}$$

式中，Q 表示光子转换为电子的数量；η 表示光电转换效率；h 表示普朗克常量；λ 表示光波长；e 表示电子电荷量。

光电探测器的灵敏度受到器件响应度的影响，响应度的物理定义为光电探测器的电流与输入光功率之比：

$$R_0 = \frac{I_p}{P_r} = \frac{\eta e \lambda}{hc} \tag{9.7}$$

基于上述分析，当量子效率一定，器件的响应度与波长线性增加，但实际上光电探测器的量子效率并非常数，受到光电探测器材料等多种因素影响。

2. *量子效率*

量子效率越高，光子转换为电子的数量就越多，所产生的光电流也就越大，其数学表达式为

$$\eta = \frac{N_e}{N_o} \propto \frac{I_p}{P_r} \tag{9.8}$$

式中，N_e 为探测器在特定时间内产生的光生电子数；N_o 为同一时间内入射到探测器上的光子数。

对于半导体材料，其量子效率的数学表达式为

$$\eta = (1 - e^{-\alpha_s(\lambda)\omega})(1 - R_f)e^{-\alpha L} \tag{9.9}$$

式中，$\alpha_s(\lambda)$ 表示半导体材料在入射光波长为 λ 时的吸收系数；ω 表示耗尽区宽度；R_f 表示

入射面的反射率；α 表示传感器窗口材料对特定波长入射光的吸收系数，经验表明，波长越短，吸收系数越大；L 表示光子到达耗尽区前的长度。

综上所述，若确保大部分的入射光都被吸收，需要有足够宽度的耗尽区，且光子进入耗尽区的距离尽量短一些。耗尽区越宽，则光致载流子通过反向偏置结所需的时间也越长。漂移时间越长，则光电探测器的响应度也越低，因此在光电探测器的选型设计时，需要综合考量响应度和量子效率之间的平衡关系。

3. 光谱响应

产生光电效应的先决条件就是光电探测器基底材料的间隙能量 E_{g} 要小于一个光子的能量，其数学表达式为

$$hf > E_{\mathrm{g}} \tag{9.10}$$

式中，f 表示光频率。

随着入射光波长的增加，光子对应的能量减小，因此，每种光电探测器的材料都存在着一个波长极限值，即截止波长，可表示为

$$\lambda_{\max} = \frac{hc}{E_{\mathrm{g}}} \tag{9.11}$$

光电探测器的光谱响应是一项重要的性能指标，光谱响应都存在一定的带宽和峰值波长，且满足以下两点规律：①当入射到光电探测器的波长超过截止波长时，光谱响应将呈现出骤然下降的现象；②当入射光波长较短、能量较高时，光电探测器的窗口材料对短波吸收系数较高，吸收效应明显，所以光谱响应也会随着波长的减小而呈现出下降的趋势。

4. 响应度

光电探测器的响应度主要由上升时间所决定，而上升时间指的是当输入信号为阶跃函数时，输出信号从最终值 10%上升到 90%所需的时间。响应度主要受到以下三个因素影响：①载波通过损耗区的传输时间；②损耗区之外所产生的载波扩散时间；③光电探测器及其相关电路的时间常数。对于适用于可见光范围内的硅基光电探测器，其上升时间一般在皮秒至纳秒量级。

5. 最小可探测光功率

光电探测器所能接收到的最小光功率定义为产生单位信噪比的平均信号功率。假设信噪比为 1，其产生的散粒噪声远远小于光电探测器的暗电流，则最小可探测光功率可表示为

$$P_{\mathrm{r}} = \frac{\sqrt{2eI_{\mathrm{d}}}}{R_0}\sqrt{B} = \mathrm{NEP}\sqrt{B} \tag{9.12}$$

式中，I_{d} 表示光电探测器的暗电流；B 表示光电探测器的接收带宽；$\mathrm{NEP} = \frac{\sqrt{2eI_{\mathrm{d}}}}{R_0}$ 表示光电探测器暗电流的噪声等效功率，用于表征光电探测器暗电流的大小。

9.4　海水无线光动态通信器件

9.4.1　跟瞄器件分析

大视场跟瞄器件的核心组件是高灵敏度、大动态范围的可见光 CCD 相机或互补金属氧化物半导体（complementary metal-oxide-semiconductor，CMOS）相机。此类相机既可以脱靶量检测内嵌算法实时输出通信光轴指向的脱靶量信息，又可以凭借高灵敏度与大视场优势来快速完成通信光轴的捕获跟踪，实现通信收发双端的初步握手。

当通信光轴进入可见光相机的视场范围后，其内嵌算法将解算脱靶量信息，并反馈至伺服转台结构。伺服转台结构根据脱靶量调整光轴指向，使其逐步收敛至可见光相机视场的几何中心。

由于可见光相机与通信光电探测器通过分光片等中继器件保持同光轴结构，调整后的通信光轴将同步进入光电探测器的光学视场。通过多次迭代上述闭环控制过程，最终实现通信光轴的精准对准，确保光学链路的稳定建立。

9.4.2　伺服转台结构

海水无线光通信系统的伺服转台结构形式主要根据载荷平台和链路特点的不同分为以下四类。

1. 平面反射镜伺服结构

平面反射镜的伺服结构是利用反射镜在 180°平面内进行任意光轴指向的调整，结构简单，但是不具备光束特性的调整功能，因此，通常利用伺服驱动平面反射镜与天线结构相结合，从而实现通信光轴在一定立体空间范围内的指向、扫描与跟踪功能。该结构具备以下优点。

（1）该伺服结构只需调整平面反射镜的轴向，不需要调整其他结构，相对来说系统的稳定性更高。

（2）平面反射镜自身体积小、重量轻，转动惯量小，对于伺服结构的负载要求低，可以有效提升伺服转台结构的带宽和精度。

然而，这种结构也存在局限性，由于平面反射镜自身的结构特点，通常在系统中采用与主光轴呈 45°夹角的位置安装，间接对天线口径进行了尺寸约束，造成系统整体重量和体积增加。这种平面反射镜结构不适合大范围扫描跟踪，而且受搭载平台的振动影响较大。

2. 潜望式周扫伺服结构

潜望式周扫伺服结构由两个正交布置、45°位置安装的平面反射镜结构组成，分别实现方位和俯仰两个轴向的空间光轴指向扫描功能。这种伺服结构可以实现大范围的两个维度的光轴指向扫描，但是其结构比较复杂，所需要的工作空间较大。

3. 望远镜伺服结构

望远镜伺服结构主要是利用伺服驱动调整望远镜的空间指向，进而实现通信光轴的方向移动，这种伺服结构比较适合轻量化设计需求，可以完成半球甚至更大立体空间的范围扫描。为了确保通信系统其他单元固定不动，这种伺服结构要求通信光从横轴引入至望远镜进行发射。这种伺服结构较适用于远距离通信。

4. 光学基台伺服结构

光学基台伺服结构的结构形式主要是将通信系统整体安装于基台之上，利用伺服驱动装置对通信系统及基台进行整体伺服控制。该结构具有较大的转动惯量和负载质量，因此伺服带宽和跟踪精度较低。但这种伺服结构无工作死区，根据负载的特性和应用场景，可采用两轴两框架或两轴四框架结构设计，配有被动减振和陀螺主动稳定结构，具有较高的控制精度和稳定精度。

参考文献

[1] 李丽. 基于蓝光 LED 的便携式水下视频通信系统[D]. 南京：南京邮电大学, 2014.

[2] Giovanni G, Shaun V, Scott W, et al. Laser based underwater communication systems[C].18th International Conference on Transparent Optical Networks, Trento, 2016: 1-4.

[3] 孔美巍. 海水无线光通信系统的设计与实验研究[D]. 杭州：浙江大学, 2018.

[4] Sun M N, Zheng B, Zhao L F, et al. A design of the video transmission based on the underwater laser communication[J]. IEEE Oceans, 2015: 1-4.

[5] Shen C, Guo Y J, Oubei H M, et al. 20-meter underwater wireless optical communication link with 1.5Gbps data rate[J]. Optical Express, 2016, 24(22): 25502-25509.

[6] Muth J. Free space optical communications: Building a deeper understanding of underwater optical communications[J]. Laser Focus World, 2018, 1: 1-10.

[7] 马礼观. 海水无线光通信技术研究与系统设计[D]. 厦门：厦门大学, 2013.

[8] Kaushal H, Kaddoum G. Underwater optical wireless communication[J]. IEEE Access, 2016(4): 1518-1547.

[9] Saeed N, Celik A, Al-Naffouri T Y, et al. Underwater optical wireless communications, networking, and localization: A survey[J]. Ad Hoc Networks, 2019, 94: 101935.

[10] Yoerger D R, Bradley A M, Walden B B. The autonomous benthic explorer(ABE): A deep ocean AUV for scientific seafloor survey[J]. Sea Technology, 1992, 33(1): 79-82.

[11] Niu H, Adams S, Husain T, et al. Applications of autonomous underwater vehicles in offshore petroleum industry environmental effects onitoring[J]. Journal of Canadian Petroleum Technology, 2009, 48(5): 12-16.

[12] Khan A, Jenkins L. Undersea wireless sensor network for ocean pollution prevention[C]. COMSWARE 2008, Bangalore, 2008: 2-8.

[13] Arthur D, Little I, Cambridge M. New technology magnetic attitude sensors in autonomous underwater vehicle(AUV) application[C]. Symposium on Autonomous Underwater Vehicle Technology, Washington, 1990: 22-69.

[14] Maiman T H. Simulated optical radiation in ruby[J]. Nature, 1960, 187: 493-494.

[15] Duntley S Q. Light in the sea[J]. Journal of the Optical Society of America, 1963, 53(2): 214-233.

[16] Snow J B, Flately J P, Freeman D E, et al. Underwater propagation of high-data-rate laser communications pulses[C]. Ocean Optics XI, San Diego, 1992: 419-427.

[17] Bales J W, Chrissostomidis C. High-bandwidth, low-power, short-range optical communication underwater[C]. International Symposium on Unmanned Untethered Submersible Technology, Durham, 1995: 406-415.

[18] Chancey M A. Short range underwater optical communication links[D]. Raleigh: North Carolina State University, 2005.

[19] Tivey M, Fucile P, Sichel E. A low power, low cost, underwater optical communication system[J]. Ridge 2000 Events, 2004, 2(1): 27-29.

[20] Doniec M, Angermann M, Rus D. An end-to-end signal strength model for underwater optical communications[J]. IEEE Journal of Oceanic Engineering, 2013, 38(4): 743-757.

[21] 于新生, 张凤丽, 随美红, 等. 水下宽带无线光通信技术研究[J]. 红外与激光工程, 2009, 38(增刊): 198-201.

[22] Kong M W, Sun B, Sarwar R, et al. Underwater wireless optical communication using a lens-free solar panel receiver[J]. Optics Communications, 2018, 426: 94-98.

[23] Wu T C, Chi Y C, Wang H Y, et al. Blue laser diode enables underwater communication at 12.4Gbps[J]. Scientific Reports, 2017, 7: 40480.

[24] Xu J, Sun B, Kong M W, et al. Underwater wireless optical communication using a blue-light leaky feeder[J]. Optics Communications, 2017, 397: 51-54.

[25] Shen J N, Wang J L, Chen X, et al. Towards power-efficient long-reach underwater wireless optical communication using a multi-pixel photon counter[J]. Optics Express, 2018, 26(18): 23565-23571.

第 10 章　海水无线光通信系统与设计

本章主要介绍海水无线光近距离通信系统、海水无线光远距离通信系统、海水无线声-光联合通信系统以及海水无线光级联通信系统这四个适用于不同应用场景、不同信道条件的海水无线光通信系统，从总体设计原则到系统结构组成，从器件性能测试到原理样机的系统集成，对实验数据进行处理分析，为后续深入研究海水无线光通信系统提供一定的工程化经验和数据参考。

10.1　海水无线光近距离通信系统

10.1.1　近距离通信系统总体设计原则

UUV 处于悬停模式的工作状态下，相对海底接驳盒的距离为 10m（垂直距离）～20m（斜程距离），传输速率达到 5～10Mbit/s。我们根据上述技术指标设计海水无线光近距离通信系统，在工程化方面突破高功率、大视场、近距离的海水无线光通信光关键技术[1]。

基于凝视式通信系统原理，海水无线光近距离通信系统的发射视场和接收视场可以将通信链路完全覆盖。遵循这一原则，海水无线光近距离通信系统拟采用高功率、大束散角的 LED 作为通信光源[2]，采用 OOK 调制方式实现通信数据传输，利用大有效口径透镜作为接收光学天线，采用大靶面、高灵敏度的雪崩光电二极管作为探测单元，配备窄带滤光片，构建具备大接收视场的探测单元，以实现 UUV 与海底接驳盒之间的准静态通信[3]。

10.1.2　近距离通信系统光功率链路分析

在海水无线光通信系统总体设计过程中，海水信道对海水无线光通信系统的功率影响分析是较重要的环节之一，它为通信光源功率、波长、种类、探测单元的工作模式、光电探测器的选取提供理论依据[4]。

分析海水无线光通信链路的功率预算，一方面考虑自由空间、海水信道、光学收发天线等对通信光功率的损耗，另一方面考虑通信光源发射光功率、光学收发天线增益以及光电探测器的最小可探测光功率对上述光功率损耗的补偿。在理想的条件下，海水无线光近距离通信系统的功率链路可以描述为

$$P_r = P_t \cdot G_t \cdot \eta_{ot} \cdot L_s \cdot \eta_s \cdot G_r \cdot \eta_{or} \tag{10.1}$$

式中，P_r 为接收光功率；P_t 为发射光功率；G_t 为发射光学天线增益；η_{ot} 为发射光学单元效率；L_s 为自由空间光功率衰减；η_s 为海水信道光功率衰减；G_r 为接收光学天线增益；η_{or} 为接收光学单元效率。

1. 近距离通信系统发射光学单元效率

影响发射光学单元效率的因素主要包括光学系统透过率、发射光束的整形与耦合、光学天线的发射效率、像差引起的波前畸变损失。受到信号光波面质量的影响，光束波前功率分布出现起伏抖动，近轴光学系统由畸变引起的光强损失可近似地表示为

$$L_{\mathrm{wf}} = \mathrm{e}^{-(k\sigma)^2} \tag{10.2}$$

式中，k 为光波在传播方向 2π 长度内出现的全波数，即 $k = 2\pi/\lambda$；σ 为发射光学单元的波面误差，对于大多数无线光通信系统要求 σ 小于 $\lambda/10$，将 k 和 σ 的表达式代入式（10.2）中得到近轴光学系统由畸变引起的光强损失为

$$L_{\mathrm{wf}} = \mathrm{e}^{-[(2\pi/\lambda)\cdot(\lambda/10)]^2} \tag{10.3}$$

此外，通信光束还要经过光束整形 LED 透镜和玻璃密封保护舱，LED 透镜的透光效率约为 0.85，玻璃密封保护舱的透光效率约为 0.92，则发射光学单元的整体效率约等于 0.524。

2. 近距离通信系统发射光学天线增益

发射光学天线增益是指光束从全向空间 4π 压缩到一定空间立体角 Ω 内的比，定量表达式为

$$G_{\mathrm{t}} = 10\lg\frac{4\pi}{\Omega} \tag{10.4}$$

式中，Ω 是被光学系统压缩后的立体角。

假设近距离海水无线光单工通信设计方案中所采用 LED 的初始发射束散角为 120°，经过光束整形后发射束散角降低至 30°，传输距离 L 为 20m，则光束通过的空间立体角可以表示为

$$\Omega = \pi\left(\frac{d}{2}\right)^2 / L^2 \tag{10.5}$$

式中，d 为 30°发射束散角对应的弧长，约为 12m。经过计算，空间立体角 Ω 为 $9\pi/100\,\mathrm{sr}$，进一步计算得到发射光学天线增益为 10 lg44.5，即 G_{t}=16.45dB。

3. 近距离通信系统自由空间光功率衰减

根据空间光传输耦合效率的基本概念，不考虑吸收和散射的损耗，将自由空间光功率衰减定义为接收光学天线通光面积与光斑面积之比：

$$L_{\mathrm{s}} = \frac{A}{S} = \frac{\pi(d/2)^2}{\pi(D/2)^2} \tag{10.6}$$

式中，A 表示接收光学天线通光面积；S 表示通信光源到达接收光学天线处的光斑面积；d 表示接收光学天线的通光直径；D 表示接收光学天线处光斑直径。

4. 近距离通信系统海水信道光功率衰减

海水信道中的光功率衰减遵循自由空间光功率传输的指数衰减定律，可表示为

$$P_{\mathrm{r}} = P_{\mathrm{t}}\mathrm{e}^{-cL} \tag{10.7}$$

式中，c 为海水信道的消光系数；L 为传输距离。

通过分析项目背景需求和约束条件，从工程应用角度出发，根据式（10.7）和表 10.1 中的海水信道衰减系数，计算得到传输距离为 20m 时四类海水水质对通信光功率的衰减情况，如表 10.1 最后一列所示。

表 10.1　四类海水水质光功率衰减情况

海水水质类型	衰减系数/(dB/m)	20m 光功率衰减/dB
纯净海水	−0.243	−4.86
清澈海水	−0.647	−12.94
近岸海水	−1.325	−26.5
港口海水	−9.43	−188.6

5. 近距离通信系统接收系统光学天线透过率

接收系统光学天线由菲涅耳透镜和窄带滤光片组成，其中菲涅耳透镜在入射角为 ± 15° 范围内的平均透过率约为 0.65@475nm（波长 475nm，透过率 0.65），窄带滤光片在中心波长的透过率约为 0.85@475nm（波长 475nm，透过率 0.85）。

6. 近距离通信系统接收光学天线增益

对海水无线光单工通信系统来说，接收光学天线的增益可以看成接收光学天线的口径与 APD 探测器的面积之比，其定量表达式可以表示为

$$G_{\mathrm{r}} = 10\lg \pi\left(\frac{d}{2}\right)^2 / l^2 \tag{10.8}$$

式中，d 为接收光学天线口径，值为 75mm；l 为 APD 探测器的边长，长度为 10mm。经过计算可得接收光学天线增益 G_{r}=16.45dB。

7. 近距离通信系统功率链路预算表

根据上述分析，近距离通信系统功率链路预算表如表 10.2 所示。

表 10.2　近距离通信系统功率链路预算表

系统参数	链路增益/衰减	备注
通信发射光功率	30dBm	250mW（蓝光 LED）×4=1W
发射光学单元效率	−2.8dB	发射光学单元透过率为 0.524
发射光学天线增益	16.4dB	发射视场为 30°
自由空间光功率衰减	−44.1dB	通信链路距离为 20m
海水信道光功率衰减	−26.5dB	信道为 20m 沿海海水信道
接收光学单元效率	−2.6dB	接收光学单元透过率为 0.5525
接收光学天线增益	16.45dB	接收光学天线口径为 75mm
APD 探测器接收光功率	−13.15dBm	到达 APD 探测器的实际光功率
APD 探测器响应光功率	−23.15dBm	探测器最小可探测光功率
安全裕量	10dB	10 倍裕量，可提高传输距离或补偿恶劣海水信道

由表 10.2 中参数可知，蓝光 LED 的发射光功率为 30dBm，经 20m 的沿海海水信道传输，经过计算到达 APD 探测器的接收光功率约为−13.15dBm。综上所述，海水无线光近距离通信系统的功率链路预算是在理想状态条件下计算获得的，只是理论上的计算数值，没有考虑到海水信道的复杂性和多样性，也没有考虑背景光对通信系统信噪比的影响，因此这些数据只能作为通信系统各个功能器件选型及参数优化选取的参考，不能作为通信系统研制的绝对标准。

10.1.3　近距离通信系统组成及性能测试

海水无线 LED 近距离通信系统原理样机包括发射单元和接收单元。发射单元由 FPGA 模块编码调制、LED 驱动模块、LED 散热、LED 阵列、光学整形罩、通信接口、电源模块以及水下玻璃密闭仪器舱等组成；接收单元由菲涅耳透镜、窄带滤光片、APD、FPGA 模块解调解码、时钟数据恢复（clock data recovery，CDR）、通信接口、电源模块以及水下玻璃密闭仪器舱等组成。系统结构原理如图 10.1 所示。

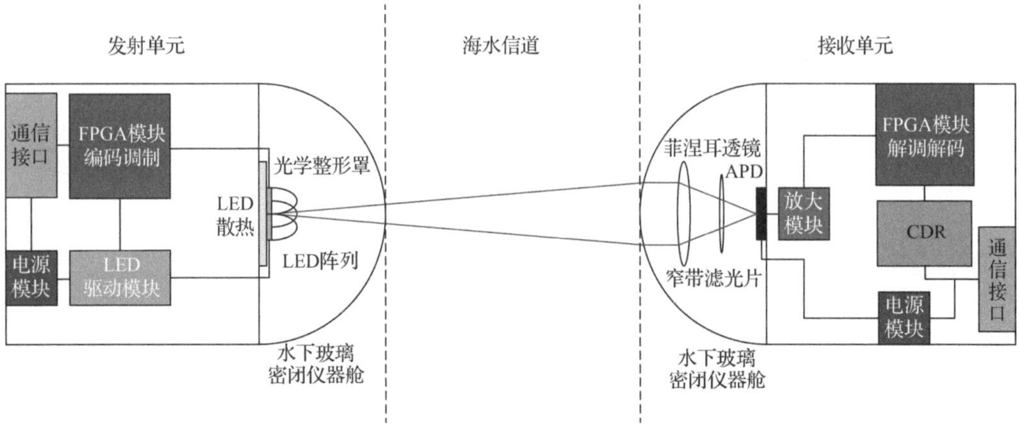

图 10.1　海水无线 LED 近距离通信系统结构原理

除了上述功能模块外，还需要通信数据产生单元模块，用来生成原始信号数据，配备稳定的能源供给、能源管理、功率控制模块，最终拟建立传输距离为10～20m、传输速率为1～5Mbit/s、发射和接收视场均为30°的海水无线LED近距离通信系统原理样机。

海水无线LED近距离通信系统采用2×2排布的LED阵列作为通信光源，发射视场为30°，LED发射光功率约为200～300mW，中心波长为470nm，采用电压控制电流的方式调节LED光功率强弱，控制电压范围为0～3V，电源管理为驱动芯片提供5V电源，LED提供4.1V电源，采用菲涅耳透镜作为接收光学天线，通光直径为75mm，焦距为20mm；采用APD作为光电探测器，有效光敏窗口尺寸为10mm×10mm，传输距离为10m时，可以提供约52°的接收视场；采用窄带滤光片作为光学滤波装置，中心透过波长为475nm，光谱宽度为20nm。

系统为单工通信，采用FPGA和CDR时钟进行通信数据编码解码，采用OOK技术实现IM-DD调制，FPGA需5V供电。采用12V/10Ah的可充电锂电池作为系统独立工作的能源供给单元，通信接口方式为低电压差动信号（low voltage differential signal，LVDS）技术接口，密闭仪器舱选用有机玻璃材质的透明半球形密封罩，外径130mm，厚度5mm，可抗压水深150m。

1. 基带信号编码

LED光源的OOK调制通过FPGA将所传输的数据转换为固定时钟的数字矩形信号，采用FPGA内部的知识产权（intellectual property，IP）核产生一个方波信号或伪随机码模拟外部数据的输入，采用外部晶振为FPGA提供所需工作时钟，再通过锁相环（phase locked loop，PLL）锁定外部输入的时钟频率，将此频率作为基准频率。根据所需实际频率对基准频率进行分频或倍频，同时产生多组不同时钟的频率，并通过奇偶计数的方法控制方波占空比，若输出的信号波形为方波则占空比为1∶1；通过频率切换选择所需频率，此时输出即方波信号，也可将此方波信号作为时钟频率送入伪随机码产生器，输出以方波为基准频率的伪随机信号；最终通过FPGA产生的信号即OOK调制的电信号，再将此信号加载在驱动电路的EN管脚正极端（EN-P）或负极端（EN-N），驱动光源产生OOK调制的光信号。OOK调制技术实现原理如图10.2所示。

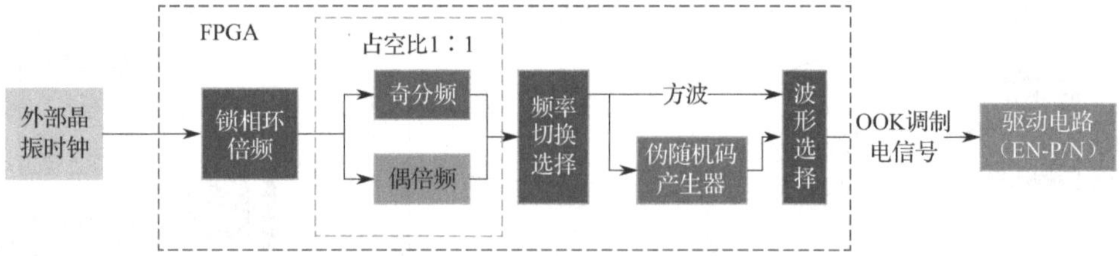

图10.2　OOK调制技术实现原理

FPGA的控制芯片选用阿尔特拉（Altera）公司生产的Cyclone IV系列的EP4CE6F17C8型芯片，硬件电路主要包括联合测试工作组（joint test action group，JTAG）、时钟源、复位控制电路和电源，如图10.3所示。

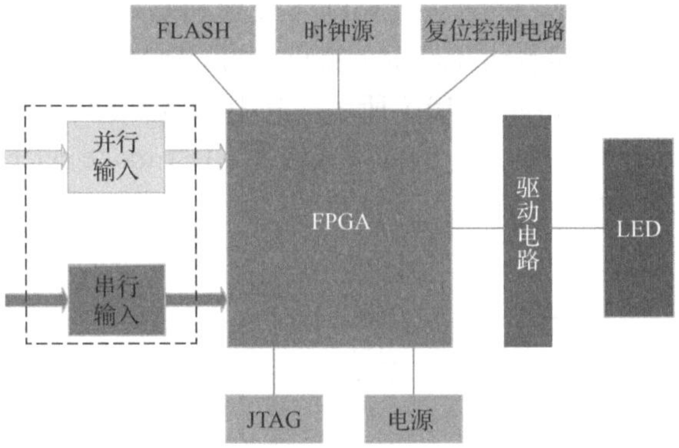

图 10.3　FPGA 硬件结构组成

FLASH 为程序存储器

在输入单元中，输入信号有串行数据、并行数据两种方式。无论是串行、并行均可通过 FPGA 在内部进行并行、串行数据的转换。调制系统中，信源输入的数据将被 FPGA 转换为数字信号，本设计通过编程在 FPGA 内部产生一个伪随机信号供测试使用。供电单元分别为 FPGA 提供 3.3V、2.5V 和 1.2V 三种电压，满足 FPGA 的组电压和内核电压，具体电路如图 10.4 所示。

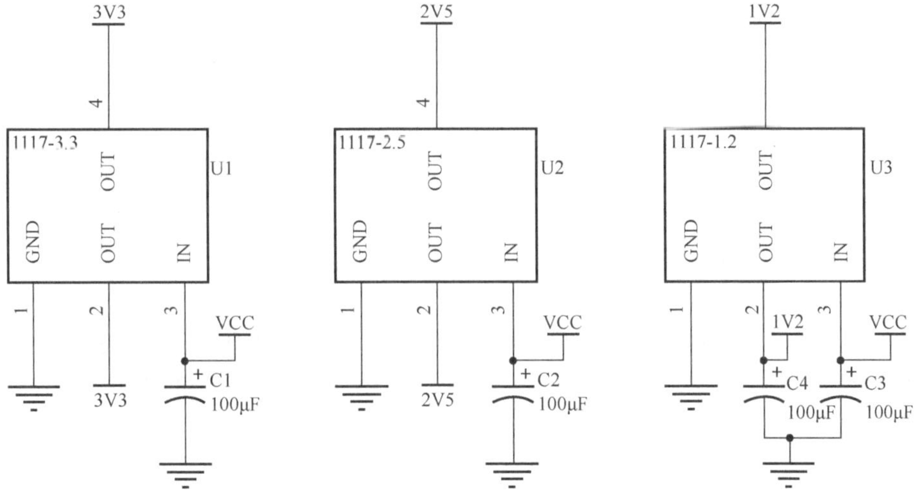

图 10.4　FPGA 电源电路

通过三个低压差线性稳压器（low dropout linear regulator，LDR）电源芯片将通用串行总线（universal serial bus，USB）提供的 5V 转换为 3.3V、2.5V、1.2V，与传统线性稳压 78××系列芯片相比，LDR 降低了对输入电压的要求。传统稳压芯片要求输入电压需要比输出电压高 2～3V，不能满足 5V 转 3.3V 的要求，而 LDR 稳压芯片对输入电压要求低，同时使用方法非常简单，仅需在输入端及输出端分别接一个电容即可稳定工作。

JTAG 接口的作用是将编译好的程序（.sof）下载到 FPGA 中或把 FLASH 配置程序（.jic）下载到串行外围设备接口（serial peripheral interface，SPI）的 FLASH 内，.sof 文件下载到 FPGA 后，掉电后将会丢失，硬件电路如图 10.5 所示，其中包括测试时钟（test clock，TCK）、测试数据输出（test data output，TDO）、测试模式选择（test mode select，TMS）、测试数据输入（test data input，TDI）这四个信号。

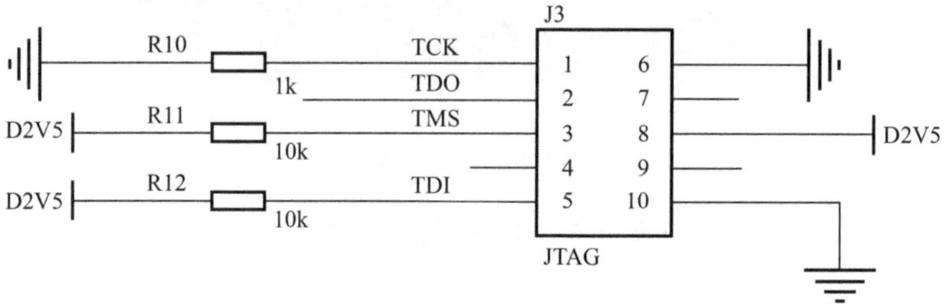

图 10.5　JTAG 接口电路

若通过 Quartus 软件把.sof 文件转换成.jic 文件，将.jic 文件下载到开发板的 FLASH 以后，掉电以后就不会丢失，重新上电后 FPGA 会读取 FLASH 中的.jic 配置文件并运行。FLASH 选用 M25P16 串行 FLASH 芯片，容量为 16Mbit，硬件电路如图 10.6 所示。

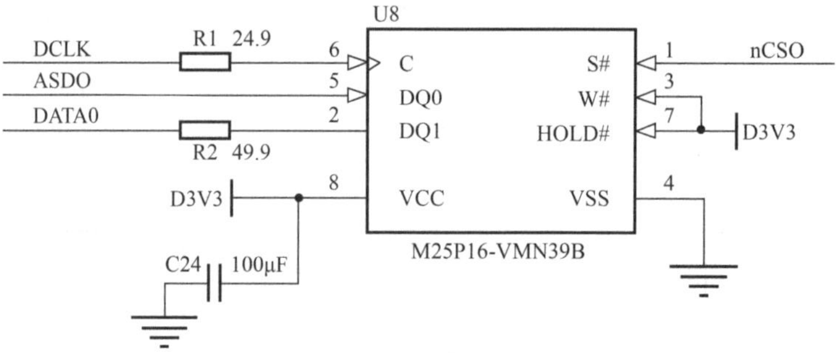

图 10.6　16Mbit 串行 FLASH

FPGA 的时钟源由 50MHz 的有源晶振电路提供，电路如图 10.7 所示。晶振输出直接连接至 FPGA 的全局时钟输入引脚（CLOCK），可用来驱动 FPGA 内部的逻辑电路，通过锁相环分（倍）频来实现其他的时钟。

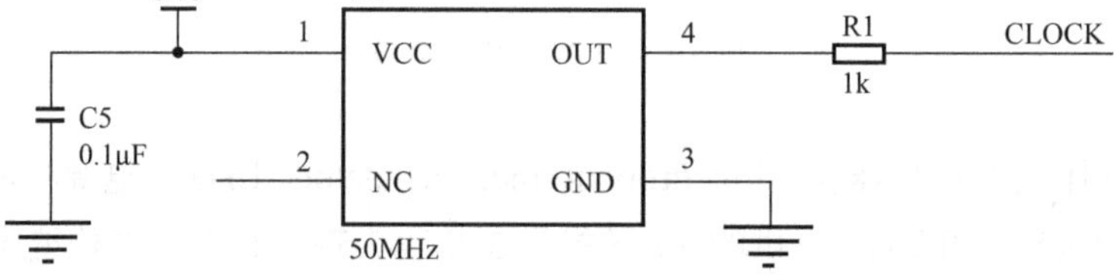

图 10.7　50MHz 有源晶振电路

复位电路可通过按键控制使电路恢复至初始状态，电路如图 10.8 所示。

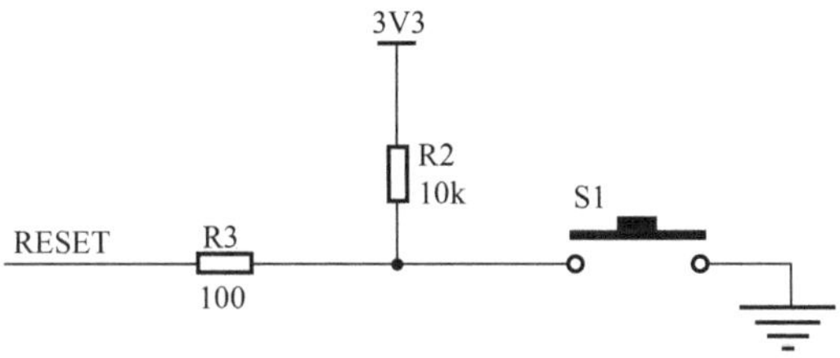

图 10.8　复位电路

由有源晶振芯片产生的 50MHz 的时钟信号由锁相环转变为 10MHz 的时钟信号，并且定义两个 10 位的寄存器 g1、g2。令寄存器 g1 的第 0～8 位整体左移 1 位，将 g1 的第 2 位与 g1 的第 9 位进行异或运算，并将运算结果赋值给 g1 的第 0 位，同样寄存器 g2 的第 8 位也整体左移 1 位，并将 g2 的第 1、2、5、7、8、9 位进行异或运算并将运算结果赋值给 g2 的第 0 位，最后将 g1 的第 9 位、g2 的第 2 位、g2 的第 5 位进行异或运算，并将运算结果赋值给伪随机序列 code。FPGA 部分通信编码程序如图 10.9 所示。

```
reg  [9:0] g1;
reg  [9:0] g2;
g1 [9:1] <=g1[8:0];
g1 [0] <=g1[2]∧g1[9];
g2 [9:1] <=g2[8:0];
g2 [0] <=g2[1]∧g2[2]∧g2[5]∧g2[7]∧g2[8]∧g2[9];
code <=g1[9]∧g2[2]∧g2[5];
```

图 10.9　FPGA 部分通信编码程序

通过数值仿真得到 10MHz 时钟信号的伪随机序列如图 10.10 所示。由仿真结果看出，伪随机序列的每一个码片都与 10MHz 时钟信号的一个周期相对应，每个序列有 1023 个码片，其频率为 10MHz，故产生的伪随机序列的码传输速率为 10Mbit/s。

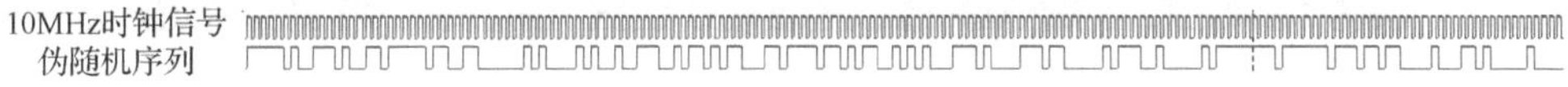

图 10.10　伪随机序列的仿真结果

采用硬件描述语言 Verilog HDL 设计 OOK 调制产生电路，按模块化方式实现，设计系统寄存器传输级（register transfer level，RTL）框图如图 10.11 所示。其中 PLL 为锁相环时钟 IP 核，这里用于产生频率不同的时钟。

四个 Test_data 模块的工作原理相同，只是输入时钟不同，Test_data 作为 OOK 的信源模块，用于生成测试的信源数据，这里取 rand_num[7..0]的 rand_num[7]作为 OOK 的测试数据。

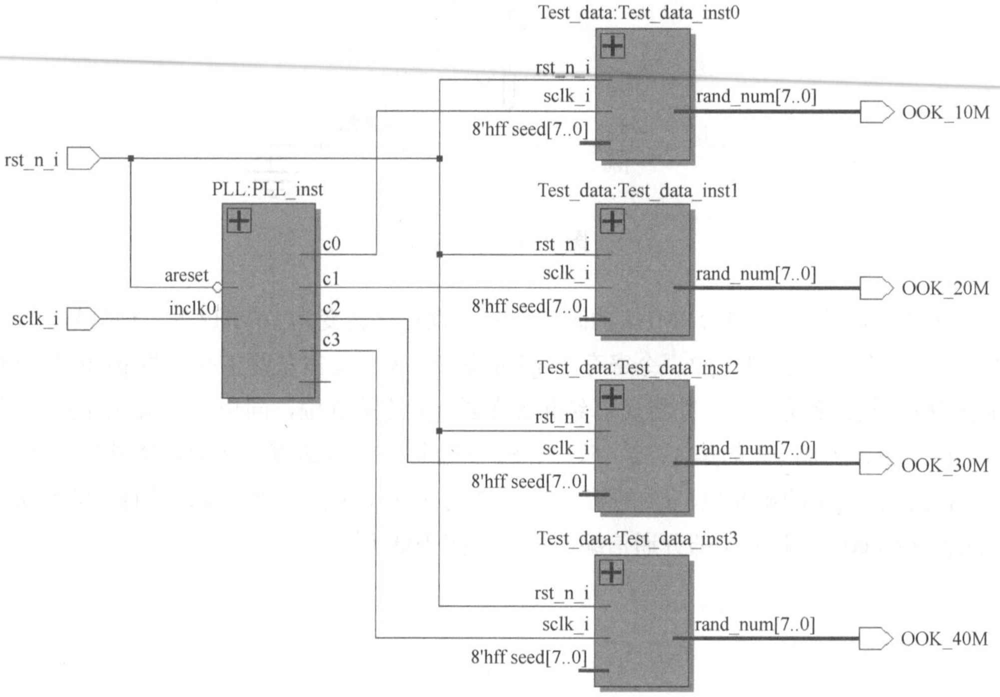

图 10.11　基于 OOK 调制实现 FPGA 系统框图

采用 ModelSim 对电路的 RTL 程序进行行为级仿真验证电路的功能正确性，并通过编译 Testbench，对电路进行全方位的仿真，仿真结果如图 10.12 所示。

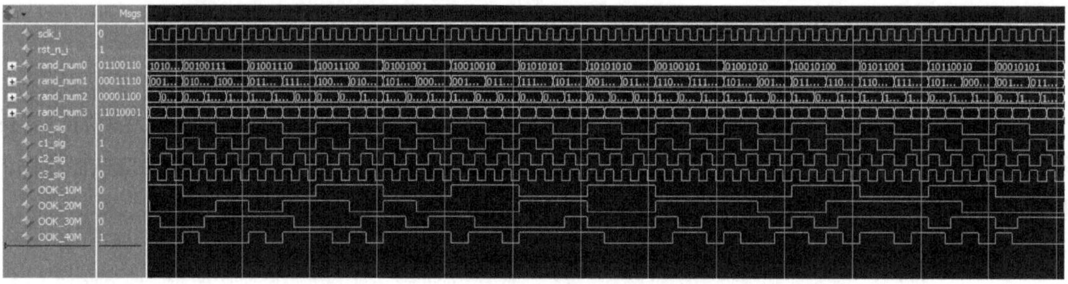

图 10.12　OOK 调制 ModelSim 仿真结果

sclk_i 为系统的输入时钟，rst_n_i 为复位信号，rand_num0[7..0]～rand_num3[7..0]为 Test_data_inst0～Test_data_inst3 的输出数据，为便于分析，将 rand_num0[7..0]进行模拟显示，可以看出其为伪随机数。c0_sig～c3_sig 为 PLL 输出的四种频率的时钟，分别为 10MHz、20MHz、30MHz、40MHz。OOK_10M、OOK_20M、OOK_30M、OOK_40M 为对应的输出，用于数据的测试。从图 10.12 中可以看出，四种频率不同的伪随机序列满足测试的需求。

2. LED 驱动调制及温控

1）LED 驱动调制设计

LED 驱动电路是根据激光器 *P-I* 特性进行设计的，常用的驱动方法为共射极驱动方法。该数字等效电路使用三极管的开关特性来完成 LED 的驱动，电路图 10.13 所示。

当输入 VIN 为高电平时，三极管处于饱和导通状态，LED 发光表示编码为“1”的信号；当 VIN 为低电平时，三极管截止，LED 不发光，则表示编码为“0”的信号。其中 C1 是为了提高系统的开关速度，R2 为限流电阻，R3 为三极管提供偏置电流。采用共射极驱动方法驱动的 LED 存在缺点：当三极管处于导通状态时，很有可能由于 R2 电阻值过大，导致 LED 发光强度低。此外，三极管的集电极-射极之间电压过大，导致三极管温度升高影响调制效率。

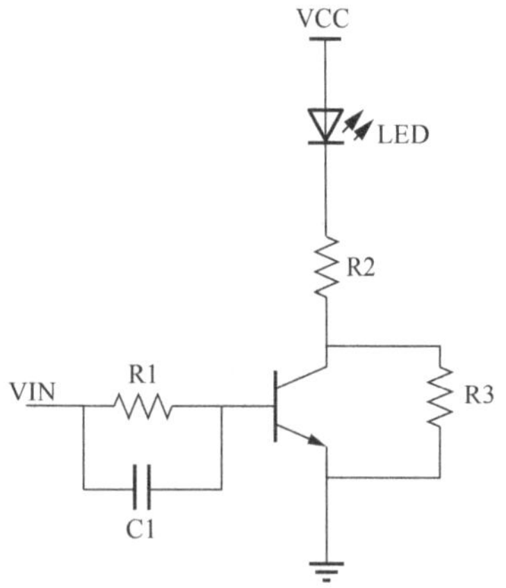

图 10.13　共射极驱动电路

采用共射极驱动方法驱动的光源，调制信号只控制电路的闭合，并不对光源提供电能。加载到光源的电流脉冲需要快速上升和下降时间，并且具有良好的控制幅度，无论是任何速率都应尽可能减少过冲现象的出现。实现这一点的困难在于高速电流切换路径中存在电感。该电感包括光源内部的封装电感、印制电路板（printed-circuit board，PCB）和 LED 光源之间互连的电感，以及印制电路板寄生电感。总分布电感会与开关晶体管的集电极处的寄生电容相互作用。由于光源在接通时的电阻相对较低（<1Ω），因此该谐振电路的阻尼较低。因此，在电路设计中应尽一切努力减小印制电路板布线和互连路径的电感。为减小海水通信发射单元载荷，在共射极驱动电路基础上进行改进，设计如图 10.14 所示。

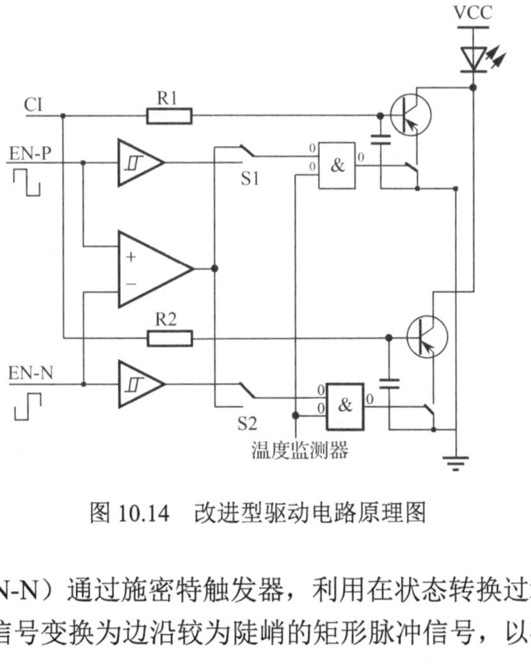

图 10.14　改进型驱动电路原理图

调制信号 EN-P（EN-N）通过施密特触发器，利用在状态转换过程中的正反馈作用，将边沿变化缓慢的周期性信号变换为边沿较为陡峭的矩形脉冲信号，以确保输入信号的准确性和有效性，避免较长距离传输所导致的输入信号的畸变。逻辑“与”门的输入端分别接整形后的标准输入信号以及温度传感信号，温度传感器用于监测三极管温度，避免大电流经过三极管，以免温度升高烧坏器件，影响调制效率。信号的输入端并未加载在三极管的基极，而是通过控制三极管发射极与地之间的通断，达到控制 LED 亮灭的目的。设计控制输入（control input，CI）端为功率控制端，即通过加载在三极管基极电压的大小控制 LED 功率。

为满足接入信号的不同需求，并提高系统兼容性，设计两种电平格式的输入。当输入信号为晶体管-晶体管逻辑（transistor-transistor logic，TTL）电平时，EN-P 与 EN-N 分别为两路独立的输入端，可分开单独使用。当输入信号为 LVDS 电平时，通过 S1 与 S2 开关下接，输入信号通过集成运放后接入逻辑与门，二者调制效果相同。

通过控制增强型低电压差动信号（enhanced low voltage differential signal，ELVDS）端接入电压，可实现 TTL 快/慢、LVDS 快/慢四种工作模式的切换。当 ELVDS 接入 0V 时，选择 TTL 快速模式，此时上升沿及下降沿所需时间为 5～40ns；当 ELVDS 接入 30%漏极-漏极电压（voltage drain-to-drain，VDD）时，选择 TTL 慢速模式，此时上升沿及下降沿所需时间为 10～90ns；当 ELVDS 接入 70%的 VDD 时，选择 LVDS 慢速模式；当接入 VDD 为 5.5V 时，选择 LVDS 快速模式。

为减小海水通信发射单元载荷的体积和功耗，通信光源采用 iC-Haus 公司生产的集成芯片 iC-HG 作为驱动电路主控制器，其工作原理与共射极驱动原理相似，芯片结构定义及实物如图 10.15 所示。

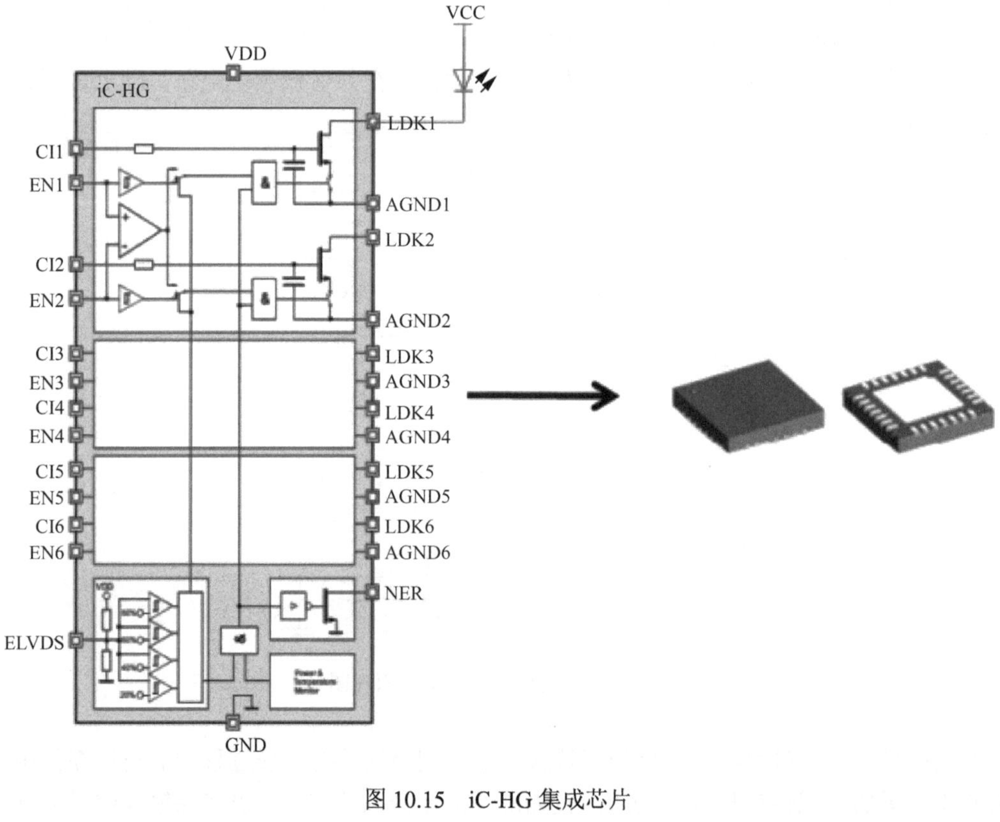

图 10.15　iC-HG 集成芯片

该芯片具有六路独立的 LED 控制通道，每通道最大可输出电流为 500mA（连续工作）或 1.5A（脉冲工作），最大供电电压为 12V；兼容 TTL 和 LVDS 两种输入控制电平，最大调制频率高达 200MHz；采用 5.5V 单电源供电，工作在−40℃至 125℃温度范围内。最终设计六路通信速率可以达到 40MHz 的 LED 控制通道，连续工作时，每通道可以输出 500mA 的电流，可接受 LVDS 和 TTL 两种电平格式的输入，满足设计要求。LED 驱动芯片主要技术参数如表 10.3 所示。

表 10.3　LED 驱动芯片主要技术参数

技术参数	参数值
最大输出电压/V	12
最大输出电流/A	500×6=3000（连续工作模式）
调制频率/MHz	200（DC 偏置）
输入控制电平	TTL 或 LVDS

平均功率和消光比是通信光源的两个重要指标，稳定的平均功率和较大的消光比对于容忍噪声、提高接收机的灵敏度、降低误码率至关重要。平均功率和消光比的控制采用开环控制，为防止平均功率降低，可通过功率最大化予以解决。

功率最大化将会导致主控芯片功耗增大，温度升高，利用温度自动控制电路实现 LED 与主控芯片的恒温控制。LED 驱动电路如图 10.16 所示。

虽然对共射极驱动电路做出了一些改进，但在大电流驱动，或持续较长的工作时间时，仍存在芯片温度升高的现象，影响调制效果。直接调制时 LED 的消光比和平均光功率是发射端设计中的重要指标。大的消光比可以改善系统对噪声的容忍能力，稳定的平均光功率可以有效地降低误码率，为此，拟增加温度自动控制电路，用来解决芯片温度升高的现象而影响调制效果的问题。

2）LED 模组温控散热

LED 模组是对温度较为敏感的器件，其 *P-I* 特性随着温度的变化将会导致 LED 光源输出波长、阈值电流以及输出功率的改变。在高温时，LED 模组内部消耗过大，光电转化效率低，为保证通信稳定，需要对 LED 模组进行温度控制。本设计采用固体传导方法与热电式冷却器（thermoelectric cooler，TEC）制冷温度控制相结合的方式进行恒温控制，如图 10.17 所示，将 TEC 一端贴在 LED 发热单元上，一端贴在导热性能较好的铜、铝金属等制成的散热片上。

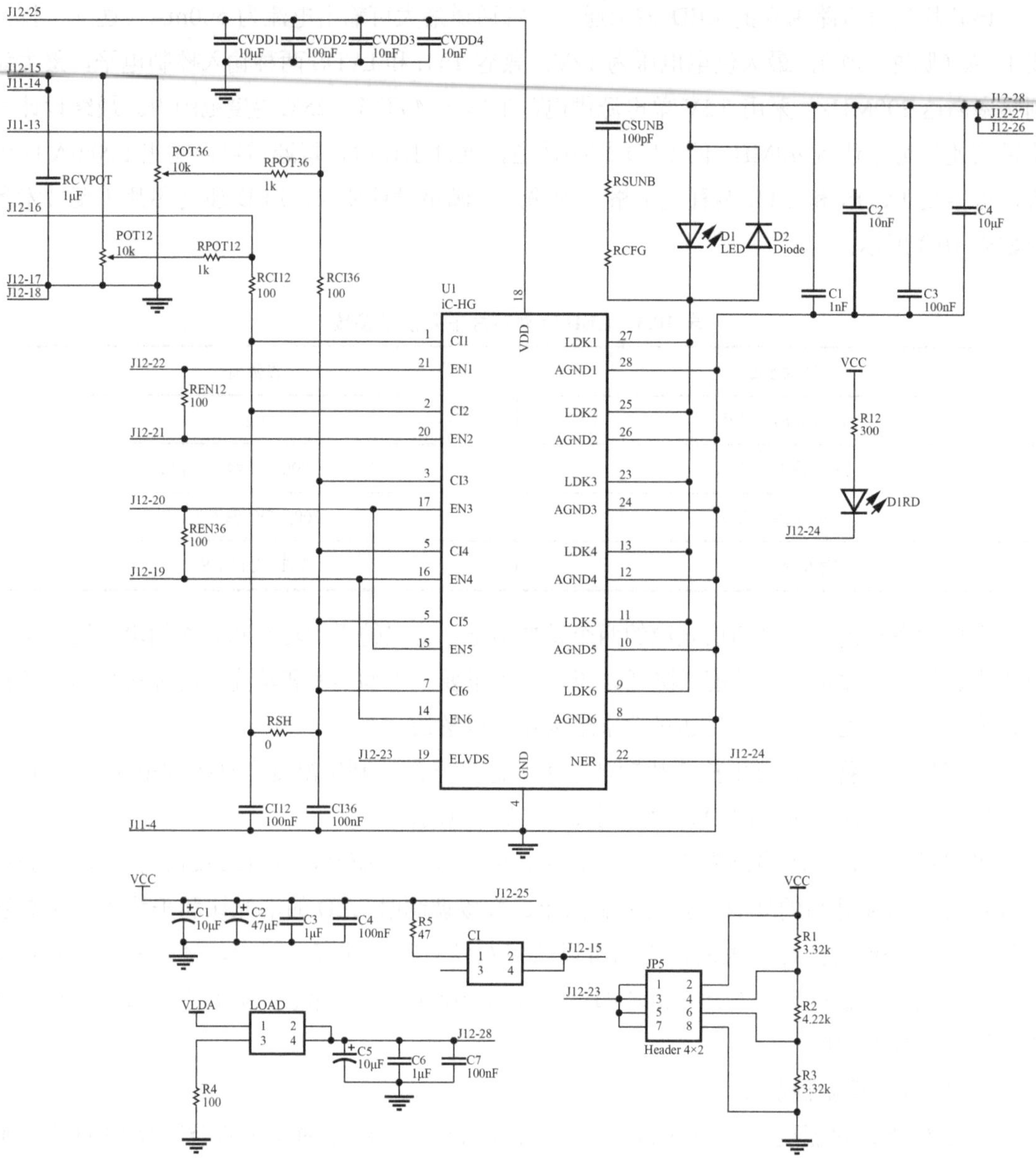

图 10.16　LED 驱动电路图

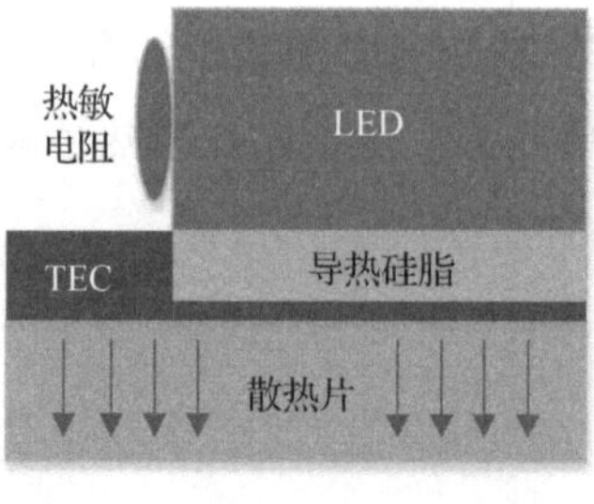

图 10.17　温度自动控制示意图

TEC 由两种不同材料的半导体组成，结构形式为 PN 结，利用电流流过 PN 结，PN 结中的电子和空穴跨越移动产生吸热或放热效应，从而使 PN 结表现出制冷和制热的效果，改变电流方向即可实现 TEC 制热或制冷，通过调节电流大小即可控制制热或制冷量的输出。

温度自动控制电路设计选用亚德诺半导体技术有限公司（简称为 ADI 公司）生产的 ADN8834 型温控芯片作为核心器件，其控制精度较高，输入级采用高精度误差放大器，具有自校正、自稳零和低漂移等特点，最大漂移电压不大于 250mV，实际应用中温度精确度在 ±0.1℃。TEC 温度自动控制原理如图 10.18 所示。

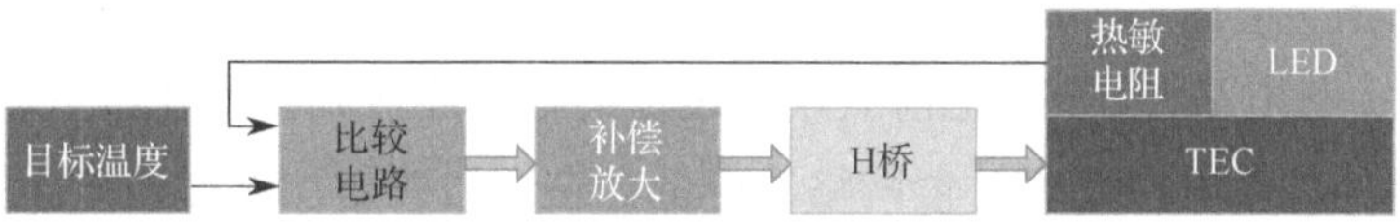

图 10.18 TEC 温度自动控制原理

采用具有负温度系数的热敏电阻作为 LED 温度传感器，运算放大器与热敏电阻分得电压值进行比较，比较后产生的误差电压经过高增益放大器的放大，同时补偿频域上的环路响应，驱动 H 桥输出，H 桥不仅控制 TEC 电流的大小，还可以控制 TEC 电流的方向。

温度比较电路与补偿放大电路分别由两个放大器组成，其硬件电路如图 10.19 所示。A1 为温度放大器，A2 为比例积分微分（proportional integral differential，PID）控制补偿放大器。

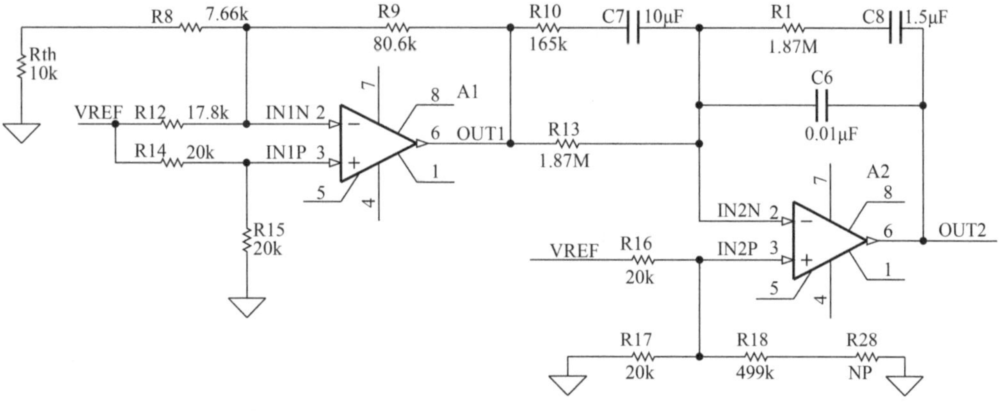

图 10.19 温度比较电路与补偿放大电路图

由于热敏电阻随温度变化具有非线性关系，因此通过与热敏电阻 R_{th} 串联适当电阻 R_8，以达到在指定范围内实现接近线性的最佳状态。则非线性温度补偿电阻 R_8 的阻值为

$$R_8 = \frac{R_l R_m + R_m R_h - 2R_l R_h}{R_l + R_h - 2R_m} \tag{10.9}$$

式中，R_1 为工作在最低温度时热敏电阻的阻值；R_h 为工作在最高温度时热敏电阻的阻值；R_m 为热敏电阻常温下的标称阻值。以 10kΩ@25℃热敏电阻为例，在 15℃时输出阻值为 15.73kΩ，在 35℃时输出阻值为 6.54kΩ，则其非线性温度补偿电阻阻值为 7.47kΩ。

A1 可视为热敏电阻输入放大器，输出电压是热敏电阻温度的函数。OUT1 电压可表示为

$$V_{\mathrm{OUT1}} = \left(\frac{R_9}{R_{\mathrm{th}} + R_8} - \frac{R_9}{R_{12}} + 1 \right) \times \frac{V_{\mathrm{ref}}}{2} \tag{10.10}$$

式中，R_{12} 等于常温下 R_{th} 的标称阻值和 R_8 串联的阻值；V_{ref} 为基准参考电压（通常选取 2.5V），则在 25℃时 A1 输出电压为 1.25V。一般采用调节补偿电路的方法来使 TEC 控制系统的响应时间和精度更优。在电路设计时，把前级误差运放的输出连接到温度补偿电路的输入引脚上。PID 补偿放大器的频率响应是由补偿网络决定的。在 IN2P 施加温度设定电压值，则 OUT2 输出电压为

$$V_{\mathrm{OUT2}} = V_{\mathrm{tempest}} - \frac{Z_2}{Z_1} \left(V_{\mathrm{OUT1}} - V_{\mathrm{tempest}} \right) \tag{10.11}$$

式中，V_{tempest} 为温度设定电压值；Z_1 为 R_{13}、R_{10} 和 C_7 的总阻抗；Z_2 为 R_{11}、C_8 和 C_6 的总阻抗。V_{OUT1} 是衡量系统不稳定性的参数指标，若回路处于稳定状态则 V_{OUT1} 等于 V_{tempest}，意味着受控对象的温度等于目标温度。ADN8834 内部集成一个 H 桥，TEC 控制在 H 桥中间构成不对称桥，如图 10.20 所示。

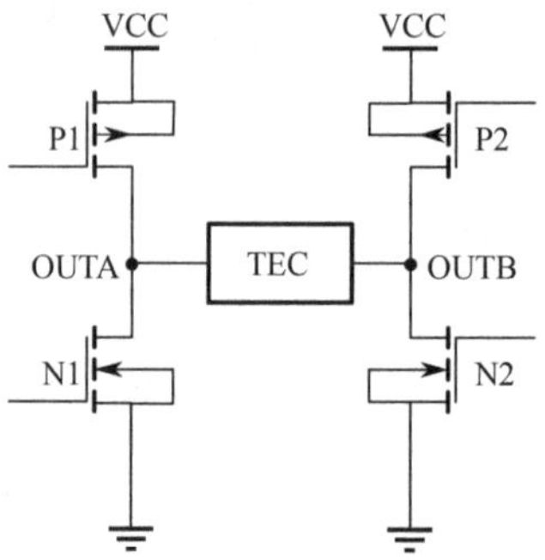

图 10.20　H 桥电路图

H 桥的左侧使用开关驱动，右支为线性驱动，即当 N1 导通、N2 常闭、P1 关闭、P2 常通时，电流从 OUTB 端流向 OUTA 端途经 TEC，此时为制冷状态；当 N1 关闭、N2 常通、P1 导通、P2 常闭时，电流从 OUTA 端流向 OUTB 端途经 TEC，此时为制热状态。根据上述原理设计，基于 LED 模组温度自动控制电路如图 10.21 所示。

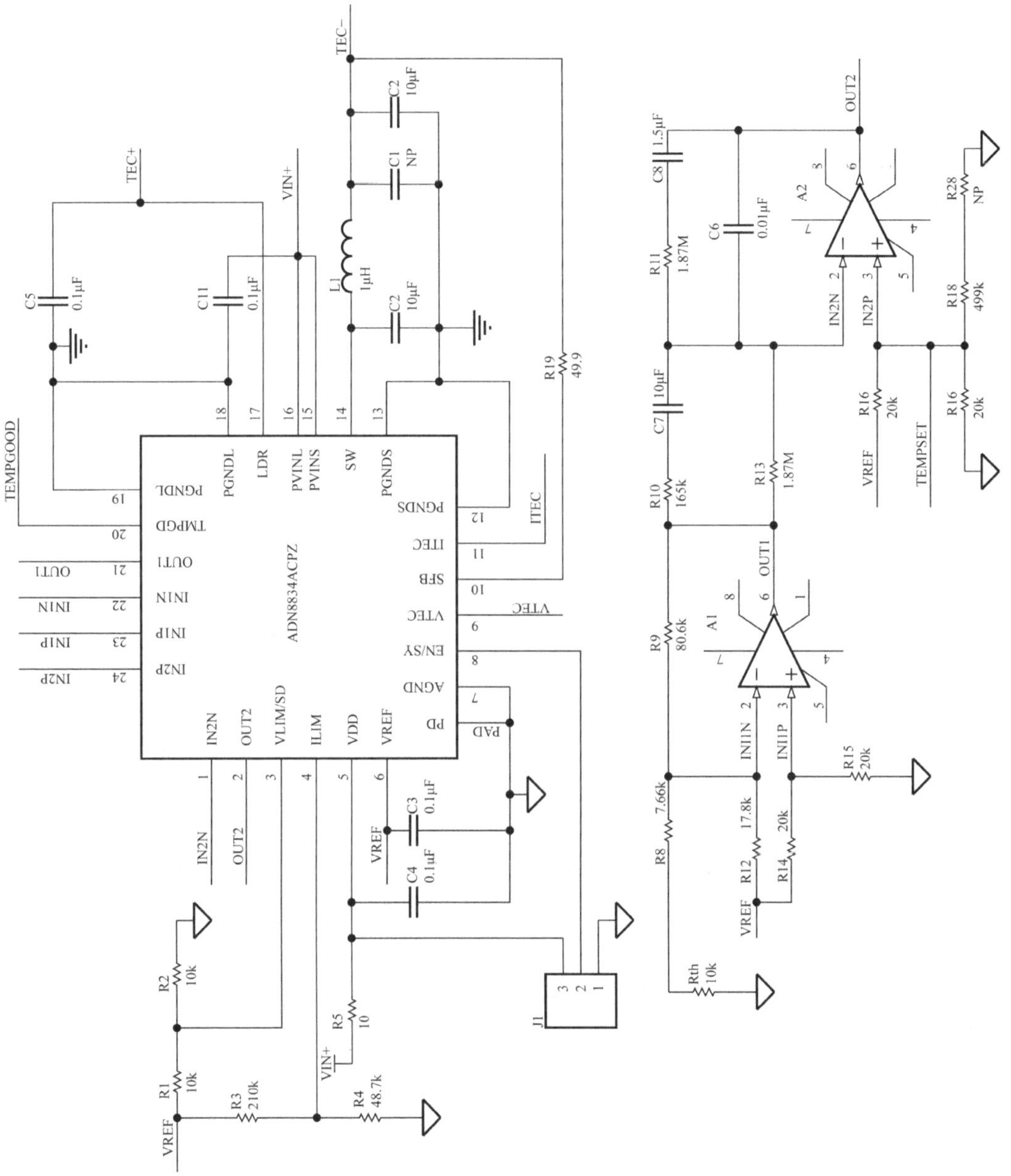

图 10.21　基于 LED 模组温度自动控制电路图

温度 PID 控制算法原理如图 10.22 所示。

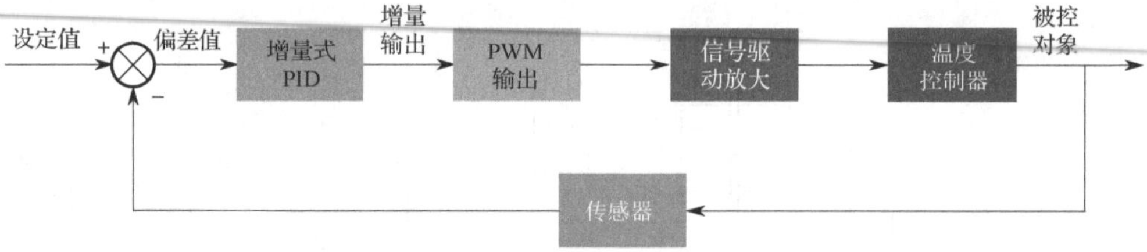

图 10.22　温度 PID 控制算法原理

PID 控制算法的一般表达式为

$$u(t)=K_{\mathrm{p}}\left[e(t)+\frac{1}{T_{\mathrm{i}}}\int_0^t e(t)\mathrm{d}t+T_{\mathrm{d}}\frac{\mathrm{d}e(t)}{\mathrm{d}t}\right] \tag{10.12}$$

式中，$u(t)$ 为控制器输出量；$e(t)$ 为偏差，其值等于设定值与反馈值之差；K_{p} 为比例系数；T_{i} 为积分时间常数；T_{d} 为微分时间常数。

将式（10.12）进行离散化处理，设第 k 次采样时刻控制器输出为 $u(k)$，则

$$u(k)=K_{\mathrm{p}}e(k)+K_{\mathrm{i}}\sum_{j=0}^{K}e(j)+K_{\mathrm{d}}\left[e(k)-e(k-1)\right] \tag{10.13}$$

式中，积分系数 K_{i} 和微分系数 K_{d} 与比例系数、积分时间常数、微分时间常数存在如下关系：

$$K_{\mathrm{i}}=K_{\mathrm{p}}\times\frac{T}{T_{\mathrm{i}}},\quad K_{\mathrm{d}}=K_{\mathrm{p}}\times\frac{T_{\mathrm{d}}}{T} \tag{10.14}$$

$e(k)$ 为第 k 次采样时刻的偏差值；$e(k-1)$ 为第 $k-1$ 次采样时刻的偏差值；T 为 PID 控制时间。根据离散化处理后的公式，采用递推原理可写出第 $k-1$ 次时刻的输出值：

$$u(k-1)=K_{\mathrm{p}}e(k-1)+K_{\mathrm{i}}\sum_{j=0}^{K}e(j)+K_{\mathrm{d}}\left[e(k-1)-e(k-2)\right] \tag{10.15}$$

整理可得

$$\Delta u(k)=\left(K_{\mathrm{p}}+K_{\mathrm{i}}+K_{\mathrm{d}}\right)e(k)-\left(K_{\mathrm{p}}+2K_{\mathrm{d}}\right)e(k-1)+K_{\mathrm{d}}e(k-2) \tag{10.16}$$

温度 PID 控制流程如图 10.23 所示。$T\_e(k)$ 表示温度的偏差量，程序中令 $a_0=K_{\mathrm{p}}+K_{\mathrm{i}}+K_{\mathrm{d}}$、$a_1=-\left(K_{\mathrm{p}}+2K_{\mathrm{d}}\right)$、$a_2=K_{\mathrm{d}}$。系统完成 PID 控制算法后用增量值来控制 PWM 的占空比，实现对 LED 模组制冷片的功率控制，通过切换电极来实现 LED 温控。

LED 模组不仅对工作温度有要求，对为其提供电能的电源也有低噪声、高稳定输出的要求。驱动电流的波动不仅会引起光强度噪声，严重时还会导致其输出波长光谱线宽的展宽。为 LED 模组提供电能的电源具有两种工作模式：一种是恒定电流工作方式；另一种是恒定功率工作方式。恒定电流工作方式原理是，通过电压/电流的反馈获取输出电流偏差，控制驱动电流稳定输出。

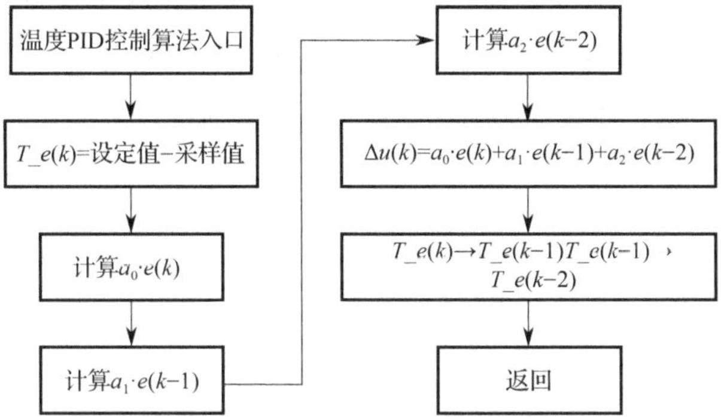

图 10.23　温度 PID 控制流程

取样电压由输出电流通过取样电阻转换为电压的形式得到，取样电压通过 A2 放大器放大后作为反馈信号，输入至 A1 放大器的输入端，通过与同相输入端进行比较，对大功率场效应管的栅极电压进行调整，以达到对所输出电流调整的目的，形成动态平衡的闭环系统，实现恒定电流驱动。根据放大器虚短、虚断的原理，可得控制电压与恒定电流之间的表达式为

$$I=\frac{R_3V}{R_1\left(R_2+R_3\right)} \tag{10.17}$$

由此可知，根据输出电流的相对变化量可以计算所输出电流的变化值为

$$\begin{aligned}\frac{\mathrm{d}I}{I}=\frac{1}{I}\Bigg[&\frac{R_3}{R_1\left(R_2+R_3\right)}\mathrm{d}V-\frac{R_3V}{R_1^2\left(R_2+R_3\right)}\mathrm{d}R_1\\&-\frac{R_3V}{R_1\left(R_2+R_3\right)}\mathrm{d}R_2+\frac{R_2V}{R_1\left(R_2+R_3\right)^2}\mathrm{d}R_3\Bigg]\end{aligned} \tag{10.18}$$

根据此原理设计恒流驱动电路如图 10.24 所示。

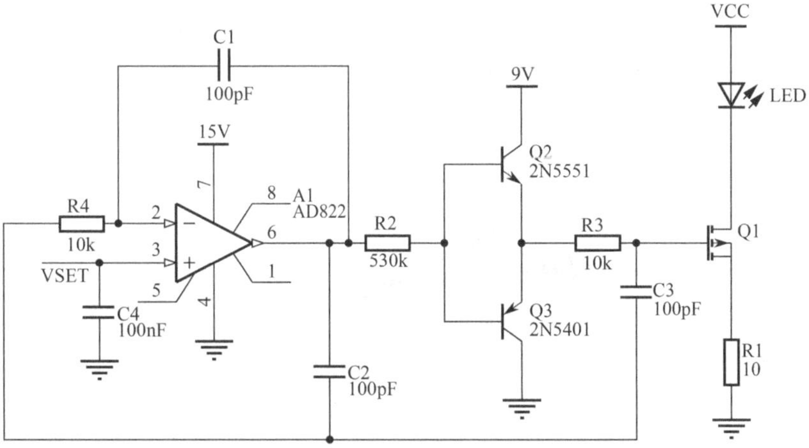

图 10.24　恒流驱动电路图

选用 AD822 作为放大器，具备高负载的驱动能力，最小输出电流为 15mA。采用互补推挽电路代替放大器 A2，互补推挽电路由 NPN 和 PNP 两个三极管组成。推挽电路输出端连接至大功率场效应管的栅极，通过控制栅极电压达到控制流经场效应管电流的目的。大功率场效应管选用 IRF3205，漏极可承受最大电压为 55V、最大导通电流为 110A、导通电阻仅为 8mΩ。

3. LED 模组

1）LED 模组选型设计原则

近年来，随着 LED 技术的快速发展，LED 的发射束散角很大、方向性不好，使其能量发散、传输距离短，但是却有低功耗、发光脉冲便于简单电路进行调制/控制、能源转换效率高（1～40lm/W）的优点。使用准直光学系统，对光进行准直处理，将点光源发出的发散光聚焦成平行光进行传输，可以克服 LED 方向性不好的缺点，得到更好的传输距离。鉴于 LED 在可见光谱内具有良好的波长选择、体积小、易于安装、价格低、受温度影响小等特点，因此拟采用 LED 作为海水无线光近距离通信系统的发射光源。

2）LED 模组作为通信光源的优势分析

根据背景需求和外界约束条件分析，对于海水无线 LED 近距离通信系统，拟采用 LED 模组作为通信光源，主要有以下原因。

LED 能提供较大的发射束散角，易于获得较大的发射视场，对于采用凝视接收方式的海水无线光静态通信系统，可以有效提高链路的可通率；采用聚焦透镜容易对 LED 光束进行整形，达到系统所需的发射束散角，系统无须冗余复杂的光学发射天线，实现轻小型化设计；LED 电源效率高达 90%，可以降低系统的整体功耗，节约成本；LED 的寿命较长，热稳定性好，在一定条件下，可以持续工作 5000h 以上；LED 器件结构简单、生产维护技术成熟、成本低廉、体积小、重量轻，对于系统的整体设计具有较高的性价比；LED 发射束散角大、功率密度低，用于海水无线光通信中不会对人眼（潜水员）及设备造成损伤，且可以兼顾照明。

3）LXML-PB01-0023 LED 模组

海水无线 LED 近距离通信系统拟采用 Lumileds 公司的 LED 作为发射光源，型号为 LXML-PB01-0023，其实物图如图 10.25 所示。

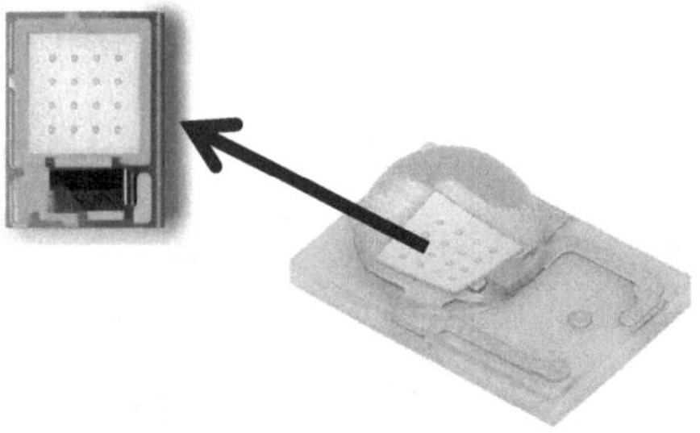

图 10.25　LXML-PB01-0023 LED 实物图

如图 10.25 所示的 LXML-PB01-0023 LED，其中心波长约为 470nm，半功率点的光谱宽度约为 20nm。LXML-PB01-0023 LED 性能参数如表 10.4 所示。

表 10.4　LXML-PB01-0023 LED 性能参数

性能参数	典型数值
波长/nm	460～485
发射功率/mW	23～300
正向电压/V	0～3.15
工作电流/mA	0～350
发射视场/(°)	120
外形尺寸/(mm×mm×mm)	4.6×3.17×2.1

4）LXML-PB01-0023 LED 模组关键性能参数测试

LXML-PB01-0023 LED 模组关键性能参数的测试内容主要包括 LED 模组的调制速率测试和在一定调制速率下 LED 模组能够发射的最大光功率。

实验测试系统包括 LXML-PB01-0023 LED 模组、驱动电路、稳压电源、信号发生器、示波器、光电探测器、功率计探头和功率计显示器等，利用光电探测器和功率计分别对 LED 模组的调制频率和光功率进行测试实验，其原理如图 10.26 所示。

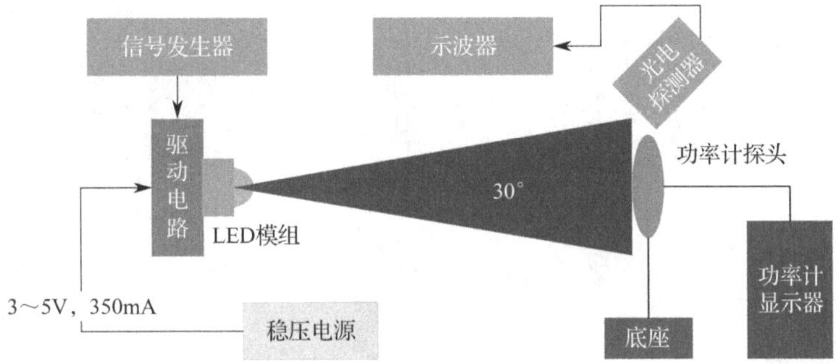

图 10.26　LXML-PB01-0023 LED 模组关键性能参数测试实验原理

未经过调制的 LXML-PB01-0023 LED 模组所发射光功率的实验数据如表 10.5 所示。

表 10.5　LXML-PB01-0023 LED 模组的发射光功率与供电电流、电压的关系

电流/mA	电压/V	光功率/mW
100	3.09	94.2
200	3.32	156.1
300	3.62	214.7
350	3.90	224.8

经过测试，在调制速率为 10Mbit/s 的工作条件下，LED 模组的最大发射光功率约为 224.8mW。部分 LED 模组调制速率测试波形如图 10.27 所示。

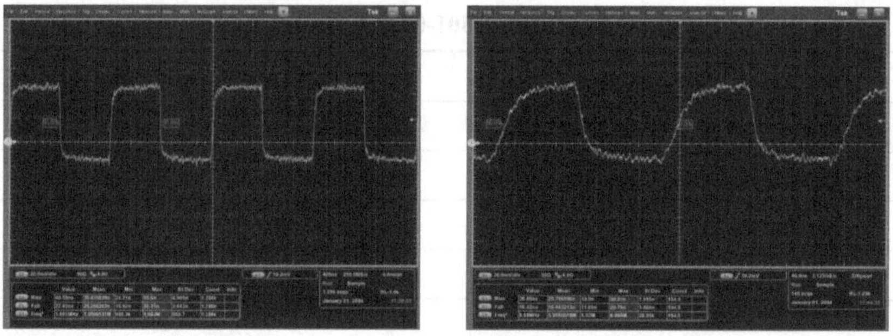

（a）2MHz　　（b）10MHz

图 10.27　部分 LED 模组调制速率测试波形

5）LED 模组阵列集成

为了提高海水无线 LED 近距离通信系统的发射光功率，拟采用 4 片 LXML-PB01-0023 LED 模组组成 2×2 阵列 LED 模组发射光源，将通信光源的发射光功率提升到 0.8W 以上，以满足海水无线 LED 近距离通信系统能够达到 10m 以上的传输距离。2×2 阵列 LED 模组发射光源实物图如图 10.28 所示。

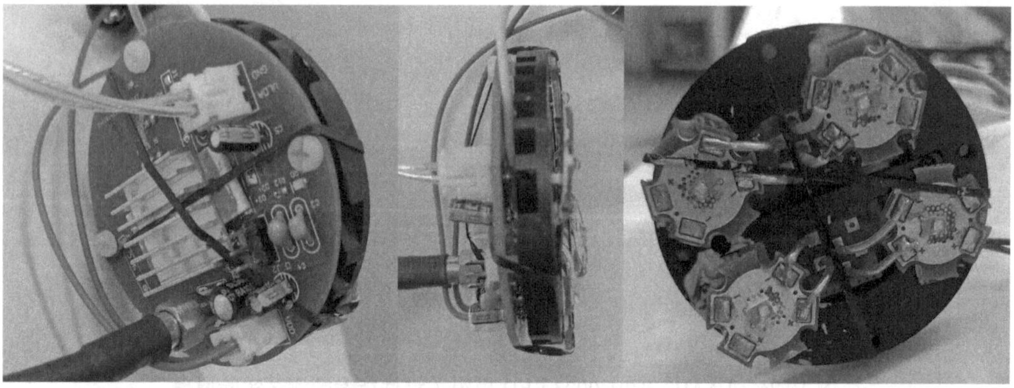

图 10.28　2×2 阵列 LED 模组发射光源实物图（带驱动电路）

6）通信发射天线

基于 LXML-PB01-0023 LED 模组的通信发射天线如图 10.29 所示。

该透镜直径为 21mm、厚为 12.6mm，透镜材质为有机玻璃，支架材质为 ABS 树脂，安装 LED 模组的内窗口尺寸为 5mm×3.5mm，该光学聚焦透镜可以对 LED 模组发射的通信光束进行优化整形，经过优化后的通信光束发射视场为 30°，与未经过聚焦透镜优化整形的 LED 模组相比，通信光源的发射功率更为集中，既满足通信发射视场的需要，理论上又可将传输距离提高 16 倍。

图 10.29　基于 LXML-PB01-0023 LED 模组的通信发射天线

4. 密闭仪器舱

1）密闭仪器舱的设计原则[5-6]

①透光性要好，透过率≥90%，使用何种材料没有要求；②直径、长度、尺寸要结合载荷平台及应用场景配套使用；③需要良好的水密压技术，一端需要固定在金属圆筒上；④工作深度为 10～300m（浅海）；≥3000m（深海）。

2）密闭仪器舱种类

海水无线光通信实验样机的水下密闭仪器舱，其厚度约为 14mm，口径约为 600mm，水中质量为 26kg，最大可承受深度达 6700m。VITROVEX 公司生产的水下玻璃密闭仪器舱实物图如图 10.30 所示。

图 10.30　VITROVEX 公司生产的水下玻璃密闭仪器舱实物图

玻璃密闭仪器舱主要是一种空气浮舱，用于海下仪器设备的起降，虽然该型号玻璃密闭仪器舱的材质和性能都非常理想，但是根据海水无线 LED 近距离通信系统的背景需求，该玻璃密闭仪器舱的几何尺寸过大，导致最终通信系统体积过大而无法满足便携式安装这一需求，因此该型号密闭仪器舱在海水无线 LED 近距离通信系统中不予采用。

先进的集成工艺可确保浮球在深海极端环境中保持高度可靠性，可选配保护壳来储存、保护玻璃浮球，价格一般为 800～1000 美元。玻璃浮球的技术参数如表 10.6 所示。

表 10.6　玻璃浮球的技术参数

型号	尺寸/mm	质量（水中）/kg	海水深度/km
2040.10V	254	4.5	9
2040.13V	330.2	10.4	9
2040.17V	431.8	25.4	7

从表 10.6 中可知，2040 系列玻璃浮球或玻璃密闭仪器舱同样是作为一种浮力提供装置，并非专门针对通信系统光学窗口来设计，2040 系列的最小尺寸也在 254mm，而且价格较贵，性价比不高，因此该型号密闭仪器舱不适用近距离海水无线 LED 通信系统中。

ROVMAKER 公司生产的玻璃密闭半球罩，外径尺寸为 130mm，球罩厚度为 5mm，材质为特制的耐压有机玻璃，光学透过率为 92%@475nm，防水结构采用三层密封胶圈设计，可在水深 150m 左右的海水环境中长时间工作，耐压性能较好，单个玻璃密闭半球罩的价格为 400～800 元，其实物外形如图 10.31 所示。

图 10.31　玻璃密闭半球罩实物图

综合考虑，ROVMAKER 公司生产的这款产品在光学透过率、结构尺寸以及性价比等方面都能够满足海水无线 LED 近距离通信系统的设计需求，因此拟采用 ROVMAKER 公司生产的玻璃密闭半球罩作为海水无线 LED 近距离通信系统的密闭仪器舱。接下来对密闭仪器舱的光学特性对通信系统的发射和接收视场的影响进行分析研究。

3）光学特性对通信视场的影响分析

密闭仪器舱光学特性分析如图 10.32 所示。

根据实际工程需要，选择耐高压玻璃作为密闭仪器舱的制作材料，这种玻璃材料的透过率≥92%，折射率约为 1.51@450nm。已知海水折射率约为 1.34，密闭仪器舱的内部空间为大气，折射率约为 1.0。

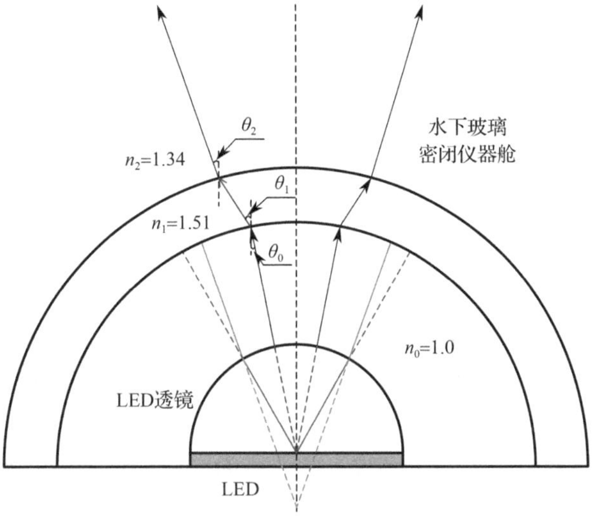

图 10.32　密闭仪器舱光学特性分析

根据折射定律，经过 LED 透镜整形后，光束半功率点的发射角约为 22°，则有

$$\frac{\sin\theta_0}{\sin\theta_1}=\frac{n_1}{n_0} \tag{10.19}$$

根据式（10.19）计算可得 θ_1=7.5°。同理可有

$$\frac{\sin\theta_1}{\sin\theta_2}=\frac{n_2}{n_1} \tag{10.20}$$

计算可得 θ_2=8.4°，由此可知，折射率为 1.51 的密闭仪器舱将 LED 的发射束散角压缩了 1.8°［2×(8.4°−7.5°)=1.8°］。

为了进一步降低设计成本，实现海水无线 LED 近距离通信系统原理样机的轻小型化。密闭仪器舱的光学优化设计方案如图 10.33 所示。

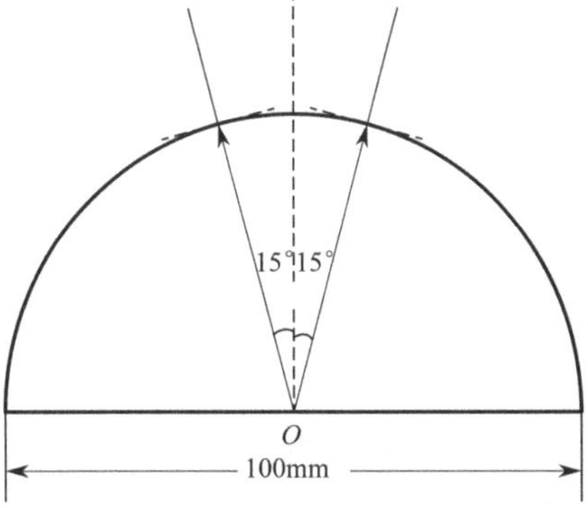

图 10.33　密闭仪器舱的光学优化设计方案

如图 10.33 所示，将光源近似地看成点光源，将其安装在密闭仪器舱的几何球心 O 处，这样从光源发射出的任意一条光线都会垂直入射到玻璃密闭仪器舱的球面上，不会发生折射，只要保证 LED 模组的发射视场大于 30°，就能够保证海水无线 LED 近距离通信系统原理样机的发射和接收视场能够达到 30°。如此设计就可以忽略玻璃密闭仪器舱对发射束散角的影响，即光束经过玻璃密闭仪器舱也不会改变发射束散角，不会影响海水无线 LED 近距离通信系统原理样机的发射和接收视场。

5. 近距离通信系统通信接收天线

1）通信接收天线的设计原则

海水无线 LED 近距离通信系统所需的发射和接收视场均为 30°，导致通信光源发射的光束能量的集中程度很差，尤其是经过海水信道的散射效应，对于直接探测接收的通信模式，即使是建立近距离（10～20m）的通信链路，通信接收单元能够接收到的通信光功率也会很小。

因此，接收天线需要采用大口径接收光学天线的设计思路，尽可能多地“截取”通信系统的发射光学单元发来通信光束的面积，收集更多光能量，在保证大视场接收的条件下，增加接收单元的入瞳面积，提高通信系统的信噪比。

2）通信接收天线大视场实现方法

常用于探测单元实现大口径、大视场接收的方法有四种：第一种是采用单一的大口径光学透镜，但受到系统大视场、短焦距限制，口径不可能过大，难以满足通信系统的需求。第二种是采用传统的光学设计方案，将多片透镜组合使用，在一定程度上保证大口径的接收视场的同时，获得焦距较短的接收天线，但是这种方法不仅会增加通信系统的整体重量，不利于系统总体轻小型化的设计，也会增加通信接收单元的插入损耗，即使优化结构设计，最终也仅能做到 1.8mm 的有效口径。第三种是采用多元小口径（复眼）组合接收方案实现大口径接收，这种方法结构设计复杂，而且成本较高，相邻小口径单元中间还会出现视场缺失，会严重影响通信系统的误码率。第四种是采用具有大有效口径的菲涅耳透镜作为接收光学天线。菲涅耳透镜应用衍射光学原理设计，其光学增益远超于同口径的传统聚焦透镜。同时，还可以实现大有效口径，即使通光直径很大，透镜的焦距也不会很大，满足通信系统轻小型化设计的需要。

综上所述，在海水无线 LED 近距离通信系统中拟采用通光直径为 75mm、焦距为 25mm 的菲涅耳透镜作为接收天线。

3）菲涅耳透镜光学性能理论分析

菲涅耳透镜，又名螺纹透镜，多是由聚烯烃材料注压而成的薄片，镜片一面为光面，另一面刻画了由小到大的同心圆，它的纹理是根据光的干涉、衍射、相对灵敏度和接收角度要求来设计的。

以 P 点为中心，分别以 $f, l_1, l_2, \cdots, l_n$ 为半径作出一系列圆面，形成如图 10.34 所示的环形带，令相邻波带边缘到圆心 P 点处的光程差为半个波长，这些环形带被称为菲涅耳波带。

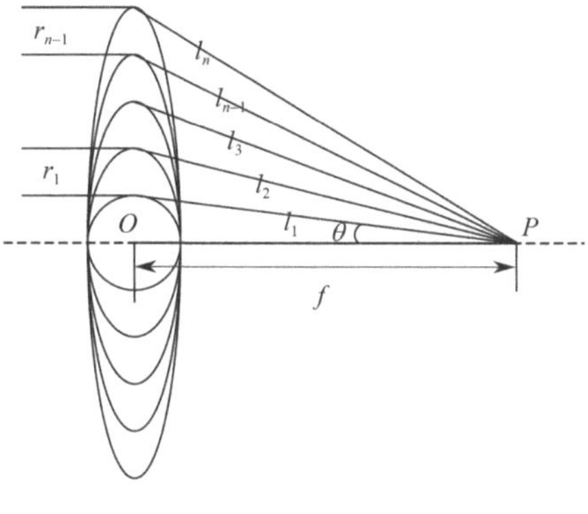

图 10.34　菲涅耳波带模型

P 点的复振幅就是波面上所有波带发出的子波在 P 点产生的复振幅的叠加，由惠更斯-菲涅耳原理可知，各个波带在 P 点产生的振幅正比于该波带的面积，反比于该波带到 P 点的距离，并且依赖于倾斜因子 $(1+\cos\theta)/2$。设圆心 O 所在的波带为第 1 波带，向外依次为第 $2,3,\cdots,n-1,n$ 波带，则第 n 波带在 P 点产生的振幅可表示为

$$|E_n| = c\frac{A_n}{r_n}\left(\frac{1+\cos\theta}{2}\right) \tag{10.21}$$

式中，c 表示比例系数；r_n 表示第 n 波带到 P 点的距离；A_n 表示第 n 波带的面积。当 $f \gg \lambda$，各个波带的面积近似相等，各波带在 P 点所产生的振幅就只与各波带到 P 点距离和倾斜因子有关。

波带序数 n 越大，r_n 和倾角也越大，因而各波带在 P 点产生的振幅将随 n 的增大而单调递减，即 $|E_1|>|E_2|>|E_3|>\cdots$。再考虑到相邻波带到 P 点的光程差为半波长，它们发出的子波到达 P 点的相位差就为 π，相邻波带产生的复振幅就为一正一负，这样，各波带在 P 点产生的复振幅的总和为

$$E = |E_1| - |E_2| + |E_3| - |E_4| + \cdots - (-1)^n |E_n| \tag{10.22}$$

假设图 10.35 所示波形带范围内的波面包含有 n 个波带。由于 $|E_1|,|E_2|,|E_3|\cdots$ 单调递减且变化缓慢，近似有

$$|\tilde{E}_2| = \frac{|E_1|}{2} + \frac{|E_3|}{2}, \quad |\tilde{E}_4| = \frac{|E_3|}{2} + \frac{|E_5|}{2}, \quad \cdots \tag{10.23}$$

当波带数 n 足够大时，$|E_{n-1}|$ 和 $|E_n|$ 相差很小，P 点处复振幅总和为

$$\tilde{E} = \frac{|E_1|}{2} \pm \frac{|E_n|}{2} \tag{10.24}$$

式中，n 为奇数时取“＋”号，n 为偶数时取“－”号。

由式（10.24）可见，当圆孔包含的波带数为奇数时，$E = (|E_1| + |E_n|)/2$，P 点的强度较

大；当 n 为偶数时，$E=(|E_1|-|E_n|)/2$，P 点的强度较小。如果圆孔非常大或者根本不存在圆孔衍射屏时，则 $|E_n|\to 0$（l_n 和倾角 θ 增大所致），因此有

$$E_\infty=\frac{E_1}{2} \tag{10.25}$$

式（10.25）表明这时 P 点的复振幅等于第 1 波带产生的复振幅的一半，强度为第 1 波带产生强度的 1/4。

设想制成一个特殊光阑，使得奇数波带畅通无阻，而偶数波带完全被阻挡，或者使奇数波带被阻挡而偶数波带畅通，那么从圆孔衍射理论可知，各通光波带所产生的复振幅将在 P 点同相位叠加，P 点的振幅和光强会大大增加。例如，设上述光阑包含 20 个波带，让 10 个奇数波带通光，而 10 个偶数波带不通光，则 P 点的振幅为

$$E=|E_1|+|E_3|+\cdots+|E_{19}|\approx 10|E_1|=20|E_\infty| \tag{10.26}$$

式中，$|E_\infty|$ 是波面无穷大即光阑不存在时 P 点的振幅，则 P 点的光强为

$$I\approx(20|\tilde{E}_\infty|)^2=400I_\infty \tag{10.27}$$

其中，I_∞ 表示这种特殊光阑不存在时的光强。这种特殊结构的光阑即菲涅耳透镜。

如图 10.35 所示，h 为任意一条入射光线距离主光轴的距离，$\theta_{\rm bl}$ 为透镜环带倾角，θ_f 为折射光线与光轴的夹角，f 为透镜焦距，根据折射定律可得

$$\begin{cases} n\sin\theta_{\rm bl}=\sin(\theta_{\rm bl}+\theta_f) \\ \tan\theta_f=\dfrac{h}{F} \end{cases} \tag{10.28}$$

式中，n 表示菲涅耳透镜的折射率，菲涅耳透镜主要采用有机玻璃模压成型，可见光透过率约为 92%，对于 475nm 的蓝光，折射率 n 约为 1.49。图 10.36 给出了菲涅耳透镜口径、焦距与光线入射角之间的关系。

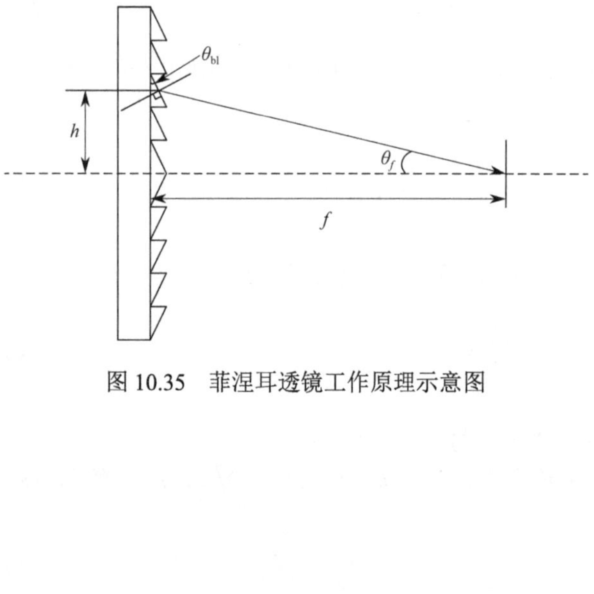

图 10.35　菲涅耳透镜工作原理示意图

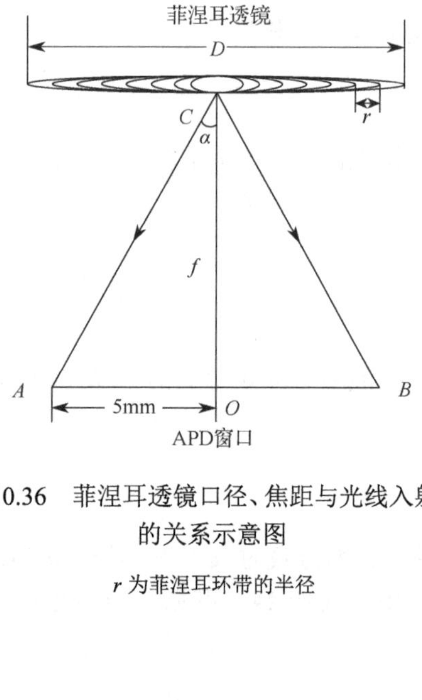

图 10.36　菲涅耳透镜口径、焦距与光线入射角的关系示意图

r 为菲涅耳环带的半径

APD 探测器靶面尺寸为 10mm×10mm，菲涅耳透镜的口径与焦距比 D/f 选为 3∶1，当经菲涅耳透镜的光线完全布满探测器靶面时，利用三角函数计算公式可得

$$\tan\alpha = \frac{OA}{OC} = \frac{OA}{f} \tag{10.29}$$

已知 $f = 25\text{mm}$，$D = 75\text{mm}$，根据式（10.29）可以计算出 α =11.3°，即海水无线光单工通信系统的接收视场约为 22°。

当入射角 α =30°时，$f \approx 8.66\text{mm}$，$D = 25.98\text{mm}$；当入射角 α =20°时，$f \approx 13.7\text{mm}$，$D = 41.1\text{ mm}$；当入射角 α =17.5°时，$f \approx 15.8\text{mm}$，$D = 47.4\text{ mm}$；当入射角 α =15°时，$f \approx 18.6\text{mm}$，$D = 55.8\text{ mm}$。

综合考虑视场、天线增益以及窄带滤光片安装等因素，系统采用焦距为 25mm、口径为 75mm 的菲涅耳透镜作为光学天线，相应的 α =11.3°，即光线以小于 11.3°角入射至菲涅耳透镜表面时，可以将接收光学天线接收到的通信光完全耦合到 APD 探测器的光敏面上。

实验测试结果表明，当入射光线以 15°角入射至菲涅耳透镜表面时，菲涅耳透镜的透过率约为 65%。综合考虑，通过分析透镜口径增加带来的增益以及透射损耗的影响，可以得知采用菲涅耳透镜作为光学天线获得的天线增益约为 16.45dB。

4）菲涅耳透镜光学性能测试[7]

菲涅耳透镜作为 UWOC 系统接收端的光学天线，可以通过光学优化设计使其具有较大的通光直径，降低通信链路自由空间光功率衰减，提高 UWOC 系统的传输距离、信噪比等性能参数。

虽然菲涅耳透镜具有诸多优点，但当将其应用在 UWOC 系统中时仍应考虑其聚光效率和聚焦光斑功率均匀度等特征参数，这些参数的优劣将直接影响海水激光通信系统的通信性能。为了研究大口径、短焦距菲涅耳透镜作为 UWOC 系统光学聚焦天线的可行性，通过改变外界约束条件分析其聚光性能，从而在特定边界条件下优化菲涅耳透镜的聚光效率，提升其在 UWOC 系统中的性能。

大口径、短焦距菲涅耳透镜聚光性能测试原理如图 10.37 所示。该性能测试装置主要由 LD 光源、空间滤波器、平行光管、菲涅耳透镜、CCD 相机或激光功率计等组成。

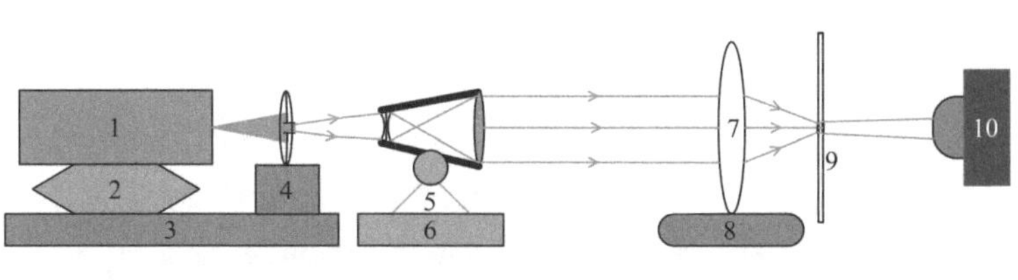

图 10.37　大口径、短焦距菲涅耳透镜聚光性能测试原理

1. 450/532nm LD；2. 三维光学精密调整架；3. 光学面包板；4. 空间滤波器；5. 平行光管；6. 一维平移台；7. 菲涅耳透镜；8. 一维旋转台；9. 硫酸纸光屏；10. CCD 相机或激光功率计

蓝绿光是海水信道的光学窗口，因此采用波长为 450/532nm LD 光源作为测试光源。将

LD 光源安装在三维光学精密调整架上，调节三维光学精密调整架，精密控制激光束的发射方向，发射功率为 0～50mW 线性可调，采用 2mm 通光直径的小孔光阑作为空间滤波，对激光束进行模式选择，获得准 TEM_{00}[TEM_{00} 是 LD 中最基本的横向电磁场模式（transverse electromagnetic mode，TEM），对应基横模（基模），其名称中的下标“00”表示该模式在横向（x 和 y 方向）上均无光强分布的波节，光斑呈均匀的高斯分布]模激光输出。

采用平行光管对激光束进行准直扩束，平行光管口径为 75mm，准 TEM_{00} 模的激光束在 1.5m 平行光管的作用下实现平行光束输出，激光束入射菲涅耳透镜，菲涅耳透镜的有效口径为 75mm，焦距为 25mm，F 数（镜头焦距与入瞳直径的比值）为 1/3，透镜材料为聚甲基丙烯酸甲酯［poly(methl methacrylate)，PMMA］，无表面镀膜，其折射率为 1.493@546nm，可见光波段透过率为 90%～92%。

经过菲涅耳透镜聚焦后，激光光斑将呈现在位于菲涅耳透镜焦平面处的硫酸纸光屏上，采用日本日置公司的 HIOKI3664 型空间光功率计作为激光功率的测量装置，功率计配置 9742 型功率计探头，波长响应范围为 320～1100nm，最大测量功率为 50mW，采用可见光 CCD 相机作为聚焦光斑采集装置，CCD 相机的有效像素为 752×528，水平分辨率为 600TVL（TV line，电视线），镜头焦距为 2.54mm，靶面尺寸为 1/3in（1in=2.54cm），像素尺寸为 8.6μm×8.3μm。

根据实际测量情况和实验要求，搭建菲涅耳透镜聚光性能实验测量系统时，各光学器件间的光程距离都尽可能短一些，以降低激光束在空间传输时所带来的损耗。此外，由于是在实验室进行的短距离实验，可以不考虑由于大气空间带来的激光功率的传输损耗。经过调节实验系统光路，尽可能地确保各光学器件处于同一光轴。最终建立大口径、短焦距菲涅耳透镜聚光性能的实验测量装置如图 10.38 所示，其中图 10.38（a）表示采用 450nm LD 作为激光光源的实验测量装置，图 10.38（b）表示采用 532nm LD 作为激光光源的实验测量装置。

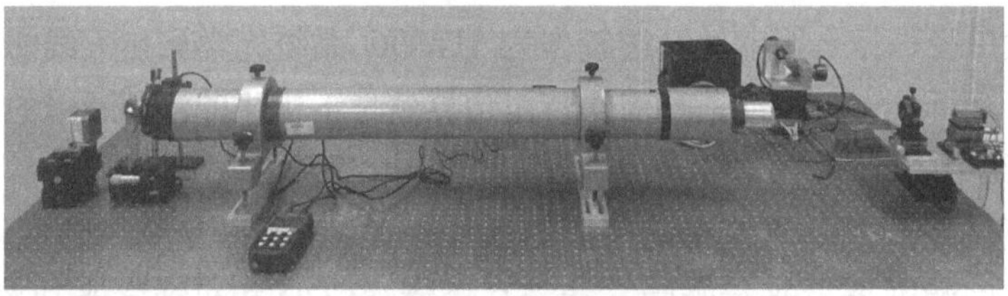

（a）450nm LD

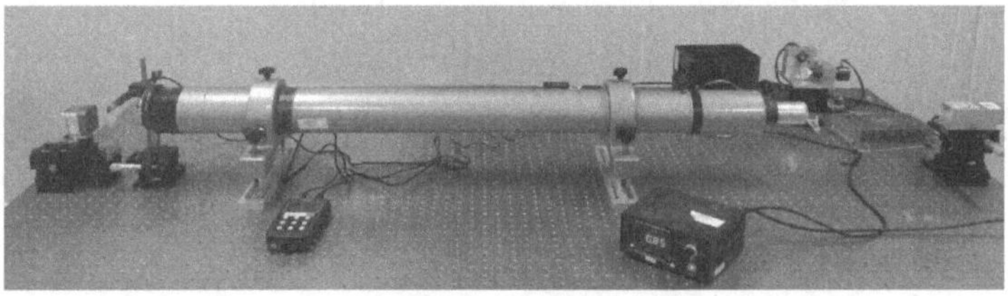

（b）532nm LD

图 10.38　菲涅耳透镜光学性能实验测量装置

当 450nm 和 532nm 激光分别入射菲涅耳透镜的光滑平面和锯齿平面时，调节激光光源的发射功率，使用激光功率计测量入射菲涅耳透镜之前的发射功率为 10mW，当激光输出稳定后，将激光功率计探头靶面放置在菲涅耳透镜的焦平面处，然后调节一维旋转台控制菲涅耳透镜与激光主光轴之间的角度，即改变激光束的入射角，在 0°～30°范围内每间隔 5°测量一次激光功率计所接收到的光功率（在进行激光功率测量的过程中，可以暂时将硫酸纸光屏撤掉，排除由硫酸纸光屏带来的激光功率插入损耗）。

利用实验测量数据绘制了 450nm 和 532nm 激光以 0°～30°入射菲涅耳透镜两种端面时的聚光效率，其中图 10.39（a）表示入射面为光滑平面时菲涅耳透镜的聚光效率，图 10.39（b）表示入射面为锯齿平面时菲涅耳透镜的聚光效率。

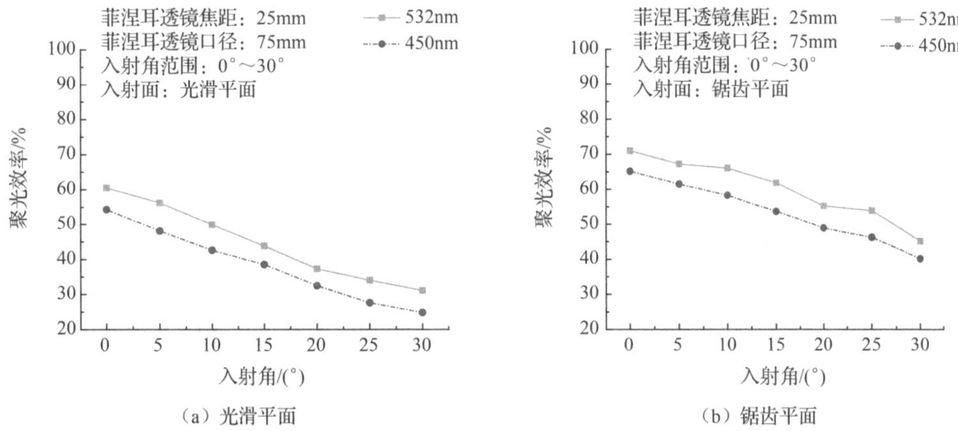

图 10.39　450nm 和 532nm 激光以 0°～30°入射角通过菲涅耳透镜不同表面聚光效率

如图 10.39（a）所示，532nm 激光从菲涅耳透镜的光滑平面垂直入射时，即入射角为 0°，菲涅耳透镜获得最大聚光效率为 60.5%，随着入射角的逐渐增大，菲涅耳透镜的聚光效率逐渐降低，当入射角增加至 30°时，菲涅耳透镜的聚光效率降低到最小值为 31.1%。如图 10.39（b）所示，532nm 激光从菲涅耳透镜的锯齿平面垂直入射时，菲涅耳透镜获得最大聚光效率为 71%，当入射角达到 30°时，菲涅耳透镜的聚光效率降低到最小值为 45.1%。

采用 450nm LD 光源作为实验光源，实验测得的结果与采用 532nm 激光作为实验光源所测得的聚光效率具有近似的变化趋势。当入射角为 0°时，450nm 入射菲涅耳透镜光滑平面的聚光效率为 54.3%，入射菲涅耳透镜锯齿平面的聚光效率为 65.1%；当入射角为 30°时，450nm 入射菲涅耳透镜光滑平面的聚光效率为 24.8%，入射菲涅耳透镜锯齿平面的聚光效率为 40.1%。上述实验结果表明采用菲涅耳透镜锯齿平面入射的安装方式比采用光滑平面入射时的聚光效率要高出 10%～15%。

为了研究入射激光波长对菲涅耳透镜聚光效率的影响，多次测量了 450nm 和 532nm 激光垂直入射菲涅耳透镜锯齿平面时的聚光效率，实验测量数据如图 10.40 所示。

根据光学色散的基本理论可知，对于可见光透明材料的折射率会随着入射光波长的减小而增大，因此，450nm 激光经过菲涅耳透镜的折射率会大于 532nm 激光的折射率。450nm 和 532nm 激光波长间距较小，可以近似认为菲涅耳透镜对这两种波段激光的透过率大致相同，均为 92%，则激光束正入射反射率为 8%，由于采用对比测量的实验方法，菲涅耳透镜对 450nm 和 532nm 激光的反射率是一致的，认为不会对聚光效率产生影响。

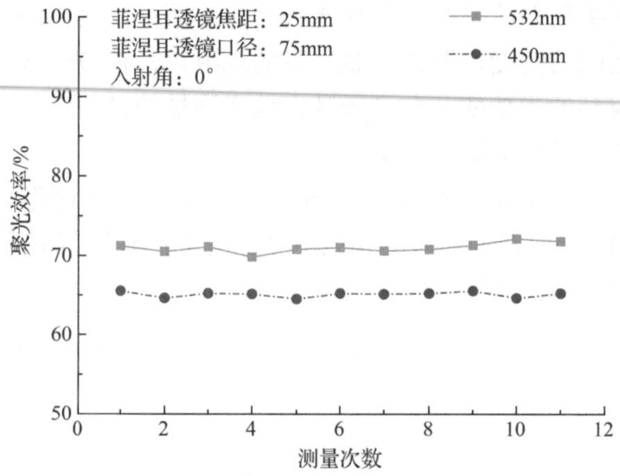

图 10.40 450nm 和 532nm 激光垂直入射菲涅耳透镜锯齿平面时的聚光效率

从图 10.40 中可以看出，菲涅耳透镜对 532nm 激光的聚光效率在 69.8%～72.1%范围内波动，对 450nm 激光的聚光效率在 64.5%～65.5%范围内波动，出现这一结果的主要原因是实验中所采用菲涅耳透镜的折射率为 1.493@546nm，532nm 激光的波长比 450nm 激光的波长更为接近 546nm 波段，说明实验中所采用的菲涅耳透镜对 450nm 激光的色散效应比 532nm 激光的色散效应大。因此，菲涅耳透镜对 532nm 激光的聚光效率要高于 450nm 激光的聚光效率，理论分析的结果与实验测量的数据结果相吻合。根据上述论述，可以推测，如果分别采用对应 450nm 和 532nm 波段优化设计的菲涅耳透镜，在相同的实验条件下所测量得到的聚光效率应该是相同的。

对动态 UWOC 系统来说，通信信号光的入射角是随着通信发射光端机和接收光端机相对位置的变化而变化的。为了研究信号光入射角对菲涅耳透镜聚光效率的影响，通过改变菲涅耳透镜中心光轴与入射光信号之间的角度，利用实验系统测量了入射角在−30°～30°范围内菲涅耳透镜的聚光效率。

调节激光发射功率，测量入射菲涅耳透镜出射处的光功率为 10mW，测量和拍摄激光垂直入射菲涅耳透镜时，激光的功率和在硫酸纸光屏上产生光斑图像，调节菲涅耳透镜与主光轴的位置，使 450nm 和 532nm 激光的入射角分别为 0°、±5°、±10°、±15°、±20°、±25°、±30°，测量并记录对应入射角产生的激光束经过菲涅耳透镜前后的功率。实验测量数据如图 10.41 所示。

从图 10.41 中可以看出，当入射光的波长为 532nm，入射角为−30°时，菲涅耳透镜对 532nm 激光的聚光效率最小，最小值为 44.8%；当入射光的波长为 450nm，入射角为−30°时，菲涅耳透镜对 450nm 激光的聚光效率最小，最小值为 39.9%。随着入射角逐渐接近 0°垂直入射，菲涅耳透镜对 450nm 和 532nm 激光的聚光效率逐渐增加，当入射角达到 0°，即 450nm 和 532nm 激光垂直入射菲涅耳透镜时，菲涅耳透镜对 450nm 和 532nm 激光的聚光效率达到最大值，分别为 65.1%和 71%。

由此可见，无论采用 450nm LD 光源还是 532nm LD 光源作为通信光源，菲涅耳透镜的聚光效率在入射角为 0°时比入射角为−30°时要分别大 25.2%和 26.2%；而菲涅耳透镜对 532nm

激光的聚光效率要比对 450nm 激光的聚光效率平均高 5.4%。因此，对于采用菲涅耳透镜作为接收天线的 UWOC 系统，相比于 450nm，建议采用 532nm LD 光源作为通信光源，能够获得更高的聚光效率，提高 UWOC 系统的通信传输性能。

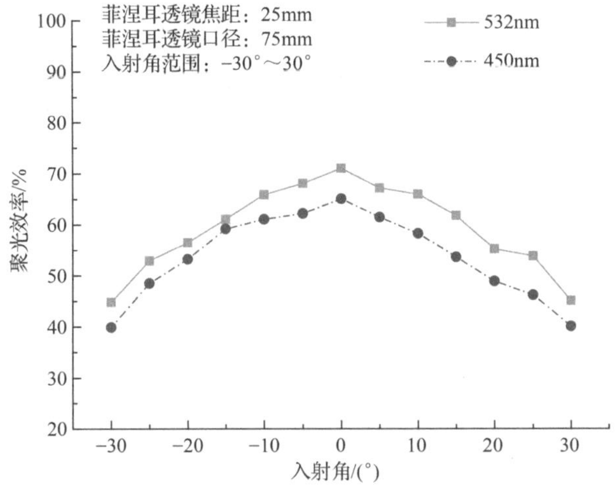

图 10.41　入射角为−30°～30°时菲涅耳透镜对 450nm 和 532nm 激光的聚光效率

在上述实验测量的基础上，本节针对 450nm 和 532nm 激光经过菲涅耳透镜产生聚焦光斑的光学畸变情况进行了研究分析。采用可见光 CCD 相机对 450nm 激光在 0°～30°范围内入射时产生的聚焦光斑进行了图像采集，聚焦光斑图像如图 10.42 所示。

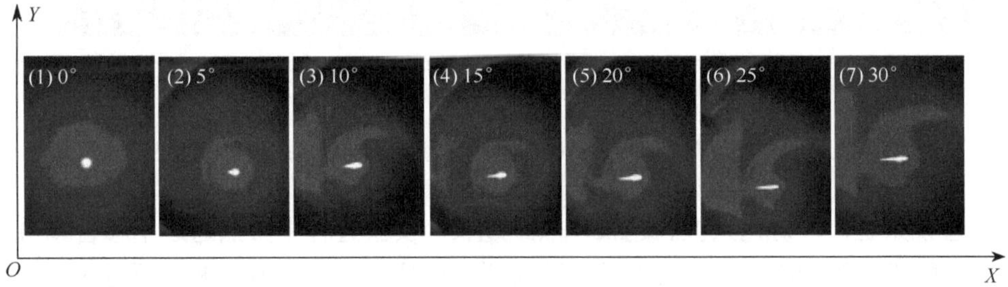

图 10.42　450nm 激光以 0°～30°入射角通过菲涅耳透镜产生的聚焦光斑

根据聚焦光斑在 CCD 相机上所占的像素个数可以计算得出聚焦光斑的几何尺寸（忽略光晕所占像素个数），从图 10.42（1）中显示的激光聚焦光斑图像可以看出，当 450nm 激光以 0°垂直入射菲涅耳透镜时，处于菲涅耳透镜焦平面处硫酸纸光屏上显示的聚焦光斑尺寸为 0.5mm×0.5mm，功率分布较为均匀，中心光斑外形成一圈圈明暗相间的光晕，聚焦光斑没有发生明显畸变，中心功率强度较强，处于光强度饱和状态，表面形貌近似规则的类高斯分布。如图 10.42（2）所示，当 450nm 激光入射角开始增加达到 5°时，聚焦光斑 Y 轴向尺寸减小到 0.4mm，X 轴尺寸达到 0.6mm，在一定程度上发生了光学畸变，光斑功率分布不再均匀，偏离光轴 X 正向呈现出光斑强功率点，光轴 X 负向光斑功率略低于光轴正向。如图 10.42（4）所示，当 450nm 激光入射角达到 15°以上时，激光聚焦光斑形成明显的光学彗差现象，光斑

在 X 轴向尺寸继续减小，Y 轴向尺寸继续增加；随着入射角的继续增加，彗差现象也变得越来越严重，而激光光斑的功率分布也严重偏离主光轴，最强功率点处于光轴 X 正向，X 轴负向光斑功率渐弱。如图 10.42（7）所示，当 450nm 激光入射角达到 30°时，聚焦光斑 Y 轴向尺寸减小至 0.2mm，X 轴向尺寸增加至 0.8mm，光斑功率不再呈现出类高斯分布，具备彗差光斑的显著特征。

532nm 激光以 0°～30°入射角通过菲涅耳透镜产生的聚焦光斑如图 10.43 所示。从图 10.43（1）中可以看出，532nm 激光聚焦光斑外貌形状呈现出规则的几何圆环，明暗相间条纹明显，中心光斑功率密度最大，第一环功率分布渐弱，但比图 10.42（1）中 450nm 激光聚焦光斑第一环的光功率要高，这也间接表明了菲涅耳透镜对 532nm 激光的聚光效率要高于 450nm 激光的聚光效率。随着 532nm 激光入射角的继续增加，如图 10.43（4）所示，532nm 激光聚焦光斑开始发生彗差畸变，说明 532nm 激光聚焦光斑发生彗差畸变允许的入射角范围是 0°～15°，而 450nm 激光聚焦光斑发生彗差畸变允许的入射角范围是 0°～5°。随着入射角的继续增加，如图 10.43（7）所示，532nm 激光的彗差畸变也变得较为严重，光斑强功率点分布在偏离光轴 X 正向，聚焦光斑 Y 轴向尺寸缩小为 0.3mm，X 轴向尺寸增加至 0.7mm。上述实验结果表明 532nm 激光聚焦光斑产生彗差的约束条件要比 450nm 激光相对宽松，说明采用 532nm 激光作为通信光源可以获得较大的接收视场。

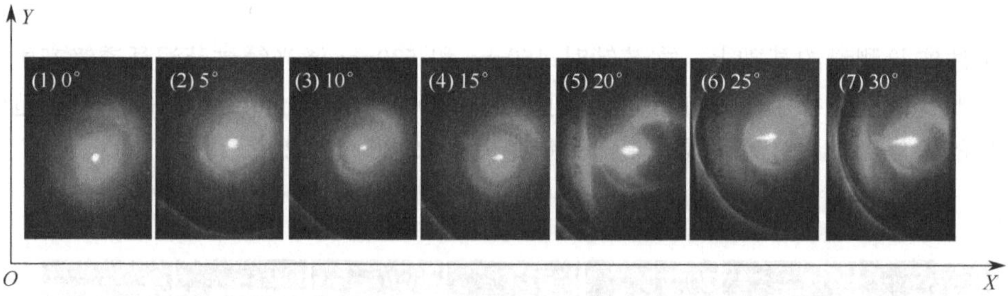

图 10.43　532nm 激光以 0°～30°入射角通过菲涅耳透镜产生的聚焦光斑

对单透镜来说，入射光束波长越长，焦距越长。实验过程中虽然通过平移台调节了菲涅耳透镜与硫酸纸光屏的距离，尽可能满足硫酸纸光屏位于不同入射光波长所对应的菲涅耳透镜的焦平面，但是平移台的平移精度较低，必然存在调节误差，无法保证在实验测量过程中满足硫酸纸光屏处于对应波长的焦平面处，导致出现如图 10.42 和图 10.43 中 450nm 激光聚焦光斑略大于 532nm 激光聚焦光斑的情况，说明图 10.42 和图 10.43 中的聚焦光斑是在硫酸纸光屏所处的位置更接近于 532nm 激光所对应的菲涅耳透镜焦平面时采集的。

基于菲涅耳透镜聚光性能的基本理论，采用 532nm 和 450nm LD 光源作为测量光源，建立用于测量 UWOC 系统中菲涅耳透镜接收天线聚光性能的实验装置。实验测量了不同约束条件下菲涅耳透镜的聚光性能，通过分析实验数据，重点研究了菲涅耳透镜表面、入射激光波长和入射角等因素对聚光性能的影响，实验数据表明入射菲涅耳透镜锯齿平面产生的聚光效率比入射菲涅耳透镜光滑平面要高出 10%～15%；菲涅耳透镜对 532nm 激光的聚光效率比 450nm 激光要高 5%；采用 532nm 激光垂直入射菲涅耳透镜条纹面，可以获得最大的聚光效率为 71%，当入射角达到-30°时，聚光效率降低到此时约束条件下的最小值 44.8%。此外，在不发生彗差畸变的情况下，采用 532nm 激光作为通信光源可以获得的接收视场要比 450nm 激光大 10°。上述实验结果也能为后续开展海水环境中菲涅耳透镜聚光性能的实验研究提供一定的基础和参考价值。

6. 光学滤光单元

海水无线光通信接收单元在接收到通信光时，背景杂散光也会一并进入接收探测模块，如何从连续背景噪声中提取有用的通信光信号是海水无线光通信系统必须面临的问题，解决这个问题的有效手段之一就是在系统中加装窄带滤光片。

1）光学滤光单元设计原则

光学滤光单元的设计原则主要包括窄带滤光片应具有与通信光波长相匹配的窄线宽；具有宽接收视场和大通光孔径；通带内对通信光波段具有较高的透过率，透过率不小于 80%；通带外高抑制比优于 10^5；工作波长和通带可调谐，以适应通信光波长的漂移和多普勒频偏，尽可能地与通信光波长相匹配；响应时间短，以尽可能减小器件所附加的传输延时影响。

2）光学滤光单元选型

目前窄带滤光片主要为干涉滤光片。干涉滤光片以带宽窄、通带波长可随意选择、制造面形精度高、体积小、重量轻、使用位置灵活等特点在激光通信系统中得到广泛应用。目前的工艺水平和性能指标为可见波段针对峰值波长 3dB 带宽不大于 3nm，满足海水无线光通信接收单元的应用。

由于系统发射端光源的束散角较大，接收系统接收到的光也会来自各个方向和角度，其光线入射角也不尽相同，这就需要在接收系统中添加滤光器件。本系统中，滤光单元选择的是窄带滤光片，其中心波长约为 470nm，光谱宽度约为 40nm，中心透过率约为 88%。其透过率谱线如图 10.44 所示。

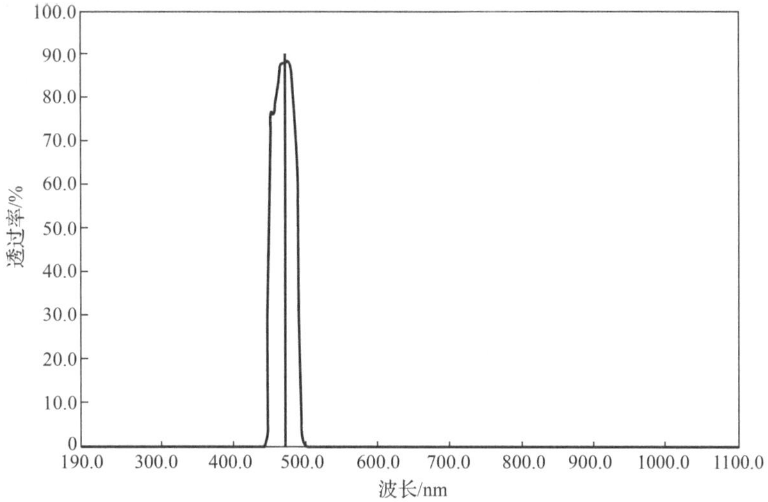

图 10.44　窄带滤光片透过率谱线

3）光学滤光单元性能指标测试

窄带滤光片被广泛应用于各种技术领域。在某些场合，窄带滤光片必须应用于倾斜入射的准直光束中。但是，当入射角大于 15°时，窄带滤光片的光学特性会产生两个显著的变化。首先，其通带位置即峰值波长向短波移动；其次，s 偏振光和 p 偏振光的特性产生分离，使窄带滤光片的透射曲线发生改变。

在海水无线光通信系统中，由于发射端光源的束散角较大，接收系统接收到的光也会来自各个方向和角度，为了抑制接收系统所接收到的背景光，需要在光束倾斜射入的情况下使用窄带滤光片，入射光经光学天线会聚后照射在窄带滤光片上，其光线入射角也不尽相同。由于光源的束散角为 60°，在实验中测试以−30°～30°入射时窄带滤光片的透光特性。

设激光束正入射时，单层薄膜透射的中心波长为 λ_0，窄带滤光片的等效折射率为 N，由有效相位厚度：

$$\delta = (2\pi / \lambda)Nd \approx (2\pi / \lambda_0)Nd\cos\theta \tag{10.30}$$

可推导得出

$$\lambda = \lambda_0\cos\theta \tag{10.31}$$

说明，随着入射角的增加，透射曲线的中心波长是不断向短波漂移的。设 N_s 为窄带滤光片的折射率，由斯涅耳公式：

$$N_s\sin\theta_0 = N\sin\theta \tag{10.32}$$

结合式（10.31）、式（10.32）可得窄带滤光片其透射曲线的峰值波长：

$$\lambda = \lambda_0\sqrt{1-\frac{\sin^2\theta_0 N_s^2}{N^2}} \tag{10.33}$$

可知，$\Delta\lambda$（透射曲线的中心波长向短波漂移的漂移量，$\Delta\lambda = \lambda_0 - \lambda$）与入射角 θ_0 成正比，与等效折射率 N 成反比。另外，当入射角逐渐增大时，其两个偏振分量的中心波长会随着角度的增加而出现越来越明显的分离现象。随着分离的增大，平均光的透射波形会逐渐衰减，产生较大的偏振相关损耗。分离一方面由于 s 偏振光的反射率高于 p 偏振光，s 偏振光的光谱宽度小于 p 偏振光；另一方面由于高低折射率膜的有效折射率不同，两个偏振分量的峰值波长不再重合。

在激光束正入射的情况下测试窄带滤光片的透射特性，所得窄带滤光片的透过率谱线如图 10.45 所示。

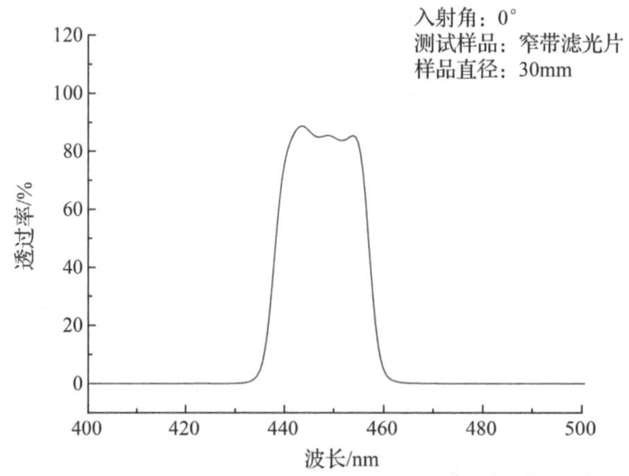

图 10.45　入射角为 0°时 450nm 窄带滤光片的透过率谱线

如图 10.45 所示，正入射条件下，被测窄带滤光片于波长 443nm 处有峰值透过率 88.78%，窄带滤光片光谱宽度 20nm。然后在±30°范围内，每 5°进行一次测试，测试结果如图 10.46 所示。

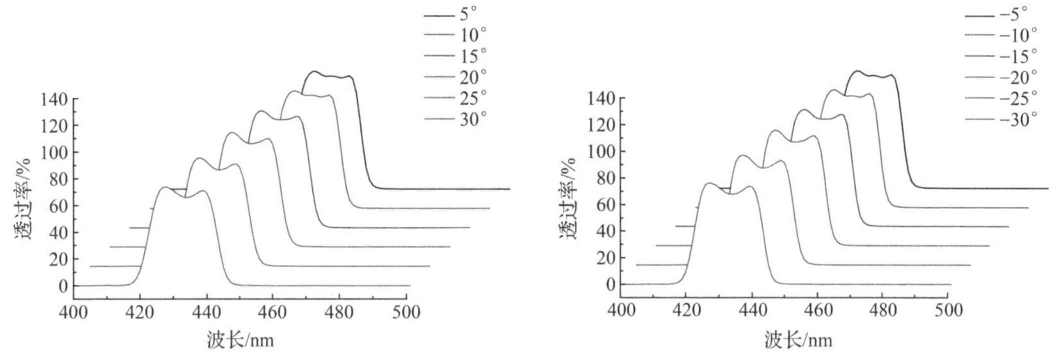

（a）5°～30°　　（b）−5°～−30°

图 10.46　不同入射角入射 450nm 窄带滤光片时的透过率谱线

从透射谱线可以看出，其峰值波长、峰值透过率与式（10.33）的计算理论相符。随着入射角的增大，中心波长的偏移量也逐渐增大，在±5°与±10°入射时，中心波长偏移量较小；当入射角达到 15°时，窄带滤光片的中心波长产生了较大的偏移，且随角度增大，偏移量增大的速率越来越快。当入射角达到 20°时，对 450nm 激光的透过率已经不足峰值波长的 50%，对系统发射的信号光产生了很大干扰；当入射角达到 30°时，其峰值波长偏移量已经达到 15～16nm，其对 450nm 激光的透过率仅为 0.3%，系统所发射的信号光几乎不能透射，已经完全不适用。对峰值透过率来说，当入射角在±20°以内时，透过率衰减不明显，当入射角进一步加大时，透过率也出现了较为明显的衰减。

综上所述，可以认定在该入射波长为 450nm 时，被测窄带滤光片无法使用，该窄带滤光片光谱宽度约为 20nm，当入射角大于 20°时，窄带滤光片对 450nm 激光的透过率将小于 50%，则入射信号光的衰减也将大于 50%，因此需要更换波长匹配的窄带滤光片，或通过光学系统抑制入射角在±15°以内，以保持信号光的正常入射。

7. 近距离通信光电探测单元

光电检测器件是利用物质的光电效应把光信号转换成电信号的器件，它的性能对光电系统的影响很大，如缩小系统的体积、减轻系统的重量、增大系统的作用距离等。衡量一个光电检测器件的好坏有许多参数可以衡量，例如：光谱响应度、响应时间、信噪比、暗电流、量子效率、探测率、最小可探测光功率（也可用噪声等效功率 NEP 表示）等。根据系统总体设计原则，接收子系统接收的响应波段应覆盖蓝绿光波段，接收带宽速率大于 10Mbit/s。

根据系统所要求的技术指标，海水无线 LED 近距离通信系统接收单元的光电探测器采用滨松公司生产的 S8664-1010 型 APD，其实物图如图 10.47 所示。该探测器采用低结电容结构设计，属于短波长敏感型器件，在可见光波段响应灵敏度高，采用陶瓷封装，具有低噪声、高增益、低电容的特点，其主要技术参数如表 10.7 所示。

图 10.47　S8664-1010 型 APD 实物图

表 10.7　S8664-1010 型 APD 技术参数

技术参数	典型数值
光谱响应范围/nm	320～1000
峰值灵敏度波长/nm	600
光子灵敏度@470nm/(A/W)	0.24
量子效率@470nm/%	70
击穿电压@I=100μA/V	400
击穿电压温度系数/(V/℃)	0.78
暗电流/nA	10～100
结电容/pF	270
过量噪声指数@470nm	0.2
增益@470nm/dB	50
工作温度/℃	−20～60
贮存温度/℃	−20～80

10.1.4　近距离通信系统性能测试与数据分析

1. 近距离通信系统结构设计

如图10.48所示，海水无线光近距离通信系统的整体结构外壳采用抗压铝合金材质，表面进行阳极氧化处理，防止海水锈蚀，通信段采用半球形透明耐压玻璃罩，光学透过率@470nm约为92%，所有连接点处均采用水密技术进行防水处理。

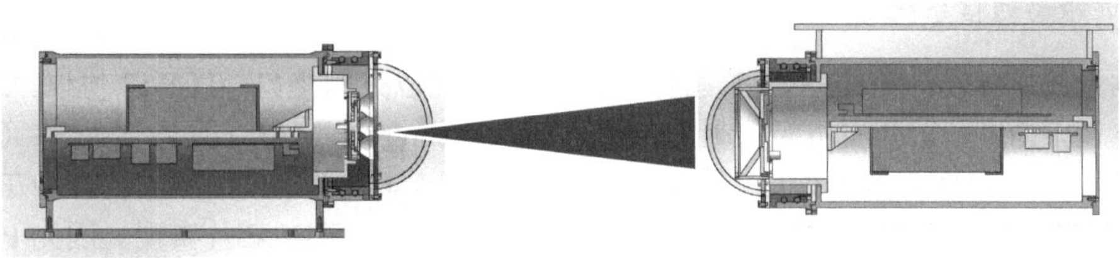

图 10.48　海水无线光近距离通信系统的整体结构设计示意图

海水无线光近距离通信系统实物图如图10.49所示。

图 10.49　海水无线光近距离通信系统实物图

2. 近距离通信系统技术参数

海水无线光近距离通信系统技术参数如表 10.8 所示。

表 10.8　海水无线光近距离通信系统技术参数

技术参数	典型值/描述
通信模式	单工
传输速率/(Mbit/s)	1～5
传输距离/m	1～20
光源波长/nm	470
发射光功率/W	2
发射视场/(°)	30
通光直径/mm	75
探测方式	IM-DD
调制方式	OOK
结构尺寸/mm	360×ϕ140

3. 近距离通信系统通信数据接口单元

根据系统总体设计和任务要求，通信接口采用百兆以太网接口、TCP/IP 协议。通信接口主要包含以下内容：①介质访问控制（medium access control，MAC）层数据处理；②物理层（physical layer，PHY）数据处理；③TCP/IP 协议实现。其中 MAC 层数据处理和 TCP/IP 协议采用 FPGA 实现，PHY 数据处理以及 RJ45 接口采用专用 PHY 芯片实现。因为 PHY 芯片的功耗较大，所以本实验样机在 PHY 采用独立电源电路的设计，接口类型为百兆以太网，实时性为 50μs，系统结构如图 10.50 所示。

图 10.50　通信数据接口单元结构图

接口设计思路如下：①FPGA 选用 Altera 公司的 Cyclone IV 系列芯片；②PHY 芯片选取美满科技集团有限公司的 88E1111 芯片，它是一款千兆以太网收发器，支持 10Base-T、100Base-TX、1000Base-T 的网络应用，同时可以实现多种 MAC 接口模式[8]；③88E1111 具备强大的混合信号处理能力，满足去反射、去串扰、误码纠正等功能的需求。88E1111 可以支持 RJ45 和小型可插拔（small form-factor pluggable，SFP）接口，即双绞线和光纤标准接口，本实验样机设计选择 RJ45 接口。

4. 近距离通信系统传输速率测试

LED 光源传输速率测试实验主要为了检验通信光源与接收探测器的通信性能。通过信号发生器产生不同调制频率的方波信号，加载到通信光源上，利用菲涅耳透镜对发射光源进行会聚，将 APD 探测器放置在菲涅耳透镜焦点位置，通过示波器显示接收到的信号方波，实验系统如图 10.51 所示。

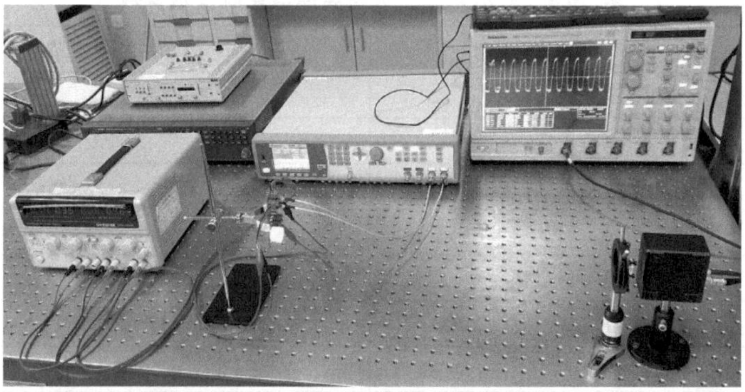

图 10.51　传输速率测试实验系统

将调制信号发生器发射的通信方波的频率分别设置为 1MHz、2MHz、4MHz、5MHz，接收信号波形如图 10.52 所示。

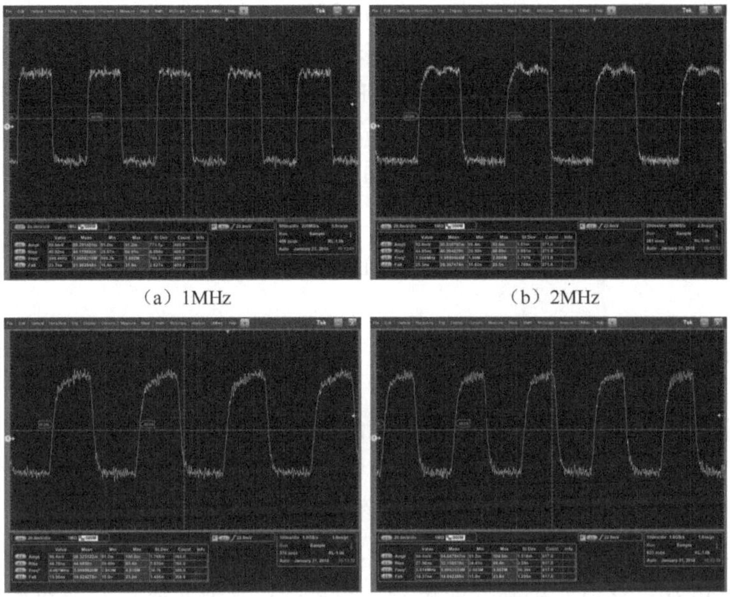

（a）1MHz　（b）2MHz

（c）4MHz　（d）5MHz

图 10.52　通信光源传输速率测试波形

从图 10.52 中可以看出，随着接收信号频率的逐渐增加，方波信号失真越来越严重，当信号频率达到 6MHz 时，方波信号已经出现比较圆滑的波形曲线，这对通信系统的通信性能会产生影响，因此，该通信光源和探测器的最大传输速率可以达到 5MHz 方波，即 10Mbit/s 的码传输速率。

5. 空气信道传输距离测试

为了测试海水无线光通信系统的工作性能，首先需要对其在空气中的通信性能进行测试，测试结果对海水试验具有一定的参考价值[9]。对海水无线光静态单工通信系统工程样机的最大传输距离进行测试，将探测器的收发距离分别移动 10m、15m、20m，测试现场如图 10.53 所示。

（a）10m　（b）15m　（c）20m

图 10.53　传输距离测试现场

该实验条件下，LED 光源的束散角大约为 120°，加上光束整形单元，束散角压缩至 30°，理论上传输距离可以增加 4 倍。通过测试，随着传输距离的逐渐增加，探测器接收到的通信信号的幅值逐渐减小，衰减量呈现出比较明显的几何趋势，说明 450nm 通信光的光功率发生了严重的衰减，而且解码后的通信信号的误码程度也受到传输距离的影响。最终，在误码率低于 10^{-6} 的条件下，测得海水无线光近距离通信系统的最大传输距离约为 20m。

10.2　海水无线光远距离通信系统

10.2.1　远距离通信系统总体设计原则

在海水环境中，探测设备的空间和携带的能源都十分有限，激光二极管（LD）不仅能有效减小通信端机体积、降低设备功耗，还具有响应度快、调制性能好、传输距离远、光强效率高等特点[10-14]。因此，LD 更适用于海水无线光远距离通信系统。

海水无线 LD 远距离通信系统拟采用 LD 或 LD 阵列作为发射光源，利用准直透镜压缩发射束散角为 10mrad，发射光单脉冲能量为微焦量级，发射光波长分别为 450nm 或 532nm。采用大口径光学聚光透镜作为接收光学天线，采用窄带滤光片作为光学滤光装置，设计安装分光棱镜，实现通信光端机的同时收发，采用高灵敏度光电探测器作为通信接收装置，采用 UUV 光端机瞄准捕获跟踪（pointing acquiring tracking，PAT）分系统，拟建立大视场范围、动态通信链路，传输距离为 50～100m，传输速率不低于 1Mbit/s，属于远距离动态跟踪系统，这种情况下需要开展基于全光捕获技术和策略的相关研究工作，构建海水无线光动态通信链路，实现海水无线光远距离通信。

10.2.2　远距离通信系统光功率链路分析

根据 10.1.2 节中对海水无线 LED 近距离通信系统的光功率链路分析，开展对海水无线 LD 远距离通信系统的光功率链路预算。

1. 远距离通信系统通信光源发射光功率

通信光源发射光功率是指光束出瞳时的光功率。对激光发射单元来说，在计算通信链路功率预算时，需要综合考虑激光波长、脉宽、调制方式、传输速率等参数。

海水无线远距离动态激光通信系统拟采用波长为 470nm 的 LD 作为通信光源，采用电光调 Q 技术，压缩脉宽为 10ns，单脉冲能量为 0.1μJ，峰值功率为 10W，平均光功率约为 50mW。

假设采用 PPM 方式，根据奈奎斯特定理：

$$N = \log_2 M \tag{10.34}$$

式中，M 表示信号进制数，对于 PPM 方式 M=2。系统最大传输速率可以表示为

$$R_{\max} = 2Nf \tag{10.35}$$

式中，f 表示发射光源的带宽，即重复频率。根据上述分析，若要海水无线远距离动态激光通信系统的传输速率达到 1Mbit/s，则要求通信光源的重复频率至少达到 500kHz。

2. 远距离通信系统发射光学单元效率

影响发射光学单元效率因素主要包括光路中各光学系统的透过率、发射光束的整形与耦合、光学天线的发射效率、像差引起的波前畸变损失。受到信号光的波面质量影响，光束的波前功率分布出现起伏或抖动，由近轴光学系统的光学畸变引起的光功率衰减可以近似表示为

$$L_{\mathrm{wf}} = \mathrm{e}^{-(k\sigma)^2} \tag{10.36}$$

式中，k 为光波在传播方向上 2π 长度内出现的全波数，即 $k = 2\pi/\lambda$；σ 为发射光学单元的波面误差，通常对于大多数无线光通信系统要求 σ 小于 $\lambda/10$，则将其代入式（10.36）中可得

$$L_{\mathrm{wf}} = \mathrm{e}^{-[(2\pi/\lambda)\cdot(\lambda/10)]^2} \tag{10.37}$$

经过计算可得 L_{wf}=10lg0.67=−1.74dB。

通常情况下，通信光从激光光源出射，需要经过若干光学组件集成的光学发射子系统，其光学透过率一般为 0.4～0.7。海水无线远距离动态激光通信系统的光学发射子系统的光学透过率为 0.6，发射光功率衰减为 2.22dB。综上所述，由海水无线远距离动态激光通信系统发射光学单元带来的光功率衰减为 3.96dB。

3. 远距离通信系统自由空间光功率衰减

激光束在海水中传播时，受到海水中粒子对光束的散射作用，导致光束扩散，光斑变大。假设激光束的初始光斑面积为 s_0，则经过距离 L 传输后的光斑面积可以表示为

$$s(r) = s_0 \exp(\rho\sigma_{\mathrm{s}} r) \tag{10.38}$$

式中，$s(r)$ 表示传输距离 r 处的光斑由于海水散射被展宽的面积；ρ 表示海水中粒子的密度；σ_{s} 表示粒子的散射截面；r 表示光束传输距离。粒子的密度、平均散射截面可以归结为水质参数，即 $\rho\sigma_{\mathrm{s}}$ 取值为海水信道衰减系数。三种海水信道的衰减系数如表 10.9 所示。

表 10.9　三种海水信道的衰减系数

海水水质类型	衰减系数/m^{-1}
纯净海水	0.003
清澈海水	0.037
近岸海水	0.219

假设初始光斑直径为 1mm，分析计算通信光束在三种不同海水信道中传输不同传输距离时，通信光束直径被展宽的情况如下。

（1）当海水信道为近岸海水时，衰减系数为 $0.219\mathrm{m}^{-1}$，传输距离为 50m，根据式（10.38）计算可得，通信光束到达接收天线处的光斑直径被展宽约为 57m。

（2）当海水信道为清澈海水时，衰减系数为 $0.037\mathrm{m}^{-1}$，传输距离为 100m，通信光束到达接收天线处的光斑直径被展宽约为 40mm。

（3）当海水信道为纯净海水时，衰减系数为 $0.003\mathrm{m}^{-1}$，传输距离为 300m，通信光束到达接收天线处的光斑直径被展宽约为 2.46mm。

自由空间光功率衰减只考虑空间传输引起的几何衰减，海水信道吸收和散射衰减另外讨论，根据空间光传输耦合效率的基本概念，可以将自由空间光功率衰减定义为通光面积与光斑面积之比：

$$L_{\mathrm{r}} = \frac{A}{S} = \frac{\pi(d/2)^2}{\pi(D/2)^2} \tag{10.39}$$

式中，A 表示接收光学天线处通光面积；S 表示通信光源到达接收光学天线处的光斑面积；d 表示接收光学天线处的通光直径；D 表示接收光学天线处的光斑直径。

考虑海水无线光通信系统的实际应用需求，按照海水无线远距离动态激光通信光源的束散全角为 1mrad，接收光学天线的通光直径为 100mm，分析计算在三种不同海水信道条件下以及与之相对应传输距离所产生的自由空间光功率衰减。

（1）当海水信道为近岸海水时，传输距离为 50m，通信光束到达接收天线处的光斑直径为 25mm，光斑直径被展宽 57m，则通信光束到达接收光学天线处的光斑直径为 57025mm，根据式（10.39）计算可得此时的自由空间光功率衰减为−55.12dB。

（2）当海水信道为清澈海水时，传输距离为 100m，通信光束到达接收天线处的光斑直径为 50mm，光斑直径被展宽 40mm，即通信光束到达接收光学天线处的光斑直径为 90mm，小于接收光学天线的通光直径。这就说明在理想状态下，即通信发射接收终端完全对准的条件下，通信光束全部被接收光学天线收到，则此时通信光功率没有衰减。

（3）当海水信道为纯净海水时，传输距离为 300m，通信光束到达接收天线处的光斑直径为 150mm，光斑直径被展宽 2.46mm，则通信光束到达接收光学天线处的光斑直径为 152.46mm，光斑直径大于接收光学天线的通光直径，经过计算可得自由空间光功率衰减为−3.7dB。

4. 远距离通信海水信道光功率衰减

海水对通信光功率的衰减主要与水中的浮游生物浓度、水中的悬浮粒子、盐分及温度有关。计算海水对通信光束的衰减，衰减系数为吸收系数和散射系数之和。三种海水信道特征参数汇总如表 10.10 所示。

表 10.10　三种海水信道特征参数汇总

海水水质类型	ρ/(mg/m^3)	吸收系数/(dB/m)	散射系数/(dB/m)	衰减系数/(dB/m)
纯净海水	0.005	−0.23	−0.013	−0.243
清澈海水	0.31	−0.3	−0.35	−0.65
近岸海水	0.83	−0.38	−0.94	−1.32

从表 10.10 中可以计算得出，对于纯净海水，当传输距离为 300m 时，通信光功率衰减了 72.9dB；对于清澈海水，当传输距离为 100m 时，通信光功率衰减了 65dB；对于近海海岸水，当传输距离为 50m 时，通信光功率衰减了 66dB。

5. 远距离通信系统接收光学单元效率

接收光学单元效率通常包括：①接收通信光束需要经过成像组件、反射镜、分光片、滤光片等，各光学环节均存在吸收与散射；②空间光阑损耗，如接收望远单元的遮挡影响、其他光阑及 APD 光敏面的影响等。假设海水无线远距离动态激光通信系统接收光学系统透过率为 0.5，由接收光学单元带来的光功率衰减为 3dB。

6. 远距离通信系统光电探测器响应光功率

APD 是激光通信系统中常用的一种基于内光电效应的光敏元件。在 PN 结两端加载合适的高反向偏置电压下，半导体材料会吸收入射光子的能量并产生电子空穴对，在强电场的作用下，耗尽层内的电子空穴对获得高动能，它们与晶格撞击产生新的电子空穴对，这些载流子又不断产生新的电子空穴对，持续的碰撞电离造成载流子的雪崩倍增，最终得到电流的增益。

对单光子进行探测的 APD 需要工作在“盖革”（Geiger）模式下，即 APD 偏置电压略高于雪崩电压，这样入射单个光子便可能触发雪崩效应，实现单光子探测。APD 的盖革模式使得探测器相当敏感，理论上单个光子就可以引起电脉冲，并且脉冲具有高峰值、窄脉宽的特点，具有很高的时间分辨率（可达皮秒量级），可以更精确地测量目标距离[15]。

工作在盖革模式下的雪崩光电二极管（Geiger mode avalanche photodiode，GM-APD）具有快速响应单个光子的灵敏度，能够在皮秒量级的时间内产生毫安量级的雪崩电流。

与光电二极管（PIN）、光电倍增管（photomultiplier，PMT）[16]等传统光电探测器件相比，具有探测效率高（≥50%@530nm）、对磁场敏感度低、体积小、功耗低、驱动简单、便于集成等优点，非常适合作为海水无线光通信的光电探测接收器件。

一般来说，假设 GM-APD 的探测能力一般为 5 个光子量级，按照 530nm 波段通信光源来计算，探测效率为 50%，那么到达探测器的光子数要达到 10 个以上的光子，探测器才能响应。已知一个光子的能量为

$$E=\frac{hc}{\lambda} \tag{10.40}$$

经过计算得到 530nm 光的单光子能量约为 3.75×10^{-19}J。根据上述通信光源传输速率与重复频率之间关系的分析，通信光源的脉冲重复频率为 500kHz，GM-APD 的响应时间 t 可以表示为 $1/f$，即 2μs，GM-APD 需要接收的光功率可以表示为

$$p=\frac{e}{t} \tag{10.41}$$

式中，e 表示 GM-APD 响应所需的光子能量；t 表示 GM-APD 的响应时间。经过计算得到 GM-APD 需要接收的光功率为−88.6dBm。

7. 远距离通信系统功率链路预算

综上所述，结合三类海水信道 460nm 蓝光 LD 传输的特点，考虑通信过程中的光功率增益和衰减，给出海水无线 LD 远距离通信系统的功率链路预算如表 10.11 所示。

表 10.11　海水无线 LD 远距离通信系统功率链路预算表

系统参数	链路光功率衰减			备注
	纯净海水	清澈海水	近岸海水	
传输距离/m	300	100	50	
通信发射光功率/dBm	40			通信光源峰值功率 100W
光学畸变引起的光功率衰减/dB	-1.74			
发射光学单元效率/dB	-2.22			发射光学透过率 0.6
自由空间光功率衰减/dB	-3.7	0	-55.12	传输距离 50m、100m、300m
海水信道光功率衰减/dB	-72.9	-65.1	-66.3	
接收光学单元效率/dB	-3			接收光学透过率 0.5
GM-APD 接收光功率/dBm	-43.56	-32.06	-88.38	
GM-APD 响应光功率/dBm	-88.6			误码率 10^{-6}、传输速率 1Mbit/s
安全裕量/dB	45.04	56.54	0.22	

对于纯净海水和清澈海水信道，通信链路的安全裕量是非常充足的；但对于近岸海水信道，通信链路虽然有安全裕量，但仅为 0.22dB，从实际工程应用的角度上来看是有些不够，对于突发情况所带来的损耗难以补偿，因此需要从激光功率、光学增益或者降低传输距离等方面综合考虑，才可能完成通信链路的建立。总体来讲，采用 LD 作为通信光源，GM-APD 作为光学接收探测器可以有效提高海水无线光通信系统的传输距离。

10.2.3　远距离通信系统组成及性能测试

1. 远距离通信系统总体组成

为了适应深海观测网及深海空间站战略布局和建立的需求，开展海水无线光远距离通信技术研究，研制适用于深海潜航器、海底接驳盒、海面船舶以及深海空间站的小型化、低成本、便携式海水无线光通信机，优化设计收发通信系统结构组成如图 10.54 所示。

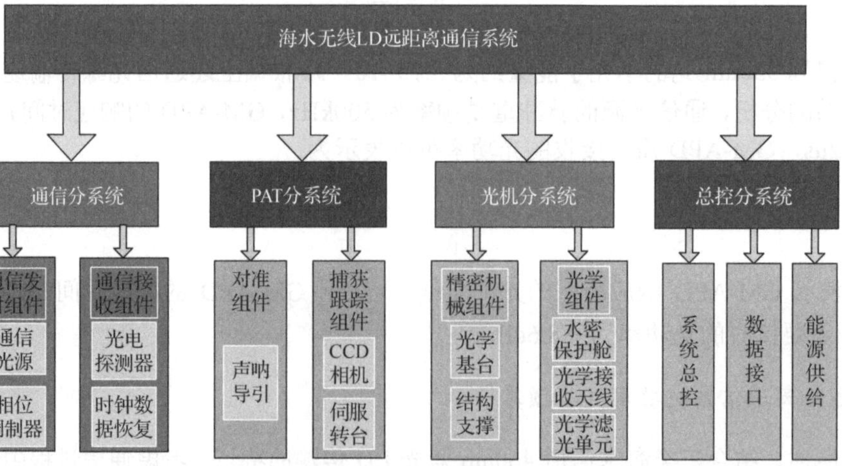

图 10.54　海水无线 LD 远距离通信系统结构组成

从图 10.54 中可以看出，海水无线光远距离通信系统主要包括四个组成部分，分别是通信分系统、PAT 分系统、光机分系统和总控分系统。下面对每个分系统的功能组件和技术需求进行简要介绍和分析。

1）通信分系统

通信分系统是海水无线光远距离通信系统的功能主体，包括通信发射组件和通信接收组件。该光端机最终设计采用双向对称传输体制。

通信发射组件由高重复频率、窄脉宽、小束散角的 LD、高速率相位调制器以及驱动电路组成；通信接收组件由光电探测器与时钟数据恢复等单元组成。

2）PAT 分系统

PAT 分系统是建立海水无线光远距离通信链路的前提和基础，本系统采用声呐导引系统实现收发光端机的对准，利用低照度 CCD 相机实现通信光束的光斑捕获，最终在伺服转台的作用下，跟踪建立收发光端机之间的通信链路。

PAT 分系统包括对准组件和捕获跟踪组件。对准组件主要由声呐导引单元组成；捕获跟踪组件由工作照度为 10^{-3}lx 条件下仍可工作的 CCD 相机和伺服转台组成。

3）光机分系统

光机分系统是海水无线光远距离通信系统实现通信的核心组成部分，该分系统主要包括精密机械组件和光学组件。

精密机械组件主要由光学基台和结构支撑两部分组成，用于安装和高度集成光学组件，该组件不仅要满足轻小型化和便于精密调校等要求，还要保障热力学、腐蚀性、密封性等对系统稳定性的影响，通常采用刚性好、耐压力、抗腐蚀能力高的材料以及轻量化设计来满足上述要求。

光学组件由水密保护舱、光学收发天线、光学滤光单元等组成，其中水密保护舱具有高抗压、水密性良好的特点，确保海水无线光远距离通信系统电子学、光学器件在深海环境中正常工作。

光学收发天线是光机分系统的核心，采用独立口径或者共口径的收发模式，光学收发天线的口径尺寸决定了接收单元的灵敏度和发射单元的束散角的大小。接收光学天线口径将决定通信链路传输的空间损耗，影响整个通信链路的功耗、布局和设计；光学滤光单元能够有效滤除通信光束以外的杂散光，提高系统的信噪比。

本方案中接收光学天线采用 100mm 口径的聚光透镜，实现通信光束的接收，发射束散角设计为 1mrad，通信波长为 520nm，光学滤光单元采用窄带滤光片，截止宽度为$\pm$5nm，透过率在 75%以上。

4）总控分系统

总控分系统是海水无线光远距离通信系统不可或缺的一部分，它主要包括系统总控、数据接口和能源供给。系统总控主要用来控制整个系统的工作流程；数据单元主要实现海水无线光远距离通信系统与其他功能系统进行数据接口和适配；能源供给主要用于系统的供电。综上所述，海水无线光远距离通信系统原理如图 10.55 所示。

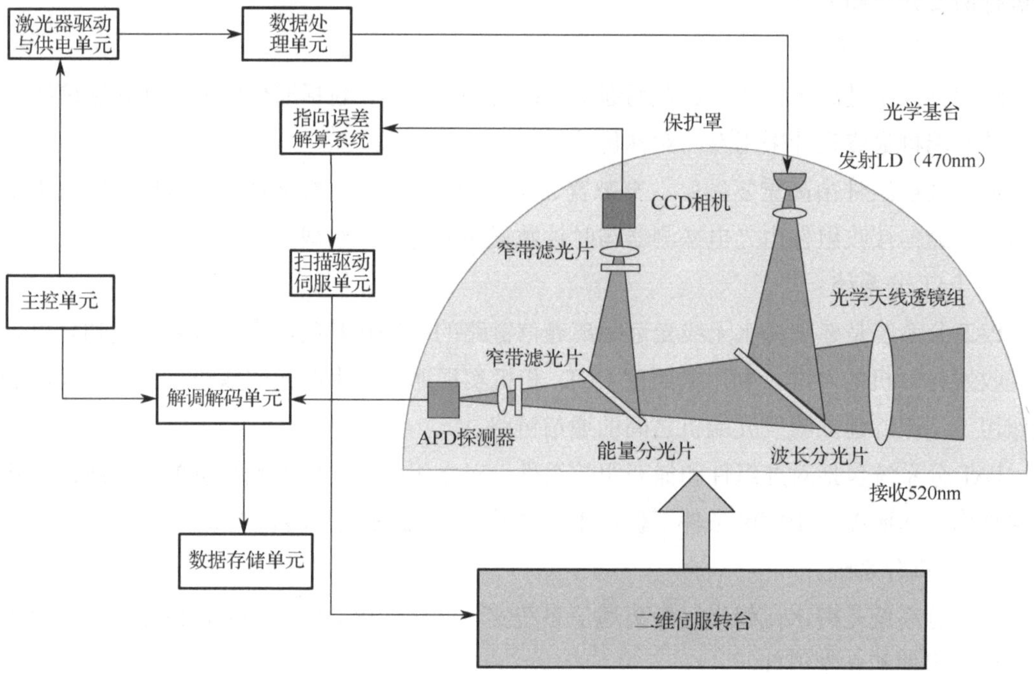

图 10.55　海水无线光远距离通信系统原理

2. 远距离通信系统发射光源

1）设计原则

发射光源是海水无线光通信系统的核心部件，发射光源的性能对整个通信系统的性能起着至关重要的作用，直接影响光接收器件的选择和传输距离等参数。海水无线光通信系统需要具有高性能指标参数的发射光源，海水无线光通信系统对光源的要求主要体现在以下几个方面：发光波长应满足海水传输损耗的要求，不同波长的光在海水中传输受海水衰减效应的影响不同，因此，波长应选择在光传输透过率较高的波段；功率与调制速率应相匹配，由于远距离海水通信信道对通信光功率的损耗较大，从发射到接收一般都经过几个数量级的光功率衰减，探测器上接收到的甚至是纳瓦、皮瓦量级的光功率信号，单纯提高通信光功率不仅性价比不高，还会影响通信调制速率，因此，在满足远距离通信的条件下，选择合适的光功率来适应通信调制速率是研制海水无线光远距离通信系统的关键；应适应海水通信的要求，光源应响应特性好、重量轻、体积小、功耗低，适应振动、温度、湿度等环境变化；能适应高调制频率，传输速率是通信系统的重要性能指标，要想实现快速光通信，光源必须能很好地适应高调制频率。

综上所述，设计海水无线 LD 远距离通信系统的光源主要由 LD 驱动电源、温度控制电路、LD、调制驱动电路、信号接口电路组成，其结构原理如图 10.56 所示。

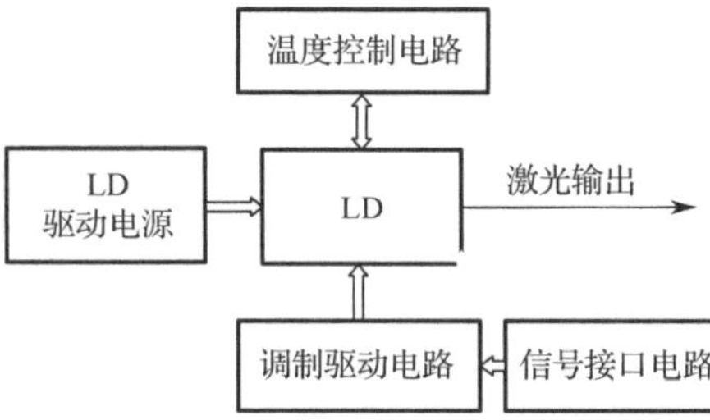

图 10.56　海水无线 LD 远距离通信系统光源结构原理

2）通信光源选型

欧司朗（OSRAM）公司生产的 PL450B 型蓝光 LD，波长为 450～460nm，光谱宽度为 2nm，工作方式为连续波，最大激光输出功率为 80mW，垂直发射束散角为 25°，平行发射束散角为 11°，工作电流为 75～165mA，最大驱动电压为 7V，反向电压为 2V，阈值电流为 17mA，调制频率＞100MHz，外输出特性实验测量曲线如图 10.57 所示。

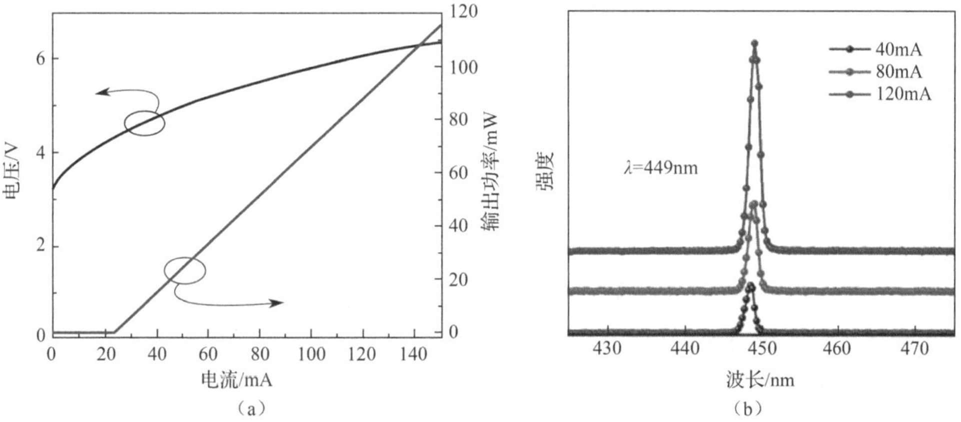

图 10.57　蓝光 LD 的外输出特性实验测量曲线

3）通信光源发射光功率测试

发射光功率测试是指在调制状态下进行系统发射端的输出光功率测试。发射光功率是影响通信系统的传输距离远近的主要因素，因此测试调制状态下的发射光功率，为系统传输距离的等效计算作基础。如图 10.58 所示发射光功率测试原理，并供电，设置调制信号参数为 1MHz 方波、TTL 电平，通过光功率计直接测试发射端输出光功率。

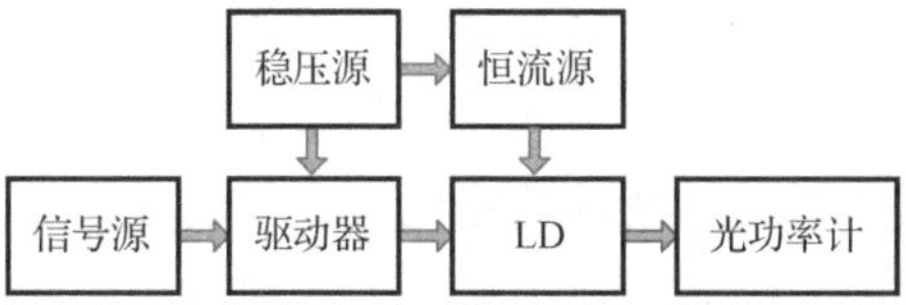

图 10.58　发射光功率测试原理

测试结果如图 10.59 所示。LD 在调制状态下所发射的平均光功率为 81.5mW，大于 50mW，满足设计需求及 LD 的参数指标。

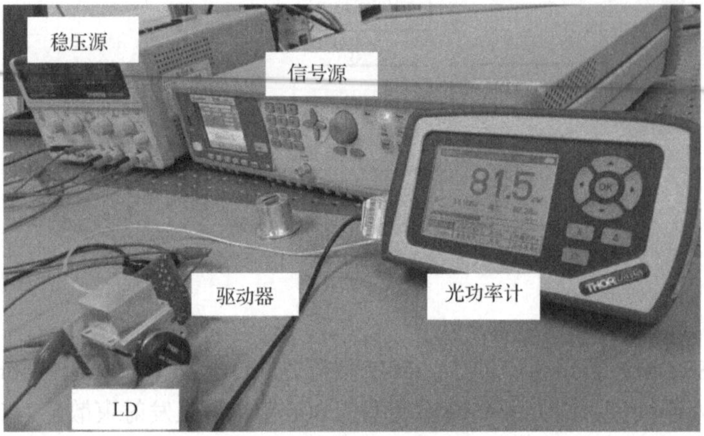

图 10.59　发射光功率测试现场图

3. 远距离通信系统通信发射天线

通过优化设计接收端的接收光学天线来提高海水无线光通信系统的通信效率和质量[17]。光束在海水传播过程中，希望其发射束散角越小越好，因此需要对发散的光源进行准直处理，使其变为平行光后再进行传输，以减少光能量的损失。而望远镜的光学系统具有使焦点处入射的点光源保持平行射出的特性，因此望远镜可以作为发射光源的准直系统，将发出的点光源调整为平行光进行传输。

由于大功率 LED 的发射束散角较大，可达到 140°，光能量发散影响了传输距离，为此，需要使用会聚光学系统改善大功率 LED 的光束质量。

发射天线分为准直型、均匀型、聚焦型。这三种类型发射天线主要的特点与应用如下所述。①准直透镜可以减小 LED 光线的出射角度，将绝大部分光线收束成一个较小的角度发射，可以提高光束的能量，提升光信号传输的距离。②LED 属于朗伯体光源，LED 发出的光在照明平面上分布不均匀，中心照度高，随着水平距离的增加照度迅速衰减。LED 自身不仅不适用于照明，并且光能利用率低，作为光通信系统的发射端效率较低。针对这一问题，国内外主要采用自由曲面的方法设计透镜，改变 LED 的光能分布，获得均匀照明的效果，并且提升光能利用率。③在可见光通信系统中，由于 LED 调制带宽的影响，系统的传输速率会受到限制。此外，由于光线在信道中传播时存在衰减，系统的传输距离也会受到限制。采用光束自动聚焦技术将光线聚焦在目标位置，以提高整个通信系统的信噪比。系统的发射端采用空间光调制的方法，并且配合菲涅耳透镜使空间光调制系统起到类似于动态衍射透镜的作用，实验结果表明该方法聚焦光线可以使系统的信噪比提高 13.4dB、传输距离提高两倍。

从光学天线的研究进展来看，目前对于光学天线的设计主要基于几何光学的基本原理和非成像光学的相关理论。对于发射天线的设计更多的是与 LED 的照明设计相结合，各种类型的光学发射天线的共同特点是尽量使更多的光线照射到目标平面上，以提高光能利用率。

对于准直型光学发射天线，各文献中的结构较为类似，都是对于大角度和小角度光学发射天线分别采用全反射和折射的方法，使发出的光线经过透镜后以较小的角度平行射出。准直型光学发射天线一般光能利用率高、出射角小，适用于长距离光通信传输，缺点是不适用于照明。

均匀型光学发射天线主要采用自由曲面的方法设计透镜曲面，由于在自由曲面设计方法中存在网格划分法、裁剪法、数值优化法、偏微分方程法等多种方法，因此透镜的形状一般各不相同，并且可以通过控制自由曲面的形状来灵活控制照明区域光斑的形状和能量分布。均匀型光学发射天线与照明结合最为紧密，优点是光能分布均匀，发射束散角一般较大，能量利用率高，适用于室内光通信环境。

聚焦型光学发射天线可以将光束聚焦在一个点上，提高接收端的信噪比，缺点是光能利用率较低。三种类型的光学发射天线的性能对比如表 10.12 所示。

表 10.12　三类光学发射天线性能对比

光学发射天线类型	发射束散角	光能利用率	通信传输距离	光强分布均匀度
准直型	小（≤5°）	高	长	低
均匀型	较大	高	短	高
聚焦型	较大	低	中等	中等

考虑海水无线光通信系统的实际应用需求，设定通信光源的束散全角为 1mrad，接收光学天线口径为 100mm，分析计算三种不同海水信道和与之相对应传输距离所产生的自由空间光功率衰减。

（1）当海水信道为近岸海水时，传输距离为 50m，通信光束到达接收天线处的光斑直径为 25mm，由此可见，光斑直径小于接收光学天线通光直径，在通信光轴完全对准的情况下，所有发射光功率都被接收光学天线完全捕获到，说明此时通信光功率没有衰减。

（2）当海水信道为清澈海水时，传输距离为 100m，通信光束到达接收天线处的光斑直径为 50mm，同上所述，说明此时通信光功率仍然没有衰减。

（3）当海水信道为纯净海水时，传输距离为 300m，通信光束到达接收天线处的光斑直径为 150mm，光斑直径大于接收光学天线的通光直径，通信光束没有完全进入接收光学天线内，说明此时通信光功率有衰减，则经过计算可得自由空间光功率衰减为−3.6dB 。

4. 远距离通信系统通信接收天线

通信接收组件主要由接收光学天线、滤光单元和光电探测单元三部分组成。滤光单元主要是将光传输过程中由于背景环境影响所带入的杂散光滤除掉，以提高系统信噪比。

1）多级复合接收光学天线设计

菲涅耳透镜+复眼透镜+半球聚焦透镜多级复合接收光学天线接收范围为−6～6mm，接收视场为 12°，接收效率为 0.06%（大于接收机的接收灵敏度），可在一定范围内降低海水无线光通信系统的对准难度。

2）分集阵列接收光学天线

分集阵列接收光学天线由主菲涅耳平凸复眼透镜、六个菲涅耳平凸复眼透镜及半球透镜组成。在接收机的灵敏度范围内，阵列接收光学天线的接收视场是32°，接收范围是−22～22mm。

3）连续变焦接收光学天线

接收光学天线分为连续变焦天线、复合抛物面聚光器、菲涅耳透镜、角度分集接收器。定焦天线在接收端距离和位置变化时接收信号功率会发生较大的变化。接收天线由一个直角反射棱镜和一组球面透镜组成。棱镜起到折叠光路、减小整个光学系统尺寸的作用，仿真结果表明，变焦天线可以有效提高通信系统接收信号的增益和信噪比，对通信质量有较大提升。

4）复合抛物面聚光器

复合抛物面聚光器（compound parabolic concentrator，CPC）是一种常见的光学接收器，其基本结构如图10.60所示。图中，α为CPC的接收半角，l为聚光器的高度，b为CPC的出口孔径。CPC的侧面为两个对称的抛物面，CPC入射孔径和出射孔的直径比值决定了视场θ，小于视场入射的光线会经过侧壁多次反射之后被底部的接收器接收。

5）菲涅耳透镜

菲涅耳透镜与传统透镜相比，具有会聚能力强、体积小、重量轻、量化生产成本低等优势，现阶段主要应用于包括投影及太阳能光伏领域。菲涅耳透镜的一面一般为平面（平面菲涅耳透镜）或者曲面（曲面菲涅耳透镜），另一面为一组同心的棱形槽，每个棱形槽都可以对入射光线起到折射的作用。菲涅耳透镜可以将平行入射的光线聚焦在一个焦点（点聚焦）或一条线上（线聚焦）。

6）角度分集接收器

针对光通信系统中存在遮挡导致无法通信以及码间串扰等问题，可以采用角度分集接收器来降低上述问题对通信系统性能的影响。角度分集接收器如图10.61所示。

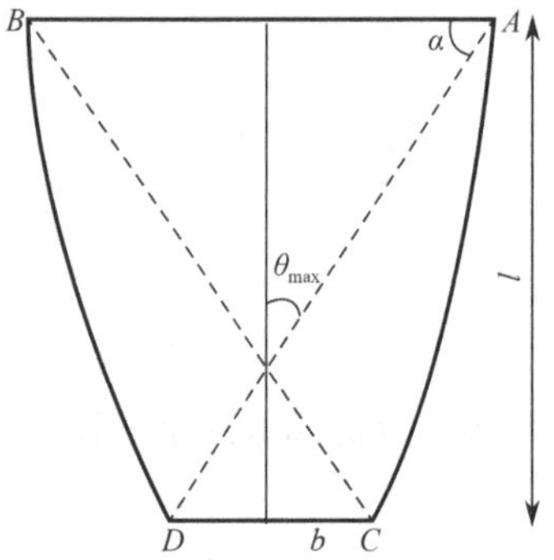

图10.60　复合抛物面聚光器二维结构

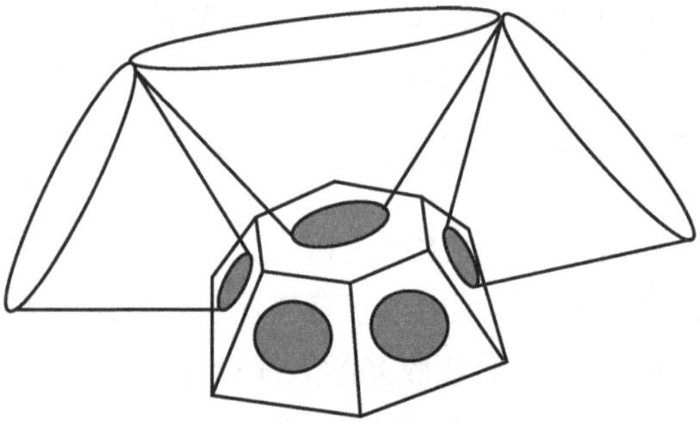

图10.61　角度分集接收器

每个探测器的视场为60°，多个探测器可以保证水平视场360°、垂直市场180°的全覆盖接收。由于多个探测器的存在，该接收天线能实现全向的光信号接收，并且系统能实现较高的信噪比，误码率仅为 10^{-6}。

接收光学天线作为光学系统的接收前端，其主要目的是使探测器接收到更多的能量，提升系统的信噪比。连续变焦天线采用的透镜均为普通球面镜，成本低，并且有变焦接收的功能。复合抛物面聚光器的视场和增益都与其上下孔的尺寸有关，优点是可以通过截断来控制视场，比较适合用作可见光通信系统的接收天线。菲涅耳透镜尺寸较小，便于灵活应用在各种光学系统中，缺点是只对平行光有较好的聚焦效果。角度分集接收器的优点是视场很大，能够实现全角度覆盖接收，一定程度上能减少遮挡带来的信道损失。但角度分集接收器由多个光锥组成，增加了系统的复杂度。

5. 窄带滤光单元

目前窄带滤光片主要为干涉滤光片。干涉滤光片以带宽窄、通带波长可随意选择、制造面形精度高、体积小、重量轻、使用位置灵活等特点在激光通信系统中得到广泛应用。目前的工艺水平和性能指标为：在可见光波段范围内，对于中心波长的光，允许通过的光谱宽度不大于 3nm，可满足海水通信接收单元应用。

通信光源所发射的频率要落在光学滤光器的吸收频带之外；后向散射光在一定程度上限制了海水无线光通信系统的性能和作用距离，后向散射可能影响脉冲同步性，造成脉冲的延时和展宽；虽然海水的后向散射相对于其尖锐的前向散射要小许多，但其信号强度仍然可能给探测器带来较大的背景噪声。因此，适当采用滤光技术（如滤光器、窄带滤光片等），减少噪声对后续处理及提取目标信号所携带的信息的影响。

6. 远距离通信系统光电探测单元

对于每一接收子系统，激光微弱信号检测采用灵敏度高、稳定性好、响应度快、噪声小的 APD 探测器。设 APD 探测器的带宽为 100MHz、靶面为 1.5mm、激光束散角为 5°，得到每一子系统焦距为

$$f' = S / \tan\theta = 1.5\text{mm} / \tan 5° \approx 17\text{mm} \tag{10.42}$$

系统 F 数最小一般不超过 0.5，当 $F = 0.5$ 时，系统通光直径为

$$D = f' / F = 34\text{mm} \tag{10.43}$$

则每个系统口径为 34mm，焦距为 17mm，靶面大小为 1.5mm。

1）配置电路设计

光电探测器 APD 可以探测微弱光信号，设计合理的接收电路可以使 APD 在复杂环境下正常工作，保证 APD 能够检测到微弱光信号，经过放大、滤波后传输给后期电路。接收电路主要组成部分包括偏置电压控制电路、前置放大电路、滤波电路、二级放大电路等，APD 配置电路设计框图如图 10.62 所示。

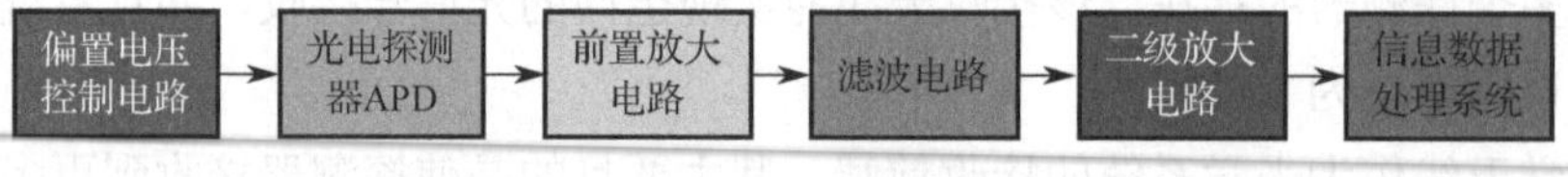

图 10.62　APD 配置电路设计框图

2）偏置电路设计

APD 是具有内增益的光伏电池，当入射光照射 APD，在内光电效应作用下产生电子空穴对，在电场下，两种载流子分别左右漂移，并在强电场下获得高动能，相互碰撞产生新的载流子，并类似雪崩一样持续下去。高反向偏置电压能够引起 APD 雪崩增益，但是要选择合适的工作点满足 APD 处于最佳工作状态的要求，不能超过 APD 的击穿电压引起器件损坏，所加的反向偏置电压应接近击穿电压。不同的情况下要设置不同的反向偏置电压达到 APD 最佳增益。反向偏置电压就是将 APD 接入反向电压，P_1 为偏置电压模块输出高压，电路如图 10.63 所示。

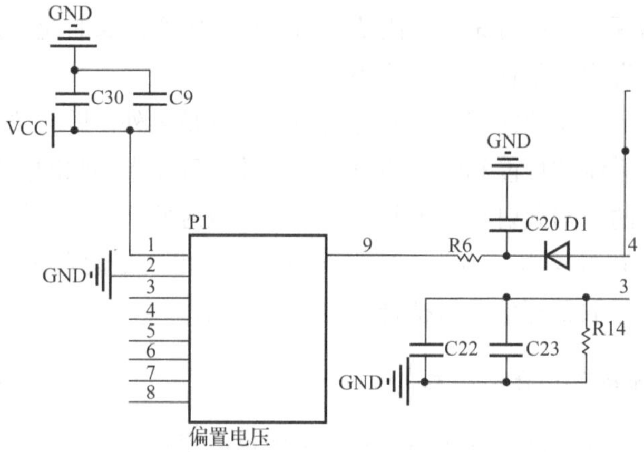

图 10.63　APD 反向偏置电路

3）前置放大电路设计

前置放大电路的主要作用是将探测器接收到的光信号转换成电信号，并对输出的电流信号进行放大、滤波处理后提供给后续信号处理电路。但在实际情况下，信号在传输的过程中会受到多种噪声的干扰，需要采取一定的措施滤去噪声，噪声包括环境噪声、电路热噪声、光电探测器噪声等，这些噪声混在接收的信号中，又因为接收的信号微弱，很容易淹没在噪声之中，所以在设计前置放大电路时，要尽量减少噪声，提高系统的信噪比。

设计中采用了跨阻放大电路，实现对 APD 微弱光信号的电流电压转换，该部分电路利用 OPA847 运算放大器为放大器件，OPA847 的高增益带宽积 GBP 和低输入电压和电流噪声使其成为理想的宽带跨阻抗放大器，同时将回波光信号和噪声信号放大，但放大倍数有限且可调，使得回波信号没有淹没在噪声里，而且还限制了噪声信号的放大，在信号与噪声的竞争中，做出了合理的匹配。OPA847 的低输入电压噪声可以使设计人员从具有较低互阻增益的大面积探测器获得高带宽，前置放大电路如图 10.64 所示。

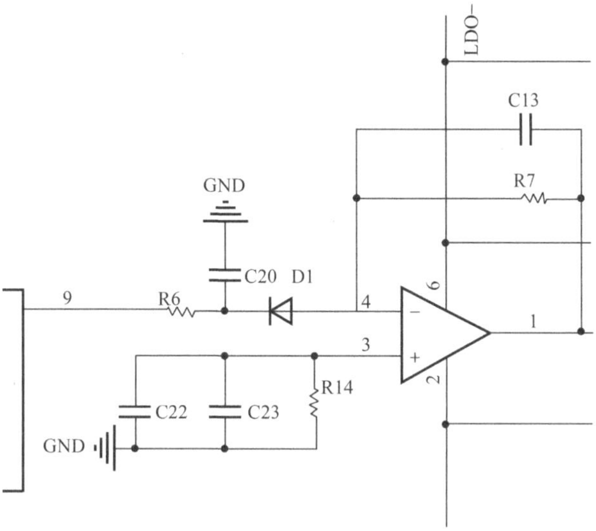

图 10.64　前置放大电路

图 10.64 中使用的二极管结电容 C=270pF，加入反向偏置电压，R_7 为跨阻增益，将探测器的小电流转换成电压，可以设置反馈电容值 C_{13} 来控制频率响应。电路的输出直流误差通过在非反相输入端接入一个 R_{14} 的接地电阻而被最小化。为了最大限度地减少此电阻的输出噪声影响，并联 C_{22} 和 C_{23} 电容。电路产生的−3dB 带宽可近似用以下公式表示：

$$f_{-3\text{dB}} = \sqrt{\frac{\text{GBP}}{2\pi R_7 C_{13}}} \tag{10.44}$$

4）滤波电路设计

为了尽量减小噪声，前置放大器输出信号到二级放大器时要经过滤波电路，我们采用低通滤波电路滤出高频成分，滤波电路如图 10.65 所示。

图 10.65 中 C_{17} 和 R_{12} 组成的低通滤波器的截止频率计算公式为

$$f_c = \frac{1}{2\pi RC} \tag{10.45}$$

5）二级放大电路设计

经过滤波电路后，我们仍使用 OPA847 运算放大器为放大电路核心器件，电路图如图 10.66 所示。

如图 10.66 所示，R_{13} 用于阻抗匹配，C_{10} 用来改善交流特性，R_{11} 为跨阻增益。二级放大也为反相，除此之外图中的前置电路和二级放大电路的两级运放都由 DC/DC 电源模块的低压差线性稳压器（low dropout linear regulator，LDO）电荷泵进行供电。LTC3260 是一款低噪声双极性输出电源，包括一个带有正负 LDO 调节器的反相电荷泵。

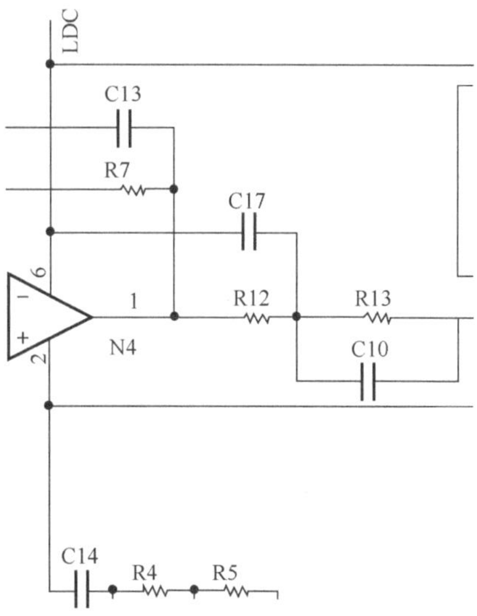

图 10.65　滤波电路

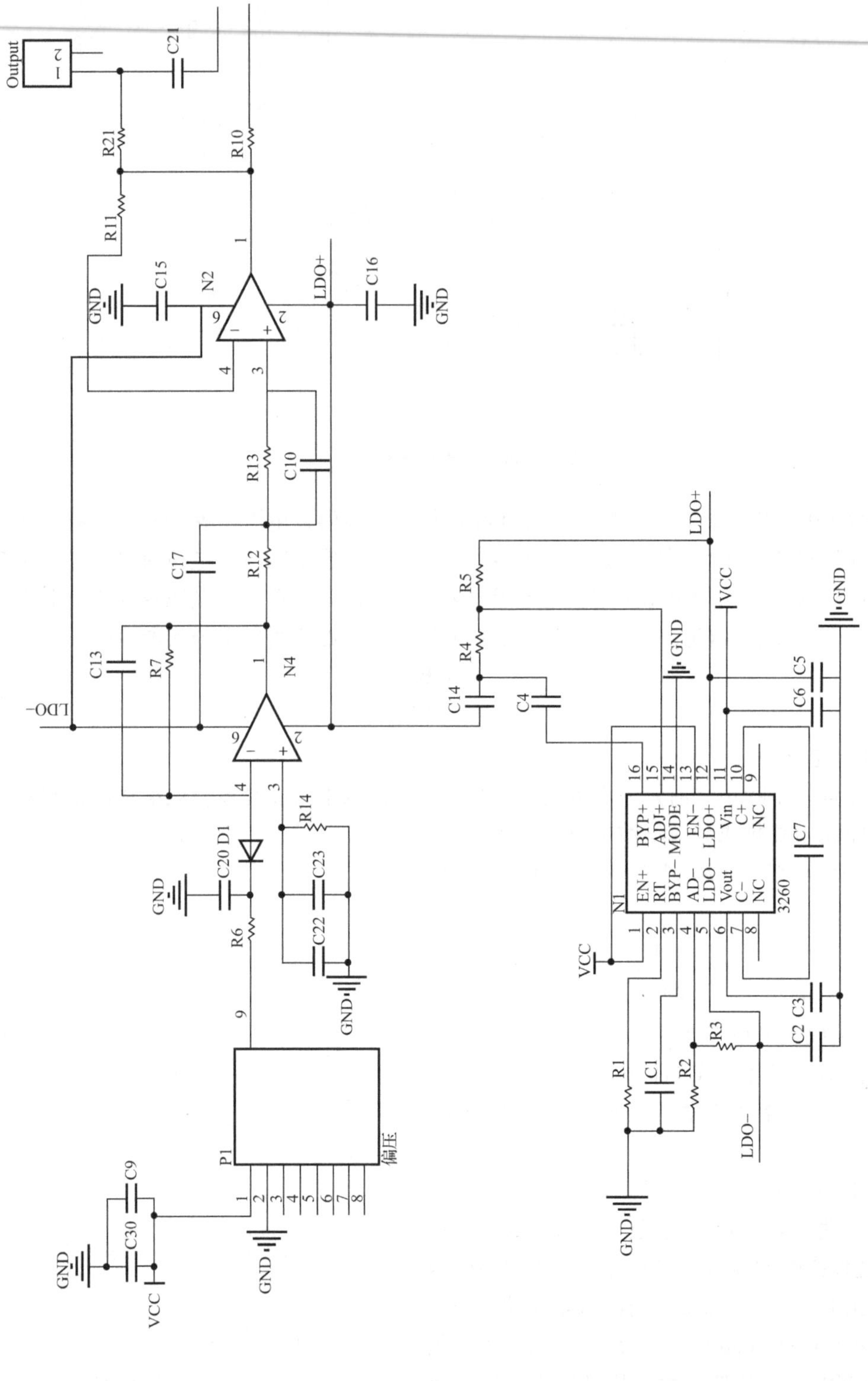

图 10.66　APD 整体电路图

7. 时钟数据恢复

时钟数据恢复（CDR）电路是光通信系统中的核心部件，其性能的好坏将直接影响整个系统传输质量的优劣和传输距离的长短。当数据流在水中传输时，由于没有附带时钟信号，而且在传输过程中受到海水信道的影响信号有较大干扰和抖动，在接收端通过 CDR 从信号中提取接收位同步时钟，并用这个时钟对该数据信号重新采样，抑制抖动和噪声，恢复出具有规范波形的原数据信号。

通常可用两种方法来实现 CDR：锁相环（PLL）法和过采样（over sampling，OS）法。锁相环法是通过反馈环路将接收端的时钟沿与从输入数据位流中检测到的边沿对齐，从而提取时钟并用提取的时钟采样数据位流来恢复数据。过采样法是以本地高于系统速率几倍的采样频率在一个数据位宽度内采样多次，然后再根据某种判决算法从多次采样的数据中恢复出正确的时钟和数据。

锁相环法是相位和频率跟踪的较有效的方法之一，专用高速 CDR 电路的结构一般是基于锁相环，但在同步速度方面要受到同步建立时间的约束。而过采样法则是通过随机的等距离多次采样来获得额外的数据信息，采用的是全数字时钟恢复算法，能抵御低速、突发模式的抖动干扰，具有数据码率捕获范围宽、捕获时间短的优点。

针对海水无线光远距离通信系统的特点，设计了一种可以在 FPGA 上定制的基于空间过采样的突发模式 CDR 电路，系统前置放大器与 FPGA 处理电路如图 10.67 所示。

该电路主要由前置放大器和 FPGA 处理电路构成，采用赛灵思（Xilinx）公司的 Virtex2 系列 FPGA 芯片 xc2v250-6C 中的两个时钟管理模块数字时钟管理器（digital clock manager，DCM）产生 4 个等相位偏移的采样时钟，通过边沿检测电路提取高速串行数据中的相位信息，触发相位拾取电路动态地调整采样时钟的输出，不仅能够对时钟网络提供延时补偿，还能对输入时钟提供频率综合和精确的相位偏移。

CDR 实物图如图 10.68 所示。CDR 电路主芯片采用 ADI 公司的 ADN2812。此芯片具有量化、限幅放大、时钟和数据恢复等功能。无须外部参考时钟或编程，即可自动锁定 12.3Mbit/s 至 2.7Gbit/s 下的输入信号速率，实现连续时钟和数据的恢复。还集成有限幅放大器的功能，其可调限幅电平在输入信号的 ± 100mV 范围之内。此电路配合 APD 探测器和跨阻放大器（transimpedance amplifier，TIA），可满足设计要求，其主要技术参数如表 10.13 所示。

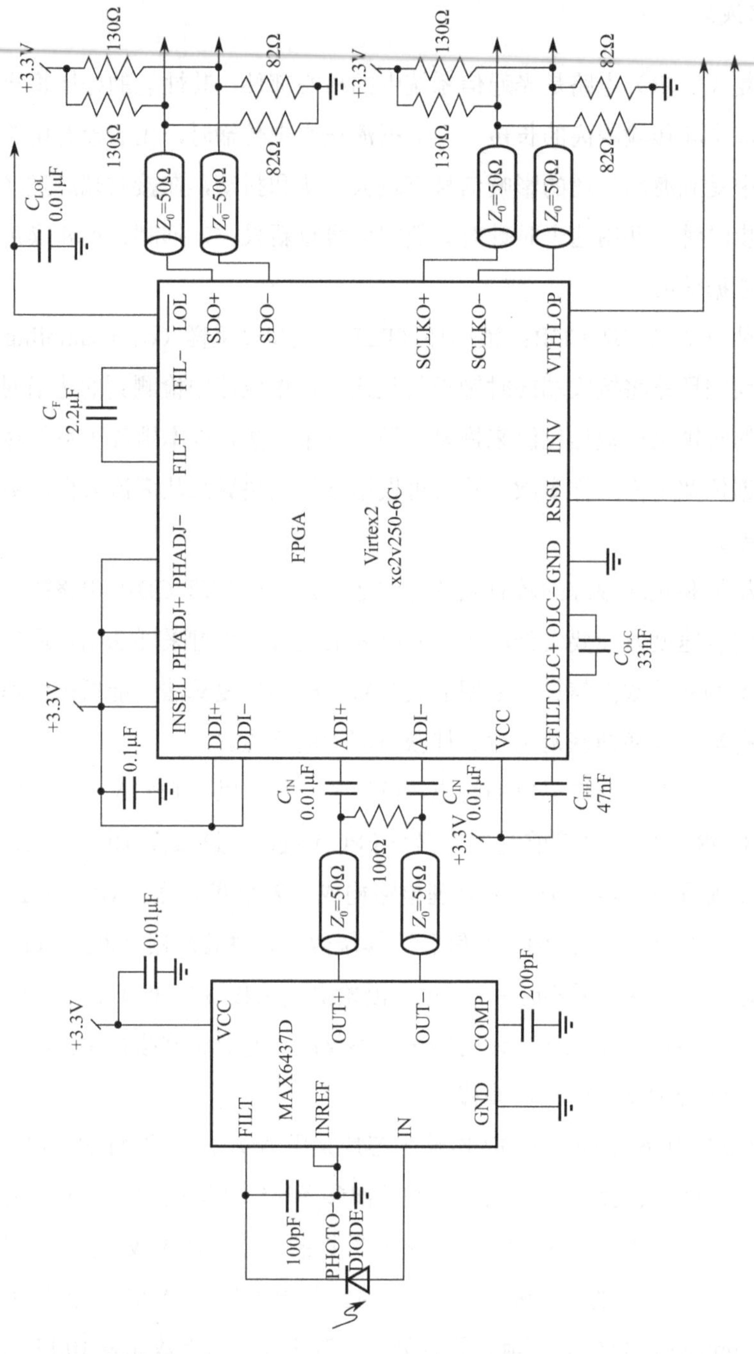

图 10.67　前置放大器与 FPGA 处理电路

图 10.68　CDR 实物图

表 10.13　CDR 主要技术参数

技术参数	参数值
串行数据输入/(Gbit/s)	12.3～2.7
输入电压范围/V	1.8～2.8（直流耦合）
输出电平格式/mV	CML（单端输出：300～600 差分输出：600～1200）
量化器灵敏度/mV	6
可调限幅电平/mV	± 100
信号丢失检测范围/mV	3～15
功耗/mW	750

注：CML（current mode logic）为电流型逻辑。

数字 CDR 主要针对数字信号进行数据时钟恢复。在进行数据时钟恢复前，需要通过模数（analog to digital，A/D）转换模块将电信号转换为数字信号。A/D 转换模块采用 ADI 公司的 12 位 A/D 转换器 AD9226，其采样频率为 65MHz，输入端信号电信号强度为-5～5V，经过衰减电路衰减为 3～5V，再经过 A/D 芯片转换为 12 位数字信号输出，工作原理如图 10.69 所示。

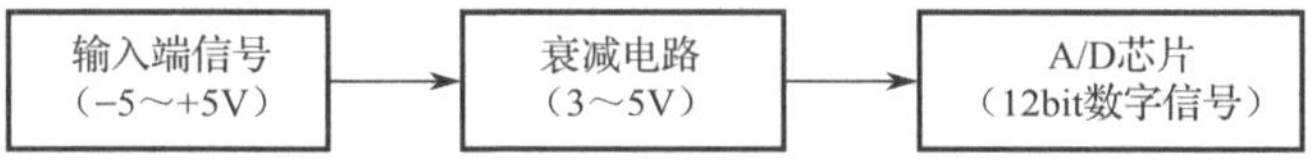

图 10.69　A/D 转换模块工作原理

数据时钟恢复的目的是使接收到信号的每一个码元都与时钟的一个完整的周期相对应，是检测通信误码率前的重要一步。CDR 程序主要结构包括鉴相器、控制器、分频器及时钟变换。数字锁相位同步环原理如图 10.70 所示。

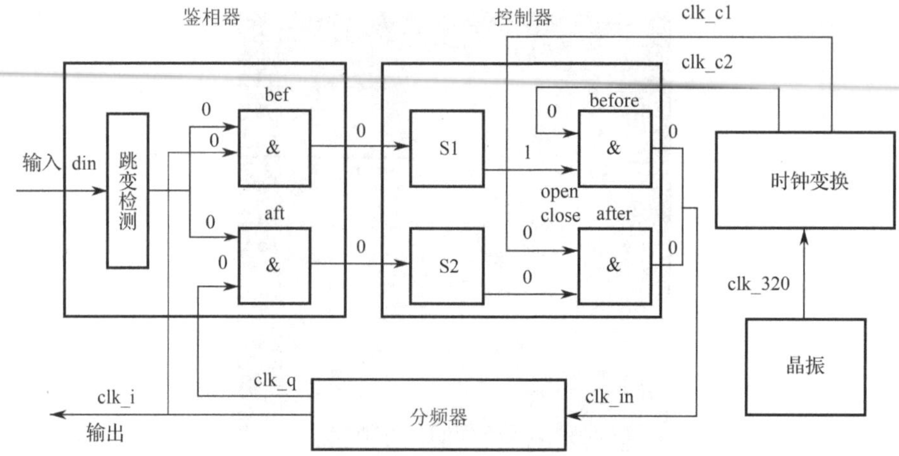

图 10.70　数字锁相位同步环原理图

首先由晶振产生时钟信号 clk_320，使频率为数据速率 32 倍。经过时钟变换得到两个脉冲信号 clk_c1 与 clk_c2，并分别输入给 before 和 after。clk_c1 与 clk_c2 相互错开一个时钟周期，频率为数据速率 8 倍，占空比为 1∶3。对 open 设置信号取反，信号 clk_c2 通过 open 输入给分频器，从而使分频器产生 clk_i 与 clk_q 并且相位差为 180°，周期为一个码元宽度。因此在一个码元的半个周期内，分频器对 bef 和 aft 交替输出高电平。控制器 S1、S2 为单稳触发器，检测到高电平时能输出 4 个 clk_320 时钟周期的高电平。

当信号滞后时，aft 向 S2 输出高电平。S2 检测到高电平后，输出 4 个 clk_320 时钟周期的高电平，使 clk_c1 的一个完整的脉冲信号进入 close。open 与 close 进行相或运算后，时钟信号 clk_in 增加了一个脉冲信号，使分频器提前翻转，产生的信号也相应提前。当本地信号超前时，bef 对 S1 输出高电平，S1 输出 4 个 clk_320 时钟周期的高电平。因信号取反，open 减少输出一个脉冲信号，从而使分频器滞后翻转，本地产生的信号相应滞后。

数据时钟同步恢复 ModelSim 仿真结果如图 10.71 所示。通过仿真结果，我们可以清楚地看到整个环路的工作状态，我们用速率为 10MHz 时钟产生伪随机序列 datain 作为信号输入。晶振产生的 50MHz 时钟信号 clk 经过锁相环后得到速率为 320MHz 的时钟信号，然后经过时钟变换得到 clk_c1 与 clk_c2，它们相互错开一个周期，速率为 80MHz，占空比为 1∶3。clk_i 与 clk_q 为 clk_in 输入给分频器后产生的相位差为 180°的两个信号。

图 10.71 中标记 1 处为信号滞后时环路的工作状态。经信号跳变检测发现信号滞后，aft 输出高电平，触发控制器输出 4 个 clk_320 周期的高电平信号 after，此时 clk_c1 进入 close。当 open 与 close 进行相或运算后，clk_in 多了一个脉冲信号，使 clk_i 与 clk_q 提前翻转。

图 10.71 中标记 2 处为信号超前时环路的工作状态。经信号跳变检测发现信号超前，bef 输出高电平，触发控制器输出 4 个 clk_320 周期的高电平信号 before，此时 clk_c1 停止进入 open。当 open 与 close 进行相或运算后，clk_in 少了一个脉冲信号，使 clk_i 与 clk_q 滞后翻转。经过时钟数据重组后，得到位同步时钟信号 bit_clk 与位同步信号 data_out。通过观察，可以发现 data_out 信号的每一个码元都与 bit_clk 时钟信号的一个完整的周期相对应。

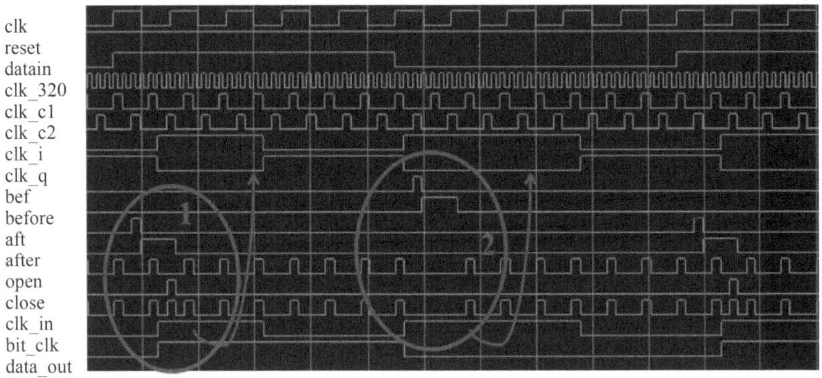

图 10.71　数据时钟同步恢复 ModelSim 仿真结果

跨阻放大器选用高精度、宽动态范围的 TIA（跨阻放大器）MAX3744，该款 TIA 在 10MHz 带宽（BW）、0.85pF 输入电容的情况下具有 330nA 输入参考噪声。还具有大于 2mApp（App 为电流峰-峰值）的 AC 输入过载能力。采用+3.3V 单电源供电时，功耗为 93mW，工作在-40℃至+85℃温度范围为。

根据 MAX3744 能够处理的最小与最大输信号之比动态范围（330nA～2mA），通过查询技术手册可知 APD 响应度 0.9A/W，得到探测系统动态范围：-6.58dBm 至-4.1dBm。结合探测器探测灵敏度，得 APD 探测系统动态范围为-36dBm 至-6.58dBm。考虑输出缓冲器需要提供反向终端匹配的电压输出，为此输出 OUT+和 OUT-之间接有 100Ω 的匹配阻抗。若单端输出，其输出阻抗为 50Ω，偏置电压-增益曲线如图 10.72 所示。

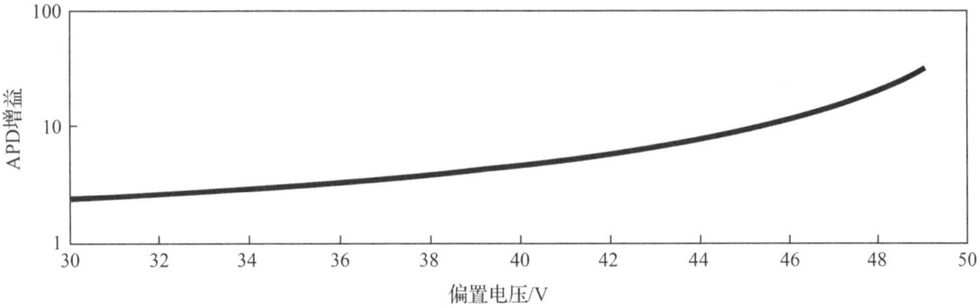

图 10.72　偏置电压-增益曲线

反向偏置电压系统使用 MAX5026 配合倍压电路提供 70V 高压，使用 ADL5317 作为控压与电流监测，ADL5317 提供 0.70V 电压控制，同时提供光电流监测，利用 AD8305 进行比例对数计算，得到光功率信息，该信号被 STM32 控制器片内 A/D 转换器采集，用于监测入射光功率。

根据温度系数 0.14V/℃，以 22℃、45V 为基准，如图 10.72 中曲线，则探测器在工作范围-20～79℃内，偏置电压变化为 39.12～51.72V，需要温度控制系统在温度变化的情况下，对上述偏置电压范围进行补偿。温度测量器件使用 18B20 数字温度传感器，测温范围为-55～

125℃，测温精度±0.5℃，满足指标要求。将测温数字信号发送给单片机，单片机显示当前温度，并控制反向偏置电压，完成温度补偿偏置电压控制。

8. 光电伺服单元

在进行海水激光通信的过程中，由于海水环境复杂，通信系统在水中会受到各种外力的干扰，通信非常容易失效。因此，设计一套应用于海水激光通信的PAT控制系统具有十分重要的意义及应用价值。海水无线LD远距离通信光电跟踪控制系统主要包括六部分：二维光电跟踪平台、PWM信号采集卡、电机驱动器、LabVIEW上位机、激光通信发射模块、激光通信接收模块。跟踪控制系统的结构原理如图10.73所示。

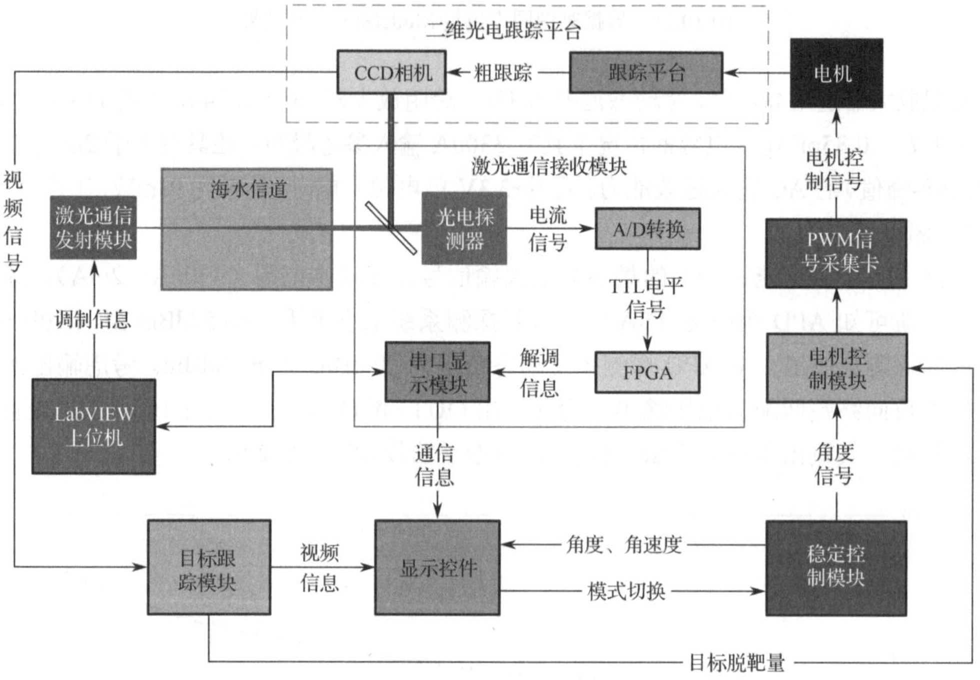

图10.73　海水无线LD远距离通信光电跟踪控制系统原理

系统各部分的技术指标及功能特点如下。

1）二维光电跟踪平台

二维光电跟踪平台由成像设备、直流伺服电机两部分构成。成像设备由高清CCD相机采集视频图像，通过Vcap2860视频采集卡将采集的模拟视频信号转化为数字信号，并通过USB口传递到LabVIEW上位机中，从而实现对目标的实时采集与标定；直流伺服电机部分分为两台，一台为俯仰轴电机，另一台为航向轴电机，可分别实现俯仰轴−50°～80°运动、航向轴±n×360°（n表示正整数）运动，从而实现二维跟踪。

2）PWM信号采集卡

采用MPS-010602信号采集卡，用于输出控制电机运转的PWM信号、停止信号、方向信号。该采集卡是一款基于USB总线的多功能信号采集卡，具有16路单端模拟信号采集、

4 路模拟信号输出、8 路数字信号输入/输出、2 路比较器及 2 路 PWM 输出。系统通过 LabVIEW 上位机对 MPS-010602 信号采集卡发出控制指令，采集卡随即产生相应的 PWM 信号、方向信号与停止信号，通过伺服电机驱动器将三路信号放大以控制电机的运行状态。

3）电机驱动器

电机驱动器主要由 H 桥电路、控制逻辑电路、金属-氧化物-半导体场效应晶体管（metal-oxide-semiconductor field-effect transistor，MOSFET）驱动电路构成，驱动板上有 PWM 信号、方向信号、停止信号三路信号的接口，用于驱动电机的运转。

4）LabVIEW 上位机

采用 LabVIEW 上位机作为整个系统的核心控制部分，负责对视频图像的实时采集与处理、激光通信信息的采集、电机控制信号的发送，以及陀螺仪稳定信号的采集与控制等。

5）激光通信发射模块

利用 PC 端将信息通过串口传送至 FPGA 开发板中，利用 FPGA 编程功能对所要传送的数据信息进行 PPM 编码，并将其转换为 TTL 电平，输送到 LD 中，LD 发送相应的脉冲光信号。

6）激光通信接收模块

利用光电探测器对接收到的信号光进行采集，利用 A/D 转换模块将其转换为 5V 电信号并传递给 FPGA 进行编码解调，通过串口将处理后的信息传递给上位机显示。

10.2.4　远距离通信系统性能测试与数据分析

1. 测试目的

为了测试海水无线 LD 通信系统的通信能力，重点研究不同海水信道对 450nm 波段光传输的信道特性，主要包括衰减和脉冲延时以及水体扰动气泡对通信的影响[18]，性能测试原理如图 10.74 所示。

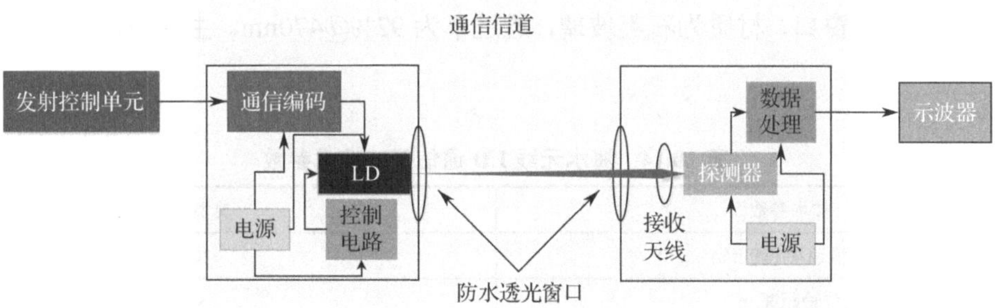

图 10.74　海水无线 LD 通信系统性能测试原理

主要测试内容包括以下四点。

（1）信道衰减与延时：发射端发射占空比为 1∶1 的方波信号，观察示波器显示波形的幅度及波形的上升时间与下降时间，通过测试在相同距离下不同信道条件所接收波形的上升沿时间，来计算海水信道的衰减和延时。

（2）大气信道影响测试：大气信道测试在水池边进行，通过手动调整发射端与接收端的相对角度和水平角度，使示波器波形幅度达到最大，进行记录。

（3）海水信道影响测试：将发射端和接收端分别安装在支撑架上，接收端支撑架通过软绳吊装在水池中，可以手动调整接收端的俯仰角度和水平角度，发射端手动调整传输距离和发射俯仰角度和水平角度。

（4）水体扰动影响测试：通过对水池注水制造波动条件，观察接收波形变化情况。

2. 测试条件

海水无线 LD 通信系统原理样机如图 10.75 所示。通信光源采用封装形式为 TO38 的 LD，工作模式为连续输出，最大输出平均光功率为 120mW，结构直径为 3.8mm，轻小型化便于安装；滤光单元采用中心波长为 470±14nm 的窄带滤光片，安装直径为 25.4±0.25mm，截止深度为 OD5，采用 12 芯防水插头连接通信系统与上位机及示波器，实现数据传输交互，防水插头采用螺纹结构连接，内含水密封圈，直径为 19mm，可以在海水深度为 50m 处长期工作[19]。

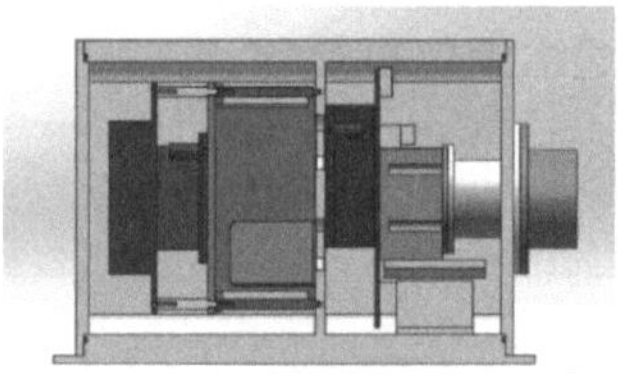

（a）发射单元

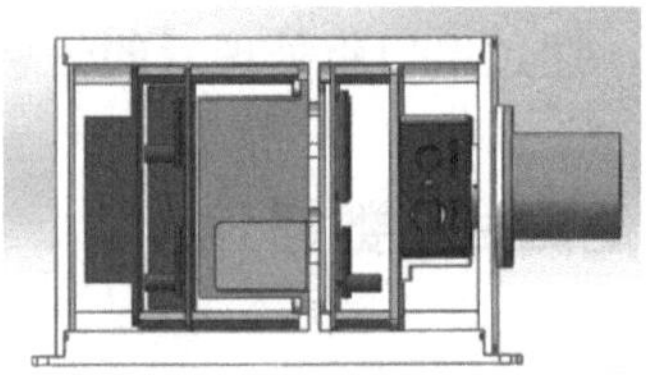

（b）接收单元

（c）实物装置

图 10.75　海水无线 LD 通信系统原理样机

海水无线 LD 通信系统采用单工通信的工作模式，调制方式为 OOK，探测方式为 IM-DD，通信光源的发射光功率为 0～120mW 连续可调，在发射端和接收端都安装有直径为 30mm 的密封耐压光学透过窗口，材质为石英玻璃，透过率为 92%@470nm。主要技术参数如表 10.14 所示。

表 10.14　海水无线 LD 通信系统技术参数

技术参数	典型值
传输速率/(Mbit/s)	30
传输距离/m	5
光源波长/nm	470
发射光功率/mW	0～120（连续可调）
全角视场/mrad	10
通光直径/mm	30

3. 试验结果

基于对比分析法，分别测试了海水无线光静态单工通信系统在空气、清澈水和浑浊水这三种通信信道中的光功率衰减情况以及不同通信信道对通信系统延时性能的影响，试验测试现场如图 10.76 所示。

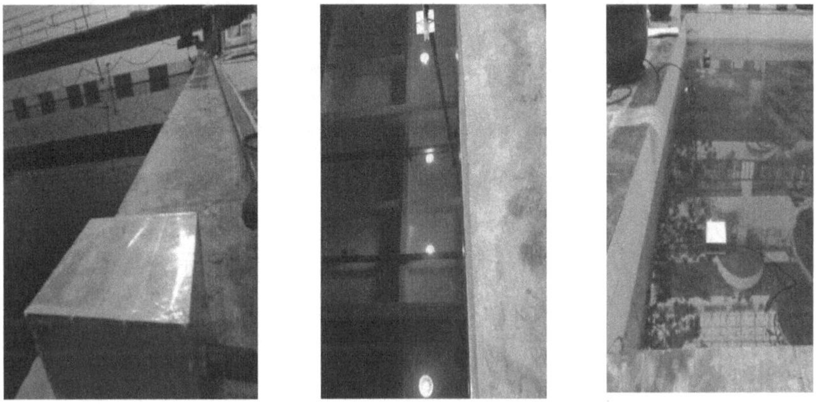

（a）空气　（b）清澈水　（c）浑浊水

图 10.76　延时的影响测试

空气信道测试时，调整发射端与接收端的相对角度和光轴，使通信信号的幅值达到最大；海水信道测试时，将通信系统的发射端与接收端分别安装在支撑架上，接收端支撑架通过软绳吊装在水池中，调整接收端的俯仰角度和水平角度，尽可能保证更多的通信光进入接收视场内，测试并记录接收到的通信信号的波形和幅值，测试系统搭建完毕。

发射端发射占空比为 1∶1 的方波信号，观察通信波形的幅值和通信波形的上升时间与下降时间，对比在相同距离条件下三种通信信道的接收波形来计算海水信道的衰减和延时，试验测试采集的三种通信信道的接收信号波形图如表 10.15 所示。

表 10.15　三种通信信道的接收信号波形

	空气信道	清澈水信道	浑浊水信道
接收波形	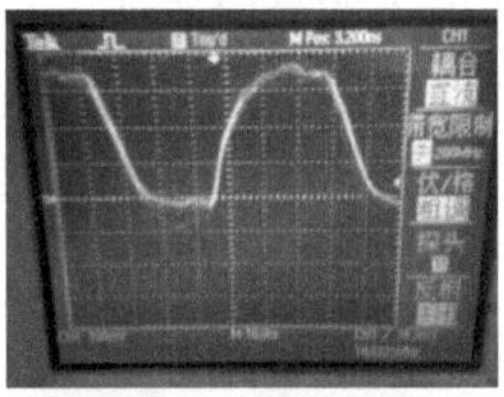	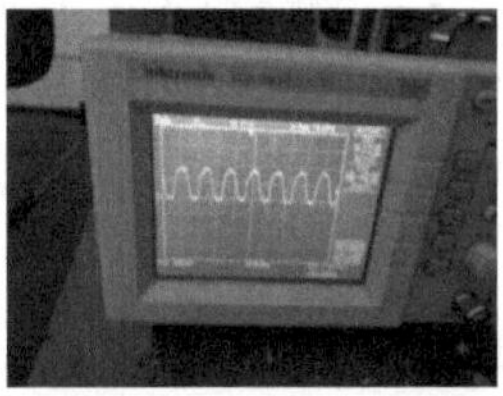	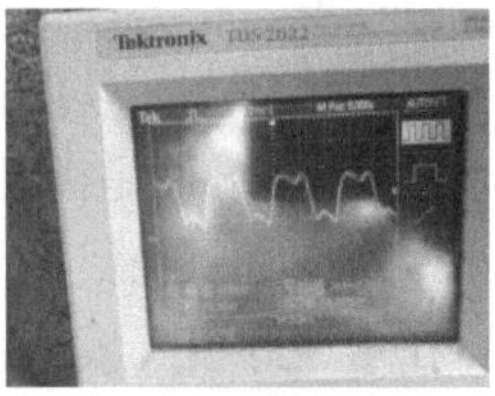
上升沿	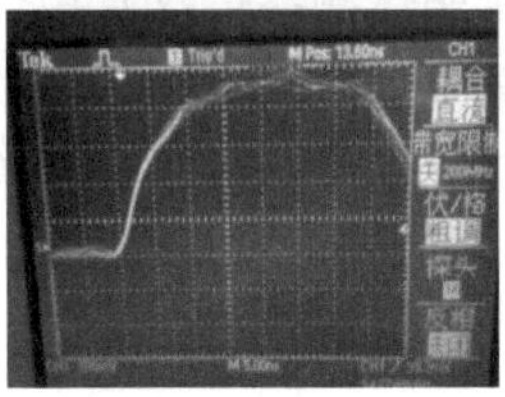	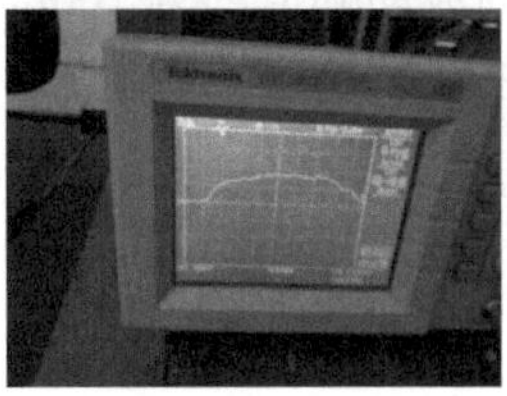	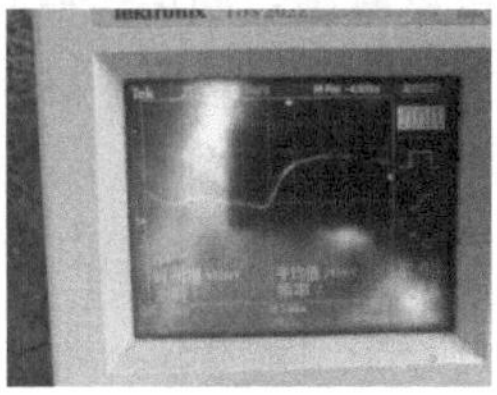

续表

	空气信道	清澈水信道	浑浊水信道
下降沿	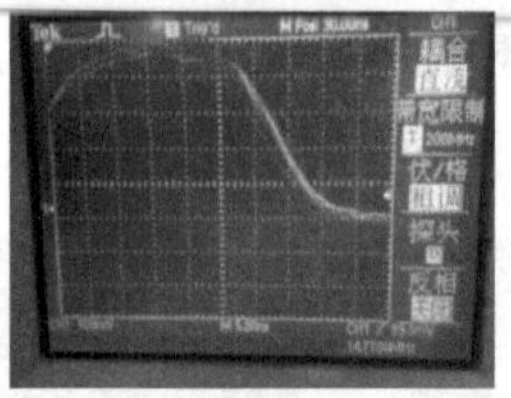	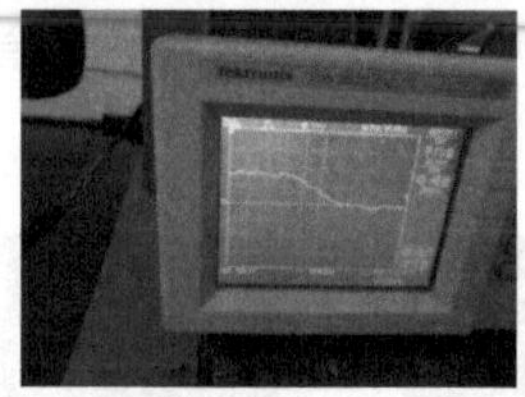	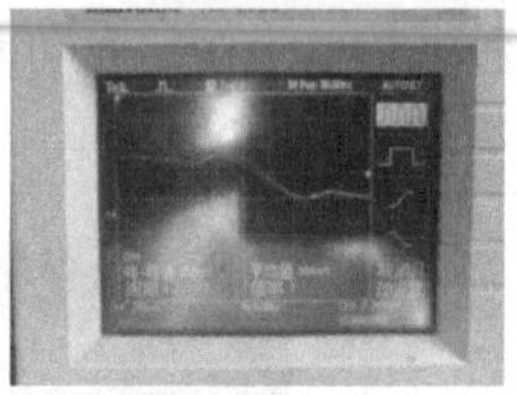

表 10.15 中表示的是经过三种通信信道传输后探测器接收到的波形，从波形中可以看出，接收波形占空比约为 1∶1，且频率稳定准确。信道衰减特性测试以大气信道作为参考基准，对不同水体情况进行数据分析。

接收端接收光功率量化为输出电压幅值进行观测，光功率与示波器显示电压峰-峰值呈线性正比例关系，已知 1mW 光功率对应 3.25mV 电压幅值。通过数据分析，可得海水无线光静态单工通信系统在三种通信信道中工作的光功率衰减和通信延时情况，具体数值如表 10.16 所示。

表 10.16　通信信道延时测试数据

参数	空气信道	清澈水信道	浑浊水信道
信号幅值/mV	350	270	160
上升时间/ns	10	10	10
下降时间/ns	10	11	13
传输距离/m	5	5	5

表 10.16 中三种通信信道的接收波形所对应的接收信号幅值依次为 350mV、270mV 和 160mV，根据比例关系，计算响应光功率分别为 107.6mW、83.1mW 和 49.2mW。从表 10.16 中可以得到，空气信道中的衰减值是最小的，以空气中的光功率衰减作为标准，浑浊水信道对光功率的衰减要比清澈水信道的衰减高出 2.3 倍以上。

此外，从表 10.16 中还可以看出，三种通信信道的最大脉冲延时在 3ns 左右，考虑实际的测量误差，认为在传输距离 5m 的情况下，海水信道引入的延时很小，即使浑浊水信道带来的延时也在 3ns 以内。这个测试结果较为理想的主要原因是：一方面是传输距离很短，仅为 5m；另一方面是浑浊水信道引起散射和多径效应的介质密度很小，对通信光的散射作用很小，通信延时也很小。

在水池底引入模拟水体流动，水体扰动对通信接收信号如图 10.77（b）所示。从图 10.77 中可以看出，通信接收信号的波动幅值约为 100mV，说明探测器接收光功率发生了改变，变化量约为 30.8mW。这说明在水体扰动的影响下，接收光功率在一定程度上受到影响，但通信没有中断。分别于通信发射端后向、侧向和前向位置观察光束，如图 10.78 所示。在试验测试过程中，可以发现光束后向和侧向的散射很小，通信光在信道中传输主要以前向散射为主。

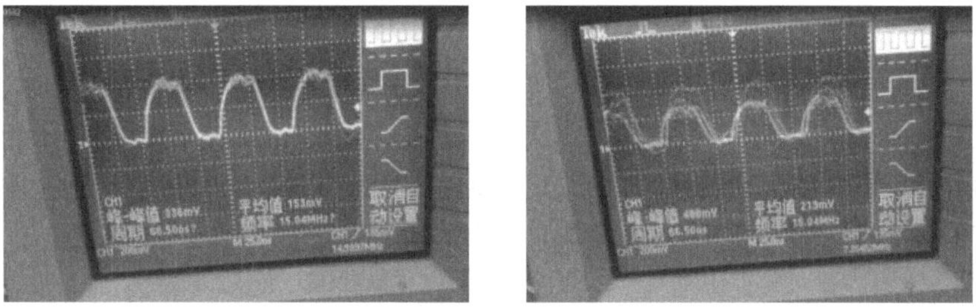

（a）扰动前　　（b）扰动后

图 10.77　水体扰动对通信接收信号的影响

（a）后向　　（b）侧向　　（c）前向

图 10.78　散射特性测试

4. 试验结论

试验达到了测试海水无线 LD 通信系统性能的目的，完成了不同水质条件下的信道延时和抗干扰测试及原理样机设计。试验验证了原理样机在水质较好的条件下实现传输距离 5m、传输速率 30Mbit/s 的通信指标。对原理样机进一步优化设计，包括优化通信光源的选择与调制方式、改进信号编码方式，并增加跟瞄系统以满足远距离通信需求，能够实现近距离通信的大束散角要求，以及远距离通信的对准精度要求，预期实现传输距离 200m、传输速率 10Mbit/s 的海水通信系统的设计。

在海水信道衰减测试中，两个端机采用了分体固定方式，在陆地和海水测试过程中无法保证相同位置。位置的变化会影响照射到探测器靶面的激光能量，因此无法定量对比大气信道和海水信道衰减，在后面的测试中，要整体固定两个端机，提高通信收发光端机的对准概率，进一步提升通信系统的可通率。

10.3　海水无线声-光联合通信系统

海水无线声-光联合通信模式的切换，是用来应对海水复杂环境并选择合适的通信载体的一种有效措施。海水声、光通信技术具有各自的通信优势，又存在一定的技术局限性。声通信受限于自身频谱特性，难以承载大量数据的高速率通信，因此需引入光通信技术，从而提升系统整体的传输速率；而受到海水信道多样性的制约，光通信系统的发射光功率会随着传输距离的增加而呈现出几何级数的衰减趋势，势必影响通信系统的应用范围，这时就需要依靠水声通信技术实现系统整体在数十米、百米乃至千米以上量级传输距离之间的链路建立。

此外，在近距离通信时，受到海水水质的影响，恶劣水质条件下的通信信道也会严重影响光通信链路的通信性能，如果此时必须进行通信，也可以采用声通信作为通信主体，待水质条件良好时，再切换为光通信，实现高速率的信息交互。

10.3.1　声-光联合通信模式切换技术

光学系统与声学系统互补和集成，从而提升全范围链路的海洋环境中的通信能力，在光学范围内提供高传输速率和低延迟，在光学范围外提供长距离和稳健性，这种技术的组合将使自供电 UUV 无须与支援船进行物理连接，使其能够独立地在海洋环境中工作。

设计方案能够在声学和光学调制解调器之间快速切换，以确保在条件不适合某一传输模式时不会丢失数据。这种混合方式结合了基于光的高传输特性以及声信道的抗散射干扰性，提供一种既安全又高效的低损耗连接。

10.3.2　声-光联合通信系统集成及工程化技术

海水声-光联合通信系统通过技术融合与端机协同，构建起适应复杂海洋环境的通信体系。其核心是发挥声、光通信的互补优势：声通信依托 1500m/s 的水中传播速度，适合千米级远距离指令传输，抗湍流干扰能力强；光通信利用 450～570nm 波段蓝绿激光，实现百米内吉比特每秒级高速数据交互，延迟仅微秒级。

系统集成时，两端机通过嵌入式单元完成电信号转换，可独立或协同工作。搭载于同一水下平台后，铠装光纤构成有线链路保障数据交换，配合冗余 RS485 接口，单路中断时能自动切换备份通道。工程化采用模块化设计，钛合金耐压舱体支持 3000m 深潜，惰性气体填充可抑制光学镜头形变。动态功率调节技术让系统在远距离声通信时输出功率为 12W，近距离光通信时输出功率降至 3W，使续航提升 40%。

实际应用中，系统切换灵活：科考时，机器人远距离用声通信传基础数据，近热液喷口切换光通信回传高清视频；救援场景中，用声通信广播搜索信号，发现目标后用光通信建立精确图像链路，为水下物联网提供核心支撑。

10.3.3　声-光联合通信系统总体设计

如图 10.79 所示的基于全光捕获的海水无线光通信系统，其主要分为通信系统和伺服系统两个部分。在收发两端运动的过程中，伺服系统中的 CMOS 相机在对光斑进行接收之后会将位置信息反馈给总控单元，接着对二者之间的姿态进行调整，不断对上述的过程进行循环，以实现动态跟踪功能，而后再进行通信，建立稳定的海水无线光通信链路。

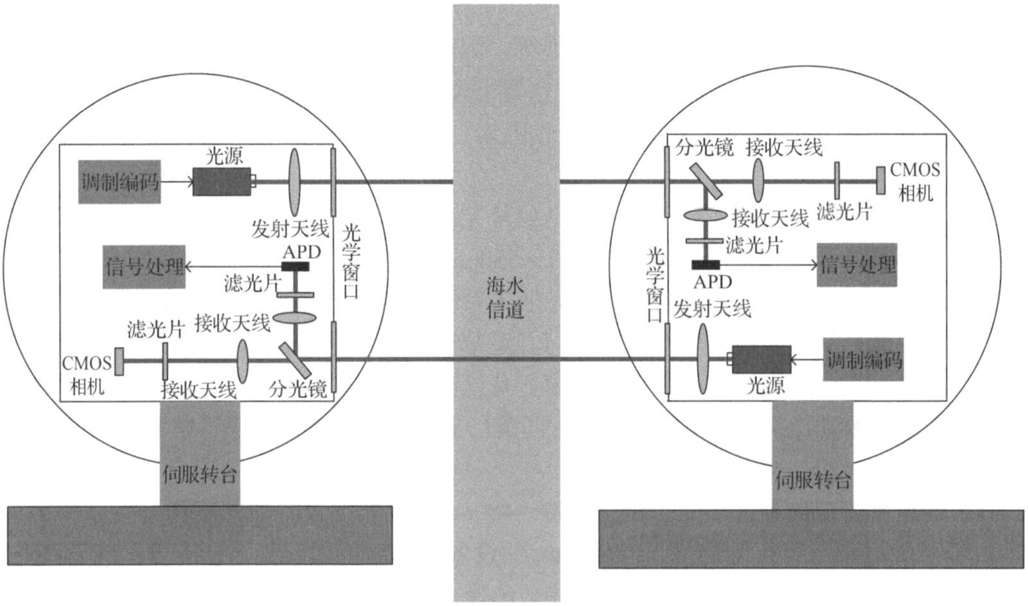

图 10.79　基于全光捕获的海水无线光通信系统设计

10.3.4　声-光联合通信系统单元分系统设计

1. 发射单元分系统

在海水无线光通信系统中，发射端光源有很多种，但最为常用的就是发光二极管（LED）和激光二极管（LD）这两种，在目前的众多研究成果中，这两种光源均得到了广泛的应用，但是它们在不同的环境及技术要求之下有着各自不同的优势。LED 和 LD 部分相关性能的对比如表 10.17 所示。

表 10.17　发射端常用的两种光源特性对比

特性	LED	LD
调制带宽	窄	宽
功率	低	高
发射束散角	大	小
温度影响	小	大
价格	低	高
光源寿命	很长	中
安全性	安全	须采取预防措施
适用环境	短距离通信	中远距离，高速率通信

通过对比可以看出，LED 相比于 LD，窄带束散角较大，这也就意味着基于 LED 光源的 UWOC 系统会更容易对准，除此之外，在某些情况下 LED 光源也可作为照明光源使用，且

安全廉价，因此在近距离的 UWOC 系统中应用较为广泛；而 LD 则具有以下优点：光束集中、束散角小、传输距离远、能量大、便于整形等，因此在中远距离以及高速的 UWOC 系统中应用更加普遍。

工作波长的选取需要综合考虑海水吸收因素、滤光片谱段和信号光源波长这几个主要因素。

（1）海水吸收因素：海水的吸收作用是信号光功率衰减较主要的因素之一，所以选取的信号光波长必须处于海水透过率窗口的 450～550nm 范围内。

（2）滤光片谱段：本节中的海水无线光通信系统采用了窄带滤光片对海水背景光进行抑制，但是窄带滤光片不能遍布整个波段，而且通带和透过率也各不相同，这就需要对窄带滤光片和光源进行综合选取，使波长和窄带滤光片匹配。

（3）信号光源波长：能够与窄带滤光片匹配，又满足发射束散角小、功率集中、低功耗、高效率、高稳定性和长寿命性能指标。

海水透过率窗口的最佳波长范围为 450～480nm，虽然在设备成熟度和开发水平方面，450nm 和 480nm 都是可行的选择，但 450nm 的设备会相对更加完善，也符合本节设计要求。因此在本节所设计的海水无线光通信系统中，选择 450nm 作为工作波长，该波长的蓝光在海水窗口内具备低衰减、高稳定性等特点。由于传输距离较远，所需要的信号光功率较高，因此信号发射单元选用波长为 450nm 且更适合中远距离通信的激光二极管。

2. 接收单元分系统

在接收端最主要的部分就是光电探测器，它可以将接收到的光信号转化为电信号，以供后续进行的信号处理和误码检测操作。在一个通信系统中，探测器的性能会对整个系统产生至关重要的作用，一个高灵敏的探测器可以提高传输距离、降低系统误码率、提高通信质量等。在海水无线光通信系统中，常见的光电探测器有很多种，如光电二极管（PIN）、雪崩光电二极管（APD）、光电倍增管（PMT）等。对于一个探测器的好坏也有很多相关的参数可以评判，例如，灵敏度、响应度、响应时间、尺寸、增益、等效噪声功率等。针对不同的应用方向，探测器的选取也是各有不同。目前常用的几种光电探测器的比较如表 10.18 所示。

表 10.18 接收端常用的几种光电探测器特性对比[20]

特性	PIN	APD	PMT
尺寸	小	小	大
灵敏度	低	高	高
抗噪声	非常好	好	差
量子效率	中	高	低
增益	低	中	高
响应度	低	高	高

从表 10.18 中可以看出，虽然 PMT 灵敏度较高，并且在增益等部分指标方面都比 APD 要好，但是由于抗噪声能力较弱，并且体积过大，不符合海洋环境中设备的轻小型化的设计原则，在海水环境中的应用较为困难，所以目前大多都采用 PIN 和 APD 作为探测器。

在本节中，由于传输距离较远，因此选用灵敏度更高、体积较小的 APD 作为接收端光电探测器。

3. 信号处理单元设计

信号处理部分基于 FPGA 进行实现，其中主要包括以下三个模块。

（1）FIR 低通滤波模块，用以对器件中的高频噪声进行抑制，对接收信号的信噪比改善有着显著的作用。

（2）自适应判决模块，通过算法不断调整系统判决门限值，而后将采集到的信号进行判决，对基带信号进行还原。

（3）时钟数据恢复模块，对采样信号进行时钟恢复以及数据的重定，还原出基带信号及其相对应的时钟。

1）FIR 低通滤波模块

接收端经过 A/D 转换器采样后的信号进入 FIR 低通滤波模块进行信号处理，该部分会对信号的信噪比改善起到较大的作用，可以有效滤除信号传输中的高频噪声。由于输入信号具有时间性，会随着时间的改变而改变，滤波器输出 $y(n)$ [21-22]可表示为

$$y(n)=\sum_{k=0}^{N-1}x(n-k)h(k) \tag{10.46}$$

式中，$x(n-k)$为时域输入信号的幅值；$h(k)$为滤波器权重系数。滤波器的输出由每一时刻的时域输入和权重系数相乘累加决定。

首先通过 MATLAB 对滤波器进行设计并生成滤波系数，滤波器设计为低通滤波器，将采样频率设置为 40MHz，截止频率 F_{stop} 设置为 15MHz，阻带衰减大于 40dB，滤波器的量化系数设置为 12bit。滤波器频率特性曲线如图 10.80 所示。

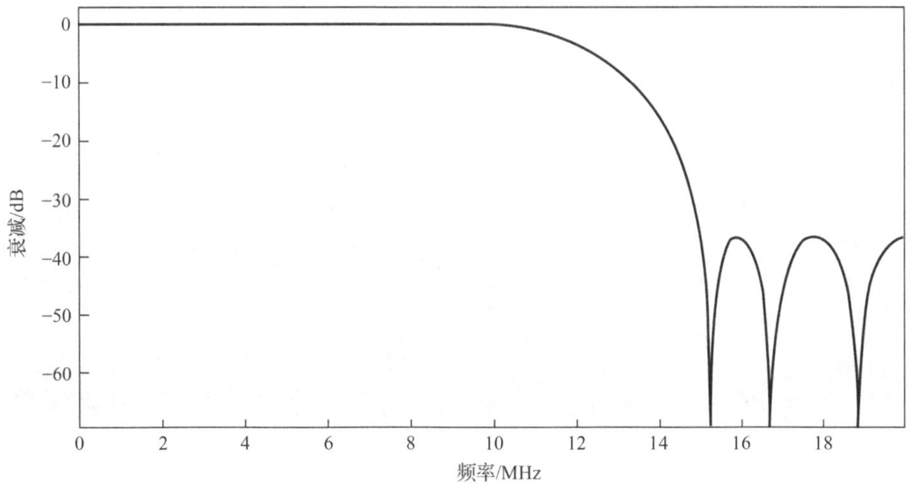

图 10.80　FIR 低通滤波器频率特性曲线

随后将前一过程中生成的滤波系数导入 Quartus 中，通过配置 FIR 核的相关参数，将该

滤波器在 FPGA 中应用，测试波形如图 10.81 所示，该滤波器有效抑制了系统中频率为 15MHz 及以上的高频信号噪声功率，可将基带信号有效还原。

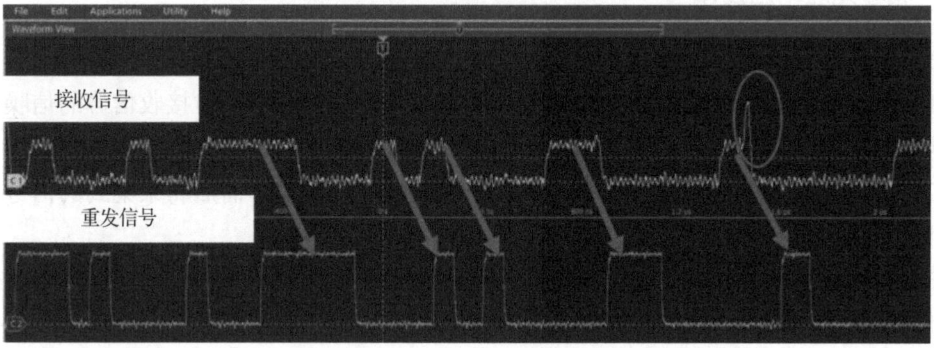

图 10.81 低通滤波处理前后接收信号波形对比

2）自适应判决模块

在海水无线光通信的过程中，海水复杂多变的环境会导致接收端探测器接收到的信号幅值不断变化，固定的判决门限难以适应由环境引起的动态变化，因此本节采用了自适应判决模块，通过不断调整的门限来减少此问题带来的影响。经过滤波后的信号进入自适应判决模块和存储器模块中，存储器将接收到的信号有效值保存到移位寄存器中，通过对信号有效值的 N 次累加后取平均值 V_{t}，作为这次判决的门限。判决门限会逐渐适应信号的波动，自适应判决门限[23]可表示为

$$V_{\mathrm{t}}=\frac{1}{N}\sum_{i=1}^{N}u_i(t) \tag{10.47}$$

式中，V_{t} 为自适应判决门限值，会随着采样信号的变化而不断变化；N 为移位寄存器的长度；$u_i(t)$ 为输入数据的有效值。

自适应判决模块的波形仿真如图 10.82 所示。

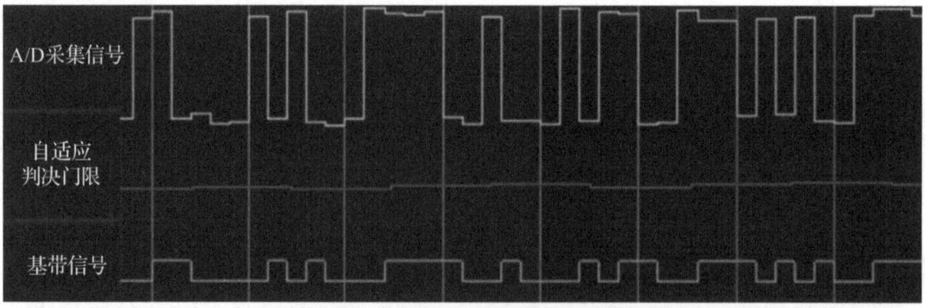

图 10.82 自适应判决模块的波形仿真

通过 A/D 转换器对 APD 接收后的波形进行采集，经过自适应判决模块后还原出基带信号。可以看出，经过判决后已经基本可以实现对基带信号的还原。

3）时钟数据恢复模块

传统海水无线光通信系统一般采用串行数据传输的方式，该传输方式具有占用信道资源少、抗干扰能力强的特点，成为现阶段海水无线光通信的主流应用方式。但是这种常用的海水无线光通信系统在传输串行数据时为了节约信道资源一般只传递数据信号，而不会传递与之同步的时钟信号，这就会导致发射端与接收端本地时钟难以同步，从而会影响信号的正确解调。关于上述方式的相关研究，大多采用误码仪或矢量网络分析仪等器件进行自发自收从而同步本地时钟，但这种方式在根本上并未解决实际应用的问题。因此本节设计了一种数字时钟数据恢复算法，能够有效地根据数据还原出与之同步的时钟信号，从而进行误码测试并开展后续相关的实验研究。

时钟数据恢复模块主要是由鉴相器、环路滤波器、压控振荡器组成[24-25]。该模块结构简单，占用 FPGA 的资源较少。鉴相器通过比较压控振荡器的输出信号与输入信号之间的相位，将误差产生一个脉冲信号，经过环路滤波器作用去除其携带的高频噪声，在脉冲信号的驱动作用下，压控振荡器输出一定频率的时钟信号。当时钟滞后于输入数据时，鉴相器驱动压控振荡器到更高的频率，并通过移相器增加延迟，这两个动作都有助于减小时钟和数据之间的相位误差。当时钟超前于输入数据时，鉴相器调整压控振荡器输出频率更低的时钟信号，使其更快实现时钟数据同步相位。由于环路滤波器是积分器，静态相位误差被驱动为零。经过负反馈调节，减小输出相位误差，直至输出较为准确的时钟信号。如图 10.83 所示，通过 ModelSim 软件验证时钟数据恢复算法的可行性。通过仿真结果可知，经过时钟数据恢复算法后，得到与数据相同步的时钟并且时钟的上升沿对准码元中心，实现了数据与时钟的位同步。

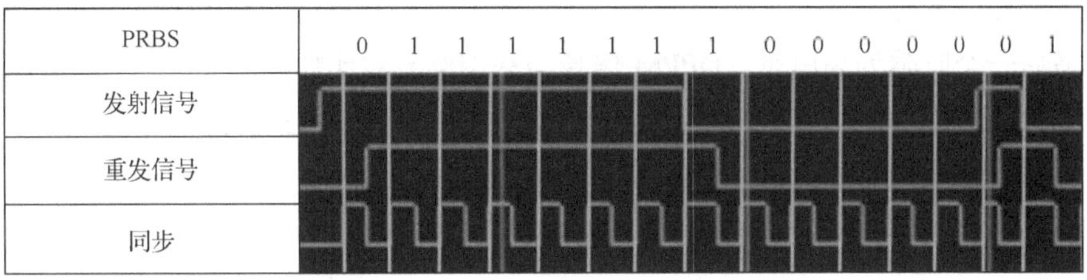

图 10.83　时钟数据恢复算法仿真 PRBS

PRBS 为伪随机二进制脉冲序列（pseudo-random binary pulse sequence）

4. 调制方式设计

1）调制方式简述

OOK 调制的原理就是通过光源的开关状态来进行信息的传输，即当光源关闭时传输的数据记为“0”，而当光源发光时数据记为“1”。通过这样的简单二进制数据传输，就能对想要的信息进行传输。这种调制方式的优点是容易实现，而且占用的带宽很窄，因此有很多的系统都是应用了这种调制方式。OOK 调制信号与基带信号对比如图 10.84 所示，光源的状态是“关开开关开开”，所以传递的数据就是“011011”。

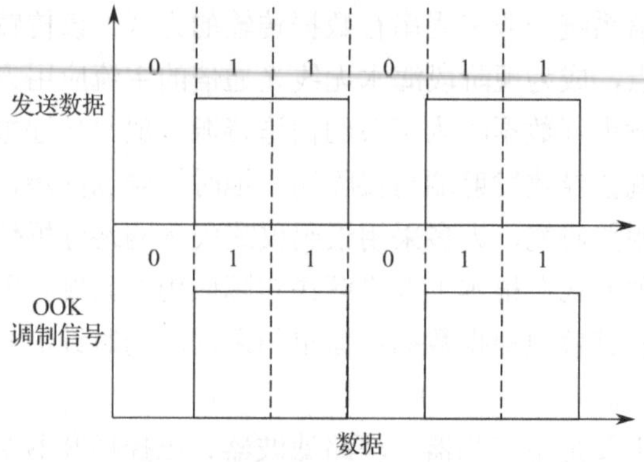

图 10.84　OOK 调制信号与基带信号对比

PPM 的基本原理是通过控制信号光在不同时隙的出现位置来传递信息。把一组二进制数据每 N 个分成一组，这就会产生 2^N 个时隙，每组数据在它的对应时隙中，只有一个时隙有脉冲光，通过这个脉冲光的位置来传递数据。这种调制通过对数据分组的方式，可以大大提高对光源功率的利用效率，因为是以脉冲的形式发光，所以尤其适合远距离的通信。但是因其调制特性，在解调时需要实现符号同步[26]。PPM 信号与基带信号对比如图 10.85 所示，将六个二进制数据两两分组，每组数据也就对应了四个时隙，“01”对应了第二时隙，“10”对应了第三时隙，而“11”则是对应了第四时隙。

DPPM 的时隙数不是确定的，其工作原理是利用两组连续信号之间的低电平时隙数来传递信息，在传递信息时，首先发送低电平，低电平个数等于每组二进制数对应的十进制数值，并使每组最后一个时隙为高电平。DPPM 信号与基带信号对比如图 10.86 所示，可以看出，在接收端做 DPPM 解调时，只需要根据发送低电平的数量便可得到发送的数据信息。

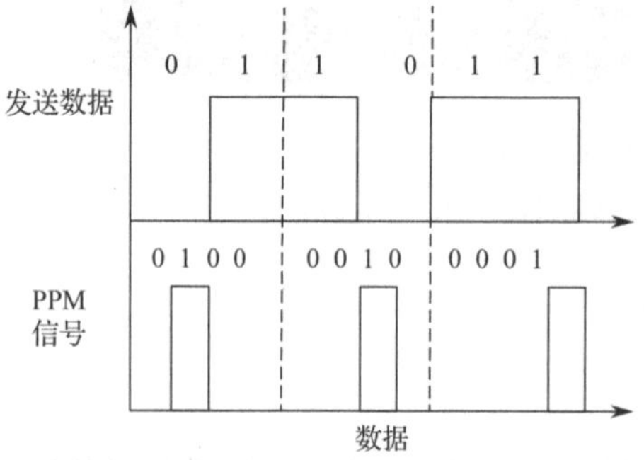

图 10.85　PPM 信号与基带信号对比

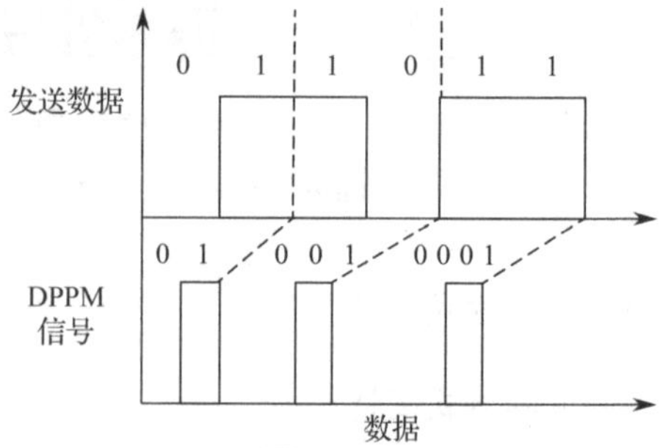

图 10.86　DPPM 信号与基带信号对比

接下来对上述三种常用的调制方法进行总结，表 10.19 为发送相同信号时 OOK、PPM、DPPM 的对应码表。

表 10.19 上述三种调制方式对应码表

发送数据	OOK	PPM	DPPM
00	00	0001	1
01	01	0010	01
10	10	0100	001
11	11	1000	0001

在以上调制中，PPM 的通信灵敏度虽然较高，但是牺牲了一定的带宽。而 DPPM 在解调过程中，产生的误码会往后级传输，导致误码率的提升。与前两者相比，OOK 调制结构简单、易于实现，且适用于海洋通信，故本节采用 OOK 调制的方式。如图 10.87 所示，所采用的 PRBS_7 伪随机码序列部分信号输出采样，由仿真结果看出，伪随机序列的每一个码元都与 50MHz 时钟的一个周期相对应，故产生的伪随机码调制速率为 50Mbit/s。

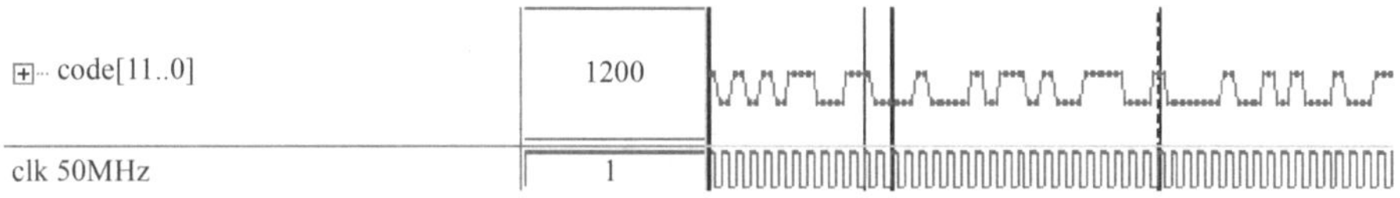

图 10.87 Quartus 软件中伪随机序列的信号输出采样结果

code 为代码；clk 为时钟

2）OOK 调制下系统信噪比和灵敏度关系仿真

信噪比是在通信系统接收到的信号之中，信号和噪声间的比值；误码率为接收信号中错码数与发出的总码数之间的比值。这二者通常被用来衡量通信系统的性能。

在等概率分布的条件下，基于 OOK 调制的通信系统的误码率可以被认为是经过判定后，实际结果与理想结果不符的情况所发生的概率。系统误码率[27]可以表示为[27]

$$P_e=P\left(v_e|v_0\right)P\left(v_0\right)+P\left(v_e|v_1\right)P\left(v_1\right) \tag{10.48}$$

式中，P_e 为系统误码率；v_0 和 v_1 分别为通信系统理想条件下码元“0”和“1”的接收电平；$P(v_0)$ 和 $P(v_1)$ 分别为码元样本 v 中出现“0”和“1”的概率；$P(v_e|v_0)$ 和 $P(v_e|v_1)$ 分别为发出码元为“0”和“1”时，误判为“1”和“0”两种情况发生的概率。

由于 v_0 和 v_1 二者皆服从高斯分布，则有

$$P\left(v_e|v_0\right)=P\left(v\geqslant V|v_0\right)=\int_V^{\infty}f\left(v|0\right)\mathrm{d}v=\frac{1}{\sigma\sqrt{2\pi}}\exp\left[-\frac{1}{2}\left(\frac{v-v_0}{\sigma}\right)^2\right] \tag{10.49}$$

$$P\left(v_e|v_1\right)=P\left(v<V|v_1\right)=\int_{-\infty}^{V}f\left(v|1\right)\mathrm{d}v=\frac{1}{\sigma\sqrt{2\pi}}\exp\left[-\frac{1}{2}\left(\frac{v-v_1}{\sigma}\right)^2\right] \tag{10.50}$$

根据式（10.49）和式（10.50），可以将式（10.48）转换为如下形式：

$$P_e=P\left(v_1\right)\int_{-\infty}^{V}\frac{1}{\sigma\sqrt{2\pi}}\exp\left[-\frac{1}{2}\left(\frac{v-v_1}{\sigma}\right)^2\right]\mathrm{d}v+P\left(v_0\right)\int_{V}^{\infty}\frac{1}{\sigma\sqrt{2\pi}}\exp\left[-\frac{1}{2}\left(\frac{v-v_0}{\sigma}\right)^2\right]\mathrm{d}v \tag{10.51}$$

在海水无线光通信系统中，为了得到最小误码率对应的最佳判决条件 V，令 $\partial P_e / \partial V = 0$，代入式（10.51）中得到以下形式：

$$\frac{\partial P_e}{\partial V} = \frac{P(v_1)}{P(v_0)} - \frac{\exp\left[-\frac{1}{2}\left(\frac{v-v_0}{\sigma}\right)^2\right]}{\exp\left[-\frac{1}{2}\left(\frac{v-v_1}{\sigma}\right)^2\right]} = 0 \tag{10.52}$$

两端同时取对数后就可以得到最佳判决条件 V 为

$$V = \frac{\sigma^2}{v_1 - v_0}\ln\frac{P(v_0)}{P(v_1)} + \frac{v_0+v_1}{2} \tag{10.53}$$

一般情况下，可以认为接收到的码元为“0”和“1”的概率相等，即 $P(v_0) = P(v_1) = 1/2$，于是就可以将最佳判决条件 V 表示为

$$V = \frac{v_0+v_1}{2} \tag{10.54}$$

通过式（10.51）和式（10.54）可以得到 OOK 调制下，系统误码率的函数关系如下：

$$P_e = \frac{1}{2} + \frac{1}{4}\operatorname{erfc}\left(\frac{v_1 - v_0}{2\sqrt{2}\sigma}\right) - \frac{1}{4}\operatorname{erfc}\left(\frac{v_0 - v_1}{2\sqrt{2}\sigma}\right) \tag{10.55}$$

式中，erfc 为误差互补函数；σ 为接收信号的噪声幅值；$v_1 - v_0$ 为接收信号幅值。

接下来通过蒙特卡罗仿真 OOK 调制下系统误码率的函数曲线，首先生成大数据范围内（此处选取 10^7 个样点）的 OOK 调制信号作为信源，在其中增加高斯白噪声后再进行抽样判决产生结果，最后计算 OOK 调制下系统误码率，并与计算得出的理论误码率关系曲线进行对比，观察二者之间的差异，过程如图 10.88 所示。

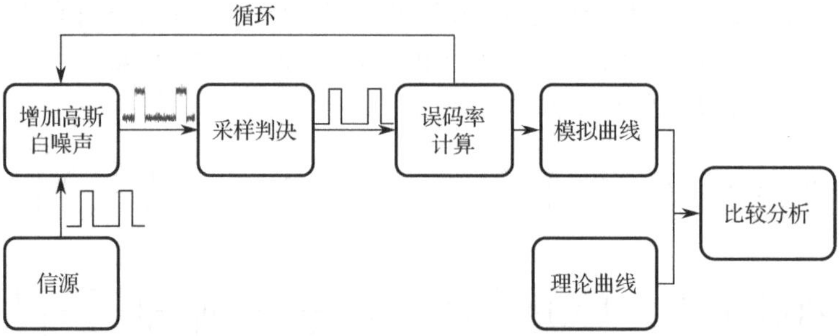

图 10.88　蒙特卡罗系统误码率仿真原理流程

OOK 调制下系统误码率随信噪比变化的理论关系和蒙特卡罗仿真结果如图 10.89 所示。

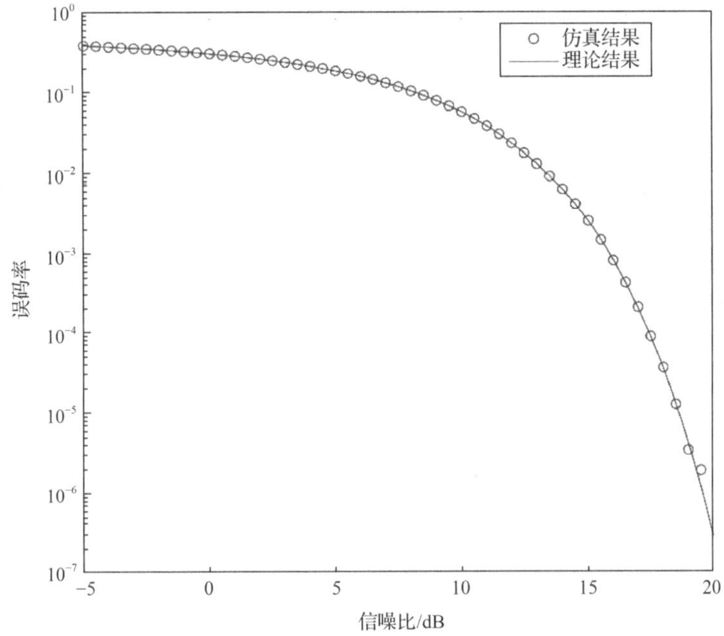

图 10.89　OOK 调制下误码率和信噪比间的关系曲线

通过对比发现，理论结果与仿真结果二者变化规律基本保持一致。为了保证通信时的准确性，本系统要求误码率小于 10^{-6}，从图 10.89 中信噪比和误码率关系曲线可以看出，相对应的信噪比需要高于 19dB。

10.3.5　声-光联合通信系统搭建

1. 声-光联合通信系统发射光源

本系统采用了欧司朗公司的 450nm LD 作为发射光源，型号为 PL450B，其实物图如图 10.90 所示。该光源在调制速率为 10～50Mbit/s 的工作条件下，单个 LD 的发射光功率约为 100mW（20dBm），发射束散角经过压缩后可达到 15mrad，能够满足系统的工作要求。

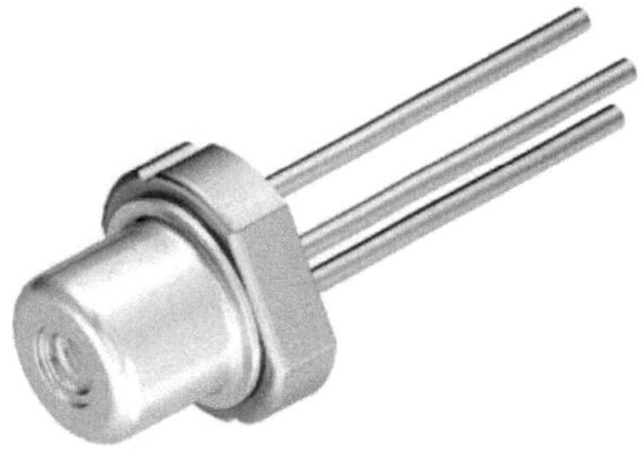

图 10.90　PL450B 型激光二极管实物图

FPGA 控制芯片选用 Altera 公司生产的 Cyclone IV 系列 EP4CE22F17I7 型号的芯片，工作温度范围为 −40～100℃，提供 50MHz 晶振，为 FPGA 提供稳定的时钟信号，内存[同步动态随机存储器(synchronous dynamic random access memory，SDARM)] 为 128Mbit 大容量存储器，串行配置存储器为 16Mbit SPI FLASH 的 W25Q16 存储器，可用于存储 FPGA 配置数据或用户数据，供电为 3.3V/500mA，能够提供 124 个拓展引脚，满足系统需求。PCB 底板采用小型化设计，以减小通信收发分系统的整体尺寸。FPGA 外围 PCB 板电子学设计图及实物图如图 10.91 所示。

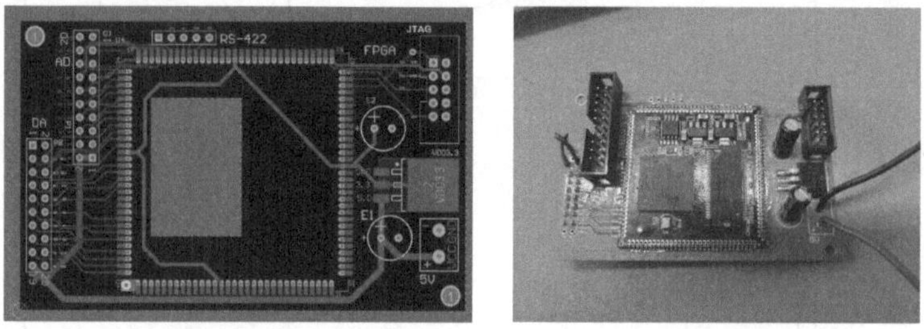

（a）FPGA外围PCB板电子学设计图　　（b）实物图

图 10.91　FPGA 外围 PCB 板电子学设计图及实物图

数模（digital to analog，D/A）转换模块选用 DAC902，DAC902 是一种高速 D/A 转换器，提供了 SpeedPlus 系列高性能转换器中的 12 位分辨率选项。DAC902 支持超过 165MSa/s［Sa 为 sample（采样）的缩写，该单位的含义是每秒的采样次数］的更新率，具有优异的动态性能，可满足应用程序的需求。DAC902 具有高阻抗（200kΩ）电流输出，标准范围为 20mA。差分输出同时允许差分或单端模拟信号接口。电流输出的紧密匹配确保了在差分配置中优越的动态性能。

2. *接收光学天线*

接收端接收光学天线选用菲涅耳透镜，该种透镜应用衍射光学的设计方法，其光学增益远超于同口径的传统聚焦透镜。通过优化设计可知，复杂光学透镜组的有效口径也只能达到 1.8 左右，而单独的菲涅耳透镜的有效口径就可以达到 2～3，如此设计不仅简化了海水无线光通信接收系统，还降低了复杂透镜组所带来的能量损耗和光斑畸变，能够满足大口径光学接收的设计原则，提高系统的传输距离，满足了系统轻小型化的需求，口径为 75mm、焦距为 25mm 的菲涅耳透镜实物图如图 10.92 所示。

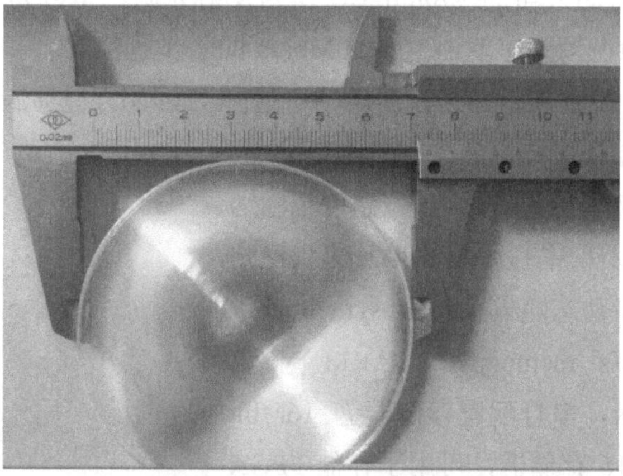

图 10.92　菲涅耳透镜实物图

3. 通信接收单元

探测器功率灵敏度是在保证一定误码率的前提下，系统可以实现数据传输的最小光功率，也是建立通信链路时非常重要的指标。由于光束在海水环境中衰减较大，且会受到温度、盐度、湍流等复杂因素的影响，因此为了建立更加稳定的海水通信链路，对系统的灵敏度就会产生更高的要求。系统的功率灵敏度表达式如下：

$$P_{\mathrm{m}} = \sqrt{\frac{P_{\mathrm{s}}}{P_{\mathrm{n}}}} \times P_{450\mathrm{nm}} \times \sqrt{B} \tag{10.56}$$

式中，P_{m} 为系统的功率灵敏度；$P_{\mathrm{s}} / P_{\mathrm{n}}$ 为接收信号功率与噪声功率的比值，通过信噪比可以计算得到 $P_{\mathrm{s}} / P_{\mathrm{n}}$ 约为 90；$P_{450\mathrm{nm}}$ 为探测器对于 450nm 蓝光的等效噪声功率；B 为调制速率。

等效噪声功率是当接收信号的信噪比为 1 时，输入的信号光功率大小可以表示为

$$P_{\lambda} = \frac{\sqrt{2qI_{\mathrm{dark}}}}{R_{\lambda}} + \frac{I_{\mathrm{s}}}{R_{\lambda}} \tag{10.57}$$

$$P_{450\mathrm{nm}} = P_{\mathrm{min}} \times \frac{R_{\lambda}}{R_{450\mathrm{nm}}} = \frac{\sqrt{2qI_{\mathrm{dark}}} + I_{\mathrm{s}}}{R_{450\mathrm{nm}}} \tag{10.58}$$

式中，P_{λ} 为探测器波长特征值对应的等效噪声功率；P_{min} 为探测器最小等效噪声功率；q 为电子电荷；I_{dark} 为 APD 中的暗电流大小；R_{λ} 为探测器波长特征值对应的响应度；I_{s} 为散粒噪声；$R_{450\mathrm{nm}}$ 为 450nm 波长对应的探测器响应度。

由式（10.57）和式（10.58）就可以得到探测器灵敏度的表达式如下：

$$P_{\mathrm{m}} = \sqrt{\frac{P_{\mathrm{s}}}{P_{\mathrm{n}}}} \times \frac{\sqrt{2qI_{\mathrm{dark}}} + I_{\mathrm{s}}}{R_{450\mathrm{nm}}} \times \sqrt{B} \tag{10.59}$$

探测器采用滨松公司生产的 C12702-12 型 APD 探测器，该探测器的光谱响应范围为 200～1000nm，波长典型值为 620nm，接收靶面直径为 3mm。发射端光信号经过海水信道的传输后进入接收机，由该探测器进行接收，将光信号转化为电信号，经过跨阻放大器和场效应管的放大作用之后，将模拟信号转入下一单元进行处理。APD 在 450nm 波长下的响应度可以达到 1.1×10^4V/W，等效噪声功率最低可以达到 2pW/$\sqrt{\mathrm{Hz}}$。C12702-12 型 APD 探测器实物图如图 10.93 所示。

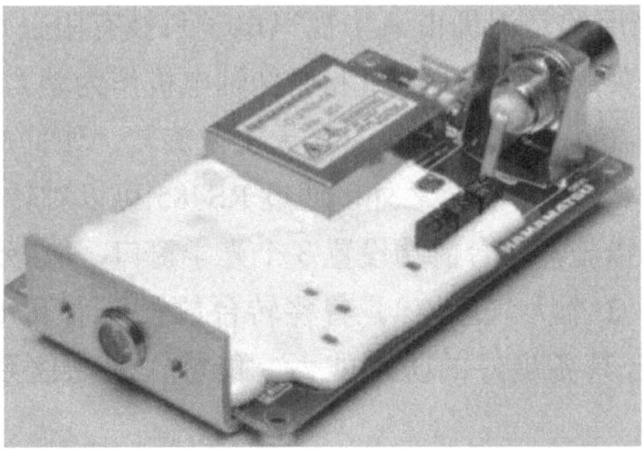

图 10.93　滨松 C12702-12 型 APD 探测器实物图

该探测器探测性能良好，且在本章研究所需的调制速率范围内十分稳定。根据上述公式计算得到在 10Mbit/s 的调制速率下该探测器灵敏度约为-35.6dBm。

基于该探测器的海水无线光通信系统在衰减系数为 1dB/m 的情况下，经过 30m 海水信道的衰减，最终到达探测器的信号光功率高于探测器响应光功率，并且该系统还留有 6.86dB 的安全裕量，能够应对海水信道的复杂环境，实现稳定通信，满足系统设计要求。

A/D 转换模块选用 AD9226 芯片，AD9226 是一款采用单电源供电采样频率为 65MHz 的 12 位 A/D 转换器。该芯片内集成高性能的采样保持放大器和参考电压源，AD9226 采用带有误差矫正逻辑的多级差分流水结构，以保证在 65MHz 采样频率下获得精确的 12 位数据。AD9226 还具有较低的功耗和较高的信噪比。

为了降低海洋环境中杂散光对探测器的影响，本章研究采用窄带滤光片以减小海水杂散光的影响，提高信噪比。为此，本章研究中采用 Thorlabs 公司生产的 FB450-40 型带通滤波器，其 450nm 的中心波长和 40nm 的光谱宽度能够确保将背景光有效滤除，其中心波长透过率可达 70%以上，直径为 25.4mm，厚度为 6.3mm。图 10.94 为 FB450-40 型蓝光窄带滤光片及透过率曲线。

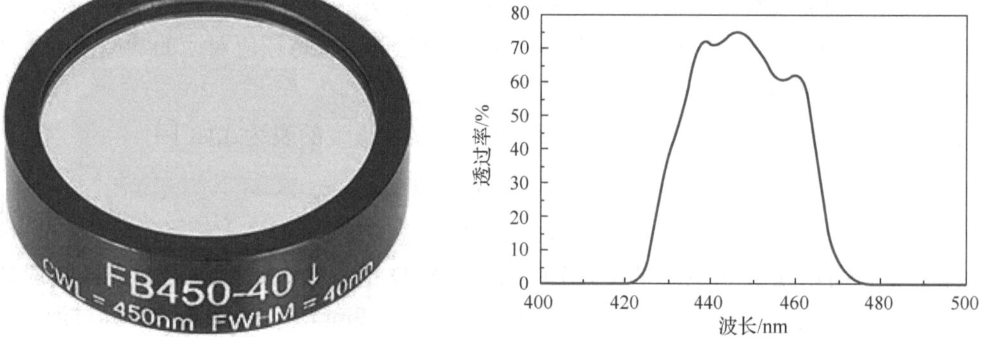

（a）实物图　　（b）透过率曲线

图 10.94　FB450-40 型带通滤波器

4. 伺服跟踪系统

球形二维伺服转台选用的是深圳市清华视讯电子科技有限公司的 TH-M900HDRCXJG-GZLJ，如图 10.95 所示。采用水平方位电机和俯仰轴电机作为动力驱动装置，能够实现水平和俯仰两个方向的旋转。在水平方向能够 360°无限位旋转，俯仰旋转范围为-45°～90°，转台旋转速度范围为 0.01～45(°)/s。除此之外，通过 RS485 可以对转台进行远程控制，通过密封胶圈和防水胶作为防水措施，转台前端设置 3 个光学窗口，能够通过海水深度为 10～20m 的耐压测试（内部充气，2 个大气压值）。曾将转台放置于水下 1m 环境，经过 1 个月的防水测试，验证了该转台具备良好的防水能力，能够作为通信系统的搭载平台，实现相应功能。

伺服系统中的另一核心器件为伺服跟踪 CMOS 相机，CMOS 相机是海水无线光通信载荷节点光轴指向的反馈机构。本节采用深圳德远公司生产的 G2020-GS-I 型高帧频、全局快门 CMOS 相机，相机实物如图 10.96 所示。

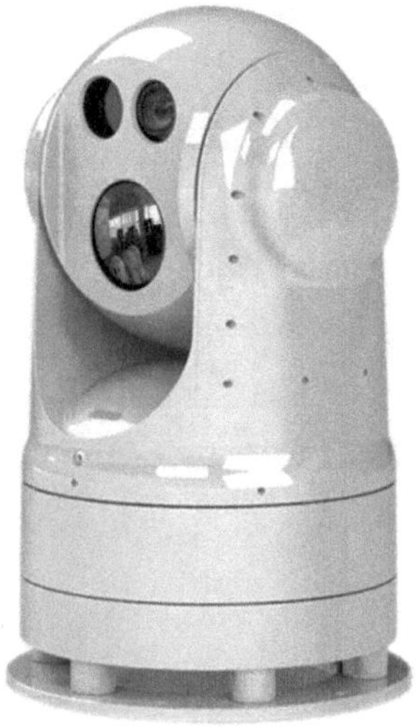

图 10.95　TH-M900HDRCXJG-GZLJ 伺服转台

图 10.96　G2020-GS-I 型跟踪相机

该相机集成了基于 FPGA 的图像处理单元，能够直接提取光斑质心位置，向伺服控制单元输出脱靶量信息。大视场跟瞄相机的基本参数如表 10.20 所示。

表 10.20　G2020-GS-I 型跟踪相机技术参数

技术参数	典型值/描述
分辨率	2048×2048
像素尺寸	6.5μm×6.5μm
光谱响应区间	400～900nm
探测灵敏度	−70dBm（当入射光波长为 830nm，积分时间为 500μs 时）
探测动态比	54dB
通信接口	RS422
功耗	4W

从表 10.20 中可以看出，跟踪相机在 500μs 积分时间时灵敏度为−70dBm，在经过 30m 的海水信道衰减后仍具备 41.96dB 的安全裕量，满足链路与系统设计的需求。

5. 系统链路搭建

1）通信链路搭建

本次实验采用了功率为 100mW、波长为 450nm 的蓝光 LD 作为发射光源，在实验中首先由上位机控制 FPGA 发出 PRBS_7 伪随机码测试信号，经由 D/A 转换模块后，将 FPGA 中发出的数字信号转换为模拟信号加载到发射光源中驱动 LD 光源发出信号光，信号光经信道衰减后，在接收端由 APD 进行接收，将光信号转化为电信号，随后对该信号进行 A/D 采集，进入 FPGA 进行自适应判决、低通滤波、时钟数据恢复等信号处理，最终通过误码仪对本系统的误码性能进行实时测试，从而得出系统灵敏度以及误码率。海水无线声-光联合通信系统通信性能测试装置如图 10.97 所示。

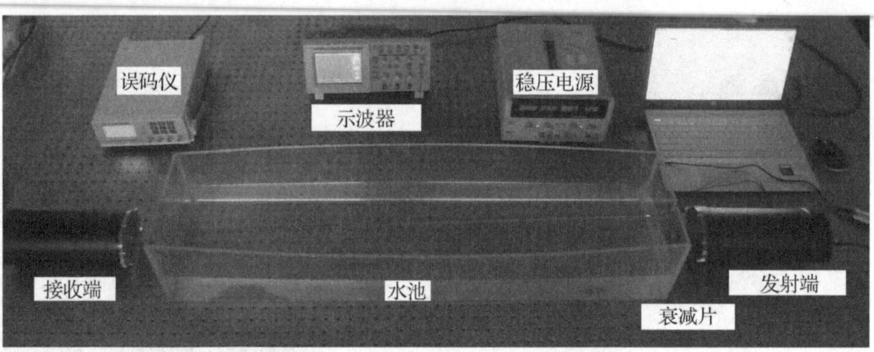

图 10.97　系统性能测试装置

2）伺服链路搭建

根据全光捕获系统理论基础，并结合所设计的通信系统，搭建了一套如图 10.98 所示的基于全光捕获的海水无线光通信系统，图中左上窗口为 LD 光学发射窗口，右上窗口为 CMOS 伺服接收窗口，下方窗口为 APD 通信接收窗口。

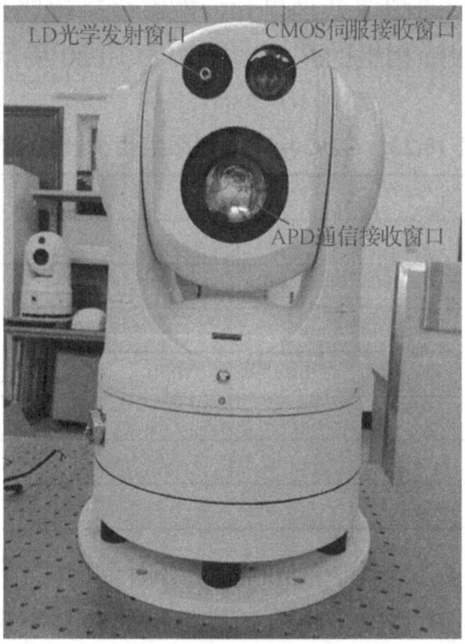

图 10.98　基于全光捕获的海水无线光通信系统

10.3.6　声-光联合通信系统性能测试与数据分析

1. 通信灵敏度测试

将发射端、接收端固定，并使二者光轴相互对准，将接收端输出的数据和时钟信号接入示波器和误码仪，保持其他参数不变，通过上位机改变光源发出的信号调制速率分别为

10Mbit/s、20Mbit/s、30Mbit/s、40Mbit/s 和 50Mbit/s，然后分别对不同速率下 APD 探测到的信号波形以及误码率进行观察和测试，在确保误码率始终小于 10^{-6} 的前提下，改变接收端探测器的位置以及角度，在误码率恰好可以保持在 10^{-6} 的时候，记录下 APD 接收信号的波形以及信号幅值 $V_{\min}$，根据该探测器在 450nm 处的响应度 $R_{450\text{nm}}$ 就可以得到系统的灵敏度 P_{m}。

$$P_{\text{m}} = V_{\min} \times R_{450\text{nm}} \tag{10.60}$$

通过空间光功率计对此时 APD 接收靶面的信号光功率进行测试，并将测量值与实际值进行对比，结果如表 10.21 所示。

表 10.21 不同调制速率下通信系统接收信号参数

调制速率 B/(Mbit/s)	最小信号幅值/mV	误码率	测量灵敏度/dBm	实际灵敏度/dBm
10	10.93	7.93×10^{-7}	−31.87	−30.12
20	18.35	9.89×10^{-7}	−29.03	−27.86
30	22.16	1.09×10^{-6}	−28.56	−27.04
40	26.71	2.63×10^{-6}	−27.49	−26.23
50	32.18	1.29×10^{-6}	−26.74	−25.42

从表 10.21 中可以看出，本次实验的 UWOC 系统在 50Mbit/s 速率的范围内均能保持小于 −25dBm 的灵敏度，在 10Mbit/s 的速率下灵敏度甚至可以达到−30dBm 并且较为稳定，可以在高衰减的海水信道中对微瓦级别的信号光进行探测，保证了海水无线光通信链路建立后的稳定性，并为后续的实验提供基础。

对不同调制速率下本系统的灵敏度进行仿真，得到调制速率与系统灵敏度之间的理论关系；再将 10Mbit/s、20Mbit/s、30Mbit/s、40Mbit/s、50Mbit/s 调制速率下系统灵敏度的实际值与理论值进行对比，并将拟合后的拟合曲线与理论值曲线进行对比，如图 10.99 所示。

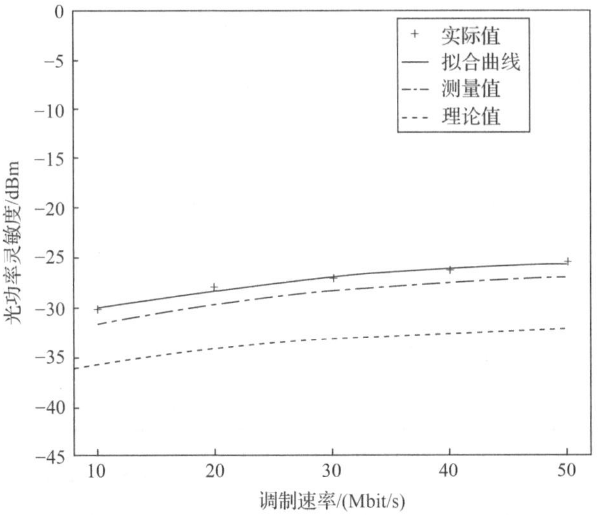

图 10.99 灵敏度实际值和理论值随调制速率变化规律曲线

从图 10.99 中可以看出，实验中得到的灵敏度与理论值相差大约 5dB 的灵敏度，而这二者之间的差别则可能是由系统中各模块的噪声，以及操作误差、测量误差等一些其他因素所引起的；但是实际值与理论值二者之间的变化规律却可以保持基本一致。

2. *声-光联合通信系统传输距离测试*

由于在海水环境中光束能量衰减过于严重，在衡量系统的有效传输距离时，首先需要考虑的便是光功率的衰减。通过链路预算分析可知，光功率在系统中的衰减 L 主要是由海水信道光功率衰减 L_s 以及自由空间光功率衰减 L_c 所引起的。

根据光束在自由空间传输规律和三角函数计算公式便可以得到在海水环境中，信号功率衰减 L 为

$$L = L_s + L_c = c(\lambda)S + 10\lg\left[\frac{(S\tan\theta)^2}{D^2}\right] \tag{10.61}$$

式中，$c(\lambda)$ 表示海水信道的衰减系数；S 表示光束在海水信道中的传输距离；θ 表示光束的发散全角。

为了测试不同水质条件下海水无线光通信系统可达到的最远传输距离，首先保持光源功率为 100mW、调制速率为 50Mbit/s 不变，在水槽中加入足量海水；接下来添加不同衰减倍率的衰减片来等效模拟实际海水环境中光功率的衰减情况，提高衰减倍率，直至系统误码率高于 10^{-4}，这样就可以得到实现稳定通信的最大光功率衰减 L_{max}，此时令 $L_{max} = L$，以此等效出在不同水质条件中本次实验系统可以达到的最大传输距离 S。

通过实验可以得到：当衰减片的衰减倍率增加至−40dB 时，误码率升高至 10^{-4} 量级，系统通信质量受到影响，因此得出本系统实现稳定通信的最大光功率衰减 L_{max} 约为−40dB。考虑到海水信道中盐度、湍流、温度等不确定条件，以及器件中存在的噪声等因素可能会对系统造成影响，因此在本次等效实验中整体需要预留 5dB 的安全裕量，因此令光功率衰减 L 为−35dB，就可以得到不同水质下系统的传输距离以及光功率衰减情况。经过计算，三种海水水质中系统的传输距离如表 10.22 所示。

表 10.22　三种海水水质中的光功率衰减和传输距离

海水水质类型	信道光功率衰减/dB	自由空间光功率衰减/dB	传输距离/m
纯净海水	−12.10	−22.86	49.8
清澈海水	−17.49	−17.52	26.9
近岸海水	−21.73	−13.22	16.4

从表 10.22 中可以看出，该实验系统在纯净海水中的传输距离可以接近 50m，在衰减系数高达−1.33dB/m 的近岸海水中仍然可以达到 16.4m 的传输距离。

3. 全光捕获及跟踪性能测试

通过 Keil 编写上位机程序写入 STM32F407 开发板，控制转台以一定的转速对光斑进行扫描捕获，通过 CMOS 相机对脱靶量信息进行提取后，经串口发送给伺服总控，再由总控通过 RS485 接口对伺服转台发送指令，控制转台进行水平和俯仰方向的调整，令相机视场中心与目标光斑对准，CMOS 相机对准目标光斑前后相机视场对比如图 10.100 所示。

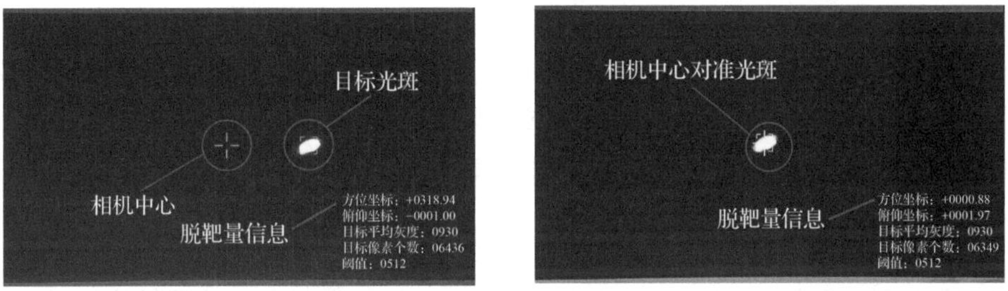

（a）对准前　　（b）对准后

图 10.100　伺服转台对准前后相机视场对比

随后为了提高对准精度，通过编写上位机程序对两种不同情况下转台的转速进行调整。根据相机中光斑所处位置将相机视场范围划分为两个区域，由于本节所使用的相机视场为 $-10°\sim10°$，因此将 $-10°\sim-2°$ 和 $2°\sim10°$ 划分为区域一，将 $-2°\sim2°$ 划分为区域二。当光斑处在相机视场边缘区域（即区域一）时，提高转台转动速率为 2(°)/s，将光斑迅速调整至视场中心区域（即区域二），随后降低转台转动速率为 0.52(°)/s，将光斑精确调整至视场中心，最大限度减少对准误差。

最后不断将光斑的脱靶量信息反馈给转台，并控制转台进行实时对准以实现跟踪。实验表明，该伺服结构能够稳定在 8s 内完成从捕获目标光斑到稳定跟踪的功能，且对准误差不超过 2mrad。

为了模拟实际应用场景，再将其中一端固定，另一端搭载在平台之上，令平台以 2m/s 进行匀速直线运动，待转台相互实现对目标光斑的跟踪之后，开始进行通信，发出调制速率为 50Mbit/s 的 OOK 调制信号，对传输距离进行测试，并和未与转台联调时的结果进行对比，实验结果如表 10.23 所示。

表 10.23　加装伺服系统前后传输距离对比

海水水质类型	无转台传输距离/m	有转台传输距离/m
纯净海水	49.8	47.3
清澈海水	26.9	25.5
近岸海水	16.4	15.6

从表 10.23 中可以看出，虽然由于转台存在的对准误差等因素会令系统的通信指标略有

降低，但是并未造成过多影响，并且在中远距离的应用背景下，该系统可以有效提高光路对准的效率以及系统的稳定性，同时在移动速度不高于 2m/s 的情况下，可以实现海水动态无线光通信。

10.4　海水无线光级联通信系统

10.4.1　级联通信系统总体方案设计

海水无线光级联通信系统载荷节点由通信发射分系统、通信接收分系统、伺服控制分系统以及光机分系统组成。主/从光端机采用对称结构设计，主/从光端机分别安装在不同编号的自航式诱饵内部，主/从光端机可以进行角色互换，便于实现载荷节点间的级联通信，自航式诱饵预留有光学发射窗口。

通过伺服控制分系统控制通信发射分系统的光轴，在方位轴方向可以实现 180°的大视场范围内光束的扫描、捕获和跟踪，通信接收分系统接收通信发射分系统发射的信标光/通信光，利用大视场跟踪相机完成信标光的捕获、跟踪，建立跟踪链路，采用高灵敏度的 APD 光电探测器接收通信光信号，并以此为基础建立海水无线光通信载荷节点间的通信链路，海水无线光 1 对 1 级联通信系统载荷节点结构及相互通信链路示意如图 10.101 所示。

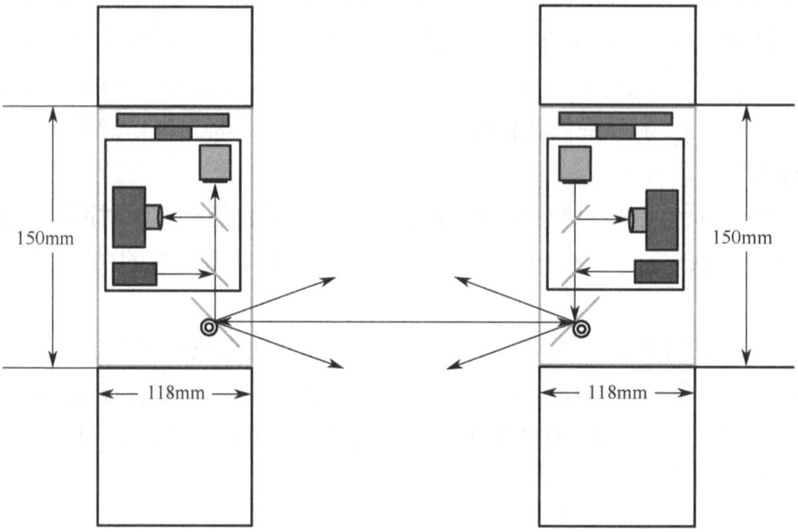

图 10.101　海水无线光 1 对 1 级联通信系统载荷节点结构及互通信链路示意图

1 对 1 载荷节点间通信对现代鱼雷的诱骗和拦截概率极低，这就需要以 1 对 1 载荷节点间通信链路为基础，构建 1×2 载荷节点间的自主可控式海水无线光通信组网，按照一定的规律进行空间布局，也为下一步 3×3 或 $N\times N$ 载荷节点间组网通信奠定基础。以图 10.101 中载荷节点间通信为基础，构建 1×2 阵列的海水无线光通信组网，根据伺服转台的方位转动范围为 180°，拟设计载荷节点间水平距离为 20m，可以初步实现异时段条件下以 1 对 2 为基础模式的海水无线光通信载荷节点间的组网通信。设计的海水无线光通信载荷节点的结构原理如图 10.102 所示。

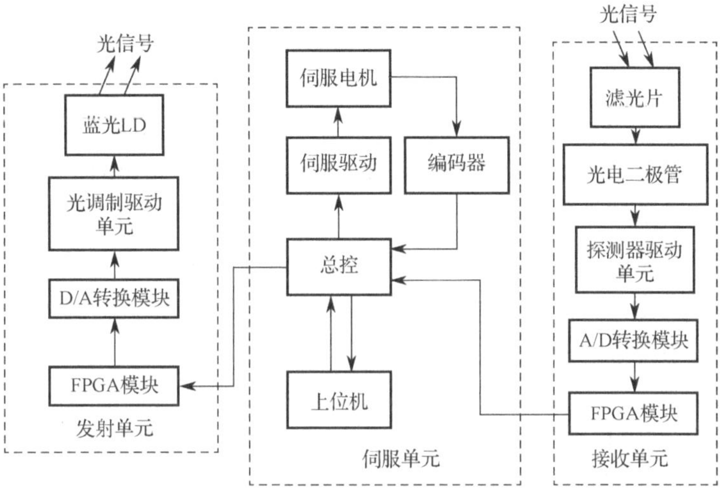

图 10.102　海水无线光通信载荷节点的结构原理图

对系统发射端而言，上位机与总控交换数据，数据从上位机传输到系统总控，总控与通信系统发射端连接，总控将数据传输到发射端的 FPGA 模块进行编码，之后 FPGA 模块会将编码后的数据传输到 D/A 转换模块，这一步的目的是将离散的数字信号转变为连续的模拟信号，最后将 TTL 模拟信号输入蓝光 LD，LD 驱动模块除了负责为 LD 供电，还能够加载调制信号，光调制驱动单元通过把调制后的信号加载到光源上完成电信号到光信号的转变。由于蓝绿光在海水信道中有较小的衰减系数，选用蓝光 LD 与绿光 LD 作为光源，完成数据到光信号的转换过程。

调制后的光束通过海水信道后抵达接收端，在海水信道传播的过程中，光束会发生散射、吸收等现象，对光束能量产生较大的衰减。因此，LD 输出功率决定着光通信装置的传输距离，较大功率的光源可以增加传输距离，光端机的 LD 输出功率越大，系统传输距离就越远。

在接收端，窄带滤光片可以过滤掉蓝光或绿光以外的其他波段的杂散光，提高系统的信噪比，接收端的光电探测器在接收变化的光信号后，结合探测器驱动模块输出电信号，此时电信号还是连续的模拟信号，再传输到 A/D 转换模块后会转换为数字信号，数字信号再在 FPGA 通信模块完成解码，恢复为原始数据，经过系统总控发送给上位机。至此光信号在接收端转换为原始数据传输到上位机的过程完成。

除了发射端将数据转换为光信号，接收端将探测到的光信号恢复成数据这两个部分之外，系统还加入了伺服系统。在海水的环境里，海水光通信装置受海水洋流湍流的影响，会产生位移及扰动等情况，无法使通信光路保持在一个稳定的状态，这就使得光通信链路光路对准较为困难。为了解决海水光通信系统通信链路的光路对准的问题，利用伺服系统对发射端及接收端的方位进行调整，降低了通信光路的对准难度，提高了通信质量，其工作原理如下：光端机分布在固定位置，上位机发送控制指令给总控，总控再将控制指令发送给伺服驱动，驱动伺服转台旋转，达到合适的角度，为了确保伺服系统的控制精度，为伺服系统加入了编码器，构成了一个闭环控制系统。

闭环控制是指作为被控的输出量以一定方式返回到作为控制的输入端，并对输入端施加控制影响的一种控制关系。系统具有负反馈环节，可自动对输出量进行调节补偿，对系统中参数变化所引起的扰动和系统外部的扰动，都具有一定的抗干扰能力。采用负反馈，除了降低系统误差、提高控制精度外，还能加速系统的过渡过程，但系统的控制质量与反馈元件的精度有关。闭环控制系统受到干扰后，利用负反馈的自动调节作用，能够有效地抑制一切被包在负反馈环内前向通道上的扰动作用对被控量的影响，且能够紧紧跟随给定作用，使被控量按照给定信号的变化而变化，从而实现复杂而准确的控制。因此，闭环控制系统又常被称为自动调节系统，系统中的控制器也常被称为调节器。

开环控制不需要获取输出量变化信号，而开环控制系统的特征是：作用信号从输入到输出是单一方向传递的且系统中无反馈环节，不需要反馈测量元件，因此结构较简单、成本较低，但系统不能实现自动调节作用，对干扰引起的误差不能自行修正，故控制精度不够高。

伺服控制分系统采用闭环控制，控制流程为：编码器将位置数据反馈给系统总控，系统总控再根据位置误差进行位置调整，提高了伺服精度，接收端与发射端的光路对准也更加精准。

根据系统总体设计方案，对电子学部分进行了单元划分，主要包含上位机、调制解调单元、数据传输单元、光功率数据接收单元，以及用于 LD 驱动的发送电路、雪崩光电二极管的接收电路。FPGA 调制输出 TTL 电平信号到 LD 驱动板，LD 驱动板驱动 LD 发射，驱动电流为 100～350mA，经过海水信道后，雪崩光电二极管接收光信号并转换为电信号，经过信号处理输入 FPGA 中进行逻辑单元的解析，恢复数据。

级联通信发射分系统、级联通信接收分系统和级联伺服控制分系统共同构成了海水无线光级联通信系统，下面将对包括这三个主要分系统及其他系统内部其他电子器件的方案选型进行详细介绍与阐述。

10.4.2 级联通信分系统设计与器件选型

1. 级联通信发射分系统

1）信号发生模块

FPGA 作为基带信号伪随机码的生成单元，主要完成从上位机接收数据流，并以串行方式调制发送给通信光源的驱动电路。FPGA 从接收电路中还原出数据，进行缓存并上传到上位机进行数据显示。

发射端 FPGA 主要将上位机发送的数据接收，并对数据进行编码、并/串转换等处理，然后将信号以 TTL 电平传输到 LD 驱动电路中。接收端 FPGA 将接收的 TTL 电平进行串/并转换，将信息通过网络通信方式返回到接收端的上位机。因发射端和接收端通信时钟不可能完全同步，FPGA 控制核心设计了根据数据产生位同步的通信时钟，使接收端能够准确接收并采集发射端的数据。

FPGA 控制芯片选用 iCore3 系列 EP4CE10F17C8N 型号的芯片。硬件电路主要包括 JTAG、供电、FLASH、时钟、复位控制、驱动电路、LD。其结构组成如图 10.103 所示。

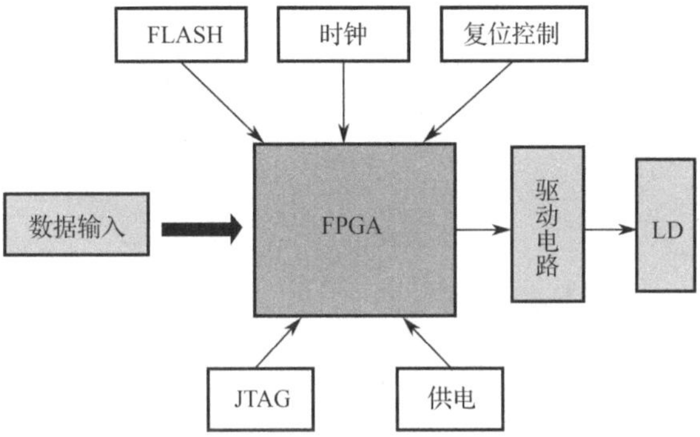

图 10.103　FPGA 硬件组成结构图

JTAG 接口的作用是将编译好的程序下载到 FPGA 中或把 FLASH 配置程序下载到 SPI FLASH 中，将编译好的程序文件下载到 FPGA 后，断电后将会丢失。JTAG 接口电路如图 10.104 所示。

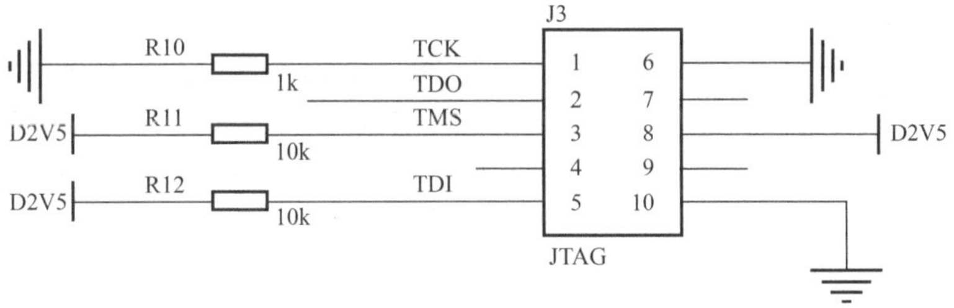

图 10.104　JTAG 接口电路

复位电路的功能是避免微处理器由于程序错误或执行错误操作，在使用时出现死机的情况，能够控制微处理器快速复位到初始状态、跳出死循环或错误指令等，相当于系统的重启键。系统常用的复位电路有专用芯片复位、上电复位和手动按钮复位方式。采用手动按钮复位的方式，将复位信号输入单片机的信号输入引脚。由于电容的作用，该引脚在按键未按下时为高电平；在按键按下瞬间，电流通过接地，此时引脚的电平为低，产生了一个低电平脉冲将单片机的运行状态重置。随后，按钮恢复后引脚又很快恢复至高电平。复位电路如图 10.105 所示。

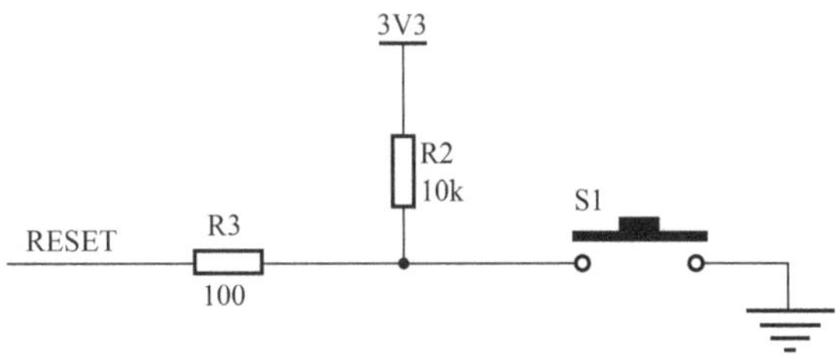

图 10.105　复位电路

如上文所述设计，最终 FPGA 模块实物如图 10.106 所示。

图 10.106　FPGA 双核心开发板

m 序列是最长线性反馈移位寄存器序列的简称，它是由线性反馈移位寄存器产生的周期最长的序列。下面先给出一个 m 序列例子。一个 4 级线性反馈移位寄存器如图 10.107 所示。

设其初始状态为$\left(a_3,a_2,a_1,a_0\right)$=(1,0,0,0)，则在移位一次时，由 a_3 和 a_0 模 2 相加（异或运算，两个数相同为 1，否则为 0）产生新的输入 $a_4=1$，新的状态变为$\left(a_4,a_3,a_2,a_1\right)$=(1,1,0,0)。这样移位 15 次后又回到初始状态(1,0,0,0)。不难看出，若初始状态为全 0，即(0,0,0,0)，则移位后得到的仍为全 0 状态。

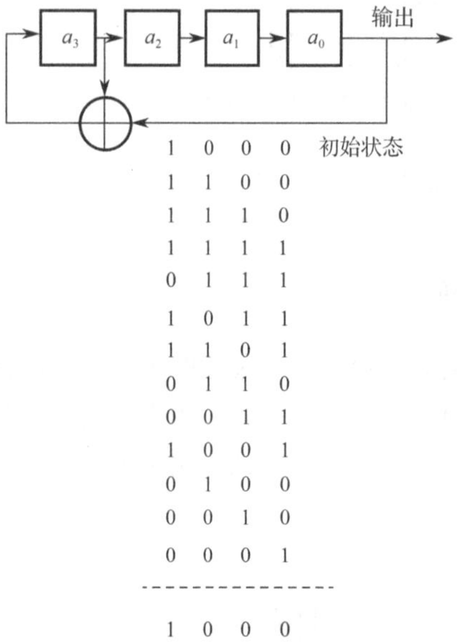

图 10.107　编码 m 序列生成

这就意味着在这种线性反馈移位寄存器中应该避免出现全 0 状态，否则线性反馈移位寄存器的状态将不会改变。因为 4 级线性反馈移位寄存器共有 2^4=16 种可能的状态。除全 0 状态外，只剩 $2^4-1=15$ 种状态可用。这就是说，由任何 4 级线性反馈移位寄存器产生的序列的周期最长为 15。我们常常希望用尽可能少的级数产生尽可能长的序列。

由此可见，一般来说，一个 n 级线性反馈移位寄存器可能产生的最长周期等于 2^n-1。综上，选用 4 位伪随机码实现，则有 $2^4-1=15$ 状态。实现过程代码及运行结果如图 10.108 和图 10.109 所示。

4位M序列.m

```
clear;
close all;
%M序列产生程序
n=4;%四个移位寄存器
L=2^n-1;%M序列的周期
mag=1;%M序列信号幅值
y1=1;y2=1;y3=1;y4=0;%四个移位寄存器的初始值

for i=1:L
x1=xor(y3,y4);
x2=y1;
x3=y2;
x4=y3;
y(i)=y4;
if y(i)>0.5,u(i)=-mag;
else u(i)=mag;
end
y1=x1;y2=x2;y3=x3;y4=x4;
end
figure(1);stem(u);grid on;%将数据序列Y从x轴到
title('输入信号M序列')

figure(2);plot(u,'*-');
title('输出4位信号M序列')
```

图 10.108　程序实现

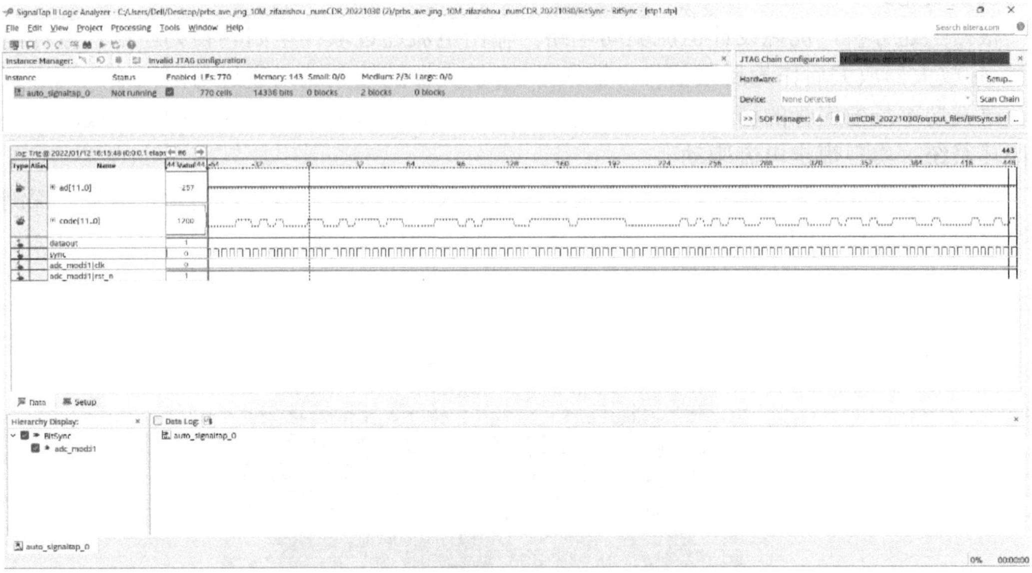

图 10.109　速率为 1MHz 的伪随机码仿真输出结果

在上述研究工作的基础上，通过 Quartus 软件将伪随机码生成程序加载到特定型号的 FPGA 工业开发板中，将程序中产生伪随机码所需要的引脚与开发板上的引脚逐一进行定义，之后把定义好的功能引脚与 D/A 转换模块引脚相连，D/A 转换模块接示波器，通过示波器可以观察到伪随机码产生完成，然后通过 D/A 转换模块将基带数字信号转换为模拟信号，并加载到激光驱动模块，通过激光驱动模块将伪随机码基带信号加载到通信光源载波，完成通信信号的模拟发射流程。部分伪随机码序列信号如图 10.110 所示。

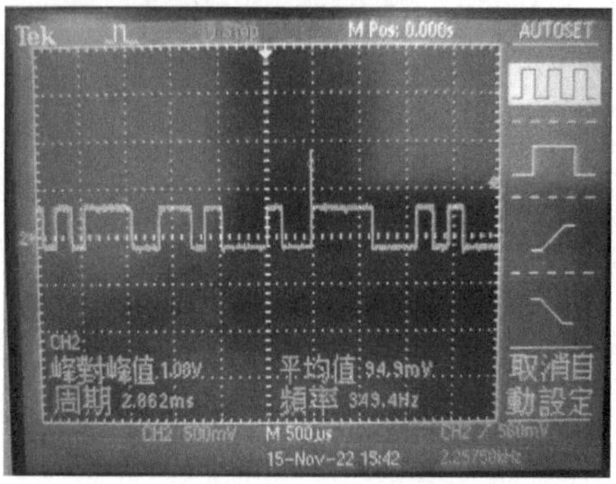

图 10.110　部分伪随机码序列信号

2）LD 驱动模块

为 LD 提供电能的电源有两种工作模式：一种是恒定电流工作方式；另一种是恒定功率工作方式。恒定电流工作方式是通过电压/电流的反馈获取输出电流偏差，控制驱动电流稳定输出。

除了工作温度的要求以外，降低为 LD 供电的电源噪声、提供稳定的电流输出是 LD 驱动电路的基本要求。驱动电流的波动不仅会引起光强度噪声，严重时还会导致其输出波长的光谱线宽展宽。

根据上述分析，优化设计恒流驱动电路。输出电流通过取样电阻转换为电压，取样电压通过 A_2 放大器放大后作为反馈信号，输入至 A_1 放大器的输入端，通过与同相输入端进行比较，对大功率场效应管的栅极电压进行调整，从而达到调节输出电流的目的，形成动态平衡的闭环系统，实现恒定电流驱动。

图 10.111 为 LD 驱动模块，驱动模块可以将输入的调制波形信号转变为光信号，探测器接收模块可以将接收的光信号转化为电信号，从而实现无线光通信。

图 10.111　LD 驱动模块

LD 驱动模块具体相关参数如表 10.24 所示。

表 10.24　LD 驱动模块参数

名称	参数值
模块供电电压/V	12
输出最大电流/mA	190
尺寸/(mm×mm)	57×29
信号输入幅值/V	⩾1
信号输入频率/kHz	$1\sim1.5\times10^5$

3）级联通信系统通信光源

通信光源是海水无线光级联通信发射分系统的重要组成部分，作为通信系统光信号的输出器件，影响着系统的传输距离与传输速率，本节将光源的波长和功率作为约束边界对通信光源进行优化设计选型，并开展相应的性能指标测试实验。

蓝绿光是海水信道传输的窗口波段，为此，海水无线光通信组网节点所采用的分波段通信光源分别为蓝光和绿光，以降低通信光源波长对探测器的干扰，通信发射光功率主要是依靠链路损耗来界定。下面对该无线光级联通信系统的功率链路预算进行分析。

确定光源的波长后还需要确定光源的功率，依据这两点选择合适的光源型号。光源功率的大小取决于包括自由空间光功率衰减、海水信道光功率衰减、光学单元效率等其他衰减的大小，必须保证经过衰减后到达接收端的光信号能被探测到。因此对通信链路的光功率衰减进行计算。

光束在两个折射率不同的介质的交界面发生折射现象时会产生菲涅耳反射，被反射回原介质中的光能可以计算如下：

$$R=\frac{(n_1-n_2)^2}{(n_1+n_2)^2} \tag{10.62}$$

式中，R 为反射系数；n 为介质的折射率。例如，光由空气射入玻璃时，反射系数为

$$R=\frac{(n_1-n_2)^2}{(n_1+n_2)^2}=\frac{(1-1.5)^2}{(1+1.5)^2}=0.04 \tag{10.63}$$

对于每一个玻璃与空气的交界面，每一次反射将会产生 4%的光学损耗。当我们采用的透镜组的面数较多时，这种损耗比较大，发射束散角被压缩到 20°，因此需要采用准直透镜对发射束散角加以控制。

光束经透镜后再通过发射端筒壁（亚力克材质透过率为 92%）、接收端筒壁及窄带滤光片（对 450nm 蓝光透过率为 92%）进入到探测器中心。这样就相当于经过了 4 个透镜，整个透镜组的损耗为

$$\eta_1=10\lg0.92^x=10\lg0.92^4=-1.45\text{dB} \tag{10.64}$$

假设光在海水信道中的传输距离为d，水质衰减系数为$k(\lambda)$，已知清澈海水的衰减系数为-0.5dB/m，拟建立的海水无线光通信链路的传输距离为20m，则海水信道光功率衰减的计算过程如下：

$$\eta_2 = k(\lambda)d = -0.5 \times 20 = -10\text{dB} \tag{10.65}$$

光束经发射光学系统准直以后，发射束散角一般可达到毫弧度左右。尽管如此，当光束传输几千米以后在远场会形成一个大的光斑，如果接收光学系统的直径小于此光斑的直径，光束就不能全部被探测器接收，即产生自由空间光功率衰减从而限制传输距离。显然激光发射束散角越小自由空间光功率衰减就越小，根据技术指标确定发射光源视场角为20°。则经过20m传输距离后光斑的直径为

$$L = 2d\tan\frac{\theta}{2} = 2\times 20\times \tan\frac{20°}{2} = 7\text{m} \tag{10.66}$$

因此在20m的距离下，光束会形成直径为7m的圆形光斑，而相应地，在20m处的接收端的光电探测器靶面面积为100mm^2。自由空间光功率衰减计算如下：

$$\eta_3 = 10\lg\frac{P_{\text{receiver}}}{P_{\text{total}}} = 10\lg\frac{10^2}{3500^2\times\pi} = -55.8\text{dB} \tag{10.67}$$

经过计算，系统的光学单元效率为-1.45dB，海水信道光功率衰减为-10dB，自由空间光功率衰减为-55.8dB，因此总光功率衰减为-67.25dB。

接收端探测器的最大灵敏度为-55.4dBm，在留有3dB安全裕量的情况下，接收端灵敏度为-52.4dBm，可计算出光源的最小功率为14.8dBm，光源的平均功率在14.8dBm以上即可。

基于上述功率链路预算的计算结论，光源选型指标为蓝光或绿光光源的平均功率需要大于30mW，调制频率不低于1MHz。蓝光光源采用欧司朗PL450B型激光二极管，其实物如图10.112所示，其关键技术参数如表10.25所示。

图 10.112　PL450B 型激光二极管

表 10.25　PL450B 型激光二极管关键技术参数

名称	最小值	典型值	最大值
光学输出功率/ mW	—	80	120
输出波长/ nm	440	450	460
工作电压/ V	—	5.8	7.0
工作电流/ mA	—	100	145
调制频率/ MHz	—	10	—
直径/ mm	—	5.6	—

绿光光源采用欧司朗 PL520B 型激光二极管，其实物图及封装激光头如图 10.113 所示，其关键技术参数如表 10.26 所示。

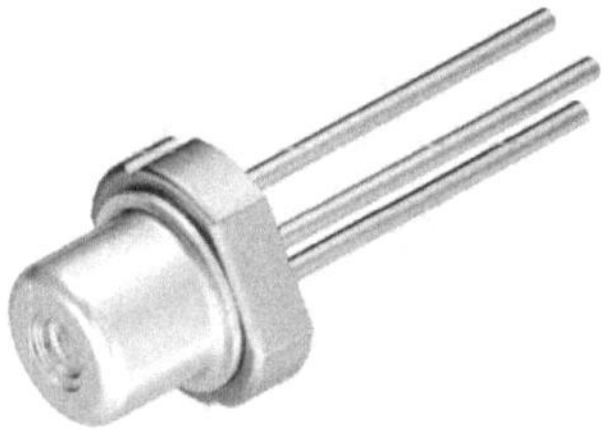

（a）PL520B 型激光二极管

（b）封装激光头

图 10.113　PL520B 型激光二极管及封装激光头

表 10.26　PL520B 型激光二极管关键技术参数

名称	最小值	典型值	最大值
光学输出功率/ mw	—	80	120
输出波长/ nm	515	520	530
工作电压/ V	—	6.4	8.0
工作电流/ mA	—	200	240
调制频率/ MHz	—	10	—
直径/ mm	—	3.8	—

表 10.24、表 10.25 所示的相关参数指标，能够满足我们通信所用光源的参数指标，且可以很好地适配激光驱动模块，最大调制频率为 10MHz，确保通信系统的传输速率大于 1Mbit/s 以上。

LD 的选型中不仅要考虑激光功率、调制速率、工作电压、工作电流等一系列参数指标，还需要考虑到几何尺寸，其几何尺寸是否可以与激光驱动模块适配，是否可以安装在 LD 驱动模块的支架上。

发射束散角作为发射端光源的一项重要参数指标，决定了接收端光斑面积大小，发射束散角越小，通信链路中的自由空间光功率衰减越小。LD 可以使用透镜来调节发射束散角大小。通过对蓝光 LD 及绿光 LD 发射束散角参数的测试，为海水无线光级联通信系统的级联通信发射分系统通信光源的选型提供参考。

通过对分划板的光斑尺寸及 LD 出口到分划板距离的测量，利用三角函数公式，分别计算得出蓝光 LD 和绿光 LD 的发射束散角。LD 发射端口半径 r 为 0.5mm，L 为 LD 出光口到分划板距离，R 为最外圈光斑半径，因此发散角的计算公式如下：

$$a = 2\arctan[(R-r)/L]\times \pi/180 \tag{10.68}$$

对 PL450B 型激光二极管进行发射束散角测试，测试现场如图 10.114 所示，测试结果如表 10.27 所示。

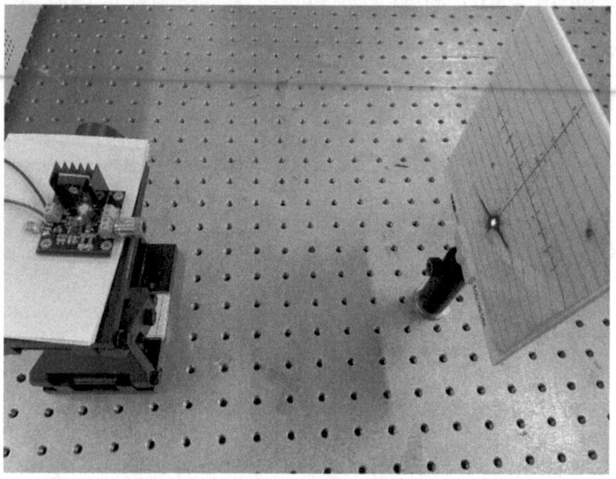

图 10.114　PL450B 型激光二极管发射束散角测试现场

表 10.27　PL450B 型激光二极管发射束散角测试结果

序号	半径 R/mm	距离 L/mm	发射束散角 a/rad
1	1	500	0.002
2	1.5	750	0.0026
3	2	1000	0.003

在对分划板的光斑大小进行测量后，不难发现在不同距离上有不同的发射束散角，但大小相近，为了确保实验结果的准确性，对三组发射束散角进行求和后取平均值作为 PL450B 型激光二极管的发射束散角的最后结果，得出蓝光 LD 的发射束散角为 0.0025rad，即 0.14°。

对 PL520B 型激光二极管进行发射束散角测试，测试现场如图 10.115 所示，测试结果如表 10.28 所示。

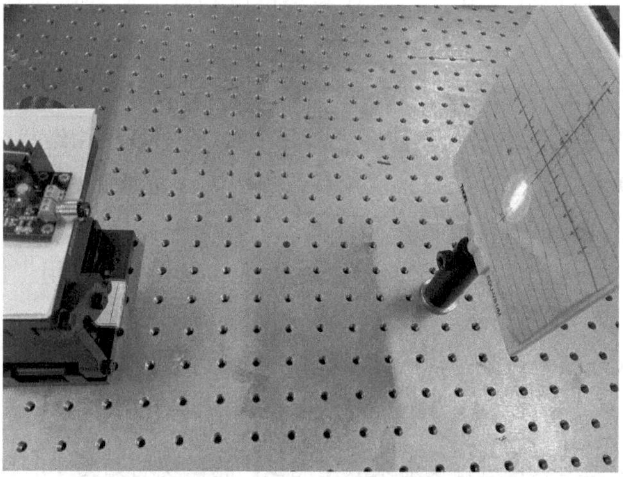

图 10.115　PL520B 型激光二极管发射束散角测试现场

表 10.28　PL520B 型激光二极管发射束散角测试结果

序号	半径 R/mm	距离 L/mm	发射束散角 a/rad
1	12.5	250	0.096
2	20	375	0.104
3	30	500	0.118

为了确保实验结果的准确性，也对三组发射束散角进行求和后取平均值作为 PL520B 型激光二极管的发射束散角的最后结果，得出绿光 LD 的发射束散角为 0.106rad，即 6.07°。

通过对 LD 发射束散角的测试，了解 LD 光束方面的基本性能参数，可以看出，PL450B 型激光二极管有较小的发射束散角，在光通信链路中有更小的自由空间光功率衰减，而 PL520B 型激光二极管有更大的发射束散角，可以通过更换透镜来降低通信链路中光束的自由空间光功率衰减。

2. 级联通信系统通信接收分系统

1）级联通信系统通信接收天线

传统的海水无线光通信接收天线一般采用多组透镜结构设计，这种结构设计不仅体积重量大、结构烦琐，而且还会增加系统通信链路的光功率衰减。

采用菲涅耳透镜即可有效解决这一问题，菲涅耳透镜具有通光直径大、焦距短的特点，可以很容易做到较大的口径焦距比，这样的优势在于不仅能够获得较大的接收视场，而且采用有机玻璃材料加工的透镜重量轻、技术成熟，有助于整体通信终端的轻小型化设计。

采用口径为 25mm、焦距为 10mm 的菲涅耳透镜作为接收光学天线，根据探测器的光敏直径为 10mm，计算得到该光学接收单元的接收全角视场为 53°。通光直径为 25mm 的菲涅耳透镜的实物图如图 10.116 所示。

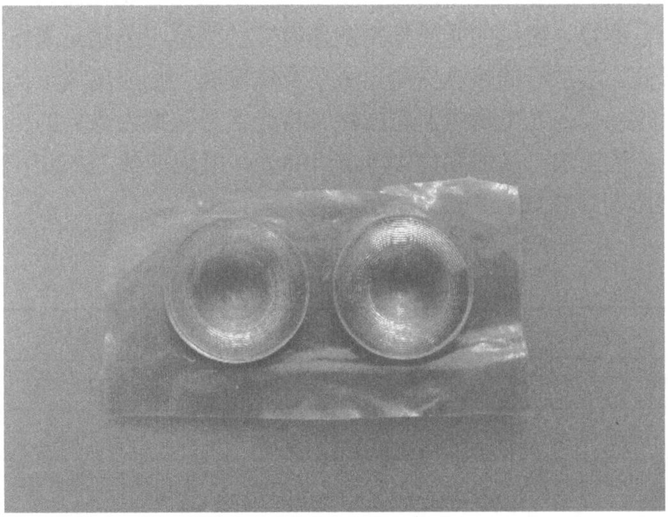

图 10.116　通光直径为 25mm 的菲涅耳透镜实物图

2）窄带滤光片

为了减少自由空间光功率衰减，采用会聚透镜调节发射束散角。同时为了降低海水环境中杂散光对探测器的影响、系统采用波长为 450nm 和 520nm 的窄带滤光片（直径为 20mm，厚度为 2.2mm）消除干扰。窄带滤光片对 450nm 蓝光和 520nm 绿光透过率均达到 90%。

为降低系统接收端与发射端的光学损耗，采用高透过率窄带滤光片，相较传统滤光片显著降低了光学损耗，并提高了蓝光透过率。

图 10.117 和图 10.118 分别为蓝光窄带滤光片和绿光窄带滤光片实物图。

图 10.117　蓝光窄带滤光片

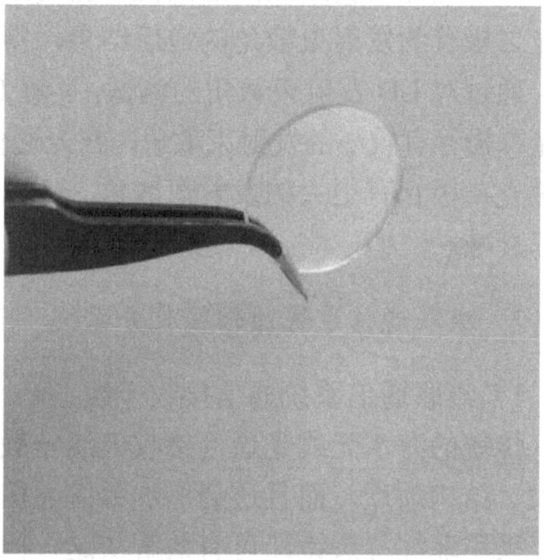

图 10.118　绿光窄带滤光片

为了使接收端的结构更加紧凑，采用窄带滤光片与探测器靶面贴合的方式既减小了体积，又能在大视场条件下过滤掉干扰的杂散光，有效提高通信系统的信噪比。

3）光电探测器

光电探测器主要基于半导体在不同光照下导电率发生相应变化的特性制成，用于接收光信号并将其转换为电信号。常用的光通信探测器有三种类型，分别是光电二极管、雪崩光电二极管和光电倍增管。本系统的接收探测器采用灵敏度高、响应度快、低噪声的雪崩光电二极管。将透镜会聚的光打在光电探测器靶面上，将光信号转换为微弱的电信号。本方案采用大靶面光电探测器，该模块光敏面积为 10mm×10mm，响应波段为 320～1000nm，灵敏度为 0.725A/W。光电探测器参数如表 10.29 所示。

表 10.29　光电探测器参数

名称	参数值
光谱响应范围/nm	320～1100
灵敏度/(A/W)	0.725
暗电流/nA	600
截止频率/ MHz	5.4

该大靶面光电探测器实物图如图 10.119 所示。

图 10.119　大靶面光电探测器实物图

从表 10.28 中可以得到探测器的基本参数，但无法确定探测器可探测的最小光功率，仍需进一步计算。灵敏度计算中，BER 为误码率，一般通信要求为10^{-6}量级，根据误差函数，信噪比可由下式计算：

$$\text{BER} = \frac{1}{2}\text{erfc}\left(\frac{\sqrt{\text{SNR}}}{2\sqrt{2}}\right) \tag{10.69}$$

$$\sqrt{\text{SNR}} = \sqrt{\frac{P_\text{s}}{P_\text{n}}} = 10\text{dB} \tag{10.70}$$

计算得信噪比为 10dB，从表 10.29 中可知该光电探器的暗电流大小为 600nA，NEP 为$2.07\times10^{-13}\,\text{W}/\sqrt{\text{Hz}}$，因此 PIN 灵敏度可计算为

$$P = \sqrt{\frac{P_\text{s}}{P_\text{n}}} \times \text{NEP} \times \sqrt{\text{BW}} = 10\times2.07\times10^{-13}\times\sqrt{2000000} = 2.9\times10^{-9}\,\text{W} \tag{10.71}$$

式中，BW 为通信带宽。假设通信带宽为 2MHz，则理想条件下对于波长为 470nm 的光束，探测器可接收到最小的光功率为 2.9×10^{-9}W，即−55.4dBm。实际情况下，由于探测器对蓝光的灵敏度低于对红外光的灵敏度，因此探测器对于蓝光的灵敏度会低于−55.4dBm。

4）光电探测器驱动模块

光电探测器接收到的信号通常较为微弱，且其输出信号往往被噪声淹没。因此，需要对这样的微弱信号进行处理，一般都需先进行预处理，以滤除大部分噪声，并将微弱信号放大到后续处理器所要求的电压幅值。因此，需通过前置放大电路、滤波电路和主放大电路，输出幅度符合要求且滤除掉大部分噪声的待检测信号。光电检测模块结构框图如图 10.120 所示。

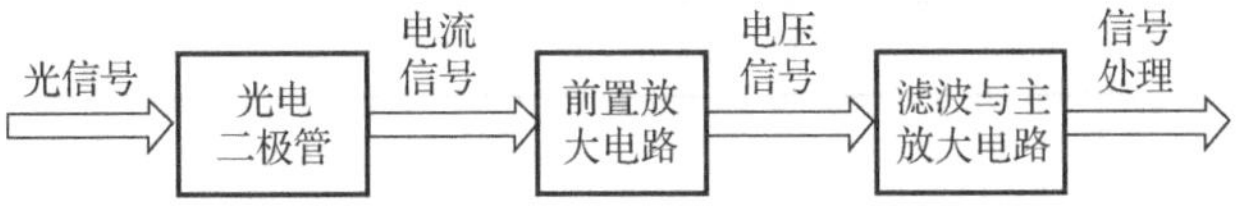

图 10.120　光电检测模块结构框图

光信号通过光电探测器转换为电流信号后，经过前置放大器放大，进入 A/D 转换器转换为数字信号后送入 FPGA 中进行处理。雪崩光电二极管输出的是电流信号，因此要将该电流信号转换为电压信号，同时减少电路带来的噪声干扰。

光电二极管前置放大电路主要起到电流转电压的作用，后续电路一般为 A/D 转换电路，所需电压幅值一般为 2V。即使是这样，输出的电压信号一般还需要继续放大几百倍，因此还需应用主放大电路。选用德州仪器公司的 OPA277 高精度运放，它具有极低的偏置电压、低噪声电流等良好特性。通过与外接电容、电阻的组合，可实现信号放大和抑制噪声的功能。

为使电路设计简洁并具有良好的信噪比，设计时还需要用带通滤波器对信号进行处理。为保证测量的精确性，在前置放大电路后增设带通滤波电路，以滤除有用信号频带外的噪声，包括环境噪声及前置放大器引入的噪声。采用的有源带通滤波器，可以实现某一频段内信号的通过，而抑制该频段以外的信号通过。采用的光电探测器驱动模块实物图如图 10.121 所示。

图 10.121　光电探测器驱动模块实物图

光电探测器驱动模块的详细参数指标如表 10.30 所示。

表 10.30　光电探测器驱动模块参数指标

参数名称	参数值/描述	备注
模块供电电压/V	10V	
模块类型	光电转换模块	
模块尺寸/(mm×mm×mm)	56×43×30（PCB 尺寸）	48×3×30（定位孔尺寸）
偏置电压调节极值/V	19.150	
模块带宽/kHz	1～1.5×10^5	

5）光电探测器性能测试

在掌握和了解上述核心器件的基础上，为了进一步验证海水无线光通信组网终端的接收端探测器的基本性能、关键技术指标以及在海水无线光通信组网终端中应用的可行性，重点开展其核心参数的测试工作，以其实际测试条件作为系统设计和研制的约束条件，重点对光电探测器在蓝绿光频率范围内的极限灵敏度与截止频率核心技术指标开展试验测试。为此，搭建光电探测器的性能指标试验测试系统如图 10.122 所示。

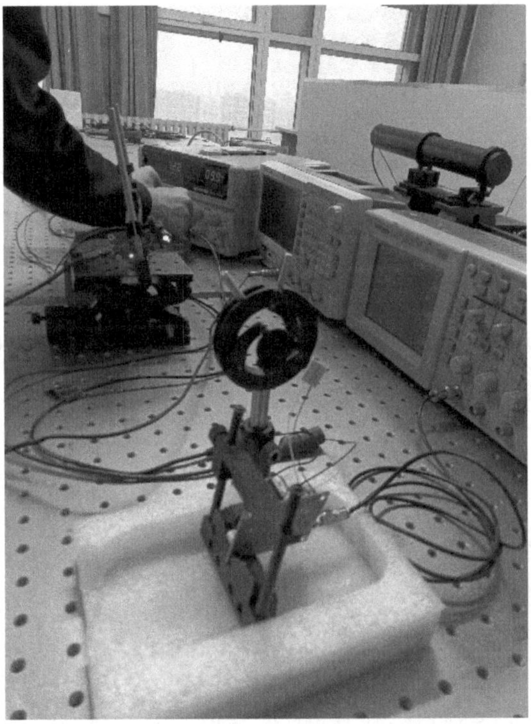

图 10.122　光电探测器性能指标试验测试系统

极限灵敏度测试是指在调制状态下，利用光电探测器对系统发射端输出的最小光功率进行测试。在调制状态下测得的最小光功率为系统传输距离的等效计算提供基础数据。设置调制信号方波的相关参数，输入 TTL 电平，通过探测器接收调制光信号，并将其输出在示波器上，测试结果汇总如表 10.31 所示。

表 10.31　极限灵敏度测试情况汇总表

测试编号	衰减片透过率	信号发生器	示波器
1	0.01%（-40dB）	1MHz 方波，2Vpp	无信号输出
2	0.1%（-30dB）	1MHz 方波，2Vpp	无信号输出
3	1%（-20dB）	1MHz 方波，2Vpp	有信号输出

注：Vpp 为电压峰-峰值（voltage peak-peak）。

测试编号 1 的测试结果如图 10.123 所示。

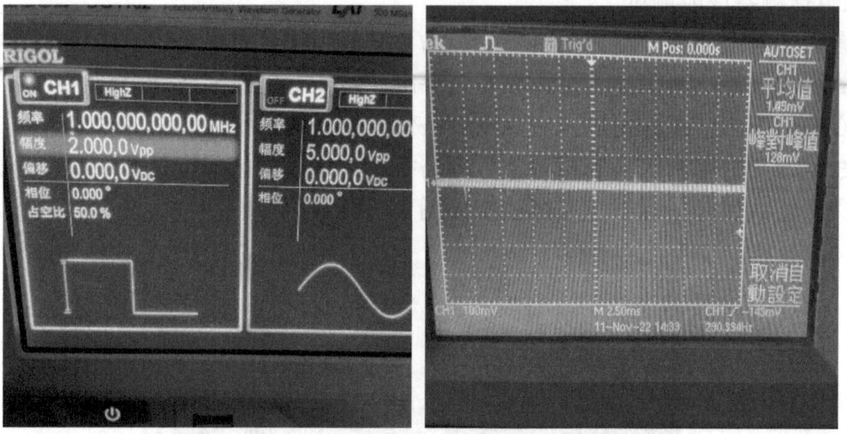

图 10.123　衰减-40dB 测试结果

测试编号 2 的测试结果如图 10.124 所示。

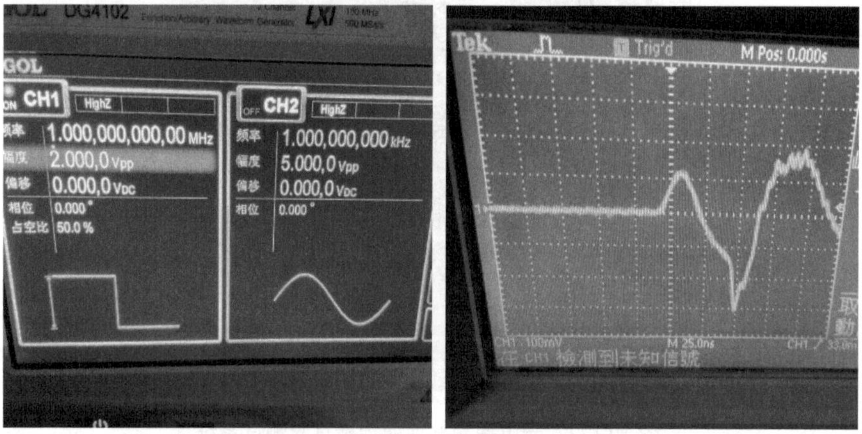

图 10.124　衰减-30dB 测试结果

测试编号 3 的测试结果如图 10.125 所示。

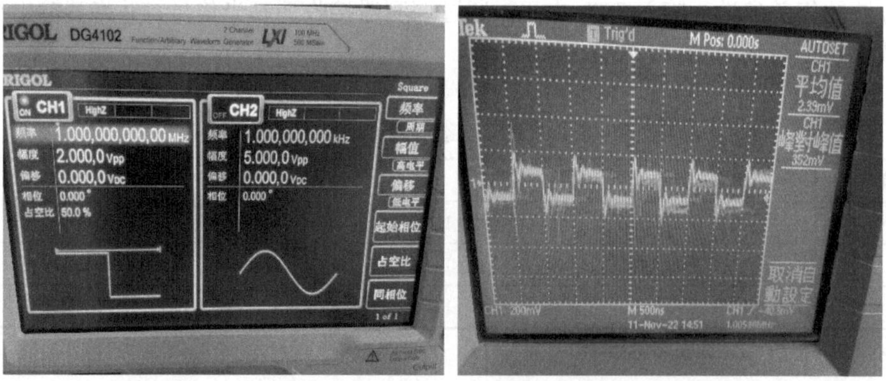

图 10.125　衰减-20dB 测试结果

通过试验测试，可知该探测器对于 450nm 波长的蓝光最小可探测光功率为-5.2dBm，可以建立海水无线光通信链路，满足系统的应用需求。

探测器截止频率是指探测器所能接收到最大调制光信号的频率。截止频率是衡量一个探测器传输速率的重要指标，截止频率越高，可以接收到的调制光信号的频率越高，通信带宽也就越高，系统传输速率越快。因此对探测器截止频率进行测试，得到探测器对蓝光调制信号的最大截止频率。采用衰减片调节探测器接收到光功率的大小，通过测试探测器所能接收到的最小光功率，使用信号发生器发出不同频率的调制信号，并加载到 LD 上，记录探测器截止频率。试验结果如表 10.32 所示。

表 10.32　截止频率测试情况汇总表

测试编号	衰减片透过率	信号发生器	示波器
1	1%（-20dB）	7MHz 方波，2Vpp	有信号输出
2	1%（-20dB）	13MHz 方波，2Vpp	有信号输出
3	1%（-20dB）	13.5MHz 方波，2Vpp	无信号输出（带宽上限）

测试编号 1 的测试结果如图 10.126 所示。

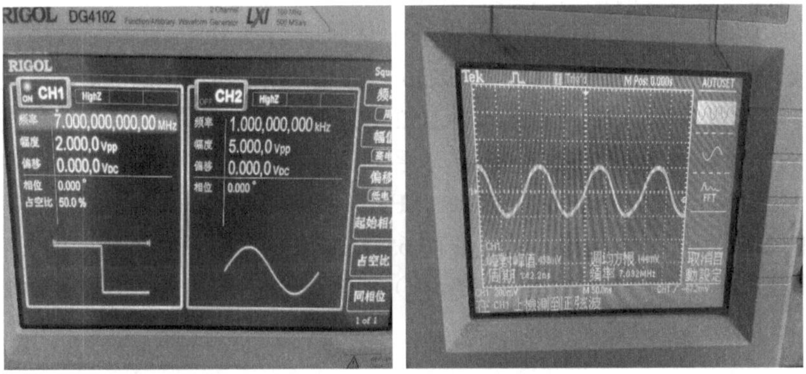

图 10.126　信号带宽 7MHz 方波测试结果

测试编号 2 的测试结果如图 10.127 所示。

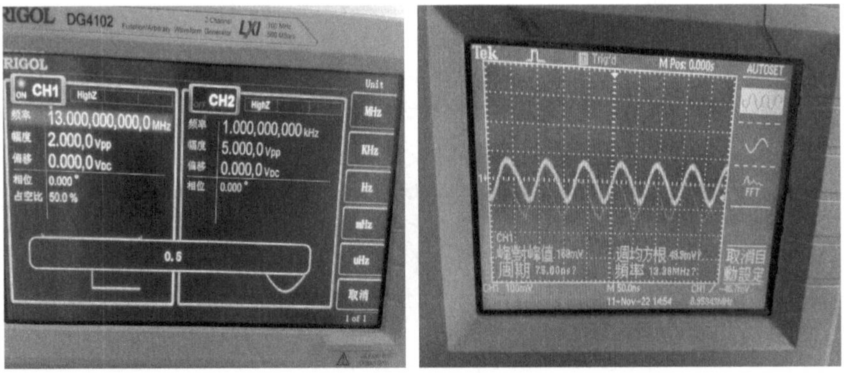

图 10.127　信号带宽 13MHz 方波测试结果

测试编号 3 的测试结果如图 10.128 所示。

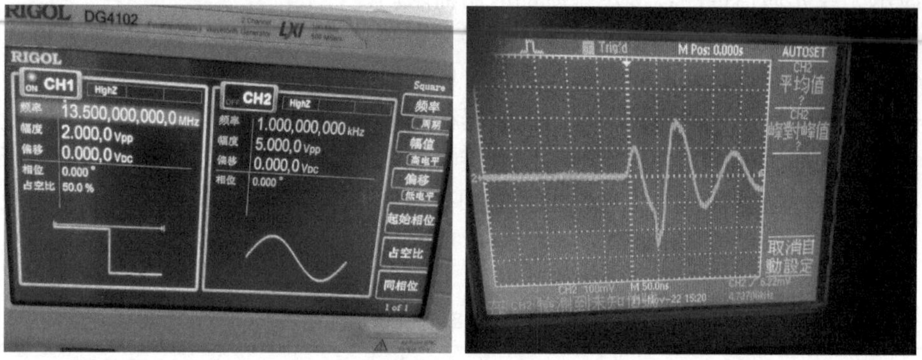

图 10.128　信号带宽 13.5MHz 方波测试结果

测试使用的蓝光 LD 功率为 30mW，即 14.8dBm，在使用衰减片时无法接收到变化的光信号，在去掉衰减片后可接收到调制频率为 1MHz 的光信号，在对探测器截止频率的测试中，当加载的调制频率高于 13MHz 时探测器均无法输出波形质量良好的电信号，因此，探测器对 450nm 的蓝光调制信号的截止频率为 13MHz。

6）A/D 转换模块

A/D 转换模块选用 AD9226 芯片，AD9226 芯片是一款采用单电源供电采样频率为 65MHz 的 12 位 A/D 转换器。同时与 AD9280、AD9220 芯片具有一样的封装和引脚接口。该芯片可根据系统采样频率和功耗的需求，选择该系列的不同型号进行替换。片内集成高性能的采样保持放大器（sample and hold amplifier, SHA）和参考电压源，AD9226 芯片采用带有误差校正逻辑的多级差分流水结构，以保证在 65MHz 采样频率下获得精确的 12 位数据。同时，AD9226 芯片还具有较低的功耗（475mW）和较高的信噪比（69dB）。AD9226 芯片典型应用如图 10.129 所示。

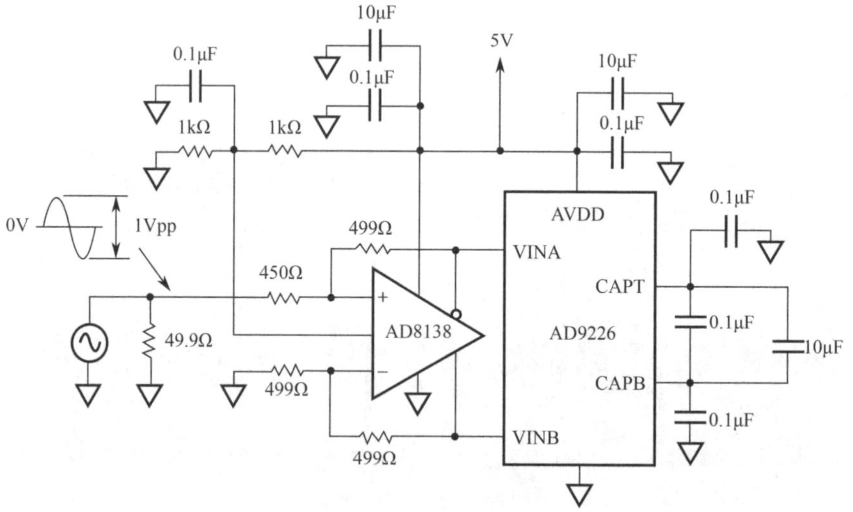

图 10.129　AD9226 芯片典型应用

AD9226 芯片模块的实物图如图 10.130 所示。

图 10.130　AD9226 芯片模块的实物图

AD9226 芯片模块的详细参数指标如表 10.33 所示。

表 10.33　AD9226 芯片模块参数指标

参数名称	参数值/描述	备注
模块型号	AD9226	
模块类型	A/D 转换模块	
采样频率	65MHz［最大值（Max）］	
A/D 转换器分辨率位数	12 位	
输入电压	10Vpp（5V）	信号阻抗：50Ω
供电	5V 直流	最小值（Min）：4.75V 典型值（Typ）：5V 最大值（Max）：5.25V
提供例程	Verilog FPGA 源代码	
例程平台	Quartus	
通信协议	13 位并行 SPI	
通信信号电平	3.3V	
输入阻抗	50Ω	
输入通道数	1 通道	
输入接口	SMA 高频头/XH2.54 孔	
基准电压	内部 2V	
-3dB 模拟带宽	320MHz	
输出模式	并行数据	
模块特点	高速 A/D 转换器采集	
模块应用	高速信号采集	
模块重量	16g	
模块规格	54cm×37cm×23cm	长×宽×高（PCB 尺寸）
模块接口类型	13 位数据 SPI 并行	

10.4.3　级联通信系统轻小型工程优化设计

1. 水密舱设计

由于光通信系统需要在海水正常工作，所有的通信器件需要封装在防水外壳中，技术指标上要求光端机为直径 118mm、长度 150mm 的圆柱。由于防水透明外壳有外壳壁厚及上下端的防水盖等密封器件，所以实际内部结构尺寸为内径 100mm、长度 120mm，体积计算如下：

$$V = r^2 \times \pi \times h = 942.5\text{cm}^3 \tag{10.72}$$

水密外壳内部有效体积为 942.5cm^3。图 10.131 为水密舱实物图。

图 10.131　水密舱实物图

2. A/D、D/A 转化模块尺寸设计

在海水光通信中，系统发射端需要完成数字信号到模拟信号的转换，而在系统接收端需要完成由探测器接收的模拟信号到数字信号的转换，这些都需要用到 A/D、D/A 转换模块。A/D 转换模块以及 D/A 转换模块的外观及尺寸如图 10.132 和图 10.133 所示。

图 10.132　A/D 转换模块

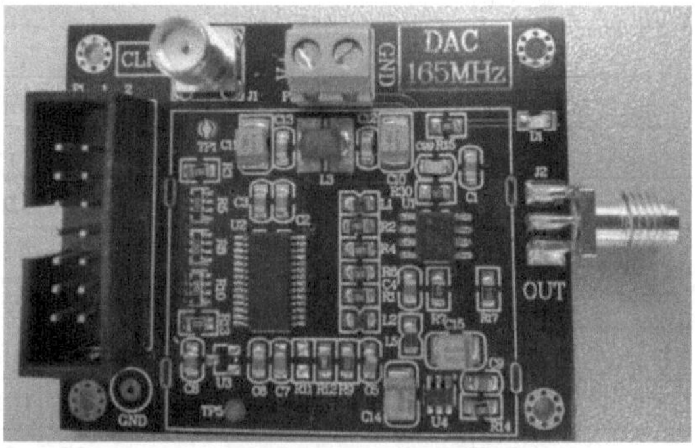

图 10.133　D/A 转换模块

A/D 转换模块和 D/A 转换模块的尺寸如表 10.34 所示。

表 10.34　A/D 转换模块和 D/A 转换模块的尺寸

参数	A/D 转换模块/mm	D/A 转换模块/mm
长（不考虑连接处）	54	54
长（包含接口整体）	60.5	63.5
宽	32	42
高（不考虑连接处）	24	12
高（包含接口整体）	32	21

为了留有较大的空间裕量，A/D 转换模块和 D/A 转换模块的体积计算以包含电子学和通信学接口为标准。

A/D 转换模块体积计算如下：

$$V_{\mathrm{ad}} = L \times W \times H = 6.05 \times 3.2 \times 3.2 = 62\mathrm{cm}^3 \tag{10.73}$$

D/A 转换模块体积计算如下：

$$V_{\mathrm{da}} = L \times W \times H = 6.35 \times 4.2 \times 2.1 = 56\mathrm{cm}^3 \tag{10.74}$$

3. APD 探测器驱动模块尺寸结构

APD 探测器驱动模块集成了光电探测器及其供电电路、前置放大电路、电子学滤波等电路模块，已知探测器靶面几何尺寸为10mm×10mm，APD 探测器驱动模块尺寸为4.3cm×4.7cm×3cm。

根据模块实际测算体积计算如下：

$$V_{\mathrm{apd}} = L \times W \times H = 4.3 \times 4.7 \times 3 = 60.6\mathrm{cm}^3 \tag{10.75}$$

4. LD 驱动模块尺寸设计

LD 驱动模块是指光通信系统中的 LD 及其驱动电路和调制电路所组成的总模块部分，其中光源采用 PL450B 型和 PL520B 型激光二极管，平均发射光功率大于 80mW。适配的 LD 驱动板如图 10.134 所示。

从图 10.134 中看出，LD 驱动板在不计算接头的尺寸为 57mm×29mm，在计算体积时为了留有足够空间裕量，带上接头与 LD 的整体 LD 驱动模块尺寸为 8cm×3cm×3cm。故 LD 驱动模块体积计算如下：

$$V_{\mathrm{ld}} = L \times W \times H = 8 \times 3 \times 3 = 72\mathrm{cm}^3 \tag{10.76}$$

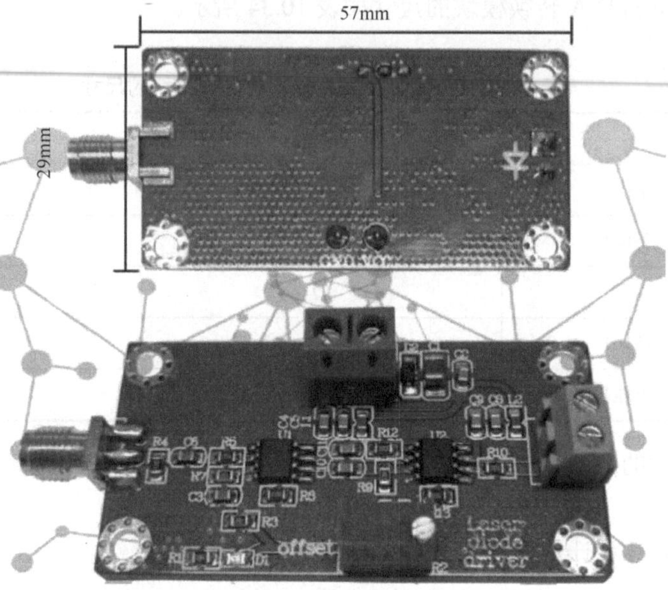

图 10.134　LD 驱动板

5. 伺服转台尺寸设计

由于海水无线光通信系统中还需要完成组网的功能，需要配备伺服转台，并封装在水密舱内，以实现海水光通信链路搭建的功能。此次伺服转台采用 MS7010 电机云台，其转台尺寸为直径 70mm、高 29.6mm，可以放置在透明水密舱内，转台尺寸如图 10.135 所示。

因此，伺服转台的体积计算如下：

$$v_{sf} = r^2 \times \pi \times H = 1.98^2 \times \pi \times 2.3 = 28.3\text{cm}^3 \tag{10.77}$$

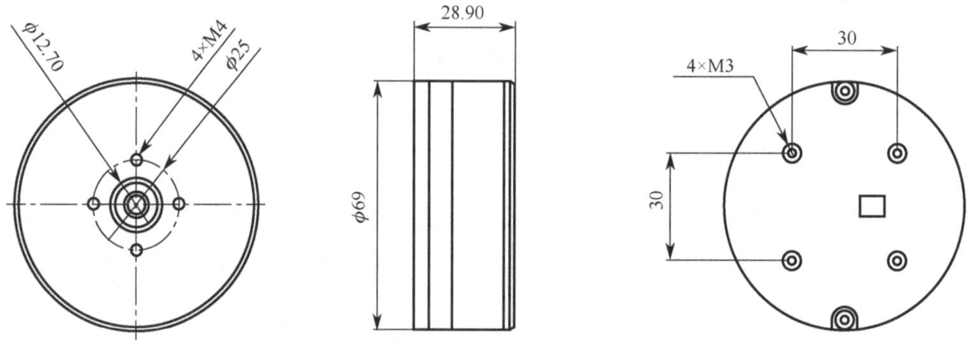

图 10.135　转台尺寸（单位：mm）

6. 体积尺寸空间裕量计算

系统的整个部分包括水密舱、A/D 转换模块、D/A 转换模块、APD 探测器驱动模块、LD 驱动模块、伺服转台这些元件，如表 10.35 所示。

表 10.35　系统元件尺寸

元件名称	长/cm	宽或直径/cm	高/cm	体积/cm^3
水密舱	12	10	—	942.5
D/A 转换模块	6.35	4.2	2.1	56
A/D 转换模块	6.05	3.2	3.2	62
APD 探测器驱动模块	4.3	4.7	3	60.6
LD 驱动模块	8	3	3	72
伺服转台	—	6.9	2.89	28.3

由表 10.35 可知，所有系统元件的体积之和小于水密舱内部容积，说明系统元件是有可能被装入水密舱并正常工作的，但是由于元件是有几何形状的，无法改变形状提高空间利用率，还需对元件在水密舱的空间排布进行构思。

首先将伺服转台排列在水密舱底端，水密舱剩余空间为直径 10cm、高 9.7cm 的圆柱，之后是 D/A 转换模块和 A/D 转换模块的排布。将 LD 驱动模块与 APD 探测器驱动模块竖直排列，分别左右放置在水密舱的左半部分与右半部分，此时水密舱剩余高度为 4.7cm。

D/A 转换模块和 A/D 转换模块均视为 7cm×5cm×3cm 的立方体，为了节省空间，将模块上下交错排列，尽可能缩小模块尺寸，可放入水密舱内部，如此排布在长 4cm 的舱段可以放下两块模块。

在完成完伺服转台、D/A 转换模块和 A/D 转换模块、LD 驱动模块及 APD 探测器驱动模块的布局设计后，水密舱剩余空间较少。可见在合理排布系统模块的情况下是可容纳下所有器件的，但空间安全裕量较少。密封舱内部元件排列大致如图 10.136 所示。

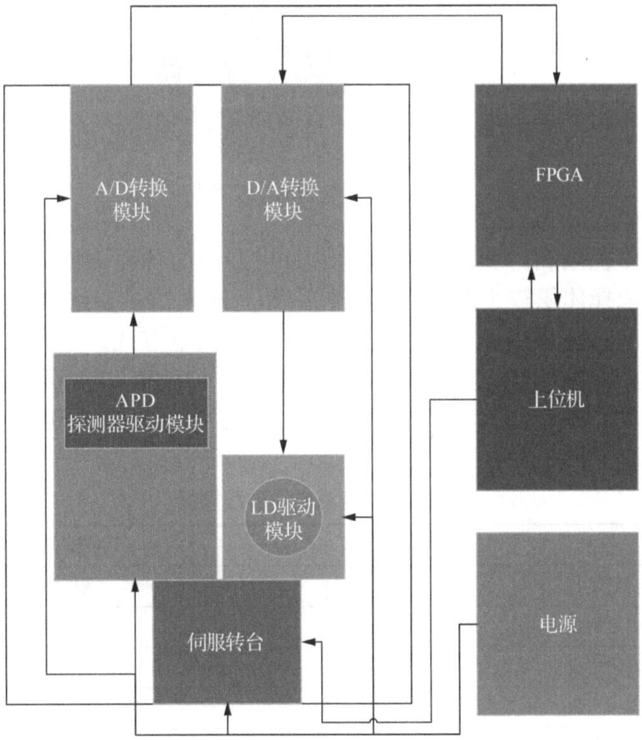

图 10.136　密封舱内部元件排列布局

7. 供能单元设计

为了确保系统内部各个单元的正常工作，必须保证各个单元的正常供电。由于各个单元的功能不同，其内部结构也各不相同，因此其驱动模块所需的电压和电流也各不相同。因此需要采用能够转换电压和电流的模块，将转入信号转换成不同的电压和电流规格，以满足其他驱动模块的供电需求。这就需要供电与电压转换模块。由于系统内部各个器件的电压大多为12V或5V，因此我们采用12V转5V的电源模块。系统内部各个单元的供电电压如表10.36所示。

表 10.36　内部单元供电电压

模块名称	电压标准（直流）/V
LD 驱动模块	12
A/D 转换模块	5
D/A 转换模块	5
APD 探测器驱动模块	10
FPGA 通信模块	5
伺服转台	12

12V 转 5V 电源模块实物图如图 10.137 所示。

图 10.137　电源模块实物图

由于受水密舱体积限制，在选择电源模块时也要考虑体积限制，在满足基本性能指标的前提下，应优先选择体积较小的电源模块，因此无法采用多转换端口的电源模块来对5V电压进行单独分配，只能采用统一输出、最后并联的供电方式。这种方式既可以为各个驱动模块供电，又可以减少供电模块所占用的空间体积。12V转5V电源模块具体参数指标如表10.37所示。

表 10.37　电源模块参数指标

名称	参数值/描述
电源模块型号	XH-M249
供电电压/V	9～36
输出电压/V	5
输出电流/A	6
体积尺寸/(mm×mm×mm)	65×27×13

为了确保系统各个子模块的电子器件能够正常工作，电源模块的正确接线至关重要。XH-M249 电压转换模块共有 4 个接口，分别是 9～36V 的直流输入端子、恒定 5V 的输出端子、DC 插座接口、5V 输出的 USB 接口。电源模块的接口示意图如图 10.138 所示。

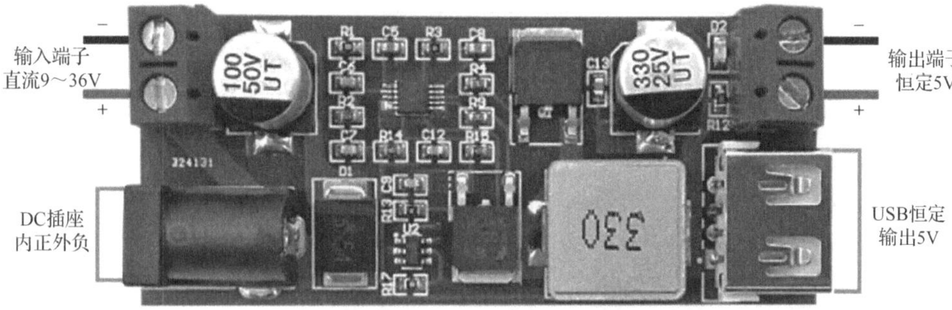

图 10.138　电源模块接口示意图

XH-M249 电压转换模块采用了 RZC1572 充电控制芯片及 AX3071 降压型 PWM 控制芯片，此外还采用了双金属-氧化物-半导体（metal-oxide-semiconductor，MOS）场效应管的电路设计，具有良好的降压特性，可以实现对交流电与直流电的降压转换。

8. 系统线序定义

海水无线光级联通信系统中，由于内部包含较多的电子元件，且各个模块所需的供电电压及数据通信接口各异，因此，为了保证系统接线工作顺利进行，须对系统模块的线序定义及供电情况进行统计。线序定义及线数目如表 10.38 所示。

表 10.38　供电线序定义

模块名称	供电电压/V	供电线数目/根	备注
FPGA	5	1	USB 接口供电（密封舱外）
LD 驱动模块	12	2	需通过密封舱
APD 探测器驱动模块	10	2	需通过密封舱
A/D、D/A 转换模块	5	4	需通过密封舱
伺服转台	24	2	需通过密封舱

除了供电部分，系统通信部分的线序也需要充分考虑，系统通信部分线序定义及接口形式汇总如表 10.39 所示。

表 10.39　通信线序定义

模块名称	接口形式	接线数目/根	备注
D/A 转换模块-LD 驱动模块	SMA	1	密封舱内部接线
APD 探测器驱动模块-A/D 转换模块	SMA	1	密封舱内部接线
伺服转台	RS485	2	需通过密封舱
A/D 转换模块-FPGA	排线	16	需通过密封舱
D/A 转换模块-FPGA	排线	14	需通过密封舱

海水无线光级联通信终端水密舱外壳采用亚克力材料制成，水密舱体上下两端预留水密接线孔，方便系统内部与外界的线序连接。受系统结构的限制，采用上端通信部分接线、下端供电走线的布局方案，接线布局如图 10.139 所示。

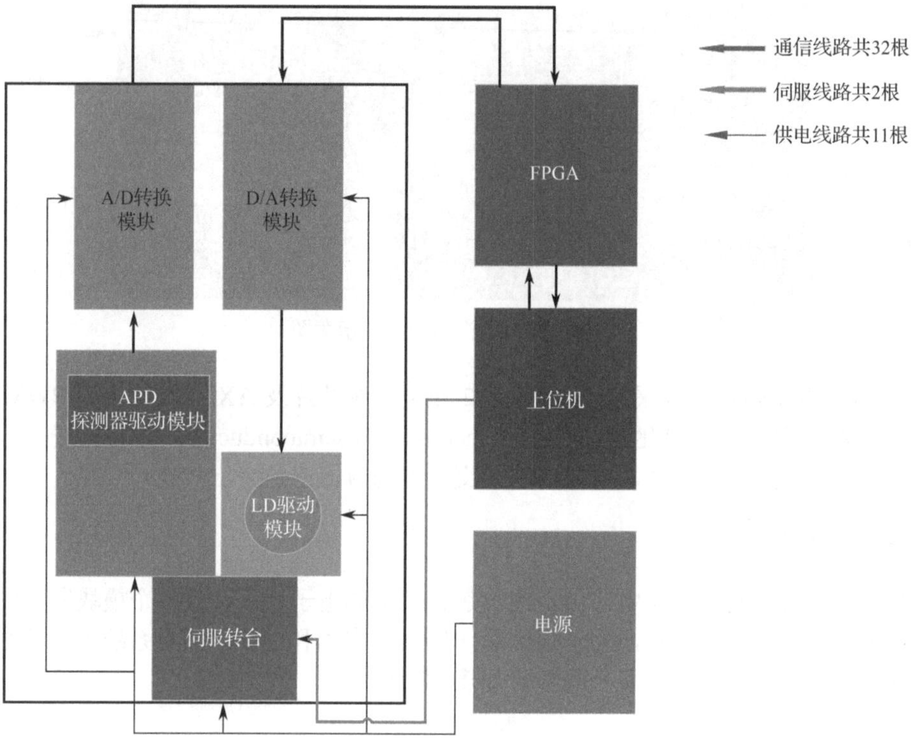

图 10.139　系统接线布局图

9. 系统集成

按照上述各个分系统的选型、结构的轻小型化设计，集成海水无线光通信系统组网节点如图 10.140 所示。该节点将通信光源、通信接收探测器、光学收发天线、伺服转台、A/D 转换模块及 D/A 转换模块等单元集成到尺寸为 110mm×150mm 的结构空间内，满足轻小型化设计要求，同时对上下两端法兰进行了水密结构设计，具备系统级测试条件。

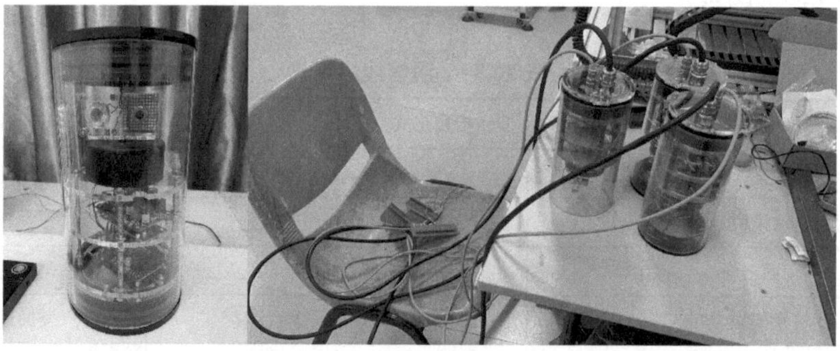

图 10.140　海水无线光通信系统组网节点

参 考 文 献

[1] Chancey M A. Short range underwater optical communication links[D]. Raleigh: North Carolina State University, 2005.

[2] Lin A B, Tong Z, Song Y H, et al. Underwater wireless optical communication system using blue LEDs[C]. Journal of Physics: Conference Series, Montreal, 2016, 679: 012032.

[3] Wang P L, Li C, Wang B K, et al. Real-time 25Mb/s data transmission for underwater optical wireless communication using a commercial blue LED and APD detection[C]. Asia Communications and Photonics Conference, Wuhan, 2016: 1-3.

[4] Tang S J, Dong Y H, Zhang X D. On link misalignment for underwater wireless optical communications[J]. IEEE Communications Letters, 2012, 16(10): 1688-1690.

[5] Steffen P, Detlef B, Kevin H. Under high pressure: Spherical glass flotation and instrument housings in deep ocean research[J]. Marine Technology Society Journal, 2009, 43(5): 105-109.

[6] Shiri R S, Coronado P L, Lunde E L, et al. Hemispherical optical dome for underwater communication[C]. Laser Communication and Propagation Through the Atmosphere and Oceans VI, Bellingham, 2017, 10408: 1-8.

[7] 张鹏, 佟首峰. 水下无线光传输系统中 Fresnel 透镜的聚光性能研究[J]. 光学学报, 2019, 39(4): 412006.

[8] Cossu G, Sturniolo A, Messa A, et al. Full-fledged 10Base-T ethernet underwater optical wireless communication system[J]. IEEE Journal on Selected Areas in Communications, 2017, 36(1): 194-202.

[9] Felix S, Uwe R Z, Jochen T. Visible spectrum optical communication and distance sensing for underwater applications[C]. Australasian Conference on Robotics and Automation, Canberra, 2004, 12: 1-8.

[10] Heather B. Designing a wireless underwater optical communication system[D]. Cambridge: Massachusetts Institute of Technology, 2010.

[11] Wen D Q, Cai W Y, Pan Y G. Design of underwater optical communication system[C]. OCEANS 2016, Shanghai, 2016: 1-4.

[12] Masaharu I, Hideaki O, Hidenobu T, et al. Underwater three-dimensionalimaging laser sensor with 120-deg wide-scanning angle using the combination of a dome lens and coaxial optics[J]. Optical Engineering, 2017, 56(3): 031212.

[13] Halafi A A, Hassan M O, Boon S O, et al. Real-time video transmission over different underwater wireless optical channels using directly modulated 520nm laser diode[J]. IEEE Journal of Optical Communications & Networking, 2017, 9(10): 826-832.

[14] Shen C, Ng T K, Lee C, et al. Semipolar InGaN quantum-well laser diode with integrated amplifier for visible light communications[J]. Optics Express, 2018, 26(6): A219-A226.

[15] Hong Z, Yan Q R, Li Z H, et al. Photon-counting underwater optical wireless communication for reliable video transmission using joint source-channel coding based on distributed compressive sensing[J]. Sensors, 2019, 19(5): 1042.

[16] Hamza T, Ali K M, Salah B, et al. On the suitability of employing silicon photomultipliers for underwater wireless optical communication Links[C]. 10th International Symposium on Communication Systems, Networks and Digital Signal Processing (CSNDSP), Prague, 2016: 1-5.

[17] Rao J H, Yao W M, Wen L Q. Using the combination refraction-reflection solid to design omni-directional light source used in underwater wireless optical communication[C]. Applied Optics and Photonics China (AOPC2015), Beijing, 2015: 96790F.

[18] Zhao Y F, Wang A D, Zhu L, et al. Performance evaluation of underwater opticalcommunications using spatial modes subjected to bubbles and obstructions[J]. Optics Letters, 2017, 42(22): 4699-4702.

[19] Zhang P, Tong S F, Jiang H L, et al. Study on the engineering technology of underwater wireless optical static unidirectional communication system[C]. Second Target Recognition and Artificial Intelligence Summit Forum, Changchun, 2019: 1-10.

[20] 吴承治. 海水无线光通信系统初探[J]. 现代传输, 2014(5): 72-79.

[21] Kolawole E S, Ali W H, Cofie P, et al. Design and implementation of low-pass, high-pass and band-pass finite impulse response(FIR) filters using FPGA[J]. Circuits and Systems, 2015, 6(2): 30-48.

[22] Yao C Y, Hsia W C, Ho Y. Designing hardware-efficient fixed-point FIR filters in an expanding subexpression space[J]. IEEE Transactions on Circuits and Systems, 2017, 61(1): 202-212.

[23] 李晓燕, 张鹏, 佟首峰. 大气湍流影响下基于自适应判决门限的逆向调制自由空间光通信系统误码率性能分析[J]. 中国激光, 2018, 45(6): 0606001.

[24] Bulzacchelli J F, Menolfi C, Beukema T J, et al. A 28Gb/s 4-Tap FFE/15-Tap serial link transceiver in 32nm SOI CMOS technology[J]. IEEE Journal of Solid-State Circuits, 2012, 47(12): 3232-3248.

[25] Gangasani G R, Hsu C M, Bulzacchelli J F, et al. A 32Gb/s backplane transceiver with on-chip AC-coupling and low latency CDR in 32nm SOI CMOS technology[J]. IEEE Journal of Solid-State Circuits, 2014, 49(11): 2474-2489.

[26] Xu J, Sun B, Lü W C, et al. Underwater fiber-wireless communication with a passive front end[J]. Optics Communications, 2017, 402: 260-264.

[27] Li C Y, Lu H H, Tsai W S, et al. 16Gb/s PAM4 UWOC system based on 488nm LD with light injection and optoelectronic feedback techniques[J]. Optical Express, 2017, 25(10): 11598-11605.

第 11 章　海上无线电波传播

无线电波是指频率在 3000GHz 以下，在非人造波导空间中传播的电磁波。无线电波是世界上应用最广泛的无线通信手段，在 2023 年我国颁布的《中华人民共和国无线电频率划分规定》中，根据无线电波的传播特性将其划分为 14 个频段，如表 11.1 所示。不同频段对应于不同的应用[1]，又根据业务和频段的不同设置了常用字母代码与之相对应，如表 11.2 所示。

表 11.1　无线电频段划分表

带号	频带名称	频率范围	波段名称	波长范围
−1	至低频（tremendously low frequency，TLF）	0.03～0.3Hz	至长波或千兆米波	10000～1000Mm
0	至低频（TLF）	0.3～3Hz	至长波或百兆米波	1000～100Mm
1	极低频（extremely low frequency，ELF）	3～30Hz	极长波	100～10Mm
2	超低频（super-low frequency，SLF）	30～300Hz	超长波	10～1Mm
3	特低频（ultra-low frequency，ULF）	300～3000Hz	特长波	1000～100km
4	甚低频（very low frequency，VLF）	3～30kHz	甚长波	100～10km
5	低频（low frequency，LF）	30～300kHz	长波	10～1km
6	中频（MF）	300～3000kHz	中波	1000～100m
7	高频（HF）	3～30MHz	短波	100～10m
8	甚高频（VHF）	30～300MHz	米波	10～1m
9	特高频（ultra-high frequency，UHF）	300～3000MHz	分米波	10～1dm
10	超高频（super high frequency，SHF）	3～30GHz	厘米波	10～1cm
11	极高频（extremely high frequency，EHF）	30～300GHz	毫米波	10～1mm
12	至高频（tremendously high frequency，THF）	300～3000GHz	丝米波或亚毫米波	10～1dmm

注 1：频率范围（波长范围亦类似）均含上限、不含下限。

2：“频段 N”（N=带号）从 0.3×10^{N}Hz 至 3×10^{N}Hz。

3：1Mm=10^{6}m，1dmm=10^{-1}mm。

表 11.2　常用字母代码和业务频段对应表

字母代码	雷达		空间无线电通信	
	频率范围/GHz	举例/GHz	标称频段	举例/GHz
L	1～2	1.215～1.4	1.5GHz 频段	1.525～1.710
S	2～4	2.3～2.5 2.7～3.4	2.5GHz 频段	2.5～2.690
C	4～8	5.25～5.85	4/6GHz 频段	3.4～4.2 4.5～4.8 5.85～7.075
X	8～12	8.5～10.5	—	—
Ku	12～18	13.4～14.0 15.7～17.3	11/14GHz 频段 12/14GHz 频段	10.7～13.25 14.0～14.5
K	18～27	24.05～24.25	20GHz 频段	17.7～20.2
Ka	27～40	33.4～36.0	30GHz 频段	27.5～30.0
Q/V	–/40～75	–/59.3～64	40/50GHz 频段	37.5～43.5 43.5～47 47.2～50.2 50.4～52.4
E	—	—	60～90GHz 频段	—
W	75～110	76～77	—	—

在国际电信联盟（International Telecommunication Union，ITU）的《无线电规则》中，海岸电台与船舶电台之间、船舶电台与船舶电台之间的通信统称为海事通信，也可称水上通信、海上通信。在我国的《中华人民共和国无线电频率划分规定》中，也详细地给出了我国内地、香港和澳门地区针对水上移动、水上无线电导航、卫星水上移动等业务的频率划分。

本章将介绍海上无线电业务分类与相关需求，并介绍海上无线电波传播的基本理论和特性，同时还将介绍海洋气象因素对无线电波传播的影响，如海浪和海风等。通过对海洋无线电波传播特性的深入剖析，更好地理解海洋条件对无线电信号传播的影响，从而为海上无线电领域的相关研究和应用提供一定的理论基础。

11.1　海上无线电应用概述

通信是海上无线电较重要的应用之一，早期的无线电海事通信频段以甚低频、低频、中频和高频为主[2]。近年来，随着“一带一路”倡议中关于“21 世纪海上丝绸之路”建设的持续推进，数字海洋、智慧海洋、智能航运等政策的陆续出台，以及海洋经济的快速发展，相关行业对海上无线电通信的现实需求也变得愈发突出。

海上无线电通信，可以按船舶的离岸距离划分为近海无线电通信、深海无线电通信和深远海无线电通信，其中，近海指距海岸线 200n mile（1n mile=1.852km）以内的海域，深海指距海岸线 200～500n mile 的海域，深远海指距海岸线 500n mile 以外的海域。图 11.1 为海上无线电通信示意图[3]。

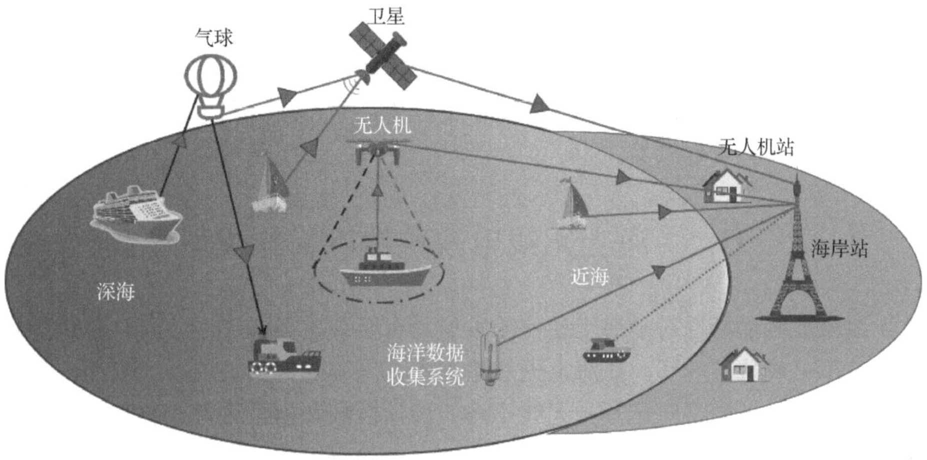

图 11.1　海上无线电通信示意图

近海无线电通信，以使用甚高频和超高频等频段覆盖近海海域的岸基（地基）通信系统为主；深海与深远海无线电通信，以使用 L 和 S 等频段的海事卫星通信的天基通信系统为主[4]。其中，地基通信系统具有站址选择、带宽和覆盖范围受限的特点，还未能达到完全覆盖近海的水平。例如，2021 年中国移动通信集团广西有限公司联合广西广播电视信息网络股份有限公司实现近 3 万平方公里海面的 5G 网络覆盖，基站覆盖距离达到 82km；2022 年中国移动通信集团山东有限公司在烟台近海海域建设 700MHz 的 5G 站点近 100 处，基本实现 40～50km 海域范围的覆盖，最远可达 80km。天基通信中的海事卫星通信系统，虽然能在基站覆盖盲区提供高速数据通信业务，但其设备较为笨重，还具有资费高、延时大等缺点。但随着宽带卫星通信系统和空间组网技术的快速发展与新型卫星的升空，可以通过宽带卫星、卫星船站、地面站以及服务云等来提供天地一体、高速率、多应用、低资费的实时海上通信服务。例如，截止到 2022 年 2 月 4 日，美国太空探索技术公司（SpaceX）已经在轨运行 1920 颗星链（Starlink）卫星，为北美、英国等 10 余个国家和地区提供速率为 50～500Mbit/s 的通信服务，网络时延低至 20～40ms，收费标准也由以前的按流量收费变为按月收费[5]。天基通信中的海事卫星导航系统还可以在全球范围内为各类用户提供全天候、全天时、高精度、高可靠的导航、定位和授时服务，还兼有短报文通信能力[5]，并能向有更高要求的授权用户提供定制化服务。例如，我国的北斗卫星导航系统、俄罗斯的格洛纳斯导航卫星系统和美国的全球定位系统等。

海事雷达是无线电在海上的另一项重要应用，发射固定频率电磁波并通过对回波信号的检测和处理以感知周围环境，实现定位、导航和避撞等船舶应用，在夜晚、雾天等能见度较低的环境下实现对船舶航行的引导，在提升航行安全性方面起到了重要作用。根据 ITU 的规定，民用海事雷达主要使用 X 波段和 S 波段，但受到海上高温、低温、盐雾等恶劣环境因素，以及大气状况、海杂波等海面因素的影响，海事雷达需要具备长时间、高可靠工作的能力，才能保障船舶的航行安全。同时，随着国家智能船舶建设的不断推进，渔船、舰船、运输船等对海事雷达的需求也不断增长，针对海事雷达的智能化研究也被逐渐重视。

但海上无线电波的传播环境通常较差，且不同于陆地，会受到海面状况（海浪、潮汐等）和大气状况（风速、气温等）等多种时变因素的影响，导致海事通信、海事雷达的导航和定位等应用性能不佳[6]。因此，针对海上无线电波传播特性展开研究，并深入研究海上无线信道测量和特性建模具有重要意义。

11.2 海上无线电波传播机制与模型

海上无线电波传播特性对于海上通信的发展具有至关重要的作用，同时也是建立和保障海上可靠通信不可或缺的一环。在海上无线信道中，电波的传播机制有很多种，如直射、反射、散射、透射等。下面将对这几种无线电波的传播机制和模型进行介绍。

11.2.1 电波透射机制与模型

透射波是电波遇到远大于波长的物体时，直接穿过物体进行传播而产生的。例如，电波从基站穿过海浪到达船舶，即通过透射机制穿过海水被接收机接收。

在 ITU 模型（ITU-R P.527-6 建议书）中，定义电波穿透深度δ为在复相对介电常数$\varepsilon_{\mathrm{r}}=\varepsilon_{\mathrm{r}}'-\mathrm{j}\varepsilon_{\mathrm{r}}''$的均匀介质中，电磁辐射振幅降至表面原始值的$1/\mathrm{e}$（约 37%）的深度，可由式（11.1）给出：

$$\delta=\frac{\lambda}{2\pi}\sqrt{\frac{2}{\sqrt{(\varepsilon')^2+(\varepsilon_{\mathrm{r}}'')^2}-\varepsilon_{\mathrm{r}}'}} \tag{11.1}$$

式中，λ为波长。由式（11.1）可知，电波的穿透深度δ不仅与波长有关，还与所穿透介质的复相对介电常数有关，下面就分别介绍纯水和海水的复相对介电常数。

1. 纯水的复相对介电常数

考虑 ITU 的纯水模型，复相对介电常数$\varepsilon_{\mathrm{pw}}=\varepsilon_{\mathrm{pw}}'-\mathrm{j}\varepsilon_{\mathrm{pw}}''$与频率和温度有关，具体可由式（11.2）～式（11.5）给出：

$$\varepsilon_{\mathrm{pw}}'=\frac{\varepsilon_{\mathrm{s}}-\varepsilon_1}{1+\left(f_{\mathrm{GHz}}/f_1\right)^2}+\frac{\varepsilon_1-\varepsilon_\infty}{1+\left(f_{\mathrm{GHz}}/f_1\right)^2}+\varepsilon_\infty \tag{11.2}$$

$$\varepsilon_{\mathrm{pw}}''=\frac{\left(f_{\mathrm{GHz}}/f_1\right)\left(\varepsilon_{\mathrm{s}}-\varepsilon_1\right)}{1+\left(f_{\mathrm{GHz}}/f_1\right)^2}+\frac{\left(f_{\mathrm{GHz}}/f_2\right)\left(\varepsilon_1-\varepsilon_\infty\right)}{1+\left(f_{\mathrm{GHz}}/f_2\right)^2} \tag{11.3}$$

$$\begin{cases}\varepsilon_{\mathrm{s}}=77.6+103.3\Theta\\ \varepsilon_1=0.0671\varepsilon_{\mathrm{s}}\\ \varepsilon_\infty=3.52-7.52\Theta\end{cases} \tag{11.4}$$

$$\Theta=\frac{300}{T+273.15}-1 \tag{11.5}$$

式中，T 为温度，单位为℃；f_{GHz} 为频率，单位为 GHz；f_1、f_2 为德拜弛豫频率（Debye relaxation frequencies），单位为 GHz，可由式（11.6）计算得到：

$$\begin{cases} f_1=20.2-146.4\Theta+316\Theta^2 \\ f_2=39.8f_1 \end{cases} \tag{11.6}$$

2. 海水的复相对介电常数

海水（盐水）的复相对介电常数 ε_{sw} 与频率、温度以及盐度有关，具体可由式（11.7）～式（11.9）给出：

$$\varepsilon_{\text{sw}}=\varepsilon'_{\text{sw}}-\text{j}\varepsilon''_{\text{sw}} \tag{11.7}$$

$$\begin{cases} \varepsilon'_{\text{sw}}=\dfrac{\varepsilon_{\text{ss}}-\varepsilon_{1\text{s}}}{1+(f_{\text{GHz}}/f_{1\text{s}})^2}+\dfrac{\varepsilon_{1\text{s}}-\varepsilon_{\infty\text{s}}}{1+(f_{\text{GHz}}/f_{2\text{s}})^2}+\varepsilon_{\infty\text{s}} \\ \varepsilon''_{\text{sw}}=\dfrac{(f_{\text{GHz}}/f_{1\text{s}})(\varepsilon_{\text{ss}}-\varepsilon_{1\text{s}})}{1+(f_{\text{GHz}}/f_{1\text{s}})^2}+\dfrac{(f_{\text{GHz}}/f_{2\text{s}})(\varepsilon_{1\text{s}}-\varepsilon_{\infty\text{s}})}{1+(f_{\text{GHz}}/f_{2\text{s}})^2}+\dfrac{18\sigma_{\text{sw}}}{f_{\text{GHz}}} \end{cases} \tag{11.8}$$

$$\begin{cases} \varepsilon_{\text{ss}}=\varepsilon_{\text{s}}\exp\left(-3.56417\times10^{-3}S+4.74868\times10^{-3}S+1.15574\times10^{-5}TS\right) \\ f_{1\text{s}}=f_1\left[1+S\left(2.39357\times10^{-3}-3.13530\times10^{-5}T+2.52477\times10^{-7}T^2\right)\right] \\ \varepsilon_{1\text{s}}=\varepsilon_1\exp\left(-6.28908\times10^{-3}S+1.76032\times10^{-4}S-9.22144\times10^{-5}TS\right) \\ f_{2\text{s}}=f_2\left[1+S\left(-1.99723\times10^{-2}+1.81176\times10^{-4}T\right)\right] \\ \varepsilon_{\infty\text{s}}=\varepsilon_\infty\left[1+S\left(-2.04265\times10^{-3}+1.57883\times10^{-4}T\right)\right] \end{cases} \tag{11.9}$$

式中，S 为盐度，单位为 g/kg；σ_{sw} 可由式（11.10）得到

$$\sigma_{\text{sw}}=\sigma_{35}R_{15}R_{T15} \tag{11.10}$$

其中，σ_{sw} 的单位是西门子/米（S/m），其中各参数可由式（11.11）计算得到：

$$\begin{cases} \sigma_{35}=2.903602+8.607\times10^{-2}T+4.738817\times10^{-4}T^2-2.991\times10^{-6}T^3+4.3047\times10^{-9}T^4 \\ R_{15}=S\left(\dfrac{37.5109+5.45216S+1.4409\times10^{-2}S^2}{1004.75+182.283S+S^2}\right) \\ R_{T15}=1+\dfrac{\alpha_0(T-15)}{\alpha_1+T} \\ \alpha_0=\dfrac{6.9431+3.2841S-9.9486\times10^{-2}S^2}{84.850+69.024S+S^2} \\ \alpha_1=49.843-0.2276S+0.198\times10^{-2}S^2 \end{cases} \tag{11.11}$$

利用上述公式对 ITU 电波透射模型进行仿真，可得到穿透深度随电波频率、温度以及传输介质变化的曲线，如图 11.2（a）所示，图 11.2（b）为其虚线框部分的局部放大。

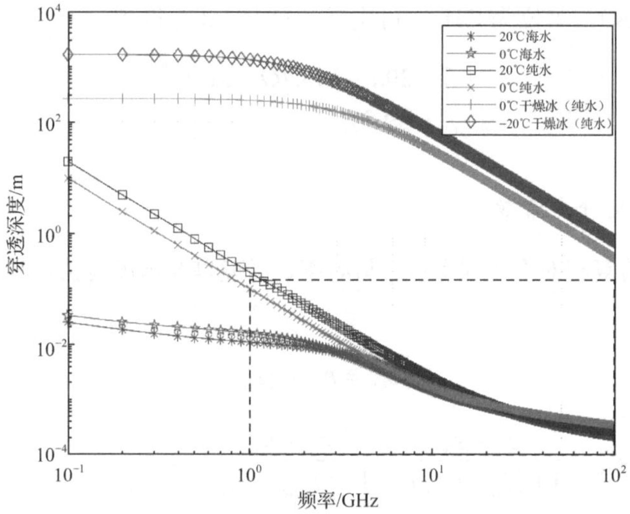

（a）穿透深度

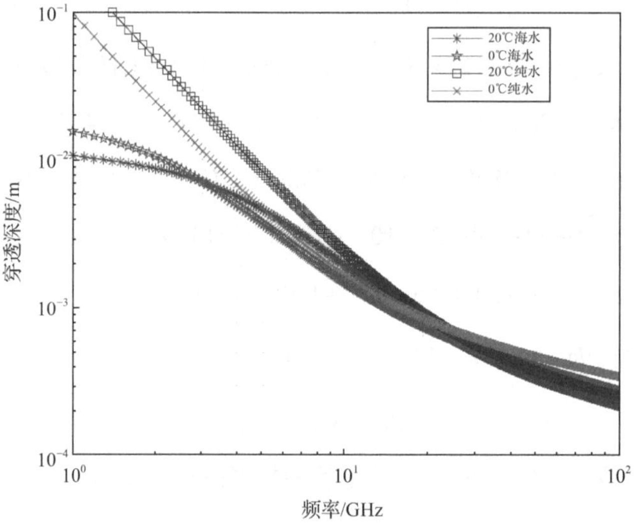

（b）局部放大

图 11.2　不同频率、温度和传输介质条件下无线电波穿透深度变化曲线

由图 11.2 可知，随着频率的增加，无线电波穿透介质的深度会不断减小；与此同时，不同的温度条件也会影响无线电波穿透介质的深度。

由式（11.7）～式（11.11）可知，海水的盐度条件也会对无线电波的穿透深度带来影响。地球上海水的平均盐度大约为 35g/kg，但红海海水的盐度高达 40g/kg，而波罗的海由于拥有众多的入海径流，海水盐度只有 10g/kg。因此，在 20℃时对不同盐度海水的穿透深度进行仿真研究，得到的结果曲线如图 11.3 所示，其中，盐度为 0 的海水即为纯水。

由图 11.3 中曲线可知，当海水盐度分别为 10g/kg、20g/kg、35g/kg、40g/kg，且信号频率为 0.1GHz 时，电波的穿透深度分别为 0.0469m、0.0320m、0.0241m 和 0.0226m，即盐度越低的海水，无线电波对其穿透能力越强。

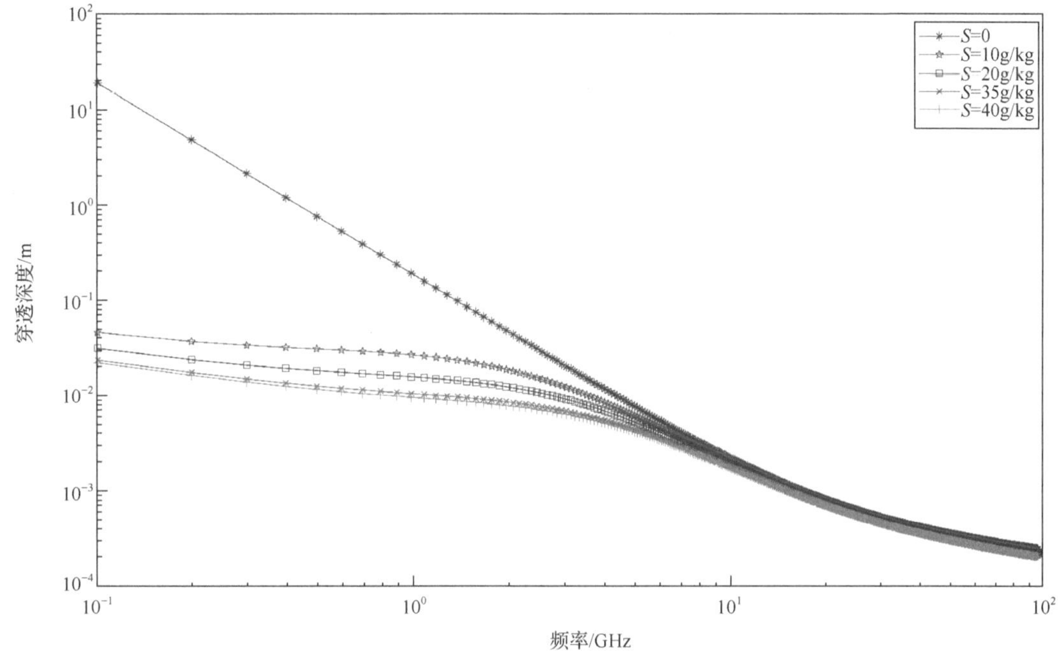

图 11.3　无线电波对不同盐度海水的穿透深度（20℃）

综上，当海浪阻断无线电波的通信路径时，100MHz 到 1GHz 频率范围的电磁波穿过高度不超过 0.1m 的海浪后，其幅值将衰减至原始值的1/e 左右。

11.2.2　电波反射机制与模型

电波入射到具有不同介电特性的两种媒质的分界面时，会发生镜面反射，其中，一部分电波被反射，形成反射波如图 11.4 所示（图中，h_t 为发射机高度，h_r 为接收机高度，d 为发射机与接收机之间的水平距离）；另一部分电波则进入第二种媒质。反射波的电场强度与入射波在介质中的菲涅耳反射系数 Γ 有关，该系数是反射面材料属性的函数，一般取决于电波极性、相对介电常数、入射角和频率等因素。

对于平静海面，电磁波会在其上产生镜面反射，非垂直入射的接收机将无法接收海面反射波的能量；对于有风海面，微尺度波使海面变得粗糙，在海面上形成了大量具有不同方向的小反射面，非垂直入射的接收机也可以接收到海面反射波，但反射波强度在很大程度上要取决于海面粗糙程度。

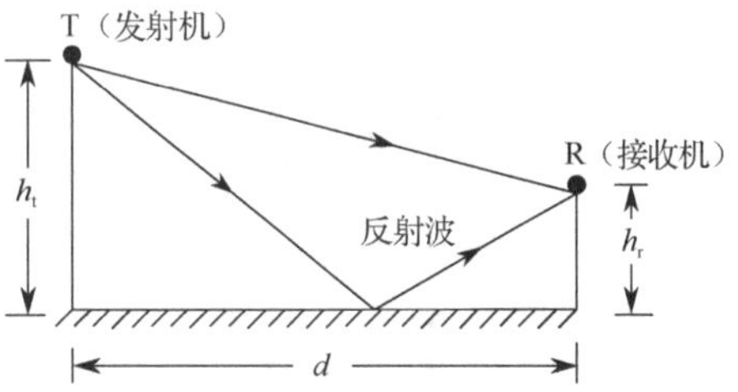

图 11.4　反射波示意图

1. 海洋对无线电波的反射

代表电磁特性的海洋介电常数 ε_s 的计算公式为

$$\varepsilon_s = \varepsilon_\infty + \frac{\varepsilon_1(S,T) - \varepsilon_\infty}{1 - \mathrm{i}\omega\tau(S,T)} - \frac{\mathrm{i}\sigma(S,T)}{\omega\varepsilon_0} \tag{11.12}$$

式中，ω 为电磁波角频率；$\varepsilon_0 = 8.854\times10^{-12}$ 为自由空间介电常数；$\varepsilon_\infty = 4.9$ 为海水的无穷介电常数；S 为海水盐度，T 为海水温度；$\varepsilon_1(S,T)$ 为低频或静态条件下的相对介电常数，$\sigma(S,T)$ 为海水的电导率，$\tau(S,T)$ 为弛豫时间，都是盐度和温度的函数[7]。由式（11.12）可知，海洋介电常数 ε_s 与电磁波的角频率 ω 有关。

当反射离开完美的电介质时，基于反射定律可计算出水平偏振菲涅耳反射系数 Γ_H 和垂直偏振菲涅耳反射系数 Γ_V：

$$\begin{aligned}\Gamma_H &= \frac{\varepsilon\sin\phi - \sqrt{\varepsilon - \cos^2\phi}}{\varepsilon\sin\phi + \sqrt{\varepsilon - \cos^2\phi}} \\ \Gamma_V &= \frac{\sin\phi - \sqrt{\varepsilon - \cos^2\phi}}{\sin\phi + \sqrt{\varepsilon - \cos^2\phi}}\end{aligned} \tag{11.13}$$

式中，ε 为反射介质的等效复介电常数，通常由相对介电常数、电导率和电磁波波长等决定；ϕ 为入射角。

菲涅耳反射系数在计算接收信号功率的过程中起着至关重要的作用，它由入射角和海洋介电常数决定。通常，菲涅耳反射系数是指反射发生在波浪噪声较小的平静海面上的反射系数；若反射面是湍流洋面，则必须修改反射系数，即在菲涅耳反射系数的基础上乘以粗糙度修正系数，得到粗糙反射系数为

$$\rho_s = \rho\Gamma \tag{11.14}$$

式中，ρ 为粗糙度修正系数，取 g 为修正折射率，有

$$\rho = \frac{1}{\sqrt{3.2g - 2 + \sqrt{(3.2)^2 - 7g + 9}}} \tag{11.15}$$

最终，得到海上电波反射传播如图 11.5 所示。接收信号功率来自直接路径和反射路径，由于衰落和信号损失，它将小于发射机总功率。

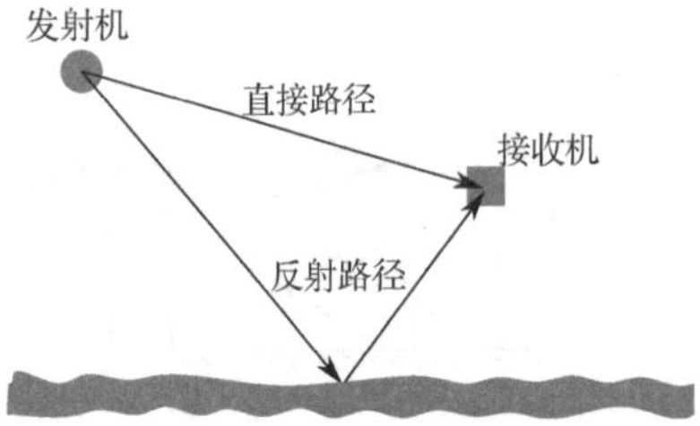

图 11.5　海上电波反射传播示意图

2. 考虑地球曲率的双径反射模型

在海上通信时，船舶天线接收到的电波信号来自直接路径和反射路径，其中的反射路径来自海面。根据海面的粗糙程度，来自反射路径的电波信号又分为镜面反射分量和漫反射分量[8]。可以利用粗糙度判决、瑞利判决、修正系数函数等方法，进行海上电波反射特性的分析[9]，当入射擦海角 φ_g 较小时，

镜面反射分量占绝对优势，漫反射分量可以忽略不计。具体可设海面起伏高度为 Δh，若有

$$\Delta h \leqslant \frac{\lambda}{8\sin\varphi_g} \tag{11.16}$$

则认为反射面是平坦的，此时反射信号的主要成分是镜面反射分量，漫反射分量忽略不计。

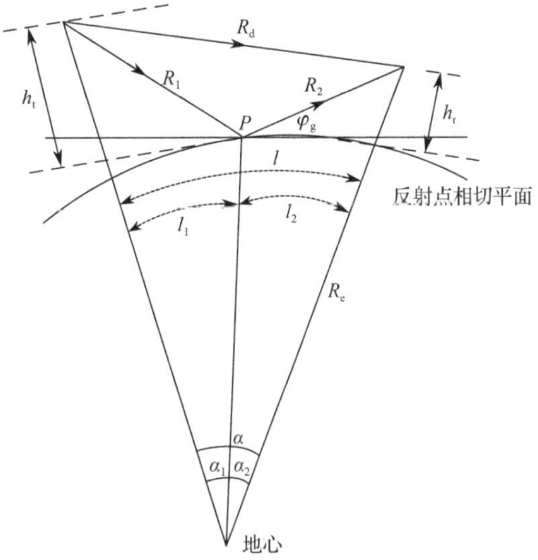

图 11.6　考虑地球曲率的双径反射模型

本节假设海面平静，考虑地球曲率的双径反射模型如图 11.6 所示。图中，P 为镜面反射点，φ_g 为入射擦海角，h_t、h_r 分别为发射天线高度、接收天线高度；R_d 为直射路径距离，l 为与之对应的水平距离，其所对应的圆心角为 α；R_1、R_2 分别为入射路径和反射路径，与之对应的水平距离和圆心角分别为 l_1、l_2 和 α_1、α_2。为使传播模型更加精确，必须考虑地球曲率的影响[10]。

首先，利用收发电波之间的延迟时间计算出直射路径距离 R_d，再由余弦定理求得圆心角 α 为

$$\alpha = \cos^{-1}\left[\frac{(h_t+R_e)^2+(h_r+R_e)^2-R_d^2}{2(h_t+R_e)(h_r+R_e)}\right] \tag{11.17}$$

式中，R_e 为地球有效半径，利用 R_e 可得 $l=R_e\alpha$。要求得反射路径距离 R_1、R_2，需要先确定反射点位置，当天线高度和天线尺寸都远小于地球半径时，可利用式（11.18）先求出 l_1，有

$$2l_1^3-3ll_1^2+[l^2-2R_e(h_r+h_t)]l_1+2R_eh_rl=0 \tag{11.18}$$

由 l_1 可得

$$\begin{cases}\alpha_1 = l_1/R_e\\ \alpha_2=(l-l_1)/R_e\end{cases} \tag{11.19}$$

再根据余弦定理求得

$$\begin{cases}R_1=\sqrt{R_e^2+(R_e+h_t)^2-2R_e(R_e+h_t)\cos\alpha_1}\\ R_2=\sqrt{R_e^2+(R_e+h_r)^2-2R_e(R_e+h_r)\cos\alpha_2}\end{cases} \tag{11.20}$$

最后，得到考虑了地球曲率的入射擦海角为

$$\varphi_g=\sin^{-1}\left(\frac{h_r}{R_2}-\frac{R_2}{2R_e}\right) \tag{11.21}$$

在海上环境传播的无线电波，会受到海水吸收和反射作用的影响。海洋表面的水波和海浪会形成起伏的曲面，会导致信号在海面反射时产生多条传播路径；若在船舶移动的情况下，信号的反射和传播路径将变得更为复杂。因此，理解电波反射的原理和特性对于保证海上通信的稳定性和可靠性至关重要。

11.2.3 电波绕射机制与模型

电磁波在传播过程中遇到障碍物时，若该障碍物的尺寸与电磁波波长接近，则电磁波可以从该障碍物的边缘绕过去并继续前进，这种偏离了原来传播方向的现象叫作电波的绕射，也可称为衍射。电波的绕射能力与波长有关，波长越长，绕射能力越强；反之，波长越短则绕射能力越弱。

海上无线通信不同于陆地无线通信，它具有自己的一些特殊性。在地形上，海面上的障碍物和遮挡都比较少，电波传播余隙较大，传播的绕射损耗比在陆地上要小[11]。但在船舶周围还存在着一些大小不一的物体，如海浪、桅杆、天线、雷达等，这些物体也都会对电波传播产生影响，导致无线电波在传播过程中出现绕射现象。因此，深入了解电波绕射原理和特点，对于海上通信系统的设计和优化具有重要意义。

海上无线电波的绕射主要是在海上遇到的一些障碍物，通常会考虑在气象条件恶劣时由海浪所引起的单峰刃形障碍物绕射和多重刃形障碍物绕射，或者是在船舶之间存在岛屿间隔时所造成的边缘绕射和表面绕射。下面详细介绍这几种绕射现象。

1. 边缘、表面绕射

边缘绕射时，边缘绕射线与边缘的夹角等于相应的入射线与边缘的夹角，入射线与绕射线分别在绕射点与边缘垂直的平面的两侧或在该平面上，一条入射线激起无数条以绕射点为顶点的圆锥面上的绕射线，如图 11.7（a）所示；当入射线与边缘垂直时，圆锥面退化为与边缘垂直的圆盘平面，如图 11.7（b）所示。

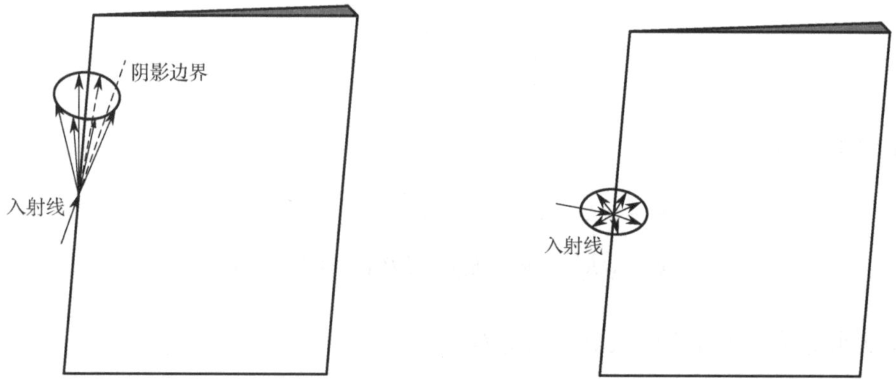

（a）入射线与边缘不垂直　　（b）入射线与边缘垂直

图 11.7　边缘绕射示意图

当有射线沿阴影边界向光滑的理想导电曲面入射时，一部分能量按几何光学定律继续前进，另一部分能量则沿物体表面传播，形成表面射线，并在传播时不断沿切向发出绕射线，如图 11.8 所示。

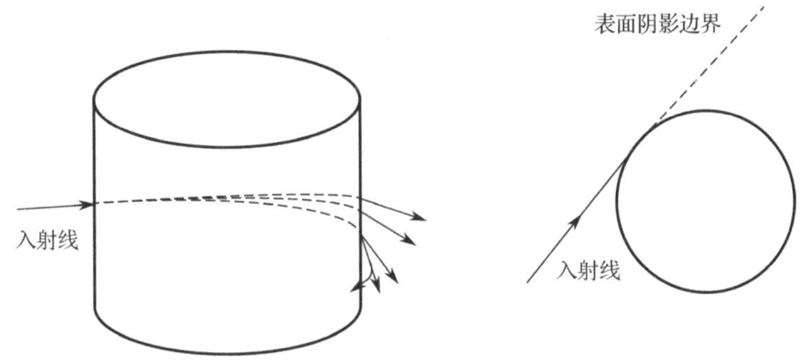

（a）侧面图　（b）俯视图

图 11.8　表面绕射示意图

2. 单峰刃形障碍物绕射

当阻挡由单个物体引起时，可将阻挡体看作单峰刃形障碍物来进行绕射损耗的估算，具体可采用经典菲涅耳方法。接收点 R 位于刃形障碍物后面的阴影区，如图 11.9 所示，其场强为刃形障碍物上所有二次惠更斯源场强的矢量和[12]。

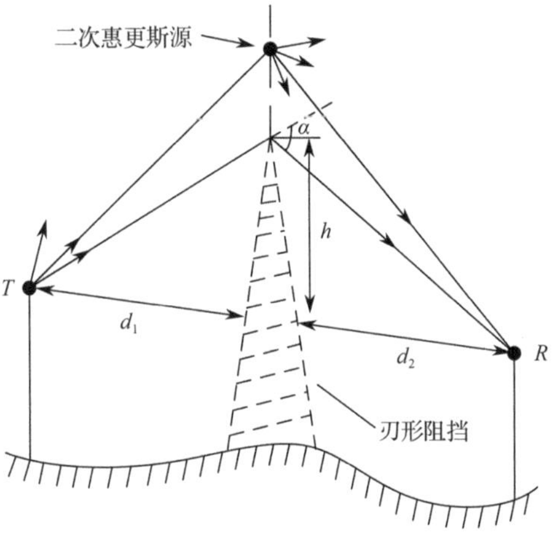

图 11.9　单峰刃形障碍物绕射示意图

刃形绕射波的场强 E 为

$$\frac{E}{E_0}=F(v)=\frac{(1+\mathrm{j})}{2}\int_v^{\infty}\exp\left[\left(-\mathrm{j}\pi t^2\right)/2\right]\mathrm{d}t \tag{11.22}$$

式中，E_0 为没有地面和刃形的自由空间场强；$F(v)$ 为复杂的菲涅耳积分，是绕射参数

$v = h\sqrt{\frac{2(d_1+d_2)}{\lambda d_1 d_2}} = \alpha\sqrt{\frac{2(d_1 d_2)}{\lambda(d_1+d_2)}}$ 的函数，其中，h 为刃形障碍物顶点到直射波的距离，α 为绕射角。对于给定 v 值，可使用图表进行计算，但结果要依赖对绕射增益的计算，公式如下：

$$G_d = 20\lg|F(v)| \tag{11.23}$$

G_d 的近似解由文献[13]给出，是 v 的函数，公式如下：

$$\begin{cases} G_d = 0, & v \leqslant -1 \\ G_d = 20\lg|0.5-0.62v|, & -1 < v \leqslant 0 \\ G_d = 20\lg|0.5\exp(-0.95v)|, & 0 < v \leqslant 1 \\ G_d = 20\lg\left|0.4-\sqrt{0.1184-(0.38-0.1v)^2}\right|, & 1 < v \leqslant 2.4 \\ G_d = 20\lg\left|\frac{0.225}{v}\right|, & v > 2.4 \end{cases} \tag{11.24}$$

根据式（11.24），可以得到刃形绕射增益 G_d 随菲涅耳绕射参数 v 变化的曲线，如图 11.10 所示。

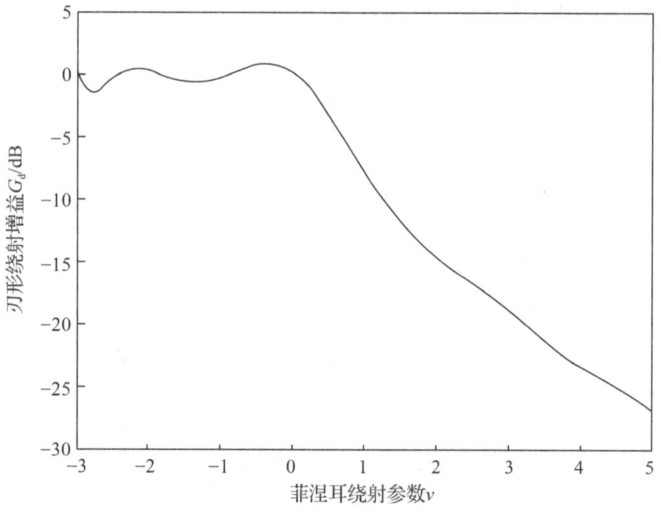

图 11.10　刃形绕射增益变化曲线

3. 多重刃形障碍物绕射

有很多情况，在无线电波的传播路径上不只存在一个阻挡体，所有阻挡体引起的绕射损耗都需要计算。Bullington[14]提出了用等效阻挡体来代替一系列阻挡体的计算方法，即使用单刃形障碍物模型计算多阻挡体绕射损耗，其等效结构如图 11.11 所示。这种方法对接收信号强度的估算结果很好，也在很大程度上简化了计算过程。

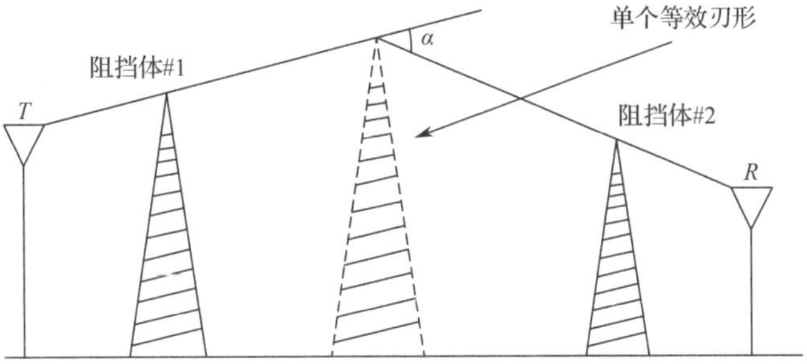

图 11.11　等效阻挡体结构

11.2.4　电波散射机制与模型

散射是在电波传播过程中，遇到与波长相差不大的物体时，电波向各个方向辐射而造成的，比如电离层和海浪造成的散射。

散射波的产生是由于传播介质本身密度不均匀，或是传播介质中存在尺寸远小于波长的其他物质微粒，当电波在这样的介质中传播时，部分电波会偏离直线方向而分散到各个方向继续传播，使得无线电波可以传输到更远的地方，这一现象经常发生在粗糙物体或不规则物体表面。由于电波向多个方向辐射，散射波是最难预测的，图 11.12 为无线电波散射传输的示意图。

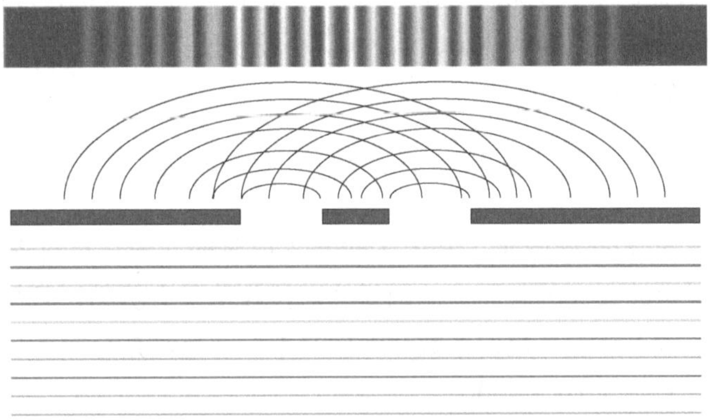

图 11.12　无线电波散射传输的示意图

1. 粗糙表面散射

当电波入射到粗糙表面时，由于散射效应反射能量几乎分布于所有方向，需要增加一个散射损耗系数来表示反射场的减弱。Ament[15]提出了粗糙表面高度服从具有局部平均值的高斯分布的理论，由此得到散射损耗系数 ρ_s，有

$$\rho_s = \exp\left[-8\left(\frac{\pi\sigma_h \sin\theta_i}{\lambda}\right)^2\right] \tag{11.25}$$

式中，σ_{h} 为表面高度与平均表面高度的标准偏差；θ_{i} 为入射角，是电波与平面之间的夹角。Boithias[16]又对式（11.25）进行了修正，有

$$\rho_{\mathrm{s}} = \exp\left[-8\left(\frac{\pi\sigma_{\mathrm{h}}\sin\theta_{\mathrm{i}}}{\lambda}\right)^2\right]\mathrm{I}_0\left[8\left(\frac{\pi\sigma_{\mathrm{h}}\sin\theta_{\mathrm{i}}}{\lambda}\right)^2\right] \tag{11.26}$$

式中，I_0 为第一类零阶贝塞尔函数。

这样，得到粗糙表面的修正反射系数 Γ_{rough} 为

$$\Gamma_{\mathrm{rough}} = \rho_{\mathrm{s}}\Gamma \tag{11.27}$$

式中，Γ 为菲涅耳反射系数。

2. *海面散射模型*

随机粗糙表面的散射可用基尔霍夫散射模型[17]和布拉格共振散射模型[18]来描述，前者用于大尺度起伏粗糙海面和 0°～20°入射角情况，后者用于小尺度起伏粗糙海面和 20°～70°入射角情况。

1）基尔霍夫散射模型

当散射体或散射面的曲率半径相对于电波波长很大时，表面场可以用表面各点切平面的场来近似表示，用这种近似方法得到散射场的过程，即为基尔霍夫法。根据该方法可推导有限粗糙海面的散射结果，单位面积上的散射截面与粗糙海面的概率密度函数 $p(\zeta_x,\zeta_y)$ 成正比，其中，ζ 为海面波高，$\zeta_x = \partial\zeta/\partial x$、$\zeta_y = \partial\zeta/\partial y$ 分别是其在 x、y 方向上的斜率。单位面积的散射截面可表示如下：

$$\sigma_{\mathrm{BA}} = \pi\sec^4\theta p(\zeta_x,\zeta_y)\left|S_{\mathrm{p}}\times R(0)\right|^2 \tag{11.28}$$

式中，θ 为入射角；S_{p} 为面积微元；$R(0)$ 为垂直入射时的菲涅耳反射系数。式（11.28）表明，仅有垂直于入射电波方向的表面上的散射才对接收信号有贡献，且与入射电波的波长和极化方式无关，仅依赖于菲涅耳反射系数和海面斜率。对呈高斯分布的各向同性粗糙海面来说，式（11.28）可以改写为如下形式：

$$\sigma_{\mathrm{BA}} = \frac{\left|R(0)\right|^2}{s^2}\sec^4\theta\exp\left(-\tan^2\theta/s^2\right) \tag{11.29}$$

$$R(0) = \frac{1-\varepsilon_{\mathrm{r}}}{1+\varepsilon_{\mathrm{r}}} \tag{11.30}$$

式中，s^2 为总的海面斜率；ε_{r} 为海水的复介电常数。式（11.30）表明，仅当海浪尺度大于入射电波波长时，海浪的均方斜率才对后向散射系数有贡献。这种物理光学模型，只在接近垂直入射时才有效（一般入射角 $|\theta|$<20°）。此时，小扰动理论不再适用，直到入射角增大到 20°左右时，小扰动的近似部分才开始变得显著，即发生布拉格散射。

2）布拉格共振散射模型

对于一束入射角为θ、波长为λ的雷达波，它与波峰线和雷达视线垂直的波长为$\lambda_B=\lambda/(2\sin\theta)$的微尺度波（称为布拉格波）发生布拉格共振散射，从而使后向散射最强，这部分波长的波被称为布拉格波，如图 11.13 所示。

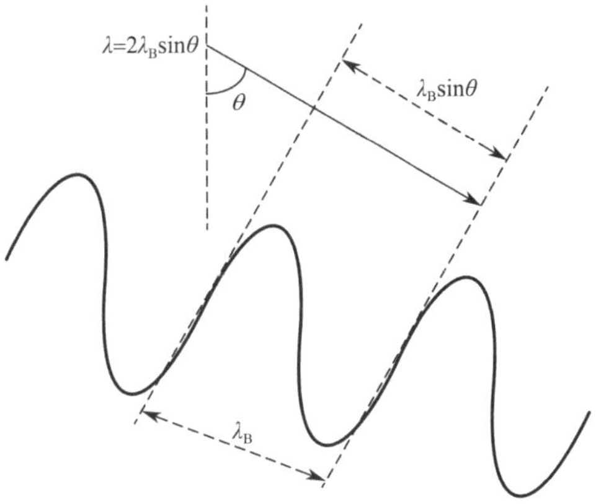

图 11.13 布拉格共振散射示意图

由布拉格共振散射理论，电波与海面波相互作用产生归一化海面后向散射的强度为

$$\sigma_{pp}(\theta)=16\pi k_R^4\cos^4\theta|g_{pp}(\theta)|^2\Psi(k_B,0) \tag{11.31}$$

$$g_{HH}(\theta)=\frac{\varepsilon_r-1}{\left(\cos\theta+\sqrt{\varepsilon_r-\sin^2\theta}\right)^2} \tag{11.32}$$

$$g_{VV}(\theta)=\frac{(\varepsilon_r-1)\left[\varepsilon_r(1+\sin^2\theta)-\sin^2\theta\right]}{\left(\varepsilon_r\cos\theta+\sqrt{\varepsilon_r-\sin^2\theta}\right)^2} \tag{11.33}$$

式中，$k_R=2\pi/\lambda$为电磁波波数；$\Psi(k_B,0)$为海面微尺度波高谱在特定波数k_B和特定方向上的值，其中，$k_B=2\pi/\lambda_B$为布拉格波数，角度零表示波数与海面风向的夹角为零；g_{pp}为极化函数，下标 HH 和 VV 分别表示发射和接收信号的极化方式，HH 为水平发射和水平接收极化方式，VV 为垂直发射和垂直接收极化方式。

11.3 海上无线电波传播影响因素及特性

无线传输信道由传输过程中的自然环境决定，因此自然环境因素（包括地形、天气和障碍物等）都将影响无线电传输信道。在海上，无线电波的传播不仅与信号频率、传输距离、天线高度和移动速度等参数有关，还会受到海洋气象和水文环境的影响。通常，将无线电波受到信道影响而产生的衰落分为小尺度衰落和大尺度衰落进行研究。大尺度衰落和小尺度衰落是在同一传输信道内的共存特性，可表示为$\eta(t)=\zeta(t)\times\xi(t)$，其中，$\eta(t)$表示信道衰落，$\zeta(t)$表示大尺度衰落，$\xi(t)$表示小尺度衰落。

大尺度衰落是指信号在长距离传输过程中发生的衰落，在单位时间内变化缓慢，通常由自由空间传输损耗和海水衰减所引起。在海上，由于海水吸收、云雾、降雨、散射、反射等因素的影响，无线电波在传输过程中会发生衰减；自由空间传输损耗也会导致信号衰减。此时，大尺度衰落主要描述信道衰落的总体变化趋势，对应着随时间缓慢变化的信道参数，如路径损耗等，并会导致信号强度衰减、信噪比下降等问题，影响通信的距离和可靠性。

小尺度衰落是指电磁波信号在短时间或短距离传输过程中表现出来的衰落现象，在单位时间内变化剧烈、起伏较大，通常由多径效应所引起。在海上，由于海水、海浪、气象等环境因素的影响，信号在传播过程中会受到反射、散射、折射等影响，形成多条传输路径。当这些路径的长度、相位差等参数不同时，经它们传输后在接收端叠加的多个信号就会出现幅度和相位上的变化，即产生了小尺度衰落。此时，小尺度衰落主要描述信号在小范围内的快速波动，受到海浪反射、折射和散射，以及发射机与接收机相对运动等因素的动态影响，具有随机性和复杂性；会导致信号时延扩展、频率选择性衰落等问题，对通信质量的影响较大。

11.3.1 大尺度衰落

大尺度衰落是指无线电波信号在传播过程中，其功率随传播距离增加而减小的特性。考虑海上无线信道的环境，大尺度衰落主要与传播距离、蒸汽、雨况等气候环境有关，并决定了接收信号的强弱。下面详细介绍传播衰减、云雾衰减、降雨衰减等影响因素。

1. 传播衰减

根据收发天线之间的距离，可将无线电波传播分为视距传播和超视距传播。海上传播时，在视距范围内，以空气波导传播的直达波和海面反射波为主，可用双线反射模型计算路径损耗；在超视距范围，无线电波依靠绕射在海上传播，可用刃形衰落模型和球面衰落模型计算路径损耗；对于超长距离，则以对流层散射波为主，可用前向散射模型计算路径损耗[19]。下面分别介绍自由空间传播模型和朗利-赖斯（Longley-Rice）传播模型。

1）自由空间传播模型

无线电波在自由空间中的传播是最简单的，没有阻挡、没有能量吸收，也没有反射、折射、散射和绕射等现象，接收功率也仅与传输距离有关，所以是研究其他传播模型的基础。在理想情况下，自由空间传播信号的接收功率 $P_r(d)$ 可表示为

$$P_r(d)=\frac{P_t G_t G_r \lambda^2}{(4\pi)^2 d^\gamma} \tag{11.34}$$

式中，d 为传输距离，单位为 km；P_t 为信号发射功率，单位为 dBm；λ 为波长，单位为 m；G_t、G_r 分别为发射天线增益、接收天线增益，单位为 dB；γ 为路径损耗指数，取值为 2～5。

G_t、G_r 又可表示为

$$\begin{aligned} G_t &= \frac{4\pi}{\lambda^2} A_t \\ G_r &= \frac{4\pi}{\lambda^2} A_r \end{aligned} \tag{11.35}$$

式中，A_t、A_r 分别为发射端、接收端天线的有效面积，单位为 m^2。

由于电磁波在自由空间是以直线方式传播的，所以无多径衰落和阴影衰落，传输损耗与路径损耗一致，则自由空间传输损耗为

$$L_p=-10\times\lg\left(\frac{P_r}{P_t}\right)=-10\times\lg\left[\frac{G_t G_r \lambda^2}{(4\pi)^2 d^\gamma}\right] \tag{11.36}$$

若令天线增益 $G_t = G_r = 1$，则式（11.36）可改写为

$$L_p = -10\times \lg\left[\frac{\left(10^{-9}c\right)^2}{(4\pi)^2}\right] + 10\gamma\lg d + 20\lg f \tag{11.37}$$

式中，$c = 3\times 10^8\,\mathrm{m/s}$ 为光速；f 为电波频率，单位为 MHz。

化简后可得

$$L_p = 32.4 + 20\lg f + 10\gamma\lg d \tag{11.38}$$

2）Longley-Rice 模型

Longley-Rice 模型可用于 20MHz～40GHz、传播距离 1～2000km 的传输信道，但在该模型中不包括小尺度衰落的影响[20]。

模型的传输损耗参考中值 A_{ref}（单位为 dB），是以传输距离 d 划分的分段函数，对应视距传输、绕射传输和散射传输的损耗，具体如下：

$$A_{ref} = \begin{cases} \max\left\{0, A_{el} + K_1 d + K_2\lg(d/d_{ls})\right\}, & d_{min} \leqslant d < d_{ls} \\ A_{ed} + m_d d, & d_{ls} \leqslant d < d_\lambda \\ A_{es} + m_s d, & d_\lambda \leqslant d \end{cases} \tag{11.39}$$

式中，$d_{min} \leqslant d < d_{ls}$ 为视距传播范围，$d_{ls} \leqslant d < d_\lambda$ 为绕射传播范围，$d_\lambda \leqslant d$ 为散射传播范围，单位为 km；A_{el} 为视距范围传输损耗因子；K_1、K_2 为视距范围距离衰落因子；A_{ed} 为绕射范围传输损耗因子；m_d 为绕射范围距离衰落因子；A_{es} 为散射范围传输损耗因子；m_s 为散射范围距离衰落因子[20]。

综上，得到 Longley-Rice 模型的传播损耗 L_b 为

$$L_b = A_{ref} + L_p \tag{11.40}$$

2. 云雾衰减

海洋大气环境中特殊的大气折射率结构容易形成蒸发波导，蒸发波导的存在会影响路径损耗模型；同时，在海上进行卫星通信时也会受到云层的衰减，ITU 已给出受云雾影响的无线电波衰减计算模型[21]，其中，云雾衰减率 γ_c（单位为 dB/km）的计算模型如下：

$$\gamma_c(f,T) = K_1(f,T)M \tag{11.41}$$

式中，$K_1(f,T)$ 为云雾中液态水比衰减系数，单位为 $\mathrm{dB\cdot km^{-1}\cdot g^{-1}\cdot m^3}$，是决定云雾衰减的重要参数；$f$ 为频率，单位为 GHz；T 为云雾中液态水温度，单位为 K；M 为云雾中的液态水密度，单位为 $\mathrm{g/m^3}$。

基于瑞利散射，并将双德拜模型用于计算水的介电常数，可得到 $K_1(f,T)$ 的计算公式，有

$$K_1(f,T) = \frac{0.819f}{\varepsilon''(1+\eta^2)} \tag{11.42}$$

式中，η 的计算公式为

$$\eta=\frac{2+\varepsilon'}{\varepsilon''} \tag{11.43}$$

式（11.43）中，水的复介电常数 $\varepsilon=\varepsilon'-\mathrm{j}\varepsilon''$ 可表示为

$$\begin{cases}\varepsilon''(f)=\dfrac{f(\varepsilon_0-\varepsilon_1)}{f_{\mathrm{p}}[1+(f/f_{\mathrm{p}})^2]}+\dfrac{f(\varepsilon_1-\varepsilon_2)}{f_{\mathrm{s}}[1+(f/f_{\mathrm{s}})^2]}\\ \varepsilon'(f)=\dfrac{\varepsilon_0-\varepsilon_1}{[1+(f/f_{\mathrm{p}})^2]}+\dfrac{\varepsilon_1-\varepsilon_2}{[1+(f/f_{\mathrm{s}})^2]}+\varepsilon_2\end{cases} \tag{11.44}$$

式中

$$\begin{cases}\varepsilon_0=77.66+103.3(\theta-1)\\ \varepsilon_1=0.0671\varepsilon_0\\ \varepsilon_2=3.52\\ \theta=300/T\end{cases} \tag{11.45}$$

f_{p} 为主要弛豫频率，f_{s} 为次要弛豫频率，计算如下：

$$\begin{cases}f_{\mathrm{p}}=20.20-146(\theta-1)+316(\theta-1)^2\\ f_{\mathrm{s}}=39.8f_{\mathrm{p}}\end{cases} \tag{11.46}$$

由式（11.42）～式（11.46）可得到温度 273.15K、频率 200GHz 以下时，云雾中液态水比衰减系数 $K_1(f,T)$ 的曲线，如图 11.14 所示。

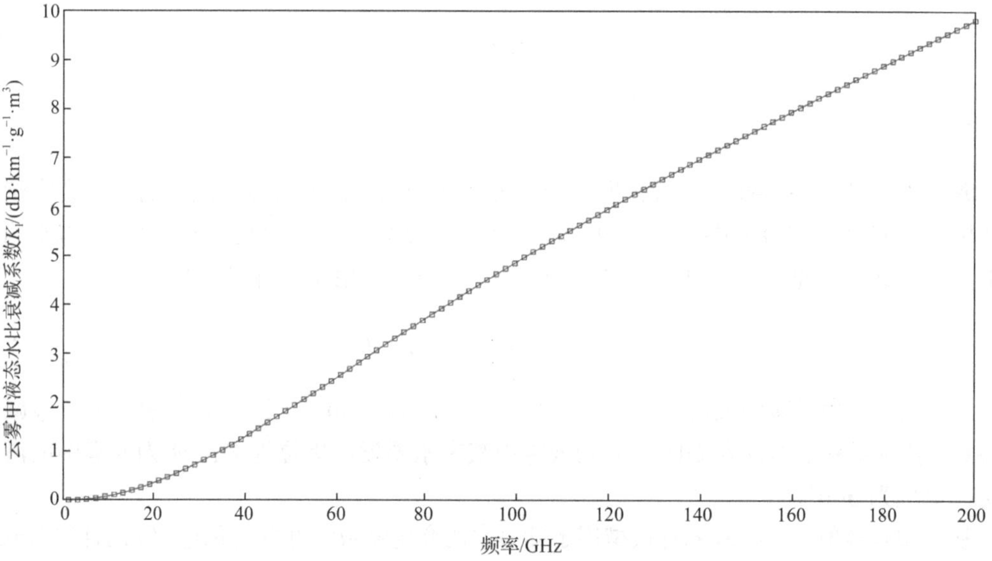

图 11.14　云雾中液态水比衰减系数曲线

由图 11.14 可知，随着频率的增加，云雾中液态水比衰减系数 $K_1(f,T)$ 随之增大，即云雾中电磁波衰减量随之增大，这一结果意味着电波信号频率越高，电波信号在相同温度和相同湿度的通信环境下衰减会越大。

3. 降雨衰减

海洋环境中的降雨量普遍较大，电磁波在传输时若进入雨层，就会引起衰减，即降雨衰减。根据 ITU-R P.838-3 建议书（预测方法中使用的雨天衰减的具体模型）[22]，降雨衰减率 γ_R（单位为 dB/km）可由降雨强度 R（单位为 mm/h）的幂次律关系得出，有

$$\begin{cases}\gamma_R = kR^{\alpha} \\ k = [k_H + k_V + (k_H - k_V)\cos^2\theta\cos 2\tau]/2 \\ \alpha = [k_H a_H + k_V a_V + (k_H a_H - k_V a_V)\cos^2\theta\cos 2\tau]/2k\end{cases} \tag{11.47}$$

式中，θ 为路径斜角；τ 为相对水平位置的极化斜角；下标 H、V 分别表示在水平极化和垂直极化条件下的相应参数；k_H、a_H、k_V 和 a_V 可以从曲线拟合到幂次律系数的离散计算中得到，具体如下：

$$\begin{cases}\lg k = \sum_{j=1}^{4}\left\{a_j \exp\left[-\left(\dfrac{\lg f - b_j}{c_j}\right)^2\right]\right\} + m_k \lg f + c_k \\ \alpha = \sum_{j=1}^{5}\left\{a_j \exp\left[-\left(\dfrac{\lg f - b_j}{c_j}\right)^2\right]\right\} + m_\alpha \lg f + c_\alpha\end{cases} \tag{11.48}$$

式中，f 为频率，单位为 GHz；系数 a_j、b_j、c_j、m_k、m_α、c_k 和 c_α 的取值，可由 ITU-R P.838-3 建议书中水平极化、垂直极化条件下的系数表[22]得到，进而得到 k_H、a_H、k_V 和 a_V 四个系数随频率变化的关系曲线，具体如图 11.15 所示。

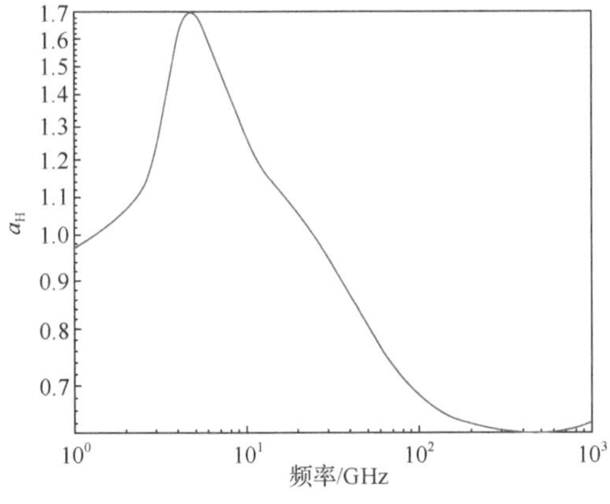

（a）a_H

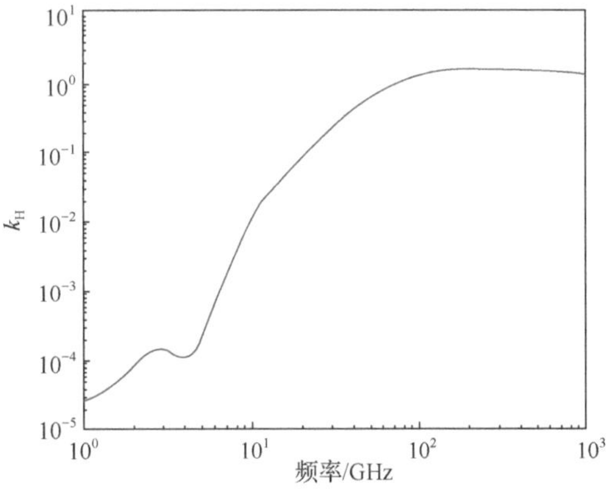

（b）k_H

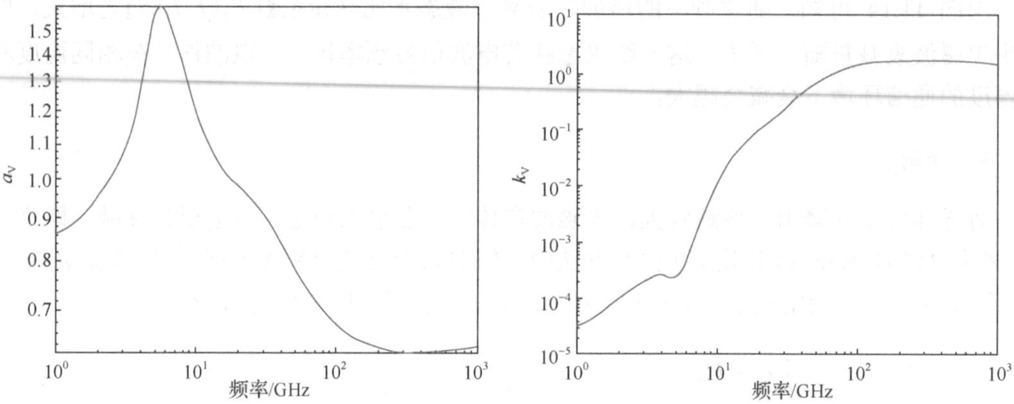

（c）a_V　　（d）k_V

图 11.15　水平极化与垂直极化系数随频率变化关系图

由此可以得到不同降雨强度 R 的降雨衰减率 γ_R，按照《降水量等级》(GB/T 28592—2012）的降水量等级划分，12 小时降雨量 0.1～4.9mm 为小雨，5.0～14.9mm 为中雨，15.0～29.9mm 为大雨，30.0～69.9mm 为暴雨，70.0～139.9mm 为大暴雨，大于等于 140.0mm 为特大暴雨。设置降雨强度 R：小雨 $R=0.1$、中雨 $R=1$、大雨 $R=2$、暴雨 $R=4$、大暴雨 $R=10$、特大暴雨 $R=12$；若设置路径斜角 $\theta=\pi/9$、水平极化斜角 $\tau=0$，则可得到降雨衰减率 γ_R 随频率 f 变化的关系曲线，如图 11.16 所示。由图 11.16 中曲线可知，降雨衰减率基本上会随着频率的增高而增大；不同降雨强度也会影响降雨衰减率的大小，比如，特大暴雨情况时降雨衰减率的程度最大，小雨情况时则最小。

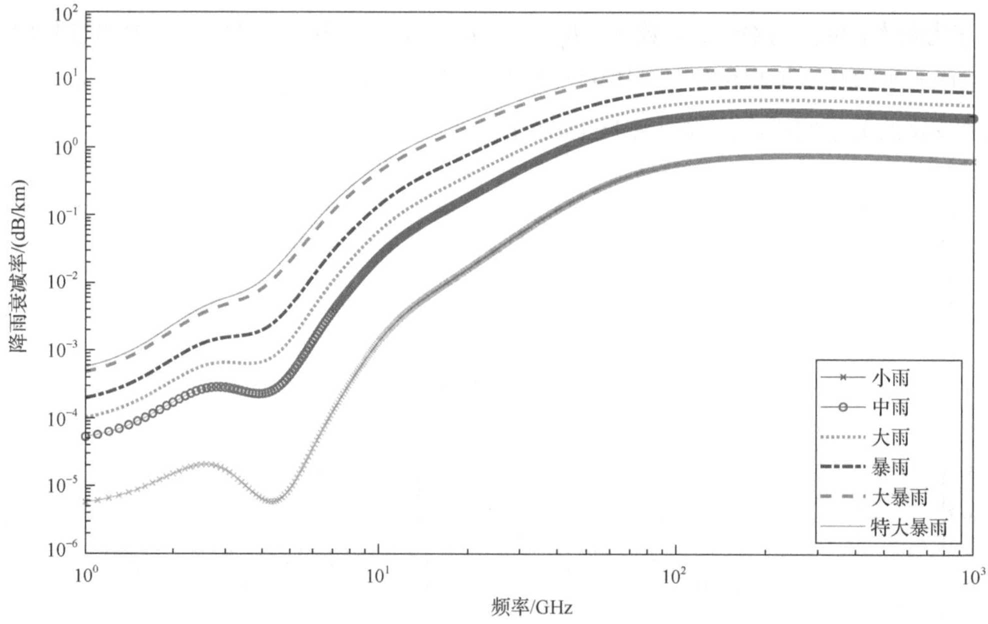

图 11.16　降雨衰减率 γ_R 随频率 f 变化关系曲线

11.3.2　小尺度衰落

电波在传输过程中，传输路径中的一些障碍物（如建筑物、树木、海浪等），会发生反射、吸收、绕射和散射等现象，导致发射信号经过不同路径到达接收端；在接收端，接收信号是经各路径传输之后的多个信号的叠加，由于各路径信号的传输距离、传输时间及信道环境不同，接收端各路径信号的到达时间、幅度、频率及相位均不相同，造成叠加信号在幅度、频率及相位上的变化，即小尺度衰落，具有多径、时延、多普勒频偏和多普勒扩展等特点。

1. 多径效应

多径效应导致发射机与接收机之间存在多条传输路径，主要有直射路径、反射和散射路径。在直射传播路径中，发射机与接收机之间不存在障碍物的遮挡，电波信号可通过直射路径到达接收端；在反射或散射传播路径中，发射信号经过反射或散射之后才会到达接收端。电波信号的多径传播如图 11.17 所示。

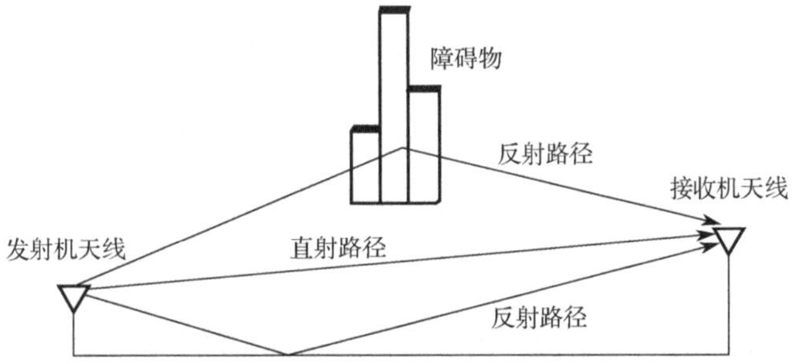

图 11.17　多径传播示意图

在多径传输中，发射信号复包络的表达式为

$$s'(t) = \mathrm{Re}\left[s(t)\mathrm{e}^{\mathrm{j}2\pi f_c t} \right] \tag{11.49}$$

式中，$s(t)$ 为 $s'(t)$ 的等效基带信号；f_c 为信号频率。

设第 i 条路径的长度为 d_i，反射系数为 a_i，则接收端信号可表示为

$$\begin{aligned} y'(t) &= \sum_i a_i s'\left(t-\frac{d_i}{c}\right) = \sum_i a_i \mathrm{Re}\left\{ s\left(t-\frac{d_i}{c}\right)\exp\left[\mathrm{j}2\pi f_c\left(t-\frac{d_i}{c}\right)\right]\right\} \\ &= \mathrm{Re}\left\{\sum_i a_i s\left(t-\frac{d_i}{c}\right)\exp\left[\mathrm{j}2\pi\left(f_c t-\frac{d_i}{\lambda}\right)\right]\right\} \end{aligned} \tag{11.50}$$

式中，c 为光速；λ 为波长；第 i 条路径的时延为 τ_i，有 $\tau_i = d_i / c$。

2. 多普勒频偏

在无线电波传输过程中，由于收发双方的相对运动，会产生多普勒效应进而导致接收信号在频率上的变化，即多普勒频偏。多普勒频偏的产生与发射机、接收机之间的相对运动有

密切关系，并且相对运动的速度、方向及信号的发射接收角度都会影响多普勒频偏的大小。多普勒效应使得发射和接收无线电波之间的频率出现差异，因此，横跨大洋的船舶可能无法顺利接收无线电信号，甚至可能根本没有收到信号。

根据多普勒效应，有

$$f' = \frac{f\left(1-\beta^2\right)^{1/2}}{1-\beta\cos\theta} \tag{11.51}$$

式中，f为发射频率；f'为接收频率；$\beta = v/c$，其中，v为收发两端的相对运动速率，c为光速；θ为接收机与电波发射方向的连线到运动方向的夹角，θ取值分别为0和0.5π时，对应纵向多普勒效应和横向多普勒效应两种特殊情况，即运动方向与电波方向共线、运动方向与电波方向垂直。

令$\Delta f = f' - f$，当接收端移向发射端时，接收频率f'大于发射频率f，即$\Delta f > 0$；当接收端远离发射端时，接收频率f'小于发射频率f，即$\Delta f < 0$[23]。

11.3.3 噪声及干扰

除了无线电传输影响和传输损耗，海上无线电噪声和干扰也是影响海上无线通信性能及应用的重要因素之一。在海上通信中，信道中的噪声主要来自海水、海浪、电磁干扰等。海水和海浪的运动会产生涡流和湍流，从而形成水声噪声；电磁干扰则来自电台、雷达等船用电子设备。这些噪声和干扰会导致信号失真、信噪比下降，影响通信质量。

1. *海杂波*

海杂波是指在海上传播的电磁波，由于海洋环境因素的影响而产生的噪声信号，海杂波对海上无线电波的传播影响较大，包括增加路径损耗、加剧多径效应、引起相位失真，以及降低信噪比等。通过近距离对海洋表面的观测，能够得到各种各样的海面状态，如浪谷、波浪、泡沫、旋涡及浪花，无线电波在经过海面反射时会因为上述海面特征而产生散射，进而形成海杂波。因此，海杂波的散射特性直接由海面状态所决定。

从统计模型的观点看，海杂波由大量相互作用的独立小散射体构成，其生成原理复杂，包含许多因素，主要有信号状态（如信号频率、入射角、极化情况等）和海面背景状况（如海情、风速、风向等）。因此，海杂波是一个多变量的随机过程，对其进行准确的描述十分困难，只能着重分析其主要特征。在对海杂波进行分析和模拟时，主要考虑的是海杂波幅度分布情况和杂波之间的相关性。但海杂波受海面多种因素的影响，其幅度和相位随机起伏，杂波的回波信号之间也存在较大的空间相关性，大大增加了模拟海杂波信号的复杂程度。

模拟海杂波常用的后向散射系数模型有三种，佐治亚理工学院（Georgia Institute of Technology，GIT）模型、莫尔钦（Morchin）模型和混合（Hybrid）模型。其中，GIT 模型能够很好地匹配低入射角（<10°）；Morchin 模型在工程上较为常用，是一种不考虑极化方式影响的简化海杂波模型；Hybrid 模型则是一种较为完善的海杂波模型。三种海杂波模型的后向散射系数σ_0（表征电波后向散射能力的平均强度）与入射角的关系曲线，如图 11.18 所示。由图中曲线可知，在近掠入射区，入射角增大，σ_0随之增加；在平直区，入射角增大，σ_0变化缓慢；在近垂直入射区，入射角增大，σ_0随之迅速增加。

用于模拟海杂波幅度的常用分布模型，有瑞利分布，以及对数正态分布、复合 K 分布和威布尔（Weibull）分布等非瑞利分布。非瑞利分布与瑞利分布相比，主要区别是在高概率区有较长的“拖尾”，说明海杂波中包含的海尖峰增多。

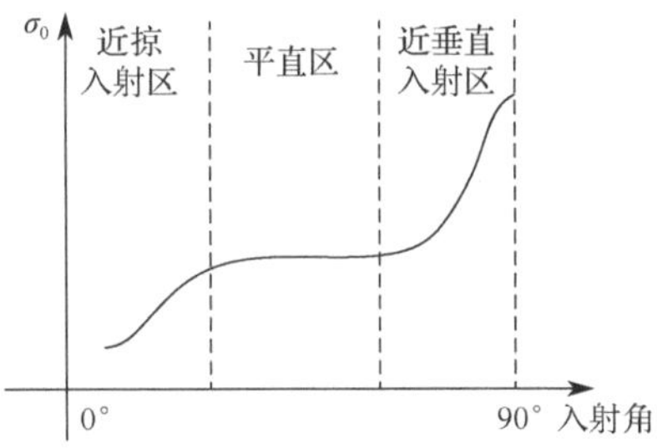

图 11.18　σ_0 与入射角之间的关系

瑞利分布和对数正态分布模型对实际杂波分布的动态范围估计结果偏低或偏高，Weibull 分布模型对实际杂波分布的动态范围估计居中。因此，无论是模拟地杂波还是海杂波，幅度起伏较为均匀的杂波都可以用 Weibull 分布来描述。此外，Weibull 分布函数与对数正态分布函数相比，不对称性更小，在某些情况下，Weibull 分布与实际情况更为接近。

Weibull 分布的概率密度函数表达式为

$$p(\gamma)=\frac{v\ln 2}{\mu_{\mathrm{m}}}\left(\frac{\gamma}{\mu_{\mathrm{m}}}\right)\exp\left[-\ln 2\left(\frac{\gamma}{\mu_{\mathrm{m}}}\right)^{v}\right],\quad v>0,\mu_{\mathrm{m}}>0 \tag{11.52}$$

式中，v 为形状参数，决定分布的倾斜度，当 v=2 时，Weibull 分布变为瑞利分布；μ_{m} 为尺度参数，决定分布的中位数，由形状参数 v 和后向散射截面积 σ_{c} 共同决定，有

$$\frac{\sqrt{\sigma_{\mathrm{c}}}}{\mu_{\mathrm{m}}}=\frac{\Gamma(1+1/v)}{(\ln 2)^{1/v}} \tag{11.53}$$

其中，$\Gamma(\cdot)$ 为伽马函数。

图 11.19 给出了尺度参数 μ_{m}=1.5 时，Weibull 分布的概率密度函数（probability density function，PDF）随不同形状参数 v 的变化曲线。由图中曲线可知，随着形状参数 v 的增加，概率密度函数的曲线变得越来越陡峭，期望值也发生了偏移。

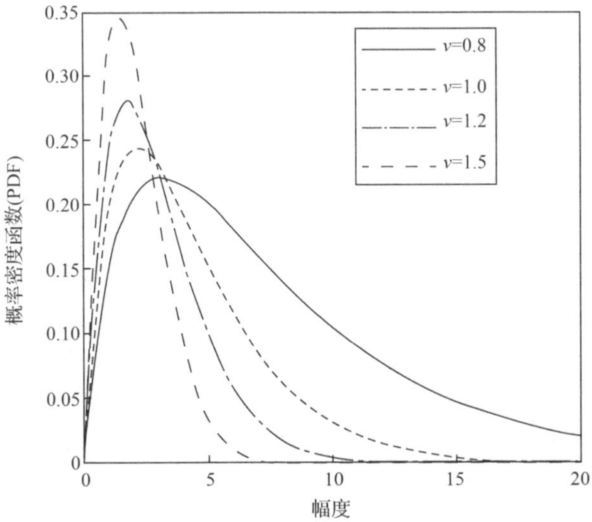

图 11.19　Weibull 分布概率密度函数随 v 的变化曲线（μ_{m}=1.5）

除了上述模型和分布函数，还可以从频谱的角度来描述海杂波，常见的海杂波频谱有三种形式，即立方谱、高斯谱和全极点谱，其中，高斯谱在工程应用中使用较多。此时，定义高斯谱为两个半功率点之间的频谱宽度，表达式为

$$s_{\mathrm{p}}(f)=\frac{1}{\sqrt{2\pi\cdot\sigma_{\mathrm{f}}^{2}}}\cdot\exp\left(-\frac{f^{2}}{2\sigma_{\mathrm{f}}^{2}}\right) \tag{11.54}$$

式中，σ_{f} 为标准偏差带宽，由杂波速度起伏展宽值 σ_{v} 决定，有

$$\sigma_{\mathrm{f}}=\frac{2\sigma_{\mathrm{v}}}{\lambda} \tag{11.55}$$

其中，$\sigma_{\mathrm{v}}=0.101V_{\mathrm{m}}$，$V_{\mathrm{m}}$ 为风速，与海情相关。图 11.20 为 1～5 级海情下海杂波的高斯谱。由图 11.20 中曲线可知，海杂波高斯谱会随着海情等级的增加而展宽，这说明在恶劣的海面状况时，海杂波会影响更宽的频谱范围。

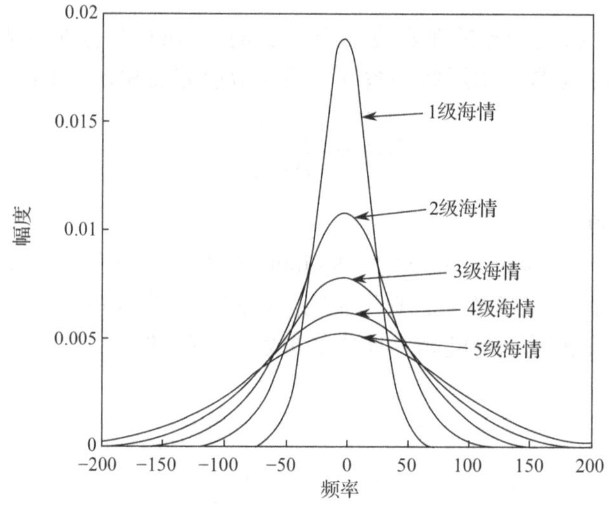

图 11.20　1～5 级海情下海杂波的高斯谱

2. 噪声

无线信道的噪声干扰主要有自然噪声、人为干扰和电台设备噪声等。其中，自然噪声主要包括大气噪声、太阳磁暴和天电干扰；人为干扰又称为工业干扰，海上通信受其影响较小，在这里不予考虑；电台设备噪声通常是指由电台通信设备自身产生的噪声，例如电源噪声，真空管中电子发射、自由电子热运动和载流子起伏变化引起的噪声等[24]。

下面重点介绍 α 稳定分布噪声。α 稳定分布是一种应用广泛的非高斯噪声模型[25]，可以用来描述海洋噪声、大气噪声、无线通信干扰、多址干扰等。通过调整不同参数组合，α 稳定分布可以描述不同噪声的分布情况，传统高斯分布也是 α 稳定分布的一种特例。研究表明，

α 稳定分布满足广义中心极限定理，性质稳定，可以很好地拟合实际环境中的噪声数据，具有广泛性和代表性。

由于 α 稳定分布的概率密度函数没有封闭表达式，所以常用特征函数来描述其分布。若一个随机变量 X 的特征函数可以写成如下形式：

$$\varphi(t) = \mathrm{cxp}\{\mathrm{j}\mu t - \gamma |t|^{\alpha} [1 + \mathrm{j}\beta \,\mathrm{sgn}(t) \cdot \omega(t,\alpha)]\} \tag{11.56}$$

$$\omega(t,\alpha) = \begin{cases} \tan\left(\dfrac{\pi\alpha}{2}\right), & \alpha \neq 1 \\ \left(\dfrac{2}{\pi}\right)\lg|t|, & \alpha = 1 \end{cases} \tag{11.57}$$

$$\mathrm{sgn}(t) = \begin{cases} 1, & t > 0 \\ 0, & t = 0 \\ -1, & t < 0 \end{cases} \tag{11.58}$$

式中，$0 < \alpha \leqslant 2$；$-1 \leqslant \beta \leqslant 1$；$\gamma > 0$；$-\infty < \mu < +\infty$。当随机变量 X 的特函数满足上述条件时，则称随机变量 X 满足 α 稳定分布。式（11.56）中的四个参数，α、β、γ 和 μ，共同决定 α 稳定分布的特性。具体如下。

α 为特征指数，决定了 α 稳定分布幅度冲击的尖锐程度及概率密度函数曲线拖尾的厚度。α 取值越小，分布幅度的脉冲特性越显著、冲击越尖锐，概率密度函数曲线尾部越厚重；反之，脉冲特性越弱，概率密度函数曲线具有越轻薄的拖尾；当 $\alpha = 2$ 时，α 稳定分布退化为高斯分布。图 11.21、图 11.22 分别为特征指数 α 取值不同时 α 稳定分布噪声的概率密度函数和噪声幅度曲线，其中，$\beta = 0$、$\gamma = 1$、$\mu = 0$。

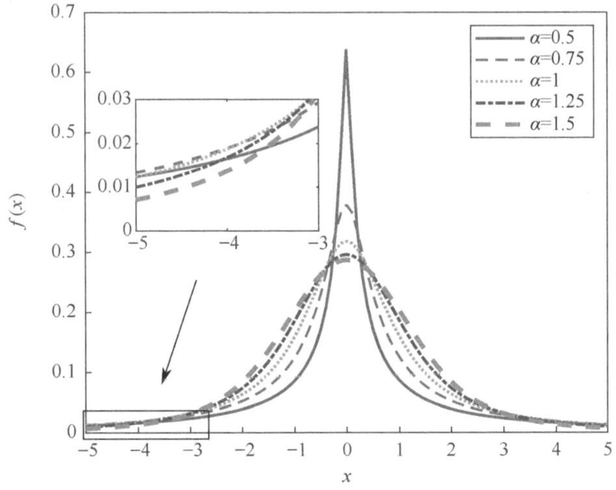

图 11.21 不同特征指数时 α 稳定分布噪声概率密度函数

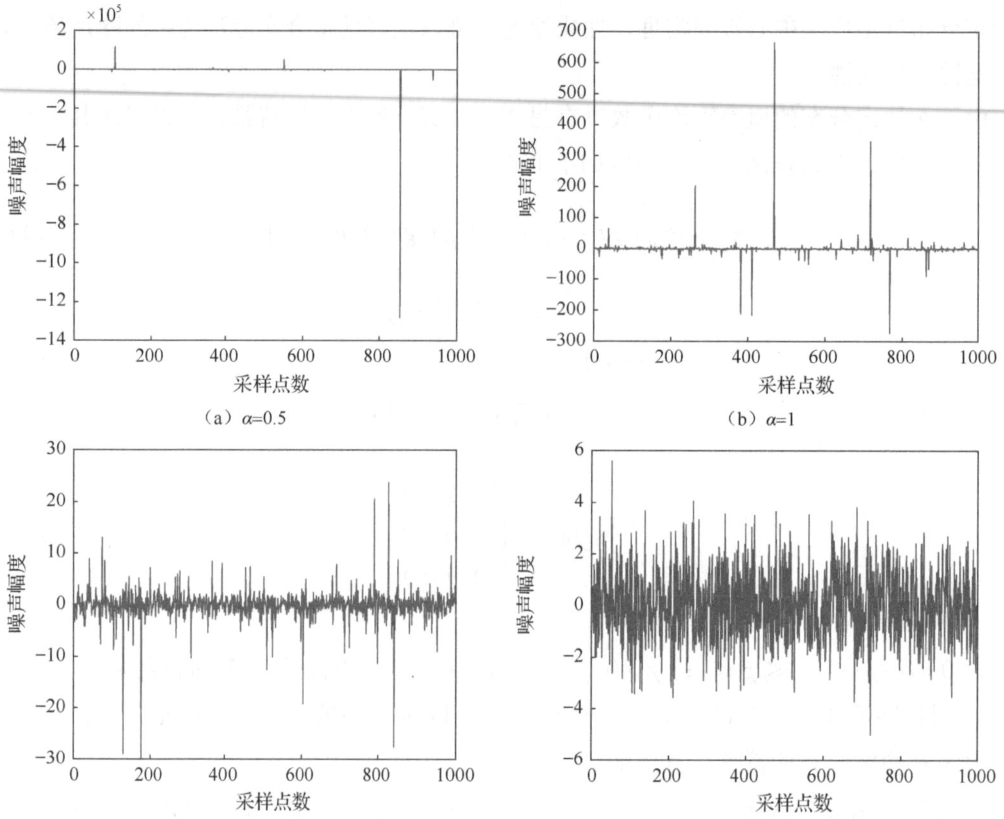

（a）α=0.5　（b）α=1　（c）α=1.5　（d）α=2

图 11.22　不同特征指数时 α 稳定分布噪声幅度

β 为对称参数，决定了 α 稳定分布样本的倾斜程度。图 11.23、图 11.24 分别为对称参数 β 取值不同时 α 稳定分布噪声的概率密度函数和分布序列，其中 $\alpha=1.5$、$\gamma=1$、$\mu=0$。由图 11.23 中曲线可知，当 $\beta=0$ 时，α 稳定分布呈现对称性，即对称 α 稳定分布，柯西分布与高斯分布都属于这种对称 α 稳定分布；当 $\beta<0$ 或 $\beta>0$ 时，分别对应概率密度函数曲线向右或向左倾斜。

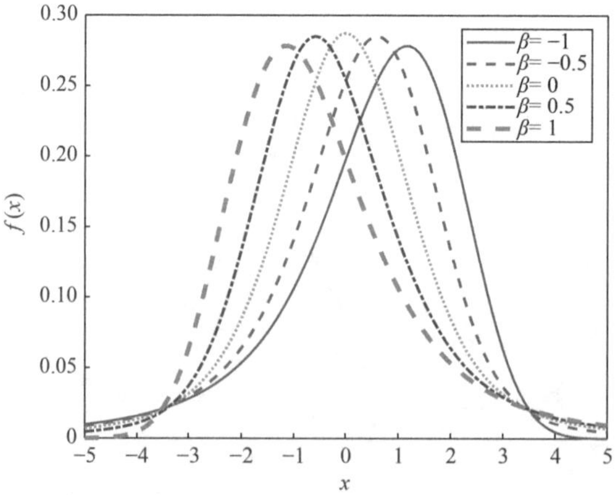

图 11.23　不同对称参数时 α 稳定分布噪声概率密度函数

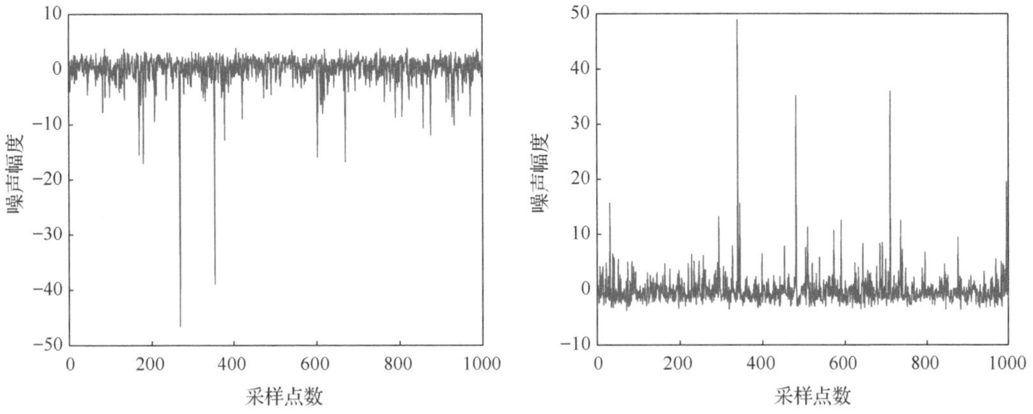

（a）$\beta=-1$　（b）$\beta=1$

图 11.24　不同对称参数时 α 稳定分布噪声的分布序列

γ 为分散系数，决定了 α 稳定分布幅度相对于均值的分散程度，其物理含义类似于高斯分布的方差。γ 取值越大，脉冲幅度越大，与中心均值的偏离程度也越大。图 11.25 为分散系数 γ 取值不同时 α 稳定分布噪声的概率密度函数，其中，$\alpha=1.5$、$\beta=\mu=0$。

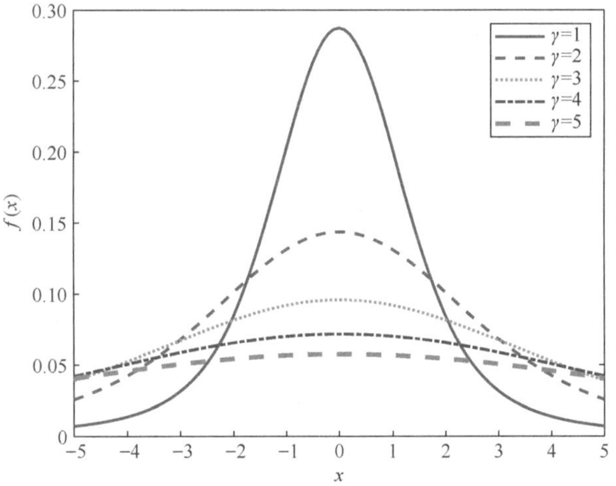

图 11.25　不同分散系数时 α 稳定分布噪声概率密度函数

μ 为位置参数，决定了 α 稳定分布幅度的分布位置。对于对称 α 稳定分布，当 $0<\alpha\leqslant 1$ 时，μ 表示分布的中值；当 $1<\alpha\leqslant 2$ 时，μ 表示分布的均值。通常，当 $\gamma=1$ 且 $\mu=0$ 时，对称 α 稳定分布又被称为标准对称 α 稳定分布。图 11.26 为位置参数 μ 取值不同时 α 稳定分布噪声的概率密度函数，其中，$\alpha=1.5$、$\beta=0$、$\gamma=1$。

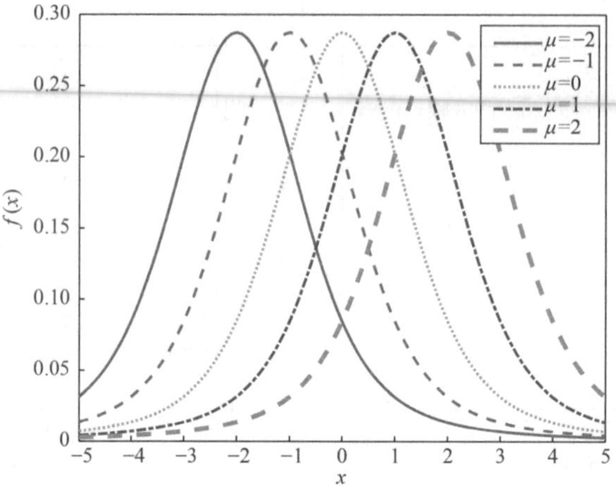

图 11.26　不同位置参数时 α 稳定分布噪声概率密度函数

由以上分析可知，α 稳定分布特性取决于四个重要参数。其中，对称参数 β 的取值将 α 稳定分布 $S_\alpha(\beta,\gamma,\mu)$ 划分成了对称和非对称两类。除以下三种特例，其他满足 α 稳定分布的随机变量均没有封闭的概率密度函数表达式。

（1）高斯分布。服从高斯分布的随机变量满足 $S_2(0,\gamma,\mu)=N(\eta,2\sigma^2)$，其中 $\eta=\mu$，$\sigma^2=\gamma/2$，其概率密度函数为

$$f(x)=\frac{1}{\sqrt{2\pi}\sigma}e^{-\frac{(x-\eta)^2}{2\sigma^2}} \tag{11.59}$$

（2）柯西分布。服从柯西分布的随机变量满足 $S_1(0,\gamma,\mu)$，其概率密度函数为

$$f(x)=\frac{\gamma}{\pi\left[(x-\mu)^2+\gamma^2\right]} \tag{11.60}$$

（3）莱维分布。服从莱维分布的随机变量满足 $S_{0.5}(1,\gamma,\mu)$，其概率密度函数为

$$f(x)=\left(\frac{\gamma}{2\pi}\right)^{1/2}\frac{1}{(x-\mu)^{3/2}}e^{-\frac{\gamma}{2(x-\mu)}} \tag{11.61}$$

参 考 文 献

[1] 工业和信息化部. 中华人民共和国无线电频率划分规定[EB/OL]. (2023-07-01)[2025-01-07]. https://www.miit.gov.cn/zcfg/wxdl/art/2023/art_e0e124ec6ed441eeb38a64b87bb62726.html.

[2] 孙允标, 王志刚, 赵俊阁, 等. 现代通信及网络技术[M]. 北京: 国防工业出版社, 2005.

[3] Huo Y M, Dong X D, Beatty S. Cellular communications in ocean waves for maritime internet of things[J]. IEEE Internet of Things Journal, 2020, 7(10): 9965-9979.

[4] Lee J H, Choi J, Lee W H, et al. Measurement and analysis on land-to-ship offshore wireless channel in 2.4GHz[J]. IEEE Wireless Communication Letters, 2017, 6(2): 222-225.

[5] 陈东, 仲小清, 邓恒, 等. 宽带卫星通信网络技术发展态势与发展建议[J]. 前瞻科技, 2022, 1(1): 86-93.

[6] 曾晓敏. 卫星导航系统中船舶无线通信信号截获方法[J]. 舰船科学技术, 2023, 45(6): 150-153.

[7] Sudakova M S, Vladov M L, Sadurtdinov M R. The influence of conductivity on the reflected ground penetrating radar signal amplitude[J]. Moscow University Geology Bulletin, 2018, 73: 206-212.

[8] Leonard T P, Antipov I, Ward K D . A comparison of radar sea clutter models[C]. RADAR 2002, Edinburgh, 2002, 490: 429-433.
[9] Daley J C, Davis W T, Mills N R. Radar sea return in high sea states[R]. Washington, D. C.: NAVAL Research Lab, 1970.
[10] Drosopoulos A. Description of the OHGR database[R]. Ottawa: Defence Research Establishment, 1994.
[11] 郝鹏, 宗鹏, 周建, 等. 海上移动通信信道浅析[C]. 第十届卫星通信学术年会, 北京, 2014: 361-365.
[12] 张炜, 丁宏, 王世练, 等. 无线通信系统[M]. 北京: 科学出版社, 2021.
[13] Lee W Y. Mobile cellular telecommunications systems[M]. New York: McGraw Hill, 1989.
[14] Bullington K. Radio propagation at frequencies above 30 megacycles[J]. Proceedings of the Institute of Radio Engineers-Waves and Electrons Section,1947, 35(10): 1122-1136.
[15] Ament W S . Toward a theory of reflection by a rough surface[J]. Proceedings of the IRE, 1953, 41(1): 142-146.
[16] Boithias L. Radio wave propagation[M]. New York: McGraw Hill, 1987.
[17] 任新成, 郭立新. 高斯粗糙面透射波散射系数的基尔霍夫驻留相位法[J]. 系统工程与电子技术, 2008, 30(2): 213-217.
[18] 方贺, 杨劲松, 樊高峰, 等. 组合表面 Bragg 散射模型共极化 SAR 海表面风速反演[J]. 遥感学报, 2022, 26(6): 1274-1287.
[19] 张健. 宽带可重构超短波信道模拟器设计与实现[D]. 哈尔滨: 哈尔滨工程大学, 2015.
[20] Hufford G A, Longley A G, Kissick W A. A guide to the use of the ITS irregular terrain model in the area prediction mode[R]. Washington D.C.: US Department of Commerce, National Telecommunications and Information Administration, 1982: 1-67.
[21] ITU. ITU-R P.840-8: Attenuation due to clouds and fog[R]. Geneva: ITU, 2019:1-4.
[22] ITU. ITU-R P.838-3: Specific attenuation model for rain for use in prediction methods[R]. Geneva: ITU, 2005:1-8.
[23] 李嘉懿. 不同反射情况下的无线电波传播研究[J]. 中国高新区, 2018, 19: 62.
[24] 李建儒, 张蕊, 王洪明, 等. 超短波电台传播特性仿真系统[J]. 通信技术, 2013, 46(7): 1-3.
[25] Liu T, Qiu T S, Luan S Y. Cyclic frequency estimation by compressed cyclic correntropy spectrum in impulsive noise[J]. IEEE Signal Processing Letters, 2019, 26(6): 888-892.

第 12 章　海上无线通信系统

无线通信在应用于航海领域之前，海上船舶之间只能依靠声、光等信号来进行信息传递，比如通过闪光、灯光、旗帜、鸣笛和号角的不同排列来与其他船只或陆地进行通信。上述这些通信方式的效率较低、可靠性也很差，船舶在海上发生意外时都很难得到及时救援。所以，无线通信一经问世，很快就被应用于海上通信，拯救了众多遭遇极端天气和海难的海上船舶，被誉为“海上保护神”。例如，国际海事组织（International Maritime Organization，IMO）全面引入的全球海上遇险与安全系统（global maritime distress and safety system，GMDSS），由卫星通信系统和陆地无线电通信系统（即海岸电台）构成，报警系统的有效距离远、信息承载量大，可以及时将搜救信息发送给救援机构，被誉为船舶新的海上生命线[1]。

典型的海上无线通信系统有甚高频通信系统、中高频通信系统、卫星通信系统及海上无线通信网络，它们通过海岸电台、船舶电台，以及轨道卫星、地面站和移动站，实现船岸之间、船舶与内陆公网之间、船舶之间的近距离或中远距离通信，提供现场通信、日常通信、海上安全信息转播以及 GMDSS 规定的遇险报警、搜救协调通信等功能；通过卫星导航系统，还可以为海上船舶提供全天候的高精度位置、速度和时间信息。

本章主要介绍在海上船舶中使用的一些无线通信系统，包括甚高频通信系统、中高频通信系统的组成和基本原理，卫星通信系统基本原理、应用及常见卫星导航系统，以及海上无线通信网络的基本概念和组网关键技术。

12.1　甚高频通信系统

12.1.1　概述

甚高频（VHF）是指频率为 30～300MHz 的无线电波，多用于电台和电视台广播，也是航海和航空的主要沟通频道。

VHF 通信系统是海上无线通信系统的重要组成部分，是实现海上船舶之间、船舶内部、船岸之间等近距离通信的重要手段，其主要的工作频段为 156～174MHz，传输距离大约为 25n mile。VHF 通信系统在船舶避让、海事管理、遇险搜救、安全信息播发等方面应用广泛，是海上船舶之间现场通信的主要手段，同时也是实现驾驶台之间通信的唯一途径[1]。

国际海事组织、GMDSS 以及我国《船舶与海上设施法定检验规则》明确规定，各类船舶必须配备 VHF 通信设备。海上 VHF 电台能够使用话音和数字选择性呼叫（DSC）进行遇险、紧急安全的呼叫和通信、船舶操纵所要求的呼叫和通信，以及公众呼叫和通信[2]。VHF 通信系统的广泛使用，给船舶的航行安全、海事管理以及遇险救援等带来了极大便利。

VHF 频段的无线电波，主要依靠空间波在视距范围内传播，传播距离与天线高度和发射功率有关。船载 VHF 对讲机的发射功率一般为 25W，传播距离约为 25n mile；便携式手持 VHF 对讲机的发射功率一般不超过 5W，传播距离在 3n mile 以内。因此，在传输距离较近时可选择小功率对讲机，避免相互影响，还可延长手持 VHF 对讲机电池的使用寿命[3]。但 VHF 无线电波常会受到距离、地形等环境因素的影响，所以天线一般架设于桅杆或船舶顶部等较高位置，以获得良好的传输效果。

VHF 对讲机的工作方式有两种，即半双工和全双工方式。

半双工方式：发射、接收使用相同频点，信号只能单方向传输，不能同时收发。通话时，须将话筒上的按键按下（此时不能收听），收听时则须松开按键（此时不能讲话）。此方式仅使用一个频率，频率资源利用率高，但需双方轮流讲话。

全双工方式：双方可同时发射、接收信号，即讲话与收听可同时进行，但通话双方需要使用两个不同的工作频点。根据 VHF 通信频道的规定，此方式只能在船/岸之间通信时使用，船舶之间的通信不能使用。

按照国际海事通信的统一规定，海上 VHF 通信的发射频率范围是 156.025～157.425MHz，接收频率范围是 156.025～163.275MHz。目前，共开通了 57 个频道（01～28 频道、60～88 频道），频道间隔 25kHz。其中，半双工频道 20 个、全双工频道 35 个、保护频道 2 个；CH70（156.525MHz）为 DSC 专用频道；CH16（156.8MHz）为遇险通信频道，用于遇险、安全和呼叫。

12.1.2　海上 VHF 发射机

海上 VHF 发射机，将调频、倍频后的基带信号（话音信号、DSC 端送来的 2FSK 信号）搬移到发射频率，再将其放大到额定功率并馈送至天线发射出去。

1. 组成及工作原理

VHF 发射机的调频过程可采用间接调频、直接调频或锁相调频等方式，图 12.1 为采用锁相调频方式的发射机原理框图。

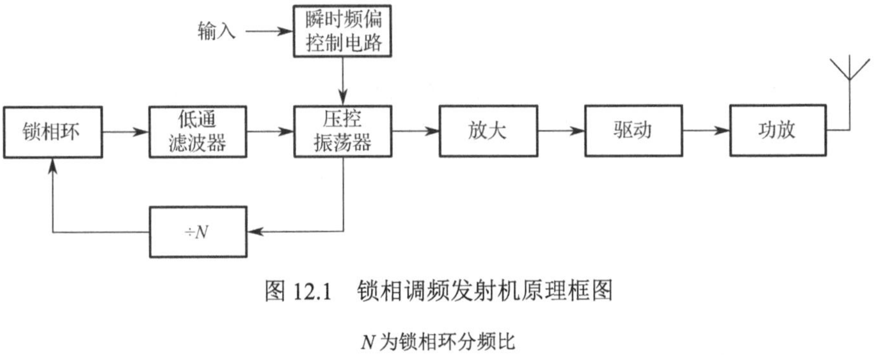

图 12.1　锁相调频发射机原理框图

N 为锁相环分频比

输入的话音信号（300～3000Hz）首先经过话音处理电路（即瞬时频偏控制电路），再用其输出去调制压控振荡器以实现调频；利用经话音处理电路处理后的信号对载波进行调制，可以得到频偏足够、但又不会超过最大频偏范围的 FM 信号，话音处理电路也因此被称为瞬时频偏控制电路。图 12.1 中的锁相环路仅用于载波频率的改变，该方式产生的 FM 信号频偏较大，且具有较高的载波频率稳定度[2]。

2. 话音处理电路原理

话音处理电路（瞬时频偏控制电路）的作用主要是在调频前对输入的话音信号进行处理，包括限幅、预加重、低通滤波和放大等过程，如图 12.2 所示。

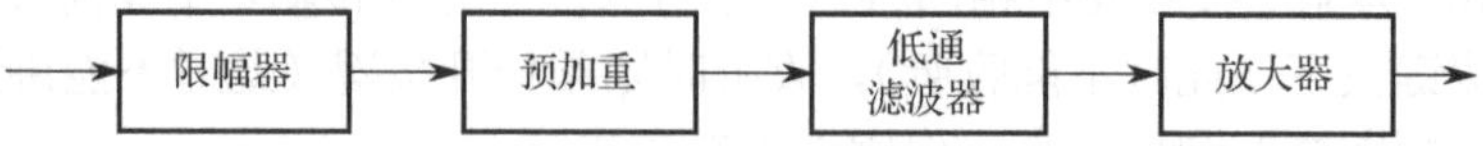

图 12.2　话音处理电路

限幅，将话音信号的幅度限制在一定范围。由于频率调制（frequency modulation，FM）信号的频偏正比于基带信号的幅度，所以为保证海上 VHF 调频信号的最大频偏不超过规定值（5kHz），需对话音（基带）信号的幅度加以限制，减小 FM 信号边带扩展。

预加重，提高话音信号中的高频分量，以克服 FM 信号解调后输出噪声的功率谱呈抛物线规律增大、造成高频分量信噪比下降的问题。在发射端，按每倍频程提高 6dB 对话音信号进行预加重处理；在接收端，按每倍频程降低 6dB 对解调后的话音信号进行去加重处理，上述过程可以保证话音信号获得较高信噪比，但又不会产生频率失真。

低通滤波，限幅过程会将话音信号波形削平，产生较为丰富的高频成分，导致 FM 信号的频谱展宽，对邻信道造成干扰。因此，需要对限幅后的话音信号进行低通滤波，抑制高次谐波分量。

12.1.3　海上 VHF 接收机

海上 VHF 接收机采用超外差式接收，采用二次变频的高中频方案以提高接收机的抗干扰能力。

1. 组成及工作原理

采用二次变频方案的 VHF 接收机如图 12.3 所示，通常，第一中频选择较高频率，可以提高中频抑制比和像频抑制比；第二中频选择较低频率，可以保证相邻信道的选择性。

对于 VHF 接收机，所要求的接收机灵敏度和抗干扰性能决定了高频放大器的增益，其中，接收机的灵敏度又取决于高频放大器前端的噪声。通常，高频放大器的增益约为 10dB，接收机增益主要由两级中放来承担，中放增益则根据解调器对输入信号的要求来确定[4]。

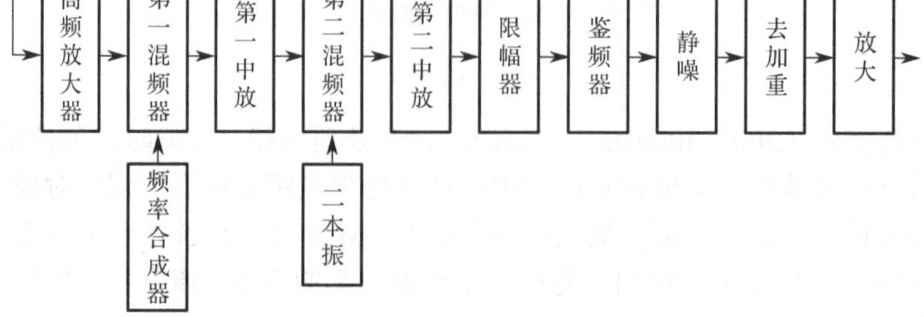

图 12.3　VHF 接收机

接收机一般还会设置静噪电路，对无信号输入时的解调器输出噪声加以抑制，可在鉴频器之前或之后。静噪电路的组成如图 12.4 所示[1]，主要包括噪声提取、噪声放大、噪声检波、直流放大和静噪开关等部分。

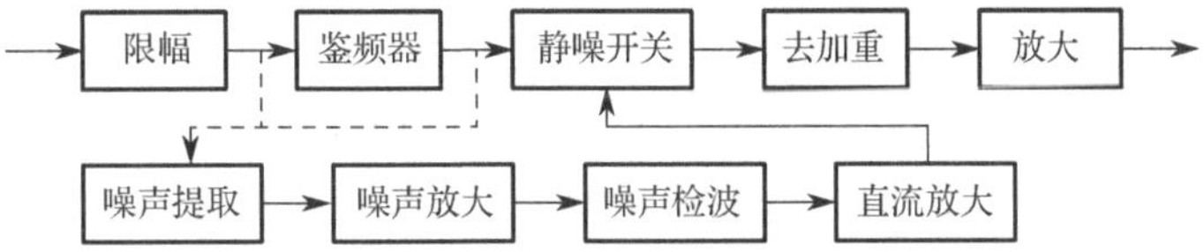

图 12.4　静噪电路的组成

在无信号输入或接收信号电平非常微弱时，由于门限效应会引起接收机输出信噪比的急剧恶化，此时的静噪电路能够自动断开，使噪声不能输出；当接收信号电平超过门限值时，静噪电路又能自动接通并立即工作，输出解调信号。

2. 双值守功能

根据《国际海上人命安全公约》，在海上航行的船舶都需要在 CH16 频道（156.8MHz）上连续值守，因此，海上 VHF 设备需要具备双值守功能，即同时守听（接收）两个频道。

海上 VHF 设备的双值守功能，是指接收机利用自动扫描实现两个或两个以上频道的同时接收。同时值守的两个或两个以上频道，根据优先级又可分为优先频道（海上为 CH16）和附加频道。当自动扫描启动后，一旦在优先频道发现信号就立即停止，并转为接收状态；只有当优先频道无信号时，才能守听附加频道。

12.2　中高频通信系统

12.2.1　概述

中高频（medium frequency/high frequency，MF/HF）通信，是指利用中波波段和短波波段的电磁波进行的无线电通信。其中，中波通信是指利用波长 100～1000m、对应频率 300～3000kHz 的电磁波进行的无线电通信，也叫中频通信，主要应用于本地无线电广播、海上通信、无线电导航以及航空通信等领域；短波通信是指利用波长 10～100m、对应频率 3～30MHz 的电磁波进行的无线电通信，也叫高频通信，被广泛应用于远洋航海、军事、气象以及通信导航等领域。

海上 MF/HF 通信系统，由 MF/HF 海岸电台和 MF/HF 船舶电台组成，工作频段为 1.6～27.5MHz，可提供船岸之间、船舶之间的中远距离通信服务，还能通过海岸电台或专用终端设备的转接，实现船舶与陆地公众电话网、电传网以及数据通信网等用户之间的通信。海上 MF/HF 电台还能提供 GMDSS 功能，包括遇险报警、搜救协调通信、现场通信、寻位、海上安全信息播发，以及常规通信等[5]。

12.2.2 MF/HF 传输特性

1. 中频

中频即中波波段，主要依靠地波传播，也可依靠电离层反射传播（天波传播）。

通常，地波传播的距离约为几百公里，但在遇到山峰高度接近或大于波长时，会因其波长较短而产生明显的阻挡作用，导致传播损耗增大、接收点场强减小，传播距离也随之减小；波长越长，传播损耗越小，反之越大。在电导率较高的开阔海面或湿土上，地波方式的传播距离可达 1000km 以上。

对于天波方式，则会受到电离层状态日夜变化的影响较大。在白天，电离层 D 层对中波的吸收作用比较强烈，不能利用天波，只能依靠地波传播，接收场强完全由地波分量决定。在夜晚，电离层 D 层消失，E 层电子密度降低且高度上升，对中波的吸收作用减小，此时除地波外，还有天波传播，经电离层反射可达上千公里；但与地波之间的干涉会引起多径现象，导致接收信号的衰落。

2. 高频

高频即短波波段，也有地波传播和天波传播两种形式，如图 12.5 所示。

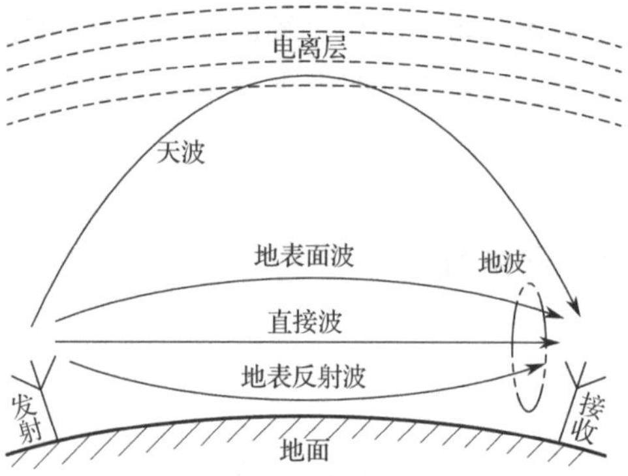

图 12.5　短波地波、天波传播

1）地波

地波沿地球表面传播，主要由地表面波、直接波和地表反射波三种成分组成。由于地球表面存在电阻，电波在行进时一部分能量会被消耗，且随着频率的增加传输损耗增大，传输距离较近。因此，地波传播形式主要对应于短波 1.5～5MHz 的低频段范围[6]。

地波传播比较稳定，不易受电离层和气象条件的影响，主要取决于地面的不平坦性和地质情况。地面的不平坦性对电波的影响随波长而变化，波长越长电波绕射能力越强，影响就越小，反之，影响越大。地质情况则主要指地面的电气性质，即地面电参数，如介电系数、电导率、磁导率等。通常情况下，地面的导电能力（电导率）越好，对电波的吸收越小，传播损耗就越小，传播距离也就越远。例如，电波在海面上传播的损耗最小，在湿土和湖泊上传播的损耗次之，在岩石上传播的损耗最大；传输距离则正好相反，在海面上的传播距离是最远的。

地波方式沿陆地传播时的衰减很快，距离发射天线很近的地方才可以收到电波信号，使用 1kW 的功率发射信号，在陆地只能传输 100km 左右，但在海面则能达到 1000km 以上。因此，短波地波传播方式不适合用于无线电广播和陆地远距离通信，大多用于海上通信、岸/船电台之间通信，以及陆地近距离无线电话通信[7]。

2）天波

无线电波入射到电离层，由于电波频率及电离层电子密度的不同，可能会出现被完全吸收、反射回地面和穿出电离层三种情况。通常情况下，频率越低、电子密度越高，吸收损耗的程度就会越大。

短波的天波传播就是依靠电离层反射进行的，如图 12.5 中所示，且传输衰减较小，可以实现远距离的通信和广播，距离可达上千公里。电离层的分层和不均匀性以及随昼夜或季节变化的时变特性，存在多径、衰落、多普勒频偏等现象，导致天波传播具有明显的不稳定性和随机性，因而具有以下一些特点。

（1）受电离层时变特性影响较大，通信频率要随之改变（昼夜更换）。例如，最大可用频率（maximum usable frequency，MUF），即在给定传输距离下能被电离层反射回地面的最大频率，由于白天的电离层电子密度高于夜晚，电离层可反射的电波频率也有白天大于夜晚的规律，即白天的 MUF 较高、夜晚的 MUF 较低，只有及时调整，才能有效防止较大频率电波穿出电离层而导致的通信中断。

（2）受太阳耀斑影响出现的电离层暴和电离层骚扰，导致通信质量大幅下降。

（3）受衰落现象影响。电离层特性的随机变化引起了电波传播路径和能量吸收的随机变化，使得接收信号的电平随机起伏，即衰落，按持续时间的长短，又可分为快衰落（十分之几秒到几十秒）和慢衰落（几分钟到几小时）。快衰落由多径效应引起，由电离层反射的多条电波射线经不同路径以不同时延到达接收端，电离层的时变特性导致各电波射线的轨迹和时延也随机变化，使得合成信号的包络随机起伏，产生衰落且具有明显的频率选择性；慢衰落则是由电离层吸收特性的变化引起，会受电离层电子密度及高度变化的影响，对短波整个频段的影响基本一致[8]。

（4）寂静区（盲区），指天波和地波都不能覆盖的区域，采用全向天线时是围绕发射点的一个环形区域，如图 12.6 所示。短波的地波传播方式衰减很大，距离发射点较近的地方才能收到信号；而利用电离层反射传播的天波方式，则要在一定距离以外才能收到信号。这样，就形成了地波和天波都无法覆盖到的寂静区。图 12.6 中，r_1 为地波最远传播距离，r_2 为天波一跳的最近距离。

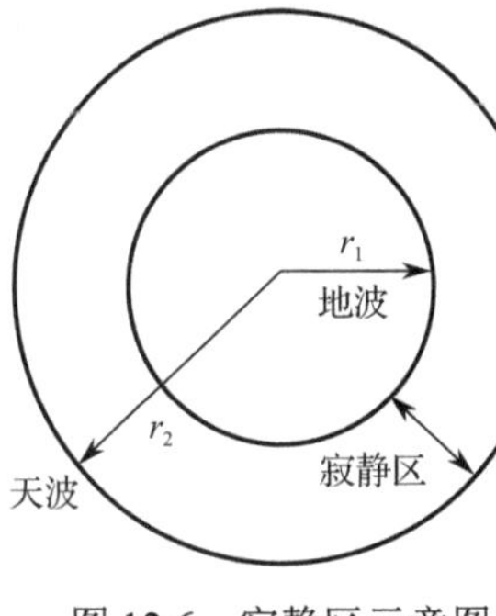

图 12.6　寂静区示意图

12.2.3　海上 MF/HF 通信系统

由于传输距离较远，且具有较强的抗毁和自主通信能力，MF/HF 通信系统被广泛应用于海上通信，可提供话音通信、电传以及数据通信等业务，也是 GMDSS 的重要组成部分。

1. 设备组成

单边带（single sideband，SSB）调制是海上 MF/HF 通信系统规定采用的调制方式，可以减少发射功率、节约频谱资源，解决海上 MF/HF 信道拥挤和电台干扰严重的问题。

海上 MF/HF 通信系统的设备组成如图 12.7 所示，由控制单元、收发单元、天线单元、终端设备和电源几部分组成。其中，数字选择性呼叫（DSC）设备，是 GMDSS 地面系统中重要的组成部分，帮助海上 MF/HF 通信直接接入陆地电信网，并可提供遇险、紧急、安全和日常等情况下的通信呼叫功能；窄带直接印字电报设备（narrow-band direct-printing telegraph equipment，NBDP）可以克服电波传输衰落对通信系统可靠性的影响[2]。

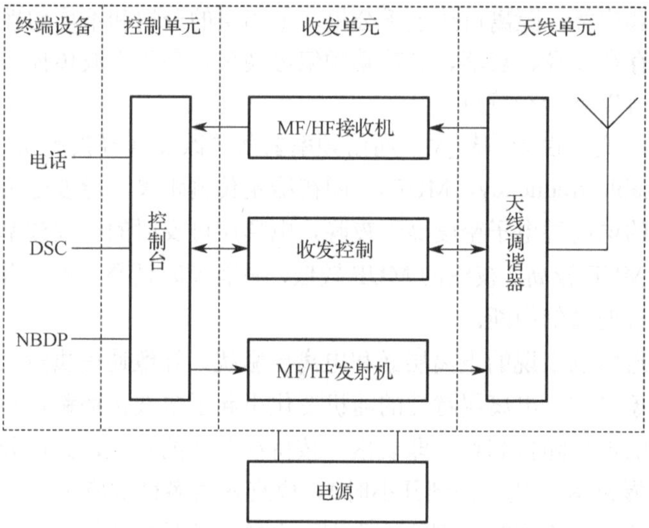

图 12.7　海上 MF/HF 通信系统的设备组成

在图 12.7 中，MF/HF 发射机将待发送的音频、电报、数据等信号对固定中频进行单边带调制，再经多次变频搬移到射频频率，进行功率放大后送至天线发射出去；MF/HF 接收机对接收到的高频单边带信号进行放大、变频和解调等处理，恢复出发射端发送的音频、DSC、NBDP 等信号，并送至相应的终端设备。

2. *发射机原理*

MF/HF 发射机组成如图 12.8 所示，由激励器、放大单元、天线调谐器、控制单元和电源组成。

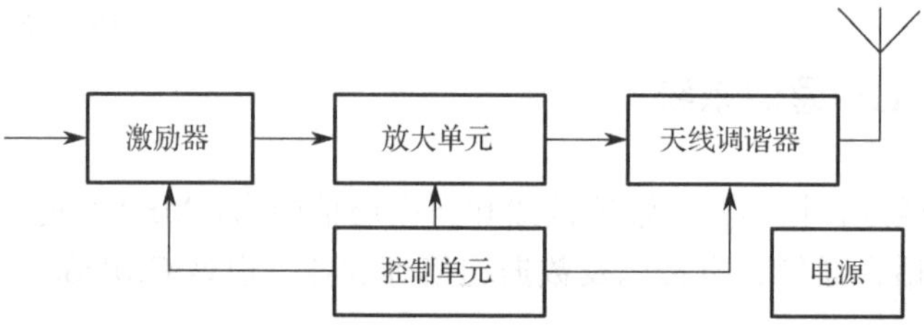

图 12.8　MF/HF 发射机组成

激励器，将待发送的基带信号（语音）转换为符合射频要求的单边带信号，一般采用三级滤波法来实现单边带信号的产生和频谱搬移。放大单元，把激励器输出的单边带信号放大到所需要的发射功率，通常由多级功率放大器组成。天线调谐器，实现放大单元输出与发射天线之间的调谐和匹配，使发射效率达到最高。控制单元，控制发射机各部分电路协调工作。电源，为发射机各部分提供所需电源，采用交流供电和直流不间断供电。

3. 接收机原理

MF/HF 接收机组成如图 12.9 所示，采用二次变频、高中频的超外差方式。

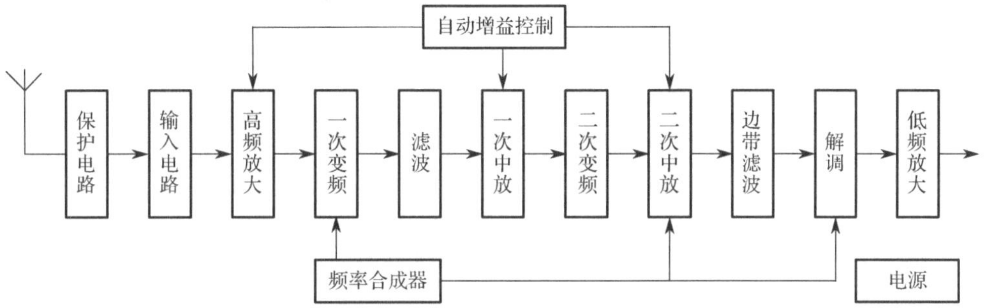

图 12.9　MF/HF 接收机组成

保护电路，避免船舶航行至雷电区域，输入电路或高频放大电路被雷电击毁。输入电路，选择接收信号并抑制各类干扰信号进入接收机，由各种滤波器（低通、带通）和调谐电路（选择接收频点）组成。高频放大，放大接收到的已调信号，以提高接收机灵敏度。变频、中放单元，用于实现接收机的二次变频，通过混频、滤波实现降频过程，由混频、低通滤波、边带滤波、多级放大器等电路组成。自动增益控制（automatic gain control，AGC），由于海上信道快衰落的存在，接收信号的电平波动较大，可通过 AGC 电路对其进行采样和放大，得到随输入信号电平强弱变化的电流或电压信号，再去控制放大器增益以实现接收信号电平的相对稳定。解调，从已调信号中恢复出发送信息，与调制的本质一样，也是频谱搬移过程，但需要根据接收信号类型采取相应的解调方式。频率合成器，产生变频和解调（相干）过程中所需要的各种频率信号。低频放大，放大解调器输出的低频信号，达到额定功率并送至相应终端。电源，为接收机各部分电路提供所需电源，采用交、直流双电源供电[1,5]。

12.3　卫星通信与导航系统

12.3.1　概述

卫星通信利用人造地球卫星作为中继站转发无线电信号，实现两个或多个地球站（可设在地面、海洋和大气层中）之间的通信，是地面微波中继系统向太空的延伸，如图 12.10 所示。不同于其他地面无线通信方式，卫星通信的人造地球卫星位于地球大气层之外，是一种宇宙无线电通信形式。这种利用人造地球卫星实现地球站之间通信的系统，即卫星通信系统。综合考虑无线电波在太空中的传输特性、可用频段范围以及对其他无线系统的干扰情况，卫星通信系统的工作频段选择了可以穿透电离层的微波波段（300MHz～300GHz）。

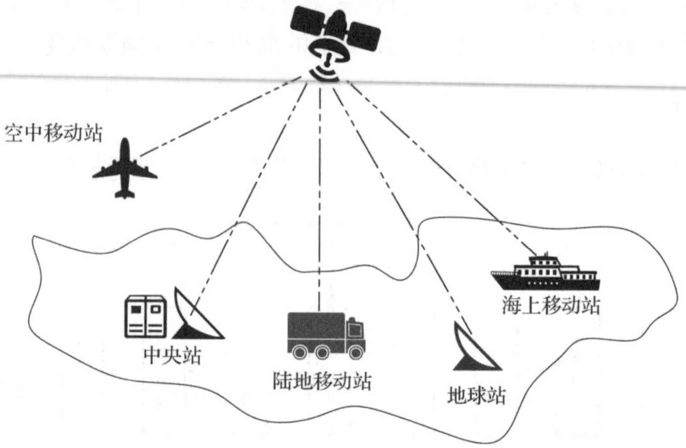

图 12.10　卫星通信示意图

卫星通信具有传输距离远、覆盖范围大，工作频带宽、通信容量大，灵活机动、不受地理条件限制，以及通信线路稳定可靠等优点。三颗等间隔配置的同步轨道卫星，就可以实现全球通信（南、北两极地区除外），这是其他无线通信方式都无法实现的。卫星通信在海上/陆地移动通信、军事通信、应急通信、抢险救灾、电视广播及互联网等领域都得到了广泛应用，还可以利用卫星作为导航台，在全球范围内提供全天候、高精度的定位和导航服务。

目前，受地面无线通信网络基础设施及覆盖能力的限制，地球上还有很多区域无法被覆盖，如大部分海洋。而卫星通信在远距离、大范围通信方面的突出优势，恰好可以解决上述区域通信网络覆盖能力不足的问题，卫星通信因此成为海上通信非常重要的方式之一。

12.3.2　卫星通信系统及其技术体制

1. 系统组成

卫星通信系统由空间分系统、地球站分系统、跟踪遥测指令分系统和监控管理分系统四部分组成。

1）空间分系统

空间分系统主要指通信卫星，其主体为通信分系统，还包括天线分系统、遥测指令分系统、控制分系统和电源分系统，如图 12.11 所示[7]。其中，全部转发器和天线分系统是通信卫星的有效载荷。

通信分系统用于接收和转发多个地球站的信号；若每个转发器的带宽和功率一定，则转发器个数越多，通信卫星的系统容量越大。一般有透明转发器和处理转发器两大类，前者收到地面发来的信号后仅进行低噪声放大、变频和功率放大后转发回地面，不对信号进行任何的加工和处理，即单纯完成转发任务，具体可分为一次变频和二次变频两种方案；后者除信号转发功能外，还具有信号处理功能，如信息处理、空间交换，以及对基带信号进行一些高级处理。

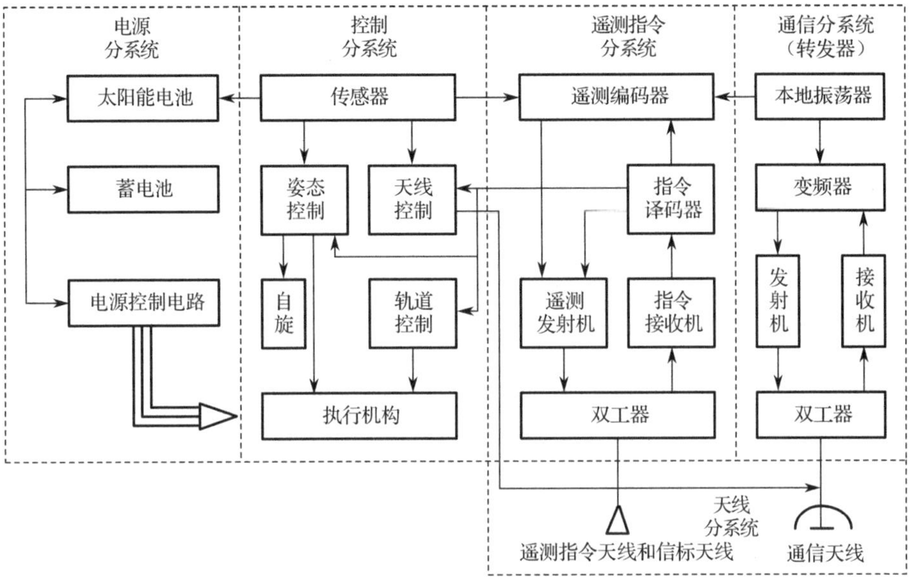

图 12.11 通信卫星的组成

天线分系统，包括通信天线，以及遥测指令天线和信标天线。前者用于通信，通常为定向天线；后者用于遥测数据和信标信号的收、发，通常为全向天线，以使卫星在任意姿态都能可靠接收指令或发射遥测数据[9]。

遥测指令分系统，与地面跟踪、遥测和指令站一起，构成完整的卫星测控系统。星上遥测指令分系统，将通过传感器获取的卫星姿态、位置及工作状态数据发送给跟踪、遥测和指令站，经处理和分析后得到姿态调整、位置校正、主备用部件切换等控制指令，再经跟踪、遥测和指令站发回卫星并通过控制分系统控制卫星进行相应的动作。

控制分系统，由各种可控的调整装置、驱动装置和转换开关等组成，用于姿态、位置、轨道控制等，例如对卫星进行姿态控制和位置控制以消除轨道漂移和卫星摄动等。

电源分系统，为通信卫星提供所需电能，由太阳能电池、蓄电池和电源控制电路组成。通常要求体积小、重量轻、效率高、可靠性高，以及在卫星寿命期间保持足够输出。

2）地球站分系统

地球站分系统的主体是地球站，要求能够发射宽频带、大功率的上行信号（地球站至卫星），接收卫星转发器转发回来的微弱下行信号（卫星至地球站），可以提供多路话音、电报、传真、电视、高速数据等多种业务。典型地球站由天线分系统、发射分系统、接收分系统、监控分系统、信道终端分系统和电源分系统组成，如图 12.12 所示。

这样，由地球站、通信卫星，以及它们之间的无线电波传输线路，就构成了卫星通信线路。为进行双向通信，地球站包括发射分系统和接收分系统，共用一副天线，使用双工器将收发信号分开。其中，上行链路是指由地球站至卫星方向的传输线路，反之则为下行链路，且上行链路的工作频率总是高于下行链路。因为，较高频率信号相对于较低频率信号会有更高的传输损耗，位于地面上的地球站易于提供较大功率而加以补偿。

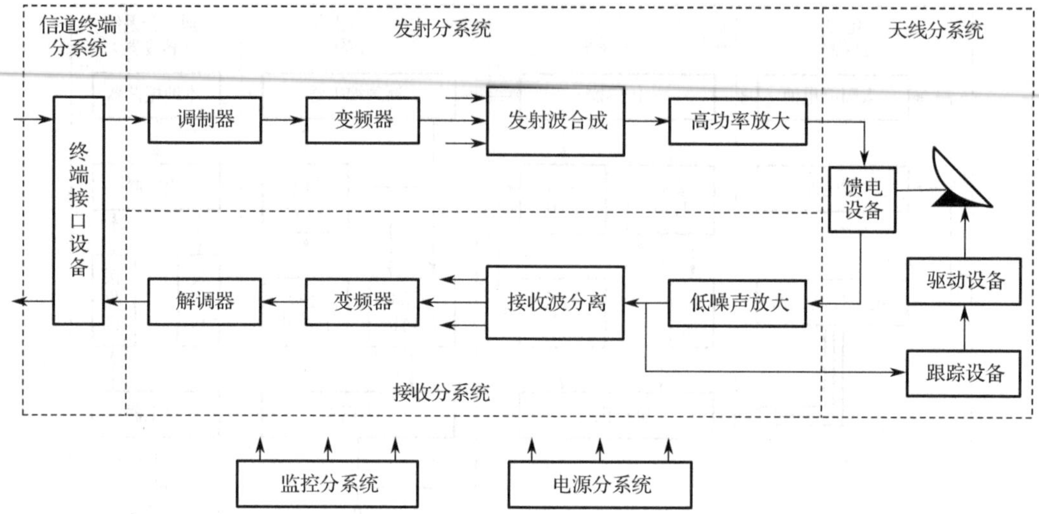

图 12.12　典型地球站组成

下面介绍地球站各组成部分的功能和特点。

天线分系统，地球站重要组成部分之一，完成发射信号、接收信号和卫星跟踪等任务，主要由天线、馈电设备、驱动设备和跟踪设备组成。通常要求天线分系统应具有较高的增益、较窄的波束宽度、足够的工作带宽、较低的等效噪声温度，其中的馈线设备应具有损耗小、频带宽、匹配好、收发通道隔离度大等特点；天线分系统还应具有良好的旋转性能、机械精度和抗毁能力[10]。

发射分系统，将信道终端分系统送来的基带信号对中频（70MHz）进行调制，再进行上变频和功率放大后送往天线分系统发射，具体组成如图 12.13 所示。其中的调制器、上变频器和高功率放大器是主要设备，需要有备份，对发射分系统的输出功率、增益稳定性、工作频带、放大器线性等技术指标有较高要求。

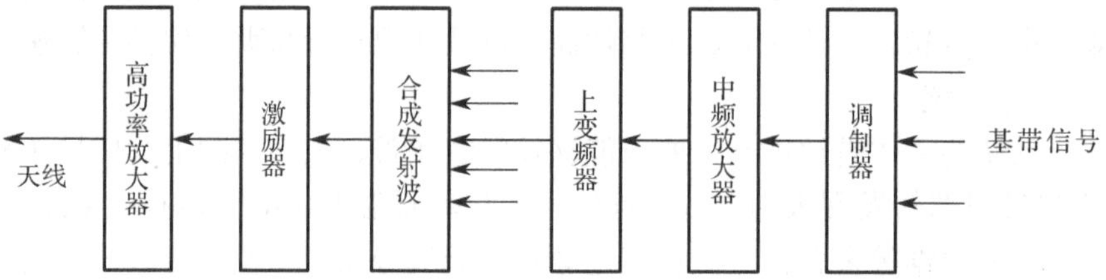

图 12.13　发射分系统

接收分系统，将天线分系统接收到的经卫星转发回来的微弱信号放大、下变频，解调出基带信号，是发射分系统的逆过程，具体组成如图 12.14 所示。其中的低噪声放大器、下变频器和解调器是主要设备，需有备份，对接收分系统的灵敏度、增益、噪声温度、工作频带、选择性、互调干扰等技术指标也有较高要求。

监控分系统，对地球站各部分设备进行监视和控制，以使操作人员能够及时掌握各种设备的运行状况，并在出现故障时能够及时维护，主要由监视设备、控制设备和测试设备组成。可监测设备是否发生故障、工作参数是否正常，以及对重要设备进行主备切换等。

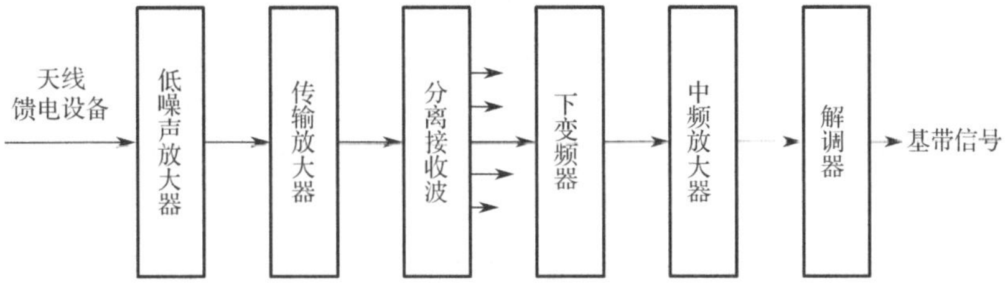

图 12.14　接收分系统

信道终端分系统，上行方向，对地面接口线路传来的用户信号进行转换、编排及基带处理，如加报头、扰码、信道编码等，形成符合卫星通信系统传输规则的基带信号，送至发射分系统；下行方向，将接收分系统接收、解调后的基带信号进行与上行方向相反的处理，恢复出用户信号。

电源分系统，提供地球站内全部设备所需电能，由交流不间断电源和应急电源组成。

3）跟踪遥测指令分系统（测控站）

跟踪遥测指令分系统控制卫星准确进入运行轨道，并在卫星运行期间对其进行跟踪和测量，与卫星上的遥测指令分系统配合工作，定期对卫星的姿态、轨道和位置进行修正。

4）监控管理分系统

监控管理分系统对卫星通信系统的通信性能进行监控，以确保通信任务的正常进行。

2. 技术体制

卫星通信技术体制是指卫星通信系统的工作方式，即采用的信号形式、传输方式、处理方式以及交换方式，具体包括基带信号传输方式（信号形式、信源编译码方式、多路复用方式、差错控制方式）、调制方式、多址连接方式和信道分配方式等。

1）基带信号传输方式

这部分包含了信号形式、信源编译码方式、多路复用方式和差错控制方式等内容。

以数字卫星通信系统为例，它可以传输数字信号，也可以传输经数字化处理后的模拟信号，如模拟音频信号，可采用脉冲编码调制、增量调制、连续可变斜率增量调制（continuous variable slope delta modulation，CVSD）、自适应差分脉冲编码调制（adaptive differential pulse code modulation，ADPCM）等编码方式进行数字化处理；在基带可采用的多路复用方式有两种，从频域区分信号的频分复用（frequency division multiplexing，FDM）和从时域区分信号的时分复用（time division multiplexing，TDM）。

卫星通信系统还会采用一定的差错控制方式以提高系统的抗噪声和抗干扰能力，如自动请求重发（automatic repeat request，ARQ）、前向纠错（forward error correction，FEC）以及将两种方式结合的混合纠错（hybrid error correction，HEC）。卫星信道属于典型的恒参信道，主要出现由高斯白噪声引起的随机错误，仅有少量突发错误，再结合卫星通信线路传输延时较大的特点，常采用 FEC 方式，在传输对实时性要求不高的数据时也可采用 ARQ 方式。

2）调制方式

在模拟卫星通信系统中，常采用技术成熟、通信质量好、信噪比较高的调频方式，并采用预加重/去加重、门限扩展、语音压扩等技术进一步提升系统性能。

在数字卫星通信系统中，一般要求采用的调制方式具有较高的功率利用率和频带利用率，又考虑放大器的非线性作用会带来由输入信号幅度变化引起的输出信号相位变化，最好采用恒包络调制。因此，数字卫星通信系统主要采用功率利用率较高且恒包络的相移键控类调制，如 BPSK、QPSK 和偏移正交相移键控（offset quadrature phase-shift keying，OQPSK）等。在要求极高频带利用率的场合也可以使用某些非恒包络调制，但要注意保证传输信道的线性。

3）多址连接方式

多址连接方式是指多个地球站通过共同的卫星、同时建立连接并传输各自信息的一种方式，是卫星通信最突出的特点和优势，可以大幅度提高卫星通信链路的灵活性[7]。

多址连接利用无线电信号在频率、时间、扩频码和空间等维度上的区别，设计各站发射信号，对应接收站则具有从混合信号中识别、分离出本站信号的能力。常用的多址连接方式有频分多址（frequency division multiple access，FDMA）、时分多址（time division multiple access，TDMA）、码分多址（code division multiple access，CDMA）和空分多址（space division multiple access，SDMA），这些多址方式可以单独使用，也可以组合在一起使用。

（1）FDMA。FDMA 按射频频率的不同来区分各地球站信号，即把卫星转发器的频带划分为若干个互不重叠的子带，每个子带分配给一个地球站使用。为避免相互干扰，各路信号之间要留有保护间隔。FDMA 方式技术成熟、易于实现，且不需要网同步，适合用在大容量的卫星线路；但也存在频率利用不充分（需保护间隔），多载波同时工作时易产生互调干扰、强信号抑制弱信号等问题。

（2）TDMA。TDMA 按工作时隙的不同来区分各地球站信号，在同步系统的控制下，各地球站依次在分配给自己的且互不重叠的时隙内向卫星发射信号，所有地球站发完为一个周期，即一帧，并循环往复下去。在 TDMA 方式中，由于任何时候都只有一个地球站信号进入卫星转发器，则所有地球站都可以使用相同的频率发射信号，卫星转发器也始终处于单载波状态，不会出现互调干扰，卫星输出功率的利用率也更高，但该方式需要进行精确的网同步和定时。

（3）CDMA。CDMA 按扩频码（地址码）的不同来区分各地球站信号，给每个地球站分配不同的地址码，各地球站信号的时间或频率可以相互混叠；在接收端，只有准确知道其地址码的地球站，经相关检测后才能恢复出相应信号，其他各站则因地址码不同而无法正确接收。CDMA 方式简单、灵活，不需要网同步，还具有较强的抗干扰能力和隐蔽通信能力，适合用在一些容量不大、分布范围较广，且有一定保密要求的卫星通信系统。

（4）SDMA。SDMA 按天线指向的不同来区分各地球站信号。采用 SDMA 方式的卫星天线需具有多个指向不同区域的窄波束，用于区分各地球站，且同一频率可以被所有窄波束同时使用。通过 SDMA 方式，可以实现频率的重复使用，系统容量可成倍提升。若在卫星窄波束覆盖范围内又存在多个地球站，则各站之间的区分可采用其他三种多址方式。

4）信道分配方式

信道分配方式中的“信道”，在 FDMA 方式中指各地球站使用的频段，在 TDMA 方式中指各地球站占用的时隙，在 CDMA 方式中指分配给各地球站的地址码，在 SDMA 方式中指覆盖各地球站的窄波束。因此，信道分配方式与多址连接方式关联密切，并与基带复用、调制等方式，共同决定卫星转发器和各地球站的信道分配、信道利用率、系统容量，以及可达到的服务质量和设备复杂度等[9]。

常用的信道分配方式有预分配、按需分配和随机分配三种。

预分配方式，又可分为固定预分配方式和按时预分配方式两种。前者将卫星通信系统中的信道资源（如频率、时隙等），按照各地球站业务量的多少进行分配，且信道归属一直不变；该方式不需要控制设备、通信链路建立较快，但不能随业务量的变化对信道资源进行及时调整，灵活性较差。后者则针对固定预分配方式的问题，依据各站业务量在一天之内的变化规律，预先设定几次站间信道资源的重分配，信道利用率高于固定预分配方式。

按需分配方式，所有信道资源为各地球站所公用，根据各站业务量而进行信道资源的实时分配，灵活性较好，信道利用率也大大提高。但过程较为复杂，需要在卫星转发器单独划分出一个公用通信信道，供各地球站申请、分配信道时使用。按需分配方式又可分为发端固定/收端可变、收端固定/发端可变、全可变和分群全可变四种方式。

随机分配方式，各地球站随机占用卫星转发器的信道，若发生“碰撞”则进行重发，可大大提高信道的利用率。

12.3.3　海上卫星通信系统

1. 铱系统

1987 年，摩托罗拉公司提出了近地轨道全球个人卫星移动通信系统，即铱（Iridium）系统，其命名来源于化学元素“铱”；与现有通信网络相结合，可实现包括南北两极地区在内的全球范围的无缝覆盖，为用户提供语音、传真、数据、寻呼等个人移动通信服务，是地面固定电话网络和移动通信网络覆盖区域的延伸和补充。

铱系统由卫星网络（空间段）、地面网络（地面段）和移动终端（用户段）三部分组成，其中，空间段包含 66 颗低轨道卫星，均匀分布于 6 个极地圆轨道平面上，星上转发器采用 TDMA 和 FDMA 相结合的多址方式，卫星之间通过星间链路实现数据的交换和处理，并成功实现了卫星网络与地面蜂窝网络之间的跨协议漫游服务[11]。

用户使用铱系统的终端设备（如手机）就能与卫星连接，使得一些边远地区、海洋、自然灾害现场的通信联络变为可能。目前，铱系统也开发出了多种海上终端设备，可以提供电话、数据、传真、报警、短信息、船舶远程识别和跟踪（long range identification and tracking，LRIT）、定位及海上宽带等服务[5]。

2. 全球星系统

全球星（Global-Star）系统，是美国劳拉公司和高通公司等在 1991 年共同倡导发起的近地低轨道卫星移动通信系统，与地面的多种通信系统兼容，可以覆盖除南北两极地区以外的所有区域（北纬 70°至南纬 70°之间），为用户提供电话、数据、传真、紧急呼叫、语音信箱、短信息、定位等服务，具有可靠性高、延迟小、维护方便等特点。

全球星系统也由空间段、地面段和用户段三部分组成，其空间段由 48 颗低轨道卫星和 8 颗在轨备份卫星组成，分布于 8 个非极地圆轨道平面上，传输和处理延时都小于 300ms；采用 CDMA 方式，用户终端发射功率小且信号质量较高，抗干扰和保密能力也很强。系统没有星间链路，无须复杂的星上处理，技术难度低，因此可大幅度降低投资成本，但需要建设大量的地面关口站，承担将全球星系统转接至地面通信网络的任务，以保证全球范围内的任意移动用户都可以随时接入，再利用地面设施完成呼叫处理过程[1,12]。

3. 国际海事卫星系统

为满足海上用户通信和海事救助的需要，国际海事卫星组织（International Maritime Satellite Organization，INMARSAT）在 1979 年成立，是运营、管理全球海事卫星通信的政府间合作机构，拥有中国、美国、英国、挪威等多个成员国。国际海事卫星系统可以覆盖地球南、北纬 76°以内的所有区域，提供涵盖海事、航空、陆地移动通信等领域的通信服务，海上绝大部分通信业务都可由其承担。

国际海事卫星系统由空间段、地面段和用户终端组成。其中，空间段包括卫星、跟踪遥测与控制站、卫星控制中心（位于英国伦敦）；地面段包括网络协调站、网络控制中心（位于英国伦敦）、岸站；用户终端分为海用、陆用、空用三类[5]。

国际海事卫星系统目前已经发展到了第 5 代。第 1 代系统，1982 年投入使用，租用 9 颗卫星。第 2 代系统，1990 年投入使用，4 颗卫星，容量提升至第 1 代系统的 2.5 倍。第 3 代系统，1996 年投入使用，5 颗卫星（1 颗备用），容量是第 2 代系统的 8 倍，每颗卫星除全球波束外还增加了 5 个可控点波束转发器。第 4 代系统，3 颗卫星，2008 年完成发射，每颗卫星可提供 1 个全球波束、19 个宽点波束和 228 个窄点波束，容量是第 3 代系统的 60 倍[12]。第 5 代系统，也称“全球特快（Global Xpress）”，4 颗卫星，在 Ka 波段工作，是第一个全球范围的高速宽带网络，上、下行传输速率分别高达 5Mbit/s 和 50Mbit/s，系统容量及传输速率较第 4 代系统提升百倍以上，可提供超高速宽带移动通信业务。

4. VSAT 系统

甚小口径天线终端（very small aperture terminal，VSAT），也称卫星小数据站或者个人地球站，是一类具有甚小口径天线的小型（微型）地球站，可提供单向或双向的语音、数据、图像等业务。天线口径为 0.3～1.4m，具有组网灵活、覆盖范围大、通信质量好、可靠性高，体积小、重量轻、成本低、操作方便等特点，不易受地面网络设施的限制，对应用环境的要求也不高。

VSAT 系统通常由卫星、主中心站和终端小站组成。其中，主中心站使用大型抛物面天线，C 波段天线直径为 3～7m、Ku 波段天线直径为 3.5～8m，配有高功率放大器、低噪声放大器、上/下变频器、调制/解调器及数据接口等设备；终端小站由小口径天线、室外单元和室内单元三部分组成，使用同轴电缆连接室内、室外单元，传送中频信号和供电，终端小站还可直接与数据终端连接[11]。

VSAT系统已被广泛应用于船舶领域，例如，通过VSAT系统可以实现船舶与陆地、其他船舶或船舶管理中心的实时通信，提供包括语音通话、数据传输、电子邮件和互联网接入等在内的多种服务；发生紧急情况时，VSAT系统可以快速地建立与救援机构之间的通信，准确传输位置信息、求救信号等关键信息，以便及时展开救援行动。

5. 天通一号卫星移动通信系统

天通一号卫星移动通信系统是我国自主研制建设的卫星移动通信系统，是中国版的海事卫星。2016年8月6日，在西昌卫星发射中心，天通一号01星发射成功，这是我国卫星移动通信系统的首发星；2018年7月，天通一号卫星移动通信系统投入商用，具有电话、短信、北斗定位、GPS导航等功能；2020年1月10日，我国自主建设的第一个卫星移动通信系统——天通一号卫星移动通信系统，正式面向社会提供服务[13]；2021年1月20日，天通一号03星在西昌卫星发射中心成功发射，并顺利进入预定轨道。

天通一号卫星移动通信系统相当于第3代国际海事卫星的技术水平，与地面移动通信系统共同构成移动网络，其覆盖范围主要为我国及周边、中东、非洲等地区，以及太平洋、印度洋大部分海域，可实现海洋、山区、森林、沙漠等区域的无缝覆盖，为用户提供全天候、稳定可靠的移动语音、短信息和数据通信服务[1]。

12.3.4　卫星导航系统

1. 全球定位系统

全球定位系统（GPS），由美国国防部研制和维护，于1993年全面建成，是一个中距离圆形轨道卫星导航系统，可以为绝大部分地区提供高精度的位置、速度和时间标准。GPS包括24颗卫星，地面上的1个主控站、3个数据注入站和5个监测站，以及作为用户终端的各类GPS接收机[12]。

GPS能够连续、适时、隐蔽地定位，一次定位时间仅需几秒到十几秒，在航海领域有着非常重要的应用，极大改善了船舶导航的准确性和安全性。在航行时，GPS能够帮助船舶获得其准确位置和航向，并在船舶自动驾驶系统中用于目标点确定、路径规划和船舶航线的调整。此外，GPS在海上搜救中也起到了极为关键的作用，遇险船舶可通过GPS设备向救援机构发送位置信息，以便救援机构可以及时开展搜救行动。

2. 北斗卫星导航系统

北斗卫星导航系统，是我国自主研发、独立运行的全球卫星导航系统，和GPS、格洛纳斯导航卫星系统和伽利略卫星导航系统一起被联合国卫星导航委员会认定为供应商，可在全球范围内全天候、全天时为各类用户提供高精度、高可靠的定位、导航、授时和短报文服务。

2004年，北斗卫星导航系统建设启动；2011年，开始对中国和周边地区提供测试服务；2012年12月27日起，正式提供卫星导航服务，服务范围涵盖亚太大部分地区，提供开放和授权两种方式的服务。开放服务是在服务区给拥有北斗终端设备的用户免费提供定位、测速和授时服务，定位精度为10m，测速精度为0.2m/s，授时精度为10ns；授权服务则是向授权用户提供更加安全和更高精度的定位、测速、授时和通信服务，定位精度可达 1m。2019 年 9 月，系统正式向全球提供服务，在轨卫星 39 颗，包括北斗三号卫星 21 颗。

北斗卫星导航系统由空间段、地面段和用户段三部分组成。其中，空间段包括 5 颗静止轨道卫星和 30 颗非静止轨道卫星，地面段包括主控站、注入站和监测站，用户段包括北斗用户终端以及与其他卫星导航系统兼容的终端。在技术体制上，北斗卫星导航系统采用码分多址方式，在 L 波段频谱资源有限的情况下具有较高的频谱利用率，且抗干扰能力较强，与其他卫星导航系统的兼容性也更好。

海上航行是卫星导航系统应用最早的领域，各类船舶上也都安装了卫星导航终端设备，以保证航行的安全性。北斗卫星导航系统可以在任何天气条件下，为航行中的船舶提供导航定位和安全保障，其特有的短报文功能也能支持各种新型服务的开发[14]。

3. 伽利略卫星导航系统

伽利略卫星导航系统是由欧盟研制和建立的自主、独立、多模式的全球卫星导航系统，系统的构建计划在 1999 年 2 月由欧盟委员会提出，2002 年 3 月正式启动建设。系统可提供导航、定位、授时等基本服务，搜索、救援等特殊服务，以及在飞机导航和着陆、铁路安全运行调度、海上运输系统、精准农业等领域的扩展服务。

伽利略卫星导航系统由空间段、地面段、用户终端三部分组成。其中，空间段包括 30 颗卫星，分布于 3 个倾斜轨道平面上；地面段由主控制中心和伽利略传感器站组成，前者又包括了完好性监控系统、轨道测控系统、时间同步系统和系统管理中心；用户终端即用户接收机等设备，考虑到与 GPS 等系统的组合导航，需要多用途、兼容性好的接收设备。

伽利略卫星导航系统采用中高轨道星座和基于时间测距原理的定位方式，可以分发实时的米级定位信息。系统可以为一些特殊情况提供服务，例如，火车运行、汽车导航等对安全性有特殊要求的场景；也能为海上和陆上交通提供极大便利，例如，为欧洲公路、铁路、航空、海洋运输，甚至是徒步者，提供精度为 1m 的定位导航服务。

4. 格洛纳斯导航卫星系统

格洛纳斯导航卫星系统是由俄罗斯研制和维护的全球卫星导航系统，可为全球陆、海、空及近地空间的各军、民用户提供全天候、高精度的三维位置、速度和时间信息。格洛纳斯导航卫星系统的研制始于 1976 年，1982 年发射第 1 颗卫星，1993 年正式投入运营，但只开放了俄罗斯境内的定位及导航服务；直到 2009 年，服务范围才拓展到全球。格洛纳斯导航卫星系统的出现，打破了美国对卫星导航服务的独家垄断。

格洛纳斯导航卫星系统由 24 颗卫星组成，包括 21 颗工作卫星和 3 颗备份卫星，分布于 3 个圆形中轨道平面；采用 FDMA 方式，依靠频率的不同来区分卫星，可防止整个系统同时被敌方干扰，抗干扰能力更强。

格洛纳斯导航卫星系统全面运营后，在船舶领域也有了非常广泛的应用，可以为船舶提供高精度导航和定位服务，支持自动化技术应用，还可在紧急情况下提供救援支持。

12.4　海上无线通信网络

12.4.1　概述

随着无线通信与网络技术的高速发展和大规模部署，在城市中的人们几乎可以随时随地、不受限制地使用互联网和各种数据通信服务。但在占地球 70%以上面积的海洋区域，却几乎无法随时、随地接入无线网络，大大限制了海上航行、群组作业，以及海上信息化的进一步发展。目前，海上运输、船运贸易、海洋资源开发等海洋经济进入了蓬勃发展的黄金时期，越来越多的海上业务对无线通信提出了更多的面向网络服务的需求。

本节主要介绍海上移动 Ad Hoc 网络和海上无线 Mesh 网络，包括其特点、组成、协议栈结构、MAC 协议和路由协议等。

12.4.2　海上移动 Ad Hoc 网络

“Ad Hoc”来源于拉丁语，意为“For the specific purpose only”，即“仅为特定目的或场合的”。Ad Hoc 网络是一种无中心、多跳、自组织的无线网络，也被称为自组织网络。移动 Ad Hoc 网络，则是由一组无线移动节点组成的多跳、临时性的自组织网络。

移动 Ad Hoc 网络是复杂的分布式网络系统，网络的运行、组织和管理都是分布式的。由一组具有无线收发功能的移动节点组成，是所需人工干预最少，没有任何中心实体、自组织、自愈的网络；也不需要任何预设基础设施的支持，移动节点可以灵活地自组织成任意临时性 Ad Hoc 网络拓扑，允许用户和设备在没有任何基础通信设施的环境中进行互联互通[15]。

在海上很难进行通信基础设施的建设（如基站等），而船舶又一直处于移动的状态，导致海上群组作业、密集通信船舶之间的互联通信较为困难。针对上述问题和场景，移动 Ad Hoc 网络是海上组网通信可以选择的方案之一，即以各类船舶为通信节点，利用短波、超短波等无线通信方式，构建具有移动性和自组织能力的海上无线通信网络。移动 Ad Hoc 网络具有移动能力强、组网速度快、建造成本低、维护开销小、结构稳健等突出特点，由于节点移动、信道条件变化、节点故障等造成的网络损伤，移动 Ad Hoc 网络都可以自动愈合，上述特点使得移动 Ad Hoc 网络特别适用于通信密集性高、网络拓扑结构变化频繁的海上群组作业船舶之间建立无线通信网络的场合。下面对移动 Ad Hoc 网络的特点、协议栈结构和路由协议进行简要介绍。

1. 特点

（1）无控制中心。在网络中没有严格的控制中心，各移动节点地位平等，可以直接通信、可以随时加入网络或离开网络，且任意节点的加入/离开或故障都不会影响整个网络的运行，具有很强的抗毁能力。

（2）自组织。不需要事先构建通信基础设施与外部干预，就可以在任何时间、地点快速建立起一个通信网络，实现各节点之间的信息交互，网络结构还可以根据环境变化自适应地自我调节[16]。

（3）多跳网络。由于节点之间无线传输距离的限制，超出传输距离范围的节点之间通信就需要依靠其他节点中继转发，即多跳网络。

（4）动态拓扑。由于网络中的各移动节点都可以随意移动、加入或离开网络，再结合节点发射功率和无线信道干扰情况，各节点之间的连接关系，即网络的拓扑结构会随时发生变化，且较难预测。

（5）分布式控制。由于网络没有控制中心，各节点的运行、组织和管理只能采用分布式的控制方式。

（6）带宽有限、容量易变。网络中各节点之间的无线信道带宽有限，竞争信道产生的碰撞、衰落以及噪声和干扰的影响使得各节点实际获得的带宽容量远小于理论容量，且易受信道变化的影响。

2. 协议栈结构和路由协议

移动 Ad Hoc 网络采用开放系统互联参考模型（open system interconnection reference model，OSI/RM）的七层协议栈结构，具体如表 12.1 所示。

表 12.1　移动 Ad Hoc 网络协议栈结构

OSI/RM 模型		移动 Ad Hoc 网络		主要内容
应用层		应用层		实时业务、数据、多媒体 移动定位、自动配置、安全策略
表示层				
会话层				
传输层		传输层		TCP
网络层		网络层		邻域维护、路由协议、网络优化
数据链路层	LLC	数据链路层	LLC	分组转发、差错控制
	MAC		MAC	资源管理、接入方式、功率控制
物理层		物理层		编码、调制/解调、天线发射/接收

注：LLC（logical link control）为逻辑链路控制，MAC（medium access control）为介质访问控制。

在移动 Ad Hoc 网络中，由于节点传输范围的局限，源节点向目的节点发送数据分组时，需要借助其他节点的转发来实现。而且多跳转发无线信道的时变、衰耗，网络节点的移动、加入或离开等情况，都会引起网络拓扑结构的频繁变化，路由问题相比于其他网络要复杂得多，给路由协议的设计也带来更大的挑战和要求。

目前，已经提出了多种移动 Ad Hoc 网络路由协议，可以从不同角度对它们进行分类。根据发现路由的策略不同，可以分为主动式（表驱动）路由协议和反应式（按需）路由协议；根据网络的逻辑视图不同，可以分为平面路由协议和分级路由协议；根据是否使用地理定位系统，可以分为地理定位辅助路由协议和无地理定位辅助路由协议。下面介绍几种典型路由协议。

1）OLSR 协议

最优化链路状态路由（optimized link state routing，OLSR）协议是一种基于表驱动的主动式路由协议，属于经典链路状态路由协议的最优化版本。

协议的核心思想是通过多点中继（multipoint relay，MPR）机制来减少信息分组的发送。节点之间通过问候（Hello）分组的周期性交互，实现链路检测、邻居节点发现和 MPR 信令等功能；通过拓扑控制（topology control，TC）分组的周期性交互，实现 MPR 信息声明（链路状态广播）功能，提供路由计算所必需的链路状态信息；再以这些分组建立起来的拓扑结构为基础，进行基于 MPR 的路由计算。在 OLSR 协议中，仅使用 MPR 节点（专门选出）转发控制信息，大幅减少了控制信息泛洪到所有节点的转发次数，开销达到最低程度。

协议一般采用以下三种优化技术。

（1）多点中继：在泛洪时仅使用 MPR 节点转发广播信息，开销大幅度降低。

（2）仅允许 MPR 节点产生链路状态信息，可使泛洪控制信息最少。

（3）MPR 节点可能选择仅报告自身与其 MPR 选择器之间的链路状态[5]。

2）DSR 协议

动态源路由（dynamic source routing，DSR）协议，是一种基于源路由概念的按需路由协议，专门为多跳无线 Ad Hoc 网络设计。

DSR 协议是最早涉及按需路由概念的协议之一，其中的分组转发使用了源路由机制，在每个分组的头部携带一个包含完整路由判定的序列，这样，中间节点不用进行最新路由信息的维护就能按照上述序列完成分组转发。协议包括路由发现和路由维护两个过程，都采用按需方式进行。路由发现过程帮助源节点获得到达目的节点的路由信息，路由维护过程则帮助各节点检测当前路由状态的可用情况，若当前路由由于节点移动、拓扑结构变化、目的节点故障等不可用时，则启动新一轮的路由发现过程。

DSR 协议中的各节点不需要周期性发送路由广播分组，也不需要实时维护去往所有节点的路由信息，能消除路由环路；支持中间节点的应答，可使源节点快速获得路由，但存在陈旧路由问题；各分组都携带完整路由信息，传输开销较大，降低了网络的利用率，不适合大范围覆盖的自组网，可扩展性不强[17]。

3）AODV 路由协议

Ad Hoc 按需距离向量（Ad Hoc on-demand distance vector，AODV）路由协议，是目的节点序列距离向量（destination-sequenced distance-vector，DSDV）路由协议[18]和 DSR 协议的综合，在 DSDV 路由协议的基础之上结合 DSR 按需思想进行了改进，处理和存储开销都很小，能够快速响应链路状态的变化。

AODV 路由协议属于按需驱动路由协议，仅当源节点需要向目的节点发送数据时，才会建立路由，不在路由范围内的节点不会保存路由信息，也不会参与路由表的交换。源节点通过路由请求（route request，RREQ）消息建立反向路由，中间节点首次收到 RREQ 消息后进行广播，利用 RREQ 消息中的节点序列号避免路由环路；目的节点在收到 RREQ 消息后产生路由应答（route reply，RREP）消息，并建立正向路由；断路节点则产生路由错误（route error，RERR）消息并对路由信息进行同步更新。

AODV 路由协议支持中间节点应答，可使源节点快速获得路由；节点仅保存需要的路由，内存需求和不必要的复制都大幅度减少；使用目的序列号机制避免了路由环路的出现，基于距离向量的路由协议中存在的无限计数问题也得到了有效解决。但协议建立路由的时延较长，且不支持单向信道，还可能出现过期路由。

4）ZRP

区域路由协议（zone routing protocol，ZRP），是一种结合了主动式路由和按需式路由优点的路由协议。

ZRP 采用混合区域路由框架，将整个网络划分为以节点为中心、一定跳数为半径的多个路由选择区域。在路由选择区域之内，到达区域内的节点的路由由主动式路由协议，即区域内路由协议（intrazone routing protocol，IARP）负责维护；在路由选择区域之间，则采用按需式路由协议，即区域间路由协议（interzone routing protocol，IERP）进行各路由选择区域之间的路由发现和路由维护，通过边界广播解析协议（bordercast resolution protocol，BRP）将路由查询分组转发到对应路由选择区域的边界节点上，进而完成源、目的节点之间的路由发现，这种方式可以减少区域之间路由发现时的冗余转发。

协议在路由选择区域内采用表驱动方式，没有按需路由方式的初始化延迟，且路由选择区域范围较小，减少了路由更新代价；在路由选择区域之间采用按需方式，避免了表驱动路由协议交互开销较大的问题。在路由选择区域之间寻找路由时，将请求分组发送给边界节点，提高了寻找路由的速度。但协议只允许目的区域内的节点应答，增加了源节点获得路由的时间，其周期性广播分组，也会增加网络开销[17]。

12.4.3　海上无线 Mesh 网络

无线 Mesh 网络（wireless Mesh network，WMN）是一种无线网络架构，其核心思想是在网络中每个节点都可以对等地发送信号和接收信号，当无线信道环境发生变化时，无须人为干预，无线 Mesh 网络就会自动地进行自我调节或自我修复将传输链路的性能维持在最佳状态。无线 Mesh 网络在本质上也属于移动 Ad Hoc 网络，是一种具有较大容量和较高速率的分布式网络，二者之间最大的区别在于前者的 Mesh 路由器移动性较低，一般不会作为独立的网络形态而存在，而是通过呈网状分布的无线接入节点的相互合作和协同，成为其他无线网络（如互联网）的延伸。

针对海上无线通信环境，可在船舶上部署无线 Mesh 节点，搭建可靠性高、抗干扰能力强、灵活机动的超视距传输无线通信网络，实现岸基与船舶、船舶与船舶之间的灵活组网，为用户提供安全、可靠、稳定、及时的话音、数据以及视频等传输服务，还可以为海上突发情况提供较为灵活的组网方案，进一步提升船舶在海上应急通信的能力。

1. 组成

无线 Mesh 网络主要由 Mesh 路由器和 Mesh 终端组成，如图 12.15 所示[19]。无线 Mesh 网络的整体架构由多个静态 Mesh 路由器组成，各个终端通过 Mesh 路由器接入无线网络，与其他终端组成 Mesh 网络。

Mesh 路由器支持传统无线路由器的网关/网桥功能，还能支持 Mesh 网络互联的路由功能。路由器配有多个基于相同或不同无线接入技术的网络接口，以实现与不同类型网络之间的互联。Mesh 终端也有一定的网络互联和分组转发能力，但只支持一个无线网络接口，软、硬件实现复杂度都低于 Mesh 路由器。

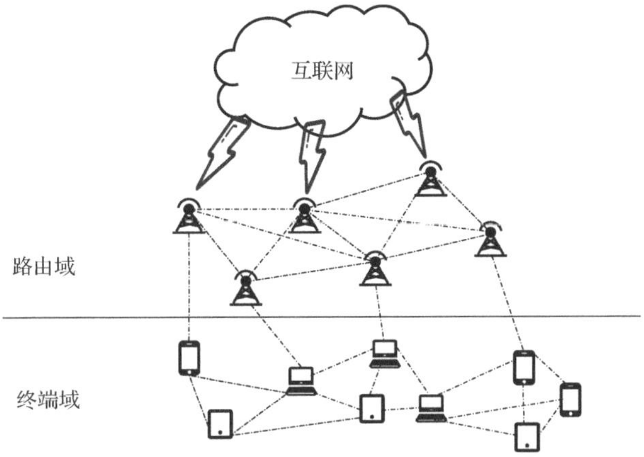

图 12.15　无线 Mesh 网络

2. MAC 协议

在无线 Mesh 网络中，MAC 协议的主要作用是随机接入开放的共享媒体，在不可靠传输信道上为用户提供可靠的数据传输，并在确保每个用户都能公平接入网络的基础上尽量提高信道的利用率，对于网络性能的提升起到非常重要的作用。根据无线 Mesh 网络的特定需求，在移动 Ad Hoc 和无线局域网的 MAC 协议基础之上，进行修改和扩展就可得到适合无线 Mesh 网的 MAC 协议，分为单信道 MAC 协议和多信道 MAC 协议。

1）单信道 MAC 协议

在单信道模式下，如果有节点正在发送数据分组，则其他节点必须停止发送，同时在一定半径范围内的节点也不能使用相同的信道进行分组数据的接收。因为，一个节点若在相同信道上同时接收到多个分组，分组之间出现碰撞，节点也会因多个分组之间的碰撞干扰而不能正确接收。所以，合理分配信道，避免用户分组碰撞冲突，是单信道 MAC 协议需要解决的重要问题。

（1）MACA 协议。带冲突避免的多路访问（multiple access collision avoidance，MACA）协议，提出了基于请求发送/允许发送（request to send/clear to send，RTS/CTS）的握手机制。在无线 Mesh 网络中，节点探测到信道中没有载波，但却不一定可以发送数据分组，又或者探测到信道状态忙，却可以发送数据分组，MACA 协议因此放弃了载波侦听过程。

协议采用 RTS/CTS 控制分组，让各节点去竞争信道资源，只有获得了信道的使用权限，节点才会发送数据分组。这一机制很好地解决了隐含终端问题，降低了碰撞概率；但没有解决显现终端问题，显现终端节点仍然会受到发送节点的影响，不能正确接收到其他节点发回的 CTS 分组。因此，显现终端在出现碰撞时，只有进入静默状态才能减少无效传输[19]。

（2）MACAW 协议。无线 MACA（MACA for wireless，MACAW）协议在 MACA 协议的基础之上进行了改进，除了继续采用 RTS/CTS 的握手机制，还采用了数据发送（data sending，DS）、肯定应答（acknowledgement，ACK）和请求发送请求（request for request to send，RRTS）等控制信号，又采用倍数增加线性递减（multiplicative increase linear decrease，MILD）退避算法来保证协议的公平性。

协议增加了链路层确认机制，采用 RTS-CTS-DATA-ACK 握手机制叠加控制信号 RRTS 和 DS 的模式，实现重复确认和发送分组信息广播的功能，以及分组数据的传输[19]。控制分组 DS 的引入帮助协议解决了显现终端节点中退避计数器连续增加的问题；但在通信过程中节点之间控制分组的交互次数较多，占用大量网络资源，导致分组发送效率和网络吞吐量降低，显现终端问题也没有完全解决。

2）多信道 MAC 协议

多信道 MAC 协议，能够在 IEEE 802.11 分布式协调功能框架下，通过合理的多信道资源调度和分配，最大限度减少节点之间的干扰，并保证节点之间传输带宽的要求，最终实现网络吞吐量的提高。又可以分为单接口多信道协议和多接口多信道协议，其中，使用前者的节点设备只需要一个收发器，使用后者的节点具有多个接口，并支持节点同时使用多个信道进行数据传输[19-20]。

（1）单接口多信道 MAC 协议。通过信道的动态切换实现单接口在多信道上的工作。在协议中，每个节点都会维护一个可选信道表，表中信道的状态可以分为高优先（HIGH）、中优先（MID）和低优先（LOW）三种，并记录了各状态信道的使用率情况，节点可以从中选出最优信道。在协议中，为了支持信道的动态切换，将时间划分为若干同步的信标区，其中包含 1 个通知传输指示消息（announcement traffic indication message，ATIM）信道协商窗口和 1 个数据发送区，前者用于配置信道，后者用于发送数据，节点之间通过 ATIM 信道协商窗口协商选出的信道可避免碰撞发生。

（2）分割插入信道跳跃协议。将一组正交信道分配给网络中的节点，节点的接口按照预先设定的信道列表进行信道切换，实现在一定范围内多对节点之间的同时通信。每个节点需要处理三个方面的信道跳变任务：①维护节点跳变表，表中包含了所有节点信息，以及在连续信道使用时间内依次切换的信道以及切换所需时间；②向相邻节点发送最新的信道跳变表，确保节点之间通信时不会发生碰撞；③更新节点信息表，及时反映传输模式的变化。协议通过信道跳变表实现了节点之间的信道协商，可进行数据传输。但还是没有解决 RTS/CTS 与信道协商之间的矛盾，增加了实现复杂度。同时，节点的信道切换时间在网络负载较大时会高于默认值，导致系统性能下降。网络也需要整体同步，在多节点无线 Mesh 网络中的实现难度较大。

（3）基于主信道分配的 MAC 协议。在网络中有固定的主信道和广播信道，每个节点有 3 个接口。其中，主接口和第 2 个接口用于数据传输，第 3 个接口用于广播信息的收发，特殊情况时也可用于数据传输。主接口使用预先分配好的信道作为主信道，第 2 个接口通过切换使用多个信道，第 3 个接口使用系统分配的公共信道。并且所有节点的第 2 个接口都使用相同的公共信道，通过广播信息就可以让其切换到所需信道[19-20]。

（4）多射频统一协议。一种基于 IEEE 802.11 硬件基础的多信道 MAC 协议，使用 1 个虚拟 MAC 地址代替多个无线网卡的物理 MAC 地址，巧妙地隐藏了多个接口的复杂性，节点则可以配置 2 块及以上网卡。启动时，所有网卡都被分配到正交信道，网卡也在启动时分配的信道上工作，不能再选择其他信道，需要切换或选择信道其实是指切换或选择对应信道上的网卡。

3. 路由协议

路由协议是使源节点选择最优或较好路径，将数据传输到目的节点的理论依据。无线 Mesh 网络节点之间通过多跳转发机制进行数据交换，路由协议的主要作用是监控网络拓扑结构的变换，交换路由信息，产生、维护和选择路由，并根据选择的路由发送数据，实现网络的连通。

1）混合无线 Mesh 协议

混合无线 Mesh 协议（hybrid wireless Mesh protocol，HWMP），是一种结合了按需路由和先应式路由优点的通用路由协议。协议中有按需路由和先应式路由两种模式，前者可应用于无线 Mesh 节点移动、网络拓扑变化的情况，后者可用于节点移动性较小或者静止的情况。

按需路由模式，采用路径请求（path request，PREQ）/路径回复（path reply，PREP）消息机制建立从源节点到目的节点的路由。源节点首先向网络广播 PREQ 消息，中间节点收到该消息就创建或更新到达源节点的反方向路径；若收到信息的中间节点没有到达目的节点的路径，则将该 PREQ 消息继续转发；当目的节点收到 PREQ 消息时，要发送一个 PREP 消息，该消息沿着建好的反方向路径返回源节点，源节点收到后，源节点到目的节点的传输路径建立完成。

先应式路由模式，无线 Mesh 网络中有根节点时采用。根节点首先向网络广播根声明信息，通知相邻节点自己的存在；收到声明信息的节点会在路由表中更新自己到根节点的距离向量信息，并把自己设置为根节点的直连节点，然后使用更新后的距离向量对根声明信息进行重新广播。通过这种方式，每个节点都会更新自己到根节点的距离向量并向相邻节点重新广播，拓扑从根节点出发逐渐向远方建立。

2）多射频链路质量源路由协议

多射频链路质量源路由（multi-radio link quality source routing，MR-LQSR）协议，是对传统 DSR 路由协议的改进，在无线 Mesh 网络中引入多射频接口（多信道），虽然增加了网络节点的成本，但单节点的多信道传输却能大幅度提高网络吞吐量。而且，协议采用了一种可以综合考虑链路质量参数和跳数等因素的全新的路由度量值（判据），即加权累计期望传输时间（weighted cumulative expected transmission time，WCETT）[21]。

在进行 MR-LQSR 协议设计的时候，有三个目标：①选择路由时必须充分考虑分组丢失率和信道带宽；②路由度量值必须对链路权值进行整合并不断增加；③路径度量值必须能够反映出同信道干扰对吞吐量的影响，以及不同信道链路间互不干扰的情况。将 WCETT 作为路由度量值（判据），可实现上述三个设计目标，并在网络性能和吞吐量之间取得平衡。

3）多信道路由协议

多信道路由协议（multi-channel routing protocol，MCRP），是一种专门为单射频节点多信道网络而设计的协议。协议将信道分配给数据流而不是节点，不同的数据流将占用不同的信道，即允许多个传输过程同时进行，网络容量得到明显提升。在协议中，需要发送数据的源节点通过广播 RREQ 消息来发起路由发现过程。中间节点收到 RREQ 消息后会继续广播，还会保留 RREQ 消息到达时的信道信息，并生成一条反向路由；目的节点在接收到一个或者多个 RREQ 消息后，会产生一个包含了选定信道信息的 RREP 消息，并在该信道上进行 RREP 消息的单播。

参考文献

[1] 王福斋, 陈褒丹. 现代海上通信与信息技术[M]. 西安: 西安电子科技大学出版社, 2021.

[2] 杨永康, 毛奇凰. 海上无线电通信[M]. 2 版. 北京: 人民交通出版社, 2009.

[3] 刘国良. 船用甚高频(VHF)通信及使用注意事项[J]. 航海技术, 2009(4): 45-46.

[4] 刘伟潮. GMDSS 系统与设备[M]. 上海: 上海交通大学出版社, 2017.

[5] 陈立家, 李胜为, 魏天明. GMDSS 通信设备与综合业务[M]. 武汉: 武汉理工大学出版社, 2022.

[6] 郭勇, 吴广恩. 短波通信系统[M]. 西安: 西安交通大学出版社, 2021.

[7] 张炜, 丁宏, 王世练, 等. 无线通信系统[M]. 北京: 科学出版社, 2021.

[8] 任国春. 现代短波通信[M]. 北京: 机械工业出版社, 2020.

[9] 郑林华, 丁宏, 向良军. 现代通信系统[M]. 北京: 电子工业出版社, 2008.

[10] 井庆丰. 微波与卫星通信技术[M]. 2 版. 北京: 国防工业出版社, 2020.

[11] 雒明世, 冯建利. 卫星通信[M]. 北京: 清华大学出版社, 2020.

[12] 李晖, 王萍, 陈敏. 卫星通信与卫星网络[M]. 西安: 西安电子科技大学出版社, 2018.

[13] 中国电信天通卫星业务正式商用[J]. 中国信息化, 2020(1): 43.

[14] 常国松. 中国的“北斗”: 北斗卫星导航系统[J]. 中国海事, 2012(9): 15-17.

[15] 陈林星, 曾曦, 曹毅. 移动 Ad Hoc 网络: 自组织分组无线网络技术[M]. 2 版. 北京: 电子工业出版社, 2012.

[16] 沙学军, 何晨光, 吴玮, 等. 无线自组网组网与接入控制[M]. 哈尔滨: 哈尔滨工业大学出版社, 2016.

[17] 郑相全, 等. 无线自组网技术实用教程[M]. 北京: 清华大学出版社, 2004.

[18] Perkins C E, Bhagwat P. Highly dynamic destination sequenced distance vector routing(DSDV)for mobile computer[J]. ACM SIGCOMM Computer Communication Review, 1994, 24(4): 234-244.

[19] 柴远波, 郑晶晶. 无线 Mesh 网络应用技术[M]. 北京: 电子工业出版社, 2015.

[20] 于全. 战术通信理论与技术[M]. 北京: 人民邮电出版社, 2020.

[21] 张勇, 郭达. 无线网状网原理与技术[M]. 北京: 电子工业出版社, 2007.

第 13 章　软件无线电技术

1992 年 5 月，在美国电信系统会议上，J. 米托拉（Joseph Mitola）博士提出了软件无线电（software radio）的概念，这是无线通信领域的全新概念。软件无线电是一种可以实现无线通信的新方法和新体系结构，基于相同的硬件结构，通过软件定义就可实现各种无线通信协议和功能，具备完全可编程的能力，也可以完全摆脱面向使用的设计思想。这一全新概念的重要价值在于它打破了通信功能只能依靠硬件发展来实现的传统格局，通过软件无线电对整个无线通信系统的重新编程，可以实现快速升级和更新，以适应不同通信协议和标准的需求。软件无线电的核心思想是以开放性、可扩展、标准化、模块化的硬件为通用平台，结合面向对象的标准化软件规范，通过动态的软件编程方式来改变设备的功能属性，降低设备的复杂性，在灵活性、集中化和可维护性等方面具有较大的优势。上述软件无线电是比较理想化的概念，可能永远不会被完全实现，因此又提出了软件定义的无线电（SDR）的概念，无线电系统中的各种功能都是由灵活的、可重构的数字信号处理器中的软件来实现的。

在海上无线电通信中，由于船舶受到海上工作条件、运行环境等多方因素的制约，对于通信系统的功能和性能都有较高要求，单一通信设备也无法满足跨频段、多功能、异结构互通的工作需求，SDR 的出现为船舶无线通信设备的联合通信提供了最优选择，可以有效提高船舶海上通信的灵敏性和通用性。

本章主要介绍应用在海上无线通信系统中的 SDR 技术。首先，介绍 SDR 的基本原理、架构和软件通信体系结构（software communication architecture，SCA），并介绍一些常见 SDR 平台、开发框架和流程；然后，从 SDR 的核心信号处理架构入手介绍多种基于 FPGA 的 SDR 架构；最后，介绍 SDR 在海上通信的应用以及未来发展趋势。

13.1　软件无线电基础

13.1.1　软件无线电基本原理

1. 通用无线电系统

在介绍 SDR 系统之前，先简要介绍一下通用无线电系统的概念。通用无线电系统是指任意用于在 a、b 两点之间交换数字信息的设备，通用无线电系统的概念框图如图 13.1 所示[1]。其中，发射路径在顶部，从右至左；接收路径在底部，从左至右。各部分详细介绍如下。

1）天线

天线是用来辐射和接收无线电波的装置，决定了系统的整体性能，也是较困难的组件之一，因为它影响了系统的传输效率和适应性。

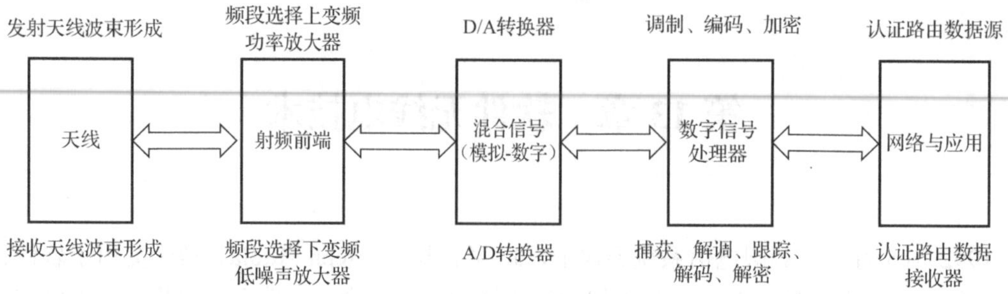

图 13.1　通用无线电系统传输的概念框图

2）射频前端

天线的电信号通常是通过射频（radio frequency，RF）前端来调节的，RF 前端决定信噪比，系统的其他部分必须与之协同工作。来自天线的电信号通常很微弱，甚至会被噪声所破坏。因此，来自天线的环境噪声必须先滤掉，然后再进行信号放大。典型的 RF 前端由滤波器、低噪声放大器和混频器组成，将接收信号从射频转换为低频。

3）混合信号转换器

RF 前端输出的放大电信号可以利用混合信号转化器进行数字化后以作进一步处理。一种混合信号电路——A/D 转换器实现了接收信号的数字化。由于有限的精度和采样率，数字化表示必然会丢失一些信息。

4）数字信号处理器

数字信号处理器（digital signal processor，DSP）用于将数字化电信号中包含的信息提取到用户数据。DSP 在速度和容量两方面呈指数级的提高，使 DSP 成为开发灵活无线电系统的最优选择。DSP 部分可以简单地定义为从混合信号转换部分接收数字化信号，输出解码数据，再转换成数据包、语音、视频等。具体功能包括以下几个部分。

（1）信号采集。发射机、信道和接收机都会在预期信号参数和实际接收到的信号参数之间引入偏差，接收机必须首先获取发射信号，即确定这些偏差。

（2）解调。必须对信号进行解调，以将接收信号电平映射到发射符号。由于先前获得的参数偏差可能随时间变化，解调器可能需要跟踪信号以持续更新偏差。

（3）解码。大多数现代无线电系统中使用的前向纠错算法都向用户数据增加监督位，解码使用这些监督位来纠正被噪声和干扰破坏的用户数据。

（4）解密。许多民用和大多数军用无线电系统都需要加密，以确保只有预期的接收方可以访问数据。解密是获得可用数据之前的最后一步。

5）网络与应用

除少数非常简单的点对点无线电系统外，大多数现代无线电系统都与网络或应用程序接口。

2. 软件无线电基本原理

无线电系统是为处理特定波形而设计的，在已知的固定环境中运行的单功能、特定于某些应用的无线电系统很容易进行性能、大小和功耗的优化。大多数无线电系统都是功能单一的，比如，第一代蜂窝电话是一种可以发送语音的设备，而 Wi-Fi 基站则可以将设备连接到互联网。这两种设备实际上都非常灵活，可以支持不同的波形。因此，想要利用软件来定义无线电系统，其最主要的特点就是能够支持不同的波形。

通常的定义认为，软件无线电是其中一些或所有物理层功能都是软件定义的无线电系统。根据定义的最严格解释，大多数无线电系统都不是软件定义的，而是软件控制的。例如，现代蜂窝电话可同时支持 2G 的全球移动通信系统（global system for mobile communications，GSM）和 3G 的宽带码分多址（wideband CDMA，WCDMA）标准。由于用户不需要拨动开关或插入单独的模块来访问每个网络，标准的选择由手机上运行的软件来控制，因此只能将现代蜂窝电话定义为一个软件控制的无线电系统。这种无线电系统的原理框图如图 13.2 所示，运行在微控制器上的软件可以选择一个可用的单功能无线电波形。

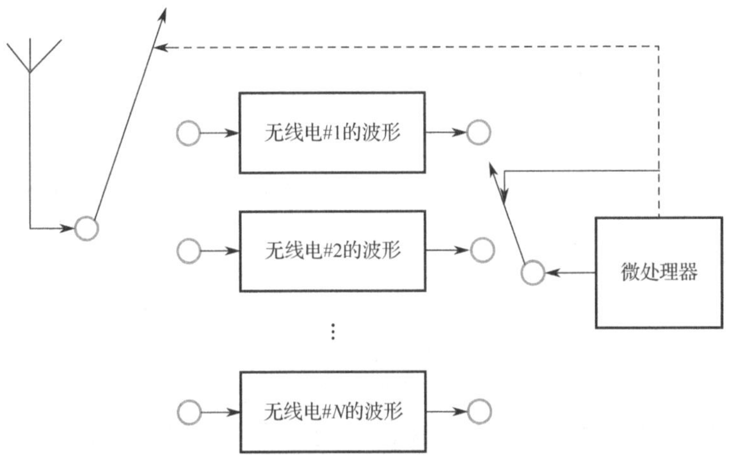

图 13.2　软件控制的无线电系统的原理框图

理想的 SDR 系统如图 13.3 所示，用户数据在微处理器中被映射成所需波形，然后数字样本被直接转换成射频信号并发送到天线；发射信号通过天线进入接收器，经过采样和数字化处理，最后由通用处理器进行实时处理。在该结构中，通过在天线之后的模数（A/D）和数模（D/A）转换，就可以用软件来实现发射/接收、调制/解调、编码/译码、定时、控制等功能[2]。

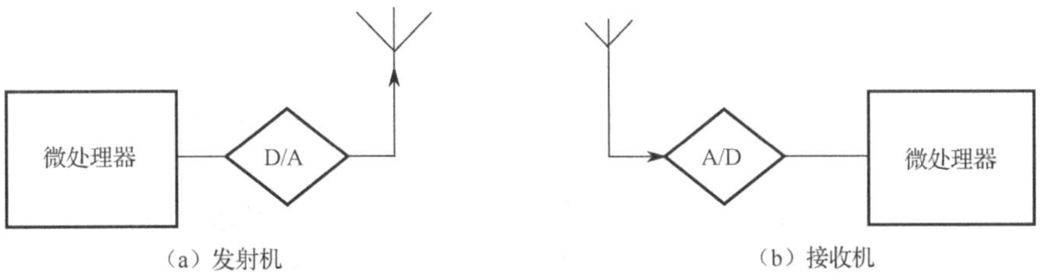

图 13.3　理想的 SDR 系统

与图 13.1 相比，理想的 SDR 系统没有射频前端，而是用微处理器取代了通用 DSP 模块，其硬件应支持任何载波频率和任何带宽的任何波形。同时，还应具备互操作性、在不同条件下有效利用资源、机会频率复用（认知无线电）、减少过时（面向未来）、低成本以及研究和开发等优点。

13.1.2 软件通信体系结构

软件通信体系结构（SCA），由美国军方首先提出，是一种独立于特定设备的 SDR 开发环境和统一、开放的软硬件架构，应用面向对象的软硬件设计、中间件、软总线、公共对象请求代理体系结构（common object request broker architecture，CORBA）、构件化等技术以确保系统的可重构、可移植、可扩展、易升级和互通性，SCA 概念的提出及其版本发展有力地推动了 SDR 的发展[2]。本节主要介绍 SCA 的基本概念和体系结构。

1. SCA 概述

SCA 是一组用来实现 SDR 的规则、方法和设计标准，定义了如何定义、创建、连接波形组件，以及它们运行的环境，具体说明如下。

（1）在硬件上运行的实时操作系统（real-time operating system，RTOS），必须基本上符合可移植操作系统接口（portable operating system interface，POSIX）标准，这意味着需要使用一个性能足够强大的通用处理器（general purpose processor，GPP）。

（2）中间件层，负责将不同部分连接在一起，并处理它们之间的数据传输。在 SCA（2.2）的第一个版本中，中间件层必须采用 CORBA 技术。CORBA 是一种工业级的软件体系结构构造，开发它是为了促进使用许多不同语言编写的软件之间的通信，并跨多台计算机执行。SCA Next 标准删除了中间件必须是 CORBA 的要求，并将其留给开发人员。

（3）一组接口定义语言（interface definition language，IDL）类为组成无线电系统的不同对象提供了一个抽象接口。这些类，加上允许使用它们的软件代码，被称为核心框架（core framework，CF）。

（4）一个可扩展标记语言（extensible markup language，XML）本体（域配置文件），描述组成无线电系统的所有组件，以及这些组件如何互连和执行，从而生成所需的波形。

（5）应用程序接口（application programming interface，API），该接口是底层硬件和软件的抽象。

2. SCA 概念层次结构

SCA 是一个庞大而复杂的系统，其不同部分的概念层次结构如图 13.4 所示，从下至上分为总线层、网络和串行接口服务层、操作系统层、中间层、核心框架层和应用软件层[2]。

1）CORBA

CORBA 是分布式对象系统的一种实现，其关键是对象请求代理（object request broker，ORB），负责驻留在不同处理器上的软件对象之间的数据传输和执行。CORBA 支持强大的功能特性，允许软件对象在运行时通过查询域名服务找到彼此，ORB 则对通信媒体进行抽象。虽然大多数 CORBA 实现依赖于标准的 TCP/IP 网络堆栈来进行底层通信，但这不是必需的。ORB 通过外设部件互连快速（peripheral component interconnect express，PCIE）总线或自定义硬件接口也可以很好地工作，且复杂的 ORB 可以检测到软件对象何时在同一处理器上执行，并使用共享内存进行通信。当 SCA 首次被引入时，开发人员都担心 CORBA 所需的多层抽象会导致系统性能下降。但只要数据以合理大小的块进行传输，且每个组件对数据进行大量的信号处理，运行时数据传输的开销就会很小。

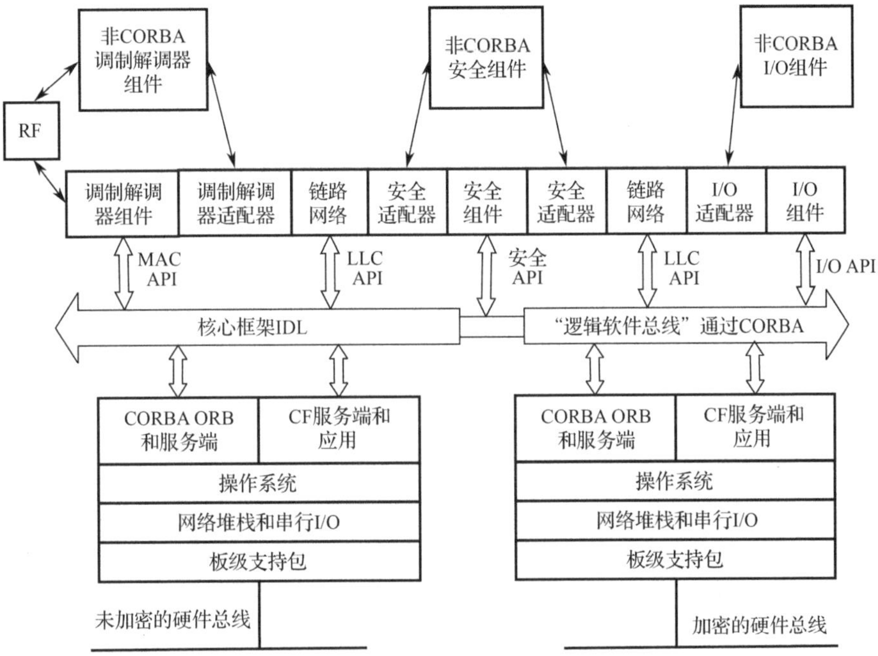

图 13.4　SCA 组件的概念层次结构

2）用于非 GPP 的 CORBA

CORBA 一般在 GPP 上实现，但在许多 SDR 系统中都包括非 GPP 设备，如 FPGA 和 DSP，这些设备不适合执行功能完整的 ORB，因此不能完全参与 ORB 基础结构。SCA 通过定义适配器组件来解决非 GPP 硬件的问题，该组件在 GPP 上执行，并将 CORBA 消息翻译成现代硬件抽象层（modern hardware abstraction layer，MHAL）消息。

3）SCA 服务

大多数 SDR 系统都需要一些来自操作环境的公共服务，这些服务是 SCA 操作环境（opening environment，OE）的必需组成部分，包括如下几部分。

（1）名称服务，充当块之间相互查找的中央注册中心，每个块都向名称服务注册；然后，应用程序工厂使用 XML 配置文件来连接块。

（2）事件服务，为块提供了一种发送和接收事件的机制。一个区块可以注册接收特定类型的事件，而事件服务则负责路由事件。

（3）日志服务，为块提供了一种生成事件的时间戳记录的标准机制，例如此时启动的应用程序。

（4）文件服务，提供文件系统的抽象视图。从软件的角度来看，文件系统提供了交换数据和控制的标准方式，例如，在 Linux 上，文件很可能是某些硬件的接口。

4）SCA 的 XML 本体

SCA 操作环境在运行时从组成组件构建 SDR 应用程序，许多不同的 XML 文件用于描述组件及其互连。XML 文件与组件的功能无关，只与输入和输出以及其他模块连接的内容有关。各种配置文件按照 XML 规范中的文件类型定义（document type definition，DTD）的语法格式进行编写，各种 XML 文件之间的层次关系如图 13.5 所示，SCA 中定义了 8 种不同的 XML 文件。

（1）软件组件描述符（software component descriptor，SCD），描述 CORBA 组件的特征。

（2）软件包描述符（software package descriptor，SPD），描述组件的实现信息。

（3）软件组装描述符（software assembly descriptor，SAD），描述应用程序的部署和互连特征。

（4）属性文件（property file，PRF），描述组件的属性信息。

（5）设备包描述符（device package descriptor，DPD），标识一类硬件设备及其特征。

（6）设备配置描述符（device configuration descriptor，DCD），描述设备管理器的配置特征。

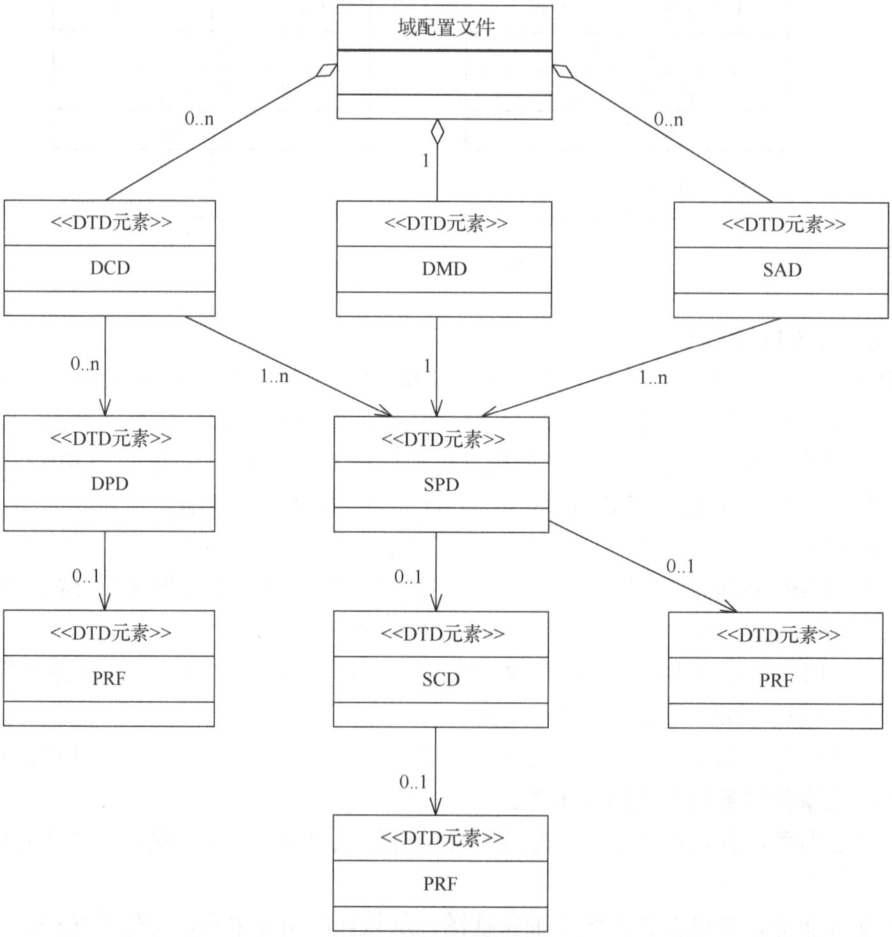

图 13.5　SCA 中 XML 文件之间的关系

（7）域管理器配置描述符（domain manager-configuration descriptor，DMD），描述域管理器的配置特征。

（8）概要描述符，描述文件的类型（SAD、SPD、DCD）以及文件名称。

3．SCA 波形

波形是波形应用软件的简称，是指 SDR 系统中产生通信波形的软件。SCA 提供了两种机制来控制执行波形：第一种，每个组件的底层接口，通过配置方法访问配置属性；第二种，加载、启动、停止和卸载波形的高级（域管理器）接口，每个波形都由一个独立的 SAD 文件来描述。

在 SCA 标准的开发过程中，没有考虑到快速波形变化，卸载一个波形并加载另一个波形相对耗时，特别是在资源受限的设备上，即使从非易失性存储器中检索代码也可能需要很长时间，因此可能产生无法接受的较大延迟。如果输入数据继续流动，则它必须在重新配置的过程中进行缓冲，但原始波形已经被卸载，所以并没有活动部件来进行缓冲。针对这一问题，一种可行的解决方案是生成一个包含所有所需波形代码的超级波形，其中的第一个组件负责选择用哪一个波形接收数据，如图 13.6 所示。就 SCA OE 而言，只加载了一个波形，即“超级波形”。由于所有的组件都是同时驻留的，所以它们都会消耗内存。值得注意的是，每个组件的代码只加载一次，并且可以在所有波形之间共享（若同一组件用于所有波形的相位跟踪，则只加载一次）。但这种方法在添加新波形时较为困难，因为必须要重建超级波形。

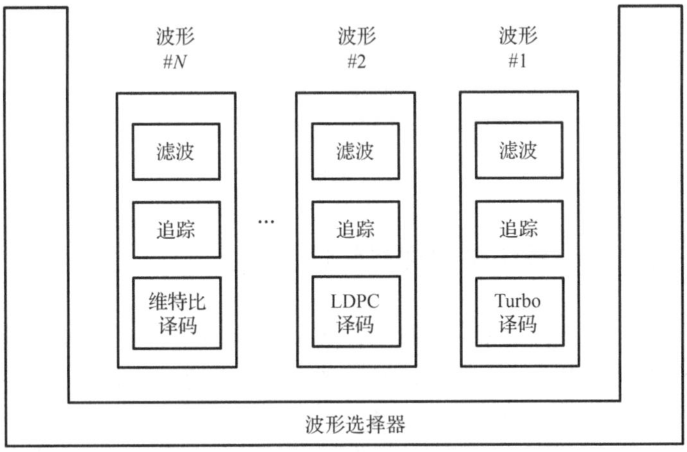

图 13.6　进行大规模重构的“超级波形”方法

LDPC 为低密度奇偶校验码（low density parity check code）

4．SCA APIS

SCA 的兼容性不足以实现简单的波形可移植性，因为对于一个应用程序（波形），它依赖于只能在一个硬件平台上使用的特定和独特的接口，即使应用程序（波形）是 SCA 兼容的，它也很难移植到另一个平台上。

为了解决这个问题，OE 定义了一套常用设备的标准接口。在应用程序和硬件之间放置了一层标准化 API，如图 13.7 所示。这些 API，就像其他 SCA 组件一样，都是用 IDL 描述的。而对于硬件供应商，必须提供一个无线电设备，在 API 和底层的特定于某些硬件的 API 之间进行转换，如图 13.7（b）所示。

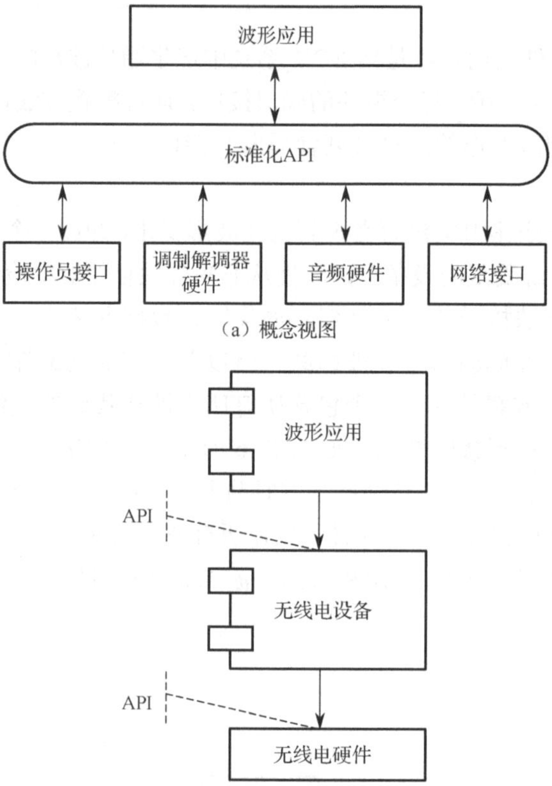

（a）概念视图

（b）统一建模语言（unified modeling language，UML）视图

图 13.7　API 的使用

13.1.3　SDR 在海上通信系统中的优势和适用性

SDR 是在标准的硬件平台上采用软件实现各种通信功能的技术，SDR 系统功能的主要部分通过个人计算机或嵌入式系统中的软件来实现[3]，可以通过加载不同的软件模块来实时改变波形处理功能。将 SDR 应用在海上通信系统中具有以下优势和适用性。

（1）灵活性和适应性。SDR 系统通过软件配置和信号处理技术，可以适应不同的通信标准和频谱要求。这意味着在海上通信系统中，SDR 系统可以用于多种通信协议和工作频段，从而提供更大的灵活性和适应性。

（2）频谱效率和资源共享。SDR 系统可以实现频谱的动态分配和共享，提高频谱资源的利用效率。在海上通信系统中，频谱资源有限且宝贵，SDR 系统可以根据实际需求动态配置频谱资源，从而实现更高的频谱效率和资源共享。

（3）多模式和多频段支持。SDR 系统可以支持多种通信模式和频段，例如语音通信、数据传输、广播等。这使得海上通信系统可以适应不同的应用需求，提供多样化的通信服务。

（4）软件升级和功能扩展。SDR 系统的核心功能由软件定义，可以通过软件升级和功能扩展进行灵活更新和改进。这使得海上通信系统可以随着技术的发展和需求的变化进行快速的升级和扩展，而不需要过多改变原有的硬件设备，可以满足新的通信要求。

（5）故障诊断和维护便利。SDR 系统的软件控制和监测功能使得故障诊断和维护更加方便。通过软件分析和调试工具，可以对系统进行实时监测和故障诊断，减少维修的时间和成本。

（6）硬件简化和成本优势。相比传统的硬件无线电系统，SDR 系统可以通过软件定义实现多种功能，从而减少硬件组件的复杂性和成本。这对海上通信系统而言，可以大大降低设备的体积、重量和功耗，提高整体系统的可靠性和成本效益。

综上，SDR 可以成为海上通信系统的重要技术选择，来满足不断变化的海上通信需求。

13.2　SDR 信号处理架构和开发流程

13.2.1　基于 FPGA 的 SDR 系统架构

1. 配置

高度并行的 FPGA 架构非常适合处理数据流，但不太适合控制密集型处理。控制器可以写入寄存器，加载完整或部分配置文件，或执行这些操作的某种组合。控制器几乎总是在 GPP 上运行的软件中实现，这种 GPP 和一个或多个 FPGA 的组合提出了以下计算机体系结构问题。

（1）专用的 GPP 设备与 FPGA 一起使用。任何 GPP 都可以从非常广泛的选项中选择。由于 GPP 不进行信号处理，因此它的要求相对较低，一个合适的设备应该是微控制器而不是微处理器。

（2）利用可用的逻辑资源，将全功能微控制器嵌入到 FPGA 中。但这种架构提出了一个难题——在 FPGA 被编程之前，微控制器是不存在的，不能对 FPGA 进行编程，因此在加载初始配置时需要外部配置源。嵌入式微控制器可对多波形和部分重构模式进行波形选择，嵌入式微控制器结合上面的选项，也可以在全重构模式下选择波形。

（3）FPGA 和专用 GPP 可以集成在一个器件上（例如，Xilinx 的 ZYNQ）。与嵌入式微控制器不同，片内微控制器在上电时激活，不需要对 FPGA 进行编程。除单片集成外，设计考虑与（1）相同。

2. 数据流

数据流架构可能是基于 FPGA 的 SDR 系统架构开发中最关键的决策，有两个主要的选择，第一个是带流量控制的数据路径架构，第二个是以总线为中心的架构。

数据路径架构是最简单和最明显的选择，即信号处理模块以连续流程图连接，并密切反映系统级框图。一个模块一次对一个或多个输入样本数据进行操作，并将输出传递给流程图中的下一个模块。数据路径架构非常适用于流波形数据（即符号连续传输）和高速设计（其中每个模块都以接近其最大吞吐量的方式工作）。

以总线为中心的架构用共享总线取代模块之间的点对点连接，也被称为以处理器为中心或芯片系统。每个 DSP 模块都被视为中央处理器（central processing unit，CPU）的外围设备，CPU 可以在低端嵌入式 GPP 甚至可以在专用的状态机上实现，图 13.8 为以总线为中心的架构。接收到的样本块被缓冲在内存中（箭头 1），CPU 将样本块传输到第一个 DSP 模块（箭头 2），DSP 模块的输出再次被缓冲到内存中（箭头 3），DSP 模块的内部状态也可以保存到内存中，以便对多个数据流进行无缝处理（图 13.8 中灰色模块）。一旦整个模块处理完毕，CPU 将模块的输出传输到第二个 DSP 模块（箭头 4）。上述过程持续进行，直到所有的处理都应用于数据[1]。

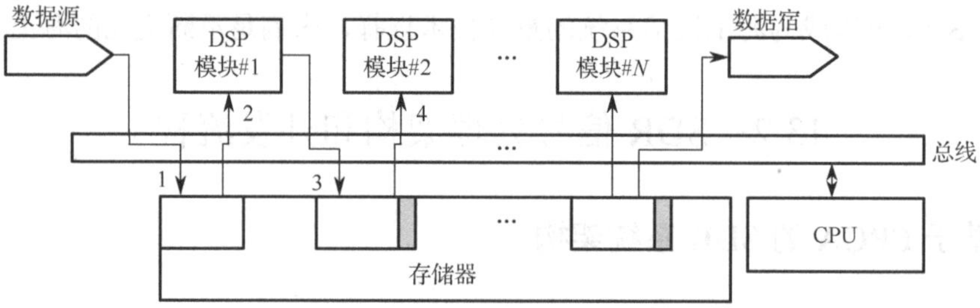

图 13.8　以总线为中心的架构

上述以总线为中心的架构和数据流处理的主要问题，是其性能和吞吐量非常低。在任何给定时间，除了一个模块以外，其他所有的模块都处于空闲状态，该操作非常类似于执行串行（而不是多线程）软件。虽然这一架构没有充分利用 FPGA 资源，但在不需要较高吞吐量的情况下仍然是可行的。

要实现高效的以总线为中心的架构，其关键是将数据在模块之间的实际移动从 CPU 转移到复杂的直接存储器访问（direct memory access，DMA）引擎，即以流水线总线为中心的架构。CPU 只负责跟踪可用的内存缓冲区和调度数据传输，实际的传输由 DMA 引擎处理，多通道 DMA 引擎可以同时处理多个模块之间的数据传输。扩展的以流水线总线为中心的架构如图 13.9 所示，图中实线表示奇数模块时的数据流、虚线表示偶数模块时的数据流。当模块 1 处理来自数据源的第一个块数据时（图 13.9 中 A 处），数据源正在将数据保存到一个新的缓冲区中（图 13.9 中 B 处）；模块 2 处理模块 1 的输出（图 13.9 中 C 处），模块 1 同时处理图 13.9 中 B 处的数据。

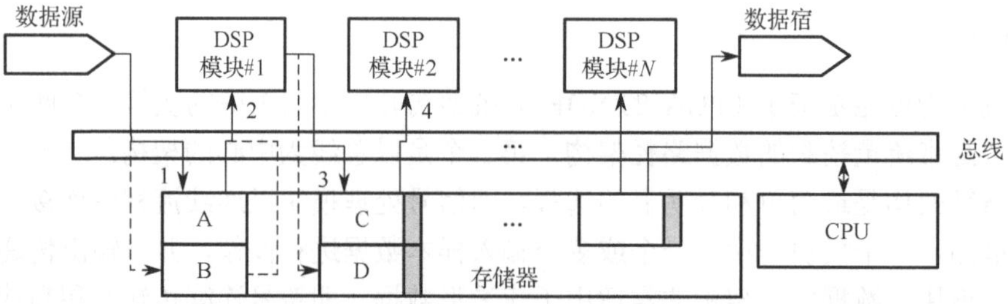

图 13.9　以流水线总线为中心的架构

若满足以下两个约束条件，所有模块在以总线为中心的架构中都会得到充分利用：

（1）总线吞吐量足以支持所有同时进行的数据传输。例如，一个有 10 个模块和标称采样率为 5MSa/s 的系统，必须有一个能够持续吞吐量为 2×10×5=100MSa/s 的总线。图 13.9 中所示的共享总线结构不随模块的数量而变化，会很快成为瓶颈；存储器的吞吐量也是一个潜在的限制因素，因为它与总线的吞吐量要求相同。

（2）所有模块以相同的速率处理数据。总体吞吐量由最慢模块的吞吐量决定，但以总线为中心的架构可以很容易实现最慢模块的高吞吐量。

3. 高级总线架构

上述总线和存储器吞吐量的限制问题，可以通过不同的总线拓扑结构来缓解。

更高性能的总线最好由分布式内存架构实现，每个模块都有自己的、而不是集中的内存和 DMA 引擎，可以有以下两种架构。

（1）如果数据流主要在连续的模块之间，环形拓扑是合适的架构，如图 13.10（a）所示。这种架构看起来非常类似于数据路径，因此也同样存在难以改变模块顺序的问题。

（2）相对最优的解决方案是一个完整或部分的网格，如图 13.10（b）所示。CPU 仍然负责在每个模块中配置 DMA 引擎，但所有的数据传输都是点对点的，主要的问题就是连接数量会随着模块数量的阶乘而大幅增长。可在部分网格删除一些连接，使硬件更简单，但可能会降低数据传输的灵活性。

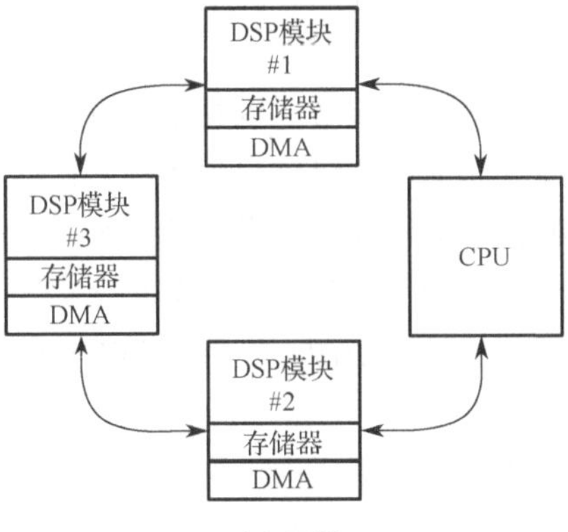

（a）环形

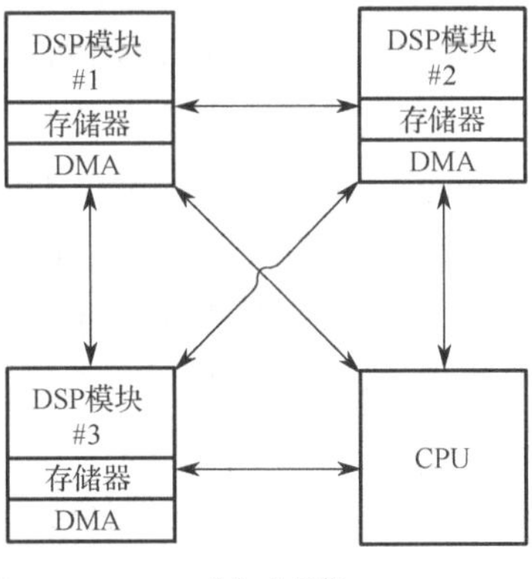

（b）全网状

图 13.10　高性能总线架构

4. 并行实现更高吞吐量

提高吞吐量的经典解决方案是并行化，一个模块可以在内部并行化，或者多个模块可以被实例化。第一种方法不依赖于数据流架构，第二种方法要求 CPU 适当地调度每个复制模块。这两种方法都不是最佳选择，因为它们仅仅是将实现的负担简单地转移了而已。如果有问题的模块是一个黑盒或一个不能修改的许可核心，则只有复制模块是一种可行的选项。这里考虑四类具有不同并行化方法的模块，具体如下。

（1）无记忆模块，一次处理一个样本数据，没有内部状态。例如：上变频器、固定直流偏置抵消器等，这些模块可以被简单地复制。

（2）有些模块一次处理一组固定的样本，然后重置到初始状态。例如：分组前向纠错、分组交织器、快速 Fourier 变换等。这些模块可以被简单地复制，CPU 确保一次处理一个或多个完整的组。

（3）内存有限的模块，一次处理一个样本的数据，但具有内部状态，输出取决于当前和一些过去的输入。例如：有限长单位冲激响应（FIR）滤波器、重采样器等。这些模块很难并行化，因为对于不连续的输入，内部状态将变得无效。

（4）内存无限的模块，具有内部反馈，输出依赖于所有过去的输入。例如：无限冲激响应（infinite impulse response，IIR）滤波器、相位和符号跟踪环路、自动增益控制环路等。这些模块是最难并行化的，必须根据具体情况进行考虑。如果可能，这些模块应该在内部进行并行化处理，以隐藏 CPU 的复杂性。

13.2.2 混合和多 FPGA 架构

相对于 DSP，尤其是专用集成电路（application specific integrated circuit，ASIC），FPGA 的一个主要缺点是功耗非常高。与其他设备相比，FPGA 不处理任何数据（空闲）时的功耗也仍然很高。由于漏电造成的静态功耗可能占到总功耗的一半以上，虽然一些高端、高性能 FPGA 的静态功耗会比低端版本少，但其在空闲时也会继续消耗大量功率。因此，功耗问题引出了混合 FPGA/DSP 或者多 FPGA 的架构。

考虑一个支持多种波形的 SDR 系统架构，包括一些扩展波形。以其中的直接序列扩频（direct sequence spread spectrum，DSSS）技术中的捕获和前向纠错解码为例，它们通常是系统中计算量最大的模块，并适用于相对较低速率的通信（<1Mbit/s）。除了 DSSS 采集，所有的信号处理都可以很容易地在 Spartan/Artix/Cyclone 等低功耗的 FPGA 或 DSP 上实现。但对 DSSS 采集来说，单是获取就需要比其他部分多用 10 倍的计算资源，采用单 FPGA 的解决方案如图 13.11（a）所示。

流式 DSSS 波形的代码偏移必须在通信开始时获得一次，然后由接收器中的波特率处理部分继续跟踪。因此，当接收流式 DSSS 波形时，采集引擎大部分时间是空闲的。假设待机功率约为总功率的一半，空闲采集引擎可以比活动部分多使用 10×0.5=5 倍的功率。对于低功率 SDR 系统，这显然是不可接受的。另外一种可行的解决方案如图 13.11（b）所示，不常用的处理模块被移到一个单独的 FPGA 上，而其余部分则在一个小且低功耗的 FPGA（或 DSP）上实现。当需要采集时，大型 FPGA 的电源由小型 FPGA 上的控制器启用，其余时间禁用，可以大幅度降低功耗。这种方法被称为“功率岛”，被广泛应用于大型 ASIC[1]。

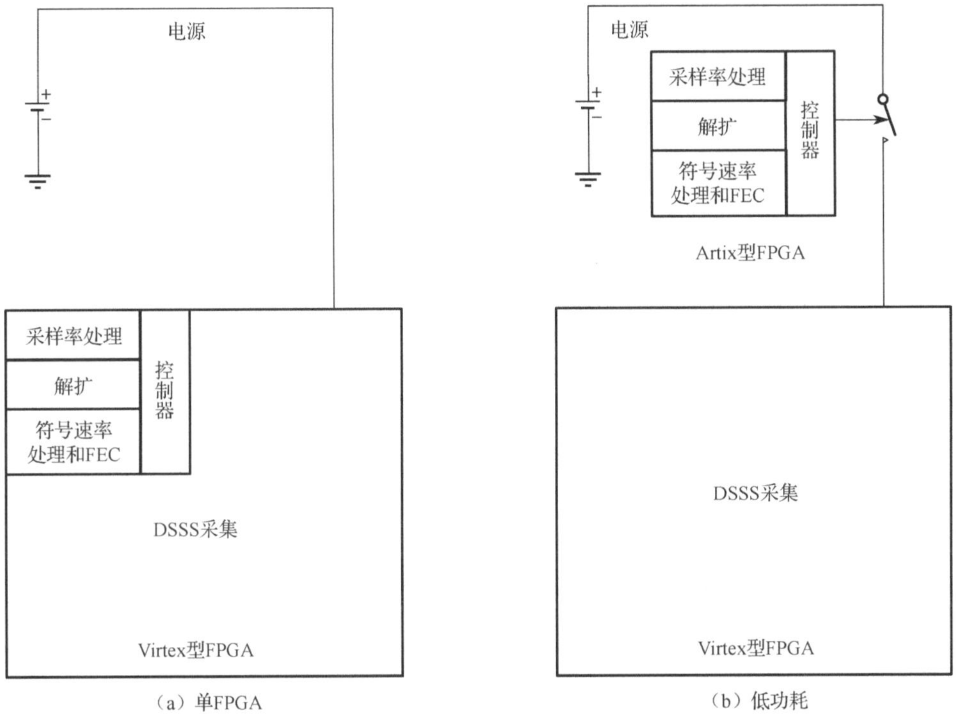

图 13.11　在 FPGA 上实现支持 DSSS 的解决方案

下面对一种典型的 SDR 硬件架构进行介绍，主要由射频收发模块、基带处理模块、主控制模块和计算机系统四部分组成，如图 13.12 所示。

各部分功能如下。

（1）射频收发模块：把天线接收到的射频信号经过滤波、放大、变频等操作后转变为数据处理模块所要求的中频信号，其中的 FPGA 核心控制芯片完成对射频前端的控制以及与主控制模块之间的通信。

（2）基带处理模块：采用 FPGA 夹层卡（FPGA mezzanine card，FMC）子板加载板的实现结构，由 FMC 子板和数据处理板组成，数据处理板包括 DSP 和 FPGA，DSP 用于实现复杂算法，FPGA 为协处理器，用于实现中频处理或预处理，DSP 与 FPGA 之间通过互连架构 RapidIO 进行数据传输。数据处理模块的主要功能是对前端输出的中频信号进行采样，然后利用 FPGA 对信号在数字域进行下变频、多速率处理、信道化等处理，最后将信道化后的子带信号发送给 DSP、GPP 等信号处理资源，根据用户对系统的参数配置，对接收的子带信号进行相应的信号处理等工作。

（3）主控制模块：运行 VxWorks 操作系统，其上加载软件定义无线电技术论坛操作环境（software-defined radio technology forum operational environment，SRTF OE）、SCA 波形应用及驱动程序。

（4）计算机系统：主要功能包括提供良好的用户接口，用户可以根据需求对系统参数进行动态配置；为系统提供协调与控制中枢，实现各个模块的初始化、参数传递、协调控制；对信息进行显示、回放等。

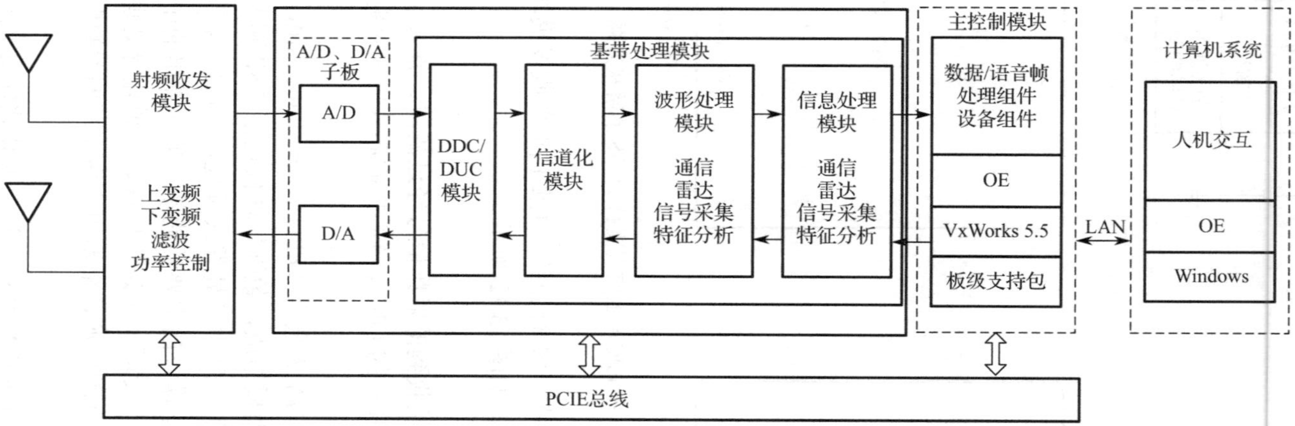

图 13.12　硬件架构

DDC 为数字下变频（digital down converter）；DUC 为数字上变频（digital up converter）

上述 SDR 平台采用了基于模块化模型的设计流程，以提升波形的可移植性和可重用性；硬件平台由通用的标准总线、模块化的硬件板卡组成波形的实时重构及功能验证平台，方便系统的升级与维护，主要体现在以下几个方面。

（1）SCA 波形设计采用波形模块化模型设计、SCA 兼容性测试、针对不同 OE 的自动代码生成。模型自动代码生成功能可产生波形的 SCA 框架容器代码，波形逻辑代码（数字信号处理代码）的开发，可以采用手写代码或 MATLAB/Simulink 自动代码生成的方式，通过逻辑代码与框架容器代码的集成，生成符合 SCA 各版本规范的波形。

（2）SRTF OE 是以 Java 对象请求代理中间件为基础，具备与 SCA 完全兼容的高性能、低负载波形运行环境及组件配置平台，支持波形的实时加载与运行，集成了 Java 数据分布服务中间件、CF 功能和应用接口。

（3）覆盖多频段、多模式的 SDR 平台，采用标准总线结构和模块化设计，包括了 RF 发射模块、RF 接收模块、中频模块、基带处理模块、主控制模块，并配备波形部署管理软件，其中基带处理模块、RF 收发模块可以根据需要配置多块，以支持更多频段、更多通道的硬件平台。

（4）提供符合 SCA 各版本规范的多种通信信号波形和脉冲压缩雷达波形，可进行通信、数据传输、目标探测（近、中距离）等，也可用于 SDR 平台的演示和参考设计。

13.2.3　多通道 SDR 系统架构

一些 SDR 的设计是为了支持同时使用同一波段的多个用户，每个用户使用传输速率范围很宽的不同波形。本节主要讨论实现多通道 SDR 系统的三种架构，简明起见，只讨论发送部分，三种架构分别如下。

（1）连接到共享天线的一组独立 SDR 系统。

（2）每个 SDR 系统共享一共同的 RF 前端和数字转换器。

（3）一种集成的多通道无线电架构，具有一个共享的 DSP 资源池和一个通用的 RF 前端以及数字化转换器。

第一种多通道 SDR 系统架构，其最简单的架构由一组独立的 SDR 系统组成，每个 SDR 系统支持一个或多个通道，如图 13.13 所示。每个 SDR 系统都有一个专用的 RF 前端，并需要一个专用的天线链路，射频合成器在传输前将所有信号相加。

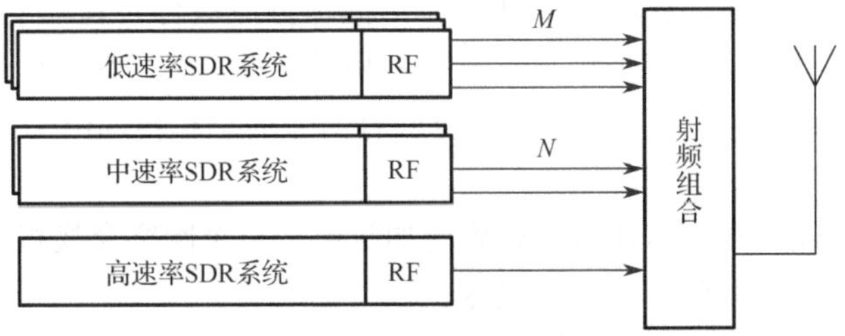

图 13.13　多通道 SDR 系统的简单架构

M、*N* 为用户数或通道数

使用这种架构，优点如下。

（1）通过简单地连接到合成器上未使用的端口，可以快速轻松地添加更多的无线电设备。

（2）不同无线电设备供应商之间需要最少的协调。

（3）如果需要，每个无线电设备都可以独立运行，不依赖任何现有的基础设施。

缺点如下。

（1）需要大量的电缆。射频电缆占用空间。由于每个电缆承载着功率放大器的输出，它必须能够处理功率。

（2）电缆运行时间越长，信号功率越低，导致输出功率或信噪比降低（对接收器来说尤为明显）。合成器本身也降低了功率，并且插入损耗随着端口数量的增加而增加。

（3）无线电设备之间缺乏协调可能会导致相互干扰。例如，两个无线电设备可以调谐到同一载波。

（4）并非所有收音机都可以同时使用。例如，一个频段可以支持 10 个低速率用户或两个中速率用户。如果所有用户都是低速率的，则需要 10 个低速率的 SDR 系统。但是，如果有一个中速率的用户，那么 5 个低速率的 SDR 系统必须是空闲的。

数字中频是 SDR 系统发展的一个趋势，它引导了 DSP 与混合信号和射频的解耦，例如 VITA49 标准，可以促进从紧密耦合射频到分布式射频的过渡。在实际中，数字模拟转换器和 RF 上变频器不再需要与 DSP 放在一起，如图 13.14，展示了一种用于多通道 SDR 系统的分布式 DSP/RF 架构，即第二种架构。

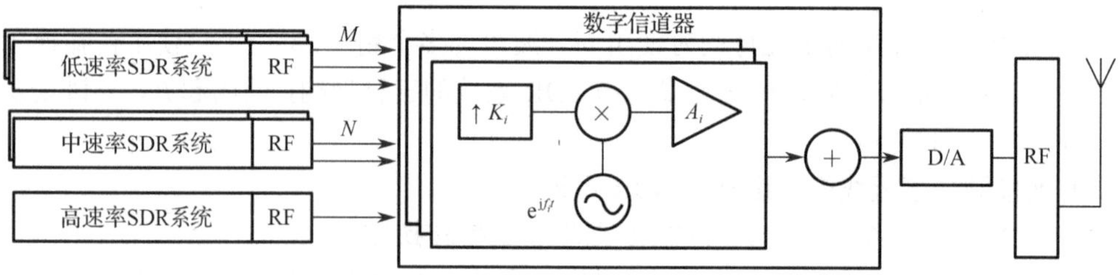

图 13.14　多通道 SDR 系统分布式 DSP/RF 架构

K_i 为第 i 个通道的上采样因子；A_i 为第 i 个通道的增益系数；

e^{jf_it} 表示第 i 个用户或通道的调制载波，其中，f_i 是第 i 个用户或通道的载波频率，t 是时间

每个 SDR 系统输出一个数据流，包括代表波形的基带或低中频样本，以及定义载波频率和发射功率的上下文数据包，来自所有 SDR 系统的数据流被合并到一个数字信道化器中。信道化器将每个信号插值到覆盖整个频带所需的公共采样率，然后每个信号数字化频移到指定的载波频率，并调整到指定的功率级别，再将所有信号的总和传递给 DAC 和 RF 前端。这种形式的优点如下。

（1）若使用标准以太网，布线基础设施更加简单。一个网络交换机可以合并一个或多个无线电设备，只用一条电缆连接到信道化器。

（2）数字数据在网络中传输不会降低质量，消除了电缆损耗。

（3）不需要 RF 接口，每个独立 SDR 系统成本更低。

（4）信道化器可以检测和报告无效配置。

缺点如下。

（1）需要宽带信道转换器和 DAC。DAC 必须提供足够动态范围，以允许最小信号和所有其他信号最大值之间的振幅变化。

（2）在使用无线电设备之前需要一些基础设施。

（3）数字中频会在 DSP 和 RF 之间引入一个很小的延迟。

（4）随着用户组合的变化，有些无线电设备使用不到。

（5）信道化器和 DAC 会引入单点故障，一旦发生故障，所有无线电设备都不能正常工作。

（6）宽带放大器必须为所有用户提供足够的功率。

最灵活的 SDR 系统架构将所有独立的 SDR 系统组合成一个无线电系统，即第三种架构，如图 13.15 所示。

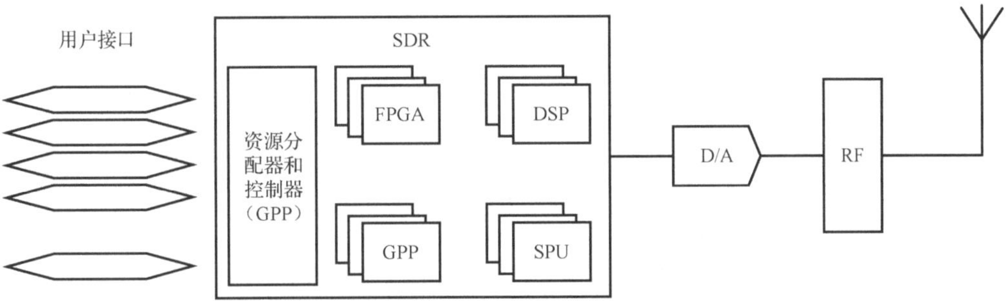

图 13.15　集成多通道 SDR 系统

SPU 为信号处理单元（signal processing unit）

资源分配器和控制器程序将信号处理资源分配给每个用户/波形。资源池在所有用户之间共享，通常包括混合的 FPGA 和 GPP。当用户混合变化时，控制器实时配置 FPGA 位加载和 GPP 软件加载。控制器还配置 DSP 资源和 DAC 之间的数据流。在许多用户之间共享资源允许整个系统使用比单独无线电设备更少的资源。一些 DSP 资源可能被分配来实现之前所描述的那样的数字信道化器。这种形式的优点如下。

（1）高效利用 DSP 资源。峰值使用量总是小于所有受支持用户的总和，因为不是所有用户都可以同时活动。当用户需要大量资源时，例如获取高传播、低功耗的信号，这种节省是非常显著的。

（2）集中控制，确保用户之间互不干扰。

（3）降低了开发新波形的成本，因为开发者可以利用大量现有的基础设施，包括硬件和软件。

缺点如下。

（1）一个组织必须承担开发和维护一个庞大而复杂的 SDR 系统的成本。在其他架构中，每个组织负责自己的无线电设备。

（2）为新用户开发新波形可能是复杂的，因为在系统开发者之外，使用复杂系统所需的知识库可能是有限的。

（3）资源分配器和控制器是一个非常复杂的软件，开发起来耗时又耗钱。
（4）集中式处理引入了单点故障。

13.2.4　SDR 系统开发框架和流程

用于开发 SDR 系统的工具同样适用于具有大量 DSP 需求的单功能无线电系统和其他复杂系统，其所需的工具集和开发流程在很大程度上取决于硬件架构，如 FPGA、ASIC 或 DSP 的实现需要独特的工具。

图 13.16 为一个典型的 SDR 系统开发过程的简化流程图，但在此流程图中没有包括开发过程中所需要的任何优化/迭代循环（理想情况下，迭代循环仅在邻近的等级之间运行）。第一步的需求定义决定架构选择，架构的选择又决定了将采用图 13.16 中的哪些分支。

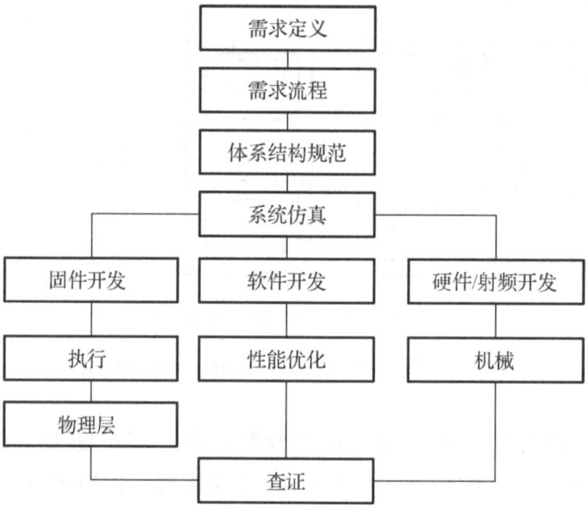

图 13.16　开发流程

1. 需求定义

需求定义是 SDR 系统开发中最重要的一步，许多需求都反映了单功能无线电系统的要求，但其需求往往被限制在几个给定的选项中，例如，支持调制 QPSK、QAM 等，支持传输速率 0.5～10Mbit/s 等。这些类型的需求经常会导致 SDR 系统的设计不充分，因为最终产品确实可支持所有选项，但可能不够灵活，也无法支持细微的变化。

一般而言，许多 SDR 系统的需求应为“应能够支持 X…”，而不是“应该支持 X…”。对于前者，开发人员必须估计支持 X 所需的硬件；而对于后者，开发人员必须实际实现 X，并实现可以支持的所有可能波形，这显然是不合理的。计划良好的系统开发应该包括开始时的最小波形集和最小功能集，并预期未来会添加的新波形和新功能。因此，开发人员应该选择能够容易提供预期功能的架构，而不需要立即实现那些功能。

需求定义阶段的手续和文书工作量差别很大，例如，用于实验室研发的 SDR 系统，一般具有少量的真实需求和大量的预期添加功能；但用于军事领域的 SDR 系统，则必须符合严格的需求捕获流程。

除了最基础的需求捕获流程之外，还需要使用专用的软件工具，如高端的 IBM Rational 动态面向对象需求系统（IBM Rational dynamic object-oriented requirements system，IBM Rational DOORS），开源的无线电管理工具（open source radio management tool，OSRMT）等。这些工具中的很多都支持 UML，该语言提供了图形符号技术来描述系统应该如何操作，再将其转换为可操作的需求。例如，UML 可用于描述不同的用例、事件流程图或系统中各块之间的关系。

接下来的需求流程，将高层需求分解为可执行的若干子需求，例如，“发射机应支持高达 100Msymbol/s 的符号率”这一要求可分解为三个子要求，且每个子要求都必须可追溯到以下父要求。

（1）DAC 应支持至少 200MSa/s 的采样率。

（2）功率放大器应具有至少 150MHz 的带宽。

（3）DSP 子系统应支持至少 200MSa/s 的连续采样率。

每个子需求都应与能够生成代码来满足需求的软件或硬件文件相对应，高质量的需求捕获工具允许源代码和需求之间的动态链接。

2. 系统仿真

系统仿真能够对整个系统或选定的关键模块的模型或原型进行快速开发，让开发人员在关注最终实现细节之前就进行总体架构、功能和设计参数的规划和测试，使用系统仿真来验证所选算法在各种预期条件下的性能。例如，对信号采集模块的仿真可以测试出最坏情况下的频率、定时偏差以及最坏情况下的信噪比。

进行系统仿真的工具可以分为基于代码的工具和基于块的工具。

（1）基于代码的工具要求开发人员使用特定语言将算法描述为一组连续命令。可以使用 MATLAB、C++、Python 等语言，由于有大量的预定义函数库（工具箱），MATLAB 是目前大多数 DSP 工程师的首选工具。

（2）基于块的工具要求开发人员绘制框图来描述算法。目前流行的基于块的工具包括 Simulink、信号处理工作站（signal processing workbench，SPW）和 System Vue。到目前为止，Simulink 是使用最为广泛的一种工具。Simulink 的每个工具都附带一个预定义块库（和基于代码的工具的预定义函数相对应）。区分不同工具的最重要一点就是其块库的大小，可以通过组合现有块（分层设计）、在基于代码的工具（如 C++）中使用适当的包装器开发新块，或者从第三方供应商购买库来创建其他块。

基于代码的工具和基于块的工具，它们之间的根本区别是对数据流的处理方式。基于代码的工具期望开发人员管理函数之间的数据传输，基于块的工具则隐式地提供了块之间的缓冲区和流控制。在长时间的仿真中，两种工具之间的差异是显而易见的。基于代码的工具的仿真不能分配足够的内存来同时保存仿真所需的所有数据。因此，开发人员必须创建一个循环，将较长的仿真分解为较小的块，但所保留的每个块之间所有函数的内部状态都是杂乱无章且容易出错的。另外，基于块的工具的仿真可以处理任意数量的数据，因为每个块都隐式保存了自己的状态。但基于块的工具的仿真如果一次仅处理一个样本，就不能利用现代微处理器的矢量计算单元，会导致运行缓慢。因此，在基于块的工具的仿真中引入了“帧”的概念来处理小块数据，仿真的执行速度会加快很多（但仍比基于代码的执行速度慢），而且若底层算法需要对样本进行反馈循环，就会变得更加难控制。

虽然性能较低，但基于块的仿真器也正在变得越来越流行。支持者认为，框图比等效的函数调用更容易理解，模拟器框架也能够照顾到许多细节，使设计人员更有效率。Simulink是最通用的基于块的商用模拟器，与广受欢迎的 MATLAB 的紧密结合也使 Simulink 成为行业的领导者。

SPW 也是较早的系统仿真工具之一。SPW 是一个极其强大的工具，具有比 Simulink 更好的可视化和交互功能，可能是最早提供从仿真到硬件实现路径的工具。SPW 所提供的模块库是任何竞争对手都无法超越的（System Vue 紧随其后），包括许多现代无线标准的完整解决方案。但 SPW 的花费却是 Simulink 的十倍以上，只有财力雄厚的公司才会选用，而且目前 Simulink 与 System Vue 的上升势头明显。

另外一种基于块的工具——System Vue，比 Simulink 更容易使用，专门针对通信系统设计，具有大量通信专用模块集。System Vue 的主要优势是数字基带和射频组件之间的清晰接口，还可以与安捷伦（Agilent）测试设备紧密集成，例如，仿真输出可以直接发送到信号发生器，其可视化界面与矢量信号分析仪相同，因此从系统仿真到硬件调试的整个开发过程都可以使用相同的 GUI[1]。

13.3　应用和未来发展趋势

13.3.1　SDR 在海上通信中的应用

随着无线通信领域技术和软硬件水平的不断发展，海上无线通信的技术和设备也随之快速发展，从单一方式/频段/设备发展到了多种通信方式、多种通信频段和多种通信设备共存的阶段，例如，GMDSS 通信要求的设备就有 5 种，还不断有新的电子设备出现。但普通船舶可能只会配备 1～2 种通信设备，以减小设备所占用的空间和经济成本，传统电台设备功能的单一性，也不能很好地适用于现代船舶多功能、多模式的互联互通场景[4-7]。

所以，针对上述问题可采用 SDR，在一个通用的硬件平台上调用不同软件来实现多种/多频段的通信功能；SDR 和软、硬件设备所能提供的灵活性、适应性和兼容性，可以满足海上船舶内部、船舶之间，以及船舶与岸基通信中心之间的多种无线电通信需求。

基于 SDR 的通信设备，包括集成化天线、宽带通用的一体化射频前端和高速数字信号处理单元，具有通用化、智能化、软件化、模块化等特点，其中的中频模块和波形处理模块用于处理完成不同功能所对应的软件算法，即通过调用不同的软件程序可以实现调制/解调、数据压缩和信道编译码、频谱分配和共享、多模式/多频段支持、功率控制和自适应调整等多种功能，并可根据需求进行系统参数的配置和灵活调整，还可以通过对软件程序的升级、修改或更换，进行新功能、新模式的快速扩展[8-9]。

1. 调制/解调

调制和解调是 SDR 设备中最重要的信号处理功能，在发送端将数据信息转换为适合在无线信道中传输的已调信号，并在接收端将接收到的已调信号解调还原为数据信息。但是，海上船舶通信所要采用的调制方式有很多种，每一种调制方式对应一种信号，都需要一种硬件电路（模块）或通信设备来产生，就需要配备多种通信设备或使用极为复杂的硬件电路，导致通信设备体积和重量的增加，不利于船舶通信设备资源的整合，也会占用较大空间。针对上述这些问题，可以通过在船舶通信系统中采用 SDR 来加以解决。利用一个通用的硬件平台，将各种调制/解调算法软件化、模块化，通过对软件模块的调用和配置，可以实现对 SSB、调幅（amplitude modulation，AM）、FM、FSK、最小频移键控（minimum frequency-shift keying，MSK）、高斯最小频移键控（Gaussian minimum frequency-shift keying，GMSK、QPSK、OQPSK 以及 QAM 等多种不同调制方式的选择，通用的正交调制/解调算法也便于在软件无线电平台上实现[2]；还可以根据不同的通信标准和频段对调制参数进行配置和灵活调整，以适应不同的信道传输条件，提高信息传输的可靠性和效率。

2. 数据压缩和信道编译码

目前的船舶通信系统大都采用数字方式，需要在发送端对发送数据进行数据压缩和信道编译码处理，以提高数据传输效率、增强抗干扰能力，并减少传输所需的带宽资源；在接收端，对完成解调之后的数据进行译码操作，可恢复出发送的数据信息。再结合船舶之间不同的通信方式、业务类型以及信道条件，通常都需要采用不同的信道编译码方式，SDR 的灵活性和通用性可以很好地解决这些问题。针对海上船舶的具体业务需求和服务质量要求，调用相应的编译码算法模块以满足系统要求，还可以在海上信道状态发生变化时，进行编译码方式的灵活切换和及时调整[10]。

3. 频谱分配和共享

SDR 可以实现动态频谱分配和共享功能，根据实际通信需求和环境条件进行频谱资源的分配和管理，使系统可以更加灵活地利用频谱资源，提高频谱利用率和通信容量。

4. 多模式/多频段支持

SDR 可以支持多种工作模式和多种工作频段，如语音通信、数据通信、卫星通信[11]、广播、雷达[12-13]、导航等模式，覆盖甚高频、中高频、微波等频段，即系统从软件架构上划分为若干功能模块，通过对各功能模块的调用和重新配置，以及上位机软件对收发通道的参数控制，实现与不同功能和业务需求的适配，并提供多样化服务。

5. 功率控制和自适应调整

SDR 可以实现功率控制和自适应调整功能，根据通信条件和要求动态调整发射功率和接收灵敏度，以实现更好的信号质量和通信覆盖范围。

除了在船舶通信方面的应用，SDR 因其在系统资源配置、功能扩展和性能提升等方面所具有的灵活性，在海洋领域还有着非常广泛的应用空间，如海上雷达和导航系统[14]、应急通信、海上救援、海上频谱监测和管理等。

13.3.2 SDR 在海上通信中的发展趋势

SDR 在海上通信中发挥了极为重要的作用，推动了海上通信技术和设备的应用和快速发展。SDR 也需要继续发展，以满足不断增长的海上通信业务需求，实现更高效、安全和智能的海上通信网络，其未来发展趋势主要包括以下几个方面：

（1）频谱效率：SDR 可以实现灵活的频谱配置和调整，并具备参数测量和频谱监测的能力，可以使无线频谱资源的利用更加高效，结合具备电磁频谱环境分析与探测能力的认知无线电技术，以及未来更加智能化的频谱管理和优化算法，实现更高的传输速率和系统容量。

（2）异构网络集成：随着移动网络、物联网和海上通信技术的快速发展，海上通信将会面临越来越多的异构网络，如卫星通信、无线局域网、移动网络等。在未来希望能够进一步提升 SDR 系统在异构网络集成和协同工作方面的能力，实现各网络之间的无缝切换和性能优化。

（3）自适应信号处理：进一步发展 SDR 系统中的自适应信号处理技术，根据信道环境和通信需求的变化，动态地去调整信号处理算法和相应参数，实现对海上通信信道的自动优化和自适应，提高通信的质量和稳定性。

（4）智能化网络：将 SDR 系统与人工智能、大数据分析等技术相结合，实现网络的智能化和自主化，通过自动化的网络管理和优化方式，提高通信网络的效率和性能，还能支持网络参数的智能决策和故障自愈。

参 考 文 献

[1] Eugene G. Implementing software defined radio[M]. New York: Springer, 2012.
[2] 楼才义, 徐建良, 杨小牛. 软件无线电原理与应用[M]. 2 版. 北京：电子工业出版社, 2014.
[3] Chávez-Santiago R, Mateska A, Chomu K, et al. Applications of software-defined radio(SDR) technology in hospital environments[C]. 35th Annual International Conference of the IEEE Engineering in Medicine and Biology Society(EMBC), Osaka, 2013, 1266-1269.
[4] 麻荔波. 基于软件无线电的船舶通信设备功能的综合探讨[J]. 互联网+通信, 2017, 19(21): 12-13.
[5] 闫帅. 探析软件无线电技术在船舶通信中的应用研究[J]. 信息通信, 2019(9): 138-149.
[6] 张洪铭, 闫实, 唐斌, 等. 海上无线通信技术：现状与挑战[J]. 无线电通信技术, 2021, 47(4): 392-401.
[7] 张亦桢. 软线无线电海上应用前景分析[J]. 科技视界, 2014, 7: 7-8.
[8] 陈路辉, 吴尚峰, 吴宇, 等. 基于 SDR-4902 平台的波形部署算法设计与实现[J]. 现代电子技术, 2013, 37(21): 37-41.
[9] 余智, 王玲, 汪慧君. 基于软件无线电的舰船通信系统架构研究[J]. 舰船电子工程, 2016, 36(6): 8-12.
[10] 彭丰. 软件无线电技术特点及其应用[J]. 电子测试, 2021(6): 71-72, 126.
[11] 李薇濛, 王楠楠, 陈建光. 国外软件定义卫星最新发展分析[J]. 中国航天, 2020(8): 45-47.
[12] 汤卫红, 朱云昊. 软件无线电技术及其在舰用雷达装备中的应用探讨[J]. 现代导航, 2022, 13(3): 223-226.
[13] 刘晓平. 基于软件无线电技术的雷达系统应用研究[J]. 信息与电脑(理论版), 2018(21): 84-85.
[14] 陈晓楠, 索继东, 韩凤. 船舶导航软件无线电的前沿技术[J]. 大连海事大学学报, 2005, 31(2): 52-54.

第 14 章　极低频电磁波海洋跨域通信技术

在无线电频率中，极低频（ELF）（0.2～300Hz）电磁波因携带的信息量很少而不被重视；但其对介质的巨大穿透力和在地球周围空间的超远距离传播能力，却是其他频段电磁波所不具备的，这也是可以利用 ELF 电磁波来进行跨域通信的理论基础[1]。ELF 通信系统的发射端，依靠大功率陆基发射台数十千米的天线辐射 ELF 电磁波，接收端则设在海面以下，从而实现海洋跨域通信。ELF 电磁波在传输过程中，由于其波长的数量级可比拟地球周长，将首先以地-电离层波导的方式在大气中进行传播，并会产生特殊的衰减和散射；然后，设在水面以下的接收机对收到的 ELF 电磁波进行放大、滤波和解调等处理；最后恢复出原始信息[2]。由于 ELF 电磁波具有较大传输距离、良好的地下和水下穿透性以及较强的抗干扰能力，利用 ELF 电磁波进行的跨域通信可广泛应用于海洋生命研究、海洋地质勘测、地震监测、水下航行器通信等领域。

本章将从 ELF 电磁波传播机理、通信质量影响因素、通信系统组成等方面，对 ELF 电磁波海洋跨域通信技术进行介绍。

14.1　极低频电磁波海上传播机理

极低频电磁波通信的传播路径首先是由地面与低电离层构成，地面和电离层都具有较好的反射特性，电磁波在地面和低电离层之间多次反射向前传播，这种传播被称为波导传播，如图 14.1 所示[3]。

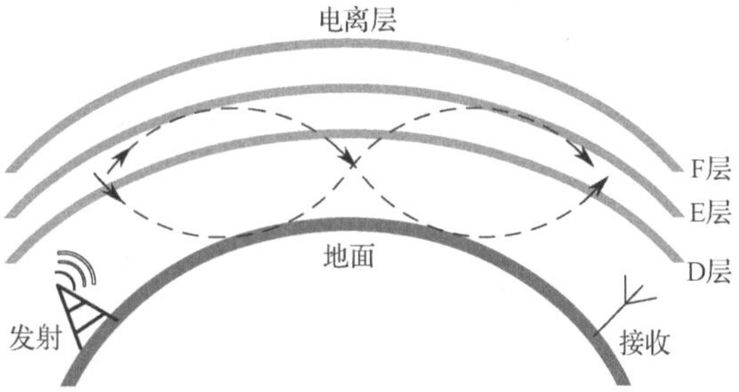

图 14.1　地-电离层波导传播

电离层是因太阳辐射而电离形成的位于地面上空的气体层，与地面相距数十千米，其主要特征是电子密度和碰撞频率，同时可以用电导率、介电常数和磁导率等电磁参数来描述。一般来说，电离层的磁导率与自由空间相同，在低电离层（大约 90km 以下）中，介电常数也与自由空间相似，而电导率则与电离层的电子密度、碰撞频率、电磁波频率以及地磁场相关。对于本章所讨论的低频率情况，电导率基本上与频率无关。

电离层的电子密度和碰撞频率，在垂直方向上会随着高度的变化而变化；在低电离层，电导率随着高度的增加而增大。在更高的高度上，电离层形成了分层结构，如 D 层、E 层、F1 层和 F2 层[4]，白天最低的电离层为 D 层，高度约为 60～90km，但是到了夜间 D 层会消失，最低的电离层就变为 E 层，高度约为 90～160km，这一昼夜变化会对地-电离层波导传播产生影响。在水平传播方向上，电离层的电导率会随着太阳的升降而发生变化。

极低频电磁波远距离传播时受到的影响主要来自电离层，因为地面的电导率远高于电离层，所以来自地面的影响可以忽略。电离层相对于地面低得多的电导率，导致极低频范围的电磁波在电离层波导中的能量损耗较小，因此可以传播较远距离。但电离层的电导率与电离层的电子密度、碰撞频率和波频率有关，还受到地磁场的影响。这些因素会导致电导率在空间和时间上的变化，进而影响极低频电磁波的传播特性[5]。电离层会随时间及空间产生变化，通常很难通过确定的边界条件问题来准确求解电磁场，导致对于极低频电磁波地-电离层波导传播的研究具有一定的挑战性。通常采用多种方法来探索极低频电磁波的传播行为，包括数值模拟、实验观测和理论推导等。下面通过理论推导的方式对极低频电磁波地-电离层波导传播进行介绍。

14.1.1 地-电离层波导参数计算

由于地球和电离层可以看作两个同心的球体，则地-电离层波导的实际形状基本上是地面和电离层之间的圆形球壳。但为了简化问题的求解，可以把圆形球壳波导简化为平面波导。在近距离上，这两种形状波导内的电磁场公式基本上是相同的；在远距离上，可以对平面波导的电磁场公式进行曲率修正和非直接波修正，使平面波导电磁场公式可以用来计算实际地-电离层波导中的电磁场。

为方便求解，采用圆柱坐标系如图 14.2 所示，令 z 轴垂直于地面，向上为正。设电偶极子源位于 $(0,0,0)$ 点，偶极矩为 Idl。透入电离层中电磁波的损耗主要发生在 h_0 和 h_1 两个高度区间，即这两个高度区间电离层的状况对波导的波数影响最大。设 $\sigma_i\left(h_0\right)$ 为高度 h_0 处电离层的电导率，$\sigma_i\left(h_1\right)$ 为高度 h_1 处电离层的电导率，ς_0、ς_1 为比例高度，表示 h_0、h_1 附近电导率随高度变化的快慢。低电离层的电导率随高度的变化可以用指数函数拟合[6]，假定 h_0 附近电导率变化的拟合函数为 $\sigma_i=\sigma_i\left(h_0\right)\mathrm{e}^{(z-h_0)/\varsigma_0}$，假定 h_1 附近电导率变化的拟合函数为 $\sigma_i=\sigma_i\left(h_1\right)\mathrm{e}^{(z-h_1)/\varsigma_1}$。

白天波导参数计算方法如下：电离层高度为 H，假定白天电离层电导率剖面函数是单比例高度的，ε_0 为自由空间介电常数，其电导率高度变化的拟合公式为

$$\sigma=2.5\times10^5\varepsilon_0\exp\left[\left(z-H\right)/\varsigma_0\right] \tag{14.1}$$

式中，h_0 为传导电流等于位移电流的高度，即 $\sigma_i(h_0)=\omega\varepsilon_0$；将 $z=h_0$、$z=h_1$ 代入式（14.1），可推导出 h_0 与 h_1 的表达式：

$$h_0=H-\varsigma_0\ln\left(\frac{2.5\times10^5}{2\pi f}\right) \tag{14.2}$$

$$h_1=h_0+2\varsigma_0\ln\left(\frac{2.39\times10^4}{f\varsigma_0}\right) \tag{14.3}$$

式中，f 为电磁波频率。

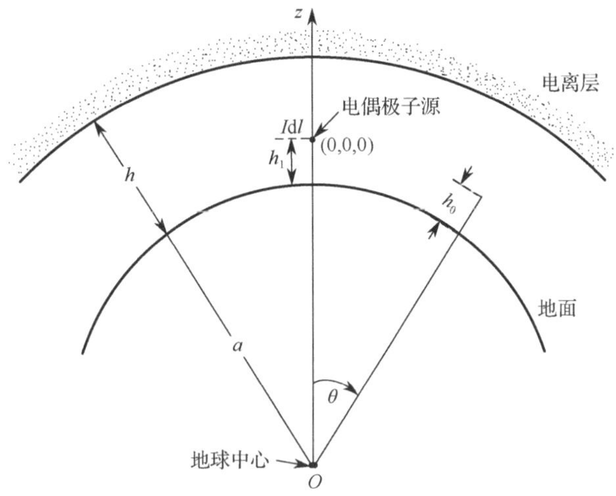

图 14.2　圆柱坐标系求解地-电离层波导参数

在上述条件下，可导出地-电离层波导的波数公式：

$$S^2=\left(h_1-\frac{\mathrm{j}\pi}{2}\varsigma_1\right)\Big/\left(h_0+\frac{\mathrm{j}\pi}{2}\varsigma_0\right) \tag{14.4}$$

又因为 $\varsigma_0/h_0 \ll 1$ 、$\varsigma_1/h_1 \ll 1$，式（14.4）又可近似为

$$S\approx\sqrt{\frac{h_1}{h_0}}\left[1-\frac{\mathrm{j}\pi}{4}\left(\frac{\varsigma_0}{h_0}+\frac{\varsigma_1}{h_1}\right)\right] \tag{14.5}$$

综上，可得到波导传播的重要参数，即衰减率 β，可由自由空间波数 k_0 和地-电离层波导的波数虚部 $\mathrm{Im}(S)$ 表示：

$$\beta=-k_0\,\mathrm{Im}(S)=k_0\frac{\pi}{4}\sqrt{\frac{h_1}{h_0}}\left(\frac{\varsigma_0}{h_0}+\frac{\varsigma_1}{h_1}\right)(\mathrm{N/m})=8.6858\times10^6k_0\frac{\pi}{4}\sqrt{\frac{h_1}{h_0}}\left(\frac{\varsigma_0}{h_0}+\frac{\varsigma_1}{h_1}\right)(\mathrm{dB/Mm}) \tag{14.6}$$

极低频电磁波波导传播一般在 5000～8000km 的范围，属于超远距离传播，会涉及跨昼夜时区的问题，而昼夜的变化又会导致电离层的高度以及电参数特性发生变化，因此需要讨论夜间波导参数的计算方法，具体如下。

夜间电离层中存在的 E 层，具有陡峭的下边界。电子密度穿过 E 层下边界后急剧增加，而在下边界之上则在一个本地波长范围内变化缓慢[7]。在这些条件下导出的夜间规格化波数近似公式为

$$S=\sqrt{\frac{h_{\mathrm{E}}}{h_0}}\left[1-\mathrm{j}\left(\frac{\pi}{4}\frac{\varsigma_0}{h_0}+\frac{1}{4k_0|n_{\mathrm{E}}|h_{\mathrm{E}}}\right)\right] \tag{14.7}$$

式中，h_{E} 为电离层 E 层的底部高度；$|n_{\mathrm{E}}|$ 为 h_{E} 处折射指数的绝对值，通过 $k_0n_{\mathrm{E}}=\sqrt{\omega\mu_0\sigma_{\mathrm{E}}}$ 计算，其中 ω 为电磁波角频率、μ_0 为真空磁导率、σ_{E} 为 E 层底部处的电导率。

则衰减率的计算公式如下：

$$\beta = -k_0 \operatorname{Im}(S) = 0.1429 f \sqrt{\frac{h_E}{h_0}} \left(\frac{\varsigma_0}{h_0} + \frac{1}{\pi k_0 |n_E| h_E} \right) \tag{14.8}$$

由上述过程和式（14.6）、式（14.8）可知，地-电离层波导的衰减率性能可由规格化波数和波导高度这两个参数确定，并可计算得到极低频电磁波地-电离层波导衰减率随频率变化的曲线，如图 14.3 和图 14.4 所示，分别为白天和夜间的曲线，图中同时画出了与实验数据相对应的结果，与公式计算结果具有较好的一致性。

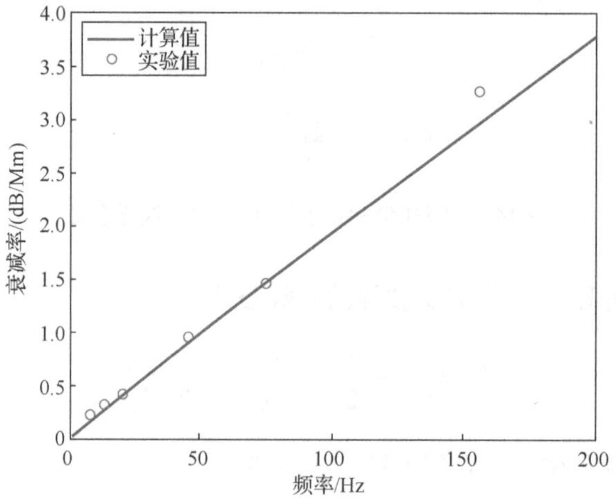

图 14.3　白天极低频电磁波地-电离层波导衰减率随频率变化关系

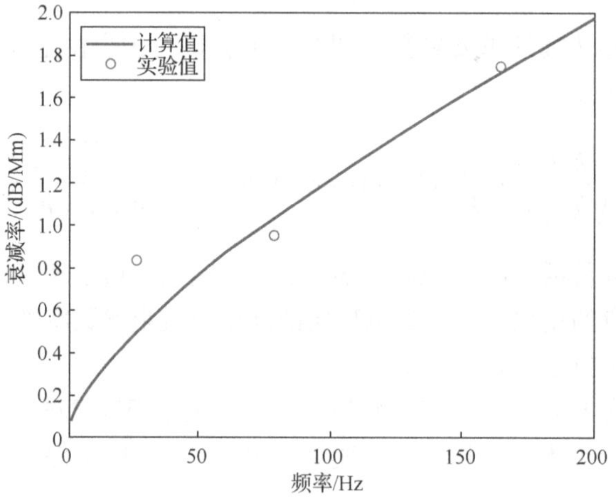

图 14.4　夜间极低频电磁波地-电离层波导衰减率随频率变化关系

除了昼夜影响外，地-电离层的电子密度、碰撞频率、不同地区以及不同季节都会影响波导传播的衰减系数。因此，要想获得更准确的极低频电磁波信号传播参数需要通过实测数据或数值模拟进行评估。

14.1.2　地-电离层波导场强计算

虽然地-电离层波导实际上是随地球形状呈圆球形传播的，但为了方便计算也可将球面波进行平面展开。下面介绍以垂直电偶极子为源产生的极低频电磁波，在白天和夜间地-电离层波导中传播的电磁场随距离变化的计算方法。

设具有偶极矩 $p = Idl$ 的垂直电偶极子位于平面地-电离层波导内，如图 14.5 所示。若收发距离 ρ 大于等于 3 个电离层反射高度 h，接收处的电场可以看作由一定长度的线电流产生的；又考虑到地面和电离层的镜像作用，这段线电流可以看作无限长的电流。在无限大介质中，无限长均匀线电流产生的矢量磁位平行于电流方向。

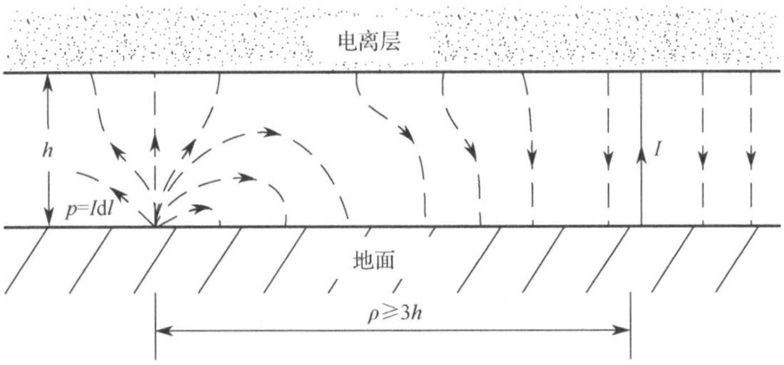

图 14.5　垂直电偶极子位于平面地-电离层波导内

一般情况下观察点的电磁场应该是沿大圆弧的短路径和沿大圆弧的长路径传播的波的叠加[8]，通常称前者为直接波、后者为非直接波。

平面地-电离层波导内垂直电偶极子产生的电场：

$$E_z^{\text{ve}} = -\frac{\partial \mu_{\text{e}} p}{4h_{\text{t}}}\mathrm{H}_0^{(2)}\left(k\rho\right) = -\frac{\partial \mu_0 S^2 p}{4h_{\text{t}}}\mathrm{H}_0^{(2)}\left(k_0 S\rho\right) \tag{14.9}$$

式中，偶极矩为 $p = I\mathrm{d}l$，电场可以看作由长度为 h_{t} 的线电流 p/h_{t} 产生的；$\mu_{\text{e}} = \mu_0 S^2$ 为波导空间的等效磁导率，其中 μ_0 为真空磁导率；S 为入射波正弦或沿平行地面 ρ 方向的规格化波数，$k = k_0 S$ 为沿 ρ 方向的波数；$\mathrm{H}_0^{(2)}(k\rho)$ 为第二类 0 阶汉克尔（Hankel）函数。

垂直电偶极子产生的水平磁场可以按麦克斯韦旋度方程求出：

$$H_\varphi^{\text{ve}} = \frac{1}{\mathrm{j}\omega\mu_{\text{e}}}\frac{\partial E_z}{\partial \rho} = -\mathrm{j}\frac{pk_0 S}{4h_{\text{t}}}\mathrm{H}_1^{(2)}\left(k_0 S\rho\right) \tag{14.10}$$

式中，$\mathrm{H}_1^{(2)}(\cdot)$ 为第二类 1 阶汉克尔函数。垂直电偶极子产生的水平电场 E_ρ^{ve} 可以按地面的近似边界条件求出：

$$E_\rho^{\text{ve}} = -\eta_0 \varDelta_g H_\varphi = \mathrm{j}\frac{\omega\mu_0 pS\varDelta_g}{4h_{\text{t}}}\mathrm{H}_1^{(2)}\left(k_0 S\rho\right) \tag{14.11}$$

式中，$\eta_0 = 120\pi$，为一个特定的常数自由空间波阻抗；Δ_g 为观察点地面的规格化表面阻抗。在极低频以下频段，地表面阻抗近似等于大地的特性阻抗，地表面规格化阻抗近似等于大地的特性阻抗除以自由空间的特性阻抗。

下面再从能量扩散的角度考虑一下地球曲率的影响，需要给各分量添加场强的曲率修正因子。在地面是平面的假设中，能量扩散的半径为 ρ，而在球形地面情况下，能量扩散的半径将由地球半径 a（单位 m）决定，有 $a\sin(\rho/a)$。因此，直接波（沿大圆短路径传播的波）的电磁场公式如下：

$$\left(E_z^{\mathrm{ve}}\right)_{\mathrm{d}} = -\frac{\omega\mu_0 S^2 p}{4h_{\mathrm{t}}}\sqrt{\frac{\rho}{a\sin(\rho/a)}}\mathrm{H}_0^{(2)}\left(k_0 S\rho\right) \tag{14.12}$$

$$\left(E_\rho^{\mathrm{ve}}\right)_{\mathrm{d}} = \mathrm{j}\frac{\omega\mu_0 pS\Delta_g}{4h_{\mathrm{t}}}\sqrt{\frac{\rho}{a\sin(\rho/a)}}\mathrm{H}_1^{(2)}(k_0 S\rho) \tag{14.13}$$

$$\left(H_\varphi^{\mathrm{ve}}\right)_{\mathrm{d}} = -\mathrm{j}\frac{k_0 pS}{4h_{\mathrm{t}}}\sqrt{\frac{\rho}{a\sin(\rho/a)}}\mathrm{H}_1^{(2)}\left(k_0 S\rho\right) \tag{14.14}$$

各个电磁场分量绕过对极点时会出现 ± 90°相移，不同场源的各个电磁场分量的相移取值见表 14.1。

表 14.1　不同场源电磁场分量相移取值

场源	场分量	相位调整
垂直电偶极子	E_z	j
	E_ρ, H_φ	–j
水平电偶极子	E_z, E_φ, H_ρ	–j
	E_ρ, H_φ	j

由此可直接写出垂直电偶极子的非直接波的各场量公式：

$$\left(E_z^{\mathrm{ve}}\right)_i = -\mathrm{j}\frac{\omega\mu_0 S^2 p}{4h_i}\sqrt{\frac{\rho_i}{a\sin(\rho/a)}}\mathrm{H}_0^{(2)}\left(k_0 S\rho_i\right) \tag{14.15}$$

$$\left(E_\rho^{\mathrm{ve}}\right)_i = \frac{\omega\mu_0 pS\Delta_g}{4h_i}\sqrt{\frac{\rho_i}{a\sin(\rho/a)}}\mathrm{H}_1^{(2)}\left(k_0 S\rho_i\right) \tag{14.16}$$

$$\left(H_\varphi^{\mathrm{ve}}\right)_i = -\frac{k_0 pS}{4h_i}\sqrt{\frac{\rho_i}{a\sin(\rho/a)}}\mathrm{H}_1^{(2)}\left(k_0 S\rho_i\right) \tag{14.17}$$

在式（14.15）～式（14.17）中，$\rho_i = 2\pi a - \rho$ 为大圆长路径的距离。总的场是直接波和非直接波的场的叠加。

由式（14.15）～式（14.17）得到极低频垂直电偶极子各电磁场分量随水平距离变化的曲线，如图 14.6 所示。由图中曲线可知，10Hz 极低频电磁波在传播时，无论是电场分量或磁场分量，当径向传播距离超过 1000km 时场强衰减都趋于平缓，且各个分量场强夜间都明显大于白天，夜间场强是白天的一倍左右；而在场强分量的选取中，可以看出电场的径向分量 E_ρ^{ve} 的数量级明显高于其他分量，可考虑将其作为接收信号。

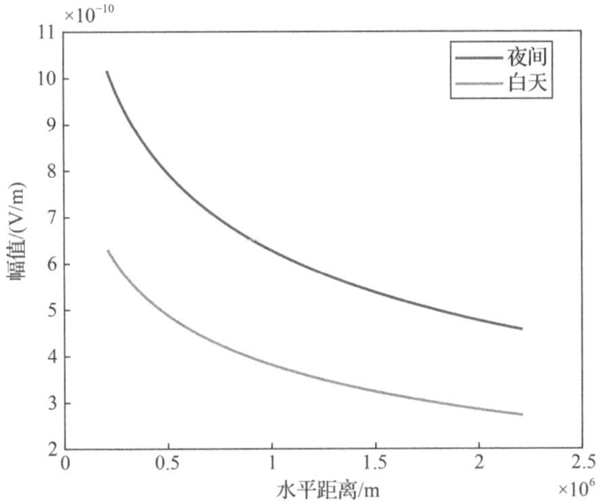

（a）E_z^{ve}分量10Hz极低频电磁波在地-电离层波导垂直电场强度曲线

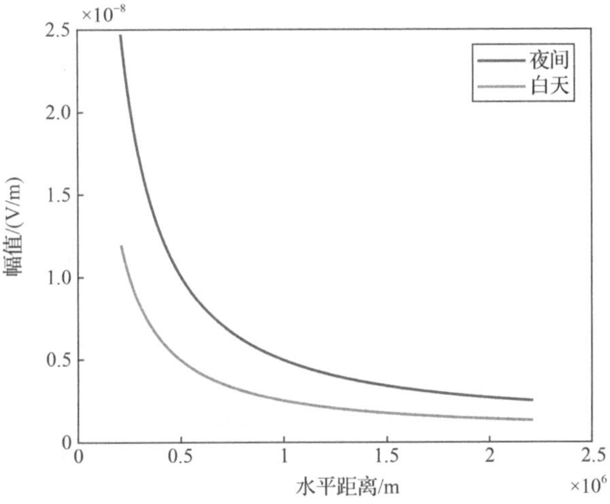

（b）E_ρ^{ve}分量10Hz极低频电磁波在地-电离层波导水平电场强度曲线

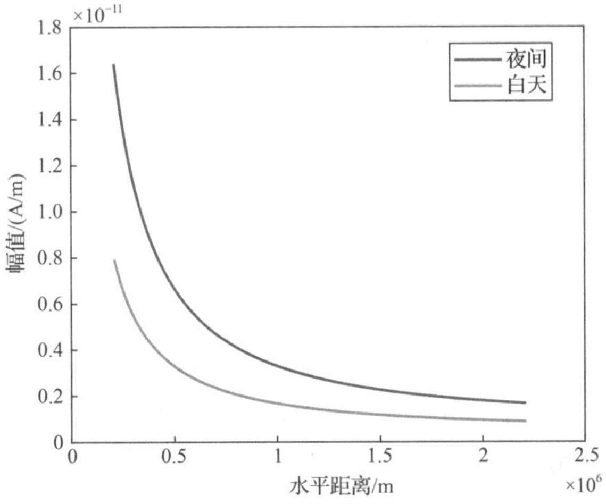

（c）H_φ^{ve}分量10Hz极低频电磁波在地-电离层波导水平磁场强度曲线

图 14.6　极低频垂直电偶极子各电磁场分量与水平距离关系图

上面只是针对地-电离层波导传播最常见的昼夜问题展开讨论，在真实环境中影响电磁波传播的因素还有很多，具体如下。

（1）地球电离层结构：地球的电离层主要分为D层、E层、F层等不同区域，每个区域的电子密度和特性各不相同。不同层次（区域）的电离层对电磁波传播会有不同的影响，所以导致极低频电磁波的衰减率也有所不同。

（2）地球磁场：地球磁场对极低频电磁波的传播也有一定影响，其强度和方向会影响电磁波在地-电离层中传播的路径和衰减率，磁场引起的磁化电流和磁场导致的电子分布变化也都会影响电磁波的衰减。

（3）地球表面特性：地球表面的特性，如地形、土壤和海洋等，也会影响极低频电磁波的传播和衰减。因为地球表面的不均匀性会引起电磁波的散射和反射，从而影响衰减率。

（4）太阳活动：太阳活动对地-电离层的特性和电子密度分布具有十分重要的影响。太阳活动的周期性变化导致电离层的动态变化，会对极低频电磁波的传播和衰减率产生影响。

（5）天气条件：天气条件也会对极低频电磁波传播和衰减产生影响。例如，电离层中闪电放电导致的附加电离和电离层自身扰动都会对极低频电磁波的衰减产生影响。

理解和研究上述因素对极低频电磁波的衰减影响，可以更准确地对极低频电磁波传播的实际情况和应用进行评估。

14.2　极低频电磁波在海水中的传播机理

极低频电磁波传播，应用于岸上发信台对远距离、大深度海面下目标的单向通信。从电波传播的角度来看，岸对海面下目标通信的电波传播可以分为两段，即地面段和水下段。在地面段，电磁波在地面和电离层之间形成的波导内传播，在14.1节中已经介绍了电磁波在地-电离层波导内的传播理论和计算方法，本节将继续介绍水下段即电磁波从海面至海面下接收点的传播情况。

14.2.1　极低频电磁波在海水中的穿透特性

无线电波对介质具有一定的穿透能力，可以用趋肤深度的概念表示穿透深度，即电场或磁场幅值衰减到原值1/e时的深度（e=2.718，衰减到原值的36.8%）称为趋肤深度δ，有如下公式[2]：

$$e^{-\alpha\delta}=1/e \tag{14.18}$$

$$\delta=\frac{1}{\alpha}=\frac{1}{\sqrt{\pi\mu_0 f\sigma}}\approx\frac{1}{2\pi}\sqrt{\frac{\lambda}{30\sigma}} \tag{14.19}$$

式中，α为衰减系数；μ_0为真空磁导率；σ为介质电导率；波长$\lambda=1/f$，f为频率。

趋肤深度δ[2]也可近似表示为

$$\delta\approx 1/2\pi\sqrt{10\rho_a T} \tag{14.20}$$

式中，$\rho_a=1/\sigma$为介质电阻率；$T=1/f$为电磁波的周期。

频段在 0.2～300Hz 的极低频电磁波，其趋肤深度的大小视不同地质的电导率 σ 而定，深度可从几百米到几十公里甚至上百公里，具有很强的穿透能力，这就是应用极低频电磁波进行跨域通信的物理基础。在不同海水电导率时，极低频电磁波趋肤深度随频率变化的曲线如图 14.7 所示。

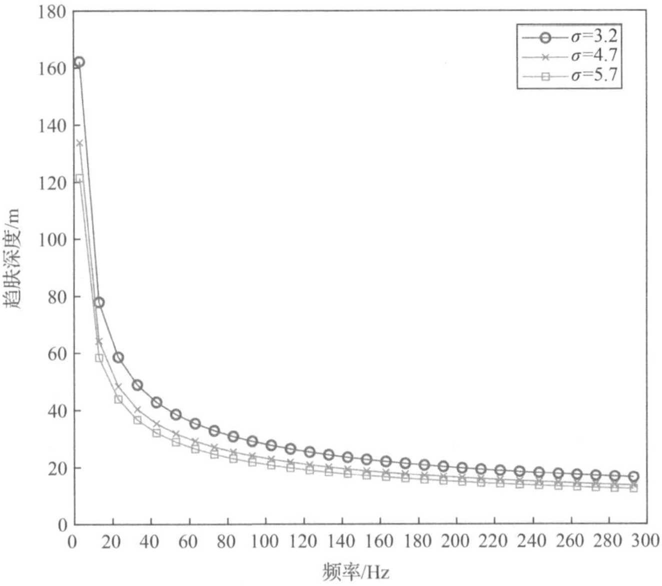

图 14.7　不同电导率海水中极低频电磁波趋肤深度随频率变化的曲线

从图 14.7 中可以看出，极低频电磁波在海水中传播具有一些特殊性，这是因为海水是一种导电介质，其中含有大量的自由电荷（如离子）。

以下是极低频电磁波在海水中趋肤深度变化的讨论。①电导率：电导率是用于描述电磁波在导电介质中衰减情况的参数，而海水的电导率是影响极低频电磁波传播的主要因素之一。海水的电导率一般为 3～5S/m，这种较高的电导率会导致极低频电磁波在海水中传播时迅速衰减。②频率：趋肤深度与频率成反比，即频率越低，趋肤深度越大。在极低频范围内，电磁波的波长非常长，相比于海水的尺度，它们趋于一种近似静态场的传播。③海水能量吸收：极低频电磁波在海水中的传播还受到海水分子和离子对电磁波的吸收影响。这种吸收作用导致电磁波的能量在传播过程中被转化为热能，从而使得电磁波的能量迅速衰减[9]。

14.2.2　极低频电磁波在海水中的衰减计算

由 14.2.1 节内容可知，0.2～300Hz 频率范围的电磁波对海水具有很强的穿透能力，只要水平距离远大于趋肤深度，海面上的电磁波就会基本垂直地向水下渗透。极低频及以下频段的电磁波从海面向海水中传播的过程同样满足麦克斯韦方程组，有如下形式：

$$\nabla D = 0 \tag{14.21}$$

$$\nabla B = 0 \tag{14.22}$$

$$\nabla \times \boldsymbol{E} = -\frac{\partial \boldsymbol{B}}{\partial t} \tag{14.23}$$

$$\nabla \times \boldsymbol{H} = \boldsymbol{J} + \frac{\partial \boldsymbol{D}}{\partial t} \tag{14.24}$$

式中，$\boldsymbol{D}$ 为电通密度；$\boldsymbol{B}$ 为磁通密度；$\boldsymbol{E}$ 为电场强度；$\boldsymbol{H}$ 为磁场强度。它们之间的关系反映在媒质的本构关系中，即 $\boldsymbol{D} = \varepsilon \boldsymbol{E}$ 、$\boldsymbol{B} = \mu \boldsymbol{H}$ 和 $\boldsymbol{J} = \sigma \boldsymbol{E}$ ，其中 $\boldsymbol{J}$ 为电流密度、ε 为海水介电常数、μ 为磁导率、σ 为海水电导率，且电导率 σ 是温度和盐度的函数。

对式（14.21）～式（14.24）联立求解，可得

$$\nabla^2 \boldsymbol{E} = (\mathrm{j}\omega\mu\sigma - \omega^2 \mu\sigma\varepsilon)\boldsymbol{E} \tag{14.25}$$

$$\nabla^2 \boldsymbol{H} = (\mathrm{j}\omega\mu\sigma - \omega^2 \mu\varepsilon)\boldsymbol{H} \tag{14.26}$$

式中，ε 为海水介电常数，由于海水为色散介质，其介电常数为复数形式。定义海水的复介电常数 $\varepsilon_{\mathrm{c}} = \varepsilon\left(1 - \mathrm{j}\frac{\sigma}{\omega\varepsilon}\right)$，在极低频段有 $\varepsilon_{\mathrm{c}} \approx \frac{\sigma}{\mathrm{j}\omega}$，其中，$\omega$ 为角频率。这样，当式（14.25）和式（14.26）中的系数全部确定后，即可求解出电场和磁场的全部分量。

电磁波在介质中传播的另一个重要参数为传播常数 γ ，它决定了在给定频率时，传播方向上电磁波振幅和相位的变化。由于海水的介电常数是复数，海水的传播常数 γ 同样也为复数，且其实部与虚部各自有其物理意义，表达式为

$$\gamma = \mathrm{j}\omega\sqrt{\mu\varepsilon_{\mathrm{c}}} = \sqrt{\mathrm{j}\omega\mu(\sigma - \mathrm{j}\omega\varepsilon)} = \alpha - \mathrm{j}\beta \tag{14.27}$$

式中，实部 α 为衰减常数；虚部 β 为相位常数。当介质无损耗时，$\gamma = \mathrm{j}\beta$ 是一个纯虚数；当介质有损耗时，$\gamma = \alpha - \mathrm{j}\beta$ ，实部 α 对应传输过程中的损耗。衰减常数 α 和相位常数 β 在所有频段电磁波传播中的定义为

$$\alpha = \omega\sqrt{\frac{\mu\varepsilon}{2}\left[\sqrt{1 + \left(\frac{\sigma}{\omega\varepsilon}\right)^2} - 1\right]} \tag{14.28}$$

$$\beta = \omega\sqrt{\frac{\mu\varepsilon}{2}\left[\sqrt{1 + \left(\frac{\sigma}{\omega\varepsilon}\right)^2} + 1\right]} \tag{14.29}$$

海水在极低频段满足 $\sigma/\omega\varepsilon \gg 1$，是良导体。因此，为方便计算，在海水中的衰减常数和相位常数可近似为

$$\alpha = \beta \approx \sqrt{\frac{\omega\mu\sigma}{2}} \tag{14.30}$$

应用式（14.30）计算得出不同频率电磁波在海水中的衰减常数 α ，如表 14.2 所示；同时，为了直观量化不同频率电磁波在海水中的穿透力，表中还列出了不同频率电磁波每衰减 30dB 时在海水中的传播距离。由表中数据可知，3kHz 的电磁波信号，衰减 30dB 可在水下传播 15.8m；若使用 10Hz 电磁波信号，则可在水下传播 272m。由此可见，极低频电磁波信号在海水中具有超强的穿透力，为大深度跨域通信提供了理论可能性。

表 14.2　不同频率电磁波在海水中的衰减（海水电导率：4S/m）

频率/Hz	衰减率 α /(dB/m)	每衰减 30dB 水下传播深度/m
30000	6.0	5
3000	1.9	15.8
300	0.6	50
100	0.346	87
30	0.19	158
10	0.11	272
5	0.077	390
1	0.035	867

在海洋跨域通信场景下信号传播的水平距离远大于趋肤深度，信号传播方向近似垂直于海面[10]，再结合上面得到的极低频电磁波信号在海水中的传播常数，极低频电磁波从海面向海水下传播时，以电场水平分量为例，其场强遵循下式规律，有

$$E_{\rho}(z)=E_{0\rho}\mathrm{e}^{-\mathrm{j}\gamma z} \tag{14.31}$$

式中，$E_{0\rho}$ 为海面上的水平电场；z 为海面下的垂直距离；E_{ρ} 为海面下 z 处的水平电场。

由表 14.2 中数据可知：极低频电磁波在海水中的衰减是随着频率的降低而急剧减小的，因此极低频及其以下电磁波在海水中的衰减率是很低的。因此，极低频电磁波在水中的衰减程度相对较小，相较于其他频段电磁波，极低频电磁波能够在水中传播较长的距离。这一特点使得极低频电磁波在水下通信、海洋科学和探测技术等领域具有巨大的应用潜力。

14.3　极低频电磁波通信干扰分析与系统构成

极低频电磁波信号具有极强的穿透能力，且传输距离远，可在恶劣环境中实现可靠和稳健的通信。但在极低频电磁波通信的实际应用中，干扰是需要重视和有效解决的问题。只有通过适当的技术手段和系统设计，提高极低频电磁波通信的可靠性和抗干扰能力，才能确保通信质量和数据传输的成功。因此，本节对极低频电磁波通信的干扰和系统构成进行分析与介绍。首先，对影响极低频电磁波通信质量的干扰因素展开分析，然后针对当前极低频电磁波通信系统的设计与性能分析进行介绍。

14.3.1　极低频电磁波通信干扰分析

传输速率低是极低频电磁波通信的主要问题，为提高传输速率，可以采用增大发射功率、增加系统带宽，以及利用非线性接收机提高信噪比等方法[11]。由于极低频天线的辐射效率极低，在发射功率已经较大的前提下，进一步增大发射功率的工程可实现性很小。而增加系统带宽的方法也不现实，因为整个极低频段的带宽仅为 270Hz，可以利用的带宽资源十分有限；且极低频电磁波通信系统的带宽还受限于天线系统，为保证较大的 Q（品质因数）值[12]，实际带宽仅为 10Hz 左右。综上，利用非线性接收机提高信噪比的方法较为可行。

在极低频段，由雷电现象引起的大气噪声对信号的干扰非常严重，时域波形中存在较大

的尖峰脉冲，导致极低频电磁波信号幅度出现了较为明显的非高斯特征。这种非高斯特征会使传统接收机的灵敏度、动态范围、误码率等性能明显下降。因此，正确识别出极低频段大气噪声的幅度分布类型，并以此为基础设计可应对非高斯特征噪声的最佳接收机，即非线性接收机，可大幅度提高接收性能。由于充分利用了噪声的统计信息，非线性接收机可以有效地抑制噪声影响甚至可以接近理论边界。

低频段大气噪声的来源包括人工噪声和自然噪声。人工噪声源于人类活动，随着工业生产水平的提高，这种干扰日益严重；自然噪声则来源于自然现象（例如雷电和太阳黑子爆发等）对大气辐射和电磁波的影响[13]。其中，雷电发生时辐射出的噪声信号具有很宽的频谱，其低频段的电磁分量，可以在地-电离层波导中产生低频电磁场，是低频段大气噪声的主要来源。

因此，为实现极低频电磁波的远距离可靠通信，需要对大气噪声的幅度概率分布进行分析和准确建模。幅度概率分布是指噪声幅值超过给定阈值的概率分布，可通过噪声幅值超过给定阈值的时间占比来计算。

当前的大气噪声幅度概率分布模型可分为两种类型[14]，第一种模型基于样本的统计特性，并借助数学函数拟合实测样本，一般被称为经验模型；第二种模型需要对噪声产生和传播过程做一系列假设，并以此为基础建立统计物理模型。虽然经验模型具备一定的解析表达式，数学处理较为简便，但其模型参数并非物理过程本身的反映，只是通过对有限样本点的简单拟合而得出。统计物理模型则考虑了噪声产生机制方面的实际情况，但其数学处理相对复杂，很难进行准确建模。

描述非高斯类的信号和噪声时，经常使用的一类统计模型是α稳定分布（α stable distribution）模型。利用其中的对称α稳定（symmetric α stable，SαS）分布，可以在经验模型和统计物理模型之间搭建起桥梁，因其具备明晰的物理意义及相对简单的数学处理方法，能够对大气噪声的幅度概率分布进行方便且精确的描述。

α稳定分布的概率密度函数没有封闭表达式，通常用特征函数来描述其分布特点。若一个随机变量X的特征函数可以写成如下形式：

$$\varphi(t)=\exp\{\mathrm{j}\mu t-\gamma|t|^{\alpha}[1+\mathrm{j}\beta\operatorname{sgn}(t)\cdot\omega(t,\alpha)]\} \tag{14.32}$$

式中，

$$\omega(t,\alpha)=\begin{cases}\tan\left(\dfrac{\pi\alpha}{2}\right), & \alpha\neq 1\\ \left(\dfrac{2}{\pi}\right)\lg|t|, & \alpha=1\end{cases} \tag{14.33}$$

$$\operatorname{sgn}(t)=\begin{cases}1, & t>0\\ 0, & t=0\\ -1, & t<0\end{cases} \tag{14.34}$$

则说明X满足α稳定分布。式（14.32）中，$0<\alpha\leqslant 2$，$-1\leqslant\beta\leqslant 1$，$\gamma>0$，$-\infty<\mu<+\infty$。

α稳定分布的特性是由四个参数共同决定的，即特征指数α、对称参数β、分散系数γ和位置参数μ；对称参数$\beta=0$时的α稳定分布，即为SαS分布。由于SαS分布是α稳定分布的一个特例，则可定义其特征函数$\varphi(t)$为

$$\varphi(t)=\exp\left(\mathrm{j}\delta t-\gamma|t|\alpha\right) \tag{14.35}$$

式中，$\alpha \in (0,2]$为特征指数，决定分布的脉冲特性程度。α越小，拖尾越厚，脉冲特性越强；反之，则拖尾越薄，脉冲特性越弱。γ为分散系数，是样本相对于均值分散程度的度量，类似于高斯分布的方差。δ为位置参数，对于 SαS 分布，若$1<\delta\leqslant 2$，则δ表示均值；若$0<\delta\leqslant 1$，则δ表示中值。由于δ代表 SαS 分布的概率密度函数在x轴上的位置，一般在讨论时可假定$\delta=0$。

目前，针对 SαS 分布的参数估计主要有以下方法。最大似然估计法，利用样本数据来估计总体参数。平均偏差法，通过选择样本的一个百分位数来估计 SαS 分布参数，该方法在样本数量较少或存在离群点的情况下仍能估计出较为可靠的参数值。牛顿-拉弗森法，通过逐步缩小估计范围、增加优化精度。还有一种是$\lg|\mathrm{S\alpha S}|$法，该方法可有效应对极低频电磁波大气噪声瞬时峰值大、样本数量少的问题，其原因主要如下：①SαS 分布的正偏斜性可能会导致一些传统的参数估计方法（如前面三种）产生偏差，而$\lg|\mathrm{S\alpha S}|$法通过对数据进行对数变换来消除正值偏斜，使得参数估计更加准确；②这种方法还方便处理小样本数据，因为对数变换可以使小样本数据的离散程度减小，进而提高估计精度；③该方法还具有较高的可解释性，可以通过对拟合直线的斜率和截距值来解释 SαS 分布的参数，还可以对拟合直线的斜率和截距进行统计显著性检验。下面介绍该方法的具体过程。

设X为服从 SαS 分布的样本点，令$Y=\lg|X|$，计算Y的均值$E(Y)$和方差$\mathrm{Var}(Y)$，有

$$E(Y)=\sum_{i=1}^{N} Y_i/N \tag{14.36}$$

$$\mathrm{Var}(Y)=\sum_{i=1}^{N}[Y_i-E(Y)][2/(N-1)] \tag{14.37}$$

且均值$E(Y)$和方差$\mathrm{Var}(Y)$同时满足式（14.38）和式（14.39）：

$$E(Y)=C_{\mathrm{e}}(1/\alpha-1)+(1/\alpha)\cdot\lg\gamma \tag{14.38}$$

$$\mathrm{Var}(Y)=(\pi^2/6)(1/\alpha^2+1/2) \tag{14.39}$$

式中，$C_{\mathrm{e}}\approx 0.588$是欧拉（Euler）常数。将式（14.38）和式（14.39）联立求解，即可得到参数α和γ的估值结果。

常用曲线族来表示幅度概率分布，且为方便与正态分布进行比较，进行了如下变换：

$$10\ln\left[\Phi^{-1}(1-P)\right] \tag{14.40}$$

式中，P为噪声瞬时幅值超过某一给定电平的概率分布；Φ^{-1}为误差函数Φ的逆函数，误差函数Φ定义为

$$\Phi(x)=\int_{-\infty}^{x}\frac{1}{\sqrt{2\pi}}\mathrm{e}^{\frac{-t^2}{2}}\mathrm{d}t \tag{14.41}$$

为确定极低频电磁波大气噪声的幅度概率分布是否服从 SαS 分布，需要对实测数据进行检验。首先，假设大气噪声幅度的实测数据服从 SαS 分布，并通过上文提到的方法估计出 SαS 分布的各参数值（$\alpha=1.54$，$\gamma=0.22$）；然后，生成幅度概率分布曲线，再与如图 14.8 所示的实际大气噪声进行幅度概率分布的拟合，其拟合结果如图 14.9 所示。

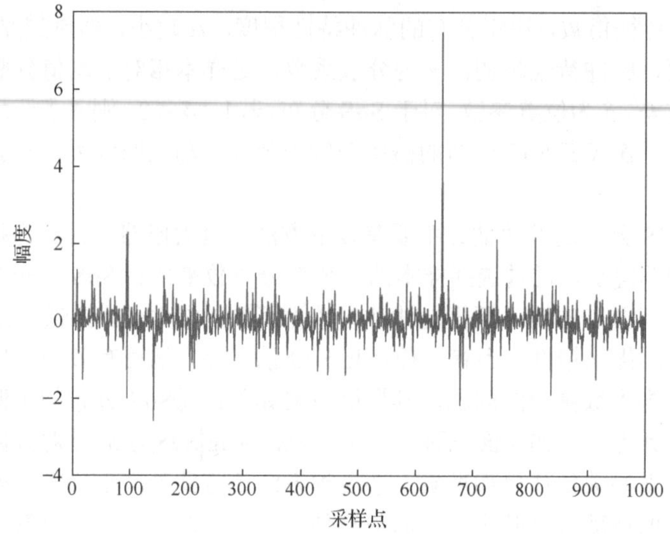

图 14.8　极低频电磁波噪声波形

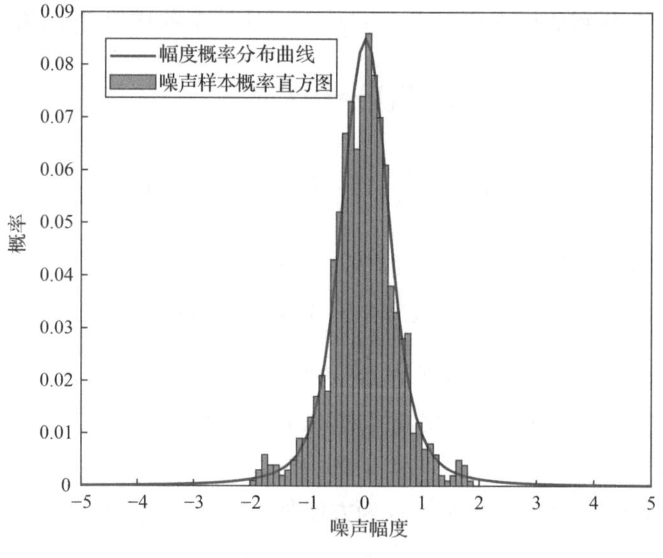

图 14.9　幅度概率分布曲线与噪声样本概率直方图

为进一步将拟合结果可视化，生成此 SαS 分布的随机样本，绘制该样本与实测大气噪声数据的分位数-分位数图（quantile-quantile plot，Q-Q 图），如图 14.10 所示。通过将噪声样本数据的分位数与理论分布的分位数进行比较，以此来评估样本数据的分布是否与理论分布相符。

在图 14.10 所示的 Q-Q 图中，横轴表示理论分位数，纵轴表示样本分位数，若样本数据的分布与理论分布相同，则样本点应紧密地分布在参考直线上，若存在偏差，则会发现明显偏离。比较结果表明，噪声样本数据的分布与理论分布具有很好的一致性，说明服从 SαS 分布的幅度概率分布，可用于描述实际极低频电磁波大气噪声的幅度统计特性。

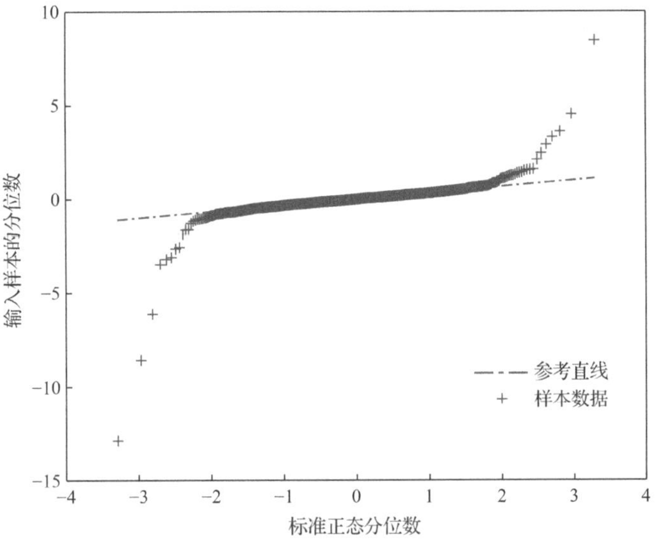

图 14.10　极低频电磁波噪声与服从 SαS 分布的幅度概率分布的 Q-Q 图

14.3.2　极低频电磁波跨域通信系统

在 14.3.1 节建立的极低频电磁波噪声模型基础上，当极低频电磁波进入海水后，能量按照入水深度呈指数衰减，并且信道是功率受限型信道，需要选择能量集中的信号；同时，极低频段又比较窄，所以在选择调制方式的时候，需要选择频带利用率较高的方式；再考虑到极低频电磁波跨域通信链路长，发射系统功率很大、但接收信号极其微弱的情况，为避免发射天线出现高压瞬变，需要选择具有恒包络特征的调制方式[15]。综上，在极低频电磁波通信系统中经常选择 MSK 调制方式，其调制和解调原理框图如图 14.11 和图 14.12 所示。

MSK 信号可以表示为

$$s_{\mathrm{MSK}}(t)=\cos\left(\omega_{\mathrm{c}}t+\theta_k\left(t\right)\right)=\cos\theta_k\left(t\right)\cos\omega_{\mathrm{c}}t-\sin\theta_k\left(t\right)\sin\omega_{\mathrm{c}}t \tag{14.42}$$

式中，ω_{c} 为载波角频率；$\theta_k\left(t\right)$ 为附加相位，包含码元信息且通过码元信息调制得到，其表达式如下：

$$\theta_k\left(t\right)=\frac{c_k\pi}{2T_{\mathrm{b}}}t+\varphi_k \tag{14.43}$$

其中，c_k 为第 k 个信息码元，φ_k 为码元初始相位，T_{b} 为码元持续时间。

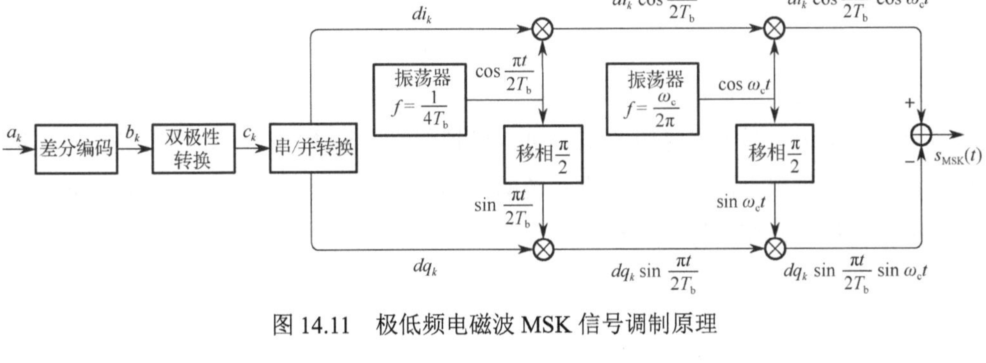

图 14.11　极低频电磁波 MSK 信号调制原理

在接收端，收到的 MSK 信号可以表示为

$$r_{\text{MSK}}(t) = s_{\text{MSK}}(t) + n(t) + J(t) \tag{14.44}$$

$$I(t) = \left[s_{\text{MSK}}(t) + n(t) + J(t)\right]\cos\left(\omega_{\text{c}}t\right) = s_{\text{MSK}}(t)\cos\left(\omega_{\text{c}}t\right) + \left[n(t) + J(t)\right]\cos\left(\omega_{\text{c}}t\right) \tag{14.45}$$

$$Q(t) = \left[s_{\text{MSK}}(t) + n(t) + J(t)\right]\left(-\sin\left(\omega_{\text{c}}t\right)\right) = -s_{\text{MSK}}(t)\sin\left(\omega_{\text{c}}t\right) + \left[n(t) + J(t)\right]\sin\left(\omega_{\text{c}}t\right) \tag{14.46}$$

式中，$n(t)$ 为加性噪声；$J(t)$ 为加性干扰；$I(t)$ 、$Q(t)$ 分别为同相分量、正交分量乘以载波后的数据。

MSK 信号通常采用相干解调，还需要乘以角速度为 $\pi/2T_{\text{b}}$ 的相位调制载波，再通过低通滤波器将高频分量滤除，式（14.44）中的 $n(t)$ 与 $J(t)$ 分量可通过低通滤波器滤除，抽样判决后得到 $\hat{d}i_k$ 与 $\hat{d}q_k$ 两路基带波形，再经并/串转换、单极性转换和差分解码恢复出发送数据。针对极低频段的 MSK 信号解调方案，如图 14.12 所示，可针对极低频电磁波大气噪声先将接收信号进行带通滤波处理（由于极低频段带通滤波可近似视为低通滤波处理），这里不需要乘以角速度为 $\pi/2T_{\text{b}}$ 的相位调制载波，而直接对 $I(t)$ 、$Q(t)$ 两路进行滤波处理后，再针对接收信号特点对低通滤波器与抽样判决进行设计。

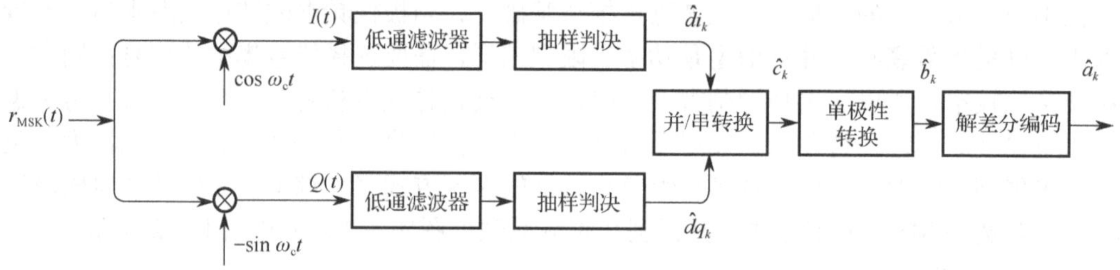

图 14.12　极低频电磁波 MSK 信号解调方案

传统线性接收机若不加任何改进，在极低频电磁波的非高斯噪声环境下工作其性能是很差的；但若能正确识别出信道噪声的统计特性并加以利用，则可大幅度提高接收机性能。信道噪声的统计特性可通过参数估计算法获得，非记忆的非线性处理器则在参数估计算法的引导下进行工作[16]，处理后的信号可以实现最优信号检测。

极低频电磁波海洋跨域通信系统整体设计方案如图 14.13 所示。在发射部分，首先对信号进行编码、交织，然后进入扩频单元完成扩频，加同步码后进行 MSK 调制，调制后的模拟信号可选择地分为两路，进入信道与参数估计部分。其中，一路经低频功率放大器再通过天线辐射至自然信道，另一路通过衰减器进入模拟信道；前者用于验证信号经自然信道传输后的性能，后者则模拟不同噪声对接收系统的影响，完成自然界真实噪声和人为非高斯噪声的加入，侧重对接收系统性能的评估和分析。

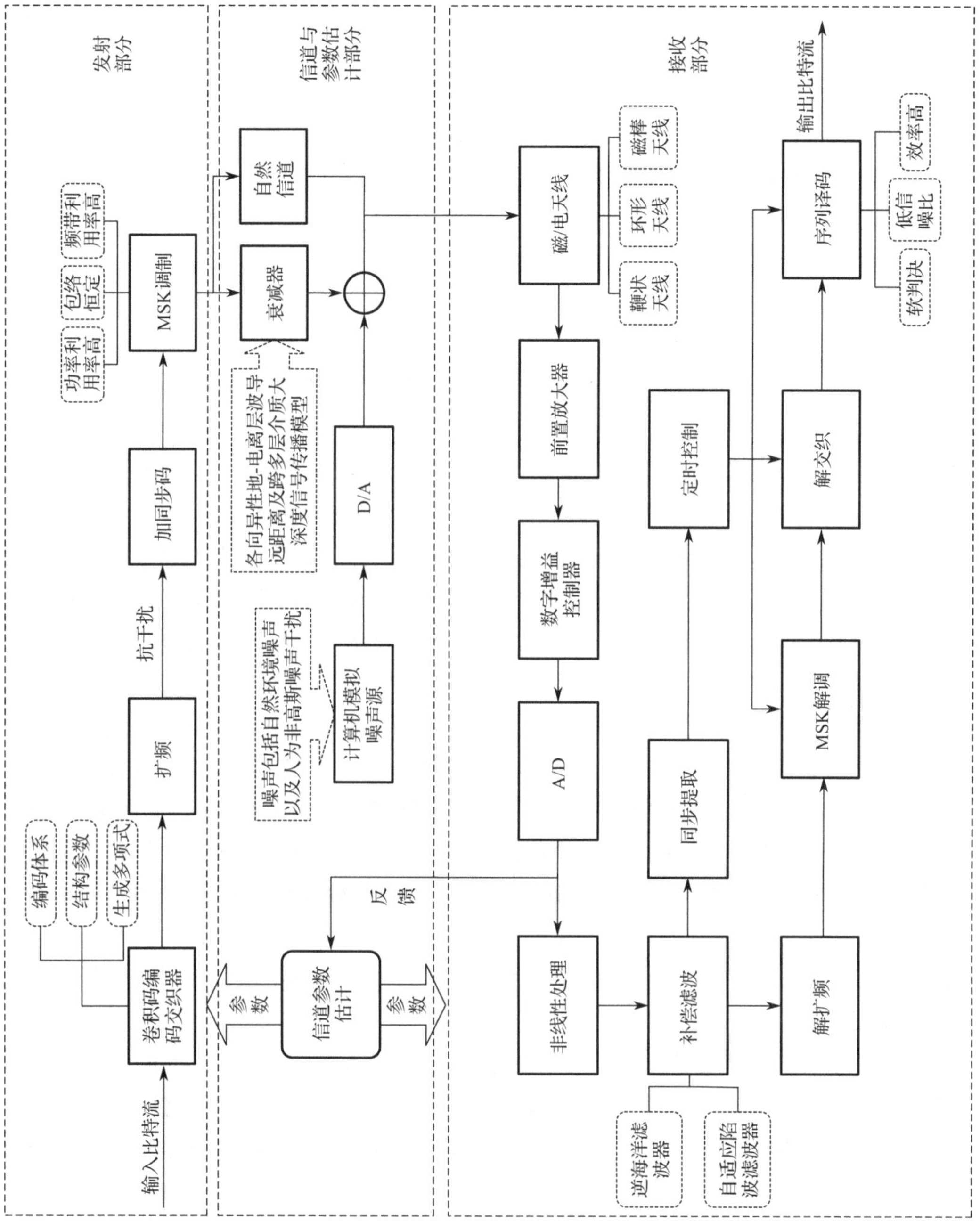

图 14.13　极低频电磁波海洋跨域通信系统整体设计方案

在接收部分，接收信号经天线进入接收机，首先进行前置放大，再经过数字增益控制器，通过高通滤波器、低通滤波器、工频及谐波陷波器后，将信号放大到合适电平，上述信号处理过程的目的在于保证后续 A/D 转换器处于最佳工作状态。在与水下航行器的通信中，海水对极低频电磁波信号的作用等价于低通滤波器幅频特性的缓慢变化，结果使得雷电尖脉冲在时间上展宽，而逆海洋滤波器是高通滤波器，可以实现补偿海水对极低频电磁波信号的作用，即能够使时域展宽后的信号恢复原样。故经 A/D 转换后的数字信号通过非线性处理后需要经过逆海洋滤波器与自适应陷波滤波器等一系列补偿滤波处理后再进行解扩频、解调、解交织等步骤恢复原信号。

14.4 极低频电磁波跨域通信技术发展

极低频电磁波传播对海水有很强的穿透能力，自 20 世纪 50 年代起，美国和苏联就为了潜艇的水下安全通信动用了很大的力量研究开发极低频电磁波岸对潜通信系统。

1958 年，美国开始研制北极星核潜艇的同时，就开始研究利用极低频解决与深水核潜艇进行指挥通信的问题。为此，美国在威斯康星州国家森林公园花岗岩高电阻率地区建立了威斯康星测试台（Wisconsin test facility，WFT），其测试台天线为各长 22.5km 的十字形，发射机有 2 部，功率同为 600kW，并在 1963 年，利用该测试台证实了可以与 4600km 以外的水下 100m 深的潜艇进行通信。但为了保证能对全球范围活动的水下 100m 深左右的核潜艇进行通信指挥，其发射信号的速度很慢，每分钟发送 1 个 bit（0.0167bit/s），5 分钟发送 1 个字符，15 分钟发送 3 个字符，三个 26 字母的字符为 26×26×26=17576 条简语，即用 15 分钟可提供 17576 条不同信息之一。所能发送的信息量很小，只能起到通知潜艇上浮的作用，即“振铃”作用。潜艇接到“振铃”后上浮到发射深度（水下 30m 左右），再利用甚低频进行正式的战略通信接收，传输速率可以提高到 50～75bit/s。当核潜艇收到正式发射指令后，还需要经过一系列复杂的安全验证才能发射战略武器，所以美国把极低频、甚低频同时列为战略通信技术。

此后，美国又在密歇根州建立密歇根测试台（Michigan test facility，MTF），两个测试台建成后每个台都有两个相互垂直的天线，两台之间由电话线进行同步，通常都是同时工作但也可独立工作，工作频率为 40～50Hz 及 70～80Hz，由商业电网供电，但本身也备有应急发电机，每个台都有两个地面机房，分管两个方向的天线。其中，威斯康星测试台为两副各长 22.5km 相互垂直的架空天线，天线最大电流 300A，每个机房备有两部功率放大器，用一备一，输出功率为 660kW。两个机房同时工作时最大功率 1.32MW，其辐射通量为 2～8W。密歇根测试台的天线为各长 45km、相互垂直的架空天线，天线最大电流 150A，其余性能与威斯康星测试台相当。1986 年底，两台同时完工，对潜通信试验成功后投入使用。直到 2005 年，美国停止了 WTF 和 MTF 的工作，对潜艇的通信向可穿透更大深度的 30Hz 以下频段的通信方向发展。

1967 年，苏联就开始了极低频电磁波对潜通信的研究。1981 年，开始在科拉半岛高电阻率地区建设“宙斯（ZEVS）”极低频电磁波发射台，频率为 30～200Hz，专门建设了两根平行的各长 60km、两端接地的发射天线，高度 10～15m、相距 10.5km，采用 10kV 规格的输电线，各有一部发射机，但由一个总控制台控制。发信功率兆瓦级，天线电流 200～300A，1984 年底投入运行，其规模和效率都优于美国的 WTF/MTF[17]。俄罗斯在 1993 年 9 月开展了极低频电磁波人工发射和接收的第一次试验，试验频率为 1～5Hz，在 1000～1500km 距离得到 5～10dB 的信噪比，这意味着电波穿透海水的深度已达到 250m 以上。在 1996 年前后，又成功地实现了 2.6Hz/4.8Hz/10Hz 极低频电磁波的 1500km 距离范围的发射和接收。上述在军事方面的成功应用，对极低频电磁波无线电新技术的发展起到重要的推动作用。

我国对于极低频电磁波技术的研究进展虽然较为缓慢，但在研究期间也取得了一些重大成果。在 2022 年，极低频无线电磁法（wireless electro-magnetic method，WEM）探地工程取得了重大突破[18]。WEM 探地工程由人工产生极低频无线电波（0.1～300Hz），利用地-电离层波导传输用于地质探测，使现有人工源电磁探测距离由 10～20km 拓展到 2000～3000km，探测深度由 1.5km 增加到 10km[19]。基于该工程建成世界首座民用大功率极低频电磁波发射设施，辐射范围基本覆盖了我国领土和领海，为极低频电磁技术的研究和应用提供了软、硬件设施，促进了极低频电磁技术的发展，提高了资源探测能力和地震预测水平，也为研究地下深层地质、空间物理和无线电物理等领域提供了一种强有力的新科学研究手段，尤其在海洋跨域通信研究中具有广阔的应用前景[20]。

参 考 文 献

[1] 刘勇, 查明, 饶斯韬, 等. 极低频发射系统关键技术的研究与实现[J]. 中国舰船研究, 2021, 16(6): 116-123, 182.

[2] 陆建勋. 极低频与超低频无线电技术[M]. 哈尔滨: 哈尔滨工程大学出版社, 2019.

[3] 辛楠. 甚低频电磁波在地-电离层波导中的传播特性研究[D]. 西安: 西安理工大学, 2019.

[4] Burrows M, Niessen C. ELF communication system design[C]. IEEE International Conference on Engineering in the Ocean Environment, Newport RI, 1972: 95-109.

[5] Cui Y, Wu M, Li Z Y, et al. A miniaturized mechanical antenna based on FEP/THV unipolar electrets for extremely low frequency transmission[J]. Microsystems and Nanoengineering, 2022, 8(1): 58-68.

[6] Warnick K F, Gottula R B, Shrestha S, et al. Optimizing power transfer efficiency and bandwidth for near field communication systems[J]. IEEE Transactions on Antennas and Propagation, 2013, 2(61): 927-933.

[7] Pilipenko V A, Parrot M, Fedorov E N, et al. Electromagnetic field in the upper ionosphere from ELF ground-based transmitter[J]. Journal of Geophysical Research: Space Physics, 2019, 124(10): 8066-8080.

[8] Lisi M, Filizzola C, Genzano N, et al. Reducing atmospheric noise in RST analysis of TIR satellite radiances for earthquakes prone areas satellite monitoring[J]. Physics and Chemistry of the Earth, Parts A/B/C, 2015, 85: 87-97.

[9] Gu X D, Li G J, Pang H, et al. Statistical analysis of very low frequency atmospheric noise caused by the global lightning using ground-based observations in China[J]. Journal of Geophysical Research: Space Physics, 2021, 126(6): 1-11.

[10] 郑方华, 底青云, 高雅, 等. 浅海域海底极低频电磁响应特征研究[J]. 地球物理学报, 2021, 64(6): 14.

[11] 蒋宇中. 超低频信道噪声统计特性及应用[D]. 武汉: 华中科技大学, 2008.

[12] Salvador A, Pineda N, Montanyà J, et al. Thunderstorm charge structures favouring cloud-to-ground lightning[J]. Atmospheric Research, 2021, 257: 1-16.

[13] Omura J, Shaft P. Modem performance in VLF atmospheric noise[J]. IEEE Transactions on Communication Technology, 1971, 19(5): 659-668.

[14] Chavali V G, da Silva C R C M. Detection of digital amplitude-phase modulated signals in symmetric alpha-stable noise[J]. IEEE Transactions on Communications, 2012, 60(11): 3365-3375.

[15] Wang J J, Li J H, Yan S F, et al. A novel underwater acoustic signal denoising algorithm for Gaussian/non-Gaussian impulsive noise[J]. IEEE Transactions on Vehicular Technology, 2020, 70(1): 429-445.

[16] 刘卿, 顾旭东, 倪彬彬. 甚低频接收机的开发与应用[J]. 现代电子技术, 2018, 41(14): 1-4, 9.

[17] Cohen M B, Inan U S, Paschal E W. Sensitive broadband ELF/VLF radio reception with the AWESOME instrument[J]. IEEE Transactions on Geoscience and Remote Sensing, 2009, 48(1): 3-17.

[18] 陆建勋, 卓贤军, 刘勇, 等. 极低频探地工程: 无线电磁法[J]. 中国工程院院刊, 2022, 10(3): 13-20.

[19] 卓贤军, 赵国泽, 底青云, 等. 无线电磁法(WEM)在地球物理勘探中的初步应用[J]. 地球物理学进展, 2007(6): 1921-1924.

[20] 刘勇, 张杨勇, 孔亚丽, 等. 极低频探地工程及其发展应用[C]. 第十三届国家安全地球物理专题研讨会, 腾冲, 2017: 158-162.